ROYAL HORTICULTURAL SOCIETY
PROPAGATING
PLANTS

英国皇家园艺学会
植物繁育手册

[英]艾伦·图古德/著　周海燕 冯华/译

用已有植物打造完美新植物

华中科技大学出版社
http://press.hust.edu.cn
中国·武汉

目录

灌木和攀缘植物　93

多年生植物　147

一年生和两年生植物　215

仙人掌和其他多肉植物　231

球根植物　253

蔬菜　281

如何使用本书

本书首先概括介绍了植物繁育及其实用技术的发展，它与植物自然繁育方式的关系，气候和环境对繁育产生的影响；如何利用繁育工具、设备和栽培介质；以及影响繁育材料的常见问题。

接下来的章节阐述了实用技术，并分门别类介绍各类植物：遵循植物学分类的原则，每一章只探讨属于同类植物的成员。比如，多年生植物一章里会介绍一些存活期较短的一年生植物。木本攀缘植物和灌木被归为一类，因为二者关系密切。其他攀缘植物有可能是球根植物、一年生植物或多肉植物，这些也都会在相关章节中讲到。水果会被归入不同的植物群组中，如多年生植物、灌木和园林树木。球根植物章节包括球茎类、鳞茎类和块茎类。由于极少数根茎是真正的储存器官，因此根茎植物被列入多年生植物章节。

高山植物和园林水生植物按照它们的栽培方式分组；由于这类植物大部分是多年生植物，它们被纳入多年生植物一章。食用性草本植物被归入蔬菜一章；其他草本植物会在相关章节讲述。每一章节讲述某一特定种类植物的繁殖技术，逐一详细介绍多种属的扩繁细节。一些特殊种类的植物的特点也会在相关章节中介绍。一些受欢迎的植物属习性各不相同（比如一些物种为树木，另一些为灌木），因此条目会编入不同的章节中。

扩繁技术特征

植物分类系统按照植物属的拉丁名从A到Z的词典顺序为读者提供植物繁育方法的快速参考，且难易程度不同。分级如下：

容易 ⚘ 适中 ⚘⚘ 具有挑战性 ⚘⚘⚘

〰 烟的图标代表植物和种子用烟熏处理有益（见第55页）。

基本技术

每一章都有详细介绍，解释基本原则以及培育的实用技术，可以广泛应用于该章涵盖的所有植物。在以下所有类别或者部分类别所列举的方法中，按照相关的植物分组介绍以下内容：播种、分株、扦插、压条、嫁接。书中详细介绍了不同植物群组的繁殖技术。通过比较描述了不同技术的优点。繁殖材料的采集和准备、适当的生长媒介、实用的技术、适宜的环境、影响成功率的要素、精心照料新栽种的植物直到它们可以移栽为止。

最低温度

本书根据植物可能承受的最低温度将植物分为四个等级。

畏寒的	5摄氏度
半耐寒的	0摄氏度
抗寒的	零下5摄氏度
完全耐寒的	零下15摄氏度

本书中推荐的所有温度都是最低温度，除非另有说明。

每章有规范的标题，涵盖了基本的繁育类别

每章有逼真的图片，介绍所在章节植物的共同特点

补充图片注释了其他的重点

每个章节中有关于每种植物培育技术的基本原则的说明

浅色字表示扦插时可丢弃的材料

注释突出重要的细节

文本部分详细介绍某一特别领域的技术或者背景材料

逐一介绍插图中的技术

通过多幅摄影插图介绍实用技术

准备"前"和准备"后"的材料图片

大量实例说明种植方法，一目了然

着色部分选择一个或者多个步骤介绍种植技术

摄影插图突出每个技术细节

特点

本书大部分章节介绍的是喜闻乐见的和特别有趣的植物种类。其中包括棕榈树、苏铁、针叶树、杜鹃花科植物和石南属植物、月季、蕨类植物、高山植物、园林水生植物、凤梨科植物、观赏草、兰花、食用性草本植物。突出介绍某一植物特有的扩繁方法，描述它们繁育的特点；以及如何利用各种技术对它们进行繁育。这些技术通过摄影图片和插图逐步解释。书中介绍了植物的特殊需求以及成功培育它们的技巧。在按照植物拉丁名字母从A到Z的顺序排列的植物词典中列出了单个植物的具体细节及大部分特征。作为单独条目的针叶树和高山植物，范围广且种类多的植物，均包含在所属章节的植物词典中，其中有些植物暂无对应的中文名称，故保留拉丁名。

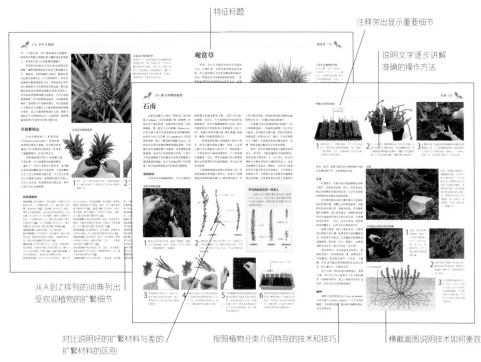

特征标题

注释突出显示重要细节

说明文字逐步讲解准确的操作方法

从A到Z排列的词典列出受欢迎植物的扩繁细节

对比说明好的扩繁材料与差的扩繁材料的区别

按照植物分类介绍特别的技术和技巧

横截面图说明技术如何奏效

按从A到Z的顺序排列的植物词典

每章包含按植物拉丁名字母顺序排列的植物词典，并描述了植物群中属的范围。其中包括在各种气候条件下广泛种植的属，它们以不同寻常的方式繁殖，或者需要特殊的养护。

根据扩繁的数量和复杂程度不同，不同的属的条目长度不一。在每个条目的顶部，列出了可能采用的方法及易用性等级以供参考。在每一个条目中，对所列出的每一种方法的优点给予点评，使读者能够选择最合适的。如有需要，还对个别物种、杂交植物或品种进行了讨论。

每章的基本技术中没有涉及特殊方法，而是在相关条目中进行充分的解释和说明。相关植物可交叉参考基本技术或类似的属，每页还列出了额外的属以及它们如何繁育的简明细节。

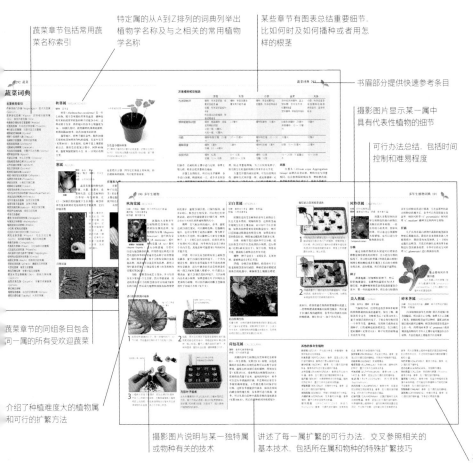

蔬菜章节包括常用蔬菜名称索引

特定属的从A到Z排列的词典列举出植物学名称及与之相关的常用植物学名称

某些章节有图表总结重要细节，比如何时及如何播种或者用怎样的根茎

书眉部分提供快速参考条目

摄影图片显示某一属中具有代表性植物的细节

可行办法总结，包括时间控制和难易程度

蔬菜章节的同组条目包含同一属的所有受欢迎蔬菜

介绍了种植难度大的植物属和可行的扩繁方法

摄影图片说明与某一独特属或物种有关的技术

讲述了每一属扩繁的可行办法。交叉参照相关的基本技术，包括所在属和物种的特殊扩繁技巧

列表给出了更多属扩繁的简明细节

引言

了解植物的生长和繁殖方式以及实用技术的相关性和应用，
园艺爱好者就能轻松而自信地扩繁植物。

植物扩繁的技艺与人类文明一样古老：人类文明伊始，农夫和园丁就已经从大自然中观察、学习，并掌握了繁殖栽培植物的完美方法。现代技术可能影响我们未来栽培花木的方式，本书描述了野生植物繁殖与人们多年来一直使用的植物扩繁方法之间的相似之处，也详述了现代技术给扩繁带来的长足进展。

如果对植物各器官如何发挥机能有透彻的了解，把扩繁付诸实践就会容易很多。对从种子开始进行的有性繁殖及无性或营养繁殖（如压条）的机制，本书进行了解释并举例说明，进而详细论述了如何应用扩繁技术、扩繁对自然繁殖进行了哪些改良、扩繁技术成功的原因。

本书也讨论了扩繁技术在实际应用中会遇到的问题，举例说明了不同任务适用的工具，扩繁过程中使用的各种容器。本书充分认可生长媒介的重要性，概括了土壤、堆肥及其他可能用到的介质的类型，综述了各类介质的优缺点。针对如何在家中配制合适的堆肥，作者也给出了具体建议。

气候不仅对扩繁操作的具体方式方法有影响，还会影响繁殖植物种类的选择及扩繁成功的可能性。例如，偏寒凉的气候下，大多数扩繁工作须在遮盖隐蔽的条件下进行，可能还需要人工供暖；而温暖气候下或在热带地区，在露天园圃中培植植物就很容易。本书涵盖了主要的气候类型，概括了不同气候引起的扩繁技术差异，并附有相关插图。

为植物材料及后续的新植物所提供的支持性环境，通常决定着扩繁是否成功。本书讨论了家中、户外园圃里、温室中植物的特殊需求及给植物供应给养的方式，并提供了大量实例。此外还列出了此阶段可能影响植物的问题，并给出了相应对策。

多年生蕨类植物
壮观的王紫萁（*Osmunda regalis*）可由孢子培植，亦可通过营养扩繁技术进行无性繁殖。由于孢子成熟3天后就会失去活性，所以必须迅速播种。王紫萁成株形成丛簇，丛簇可分株栽培。

一年生植物种皮
黑种草（*Nigella damascena*）和所有的一年生草本植物一样，是播种繁殖。种子多数被优美的膨大种皮包裹在蒴果中。种子成熟后，蒴果种皮裂开，种子散落在植株根部周围。

师法自然

为了生存和繁衍后代、拓殖移生到新地域，植物不断进化，形成了多种引人入胜的繁殖策略。植物已经适应了各种恶劣的生长环境，如沙漠、高海拔地带甚至水中。高海拔地区狂风肆虐，损伤植物叶片，吹走授粉昆虫。水生植物遇到的问题也很多，而且跟陆生植物遭遇的问题完全不同。

人类文明伊始，人们就已经开始观察学习野生植物的繁殖，并利用观察的心得体会建立了栽培植物的繁育方法。所有植物都是通过种子（有性繁殖）或营养繁育（无性繁殖）的方法繁衍后代的。

种子繁殖

有性繁殖仍然是许多植物最重要的繁殖方式（见第16—21页）。来自同一物种父本和母本（最好是不同植株）的遗传物质在种子或孢子中融合。种胚发育成新植株，新植株外观常与亲本相同，但基因组成与每个亲本均不同。

植物具有不断进化的本领，一段时间后就能适应环境变化，或者在本不适宜生长的

地域移生扎根，形成群丛后苗壮成长。植物产生种子的另一个优势是在干旱或寒冬等不利环境条件下种胚能够休眠，将繁殖的下一阶段推迟，环境条件适宜后再萌发。

有性繁殖能产生植物亚种或变种，植物亚种或变种的特征在一定程度上与亲本种偏离。这种现象在山区最明显，生长在山谷底部或高山顶部的植物与世隔绝，形态特征与物种分布广泛的植物存在一定差异。由于水域阻隔而与外界隔绝，孤立岛屿上的植物形成独立群体，出现变种的潜力更大。地理隔离也能产生植物的地域特有性，即仅限于某个地点的物种（见右图）。

相比之下，如果同属的两个种植物共同生长于同一地域，它们可能杂交产生自然杂种。比如，希腊野生植物杂交草莓树（*Arbutus* ×*andrachnoides*）是雀舌草莓树（*Arbutus andrachne*）与草莓树（*A. unedo*）这两种植物的杂种。

植物在野外散布数百甚至几百万粒种子，为的就是让一部分种子能萌生幼苗并存活下来发育为成株。园林植物栽培中，我们为植物提供尽可能理想的环境，可缩短生长时间、提高产量、获得高品质幼苗（见第38—45页，繁殖环境）。

人类也从植物种质资源的遗传多样性中受益良多，可以选择在野生环境中已经灭绝的株型，在这些株型基础上培育出有极大栽培价值的植株。种子提供了引入一系列激

特有的植物
沙漠玫瑰（*Adenium obesum* subsp. *socotranum*）只在非洲东北海岸附近的索科特拉岛上发现。这个岛屿与大陆隔绝了160万年，至少有310个特有物种。

动人心的植物的潜力，这些植物的花和叶的形态、习性都与众不同，能适应特定环境条件、抗逆性强、抗病虫能力强。

不过幼苗适应当地野外条件的能力或者说其用于栽培的园艺价值可能不如亲本。有公认来源的种子的亲本均经过精选，且生长过程中亲本能远离可能来自劣等植物花粉的污染。若园艺爱好者使用公认来源的种子，就能在一定程度上降低这些风险。一些种子有根深蒂固的或复杂的休眠行为，例如中国

▲ 安全的数量
野蓝蓟（*Echium wildpretii*）通过产生大量的种子，在加那利群岛多石而干燥的山丘上繁殖。

▶ 沙漠居民
百岁兰（*Welwitschia mirabilis*）生长在非洲西南部多石的沙漠里，靠两个叶片收集露水获得水分。叶子长达2米或更长，收集露水并将露水传递到植物巨大的主根覆盖之上的地面。每株植物有雌雄之分，所以只有在附近有异性植物的情况下才能繁殖。

特有的孑遗植物珙桐（*Davidia involucrata*）的种子不总是在一个季节萌芽，且萌发数量不定；或者可能需要数年才能繁殖。其他物种植物可能根本不产生种子或者种子活力较低，如血皮槭（*Acer griseum*）。

营养繁殖

大自然采取无性繁殖的办法克服了种子的限制，所产生的后代（无性系）与母本有相同的遗传组成。植物营养繁殖的方式很多，如变态根或变态茎繁殖。最简单的营养繁殖方式是植株发育成根茎紧密交错的一团带芽嫩枝，每根嫩枝都可分生发育成独立植株。

有些植物可从生长组织（纤匐枝或压条）中重新生长出嫩芽或根，从而产生新植株。块茎（马铃薯）、球茎（番红花属）、假鳞茎（兰科植物）等其他形式的植物特化器官储存着养分，这类植物能挺过恶劣的生长环境，积蓄能量以备生长环境好转时开始繁殖。

用无性繁殖方式繁殖的植物在某片区域集群生长时，速度比靠种子繁殖的植物快得多，例如匐冰草或偃麦草（*Agropyron repens*）。对于生长在其自然生长环境边缘的植物而言，营养繁殖非常有用。由于环境不适宜，这些植物很难开花结果。生长在阳光斑驳林地中的黑莓（*Rubus fruticosus*）很少开花，但可以靠先端压条法快速扩散。

采用自然营养繁殖或无性繁殖技术，园艺师可获得"忠于"亲本的子代植株（即遗传组成上与亲本一致）。草本植物的分生繁殖等无性繁殖方式甚至比种子更可靠。利用植物的再生能力，人类已经发现并掌握了扦插、高空压条等人工营养繁殖技术。

然而无性繁殖（又称克隆繁殖）也有风险：子代植株的遗传基因与亲本完全相同，因此具有同样的疾病易感性。例如，古罗马人用

几根枝条将英国榆（*Ulmus procera*）从意大利引入英国，再用根生条繁育新植株。20世纪70年代，大量基因组完全相同的榆树因患荷兰榆树病而枯萎死亡。如果英国榆通过种子有性繁殖后代，那么可能已经保留了充足的遗传多样性，后代中就可能产生抗病个体。

师法自然

大多数植物既能有性繁殖也能无性繁殖，从而避免英国榆病害的类似经历。这对园艺师有利，园艺师可选择符合需求的繁殖方法，每种植物也能依据当地环境条件繁殖后代。同科的植物可以是有用的参考指南，因为同一科植物的繁殖通常是相似的。例

从荒野到庭院

园艺师在栽培过程中可选择性地繁育特定变种，培育出的栽培品种与野生物种几乎没有相似之处。南方郁金香（*Tulipa australis*，见左图）等野生草甸郁金香经过多年相互杂交，已培育出数以千计花型大且艳丽的栽培品种，如"艾斯黛拉"鹦鹉郁金香（*Tulipa* 'Estella Rijnveld'，见右图）。

如，大部分唇柱苣苔科植物（Gesneriaceae），如非洲紫堇［非洲堇属（*Saintpaulia*）］、鲸鱼花属（*Columnea*）、欧洲苣苔属（*Ramonda*）、海角苣苔属（*Streptocarpus*）等，它们大部分植物很容易从叶片组织再生出新植株。鞘蕊花属（*Solenostemon*）、鼠尾草属（*Salvia*）、野芝麻属（*Lamium*）、迷迭香属（*Rosmarinus*）等唇形科（Labiatae）植物的茎插条生根迅速，野生环境中这些植物的茎在靠近潮湿土壤时就会生根。

植物地域分布的天然界限是另一个因素，天然生长地域之外的植物繁殖能力会下降。可通过提供可控的环境条件，对抗繁殖力的下降。

自然嫁接

自然环境中生长的近缘种木本植物，如果树皮较薄并且生长位置接近，那么枝干就可能出现嫁接现象（又称连理枝），如上图这棵波斯铁木。嫁接是树木自然生长过程中偶然出现的一种现象，人类已经跟大自然学会了嫁接并把这项技术改进为植物繁殖技术。

普通小麦的演变

普通小麦的历史有些让人难以理解的成分。普通小麦含有3个基因组，因此人们推测山羊草属（*Aegilops*）某种植株与一粒小麦（*Triticum monococcum*），即小麦属中的野生种杂交形成大穗可育的二粒小麦（*T. dicoccum*）。二粒小麦得到古希腊人和古罗马人广泛栽培。人们普遍认为，二粒小麦后来又和另一种山羊草杂交，得到更大穗的可育杂交种——普通小麦（*T. aestivum*）。然而，多项小麦育种实验却没能重复该结果。

二粒小麦等野生禾本科植物都具细长秆，易折，穗轴易折断，带颖（译者注：即带芒的外壳）籽粒随风飘散。这种靠风力散布的方式有助于种子的自然传播，但给收获带来诸多困难。

普通小麦秆略短，也更坚韧，麦穗不碎裂。必须捶打揉搓才能打碎麦穗，除去颖壳（即麦糠），饱满籽粒便脱落出来。因此普通小麦需要人类帮助它传播，人类和植物之间互利互惠。

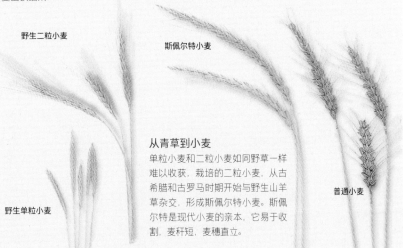

野生二粒小麦

斯佩尔特小麦

普通小麦

从青草到小麦

单粒小麦和二粒小麦如同野草一样难以收获，栽培的二粒小麦，从古希腊和古罗马时期开始与野生山羊草杂交，形成斯佩尔特小麦。斯佩尔特是现代小麦的亲本，它易于收割，麦秆短，麦穗直立。

野生单粒小麦

传统扩繁

当人类部落放弃游牧和狩猎的生活方式成为定居的群体时，植物的种植与繁育就开始了。这种变化发生在上一次冰河时代之后，标志着现代文明的开始，通常被称为"农业革命"，但可能主要由于一场重大的基因变化导致了普通小麦的形成（参见第11页）。这一生物奇迹发生在公元前8000年的中东，促进了农业的兴起。

世界各地的古代文明为我们培育了多种多样的粮食作物，人类通过种子种植了包括谷类植物在内的多种农作物，他们注意到种子通过自然撒播长出幼苗。在古希腊和古罗马时期，诗人维吉尔（Virgil）及其他作家详细记录了繁育的各种方法。橄榄、枣椰树和柏树都是由种子中培育而来的，还有其他可食用植物，如白菜、白萝卜、生菜和香草。为了加速发芽，希腊人把种子浸泡在牛奶或蜂蜜中。种子也可以用云母薄片和玻璃钟罩加以保护。

《圣经》中也经常提到植物繁殖方式，包括扦插、嫁接和播种。例如，《诗篇》128章第3节中提到"橄榄嫩枝"，可能指的是出现在树根部已经生根的嫩枝，可以将其分离出来再种植。另外使徒保罗（Paul）在《罗马书》的第11章的17至24节中也明确提到了嫁接。

植物繁育的起源

扦插繁殖最早是通过分离并移植生根的嫩苗完成的，在此基础上发展出了无根扦插繁殖。古罗马人把插条浸入牛粪中以刺激其生根。在中东，移民们发现了把木茎插入土壤中的高级形式来繁育葡萄、橄榄和无花果，从而保留其满意的特性。到公元前2000年，在中东地区及希腊、埃及和中国等国，嫁接都相当常见。最早的嫁接方式已非常接近现在的嫁接，因为它的成功率很高。一棵树上的树枝，附着在母树上的同时，在另一棵树的树皮破后，两棵树带有伤口的树枝牢牢地长在了一起。人们会模仿这种自然嫁接，说明人们观察自然是多么细致。当繁育植物难以通过扦插生根完成时，嫁接将有助于植物早日开花结果。

古罗马人是最早实践分离接穗嫁接的先驱，将所选植物的一部分插在砧木的切口上，为被嫁接的植物提供活力。他们使用了各种各样的方法，可以在一棵砧木上嫁接不同的水果品种（见第57页），比如苹果，形成"家庭树"。古罗马人和古代中国人也使用芽接技术（见第27页）。

其他自然营养繁殖是通过鳞茎、块茎和根茎进行扩繁的（见第25—27页）。以这种方式繁殖的植物包括洋葱、大蒜（地中海

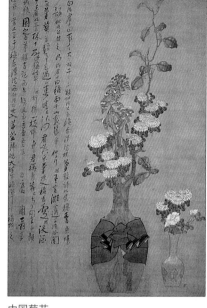

中国菊花

古代中国人已经是园艺专家，特别是杂交技术专家。他们创造出菊花（*chrysanthemum*）等珍贵植物的杂交品种来取悦皇帝。

的）、甘蔗（热带非洲的）、香蕉（印度和印度尼西亚的）、土豆和菠萝（南美的）及竹子（亚洲的）。简单压条法从野生植物的自然压条法改进而来。有记载表明古罗马人在公元1世纪就掌握了葡萄藤压条。空中压条法（见第25页）大约在4000年前的中国就开始应用；它也常被称为中国式压条法。公元1世纪初，植物繁育实践已为大家接受。在随后的几世纪里，这些早期的繁育技术不断发展和提高。

维多利亚时代的影响

18世纪和19世纪是西方世界探寻植物的大爆炸时期，大量的新奇植物被发现，并且在欧洲、非洲、美洲和东印度群岛之间及日本、中国、澳大利亚、墨西哥等国进行交易。新引进的植物包括

古代埃及农业

在古埃及底比斯的贵族谷的壁画上描绘了塞米德杰姆（Semedjem）和他的妻子在播种谷物的场景，混合种植的棕榈树和橄榄树的果园（见图中下半部分）可能由种子或者扦插而来。

种子、鳞茎和植株。对这些植物的热情以及对种植与繁殖的渴望，再加上植物收集者的财富，催生了温室的黄金时代（见下图）。维多利亚时代的人在建筑和设计方面很有创造力。他们控制温室生长环境中的温度、光照和湿度的方法相当复杂。温室促进了创造性地应用繁殖方法和种植技术的改进。培育者对任何著名的花园都至关重要。最初，在尝试增加每种不熟悉的植物的储备时必须通过反复试验。培育者对他们获得的新知识感到自豪，并经常小心翼翼地保守秘密以防外传，确保他们的声誉和未来在职场的价值。这大概就是有关植物繁育一直延续至今的神秘感的根源。

与现代的先进设备相比，维多利亚时代的园丁所使用的繁殖设备相当原始，但他们的想法仍然是今天所做工作的基础。他们应用冷床和温床（见右图）来控制温度和湿度。冷床的建造是为了尽可能多地从太阳获得温暖，尤其在冬天，用于育种、根插条和简易的茎扦插。钟形玻璃罩被大量使用。这些钟形的玻璃罩高约45厘米，罩在准备好的土壤中的插条上或花盆中的插条上。虽然很难精确控制，但保持钟形罩内的高湿度是可能的。太阳的辐射保持温暖。通过播种、茎扦插、根插条甚至嫁接的方式，钟形玻璃罩可

肥料的力量

今天，借助电力，为繁殖提供底部热量很容易，但在早期，使用固体燃料锅炉和热水管既重又昂贵。热床是给植物底部提供热量的一种方式，用于繁殖和催熟早期作物，它在维多利亚时代开始流行。这个巧妙而简单的系统依赖于微生物对混合物作用产生的热量，混合物由等量的新鲜肥料和落叶组成。

温床由一个放置在坑中的玻璃框架组成，坑深约90厘米，框架的尺寸分别为长45厘米、宽45厘米，坑内装满了肥料混合物。为了在填坑前激活肥料，将肥料和叶子充分混合、润湿，放置两周左右。其间翻动三四次，确保均匀加热，然后把肥料放在坑里，加固并浇水。将框架放置在顶部，土壤添加到20厘米的深度，以传播热量。将盆中和盘中的插条或种子埋入土中。

温床
维多利亚时代的园丁经常使用温床，就像在英格兰康沃尔（Cornwall）的这种经过修复的温床一样，冬天用来繁育幼嫩的蔬菜或者水果。

随着园丁们意识到分解作用产生的热量的价值，温床又开始流行起来。对于任何有机会获得肥料的人来说，它们是实用的、有机的和便宜的（见第41页）。在春天制作的温床可以释放长达8周的热量。秸秆含量高的肥料释放的热量较少，但释放的时间较长。

以有效地繁育少量的植物。今天，钟形玻璃罩被更多用途的罩所取代（见第39页）。到19世纪末，园丁们常常在把插条插入堆肥中之前，把每一根插条的基部劈开，把一粒小麦种子放在插条里。随着小麦种子吸收水分开始发芽，释放出促进生长的物质。这使得扦插生根更容易，更苗壮。1940年后，随着人工合成生根激素或生长素的引入，这种做法被淘汰了（见第30页）。园丁们也明白种子处理的必要性，比如把种皮擦破。

值得称道的温室
随着18世纪欧洲温室的出现，温度、光线和湿度能够得到控制，使得可繁殖植物的范围扩大了。图中所示为约1870年建造的热带温室。

现代繁育

从20世纪50年代开始，现代技术以及专业人士信息交流的增加推动了新的植物繁育技术的发展，这是几个世纪以来的首次大发展，这些新方法，加上现代化的设备，使得今天的繁育更加容易。持续不断的研究为繁育开辟了更多的可能性；这些可能性首先由专业人员进行测试，如果被证明是值得的，最终也会让园丁们受益匪浅。

水雾培育

周期性水雾培育系统是20世纪50年代为茎扦插，尤其是嫩枝扦插和半成熟材料设计的，该装置为底部提供热量，以刺激生根并持续恒定地调节湿度，并确保插条生长环境的潮湿和凉爽。这一进步使得每台设备每年能培育六批插条。许多先前被嫁接的植物也能够生根，而且成本低廉。

如今，数字传感器取代了土壤恒温器，它均匀地分布在培育床上，并与中央系统连接，这一技术被广泛应用。喷水雾控制传感器放置在与插条等高的位置，喷出的雾会落在覆盖于插条的湿膜上。喷雾培植被广泛应用

于商业繁育，对园艺师们很有帮助。如果你负担不起专用的装置，可以在一个封闭的环境里，利用土壤加热电缆和喷雾系统创造出简易版本的培育系统。

塑料薄膜

20世纪50年代的另一个发展是塑料薄膜，为了给插条底部提供热量，将塑料薄膜（一层透明塑料）覆盖在插条上面，以便创造一个密封的环境，使插条顶部周围保持较高的湿度。这个系统很容易被园丁采用，尽管存在低温下腐烂的问题。塑料薄膜可以与冷床配合，在插条扦插或播种之前使土壤温暖，再用塑料薄膜把新的植株覆盖在冷床上。

喷雾繁育

20世纪80年代中期的主要发展是喷雾繁育，它比水雾培育的水滴更小，空气保持湿润的时间更长，可以避免水雾培育中的叶子潮湿，所以对于那些容易腐烂的插条和幼苗来说是理想的方法。近些年来，喷雾系统发展得更加简便、可靠（见第44页）。

发芽前的种子 这些紫花苜蓿（lucerne）种子被嵌入凝胶珠中，使它们在播种前就为发芽和生长做好了准备。保持种子湿润和营养供应，它们就能发芽。

种子处理

种子引发，是利用了某些种子在土壤条件不利情况下停止发育的自然能力。它提高了发芽的速度和均匀性。种子在发芽前需要一定量的水，然后在胚根（胚胎的根）出现之前再次干燥。种子处理的时机很关键，真正的发芽是在种子播下之后发生的。

在商业操作中，为了让种子发芽或者萌芽直到胚根出现，然后进行包装，有时需要使用凝胶（见上图），这样销售出去后就能立即播种。也可以由园艺师来让种子发芽，它适用于硬壳种子，特别是蔬菜（见第282页）。

颗粒化的种子被一种惰性物质包裹，如同一种聚合物，遇水即可分裂或软化。种子外层可能含有杀真菌剂、营养物质和荧光染料。这些颗粒使播种更容易，特别是体积小的种子，能够减少损失。

微型繁殖

这种技术在20世纪60年代得到发展，它利用少量的材料繁育大量的植物。使得那些用传统方法难以繁殖的植物也能得到繁殖。新的栽培品种和库存的无病毒农作物品种，如树莓，被提供给园丁。这使旧的和稀有的植物数量可以在现有的库存品种数的基础上有所增加，从而保护野生植物。微型繁殖通常需要在无菌实验室条件下（罩在玻璃中）培养植物组织（见第15页顶部图）。这是可行的，因为大多数植物能够从单个细胞再生。嫩芽顶端组织（分生组织）是最常用的，但是根部末梢（root tip）、愈伤组织（calluse，形成于伤口）、花药（anther）、花蕾（flower bud）、叶子、种子或果实也可以提供

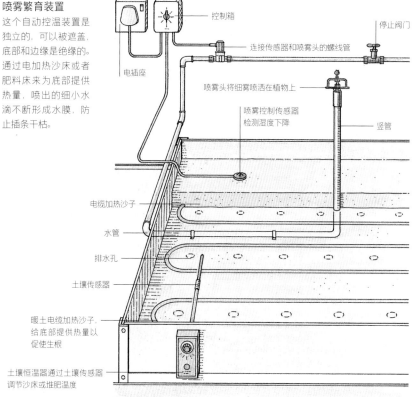

喷雾繁育装置
这个自动控温装置是独立的，可以被遮盖，底部和边缘是绝缘的。通过电加热沙床或者肥料床来为底部提供热量，喷出的细小水滴不断形成水膜，防止插条干枯。

控制箱

停止阀门

电插座

连接传感器和喷雾头的螺线管

喷雾头将细雾喷洒在植物上

竖管

喷雾控制传感器检测湿度下降

电缆加热沙子

水管

排水孔

土壤传感器

暖土电缆加热沙子，给底部提供热量以促使生根

土壤恒温器通过土壤传感器调节沙床或堆肥温度

植物细胞微型繁殖

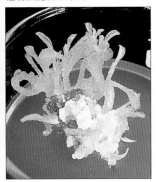

植物组织培养 植物细胞生长在营养凝胶里，直至细胞团产生胚胎植物。

切开培养组织 植物组织团块被切开，每块包含一个胚胎，并移栽到根培养基中。

生根的幼苗 营养凝胶中的激素促使幼苗生根发芽。

幼苗 幼苗生长在密封的、无菌的玻璃罩中，直到它们大到可以移植到堆肥中。

其他形式的微型繁殖

微型繁殖的无菌条件可以用来获得更好的产量，并利用增加植株的方法来保存无病植株。叶插可以得到植物幼苗；小块茎易于运输；如果免受空气传播的细菌的侵袭，兰花种子可以大大提高存活率。

非洲紫罗兰叶插

土豆微块茎

兰花幼苗

合适的组织。温度、光照、营养和激素水平在特别改装的生长室中可以得到控制，在其中培育的植物在温室条件下生长。病毒和系统性疾病很少穿透生长点，所以通过微型繁殖的植物通常没有疾病，可以安全地引进到其他国家。不过微型繁殖也有一些缺点：成本高；细菌和病毒不一定能完全根除；植物可能出现基因突变；植物可能不太适应正常的生长环境。

繁育的未来

新的科学发现不断影响着植物的繁殖。这些技术的好处并不总是被园丁们所利用，但将来有可能会。最近的创新包括基因工程——一个颇受争议的领域——人工种子和微嫁接。

在基因工程中，外来基因与已知的、理想的特征被转移到另一个植物细胞（见右图）中。引入一个与受体植物完全无关的基因是可能的，它不同于自然杂交和传统的选择性育种。后两者也会导致后代在遗传上与亲本植物不同。这项技术涉及分子生物学，非常复杂，当然也会存在很多问题。

一株普通的植物通常包含2万个不同的基因，这些基因在单个细胞中可能有500万个副本。因此，确定哪个基因负责什么特征可能很困难。微小的基因转移操作需要特殊的技术。完成基因转移的细胞通过微型繁殖可以产生繁殖用的母株。基因工程在提高现有植物的效用和创造新的植物方面具有巨大的潜力。目前的工作旨在提高作物抗病、抗寒和抗虫害能力。成功的例子包括可以抗寒冷侵蚀的土豆和产油率更高的油菜籽。然而，有人担心把自然界中不会出现的植物引入之后会产生不良的后果。

自然受精的种子含有来自双亲的基因，没有两个种子是完全相同的。现在可以从营养组织中培育出人工种子（体细胞胚）。它需要从单细胞中分离出胚胎并在溶液中培育，并给它们一个合成的外层。由此可以产生大量基因一致的"种子"，从而产生基因相同的植物。

在微嫁接中，微小的植物组织被用来生产无病和无病毒的植物，尤其是果树。首先，在无菌条件下培育出砧木。当幼苗第一个幼芽长到真正的叶子阶段时，把它和想要的植物的细小、无病毒的顶端（分生组织）嫁接。大约6个月之后，微嫁接植物长成正常的植物。因为无病毒，微型繁殖（克隆）也可以使用砧木，以避免可能与幼苗砧木发生的变异。

体细胞胚是从外植体中取出的亲本的克隆。因为人们可以从一个外植体获得大量的胚胎，它们提供了独特的方法来繁殖具有所需特征的亲本植株，而没有发生在有性繁殖中的基因混合。

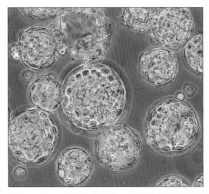

基因工程 植物细胞经过化学处理以去除其坚硬的外细胞壁。然后，来自其他植物细胞的基因被导入，该细胞的外壁重新生长。

植物的有性繁殖

种子是针叶树［裸子植物（gymnosperms）］和有花植物［被子植物（angiosperms）］繁殖的基本生物单位。每个种子在植物胚胎中结合了雄性和雌性基因，产生的后代在遗传上与亲本植物不同。通过这种方式，一个物种可以保持和延续其特性，同时不断地交换物种内的遗传物质，得以进化从而适应环境的变化。

种子还能使植物在很大的范围内繁殖，并能在条件有利时休眠，这大大增加了它们的存活机会。了解种子是如何形成和传播，以及它们如何发芽，是成功繁殖的关键。

花的结构

在被子植物中，种子产生的过程是从花开始的：它的结构包括雄性或者雌性器官，或者兼而有之。大多数花由内花瓣和外萼片组成，统称为（瓣状）被片或花被片，在形状和颜色上表现出极大的多样性。

贝叶棕（*Corypha umbraculifera*）在树的顶端产生了成千上万簇状的花朵（花序），这种植物只结一次果。一旦开花之后，贝叶棕将死亡。相比之下，世界上最大的单个花朵是大花草（*Rafflesia*），一种热带寄生植物，无叶，直接从寄主植物的根部开花。这些花的直径可达80厘米。在这两个极端之间是更熟悉的园林植物的花，如倒挂金钟（fuchsias）和天竺葵（pelargoniums）。

单子叶植物雌性的子房（ovary）产生了果实里的种子。花柱（style）连接子房和柱头

花的结构
单子叶花中的雌性子房在水果中产生种子。这个花柱连接子房和柱头，柱头接收花粉。雄蕊形成雄性部分一朵花；每个都由一根细丝组成支撑花药，产生花粉。

花的性征
有些植物具有两性花（bisexual flowers），有柱头和雄蕊。其他植物有雌雄同株（monoecious）、雌雄花分开，或者雌雄异株（dioecious）的植物，每株只有一种雌性或者雄性的花。

（stigma），接受花粉（pollen）。雄蕊（stamen）形成花的雄性部分；每个雄蕊由支撑花药的花丝（filament）组成，花药产生花粉。

花的雌性生殖部分是子房，它产生了果实中的种子。花柱的茎细长，连接子房和柱头，负责接收花粉。子房、花柱和柱头构成心皮（carpel）。花可能有一个或几个心皮，

总是在花的中心或顶端。在两性花中，围绕心皮的是雄蕊。其他单性花，则只有雄蕊或心皮。

传粉

在产生种子之前，必须先给花授粉。授粉是将（雄性）花粉从花药转移到（雌性）柱头。如果一种植物自己授粉，而不是接受来自同一物种的另一个个体的花粉，种子中的遗传变异就会减少。大多数植物，特别是野生植物，都有防止自花授粉的系统。

有些花的花药和柱头成熟的时间不同，因此如果花粉落在同一朵花的柱头上，它就会死去。一些雌雄同株的物种，如榛子（榛属）和甜玉米（玉米属）在同一株植物上开雌雄同体的花。有时它们在植株的不同部位，比如长有甜玉米的地方，雄花聚集在植株顶部以捕捉风。这有利于异花授粉，虽然自花授粉仍然是可能的。

其他（雌雄异株）物种通过将雌雄花定位在不同的植物个体上来区分雌雄花。例如冬青属植物（*Ilex*）、杨树（*Populus*）、柳树（*Salix*）、丝缨花（*Garrya elliptica*）和枣椰树（*Phoenix dactylifera*）。许多雌雄

传粉媒介

昆虫 许多花，如丝瓜（*Luffa acutangula*）花，大而且鲜艳，以吸引甲虫之类的昆虫，成熟的花粉是黏性的，它附着在甲虫的甲壳上，直到被带到另一朵花上。

蝙蝠 一些蝙蝠以花蜜为食，特别是在温暖的气候中。有些仙人掌只在晚上开花，并散发出强烈的、难闻的气味，特别吸引蝙蝠。花粉会通过蝙蝠的皮毛带到其他花朵上。

异株的植物是靠风媒传粉的。在自然界中这种方法的风险在于，单株孤立的植物可能无法育种。

在园丁看来，雌雄异株的劣势在于，从花种培育植物至少需要5年的时间才能发育成熟。比如，雌性冬青属植物结果经过7～20年的时间才能优选。与之相比，雄性的丝缨花比雌性更具园艺价值，因为雌性的灰白色柔荑花序更长。

授粉媒介

为了保证异花传粉，植物进化出了各种巧妙的技术。它们经常利用昆虫或动物把花粉从一朵花传到另一朵（参见第16页）。这些动物会被气味或颜色或大花瓣吸引，它们得到的奖赏是花蜜、富含蛋白质的花粉或肉质花瓣。兰花有一些很奇怪的机制，包括花的形状或气味，就像雌性昆虫引诱雄性昆虫，从而完成花的授粉。蝙蝠、甲虫、蜜蜂、蝴蝶、苍蝇、小型哺乳动物和飞蛾都是授粉媒介。一些植物有两到三种花，它们看起来很相似，然而柱头和雄蕊的作用不同。以报春花（*Primula vulgaris*）为例，昆虫只能从一种花的雄蕊中提取花粉，将花粉放置在另一种花的柱头上。

其他植物利用风和水来传递花粉，所以它们的花通常不太显眼，因为它们不需要"贿赂"其他动物，但是这些方法比较浪费而且不稳定。

单子叶植物（MONOCOTYLEDONS）和双子叶植物（DICOTYLEDONS）

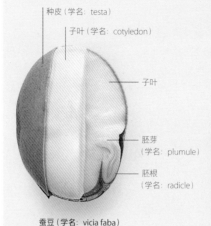

种皮（学名：testa）
子叶（学名：cotyledon）
子叶
胚芽（学名：plumule）
胚根（学名：radicle）

蚕豆（学名：vicia faba）

开花植物（被子植物）被划分成两组。单子叶有一片子叶，通常平行脉在树叶上，难以区分的花瓣（petal）和萼片（sepal）数量通常为3的倍数，非木质茎（non-woody stems）。双子叶植物有两片种子叶，叶子上网状的叶脉通常是绿色的萼片，花瓣通常为4或5的倍数，更粗的茎可能由形成层形成，带有木质组织。

单子叶植物的叶子　　双子叶植物的叶子

双叶种子　这个正在发芽的种子有两片子叶，有种皮。子叶包括胚胎和位于其基部微小的根和芽。有时（就像这个蚕豆）子叶中包含食物库[胚乳（endosperm）]。

花的受精

花要完成受精，花粉必须是可以异花受精的和存活的，柱头必须能迅速接受：通常它会渗出一种糖液，变得黏黏的。

糖液使得花粉粒黏在一起，也为花粉粒发芽提供了能量。如果花粉可异花受精，它将生长并形成花粉管。花粉管深入到花柱上，这样雄性细胞就能进入卵巢，使雌性卵细胞（胚珠）受精。

雄性和雌性的性细胞都含有来自每一个亲本植株的染色体（包含遗传物质），但数量只有成株的一半。当雄性性细胞与单个卵细胞核融合，全套染色体生成，种子便开始形成。

种子如何形成

花一旦受精，花瓣开始枯萎和凋谢，子房开始膨胀。柱头和雄蕊开始萎缩并死亡。受精卵细胞（胚株）在子房内形成种皮（外种皮）以保护它们的胚，而子房壁形成保护层（果皮），种子被包裹在里面。

种子和果皮共同构成果实，它可以是鲜美多汁的，当果皮的中层变厚和多肉时，就如同蔷薇果。也可以干干的、硬硬的、轻薄如纸。种子成熟时，成熟的果实逐渐变色，多肉的果实从绿色变为鲜亮的颜色。

种子的结构

发育完全的种子通常包含胚（胚芽）、根（胚根）和子叶，周围被大量养料（胚乳）所环绕。在一些植物中，种子的胚乳完全把胚包围，形成成熟植株的贮藏组织。比如洋葱[（葱属植物（*Allium*）]。它也可以作为临时养料储备在子叶里，在发芽的早期阶段为胚芽提供营养。如蚕豆（见上文）和甜豌豆[山黧豆属（*Lathyrus*）]。

在被子植物中，胚乳先于胚发育，但大多数裸子植物的胚先形成。

种子坚硬的外层——种皮或者外种皮保护种子的胚和储存的营养不受真菌、细菌、昆虫和动物的侵袭，免受来自环境的任何压力，如干旱、洪水、低温和高温。成熟的种子通常在植株上晒干，以便使它适应一段时期的恶劣条件。对于完全成熟的植株来说，达到适合的干燥程度，或者最大的干重，在大多数情况下会影响种子的发芽能力。

种子的数量和大小差别很大：有些像尘土一样细小，有些像足球一样大。一般来说，种子越小，种子就越多。种子通常是封闭的，保护层和受精种子形成了果实。

雄蕊
肿胀的子房
授粉花
凋谢的鲜花

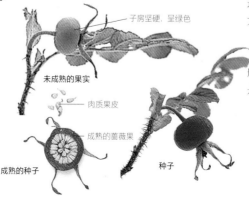

子房坚硬，呈绿色
未成熟的果实
肉质果皮
成熟的蔷薇果
成熟的种子
种子

裸子植物

与被子植物不同，裸子植物如松柏类的"裸"种只是部分被亲本植株的组织包围，针叶树球果（另见第71页）是风媒传粉的，种子在雌球果的鳞片上形成。其他裸子植物包括苏铁（另见第68页）和银杏（见第80页）。

含孢子的植物

苔藓、地钱、蕨类植物、石松和马尾草等植物通过孢子繁殖。孢子可能看起来像种子，但它是无性的。在植株上单独形成雄性器官和雌性器官。随后的有性繁殖阶段只能在有水的情况下发生（另见蕨类植物，第159页）。

种子的传播方法

种子一旦成熟，就必须传播。如果它们发芽时靠近亲本植物，就会和亲本竞争水、光和养分。为保证种子能远距离地广泛传播，植物形成了各种策略。这是种子繁殖优于无性繁殖的优势之一。水果和豆荚里的种子适应了不同的传播方法，一些果实非常简单，看起来像个大种子，如橡子（Quercus），它有一层厚厚的外壳保护着里面被薄种皮包裹着的种子。橡子可以防物理损伤，滚落到地上或被动物埋入土中仍可生存。

一些种皮发育成轻薄如纸的荚膜或者豆荚，如马利筋属（Asclepias）和翠雀属（Delphinium）。豆荚成熟时由于风干程度不同，荚皮的张力最终会使豆荚破裂，释放出大量的种子。种子要么落在地上，要么被风

果实的类型

浆果（灯笼果）　蒴果（罂粟）　球果（松树）

豆科植物
（豆荚）（黑眼豌豆）

梨果（苹果）

复合果（覆盆子）　坚果（栗子）　核果（杏）

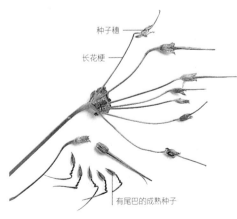

种子穗

长花梗

有尾巴的成熟种子

鹭之嘴［马内斯科牻牛儿苗（Erodium manescavii）］的种子

每个尾巴含有吸湿的细胞，以此对湿度做出反应。因此，当种子掉落到温暖的土壤中十分钟后，尾巴会螺旋卷曲，能够将种子推到地表之下。

吹走。

其他种子的荚皮，如蕨类、豌豆的种子在迸裂之后会弹射到较远的位置。受欢迎的草本植物，多毛的碎米荠（Cardamine hirsuta），只需轻轻一碰或被风轻轻一吹就能使种荚破裂弹出种子。地中海喷瓜（Ecballium elaterium）里面充满了液体，当它成熟时柄与瓜体断裂，种子和汁液向空中喷出。

一些植物的种子，比如草、谷类、鳞茎植物的种子一旦成熟就能发芽，如果湿度适宜，即使还在亲本植物上也能发芽。发芽的种子落入湿润的土壤中后能快速生长。

种子通过动物传播

植物通常有肉质的果实吸引动物光顾。动物不需要消化种子，种子常常有更多的营养，种子无损伤地经过动物的消化系统，通过粪便（预先准备好的温床）排出到距离亲本植物较远的地方。肉质果实包括浆果（葡萄）、只有单个种子的核果（李子），以及有若干种子的梨果（苹果）。复合肉质水果包括菠萝和树莓，以及大量的小核果。

很多种子和果实有各种各样的附属物，

它们附着在动物毛发或者羽毛上，有些黏着力很强。它们可以被运到很远的地方，直到被动物们卸下。牛蒡［牛蒡属（Arctium）］和猪殃殃［拉拉藤属（Galium）］的带刺的种子紧紧地附着在皮毛和衣服上。

种子通过风传播

很多种子非常小，可以被风刮走，这种运输方式较为经济，小而轻的种子比大的肉质植物吸取的能量要少，微小的种子以数量众多来弥补飘落到适宜的土壤前可能的损失。杜鹃花的种子，尤其是兰花的种子非常轻，可以被风携带。其他种子的结构也适合空气传播。柳兰［柳叶菜属（Epilobium）］种子是羽毛状的（见右页插图），蒲公英属（Taraxacum）植物和树紫苑属（Olearias）植物有羽毛状的小伞，臭椿树、白蜡树［梣属（Fraxinus）］和枫树具有明显的薄如纸的翅膀，它可以像直升机叶片一样旋转（这些羽毛状的种子被称为翅果）。

种子通过水传播

植物适应在水中生长或它们沿着水道生长结的籽或果实能够防水或者能浮起，落羽

种子的传播

风传播 一些植物带有绒毛状的种子穗，里面包含羽毛状的小而轻的种子，比如柳兰（*Chamaenerion angustifolium*）。这些羽毛可以使种子随风飘很远的距离，通过这种方式，植物可以占领很大的区域。

海水传播 椰子树生长在海岸上，因此一些果实会掉落到海中。外壳纤维中的空气使椰子非常有浮力，让它能够在洋流中漂流。它被冲到遥远的海岸上后发芽了。

杉（*Taxodium distichum*）的种子在发芽之前可以被溪流或者江水冲走。在水上最成功的漂流者之一就是椰子（*Cocos nucifera*），它可以漂洋过海而生存（见插图）。

种子的休眠

如果种子被置于适宜物种保存的条件下却仍然没有发芽，那么可以看作是休眠。在适当的温度、湿度和空气等条件下，有时也包括光线，这些条件具备后，没有休眠的种子在吸收水分后会很快发芽。一些地区四季分明，温暖的夏天和寒冷的冬天交替，干燥和湿润的天气交替，休眠会阻止成熟的种子发芽。在生长季末，幼苗会死于极端严寒，

要么热死，要么旱死。休眠也会导致种子在自然环境下交错发芽，从而减少苗木之间的竞争。种子休眠通常由坚硬的种皮（果皮）、未成熟的胚或者对胚的化学抑制作用引起，根据打破休眠的难易程度，又分为浅度休眠、中度休眠和深度休眠。

园丁可以通过几种方式克服休眠（见下文），当休眠种子准备发芽时，必须保持稳定的条件，任何条件的改变，如高温、干燥或者缺氧，都会促使种子进入中度休眠，从而极难打破。

种皮休眠

有些种皮含有防水物质，它逐渐被低温环境破坏，种皮进一步腐烂，这是由土壤中的细菌和真菌引起的。种子只有充分吸收了水分之后才会发芽，用物理方法可以削弱种皮的阻力。

擦破种皮可以使水汽到达种子的胚。也可通过砂纸等磨料擦种子得以实现。硕大的种子可以用刀切开。只需切开一小块区域，必须注意不要损坏种子。用老虎钳小心敲开大坚果。大量出售的商用种子浸泡在酸中，但这对园丁来说是很危险的。

种子发育完后应立即采集，在种皮发育早期能够减少分解种皮所需的时间，能使发芽更有把握。

完全成熟但未干的报春花种子在播种后可以立即发芽。一旦干燥并自然从豆荚中脱落出来之后，它们的发芽速度要慢得多。如果鹅耳枥（*Carpinus betulus*）的种子留在树上一直到隆冬，种皮会变得坚硬，会推迟发芽2至3年。

种皮上覆盖有防水层的种子，如皂荚属（*Gleditsia*）和棉绒树（*Fremontodendron*），

可以用热水浸泡。这样可以去掉防水层，使种子能够吸收水分。让种子经受温度的变化，即种子层积沙藏法，在种子播种前和播种后，此方法常常是最简单和最有效的选择，因为它部分模仿了自然过程。高山植物、耐寒乔木和灌木的种子对此反应良好。种子保持低温的时间取决于休眠的严重程度。浅度休眠的种子需要3～4周，中度休眠的需要4～8周，深度休眠的在8～20周，一旦30%的种子有了胚根（发芽）就可以播种。

胚胎休眠

有些植物，如兰花、冬青和一些荚蒾（*Viburnum*）物种，在种子成熟时胚胎尚未发育完全。这就导致了复杂的休眠。具有未成熟的幼胚的种子在种子传播后直到胚芽进一步发育后才会发芽。通常种子在20摄氏度的温暖环境中60天就可以发芽，就像在自然界中种子成熟后撒播的第一个夏季。一旦胚胎完全发育成熟，种子就可以发芽，但种子会受种皮或化学休眠的影响，如欧梣（*Fraxinus excelsior*）和牡丹。上述情况可通过以下办法改变：在1～2摄氏度的自然环境或人工环境中冷藏8～20周，这样种子在第二个春季也可以发芽。

化学休眠

肉质果实的种子，如木兰、玫瑰和花楸（*Sorbus*）的种子，常常被种皮中的化学抑制

种子的活力

种子，根据它们在野外的习性和水分含量不同，有不同的寿命。有些种子，特别是肉质种子，死得很快，所以必须一成熟就播种；其他种子，尤其是干种子，比如豆类和西红柿，可以保存10年之久。种子存放温度低于4摄氏度，在黑暗中和干燥条件下正确地存储，可以保持活性，但是暴露在较高温度中，或者增加湿度都可以杀死种子，或者促使其过早发芽。饱满、健康的种子能孕育出最有活力的新植株。

金盏花种子 —

金莲花种子 —

打破种子休眠

加热和烟雾 一些植物生长的地区会发生森林大火，大火摧毁生长的植物的同时，激活了休眠的种子。森林大火的高热使一些植物坚硬的果实，如佛塔树属（*Banksia*）的果实裂开释放出种子，烟雾中的化学物质促使植物的种子发芽，如蜡南香属（*Eriostemon*）。

通过动物传播 一些种子，比如坚果，具有特别坚硬的外皮或者壳，它们保护种子，但也阻止水分进入种子。动物们，比如松鼠，会吃掉一些坚果，同时破坏其外壳。水分一旦进入种子，种子就能开始发芽

剂抑制。在经过动物的消化道时它们通常会被降解。要克服休眠，果肉就应该在种子成熟前从种子上去除掉。

　　一些种子被烟中的化学物质激发而发芽。这种情况在林区经常会有山火的地区，比如在澳大利亚和南非时常发生。当现存的植物被烧掉，烟中的化学物质激发种子发芽，从而减少了幼苗间的竞争。以前，一些种子是直接加热处理的，只要有烟雾产生即可起作用。现在难发芽的种子可以被大量烟熏而不用加热或浸泡在化学溶液中。火也会破坏种子的硬壳，如金合欢［金合欢属（*Acacia*）］，以促进其发芽。

发芽的必要条件

　　干燥的种子开始生长前必须再次吸收水分；水可以使种皮膨胀和胀裂。大多数种子发芽前体积会增大一倍。种子胚的发育是一个复杂的生化活动，需要大量的氧气来释放种子的能量储备。如果土壤或堆肥被冻结、压实、浸水或晒硬，氧气将无法到达种子的胚，它们将无法呼吸。

　　通常春天特有的温度使得植物能在自然栖息地发芽，幼苗也能适时地在冬季之前定植。种子发芽需要的适宜温度相差很大。如果复杂的休眠被终止，白蜡在2摄氏度时会发芽。相反，一些地方的天竺葵种子在25摄氏度度萌芽最好。

　　温带花卉和蔬菜种子适宜发芽的温度中位数通常是8～18摄氏度，较温暖气候的

温度为15～24摄氏度。高温会使发芽推迟。用人工方法提供超过种子所需的热量是一种浪费，而且会导致第二次休眠。

　　一些种子需要光照才能发芽，尤其是一些细小的种子，它们很小或者根本没有储备的养料来滋养胚胎。这些植物包括水芹（*Lepidium sativum*）、莴苣（*Lactuca*）和桦树［桦树属（*Betula*）］。此种情况下，我们可以使用人工光照（见第42页），只要用少许堆肥或蛭石轻轻覆盖播下的种子，使其在春季和夏季暴露在自然光下就可以发芽。如果埋得太深，几乎所有的种子要么死亡，要么进入休眠状态。因为它们接受不到地表光线，无法判断何时适合生长。根据经验，种子被覆盖的深度最好不超过其自身大小的深度。

　　有些种子可以检测光线中红光的水平，避免在阴凉处发芽，如在树下，那里的绿叶能够吸收红色光波。

种子如何发芽

　　种子发芽有两种基本方式（见下图）。番茄和山毛榉类的植物在胚根形成的同时，子叶会长出地面（地上发芽）。如果嫩芽的尖被冻坏或者死亡，它就不能再生长。

　　地下发芽类的植物有豌豆、橡树和一些鳞茎植物，子叶随同营养物质和根储存在地下，在第一对真叶形成后，生长的幼苗长出地面。如果种子埋得足够深，幼苗顶端即使损坏，也还有成活的机会，还能长出新的芽。地下发芽给园丁带来一些困难，因为它在发芽数月后才能见到生长的迹象。

种子是如何发芽的？

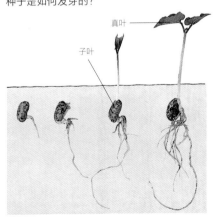

真叶

子叶

地下发芽 一旦根系长出，胚芽向上生长脱离子叶，钻出土壤。胚芽在土壤上面出现，然后长出它的第一对真叶。

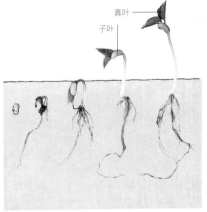

真叶

子叶

地上发芽 种子的根生长时把胚芽和起保护作用的子叶顶出地面，子叶生长于根的顶端，接着第一对真叶长出。

家庭采集种子

一般情况下，如果从花园采集种子，应该选同一物种，而不是杂交品种。杂交品种长出的幼苗将会非常多变（除非足够稳定，与原型相同）；一些有可能像亲本一样好，甚至更好，但几乎没有相同的。理想的做法是，从具有典型特征的健壮植物中选择大量的种子。如果植物远离相似的物种，自然杂交的风险会减少，幼苗就会"不变种"，与亲本非常相似。

采集种子 种子一旦成熟，要采集种子穗，整理种子以备储存和播种。在采集花园种子时经常会采集到偶然结出的杂交种子。

● 活性差的种子在新鲜时播种有较高的发芽率。

● 在种子刚成熟时收集种子可以避免发生种皮休眠。早采集种子也能提前播种，从而打破复杂的休眠，在最适合发芽的播种日期前播种。

● 许多植物几乎不需要什么成本就可以获得。

● 从用园圃收集的种子培育的植物能较好适应当地条件。家庭收集的种子适应性更强。耐寒的亲本不一定产生耐寒的幼苗，但耐寒概率较大。

● 通过采集种子可增加稀有植物的储量，有助于减少对自然界中野生植物的需求。

● 可用于储存商业上买不到的植物，尤其是蔬菜，保留它们，从而促进属内植物的多样性。

其他的特征。通常，选择后代和另一种植物杂交，引入新的特性，或者与原先的亲本植物的姊妹繁殖以增强理想的特性。第一代（F1）杂交种通常是抗病的，并能保证性能。但是它们倾向于在同一时间开花，种子成本超过F2种子。对于菜农来说，F1种子可以保证好收成。F2或者物种种子可使优质的草本开花植物连续开花。

如何通过杂交培育园艺植物

成功培育稳定的、具有商用价值的杂交植物通常需要较高成本，还要付出很多劳动，但是业余园艺爱好者也可以试一下这项技术的有趣实验。一些属，如大丽花属（Dahlias），鸢尾花或玫瑰，适合业余爱好者进行杂交，常常能培育出令人非常满意的苗木。实际上，现在市场上的很多杂交品种最早都出自业余的园艺爱好者。

家庭进行植物杂交并不十分复杂，但是需要系统的方法和一些耐心，它有助于培养植物的某一种或属。设定一个具体目标，比如培育大花朵的火炬花（Knipfolia，它的耐寒能力在零下20摄氏度）。做一些研究，看看是否有些特征在某一种或属范围内在某种程度上是明显的。然后选择感兴趣的亲本开始杂交和逆代杂交，重新挑选后代。

虽然植物的花形各不相同，但杂交的程序基本上是相同的（详情见116—117页）。有用的工具包括传递花粉的小细画笔、结实的镊子、精致锋利的剪刀，以及标签。用细网袋或薄纱袋套在已授粉的花朵上，并用笔记本记录下所有的杂交程序。

一旦开始萌芽，如果湿度、光线、空气和温度的水平降低，种子将很快死去。

杂交

种子形成过程中植物的母系基因和父系基因进行物质交换，这对植物增强适应环境变化的能力是必不可少的。还能培育新的植物（杂交品种），以提升颜色、外形、习性、抗病能力或者香味，从而满足园丁们更多的需要。

杂交品种由两种不同植物杂交混合而成。如果选择的是同一种植物的两个个体杂交，差异会最小；若是不同种类的杂交则差异显著。有时，杂交可能发生在不同属之间（栽培品种，即非野生的品种，有可能是杂交品种，但也未必。它可能是某一著名形态的物种，如最早形成于培植的多样化的变种）。

如果杂交品种是由两个不相关的植物杂交产生的，后代通常有很大的活力。这就跟通过同样的方法能得到非常健康的杂交狗是一样的道理。相反，如果植物自花授粉几代，它们往往会失去活力，就像近亲繁殖的纯种狗一样。

在用于商业的杂交中，亲本植株要经过长时间的筛选，以确保它们是稳定的，并能纯种繁殖。挑选两个具有优秀特征的亲本，

通常选择一个亲本作为种子（雌性）亲本，另一个作为花粉（雄性）亲本。为了避免自花授粉，种子亲本上的花要尽快摘除雄蕊，用花粉亲本的花粉进行人工授粉，以保证每个种子的亲子关系。要保护杂交的亲本免受传粉昆虫的污染，可以用薄纱袋覆盖每朵花或者把植物罩住，直到种子形成。

第一代杂交种（F1）是统一的（见插图）。如果F1是杂交的，第二代（F2）将向种植者呈现一系列反映亲本双方、第一代（F1）和

如何进行杂交？

成功的杂交需要两个具有稳定性状的亲本植株，通常来自同一属的物种或者选择某一物种，较少情况下是来自两个属的物种。杂交时，亲本产生具有相同特征的后代，之后的杂交也会得到相同的结果。第一代也被称作第一子代，或称F1代杂交。如果F1代之间杂交产生第二代，或称F2代杂交，将在不同程度上显现出亲本和F1代杂交的一系列特征。

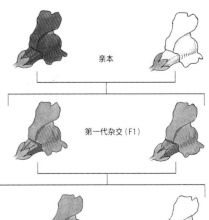

亲本

第一代杂交（F1）

第二代杂交（F2）

植物的无性繁殖

　　自然界中，一些植物可以无性繁殖，也可以通过种子进行有性繁殖。绝大多数情况下，新生植物和亲本在基因上是相同的（可看作克隆），尽管偶尔也会发生一些微小的基因突变。无性繁殖利用了这种自然的能力，并将其扩繁，从而完成像根部、幼苗以及叶子等植物组织无性别部分的分离。园丁可通过这些方法实现单一植物繁殖，并且在后代中保留多样化特征。可供使用的各种方法多种多样，包括分株繁殖、扦插、压条和嫁接。

分株繁殖

　　严格来讲，分株繁殖是将一株植物分成几株自养植物，它利用的是许多植物会生长出紧密结合的幼苗或嫩芽这一习性，从而生长为丛或冠。丛可以被分成若干部分，每个部分都至少有一个幼苗或嫩芽，以及它自己的根。这个方法快速而简单，但只能生长出少量新的植物。

　　在温带气候中，分株繁殖通常在春季、植物开始生长时进行。由于缺少叶子，水分流失得以最小化，同时根部会快速生长以再次进行分株繁殖。在热带气候中，分株繁殖可以在任何方便的时候进行；为减少水分流失，要随时修理叶子部分，同时要提供阴凉环境以及充足水分。

　　自然分株的高山植物，比如加尔加诺风铃草（Campanula garganica）、南方藓菊（Raoulia australis）和锥花虎耳草（Saxifraga paniculata，见左下图），以及有须根的草本植物，比如蓍属（Achillea）、紫菀（见中下图）、福禄考以及琉璃菊属（Stokesia），都是简单地被拉开的。嫩冠相对于年份较长的木质冠来说，更容易处理。

　　有肉质根和芽的草本植物，如落新妇属（Astilbe）、嚏根草（hellebores）和玉簪属（Hosta，见右下图），在不受损的情况下很难进行分株。半木本草本植物通常是四季常青的，这类植物包括聚星草属（Astelia）、蒲苇［蒲苇属（Cortaderia）］、新西兰麻（Phormium）以及丝兰（Yucca filamentosa）。需要用边缘锋利的铁锹或鹤嘴锄将其分开。幼小的植物较容易处理。

　　少数木本灌木和乔木，包括藤槭（Acer circinatum）、小花七叶树（Aesculus parviflora）以及黑果腺肋花楸（Aronia x prunifolia，即野樱莓、不老莓），由土壤下方的根出条长出丛；移除这些丛后种植新的植物。在把丛分株之前，幼小的亲本植物可以被完全拔起，而中心部分并不会受损。"分株繁殖"这一术语也被广泛应用于指代和真正的分株繁殖相似的过程，例如，将鳞茎或仙人掌、兰花假鳞茎、根蘖和有根茎从亲本植物中分离出来。

扦插（插条）

　　扦插繁殖利用了植物组织一项显著的能力，从茎、叶、根或芽处，重新完全发育出有根和苗的新生植物。在再生过程中，由茎、叶或芽组织产生的根被称为不定根。

　　为培育出这些植物，一组生长（分生组织）细胞，通常靠近维管（携带汁液的）组织的中核心，之后再长成根首（根细胞），形成根芽，然后长成不定根。这些也被称为"诱发"或"伤口"根，因为在大多数植物中，它们仅在某种类型的损伤后才会出现，例如切断植物茎部。

　　在一些植物中，例如常春藤、杨树和唇形科植物（如迷迭香和鼠尾草）中的许多植物，预先形成的根首在茎中处于休眠状态，因此它们能在扦插过程中快速生根。一些植物，如樱桃砧木，甚至能形成根芽，一般情况下，在芽的底部可见。其他通常耐寒的木本植物很难生根：对于这些植物，愈伤组织可能会阻碍根的形成，最好进行嫁接（见第27页）。

不定芽

有少数植物，主要以肉质植物为主，例如这种大叶落地生根（Kalanchoe Daigremontiana），可以通过在叶缘产生叫作不定芽的小植株来进行无性繁殖。当完全成型后，小植株会落到地上并扎根于土壤中。这些不定芽提供了一种非常简单的繁殖方式。

丛生植物的分株繁殖

亲本根颈上的莲座丛

植物幼苗具有良好的根

自然分株高山植物　像锥花虎耳草每年在亲本根颈周围生出的幼苗，给植物分株是一项简单的工作：拔起植株，然后轻轻拉开幼苗，重新种植。

健壮的幼苗和根部

纤维状的根部

纤维状根部的多年生草本植物　具有纤维状根的丛［此处为紫菀属，伞花东风菜（Doellingeria umbellatus）］很容易被扯开或切开并能很快定植。清理土壤，显露出分株的自然品系。

纤维状的根部

肉质根多年生草本植物　像这种玉簪属的植物有紧凑的根颈，很难在不破坏明显的肉质芽和根的情况下分株。将其分开时保留好的根和至少一个芽。

准备扦插

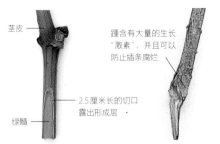

茎节扦插 与生长相关的细胞最集中的地方在叶节处或茎节处,因此大多数扦插都在节点下方修剪以利生根。

茎
使用干净锋利的刀子可以减少染病风险

茎皮
2.5厘米长的切口露出形成层
绿髓

损伤 如果从茎基部削去茎皮,半成熟或硬木扦插通常更容易生根,这样会暴露出形成层中更多的生长细胞。

踵含有大量的生长"激素",并且可以防止插条腐烂

踵状扦插 一些扦插,特别是半成熟枝,是通过拔掉一个小的侧枝来进行扦插的,这样它就可以保留主枝的带茎皮"踵"。

不定根通过愈伤组织垫生长

愈伤组织 当茎部被切割或受损时,它会在受损细胞上形成愈伤组织(见小插图)。对于难以生根的植物,如果堆肥产生过多气体或呈碱性(高pH值),愈伤组织垫可能会变厚,会阻止根的生长。如果发生这种情况,需用解剖刀切除多余部分。

准备扦插

大部分插条取自植物的茎部,它们可能在叶节或节处之间被切断(节间扦插),或刚好在节点下方(节段扦插)。节段扦插会暴露出最大面积的维管组织,从而提高根部形成的可能性(见上图)。其他有助于生根的方法包括"伤口"(见上图),尤其针对木本植物,以及使用激素生根化合物(即生根剂,见第30页)。扦插中植物的顶端也可以去除,将自然生长激素(生长素)重新分配到茎的其余部分,以促进根和新芽的生长。

扦插类型

扦插取自植物的茎、叶、根部(见右图),可分为以下几种类型。

嫩枝扦插 通常取自植物春天的嫩苗。它们的茎扦插潜力最强,但存活率较低。它们的水分流失并迅速枯萎,并且容易受伤,可能导致叶子和茎部受到灰霉病的侵蚀(腐烂)。

绿木扦插 尽管茎部还幼小,但已经开始变得健壮。这种方式比嫩枝扦插更容易操作,且不容易枯萎。

半成熟扦插 当茎部变硬且开始发芽时,这些植物就已经半成熟了。可以进行踵扦插,特别适用于常绿阔叶和针叶树木。

硬木扦插 这种类型来源于休眠树木,所以生根较慢,但强壮且水分不容易流失。

叶芽扦插 通常取自于灌木,这种类型为使用半成熟茎提供了一种简约经济的方式。

叶扦插 少数植物可以从脱落的叶子或叶组织的一部分中再生出新的植物。其中包括秋海棠科(Begoniaceae,见第190页)、景天科和苦苣菜科的成员。铁线莲、球兰属和十大功劳属(Mahonia)等植物的叶子有

扦插类型

在茎节下方剪下的插条[这里为绣球花(hydrange)]

嫩枝扦插 这些取自于新枝(茎尖扦插)或基部枝条(基茎扦插),最常见于春季,此时它们几乎已完全发育但仍然细嫩。

新枝从每个茎节长出
深色、木质基部[这里为锦带花(weigela)]

半成熟扦插 一旦新的生长变慢,枝条开始变硬,从仲夏到秋季,可以从茎中取出半成熟的插条。

硬木扦插 在落叶后和春季到来、新的一轮生长之前,从落叶木本植物(此处为柳树)或常绿阔叶植物中裁取长的完全成熟的幼茎。

亲本叶(厚叶植物)

全叶 一些植物的叶基部有休眠芽。当叶子被当作插条时,这些休眠芽会发育出新生植物。

小植株在叶脉伤口处形成
部分叶片

部分叶 少数植物会从叶片组织中再生。在生长季任何时候可选取部分叶片或受损的叶子扦插。

叶芽(山茶花)发育成长新枝
叶子为根的生长提供能量

叶芽 半成熟扦插需要一个短茎和一片叶子,一些植物从一根茎上可以获得更多的插条。

新根

根 在休眠季可以扦插健壮的根,选取具有铅笔粗细或中等粗细的根的植物。

可能生根，但不能产生芽，因此永远不能发育成完整的植物。

根扦插 仅适用于部分植物——可自然发育枝条或吸根的植物，例如虾膜花（*Acanthus mollis*，见第158页）和火炬树（*Rhus typhina*）——可以通过根扦插繁殖（见第23页）。它们的根通常厚而多肉，以便储存食物，使根在发芽时能够存活。

扦插的成功

扦插的过程相对简单，但成功将取决于几个因素。亲本植物产生不定根的内在能力将决定诱导插条生根所需的护理程度。此外，亲本植物的状况也会影响生根扦插的质量。应始终选择健康的植物；疾病或害虫会传染到插条上。取自幼苗的材料，特别是在活跃生长时的幼苗，通常更容易生根。提前几个小时彻底浇灌亲本植物，使组织完全膨胀，尤其是针对多叶扦插。

准备并迅速插入插条以避免它们由于蒸腾作用而流失水分。清洁卫生对于避免将疾病引入切口或伤口中也是重要的条件，应该保持植物表面和工具清洁（见第30页）。扦插工具应无菌且尽可能锋利，这样才能避免在切口处造成植物细胞损坏。

在温暖的气候下，直接将插条插入到阴凉处的土壤中，许多植物的插条几乎在

自然压条

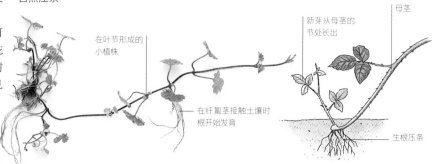

在叶节形成的小植株

在纤匍茎接触土壤时根开始发育

新芽从母茎的节处长出

母茎

生根压条

自我压条 一些植物通过压条自然繁殖。有匍匐茎的植物，例如欧活血丹（*Glechoma hederacea*）沿着它们的匍匐茎产生小植株，这些小植株由亲本滋养，直到它们扎根于土壤中。生根茎很容易升起和分裂。

先端分层 一些灌木和攀缘植物，特别是荆棘［悬钩子属（*Rubus*）］，将从它们长且拱形的茎的尖端生根。一旦新芽形成，根尖将分离。

一年的任何时候都可以在室外生根。而在较冷的地区，对环境的控制通常至关重要，而且生根可能是不可预测和缓慢的。底部保持15～25摄氏度的温度可以促进生根。空气应该更凉爽，以避免叶子生长，但根却没有生长。生根培养基（见第32—35页），尤其是多叶扦插的培养基，应始终保持湿润，且空气潮湿。（参见繁殖环境，第38—45页）

插条生根所需的时间取决于植物本身、扦插的类型、茎的年龄、扦插的准备方式和生根环境。多叶扦插在大约3周内生根，木质扦插最多需要5个月的时间。

压条

一些植物具有通过自我压条再生的自然倾向——从它们接触土壤的茎部形成不定根（见左上图）。此类植物包括凌霄属（*Campsis*）、绣花球科（*Hydrangea*，见第131页）和常春藤属植物。一些植物通过先端压条形成新生植物。

这些再生倾向在压条中被利用，其中活跃生长的茎被诱导在伤口部位产生根（见第25页顶部），同时它们仍然附着在亲本植物上。一旦生根，茎或压条就会从亲本植物上脱离并单独生长。压条是相对来说能确保培

利用砧木植物进行繁殖

砧木植物是专门为提供扦插材料而种植的。它可以用来培育出最好的扦插生长材料，而为园艺展览而种植的植物则不用来做扦插，可以保证完好无损。

砧木植物应该是健康、成熟和有活力的，具有大量浓密、紧凑的嫩芽。它应为某种植物类型的一个优秀范例，例如它应该顺利地开花结果。这种植物的插条更容易生根并发育出更好的成果。应避免使用染上疾病的植物，尤其是那些被病毒感染的植物，因为疾病可以传染给插条。砧木植物的年龄会影响其生根能力。新生植物的引入，尤其是从幼苗中挑选出来的植物，通常呈现出比同种的老龄植物更强的生根能力。

有几种方法可以改善砧木植物，从而提高其再生能力。生长媒介中的高含量的钾和适合于植物的pH值、良好的光照和有限制的根系运行，确保了扦插材料中根和枝条发育的高能量储备。重剪能够使植物发育出壮的、用于扦插的基部枝条。将砧木植物置于2摄氏度的环境中2周，然后强行移入8～15摄氏度的环境中，以引导其生长出具有增强生根能力的新枝条：这种方法适用于某些落叶植物，例如一些杜鹃花［杜鹃花属（*Rhododendron*）］、铁线莲和蓝雪莲属（*Ceratostigma*）植物。将茎放在光线下一段时间可以拉长细胞组织，使茎变白，软化皮肤（黄化），帮助难以生根的植物生根。

任何时候都不应从砧木植物中提取超过60%的高位增长。提取扦插材料后，让植物重新生长。

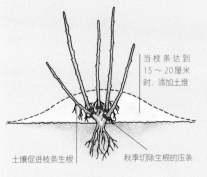

当枝条达到15～20厘米时，添加土堆

土壤促进枝条生根

秋季切除生根的压条

传统分蘖方法（Traditional Stooling） 在冬末或早春，将新生且强壮的原料灌木粗剪下来，用土壤堆起新芽（见左图），以便在秋季发育出生根的压条，所有这些压条都会被移除。基底（根株）在第二年会发新芽。

扦插 在容器中生长的植物可以被保留，重复为扦插提供材料或仅在被种植前使用一次。这种白葡萄生长出了84个半成熟的茎尖插条，却并没有明显改变其形状。

诱导压条

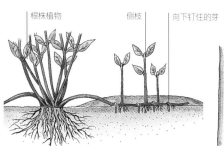

根株植物　侧枝　向下钉住的芽

法式压条　在这种形式的根株中（见第24页），根株上的新芽沿着土壤钉住。侧枝分阶段接地，深度为15厘米。当这些侧枝生根时，它们会被分离并继续生长。

划伤裹满苔藓的茎以阻止其在生根前愈合

茎在潮湿的泥炭藓里生根

空中压条　这种技术提供了一种对气生枝进行压条的方法。使用浅切口或通过去除树皮环，使枝条受伤，从而刺激枝条生根并在茎部周围贴上一个装满苔藓或堆肥的塑料套。

划伤压条茎

伤口促使压条茎生根。轻轻扭动茎直到树皮开裂（见左上图），刮掉一点树皮，或在茎上斜切形成"舌头"状（右上图）。

育少量新生植物的好方法，因为新生植物在生根之前由其亲本滋养，但这种方式会占用一定空间。

　　大部分压条需要将茎部固定在地面上，比如简单压条（见第106页）以及曲枝压条（见第107页）。对于堆土压条（见第290页）、根株（见第24页）和更复杂的法式压条（见上图），分层茎也会通过接地和修剪被黄化。这会产生并积累在茎的特定部位生根所需的能量和生长激素。

　　高空压条（见上图）用于无法训练达到土壤水平的茎，取而代之的是，生根介质包裹在气生枝周围。高空压条之所以有效，是因为去除茎的皮能够获取一般情况下会进入根部的食物，从而为在茎的伤口部位生根提供能量。

储存器官

　　一些植物拥有天然的食物储存器官，使它们能够在休眠期中存活，直到条件再次有利于生长。它们还为生长期间发育的枝系提供能量。储存器官可持续数年或每年更新。这种自然的无性再生过程可用于生产许多新植物。许多具有贮藏器官的植物统称为鳞茎植物，但其中只有一部分是真正的鳞茎植物。

　　鳞茎是带有基片的压缩茎，根从基片中长出。每个鳞茎都包含一个幼芽、一个胚芽或一朵完整的胚花，由一系列称为鳞片的肉质叶子包围。

　　在水仙花、郁金香和洋葱等的鳞茎中，这些鳞片紧紧地包裹着，完全包围着鳞茎，不易分离。这种类型的鳞茎被称为无鳞（见右图）。鳞茎被包裹在薄如纸的覆盖物或鳞茎皮中，以免其表面损坏以及干燥。其他如贝母和百合，能产生更窄的、改良的鳞叶，

不受鳞茎皮保护；这些被称为鳞状鳞茎（见下图），这种鳞茎更易脱水。鳞茎通过产生短匍茎（见下图）或者有时是小株芽和株芽来繁殖（见第26页）。将鳞茎分离并在其上生长是繁殖鳞茎的最简单和最快的方法。有鳞茎的植物可以通过各种方法大幅扩张，尽管速度较慢，有时也具有挑战性。

　　一个鳞茎可以通过削片切成小段，或切成一对鳞片，即对鳞。每个鳞片保留一块基板（见下图和第259页）。在合适的条件下，可以使切片或双鳞在其基板上发育小株芽，然后

鳞茎种类

无鳞（水仙）　　　　　有鳞（百合）

通过鳞茎繁殖的方式

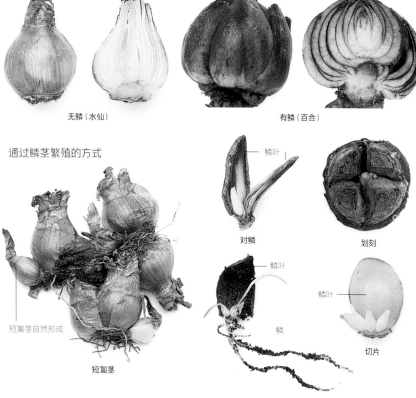

短匍茎自然形成

短匍茎

鳞叶

对鳞

划刻

鳞叶

鳞

鳞叶

切片

小株芽可以各自单独发育。当一个鳞片覆盖的鳞茎从地上长出时，单个鳞片可能会脱落，如果将其留在土壤中，就会形成一个新的植物。在去鳞时（见下图和第258页），鳞叶被故意分离并诱导形成小株芽，如切片和对鳞。

　　对风信子（hyacinths）来说，挖取（见第270页）和划刻（见下图和第270页）是有效的。这些操作会损伤植物基板：伤愈组织随之形成，促进小株芽的形成。在挖取过程中，基板中心被移除，外部边缘保持完好。当划刻鳞茎时，两个浅浅的切口垂直切入基

茎基

茎鳞茎

母鳞茎

小鳞茎

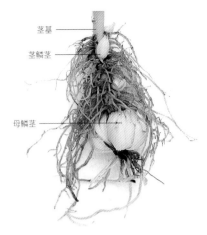

小鳞茎 微小的鳞茎有时会自然形成在母鳞茎上，或地下的生根茎上。这些小鳞茎可以分离并盆栽，发育为成熟的鳞茎。

在一个花头上 一些鳞茎的花头中会形成小鳞茎状结构，例如这种珠芽圆葱。珠芽依靠自身的重量将茎压到土壤中，珠芽得以在土壤中生根（见小插图）。

在叶腋上 一些植物在叶腋中形成珠芽。成熟的珠芽很容易脱落，可以像种子一样生长（见小插图）。在开花前剪掉百合花可以获得更多的珠芽。

板。一些鳞茎植物生长出微小的鳞茎（小株芽）或鳞茎状结构（株芽），它们在野生根部进入地下并形成新植物（见上图）。如果将它们分离，这些株芽很容易形成新植物。

球茎 通常由地下茎的变厚基部形成，一般位于一些重叠的纸质鳞片状叶子内（见下图）。上表面出现一个或多个芽。大多数情况下，球茎每年都会更新，形成于当季茎的底部，在老球茎的顶部。小球茎可能在母球茎周围形成，可用于繁殖。

根状茎 通常在地下茎上膨胀，或厚或薄（比如有须鸢尾），广泛伸展而迅速生长，如偃麦草（*Elymus repens*）；或在根茎中膨胀，如芦笋。蕨类植物产生多种根状茎结构（见第162页）。随着根状茎的生长，它通常会发育出裂片，每个裂片都有芽，当条件有利时，芽就会开始生长。切断这些裂片就可以进行繁育（见右下图）。一些根状茎，例如薄荷的根茎，看起来像肉质的根，可将它们视为根插条（参见第288页）。

根块茎 是根部膨大的部分，除了在根茎部外不能形成不定芽（见第27页）。一旦芽开始萌出，储存的养料用完，块茎就会死亡。在生长季节形成新的块茎，可以通过分离一部分带芽的根茎来繁殖。

块茎 是变态茎，具有与根块茎相同的功能和生命周期，但它们的大部分表面具有更多的生长芽。一株植物可以长出许多块茎，如马铃薯（*Solanum tuberosum*）。多年生植物（如欧洲银莲花）的块茎在每个生长季节都会增大，从上侧产生叶和花茎，从一侧或两侧产生根。要想繁殖块状茎，可采取

基部扦插或切成小段的方式（见第27页）。

假鳞茎 仅存在于像蕙兰这样的多茎兰中。它们通常类似于鳞茎，但实际上是从根状茎中产生的加厚茎。假鳞茎可以切开根状茎，以多种方式分开（见第179页）。

其他存储器官 一些植物，例如粒牙虎耳草（*Saxifraga granulata*）和一些高凉菜属，会在芽腋处长出圆形的球状芽。它们可以像鳞茎或球茎一样繁殖（见上图和下图）。在一些水生植物中，例如水鳖属（*Hydrocharis*）和水堇属（*Hottonia*），这些芽相对较大，被称为具鳞根出条。成熟时，芽从亲本植株上脱落，并在春季上升到地表发育成新植物。其他植物产生小块茎（见第27页）。

嫁接

嫁接和芽接涉及将两种不同的植物连接起来，使它们作为一个整体发挥作用，从而

创造出一种强壮、健康的植物，它只具有其两个亲本的最佳特性。根系由一种植物（砧木）提供，而所需的顶部生长由另一种植物（接穗）提供。尽管砧木对接穗的生长有很大影响，但两者都保留了独立的遗传特性，而且嫁接部分之间没有细胞组织的混合。在嫁接结合部的上方和下方产生的枝条将具备砧木或接穗的特征，但不是两者兼而有之。

嫁接和芽接是劳动密集型的，需要掌握熟练的技术来准备砧木和接穗，并且抚育好嫁接植物以确保各部分能顺利结合。然而，它们对于难以通过扦插生根的木本和草本植物以及难以通过种子繁殖的栽培品种来说是切实有用的繁殖方法。它们可用于引导植物以某种方式生长或适应特定条件。嫁接的植物通常比扦插生长的植物成熟得更快。砧木可以赋予它们更良好的抗病虫害性能，

新的球茎

小球茎

老球茎

球茎与小球茎
球茎的顶端有一个或多个芽，每年都会从中长出一个新的球茎。通常，老球茎会枯萎。新旧球茎之间可能会形成小球茎；它们可以移栽并继续生长（见小插图）。

根状茎也可以在这里切开

发新芽的幼茎

根状茎
根状茎有时是膨大的茎，通常水平地生长在土壤下面或地上。可以把成熟的根状茎（此处为鸢尾）切成若干幼小而健壮的节段来繁殖，每个节段至少有一个芽。

根块茎

块茎

休眠块茎 块茎［这里为仙客来（cyclamen）］具有与根块茎相同的储存功能，但由于它们是经过变态的茎，所以会产生更多的生长芽。

根块茎是靠近茎基部［这里为仙人笔属（Kleinia）植物］的根部膨大部分。芽在植株的冠部，只要每片都有芽，就可以分开。

基部扦插 繁殖块茎的方法之一是采取基部扦插（这里为秋海棠）。这里每一个含有一个新芽，底部有一块块茎。

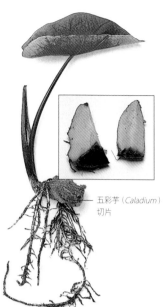

——五彩芋（Caladium）切片

——母块茎片

根节 许多块茎可以切成几个莎草状的部分（见插图），每个部分都有一个芽。芽会产生新的根和幼芽。

用块茎繁殖

块茎是一种小的块状结构，实际上是肉质的鳞状根茎。它们一般生长于地下，如长筒花属（Achimenes，参见第186页），但也可以在生长季节结束时由位于叶腋或花序中的芽形成。它们可以像球茎一样被移栽和生长（见第26页）。

或控制接穗生长速度，或形成矮化的、非常有活力的果树。

要使嫁接形成强有力的结合，并在植株的整个生命周期中保持强大的生命力，两种嫁接的植物必须是密切相关的；同一种的植物通常具有亲和力。接穗枝条必须是健康成熟的。与扦插一样，应迅速准备好嫁接植物，以免切割表面变干。使用严格符合卫生标准和锋利的刀具对于防止真菌和细菌污染切割表面至关重要。

为了使二者的组织成功连接在一起，接穗和砧木的形成层（见右图）必须紧密接触。形成层——在树皮或外皮下方的连续的、窄的薄壁再生细胞带——在几天内生长形成两部分之间的愈伤组织桥或结合部。它们由水和养料的传导组织组成，使接穗受益于从砧木中流出的汁液。温暖的温度能加快嫁接处组织的生长速度。

如果砧木和接穗的纤维不能互锁，则可能会在接合处长出嫩芽。砧木与接穗之间可能出现木栓组织，使两者结合较弱，后期容易塌陷。一些砧木从嫁接结合部下方吸吮，尤其是在根部受损的情况下。如果接穗和砧木的生长速度非常不同，则在结合部或结合部附近会出现丑陋的肿块。

嫁接的类型

在靠接方式中，接穗在自己的根上生长，直到嫁接接合部长成。现在很少有人采用这种嫁接方式，但有些西红柿依然会采用此种方式（见第303页）。现在使用更多的是离体接穗嫁接。这种方式要将一块接穗，即要嫁接的植物与砧木结合起来。砧木的生长性应比接穗更好，才能保证在接穗开始生长之前结合部愈合良好。

在顶端嫁接方式中，去除砧木的顶部并用接穗端对端代替。常见的顶端类型有：拼接腹接、合接、舌接、根尖楔形嫁接。在侧接方式中，例如侧面拼镶接嫁接法（参见第73页），接穗插入时头部不会朝向砧木（另见第56—63页和第108—109页）。芽接也是一种使用单个芽的侧接嫁接（见右图），通常用于月季（见第114页）、果树和一些观赏树与灌木，尤其是当接穗材料有限时。芽接有两种类型：嵌芽接（见第60页）和T形芽接（见第62页）。

可以将三株植物串联嫁接，以确保根部固定并控制活力，或使用间茎（在树的根部和结果部分之间）作为不相容的根砧木和接穗之间的链接。诸如垂枝普通树或家族树（见第57页）之类的较新的物种可以通过顶部合接来生成。

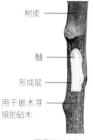

树皮 — 接穗
髓 — 愈伤组织
形成层 —
用于嵌木芽接的砧木 — 合接砧木

暴露的形成层 **愈合的结合部**

嫁接结合部

嫁接的成功取决于砧木和接穗的形成层的匹配。接触时，它们会在砧木和接穗之间形成结合部，并且伤口会由木栓层或愈伤组织自行密封。

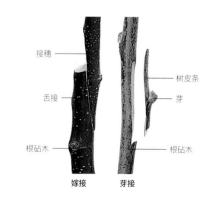

接穗 — 树皮条
舌接 — 芽
根砧木 — 根砧木

嫁接 **芽接**

嫁接的基本类型

在离体接穗嫁接中，准备好的接穗（枝条）连接到砧木上，修剪与否皆可。在芽接方式中，接穗以单个芽子的形式出现；当芽子开始发芽时，修剪砧木。

工具与设备

除了一般的园艺工具，例如用于挖掘植物的铲子、叉子和用于准备苗床的耙子，还有某些物品在准备繁殖材料时是必不可少或有用的。有关在植物材料准备好后使用的较大物品（如温室设备、钟罩和遮光物）的详细信息，请参阅繁殖环境（第38—45页）。

标签是一项小而必要的物品，一定要标记繁殖材料以避免日后混淆。标记下名称和日期，以便能够判断植物何时将开始生长。可用的标签有许多种类，包括塑料和铜制的（见下图）。如果将种子包好存放在冰箱中，请在冷冻袋标签上使用圆珠笔标记。

育种与扦插设备

一些设备可以让播种或扦插更容易，例如用于大量播撒种子的专用播种机（见右图）

和种子托盘、花盆和其他容器（见第30页）。其他有用的工具还有如下一些：

筛子　分类和清洁家庭收集的种子时，选择适合种子大小的干净筛子（见下图）。准备土壤或堆肥时，网孔为3～12毫米的金属或塑料土壤筛适用于去除粗材料或块状物。使用网眼更细的筛子将堆肥覆盖在种子上。

挖孔器和小锄子　这些工具（见下图）用于播种或扦插时在土壤或堆肥上打孔，以及在生根或发芽后挖起新植株。铅笔、筷子和旧勺子也很好用。

园地放线器　如果在户外成排播种，请使用此工具（见右下角）作为电钻的引导线。

种植板　一块窄板或木板，长3米，每2.5厘米有一个刻度，让您可以站立在土壤上但不会踩紧，通过直边来拔出钻头和测量间距。

播种器

轮式播种器　使用此播种器沿钻头均匀播撒种子。它有一个长手柄，使园丁能够在不弯腰的情况下轻松工作。

手持播种机　这款播种机具有可调节的设置，适用于不同大小的种子。它会将种子一粒一粒放出去，因此它们能够根据空间进行播种，并且不需要打薄。

种子筛

家用筛子（右图）可用于筛选种子，但使用后不能再用于烹饪。专门的种子筛（再右图）可以堆叠。秕糠收集在顶部的粗筛中，种子落入中筛或下筛，具体取决于它们的大小。灰尘状的秕糠通过较低的细筛子筛入金属碗中。

中网眼

细网眼

上筛　　下筛

中筛　　金属碗

粉筛　　滤茶器　　种子筛分套装

塑料标签

塑料标签可以用铅笔书写，因此可以重复使用。但随着时间的推移会褪色和变脆。铜质标签是永久性的，但不能重复使用，而且价格比较贵。黑色刮痕标签不会褪色，但它是用塑料做的，所以不太耐用。

塑料标签　　铜制标签　　刮痕标签

挖孔器和小锄子

挖孔器是一种铅笔形的工具，有的有手柄，有的没有，用于制作种植孔。使用大型挖孔器播种大种子，例如豆类，直接或移植幼苗，特别是那些需要宽窄种植孔的植物，例如韭菜。一个小型的挖孔器是播种或在容器中插入扦插条的理想选择。托盘挖孔器则非常适合在精确的空间播种或在挖孔前标记堆肥。小锄子则用于在对新根的干扰最小的情况下挖出幼苗和扦插条。

大挖孔器　带刻度的挖孔器　钢锄　塑料锄　小挖孔器

托盘挖孔器

园地放线器

标记钻孔时，请使用此工具作为引导。将一根木桩插入土壤并将线展开至所需长度。木桩上刻有深度标记，以保持线的平直。

刀具

使用适合植物材料和技术的刀具对于繁殖很重要。标准切割使用园艺刀，但切割仙人掌等软组织需使用手术刀。

园艺刀　嫁接刀　芽接刀　解剖刀　手剪

嫁接设备

嫁接胶带、酒椰叶纤维或橡胶贴片用于在嫁接时将移植物固定在一起。诸如冷或热嫁接蜡之类的密封剂可保护嫁接周围裸露的材质免于疾病或干燥。

嫁接带

酒椰叶纤维　萌芽补丁

嫁接蜡

锄头　锄头用于条播（见第218页）和在新植株之间除草。

刀具　带塑料或木质手柄的园艺刀可用于采集和准备扦插条（见上图）。大多数都有一个固定或折叠到手柄中的碳钢刀片。使用剪钳（见上图）来剪取非常细而软的茎。剪枝机适合剪裁木质化的枝条，剪刀比钳更干净。使用手术刀（见上图）或细刃嫁接刀来切割非常小的扦插条和切割非常柔软的组织，例如仙人掌。所有用于繁殖操作的刀片应保持清洁且非常锋利。

干燥剂　硅胶晶体可用于保持储存的种子干燥，并可重复使用。将一层凝胶放在容器底部，将标记好的纸包中的种子放在上面。奶粉也可以防潮，但不可重复使用。

画刷　带有细而柔软刷毛的小画刷可用于为花朵手动授粉，以提高结实率或杂交成功率。

嫁接设备

刀　嫁接刀具有坚固、笔直的刀片，适合在木质茎上进行精准切割。芽接刀在刀片的背面有一把刮刀，用于在芽接时撬开切口周围的树皮。对于复杂的幼苗嫁接，安全剃须刀片更加精确。

装订材料　除了塑料嫁接胶带和酒椰纤维，宽橡皮筋或乳胶芽接胶带也可用于固定嫁接接合部直至其愈合。

萌芽补丁　橡胶补丁用于绑定芽接，尤其是月季。随着结合部愈合，两个月后橡胶会腐烂掉。

密封剂　使用蜡用于密封嫁接植物，可以冷涂（见上图）或热涂，或使用沥青伤口涂料。

通用繁殖设备

其他对繁殖特别有用的物品包括便于随身携带的盆栽整理盒（见左图），可以带入温室中，此外还有喷壶。还可使用带有细莲蓬

盆栽整理器

当需要完成涉及堆肥任务的时候，例如移栽幼苗、播种和盆栽扦插条等，使用一个由塑料或金属制成的盆栽整理器能够为这些操作提供一个独立的区域，盆栽整理器易于清洁并移动到适合的位置。

使用喷壶

将细莲蓬式喷嘴向上翻转来浇灌幼苗和扦插条（这里为迷迭香）。这会产生精细、轻盈的喷雾，并避免干扰堆肥。黄铜细莲蓬式喷嘴（见下图）能提供比塑料材质更精细的喷雾。

黄铜细喷嘴

卫生的重要性

在繁殖植物时，必须保持高标准的卫生状况，以防通过污染传播病虫害。使用前对工具和设备进行消毒，尤其是刀具刀片和剪刀刀片，消毒方法可以是加热（见右图），或在每次切割之间按照外科手术的标准对它们进行擦拭。戴手套（见下图）或按时洗手，并保持工作表面清洁，尤其是对植物材料造成伤害时，都是有效的方法。最理想的是，使用新容器或无菌预制单元，例如岩棉模块或压缩泥炭颗粒（见第35页）。花盆和其他容器应经常擦洗和消毒（见最右图）。

乳胶手套

贴身佩戴，触感比园艺手套更敏感，并且无菌，因此非常适合在准备植物材料（如扦插条或球茎部分）时使用。手套还可以防止刺激性树液对手造成伤害。

消毒工具

对刀、手术刀或剪枝刀片进行热处理，使其保持无菌状态。将刀片浸入甲基化酒精中，然后迅速将其穿过蜡烛火焰。不要触摸刀片或擦拭任何烟灰以免再次污染刀片。

清洁容器

肮脏的容器可能藏有病菌和微小的害虫。戴上防护手套，用硬刷在稀释的园艺消毒剂中彻底擦洗每个花盆。在使用前冲洗并晾干。

式喷嘴的塑料或镀锌金属喷壶，开始浇灌整理箱一侧的幼苗和扦插条，然后将喷雾移到上方以避免滴水干扰堆肥。温室喷壶可能有一个长喷口，可以喷到苗床的尽头。

喷雾器 手持式或泵动式，可用于给需要潮湿环境的幼苗制造喷雾。喷嘴可调节以便更加精细地喷雾。

堆肥压实机或捣固机 方形或圆形木制压实机（见第31页）易于制作，可用于花盆中压实堆肥。比种子托盘略小的加固板也很方便。也可以使用相同形状和大小的空容器来进行压实。

磨石 使用它来保持刀具和修枝剪（参见第29页）的刀片锋利。这个需要自己做，因为每个人握刀的角度不同。锋利的刀片不会沿着切口压碎植物组织的细胞，因此病菌进入繁殖材料的机会更少，成功的机会也会增加。

杀菌剂 在扦插之前，在亲本植物上使用专有的杀菌剂，以免污染。将准备好的扦插条浸入稀释的杀菌溶液，或用于有尘土的切割表面，例如肉质根或鳞茎和块茎上。

生根剂 这种制剂含有与植物中天然存在的激素相似的合成激素，用于促进根系生长，例如在扦插条和分层茎中。它还可能含有杀菌剂以防止腐烂。该化合物有粉末、凝胶或液体等形式。凝胶比粉末能更好地黏附在茎或伤口上，并且不太可能将茎涂得太厚或在插入扦插条时被擦掉。这些制剂可以是三种强度：第一种最弱，适合软枝；第二种强度适中，适用于适中枝；第三种最强，适用于硬枝，但更常见的是多用途的。

容器

现在有各种容器可以使用，包括传统的花盆和种子托盘（见下图）。对于繁殖植物来说，塑料花盆比黏土花盆或陶土花盆更卫生、更轻也更便宜。塑料盆能保留更多水分，但黏土盆通气和排水性更好。方形盆占用的空间更少，并且比圆形盆能更有效地利用底部热量。

标准盆和半盆 标准盆的深度和宽度一样。半盆是标准盆深度的二分之一到三分之二。这些花盆可用于少量种子或扦插条，以及幼苗生长。

弹性和软塑料盆 比硬盆便宜，但只使用一次就丢弃。它们适合用来种植夏季花坛植物或蔬菜，也适合幼苗生长。

浅盘 是标准花盆深度的三分之一（见第30页），因此适用于可能在过深的堆肥中易腐烂的浅根材料。用于种子、小插条和鳞茎。

深盆 用于直接播种或移植深根系植物，

繁殖用盆

种子盘和球茎盘　用黏土或塑料制成的标准花盆　深盆

弹性塑料盆　可生物降解的花盆　管盆　根培育器

盆底盘　软塑料盆（袋）　半盆

堆肥压板

压板对于压实容器中的堆肥非常有用。一个带把手的小木压板很容易制作。使用花盆作为模板，轻轻地、均匀地压紧堆肥。

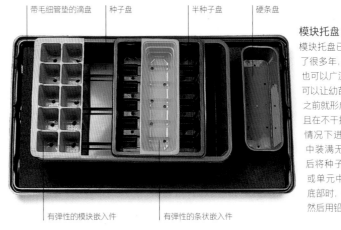

带毛细管垫的滴盘　种子盘　半种子盘　硬条盘

有弹性的模块嵌入件　　有弹性的条状嵌入件

模块托盘

模块托盘已经在商业上使用了很多年，现在业余爱好者也可以广泛使用。这些模块可以让幼苗或扦插条在盆栽之前就形成坚固的根系，并且在不干扰根部或伤害茎的情况下进行处理。在托盘中装满无土种子堆肥，然后将种子单独播种到模块或单元中。当根部出现在底部时，让它们稍微变干，然后用铅笔推出模块。

托盘和插件

除了标准的种子盘，还有许多其他种类也可用于种子和扦插条。条形托盘和模块托盘允许在没有太多根部干扰的情况下盆栽幼苗和生根插条。那些由柔性塑料制成的可放入标准种子托盘中，并且不会像刚性的那样持久。滴水盘或浇水盘可让容器从下方浇水。

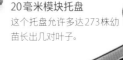

13毫米模块托盘

这是最小的可使用模块尺寸。使用这个尺寸可以长出576株快速发芽的小苗。

例如一些树木和豆类，以避免限制根系。也适用于具有长主根的植物，例如苏铁以及如果根部受到干扰可能会妨碍生长的其他植物。

　　根部训练器　每个单独的单元格塑料包都是铰接的，以便在没有干扰的情况下移植根部球。侧面垂直开槽以训练根系生长。它们主要用于根深的乔木和灌木。

　　管状盆　也称为甜豌豆管，它们由塑料或纸板制成，可以在不干扰根部的情况下移植植物。

　　可生物降解的花盆　这些花盆独立或成条，通常由压缩泥炭和其他纤维制成。栽种时，根系透过花盆生长到土壤中。它们适用于蔬菜和夏季花坛植物。

　　浅盆　可用于蔬菜种子，如沙拉油菜。

　　种子盘　标准或半种子盘（见右上图）可用于播种、移栽幼苗和小插条生根。

　　种子托盘嵌入件　可以将堆肥条或堆肥块放在种子托盘中，以节省空间。刚性嵌件比柔性嵌件的使用寿命更长。

　　滴水盘　滴水盘（见右上方）衬有毛细管垫，使浇水更容易。垫子可以储存水分，根据需要吸收到堆肥中。

　　模块托盘　各种尺寸（见右图）的模块托盘或单元托盘现在可用于培养易于移植的"插头"植物。浇水需要费心，因为它们很容易变干。

20毫米模块托盘

这个托盘允许多达273株幼苗长出几对叶子。

30毫米模块托盘

该托盘最多可种植135株幼苗。须将模块装入6厘米深的盆中。

37毫米模块托盘

较大的托盘，最多可容纳70株幼苗或小草本扦插条。

40毫米模块托盘

可以使用岩棉模块的托盘，但是一旦插条幼苗长出真叶，就得浇稀释的液体肥。

土壤与生长媒介

合适的生长媒介对植物繁殖的成功与否至关重要。户外的土壤苗床经常用于扦插、木本插条或直接播种，非常适用于蔬菜和一年生植物。其中，大多数方法都需要运用到遮盖下的堆肥和惰性介质，以提供理想环境而不受污染及病虫害。任何繁殖媒介必须防潮，但也需要有多孔，以保持空气流通。它必须充分排水，避免介质浸水，但也要控制多孔面积，以防介质干燥。

土壤

健康土壤对植物的成功繁殖很关键。土壤包含不同的风化过的细小颗粒岩块。细小颗粒妨碍排水，所以容易造成土壤水涝、缺氧；大颗粒排水性能良好，植物根部可以接触到空气。但是，也会很快被风干。最好的土壤是不同大小颗粒的混合物。肥沃的土壤有植物苗壮成长所需的微量矿物质，例如硼、铜、铁、锰、锌。肥沃的土壤是不同颗粒土壤的完美混合，有8%～25%的黏土，排水性能和保水性能优良，繁殖率高。根据黏土、泥沙、含砂量对土壤进行归类（请看下表）；在指间搓一下小分量的湿润土壤来鉴别土壤。准备理想质地，肥沃、排水性能优良的土壤是值得的。同时，也应考虑土壤酸度。这是根据pH酸碱度的水平来决定的，pH酸碱度范围为1～14。我们需要用专业的设备来测试土壤酸度。pH酸碱度低于7的土壤是酸性土壤，反之为碱性土壤。如果不考虑成熟植物对酸碱土壤的偏好性，低pH酸碱度的土壤是繁育插枝的最佳选择。因为pH酸碱度高于6.5的土壤包含硬的土块组织，阻碍根部发展（见第23页）。保持土壤的pH酸碱度在4.5～5之间，可以防止烂苗的现象（见第46页）。硫黄可以中和碱性土壤，增加酸度。

挖掘

挖一个30厘米宽、一把铁锹长的深度的沟壑。再挖一个沟壑，将土壤放到第一个沟壑里，以此类推，将第一个沟壑的土壤放到最后一个沟壑里面。

陈旧苗床技巧

1 这个技巧可以尽可能多地除去播种前苗床中的杂草。轻柔翻动土去除杂草种子。

2 几周后，野草种子会在耕作好的土壤上发芽。对此，我们需要轻轻锄去野草，而非深耕土壤。

户外温床

特殊的户外温床可以为播种和种植新植物提供理想环境。挖掘利于土壤透气、打碎结块的土壤，如果需要的话，可以加入有机物质和肥料。益于繁殖的重要营养素是钾（有利于根部生长）和氮（有利于花朵和果实生长）。挖掘湿土会导致结块现象。叉土则是以自然的方式打碎土壤，对土壤危害较小。

播种需要良好的耕层——平坦、保湿的表面土壤，并包含小的甚至是细微的土壤颗粒。这能确保种子和土壤的亲密结合，利于水分吸收，以便种子发芽。选择一个受庇护的地点：如果需要的话，可建一个挡风墙或者置于阴凉处。

播种前一个月，依照图示挖掘一个苗床（见左上图）。将土壤从第一条沟渠堆放到另一条沟渠侧边，以此类推，并在最后一个沟槽中进行更换。之后就可不再管这张苗床，让它自然散开。在播种前，用耙子将土块打碎，轻轻踩平地面。从不同方向用质量过硬

土壤类型及如何准备各种类型土壤

土壤类型	土壤特点	准备步骤
	沙土 干燥、轻盈、含有坚硬粗砂，排水性好。一小撮沙土不会滚成"球"或黏在一起。容易操作，春天升温快，但不是非常肥沃。通常为酸性（低pH酸碱度）。	用少量黏土（泥灰）改善松散结构。经常浇水、施肥。添加有机物，保持水分。保水凝胶在小范围内是有用的。
	白垩质土壤 颜色苍白、贫瘠、处于地表浅层、多石、排水性好、碱性、pH酸碱度为7或更高。可能缺乏硼、锰和磷等矿物质。	"饥饿"（即贫瘠的）土壤经常快速分解有机质；通常是用有机的物质，最好是酸性的，加工种子和苗圃，例如树皮或腐烂的农家肥料。
	泥炭土 黑色、易碎、酸性（pH酸碱度低于7）、富含有机物。保湿性好，但是可能过于潮湿。可能缺乏磷，而锰或铝可能超量。	如果加入石灰，排水良好，并予以施肥，土壤会变得很好。加入石灰或蘑菇堆肥来实现最佳的pH酸碱度5.8。添加沙砾以改善种子和苗圃的排水系统。
	粉质土 手感如丝般或肥皂般，颗粒细腻，黏土含量低。肥沃度适宜，保水，但容易板结，尤其是干燥的时候。	通过以下方式鼓励易碎结构：掺入泥灰土（见沙土）或添加大量大块有机物。完美的植物繁殖用土壤，尤其适用于早播。
	黏土 潮湿、黏稠、沉重且排水缓慢。施加压力后可滚成有延展性的球，如果外表平滑，会有光泽。通常非常肥沃。春天升温慢；炎热的天气里被烤得坚硬。	添加石灰，以鼓励细颗粒凝聚成团；用粗砂或砾石渠道进行排水。添加大量体积庞大的有机物和沙砾，以提升土壤质地。

花园土壤灭菌

如果计划使用自制的花园土壤堆肥混合物，首先要消毒，杀灭可能不利于插条或幼苗繁殖的有害生物。要做到这一点，土壤必须过筛，以清除石块和块状物，然后在传统的烤箱或微波炉内加热到最低限度温度（见右图）。也可以使用价格昂贵的特殊土壤消毒设备。

烤箱内 通过5毫米的筛子筛湿土。在烤盘内，放置一层8厘米深的滤器。在200摄氏度下烘烤30分钟。

在微波炉内 将潮湿的土壤过筛后，放入烤袋，将其密封，防止土壤颗粒污染烤箱。刺穿袋子，将微波炉开至最大功率，加热10分钟。

肥营养成分很低，它们可能含或不含缓释肥料。如果不含的话，插条生根时需要施肥。或者，插条需要在陶盆里放置一段时间，比如木本植物，需要在陶盆底部添加一点肥料，避免新根枯黄。

盆栽堆肥

在繁殖阶段，不经常使用盆栽堆肥，除了木本植物或根部插条。这样的堆肥可以是无土或壤土基的，两种类型都可自由排水。以壤土为基础的盆栽堆肥为繁殖体提供了稳定的环境下的营养供给，无土堆肥具有保湿、保水和良好透气性，但营养流失快，所以只适合短期使用，如幼苗繁殖和大种子播种。

专用堆肥

为特殊用途配制的混合料考虑了特定植物群的需求。其中兰花堆肥通常基于通气良好的多孔树皮，有排水明渠。高山植物和仙

的耙子修整地表，以此获取好的耕层。陈旧苗床（见第32页）需要避免杂草问题。

有时，需要使用肥料来提高土壤的肥沃度。为种子和木质植物加入含有微小真菌微囊菌的腐叶土，有利于根冠和幼芽生长。播种前，在凉爽的气候下，用塑料布盖住它可能会使土壤变暖。通常耐寒植物需要的土壤温度应不低于10摄氏度，娇嫩植物适宜的最低温度为15摄氏度。苗圃的准备在许多地方都与苗床有相同之处，但不需精细的表面倾斜度。高床或深床避免了踩踏并压实土壤的需求，且排水性能好，为需要黏重土壤的花园提供了更好的选择。它们对蔬菜（见第283页）或周期长的植物繁殖效果显著。

堆肥

以覆盖的方式繁殖植物时，堆肥通常比土壤好，因为它相对来说更少病虫害，而且重量轻，通风良好。正如最好的土壤（第32页）那样，堆肥应混合不同颗粒大小的土壤，酸碱度为酸性。用于繁育的专有堆肥的来源广泛。

种子堆肥

特制种子堆肥保水性好，质地细腻，营养素含量低（因为矿物盐会伤害幼苗）。现成种子堆肥通常含有消毒过的壤土、泥炭替代物（或泥炭）和沙，或者它可能是无土的（即没有壤土）。这个质地有利于优质种子和湿堆肥良好接触，利于种子发芽。

插条堆肥

因为生根的插条用于高湿度环境，所以用于生根的插条需要排水性能良好的混

合料。标准的插条堆肥通常含有等量的沙子和泥炭替代品（或泥炭）。它可能基于树皮、珍珠岩或高比例粗砂（河砂）。因为这些堆

堆肥常用成分

壤土 优质、无菌的菜园土壤，营养丰富，能通风和排水、保水，是价值高的土壤基堆肥。

沙砾 使用2～3毫米细（右）或5毫米细（左）至7～12毫米颗粒等级的沙砾。它能改善排水，尤其适合高山植物和仙人掌堆肥。

泥炭 稳定持久，透气性好，保湿，但营养成分低。干燥时难以湿润，是轻质、适合短期繁殖用的混合物。

珍珠岩 膨胀火山岩岩石颗粒。无菌，惰性质轻，保水但排水通畅。中/粗颗粒度能有助于通风/排水。

优质树皮 削过的优质松树皮，用作泥炭替代品，排水性能好，酸性堆肥，尤其适合兰花、棕榈。

蛭石 空气吹制的膨胀云母，作用类似珍珠岩，但水分含量高而空气含量低。优良等级有助于排水和通风。

椰壳 纤维来源于椰壳，用作泥炭替代品。比泥炭干得慢，但是需要施肥，是优质无土堆肥的原料。

沙子 在种子堆肥中，细（银）沙（左）有助于排水和通风；粗糙的沙子（右）为插条堆肥提供更加疏松的环境。

腐叶土 腐烂充分的过筛的叶子，可做泥炭替代物。可能藏匿害虫或疾病。粗糙的质地适合插条、盆栽堆肥。

制作堆肥

下面列出了一些用于普通繁殖的标准堆肥混合物。堆肥混合物的每种成分按体积所占的相对比例标示。各部分也可以用公式表示，例如3：1：1。在这里（见右图），一种种子堆肥是由泥炭（或泥炭替代品）、细树皮、珍珠岩和少量缓释肥料制成的。

缓释肥

3份泥炭 ＋ 1份优质树皮 ＋ 1份珍珠岩 ＝ 种子堆肥

壤土基种子堆肥
2份壤土
1份泥炭
1份沙土

在每36升中，加入42克过磷酸钙（石灰）和21克白垩或磨碎的石灰石。

如果要制作含酸性的混合肥料，可以使用酸性壤土，而不用白垩或石灰石。

无土种子堆肥
3份泥炭（或者泥炭替代物）
1份优质树皮
1份珍珠岩
每36升中加入36克缓释肥料和36克镁质石灰石（白云石）。

无土插枝堆肥
1份泥炭（或者泥炭替代物）
1份沙土（或者珍珠岩或蛭石）
或
1份泥炭
1份树皮（3～15毫米）
每36升中加入36克的缓释肥
或
1份泥炭（椰壳）
1份树皮（3～15毫米）
1份珍珠岩
每36升中加入36克的缓释肥

壤土基盆栽堆肥
7份壤土
3份泥炭（或泥炭替代物）
2份沙土

在每36升中，加入113克的通用复合肥和21克的白垩或石灰石粉。

如果想制作出更肥沃的堆肥，要加2到3倍的肥料和白垩。

要想自制酸性堆肥，需要使用酸性壤土，去除白垩或石灰石。

在家混合肥料的适宜配方为：
2份蹄和角
2份过磷酸钙（石灰）
1份硫酸钾（每份根据重量来计算）

无土盆栽堆肥
3份泥炭（或者泥炭替代物）
1份沙土

每36升添加：14克硝酸铵、28克硝酸钾、56克过磷酸钙（石灰）、85克白垩或磨碎的石灰石、85克镁质石灰石（白云石）、14克配制的园艺微量元素

想要自制酸性堆肥，需要使用酸性壤土，去除白垩或石灰石。

在所有公式中，除另有说明外，份量均按体积计算。

人掌堆肥，呈沙砾状且非常坚硬，排水性能好，但是缺乏营养；水生堆肥，以壤土为基础锚地，但要避免含量低的营养素，防止藻类大量繁殖或生长。

自制堆肥

你可以混合自制堆肥来获得适合单株植物生长的理想培养基。繁殖堆肥可由以下各种成分（见第33页）制成。混合物多数基于壤土、泥炭或泥炭替代物，并与其他成分结合，具有多种属性。惰性物质，如珍珠岩、蛭石和岩棉纤维（见第35页）是有用的，因为是在极高温度下加工的，因此是无菌。珍珠岩难以压缩，因而通气性好但保湿性差。

泥炭的酸性强，因此，在一定程度上是无菌的。泥炭替代品，如椰子纤维、松树皮、动物废弃产品或稻草已被堆肥和热处理。洗涤后的各种园艺用沙及沙砾也很安全。叶霉菌不是无菌的，所以最适合盆栽堆肥。有机的甲壳素和草粉等材料促进防止烂苗的微生物的生长（见第46页），因此可作为生物防治手段之一。如果繁殖期过长，可添加缓释肥料。

混合堆肥时，应严格遵守卫生措施，防止滋生细菌和微小的害虫对其造成污染。在每批新堆肥混合之前，应该保持工具、工作台和堆肥的清洁，做好消毒措施（见第30页）。如果不立即使用堆肥，应将其存放在密封的塑料袋中，避免交叉污染的风险。

保持堆肥的质量

理想情况下，生长媒介的25～30%应该由空气组成。过度压实堆肥会导致空气渗透性差，容器底部积水，氧气含量很低。这会导致浸过水的插条、死亡根毛及幼苗根尖的腐烂。当使用堆肥时，必须注意使其牢固（见右图）。

通过浇水和有机物分解而自然压实堆肥，这样的堆肥通气性能差。可以通过使用8厘米深或更深、排水良好的容器（见第30—31页）来预防，将它们放在排水基层上，如沙子或豌豆大小的卵石，这样可以从堆肥中排走多余的水分。多余的堆肥就像一个缓冲带，让插条基层远离容器底部的潮湿区域来补偿过度浇水。

不要使用非常细的筛子来进行种子堆肥，因为它可能会形成一层硬层（盖），从而妨碍幼苗生长。用手指过滤堆肥，或者用粗筛筛大种子。

压实的泥炭块

被一个细网包裹着的可生物降解的小块泥炭，含有一种特殊的肥料。一旦泡在水里，它们就会膨胀形成独立的种植模块（见上文）。确保模块不干燥，当新根开始通过

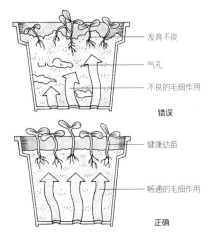

发育不良
气孔
不良的毛细作用
错误

健康幼苗
畅通的毛细作用
正确

坚硬的堆肥
水通过毛细作用被堆肥吸收，但气袋干扰了毛细循环所需的水柱。轻而硬的无土堆肥，容器边缘的堆肥更加坚硬。以壤土为基础的堆肥比无土混合物更坚固。

浸湿的土块 ———

压实的泥炭块

在一盆水中浸泡10～20分钟后，它们的体积会增加一倍以上。塑料网将泥炭黏合在一起。一旦浸湿，可以把种子或插条插进每块泥炭块顶部的空隙里。

网格时，便可以采用与岩棉模块一样的处理方法（见下文）。

惰性的生长媒介

现在有许多无菌的、惰性的培养基可供园丁使用，所有这些都避免了与土壤和堆肥有关的疾病或害虫滋生的问题。纯净的沙子、粗砂和岩棉也能抑制烂苗病原体。运用惰性媒介进行繁殖用到了水培，也就是让植物在水里生长。种子或插枝可以获得无限量

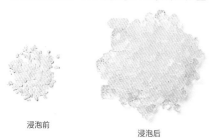

浸泡前   浸泡后

锁水凝胶

这种凝胶通常用于容器堆肥中用来保存水分。干晶体吸收水分后，体积增大，形成颗粒状的果冻。一些插枝可以在凝胶中生根。

的水和营养物质，这些物质以液体肥料的形式直接添加到水中。同时也有无限的氧气，因为植物的根与空气直接接触。商业园艺繁殖者通常使用岩棉，但园丁也可以使用花商的泡沫、珍珠岩、凝胶、沙子、浮石或沙砾。

岩棉

这种材料是由熔融矿物岩纺成的纤维制成的。它的多孔结构为种子和插枝提供了健康生长所需的精确的水与空气比例。不要将它与防水岩棉混淆，后者是用于房屋建设的。岩棉有不同的形式（见下文）：纤维可增加堆肥混合物中的空气流动或用于根插枝的托盘中（见第158页）；松散的纤维最适合缓慢生根的插枝，以增加通风。将种子或插枝单独插入预制模块中。

使用模块时，先在温水中浸泡20～60分钟，之后模块就会吸收大量的水。

请做好充分的排水处理，不要让岩棉立

花商使用的泡沫

由于它的保水能力和轻量、开放的质地，花商使用的泡沫可用来为一些草本植物根扦插，如倒挂金钟。它有块状和圆形两种形式。

在水里，因为它会积水并阻碍通风。在每个模块中插入一个或两个种子（参见第222页）或一个插枝。每天监测水位，确保岩棉不会变干。检查模块时，轻轻挤压一个角。如果水到达地表，那么就不需要更多的水分；否则，把它放在温水中浸泡几分钟，然后沥干。

一旦根系长出来了，秧苗或插枝应该立即移栽到堆肥中生长，但要确保每个插枝都带有岩棉方块，从而避免干扰根系。另外，在种植前，这些模块也可以插入更大的种植块中，施以液体肥料让植株得以成长。模块或方块应该被土壤或堆肥很好地覆盖，这样它们就不会像灯芯一样根部变干。在堆肥中，岩棉会随着时间的推移而分解。

其他惰性媒介

花商泡沫（见左图）可以用作岩棉，特别是用于现成的生根草本插枝。插枝可以像堆肥一样在颗粒状培养基中生根，但养分需要以液体肥料的形式添加。两份中等颗粒的珍珠岩和一份优质蛭石的混合物比岩棉便宜，尽管效果并不总是那么好。沙子、黏土颗粒和粗粒混合物比土壤更清洁，并提供更好的通风和排水。

保水凝胶（见最左图）可用于木本扦插生根，如紫杉［红豆杉属（*Taxus*）］；在用来使晶体水化的水中加入液体肥料后插入插枝，保持密封状态直到它们生根。可随时生根的草本插枝，甚至可以在水中生根（见第156页）。

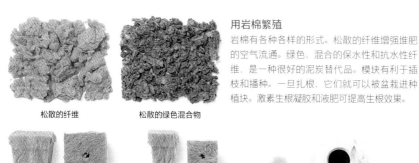

松散的纤维   松散的绿色混合物

用岩棉繁殖

岩棉有各种各样的形式。松散的纤维增强堆肥的空气流通。绿色、混合的保水性和抗水性纤维，是一种很好的泥炭替代品。模块有利于插枝和播种。一旦扎根，它们就可以被盆栽进种植块。激素生根凝胶和液肥可提高生根效果。

模块或"方块"   激素生根凝胶

种植块

液态肥料

水培

插枝或幼苗开始在惰性的、无菌的介质中生长，如图中的春黄菊属（*Anthemis*）插枝在保水凝胶中生根，通常在堆肥进行盆栽。在水培过程中，新的植物被置于其他惰性介质中，如黏土颗粒（见插图）。液体肥料可以为贮水池的水提供营养。

不同气候下的繁殖

如果植物能适应气候，一年四季都能在户外生长，繁殖和园艺就会容易一些。在自然栖息地之外，生长的植物通常需要人工增强的防护措施，比如繁殖所需的温度和湿度。有些植物只是拒绝在不适宜的气候条件下生长，比如高海拔的物种可能无法在较低海拔的温度条件下生存，而冷温带的植物则不适合在热带生长。

气候对繁殖方法和材料类型有重要影响。例如，在一些地区，灌木最好是扦插繁殖，而在其他气候条件下，最好是分层繁殖（右图）。在温暖的地区，多是在开阔的土地上繁殖，但在凉爽的气候下，同样的植物必须在遮蔽物下生长［见下文的三角梅属（Bougainvillea）］。

事实上，在温暖的地区，许多植物，包括各种冷气候的植物，生长得过于茂盛反而演变成了有毒的杂草。在澳大利亚的一些地区，臭椿、马缨丹（Lantana camara）、白花紫露草（Tradescantia fluminensis）和仙人掌属（opuntias，见第37页）都属于杂草。

气候也会影响繁殖的时间。在温暖的地区，因时制宜的时间可能会提前或延长，可能会与本书建议的时间节点有所出入；而在寒冷的气候下，冬季时间长，春季到来的时间晚，园丁可能不得不推迟如户外播种这类的繁殖时间。如果生长季节较短，则需要加速繁殖或人工延长生长季节。

因此，在选择最佳的繁殖方法、季节和植物材料时，考虑每种方法所需的原生地气

猩红女士叶子花（Bougainvillea 'Scarlet Lady'）
在潮湿的赤道地区，叶子花属植物的硬木扦插在野外迅速生根，但在温带气候条件下，软扦插或者绿木踵扦插生根较慢，需要悉心管理。

候和条件是至关重要的，可在每章的词典条目里查看每种方法所需的条件，可能需要采取措施来改善繁殖条件（见繁殖环境，第38—45页）。

极端环境

能适应极端气候下的自然植被很少，这些植被经常为适应生存而做出改变。例如，干旱和半干旱地区是许多耐旱植物的家园，墨西哥沙漠中的多肉植物和澳大利亚干旱地区的合欢是典型的例子。多刺的灌木、一年生植物和草在干旱地区占主导地位，球茎植物在寒冷的沙漠中占主导。

在干旱和半干旱气候条件下，所有的繁殖都可以在户外进行，但遮阳、通风和保湿是必不可少的。在容器中繁殖仍然比在营养含量可能低的开阔土地上更容易。最好是种植能适应环境的植物或插枝，如肉质植物，只要给予足够的水，它就容易生根发芽。

另一个极端是非常寒冷的高海拔和亚极地气候。在喜马拉雅山脉，杜鹃花是主要的高海拔植物，而世界各地的山脉上生长着各种各样的高山植物，包括矮生和匍匐的多年生植物、灌木和矮生球茎植物。亚极地植物也生长于低海拔区域，许多属于石南科、杜鹃花科，包括矮杜鹃花。

对于繁殖来说，最好选择原生植物，比如需要凉爽的条件来萌发的种子、可能需要人工延长生长期的植物。在冬季，户外繁殖通常是不可能的；而在遮蔽物下则需要人工加热。在亚极地地区，还需要额外的照明措施。新生植物最好在春天种植，并且需要一些措施来抵御严寒，比如需要建一个隔热良好的、无霜的温室。

欧洲越橘
在野外，黑果越橘（Vaccinium myrtillus）生长在阴暗潮湿的林地。在漫长而炎热的夏季气候下，它们可以成功地从硬木扦插中生长出来，因为新的枝条到秋天就会完全成熟。然而，在较冷的地区，分层可能会有更好的结果。

凉爽而温和的温带

位于寒温带的海洋和大陆性气候以其广泛的耐寒树木、针叶树和多年生植物而闻名。这里是植物生长的理想场所，可以种植世界各地的植物。冬季的寒冷和霜冻决定着繁殖的成败。在海洋气候地区，春天通常开始得早，因此繁殖时间，特别是户外播种的

气候类型

干旱 非常炎热、干燥的沙漠，有寒冷的季节，降雨量总是稀少。

半干旱 真正的沙漠（半沙漠）的边缘。炎热，但不像干旱那么极端，拥有更多的植被和降雨。

潮湿的赤道地带 终年炎热、潮湿。降雨量大，有热带季风季节。

季节分明的热带地区 夏季炎热、潮湿，冬天温暖而干燥。

湿热 亚热带和暖温带气候，全年降雨，尤其是在炎热或温暖的夏季时，气候潮湿。冬天温和，有时寒冷。

地中海 是温暖的温带气候。炎热或温暖的夏天少雨或不下雨。冬天凉爽、潮湿、干旱。

海洋 气候呈凉爽至温和的渐变，潮湿、多风，终年多雨、多云，天气沉闷。春天和秋天都很温和。气温低的情况下，冬季会有霜冻现象。

凉爽的大陆 凉爽的温带区域。冬天漫长而寒冷。有时，霜雪交加。温暖而短暂的春天。夏天漫长，时而温暖时而炎热。全年多雨，夏季尤其明显。

高海拔 夏季短暂，冬季漫长而寒冷，降雪量大。高海拔地区有积雪，光照强度大。

亚极地和冰冠 亚极地气候夏季短暂，冬季漫长多雪，光照强度低。冰帽有永久的积雪和冰层。

仙人掌

气候影响仙人掌的生长方式。在凉爽的气候中，它是一种受欢迎的室内植物；在干旱的北非，仙人掌被广泛用作树篱植物和水果作物；但在澳大利亚，它已经变成了一种有害的杂草。

时间可以适当提前；在其他地区，随着春季的迟来，繁殖时间也随着推迟。温和的春秋季通常是繁殖的理想季节。带有人工加热设置、冷床和玻璃罩的温室被广泛使用。

大陆性气候漫长而寒冷的冬季，延迟了下个冬季来临前的户外植物繁殖和新植物的培育时间。人工制热措施对植物过冬至关重要。在夏季，耐寒植物种子处于育芽期时不耐热，此时，遮阴则成为首要任务。

温和的气候和亚热带地域

在地中海地区，当地的植物包括油橄榄（*Olea europea*）、岩蔷薇、薰衣草和许多球茎植物。潮湿的气候适合各种各样的植物生长，包括球茎类、山茶花、棕榈树、倒挂金钟和松树。

在暖温带地区，冷气候植物的种子可能无法在炎热气候下发芽，从而推迟到秋冬或早春。夏季时阴凉处、充足的水和湿度都很重要。在自然温暖的环境下，种子容易发芽，插枝也容易生根。除了冬季，植物不需要人工加热。

亚热带地区气候都相似，湿度通常适宜。

热带地区

潮湿的赤道气候以拥有大量树木、灌木和凤梨花、兰花等多年生植物的热带雨林而闻名。植物丛生的森林里也呈现出季节性的热带气候特征。在持续温暖的气候下，植物繁殖可能需要更多的降雨量，但也要考虑到当地的情况。遮阴是至关重要的。植物通常在容器中开始生长。在季节性的热带地区，冬季可能更适合繁殖。所有的繁殖都可以在户外进行，在两种气候条件下，可以在开放的地面上进行插枝和补种。

澳大利亚和新西兰

在本书中提到的繁殖时间主要是在凉爽的温带气候，拥有温暖气候的澳大利亚和新西兰可能有不同的种植时间。生长季节较长的南加州地区，那里有温暖的夏季和温和的冬季。园丁可以参考本书给出的时间，并考虑当地条件。

一般来说，这样的气候允许在一年中或早或晚时进行繁殖，或者在户外而不是在能遮蔽的地方。查看当地关于商业包装或家中收集的种子的播种时间的建议。

一些适宜冷气候生长的植物在温暖的亚热带地区没有凉爽的休眠期，因而不能茁壮成长。有些种子和鳞茎在萌发或生长之前需要在冰箱中冷藏一段时间。

全球气候带

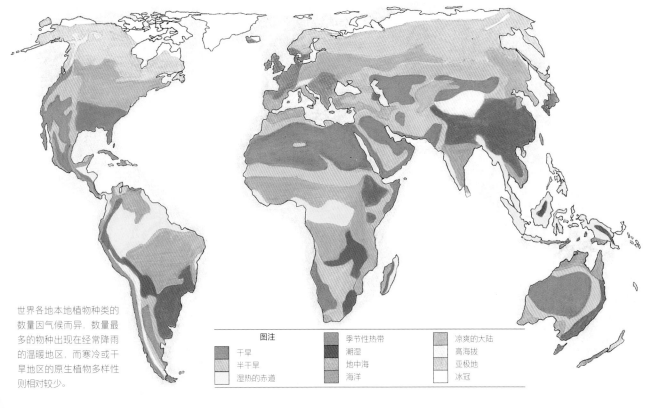

世界各地本地植物种类的数量因气候而异，数量最多的物种出现在经常降雨的温暖地区，而寒冷或干旱地区的原生植物多样性则相对较少。

图注

干旱
半干旱
湿热的赤道

季节性热带
潮湿
地中海
海洋

凉爽的大陆
高海拔
亚极地
冰冠

繁殖环境

准备好了用于繁殖植物的材料，并将其插入了合适的生长媒介（见第32页和第35页），接下来重要的就是要为繁殖材料存活生长提供条件了。通过一个简单的过程如分割就能实现。分割就是将分离后的部分重新种植到适宜植物生长的土壤中，或者在不受干燥风和阳光影响的花盆中种植。

在新植株可以独立存活前需要经历再生过程的繁殖，如新根、芽或球茎的形成，此过程中急需某种环境的支持。嫁接和大量种子的繁殖也是如此。

植物的品种和繁殖方式决定了其所需要的照料程度。容易生根的植物，比如冬天在户外通过硬木扦插繁殖，只需要极少的照料；而在夏天，从难以生根的植物上获得叶茂的扦插则需要精心的呵护。

在较冷的气候下，无论是在家中、暖房还是温室中，为了延长生长期或保护柔嫩植物，通常只能在保护下才能获得生长适宜条件。冷床、钟罩或苗床为户外繁殖提供了一定程度的庇护。在较温暖的地区，可能需要防风林、遮阳结构和灌溉系统。

将植物从它们适应的栖息地移植出去后容易受到虫害和疾病的攻击（见第46页），因此做好繁殖区域的清洁工作至关重要。

一般来说，种子发芽需要水分、温度、空气（氧气），有时也需要光照。幼苗和植物也需要水分、温度、空气（氧气、二氧化碳）、光照，有时还需要营养物质的滋养才能生长。

空气环境

空气的湿度影响植物的蒸腾速率，因为叶片气孔可以蒸发水分。空气越潮湿，植物散发的水分就越少。这对于未生根的多叶扦插来说是一个关键问题。为了防止枯萎，在春季和夏季，它们需要98%～100%的湿度，在冬季，则需要90%左右的湿度。萎蔫的插枝再生能力低，它在根基部形成愈伤组织，或随后发展根部。

插枝通过切口吸收水分的速度要快于叶片，但一旦愈伤组织形成（3～7天），水分只能由叶片吸收。蒸腾作用的减少会对插枝产生不利影响，从而导致叶落，因此湿度对插枝的生存至关重要。

多叶插枝通过光合作用获得生根需要一些营养，这就需要光照、水分和二氧化碳。漫长的夏季日照有助于这一过程，但夏季强烈的光照会使空气温度过高，从而导致过度的蒸腾作用，对插枝不利。遮阴环境（见第45页）所创造的间接光（辐照度）有助于各种植物的生根过程。光合作用受到限制，但

控制环境的要素

在繁殖过程中要考虑两个因素：空气环境和生长媒介。必须平衡每种因素，以促进植物生长。

空气环境
- 湿度：防止水分因蒸腾流失
- 光照：允许光合作用而不枯萎
- 温度：适合植物生长所需
- 空气质量：氧气用以呼吸和用二氧化碳进行光合作用

生长媒介
- 水分：促进根系生长和光合作用
- 温度：促进生长
- 通气：为生长和防病提供充足的氧气
- pH值（酸碱度）：通常是酸性的，但要适合植物所需
- 营养水平：保持低水平的营养，待生根后，为保证稳定生长而不断增加营养

可以通过通风最大限度地保证繁殖区正常的大气平衡。必须调节通风措施以避免过多的水分流失。温度是植物赖以生存的关键因素，它们在温暖的环境中生长得最好，所以也必须保持适合植物生长的最低温度。所有这些因素都需要良好的环境控制。

小规模的保湿措施

覆盖 最简单的方法是用一个干净、透明的塑料袋在繁殖材料上搭建一个帐篷。用铁丝环或几根劈开的藤条把袋子支撑起来。或者把罐子放在袋子里，充气并密封。

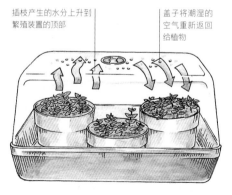

插枝产生的水分上升到繁殖装置的顶部

盖子将潮湿的空气重新返回给植物

◄水分的走向

用于繁殖的材料，如叶状插枝或种子，通常必须保存在一个封闭的空间，以保持空气湿润。盖子阻挡了水分蒸发，通风孔可以调节过多的水分。

▼窗台繁殖

便携式繁殖装置可以在室内使用，以保持扦插或种子发芽所需的高湿度。有些配备了电加热元件以提供底部热量，并以模块形式插入，以有效利用可用的空间。

常见钟形罩

瓶子罩 把一个透明的塑料瓶的底部剪掉，做成一个独立的罩。保留瓶子顶部，用作通风口。

钟形罩 多使用于19世纪，这些都是玻璃做的，容易从一个地方移动到另一个，特别是在厨房花园。弯曲的墙壁可以使冷凝水滴到地面上，而不是落在幼苗上，否则可能会导致幼苗枯黄。现在的钟形罩则更多是由玻璃或更便宜的塑料制成。

刚性塑料隧道罩 长度随意，可由金属或塑料框架锚定。

塑料谷仓罩 有着倾斜顶部的额外高度，使它成为一个多才多艺的罩。有多种设计可供选择，材质有塑料和玻璃，大型罩会如图所示横跨在深床上。

塑料薄膜隧道罩 坚固的铁丝弓由塑料薄膜覆盖，容易制作，但需要小心钉牢于地面。一个长罩可被分成几个部分。

漂浮罩 由穿孔塑料薄膜或编织聚丙烯绒制成，随着幼苗的生长，这个廉价的罩会被顶起，同时，也使得空气流动和水分增加。

其他繁殖材料对空气环境有不同程度的要求。种子、嫁接插条和球茎类植株都需要良好的通风、潮湿的环境和温暖的温度。凤梨花和兰花比大多数植物需要更多的水分，高山植物和多肉植物所需水分少。

在家繁殖植物

可以在明亮的窗台、玻璃门廊或温室中放置独立的容器来创造最简单的繁殖环境。该位置提供了温度和光照。通过覆盖容器来保持湿度。对于种子托盘，可以使用厨房薄膜、一片玻璃或塑料来覆盖；而对于一罐插枝，可以使用塑料袋或瓶子玻璃罩。

繁殖容器

繁殖容器为种子发芽或绿叶扦插提供所需的潮湿度。室内的小型窗台繁殖容器（见第38页）比温室里效果更好。在气候较冷的温室中，大型加热的繁殖容器可以保温、保湿，实用性强。

在冬季和早春，当室外温度可能低于冰点时，繁殖容器的加热元件应能够为热带植物材料提供不低于15摄氏度或24摄氏度的堆肥温度。可调恒温器可以更好地调节温度。

硬质塑料盖比薄塑料盖更能保温。盖子上可调节的通风口可以风干水分，防止空气变得过于潮湿，导致植株腐烂。在种子发芽和插枝生根之前，应该关闭通风口。

钟形罩

在凉爽气候下的露天花园中，玻璃罩可以给土壤和空气保温，增加湿度，避免风干和虫害。它可以将苗木，特别是蔬菜的繁殖时间提前，为各种容易生根的插枝提供合适的生根环境，并可用作临时庇护所，使植株长壮以便移植户外（见第45页）或让新植物度过冬季。

市面上有各种各样可供选择的钟形罩设计款式及其材料，最好的材料是玻璃或塑料。塑料穿透光线的能力弱，但不保温。最小厚度为150毫米的钟形罩就可以繁育植株，但厚度为300、600或800毫米的则可以为植株提供更大的保护。单层塑料薄膜不像玻璃或硬质塑料那样保温，但价格更加便宜。塑料薄膜和硬质聚丙烯可使用5年或更长时间；刚性双壁聚碳酸酯可以使用至少10年的时间。

给钟形罩选择合适的末端件是必要的，以防止前者成为一个风洞。在阳光明媚的天气，需要进行遮阳（见第45页）以防止新植株枯黄。

刚性的玻璃罩成本更高，但优点是便于移动，方便浇水和移植。有些是自动浇水

冷床

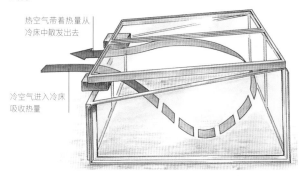

热空气带着热量从冷床中散发出去

冷空气进入冷床吸收热量

冷床内的空气循环 在温暖的天气下，冷空气会随着温度的升高而膨胀和上升。在温暖的天气，打开冷床的窗，放出一些温暖空气，保持冷床内的凉爽。这将减少新植物枯黄的风险。

可移动的冷床 玻璃或塑胶架加上轻质铝架，可放置在花园预备好的土壤上，作为苗圃。使用覆盖物来抑制杂草的生长，通过覆盖物的缝隙来种植植株。

永久式冷床 固定框架可以为秧苗和插枝提供苗床。在地基上铺上一层厚厚的排水材料，如瓦罐碎片或粗砾石。加入15厘米深的种子或插条堆肥。

的，带有可渗透的覆盖物，可以让雨水滴进来，或者有一个管状系统连接到一个水龙软管。浮绒罩能抵御一到两度的霜冻。

冷床

冷床比玻璃罩更加坚固。在凉爽的气候条件下，冷床在温室和开放花园之间提供了中间层，为繁殖材料和新植物提供了高地土壤和更适宜的温度，可以遮风避雨，减少温差变化并提供充足的光照。

冷床可用于在季节早期培养幼苗，繁殖无叶和多叶插枝，帮助幼苗越冬和插枝生根，保护嫁接，待新植株长壮后进行嫁接。它也可以用来盛放耐寒的种子，如那些高山植物和其他树木。在冬季也能经受一段时间的严寒。冷床适合某些植物材料，如灰色的地中海植物或硬木插枝，它们不喜欢封闭箱或繁殖容器的湿度。

一个冷床可以容纳大量的盆或托盘。插枝或幼苗也可以直接插入苗床（见上图）。可在冷床上使用暖土电缆（见第41页）。

带有金属框架的冷床可以射入大量的光线，并且可以在一年的不同时间随着最充足的光线在花园周围移动，但它们不能保留热

量或避免通风气流，木材和砖架框架也是如此。在冬春季节，永久框架必须放置在朝向好的遮蔽位置。

在太阳下，如果不进行通风（见左上图）也不采取遮阳措施，冷床温度就会很高。虽

然铰链灯（盖）可以被楔开，以防止植物过热，但同时也带来了强风。滑动灯可以被完全拆卸，但这会让植物在大雨中受到摧残。

如果温度低于5摄氏度，要对框架进行隔热处理，以免植株冻伤。用厚厚的粗麻布或椰衣把外面包起来，在里面铺上聚苯乙烯瓦片，或者在白天用泡沫塑料遮挡，这样光线仍然可以穿透遮挡物。

去除蠕虫

在开放的花园里，蠕虫是土壤的良好通气器，是园丁的朋友，但在冷床的容器里，则变成了一种威胁。蠕虫被迫不停地转圈，使堆肥没有变得疏松反而更加紧凑。为了暂停蠕虫的活动，可以在架子上铺上透水的织物，或者在花盆的底部铺上一些塑料或锌纱。大量稀释的高锰酸钾溶液将蠕虫逼出地表后将其杀死。

户外苗床

容器中的大量新植物和幼苗可以在室外苗床上生长。这些苗床可以抑制杂草，将幼苗与土传病虫害隔离开来，并使容器能够自由排干水分，同时通过毛细管作用使植物获得水分。沙床几乎不需要浇水。平整一个场地，用8厘米高的木板围起来，然后用织物或沙子做衬里。

生长媒介环境

培养基应该为繁殖材料提供适量的氧气、营养物质和pH值（见第32—35页），但

户外苗床

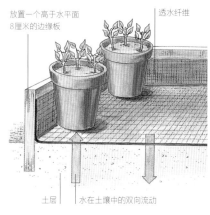

放置一个高于水平面8厘米的边缘板

透水纤维

土层

水在土壤中的双向流动

透水纤维床 如果土壤不平整或排水不良，先用沙子覆盖。在土壤和边缘板上铺上黑色聚丙烯、编织织物或杂草席子。内衬可以让土壤的水分抵达花盆。

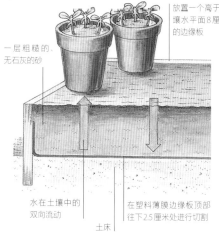

放置一个高于壤水平面8厘米的边缘板

一层粗糙的、无石灰的砂

水在土壤中的双向流动

土床

在塑料薄膜边缘板顶部往下2.5厘米处进行切割

土床 在床上铺一层双层塑料布。在离顶部2.5厘米的地方用沙子覆盖。修剪塑料片，用沙子填满顶部，然后铺平。沙子是水的蓄水池，多余的水从板和衬里之间流出。

需要以正确的方式浇水并控制好温度，以满足植物不同的生长过程，如生根或种子萌发。

生长媒介必须保持湿润，但不能浸水，否则根或种子会缺氧，并导致腐烂。最初，如果覆盖繁殖材料，生长媒介会保持相当稳定的水分，但一旦生长开始，当植株需要时，应给生长媒介浇水以保持湿润（见第44页）。

生长媒介的温度会间接影响植物生长的生物过程，例如肥料养分释放的过程。

对于大多数在覆盖下的繁殖，应分开加热生长媒介，否则其温度通常会低于常温。

其原因在于热量被排到媒介下方较冷的区域；蒸发导致表面冷却；使用了冷水浇水或进行喷雾以及夜间辐射热量的损失。

为了减少这些影响带来的危害，可以使用一个系统来保持底部处于恒温状态，这样能确保生长媒介的温度高于常温，因此有句老话叫"暖底部，冷顶部"。这使不生根的多叶插枝，特别是在盛夏生根期间也能避免缺水。

如果底部温度高达25～30摄氏度，根系会枯萎。大多数繁殖材料以最小成本取得的生根最适宜的温度为15～25摄氏度。其

平均值通常为18摄氏度。

有各种不同的方式为底部提供热量（见下文）。最简单的方式是使用加热传播器。市面上出售的土壤加热电缆的长度和功率不尽相同，可以加热指定的区域，如工作台或密闭的容器。用于薄雾繁殖（见第44页）的电缆是标准电缆量的2倍。用电线内恒温器让电缆连接到绝缘的、带断路器（RCD）的熔断插座上。如果使用电热毯，需要在种盘上放置一个塑料罩以保持湿度。有机温床比较廉价，但它不能进行人工控制。

提供底部热量

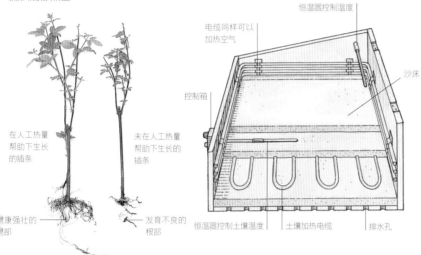

恒温器控制温度

电缆同样可以加热空气

沙床

控制箱

恒温器控制土壤温度　**土壤加热电缆**　**排水孔**

在人工热量帮助下生长的插条

未在人工热量帮助下生长的插条

健康强壮的根部

发育不良的根部

底部加热的影响　如果生根媒介的温度比空气温度高，插枝通常根部生得快更有力。种子也可以更成功地发芽。

在深度为5～8厘米、潮湿的沙土床中铺设电缆，电缆呈一系列S弯形，确保线圈不接触。电缆也可以用来加热密闭空间的空气，就像上图所示。

繁殖毯　这种专用毯是用铝箔包裹电线，能均匀传播热量。它可以在长板或地板上提供一个临时的繁殖区域，用于盆栽或未加热的繁殖容器中的植株。不使用时，可将其卷起存放。

探测仪可以监测表面温度

恒温器能被设置到指定温度

繁殖容器

毛细垫

塑料薄片保护毯子

电热毯

聚苯乙烯隔热衬垫

温室板

制作温床

1 在温室边缘的土壤上叉掘。用厚度为23厘米的新鲜稻草马粪肥和5厘米的土壤覆盖。用石灰来中和酸性肥料。

2 再铺上两层肥料、土壤和石灰，最后铺上一层坚实平整的土壤。放置一天左右，在使用前对温床进行加热。

温室

对于喜欢在凉爽气候下繁殖植物的人来说，温室是一项宝贵的资产，它可以进行精细的环境监控，而且风格多变。有些设计是为了更好地透光、保温和通风，而另一些则是为了节约空间。

倾斜或迷你温室的好处在于温度和房屋墙壁的隔热性能，但极端的温差变化更常见。塑料隧道主要用于土壤类种植作物。它们提供了御寒和防风的保护措施，但没有传统温室那样温暖，而且通风可能受限。

温室里的最低温度将决定可繁殖植物的范围。温室有四类温度类型：冷、凉、温、暖。

冷温室没有加热措施，可以用于种植高山植物和插枝、夏季作物和耐寒幼苗，帮助植株越冬。

一个凉爽的温室加热到足以保持无霜环境，白天最低温度为5～10摄氏度，夜间最低温度保持在2摄氏度。这样有利于畏寒植物过冬，插枝生根，培育花坛植物的幼苗。在这里必须使用繁殖容器来播种和插枝生根。

温带温室的日间最低温度为10～13摄氏度，夜间最低温度为7摄氏度。在春天进行的繁殖可能需要升温措施。它主要用于完全耐寒及畏寒种植材料，如半耐寒的花坛植物和蔬菜作物。

温室的湿度大，日间最低温度为13～18摄氏度，夜间最低温度为13摄氏度。即使没有特殊的繁殖设备，很多植物也依然能进行繁殖，包括热带和亚热带植物。

调节大气环境

在生长季节，温室适宜的相对湿度为40%～75%。在冬季，植物需要较低的湿度。湿球温度计和干球温度计（与湿度计一起使用）或湿度计可用于测量相对湿度。空气的温度能决定湿度的高低，因为热空气比冷空气水分大。可通过向地板上泼水或增湿物品来增加湿度，自动或手动雾化，或者把水放在盘子里蒸发。通风可以降低湿度。

电加热器、煤气加热器或石蜡加热器可以维持最低温度。电动的加热器效率最高，可靠而且通常有恒温器，这意味着热量没有被浪费。电风扇加热器是最有用的，可确保良性的空气循环。没有恒温器的石蜡加热器效率最低，因为它们不受控制，还会产生植物毒性烟雾和水蒸气。如果加热器没有恒温器，可以使用最大值/最小值监测夜间的温度计。在寒冷的地区，有必要使用冻结警器。

适当的通风对控制气温和湿度至关重要。通风设备所覆盖的面积应占温室地面的六分之一。使用通风口、百叶窗、排气扇或自动系统（见第43页），避免在温暖的天气下积聚热气团；在寒冷的天气下积聚闷热、潮湿的空气；减少气体或石蜡加热器积聚的烟雾。

百叶窗通风机通常是幕后工作者，在冬季，屋顶通风机虽然会散失太多的热量，但它有助于空气流动。必须关紧通风口，以阻挡通气气流。使用适合温室大小的家用排气扇，把它安装在温室另一端的门或天窗上，以此来保持空气新鲜。

生长灯

特殊的灯用来延长白昼时长，特别是在冬季或春季，可以促进萌芽、生根或新植物的生长。卤化物灯、汞蒸气灯和荧光灯正在被LED灯取代。LED灯更加高效，运行成本更低，使用时表面温度更低，所以它们可以放置在离植株更近的地方，占用更少的空间。

如果天气温暖，外部遮阳有助于降低气温，避免灼热的阳光直晒繁殖材料。使用特殊配方的遮阳面料（见第45页）、百叶窗、柔性网眼或织物或硬质聚碳酸酯板。在仲夏的时候，涂上遮光剂两个月，然后用清洁液洗掉。遮光织物可以悬挂着横跨温室内部或沿着繁殖工作台或温室的导线铺盖。

百叶窗主要用于室外，比遮光剂更通用，因为它们可以被卷起，或者在必要时只用于温室的某个地方。灵活的遮阳网用在外部或内部，虽然不如百叶窗实用，但可以为某个区域量身定制，并在某个季节内固定使用。

冬季的隔热材料可以帮助保暖，降低供暖成本，但也可能降低光照水平。泡沫塑料由两层或三层中间有气囊的透明塑料组成，可以按尺寸切割，效率很高。也可以使用一层塑料薄膜，这样既便宜又能减少光线。

保暖隔板在夜间可以发挥作用。它由大片的干净的塑料或半透明的织物组成，由金属线固定，放在温室顶部的两边，在晚上被水平地拉直并铺满温室的顶部。在温室某个角落的垂直隔板上可以创建适合热带植物的潮湿区域或者适合幼苗生长初期的温暖区域。

温室的类型

塑料薄膜隧道温室 成本廉价，其框架是一个巨大的隧道形状，上面覆盖着耐用的透明塑料薄膜。塑料薄膜只能使用一年左右，大概一年之后，它就将变得模糊，减少了光线穿透。

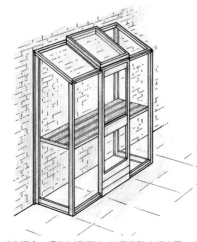

迷你温室 通常为铝框架，如果繁殖空间有限，它可以帮你节约空间。将其朝南（北半球）或北（南半球）、靠墙或靠栅栏放置，以获得最充足的热量和光线。

温室工作台

不管是用永久性的工作台还是独立式的工作台在温室的三个墙面周围繁殖，实用性都很高。墙跟工作台之间保持合适的距离，保证空气良好地流动。板式种植槽或者网状织物种植槽可以获得比固体工作台更自由的空气流动；它们对高山植物或仙人掌和多肉的盆栽类种植大有用处，因为这些植株需要排水性能良好的生长媒介。固体表面工作台可以安装一个毛细管（见第43页）或滴灌软管浇水系统。

要将固体表面工作台转化为种植槽平台，需要选择至少10厘米深的平台。在底部铺上一层2.5厘米厚的小砾石或黏土颗粒，然后是2.5厘米厚的粗园艺砂。铺设土壤增温电缆（见第41页），再用2.5厘米厚的沙子覆盖。填上堆肥以便扦插直接生根，或加入更多的沙子为容器底部提供热量。或者使用

繁殖容器的温室

温室为园丁提供了创造许多独立、可控的环境的机会。这个温室配备了所有必要的元素，以繁殖和养育各种各样的植物。一些设备，比如封闭式繁殖箱，可以作为一个整体来购买，也可以专门建造。在温暖的气候条件下，可能不需要绝缘或暖气等配件。

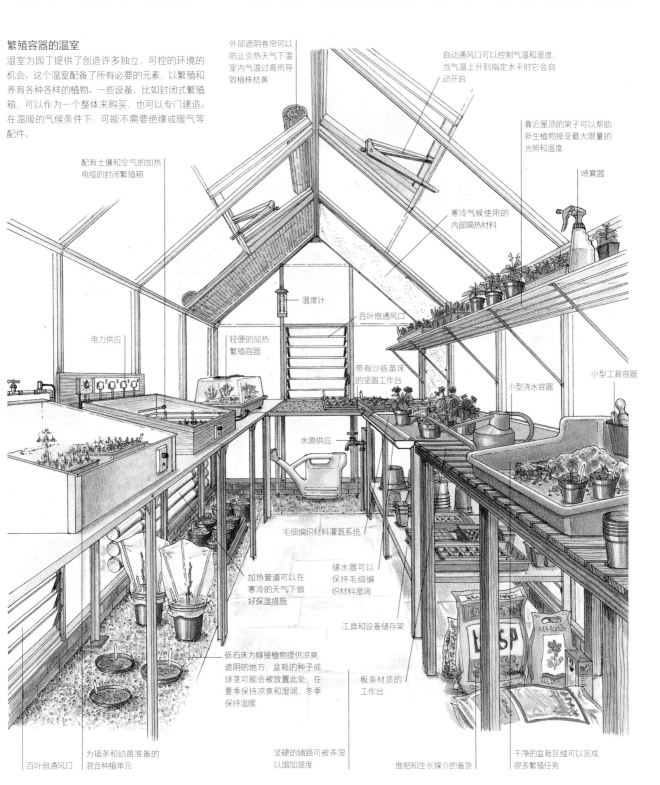

外部遮阴卷帘可以防止炎热天气下温室内气温过高而导致植株枯黄

自动通风口可以控制气温和湿度，当气温上升到指定水平时它会自动开启

靠近屋顶的架子可以帮助新生植物接受最大限量的光照和温度

喷雾器

配有土壤和空气的加热电缆的封闭繁殖箱

寒冷气候使用的内部隔热材料

温度计

电力供应

百叶扇通风口

轻便的加热繁殖容器

带有沙砾苗床的坚固工作台

小型浇水容器

小型工具容器

水源供应

毛细编织材料灌溉系统

加热管道可以在寒冷的天气下做好保温措施

储水器可以保持毛细编织材料湿润

工具和设备储存架

砾石床为嫁接植物提供凉爽遮阴的地方；盆栽的种子或球茎可能会被放置此处，在夏季保持凉爽和湿润，冬季保持温暖

板条材质的工作台

百叶扇通风口

为插条和幼苗准备的混合种植单元

坚硬的铺路可被弄湿以增加湿度

堆肥和生长媒介的备货

干净的盆栽区域可以完成很多繁殖任务

塑料薄膜帐篷

在苗圃中，经常使用覆盖的加热种植槽的方法保持空气湿润，直到扦插生根。将1.2米长的藤条绑在种植槽腿或工作台桌腿上。用铁丝做成铁箍，把铁箍的两端插入藤条的顶端。用一张不透明的塑料布盖在铁箍上，这样它就能完全覆盖种植槽。

专门的繁殖单元

与其他更传统的方法相比，叶扦插可以在雾中进行大量快速的繁殖。这些自动系统是以商业苗圃中使用的系统为基础的（见下文和第14页）。它们提供了一个持续温暖和潮湿的环境，因此减少了对水的需求，也减少了蒸发产生的热量损耗和蒸腾产生的水分流失。这种插枝不易感染真菌疾病，因为孢子在感染植物组织之前就会从空气和叶子中被冲走。

薄雾繁殖是在插枝上覆盖一层水膜，雾繁殖则通过产生更细的水蒸气来避免这种情况，因此对于易腐烂的插枝来说是最好的。一般来说，薄雾单元没有被覆盖，但这可能会给温室里的其他植物造成过于潮湿的空气。

覆盖下的嫁接植物

嫁接的植物已经有根和芽，但在根和接穗的结合处，需要适合的温度和湿度，以促进愈合并结痂（见第27页）。可以将每个移植物套入塑料袋中（见第38页）做到保温和保湿，用塑料薄膜（见第44页）或将移植物接合处置于特殊的热空气管中（见第109页）。在嫁接形成之前，温暖的环境会促进生根和发芽。

繁殖植株的"断奶期"

一旦繁殖的植株根和新枝系统发育完善到足以独立生存，新植株就应从繁殖环境移

繁殖毯（见第41页）。种植槽也可以用塑料薄膜覆盖以便保湿。

温室灌溉系统

在凉爽的天气里，一个装有莲蓬式喷嘴的浇水罐是给各类新生植物浇水的最有效的工具。在春天，冷水会摧残脆弱的新生植物。在浇水之前，一定要把水壶装满或在台面下放个水箱，保持水温与室温一样。

在非常温暖的条件下，自动化的系统可以节省时间。毛细管系统由2～5厘米深的沙层或毛细管垫层组成，储水层的水使其保持湿润（见第43页）。水渗入沙子或垫层，然后通过毛细作用滋润花盆或种盘。塑料罐通常能与毛细管垫层完美配合，但陶罐可能需要在每个排水孔内放置一块毛细管垫。因为如果冬天使用这些系统，繁殖容器内会过于潮湿。

滴灌系统采用窄径管道网络，将水从高架壁挂式水库输送到单个容器内。蓄水池定期补充水或由水管供应水。每个管上的喷嘴释放水滴，并可以调节水量大小，以适应每个容器内植物的用水需求。

渗水软管广泛应用于露天花园，它是穿孔的，这样水就会沿着软管渗出来，但在非常温暖的温室里，这种软管可能无法提供足够多的水。

塑料薄膜繁殖

塑料薄膜繁殖技术广泛应用于各类植物，包括亚热带和热带植物。它是在浇水后，将一片透明或不透明的塑料薄膜直接铺在盛有插枝的花盆或托盘上。这种方法造价低廉，可以在插枝周围创造潮湿和温暖的环境，但需要小心护理。在空气水分适宜的情况下，这些插枝必须进行通风以避免过度凝露。每周应至少通风一次，只需打开塑料薄膜，每次30分钟左右。

这种技术也用于塑料隧道的保暖措施。有些插枝，特别是那些叶子毛茸茸的插枝，最好要裸露出来。在密闭的环境中，这些毛发会吸附水滴，导致其腐烂。如果带有蜡质或多汁叶子的插枝被覆盖，也容易腐烂。

专门的种植单元

雾繁殖单元 该装置将新鲜空气泵入蓄水池，在种植材料周围产生热雾，而不会打湿叶片。蒸汽在两侧凝结，然后流回储液器。

配备生长灯的防护罩

恒温器控制热水器　蓄水池

薄雾繁殖单元 薄雾喷头会自动地在植株上间歇式喷射细小的液滴。加热的种植槽有助于生根，同时雾气会冷却顶部，防止水分流失。

薄雾喷头喷洒雾滴　加热的种植槽

供水系统

给新生植物遮阳

遮阳措施保护植株免受太阳直射的灼伤，同时保证了充足的光线。一些用于温室的遮阳材料（见第42页），如遮阳洗剂，还有其他材料可用于较小结构的容器，如柔性网状物和报纸。在温暖的气候下，阴凉的"房子"很有用。它们由木板条、枯树枝或编织的遮阳布构成：板条是最好的，因为它们能产生斑驳的光。

柔性网状物
塑料网可被切割成不同尺寸，用于内部或外部遮阳。遮阳的面积取决于网格大小。

遮阳洗剂
洗剂可以非常有效地遮阳，因为它们可以显著地减少来自太阳的热量，同时保证充足的光线使植物良好生长。洗剂涂抹于容器外部。

阳光隧道
在炎热的气候下，白色编织材料隧道钟罩在铁丝箍上可以伸展成任何长度。它们过滤了刺眼的阳光，热量损失少。

周的时间，不能操之过急，因为在一段时间后，覆盖在叶子上的天然蜡在形状和厚度上发生了变化，以便减少水分流失。叶片上的气孔也需要适应不利的环境。

将幼苗移植到冷床中是一种理想的方法，它可以增加通风。如果条件允许，在白天可将盖子完全打开直到夜晚。钟形罩也可以使用，但它的防霜效果不如冷床。或者，把容器放在墙边或树篱附近，晚上用报纸、塑料布或遮阳网遮盖，白天则放置在条件差的地方。

保护露天苗床

室外苗床和苗圃不像覆盖下的环境那样可以随时调节，但可能需要某种形式的保护。干燥的风会导致水分的流失，影响植株生长，因此可在盛行风的一侧建造防风林或使用钟形罩。在温暖的气候或季节，可能需要灌溉苗床。这时，把渗水软管（见第44页）放在新植物的根部便能发挥它的作用。

可以竖起屏障，保护苗床不受害虫侵害。例如，可以把棉花挂在苗床上以威慑鸟类，还可以用网纱或羊毛制成屏障来驱赶啮齿动物或胡萝卜根蝇。

植到生长环境。这一过程所需的照料程度取决于物种、繁殖方式、季节和繁殖环境的类型。

夏季，在雾繁殖单元或在塑料薄膜下生根的叶枝扦插，在移植期间非常脆弱。植株通常需要2～3周的时间才能完全适应。首先，关闭底部的加热开关，让它自然下降到常温，然后逐渐降低湿度水平。每天打开塑料薄膜的时间需要更长，5～7天后，夜间就不应再更换盖子。雾繁殖单元也遵循类似的程序：减少雾喷洒的持续时间和频率，在晚上则关闭这些设备。

在温室内、有覆盖物或特殊环境（如繁殖容器、有覆盖物的种植槽或高湿度的帐篷）中的其他繁殖植物，应逐渐暴露在开放的温室大气中，时间应长于2～3周。一旦被移植，新的植物可以放置在通风良好、温度适宜的区域。为它们遮阳，因为阳光直射会导致空气炎热，使幼苗受热，嫩叶枯黄。

在这个阶段，应该阻止过度的生长，以避免新根无法滋养芽的生长需求。这可以通过使用稍微干燥的培养基来实现。

如果新植物要在遮蔽下越冬，无霜环境就可以满足耐寒植物的需求。娇嫩的植株应保存在适合其需要的最低温度下。

一些商业种植者有一个自动刷苗系统，特别是蔬菜的自动刷苗系统，每天刷1～2分钟，这模拟了自然界中的风和雨，使得植物生长更强壮。园丁也可以用手或纸板轻轻刷一下幼苗来替代。

植物长壮后移植户外

在移植之前，幼苗必须生长到足够强壮才能适应户外的温度。这可能需要2～3

移植长壮的新植株
在凉爽的气候条件下，冷床提供了温室和开放花园之间一个很好的中间层。在种植前，将新植物放置在冷床中2～3周。

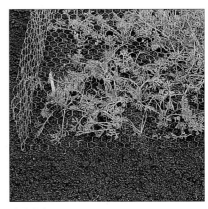

防止虫害
鸟类和啮齿动物会破坏苗床。弯曲不超过2.5厘米的金属网，形成一个笼子，牢牢地插入土壤。网状物也可以作为植物的支撑物。

植物问题

在自然界中，植物与各种有益和有害的生物共享特定的环境，如动物、昆虫、细菌和病毒，它们形成一个复杂的关系结构，使植物苗壮成长。繁殖的植物通常从这种自然平衡中分离出来，需要单种栽培，这使得它们很容易受到害虫和疾病的攻击。

高温的、容器底部、频繁的浇水方式和高湿度的环境，在繁殖中经常是必不可少的要素，也诱发了大量真菌的繁殖。这些疾病通常是在不卫生条件下制备植物材料或通过受污染的堆肥而引入的，包括引起幼苗枯萎病和猝倒病（见下文）的疫霉菌、腐霉菌和丝核菌。

最好的办法是尽量防止问题的出现，如果这一办法失败，就应该早识别、早治疗。

下面的图片和第47页的图表描述了一些影响新植物的疾病、害虫和失调现象。

防治问题

繁殖的首要原则是从健康、强壮的植物中获取材料，因为害虫和疾病可由植株父母传染。这对于某些病毒和不易识别的害虫，如蠕虫可能是特别的问题。容易出现这种问题的植物，如福禄考，最好从种子或扦插根中培育出来。

为避免在准备材料时引入害虫或疾病，特别是在涉及任何伤害时，明智的做法是保持良好的卫生习惯（见第30页），并使用无菌的生长介质（见第32页）。为繁殖材料尽可能提供最佳条件（参见传播环境，第38—45页），以确保它不易受到攻击。某些害虫如果在繁殖环境中占有一席之地，就会造成麻烦。例如，在冬季，红蜘蛛螨会在温室的角落和缝隙中休眠。为了避免在生长季节感染，每年用园艺消毒剂擦洗繁殖区域，有助于控制眼蕈蚊和粉虱，霉菌和各种真菌引起的枯萎病或黑胫病。在户外，需要使用屏障（见第45页）来防止老鼠、鸟类和兔子等破坏幼苗和新植株。

防控问题

定期检查新植株，发现问题并及时控制。例如，丢弃任何显示出腐烂、病毒或霜冻损害迹象的插枝（见下文）。如果进行化学或有机控制，应选择当地最合适的产品。

影响植株生长的常见问题

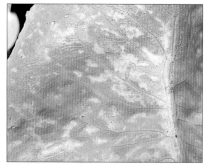

病毒 叶和茎发育不良或状态失常，通常发展为黄色条纹，斑驳或斑点的叶片或茎。许多病毒通常是通过被感染的母株或以汁液为食的昆虫（如蚜虫）传播的。立即销毁受影响的植株，在搬运后，彻底清洁双手和工具。

蚜虫病 这些以汁液为食的昆虫导致植株生长发育迟缓、叶子变形，它们会分泌含糖的蜜汁，在上面长出煤烟霉。在高湿度的环境下，这种情况会恶化。使用专用喷剂进行控制，例如基于抗蚜威或吡虫啉的喷剂。有机杀虫剂包括除虫菊、鱼藤和杀虫皂。

黑胫病 在根形成之前或形成时，切割的基部会变暗和萎缩。然后，上面的部分会褪色和死亡。这是由土壤或水滋生的真菌通过肮脏的容器、工具、未消毒的堆肥或水引起的。因此要始终严格遵守卫生防控措施，使用杀菌剂消毒过的堆肥和自来水。

烂苗病 幼苗匍匐于地，通常在茎基部有一个棕色皱缩的环，同时，地面上有白色的真菌。水和土壤滋生的真菌在潮湿的堆肥、湿热、弱光和密集的播种环境下传播迅速。播种时，要保持清洁。必要时用铜铵杀菌剂处理。

霜冻 插枝或幼苗的叶子顶部变成棕色或黑色、淡绿色或棕色，好像被烧焦了，并可能枯萎或死亡。剪掉受影响的叶子或丢弃受损严重的植物。通过使用加热的繁殖容器确保无霜环境，防止霜冻损害。

鼠害 种子，尤其是豌豆、蚕豆和甜玉米的种子和番红花的球茎在户外被老鼠吃掉，而嫩芽则躺在地上。在番红花球茎上铺上一些土壤，防止老鼠发现它们。用细铁丝网覆盖新播种的苗床，在附近设置鼠夹或在室内播种。

其他影响植株生长的常见问题

问题	造成的影响	处理方式
毛茸茸的霉菌 在幼嫩植株上常见的一种现象就是叶片正面黄色或变色区域，对应着反面模糊的、灰白色或紫色的真菌。这种感染可能蔓延，幼苗可能被扼杀或生长受到严重抑制。	几种不同的真菌，特别是霜霉属、盘梗霉属和单轴霉属，它们生长在潮湿的环境。	一经发现，立即将受感染的叶片清除。通过加大间距和除去杂草，来改善植物周围的空气循环。在温室内增加通风；不要在植株顶部浇水，也不要把盆或托盘挤在一起。业余种植者一般没有专门的霜霉病杀菌剂。
线虫病 这些以汁液为食的害虫不会在叶子上留下明显的虫洞，但会释放有毒的唾液，导致叶子变形和变色。生活在土壤中的线虫病可以杀死根部并传播病毒疾病。	以寄主植物为食的微小的蠕虫状动物，或生活在土壤中并攻击根毛（副叶蝉、长针线虫、剑线虫）。温室里，开花植物上主要的线虫是叶线虫（叶芽线虫）。	没有针对线虫病的有效的化学控制。请勿移栽相同类型的植株在花园被感染植物的地方。严格的卫生控制是必须的，此外还要烧掉所有被感染的叶子和植物。
黄化 植株看起来苍白，叶片发育不良，节点间距大。	光照供应不足，导致植株向光源方向延伸，叶绿素发育异常。	把植物移植到明亮、通风的地方。为萌发新芽的幼苗提供充足的光照。
根部腐烂 茎基部周围组织的腐烂，导致植物上部枯萎、变色和死亡。根部可能变黑、折断或腐烂。	一种在土壤和水里滋生的真菌，在生长环境不卫生的地方生长繁茂。西红柿、黄瓜和瓜类有时会受到影响，尤其是在温室里。如果不加以控制，真菌就会在土壤中滋生。	这种病害无法治愈。为了避免真菌的传播，应立即焚烧受感染的植物以及根部周围的土壤或堆肥。良好的卫生习惯可防止病毒的传播。重新种植抵抗力强的植物。
灰霉菌（灰霉病） 灰色，偶有灰白色或灰棕色，带有绒毛，真菌生长在受感染的地区，并可能攻击地面上的所有生物。通常是通过伤口或损伤点进入。	灰葡萄孢是一种常见的真菌，在潮湿的环境中生长旺盛。它的孢子几乎总是存在于空气中，并通过雨或水的飞溅和气流传播。孢子可以作为坚硬的黑色菌核（休眠孢子），年复一年地存在于土壤或受感染的植物残体上。	在死亡或受伤的植物部位被感染之前拔去它们，使其恢复健康生长。不要在周围留下植物残骸。改善空气流通，降低湿度。
白粉病 白色、粉状，真菌生长在叶子正面，然后蔓延到地面上的所有部位。受影响的部分，特别是幼叶，可能变黄和变形。容易产生枯枝败时的现象，在极端情况下，会导致枯梢病和死亡。	各种真菌，特别是许多种的粉孢子、微孢子虫、叉丝单囊壳属、白粉病属、白粉菌属和球针壳属，它们使得植物在干燥的土壤中茁壮成长。有些只感染一个属或密切相关的寄主植物，还有能广泛攻击的。孢子通过风和雨的飞溅传播，真菌可在植物表面越冬。	避免在干燥的地方，必要时进行护根。给植物充分浇水，但不要在顶部浇水。立即清除受感染的叶子。喷洒适当的杀菌剂，如菌丁腈、戊康唑或替康唑。
红蜘蛛 叶子的上表面有细小的淡色斑纹，叶子变成暗绿色，然后变成黄白色。叶子提前落下，一层纤细的织带可能覆盖在植株上。	以汁液为食的螨虫、荨麻叶螨，它们的足迹遍布室内、温室植物和温暖干燥的户外。螨约1毫米长，有4对腿。在温暖、干燥的条件下繁殖迅速。有些对杀虫剂有抗体。	保持高湿度。在遮蔽下，在严重感染发展之前，引入捕食性螨智利小植绥螨。使用生物防治（捕食性螨或昆虫）而非杀虫剂。不要同时使用两种杀虫剂。
锈病 斑点状的孢子，要么是团块，要么是脓疱，通常是明亮的橙色或深棕色，在叶子的下表面繁殖，上面有黄色的变色。	各种真菌，最常见的是在潮湿的条件下繁殖的普氏菌属和黑柳菌属。孢子通过雨水和气流传播。	去除受感染的叶片，改善空气流通，避免过于茂盛的生长。向植物喷洒杀菌剂，如腈菌唑、戊唑醇或灭菌唑。
坐骨蝇，真菌蚊 灰棕色蝇，长3～4毫米，蝇在堆肥上活动。秧苗和插枝都无法生长。可见半透明的白色幼虫。	黑头幼虫（如迟眼蕈蚊属）长可达5毫米，主要以腐烂的有机物为食，也以幼苗和插枝的根为食，并钻入插枝茎的基部。	保持良好卫生，避免过量浇水。引进掠食性螨（兵下盾螨）或线虫（线虫属）以幼虫为食。用喷效强的拟除虫菊酯浸湿堆肥。
枯黄 叶子枯萎，变黄或棕，变得干而脆，并可能死亡；顶稍会首当其冲，茎可能会枯死。	过高的温度，特别是在温室里，明亮但不一定是炎热的阳光或风干的叶子。	通过改善通风，提供阴凉环境、降低温室地板的湿度或提供通风处来尽量避免这种情况的发生。
蛞蝓和蜗牛 树苗、插枝叶片及茎上在土壤水平上出现不规则孔洞。黏稠的黏液可以留下独特的银色沉积物。	蛞蝓（如Milax、Arion和Deroceras类）和蜗牛（如散大蜗牛类），这些软体动物身体黏稠，主要在夜间或雨后以柔软的植物为食。	在植物中散布有毒的诱饵，例如含有四聚乙醛或磷酸铁的弹丸，在温和的天气下，天黑后用手取出。使用啤酒陷阱或沙砾之类的障碍物。保护易受伤害的植物，特别是在潮湿天气下。
蓟马 幼虫为白色，成虫是黄色、黑色或棕色，出现在叶子的上表面。	许多不同种类的蓟马，身体细长，呈棕黑色，长约2毫米，有时与白色条纹交叉，以吮吸汁液为食。它们适宜生长在炎热、干燥的环境。	经常给植物浇水，改善空气循环，降低温度。如发现有损伤迹象，可喷洒啶虫脒、高效氯氟氰菊酯、苄氯菊酯或杀虫皂（脂肪酸）。
藤本象鼻虫幼虫 植株生长缓慢，会枯萎甚至死亡。木本植物和插枝幼苗的外部组织可能会从地下的茎上被啃咬。	沟耳海鞘是一种甲虫，体长可达1厘米，身体呈奶白色，顶部为棕色，体态丰满，无腿，生活在土壤中，以根部为食。长期的盆栽植物，如插枝和木本植物的幼苗，面临的风险最大。	良好的卫生习惯，避免为成年甲虫提供庇护所。在夏末，在蛴螬体型变得太大之前，将致病性线虫（异线虫或斯氏线虫属）灌入土壤或堆肥中，或使用含有啶虫脒的堆肥。
金线虫 将幼苗的茎咬入略低于土壤水平的地方。	体型苗条，身体僵硬，橙褐色的甲虫幼虫，长约2.5厘米，生活在土壤中。在新开垦的草地上，它们的数量最多，但随着土地的定期开垦，它们的数量逐渐减少。	如果没有园艺用的杀虫剂，可以对线虫进行生物防治。如果发生虫害，把虫子引诱到木头下面并摧毁它们。定期耕作和除草。

园林树木

树木拥有独特的轮廓和寿命，是花园里面长存的一种植物。
虽然价格昂贵，但繁殖起来并不困难，
而且种植成功后会给后代带来很多欢乐。

树木可以构成花园的整体框架或形成观赏焦点，也可以将花园与外面的景观融为一体。它们是多年生木质植物，其中包括针叶树或结球果的树木，树冠通常在单茎或树干的顶部。棕榈树和苏铁也形似树木。许多树木的价值在于其形状：全年皆可观赏到漂亮的叶子、树皮、花朵和灿烂的浆果。虽然有些树木纯粹是装饰性的，但其中一些也能长出可食用的作物。

由于它们比草本植物生长得慢，价格往往昂贵，所以值得种植一棵属于你自己的树木，特别是如果一些植物需要树篱、果园、林地花园和筛选工作。通过植物繁育可以种植出特殊品种的树木，取代不流行的树木，还能确定树木的大小和形状。

通过选取插枝来繁育植株的方式通常可以长出许多观赏树木，因为这种方式相当简单，并可以快速长出新生的植物。从种子中自然繁育树木，是一种简单的繁殖方式。杂交品种和栽培品种很少能长成树木，但自然幼苗变种便可能产生新的品种。相比通过植株技术繁殖的树苗，种子培育的树木通常至少要花上两倍的时间才能长成。

嫁接和芽接是果树繁殖的主要方式，在专门培育的砧木上栽培果实品种，以限定其生长或提高抗病能力。新植株长成也更快。商业种植者通常采用嫁接和芽接方式，但有些机密技术，热心的园丁也会运用。嫁接和芽接也可用于观赏树木，通过其他方式来种植观赏树木一来比较困难，二来耗时较长，过程缓慢。无论是树木常用的简单压条，还是空中压条法，当只需要种植一两棵植株时，通常会选择压条这种繁育方式。

丽娜莲毛泡桐
（*PAULOWNIA TOMENTOSA* 'LILACINA'）
这种优良的树生长在长而炎热的夏季，通常是由种子或根扦插而成。先是在叶尖长出簇生的花，接着长成大的木质种子荚，成熟后裂开，蹦出扁平的种子。

秋季的收获
在秋天，欧洲七叶树（*Aesculus hippocastanum*）能结出累累的七叶树果。只要收集刚落下的果子，去除带刺的外壳，就可以在花盆或沃土的苗床上播种。

扦插

扦插是树木常见的繁殖方法之一，通常相当简单，扦插的新植物生长速度较快，只是在选择扦插材料时需要小心处理。大多数硬木插枝可以在一年内培育出一棵幼树；其他类型的扦插，生长期长达2～3年，但一些物种的生长期长达5年，如南青冈属（Nothofagus）。

硬木扦插

这是种植许多落叶乔木简单和低廉的方法之一。不需要什么特殊的技能，只要知道哪些树是合适的、什么时候截取插枝以及如何提供生根和生长的基本条件就可以。

在树木正值休眠期时截取扦插枝条，时间通常在秋中、晚秋或冬末，最好是在树叶刚落或芽刚落之前。寻找健康、强壮的嫩芽，避免身形细长的扦插。在大多数情况下，剪去每根枝条结合处生长了1年和2年的木材。对于非常健壮的植物，如容易生根的杨树或柳树，可以从应季的成熟木材中获取扦插。预备好的插枝长度差异悬殊：通常约20厘米，但在某些情况下，可能高达1.8米，如某些柳树。不同长度的芽体，其直径也大有不同，从如铅笔大小到约8厘米不等。

对于容易生根的植物，最简单的方法是在开阔的土地上种植硬木插枝。为此，最好使用一块耕种过的开放、松散的土地。这样的土壤可以使用挖洞器，可轻易地插入插条。然而，如果土壤泥泞难挖，则将插枝插入淤泥沟中（如下图所示）。种植深度取决于树干是单茎树还是多茎树。冬季过后，检查每列树列，因为霜冻可能冻裂沟渠，在这种情况下，应该重新加固。

对于生根较慢的树木，如黎明红

选择硬木插条

选择带有健康芽的强壮、笔直的扦插（右）。避免那些外表枯老、细长或受损的（左），或有叶片软黄的扦插（中）。

杉［水杉属（Metasequoia）］或金链花（laburnum），可以在沙地上扦插成束过冬（见第51页）。每束枝条不能超过10枝，否则中间的枝条会缺水。沙子可以让扦插经受一段寒冷的时期，但也可以保护它们不受温度大幅波动的影响。使用黏土含量低的锋利的沙子，会导致土壤裸露或形成土壤硬层。特别是在霜冻之后，霜冻会使土壤干燥，这时要做好沙土保湿工作。

将插枝插入沙土，直到早春时分蓓蕾裂开，然后把它们排成排，分别放在种植容器中的苗床或花盆里。

快速生根的硬木扦插

1 秋天，用铁锹挖一条15～25厘米深的窄沟，并将铁锹稍微向前推进。为了改善排水，将一些沙子撒入沟渠底部。

2 选择一棵成熟的枝条，距离当季新长出的长度至少30厘米。剪得与主茎齐平，或者刚好在花蕾上方。

3 从每一次切割的顶端，去除任何叶子和柔软的生长物。将枝条长度修剪为20～23厘米，斜着剪切顶部的芽，直线剪切底部的芽。

4 在合适的深度将插条插入沟槽，中间隔10～15厘米。压实土壤，贴上标签并浇水。留出额外的30～38厘米的行距。

种植深度

多茎观赏树和果树
插枝时，留出扦插的三分之一长或高出土壤2.5～3厘米。

单茎观赏树木
应该将插枝埋入土壤，这样每一个插枝的顶芽正好位于土壤表面以下。

5 几个月后，插枝应该开始生根；到下个生长季节结束时，结实的新顶芽应该已经长出。

6 秋天，叶落之后，把生根的插枝拿起来，用塑料包裹住根部，锁住水分。将插枝移栽或单独植入盆中生长。

第二年秋天，如果树苗足够大，就把它们种在固定的位置。或者移植插枝，保持扦插间隔30厘米，树列间隔45厘米，以便继续生长一年。

另一种方法是将插枝插入容器中。每盆插3～5根插穗到标准扦插堆肥中（见第34页），然后，将基部浸在激素生根化合物中。贴上标签，浇水，并放置在一个避风的地方，如冷床。它们应该在春季之前生根，之后将它们单独或分组放入较大的容器中。

带有"脚后跟"的扦插

传统上，木本植物的插枝要从主茎上抽出大小合适的嫩枝，在根部保留一小片树皮或"脚后跟"。"脚后跟"含有高浓度的生长激素（生长素）。这些插枝仍然是有用的，特别是对于那些有精干茎的植物，如接骨木属（*Sambucus*），或那些树龄很久或年幼的植物。"脚后跟"扦插对阔叶树基本无效，可以取材于所有类型的木材，不管是硬木还是软木。

半成熟扦插

这项技术适用于某些阔叶常绿植物的生根，例如广玉兰（*Magnolia grandiflora*）、葡萄牙桂樱（*Prunus lusitanica*）、冬青以及许多针叶树（见第70页）。一年中最好的时节通常是夏末至初秋。不过，扦插也可以在夏初或秋末进行。

从当季生长的材料中选择部分成熟或硬化的材料，并采取茎尖插枝，如图（右）所示。如果半成熟的嫩枝足够长，可以剪切成几个插枝，取较低的扦插，基部扦插剪切在茎节下面，顶部扦插剪切在茎节上面。或者，采取"脚后跟"切割。然后，移除过大的叶片。用激素生根化合物处理后，将插枝插入花盆、深种盘或模块盘。

对于堆肥，使用排水性能好的材料，如泥炭和树皮的混合物，或者标准的扦插堆肥（见第34页）。或者，使用岩棉模块或用温室内插枝制成的堆肥种植槽。保持插枝湿润无霜，在密闭的环境或冷床下，或者在塑料薄膜下。底部温度保持在18～21摄氏度有助于生根。

定期检查插枝，以确保温度适宜，堆肥湿润并移除所有枯叶，这是真菌感染的潜在来源。在再次覆盖之前，喷洒插枝，保持高湿环境。扦插通常在秋季或冬季生根，可以在次年春季单独盆栽。

缓慢生根的硬木扦插

1 对于不容易生根的树种，用园艺麻绳缠绕成小束的插枝［图中为水杉属（*Metasequoia*）］，扦插最多不超10枝。将插枝底部浸入装有激素生根粉或凝胶的小碟中。

2 冬天的时候，把这些成束的插条放在遮阴处或者冷床的沙箱或种植床上。到了春天，它们应该已经生根了。此时便可以将插条单独插入预先准备好的沟槽中（见第50页）

半生的扦插

1 从当季生长的植物中选择一根健康的枝条，稍软底硬［图中为玉兰（magnolia）］。使用剪刀，直接在茎节上方切割。获得10～15厘米长的扦插。

2 保留最上面的两片叶子，然后用干净锋利的刀切去叶片上半边，以减少水分流失。为了刺激生根，从茎的一边切下3厘米长的树皮。

3 将少量的激素生根粉（或凝胶）放入茶碟中，将切割过的茎浸入其中。轻轻拍打茎，去除多余的粉末（见小插图）。当所有的插枝都准备好后，倒掉碟内所有剩余的生根化合物。

4 用等量的泥炭替代品（或泥炭）和细树皮填充8厘米深的罐子。在每个花盆里挖一个8～10厘米深的洞。把每个切口插入到能让花盆直立的位置。夯实茎周围的土壤，给插条贴上标签并浇水。

软木扦插

软木扦插虽然比硬木或半熟的插枝较少使用，但这种技术适合于各种各样的树木，主要是落叶树木，例如：一些观赏樱桃以及枫树、桦树和榆树。通常在晚春，从快速生长的新芽芽尖处采取通常易于生根的软木插枝。清晨是选取饱满的嫩芽的最佳时间。但是，嫩芽会很快变干和枯萎，所以从母体植株上选取后，立刻修整并植入土壤是至关重要的。

为了节省时间，在选取插条之前，先准备好土壤模块或花盆。使用排水性能好的扦插堆肥，如等量的细树皮或泥炭与珍珠岩或粗砂的混合物。将堆肥固定在边缘下方然后浇水。在使用岩棉模块托盘（见第35页）之前，先要浸泡它们。

在新旧木材结合处，选取新的、长短合适的柔软枝条。修剪母梢的残根，以避免枯死。在这个阶段，即使是很少的水分流失也会阻碍扦插生根，所以在取出扦插后，要把扦插放在一个部分充气的塑料袋里（以减少擦伤），将其密封或者浸泡在水中。如果扦插长度超过10厘米，需要移除生长尖。这个措施会使生长激素转移到根部，促进生根。然后，将扦插立即放入一个密封的塑料薄膜帐篷或雾凳中（见第38—

选取软木扦插

1 取下5～8厘米长的软枝尖。笔直地穿过新旧木材的结合处。把切下来的扦插放在一个密封的塑料袋里。剪去每根嫩枝根部的2片叶子。

44页），尽量减少水分流失，保持18～24摄氏度的底部温度。

定期检查插枝，摘除所有枯死或患病的叶子，并每周喷洒杀菌剂。6～10周后，新根长出。定期给插枝施肥，以确保新生顶部生长强劲。在第二年春天进行盆栽，并在2～3年后移植户外。

真菌消杀剂

使用化学用品时，要佩戴手套

2 将插枝浸在杀菌溶液中，然后将茎基部浸在生根激素化合物中。在模块托盘中插入等量的椰壳和珍珠岩。浇水（见插图）并贴上标签。

绿枝扦插

相比软木插枝的茎，这些插枝的母茎质地稍硬、颜色较深。以春末和仲夏之间的插枝为例，尽管在温暖气候条件下，插枝可能会在一年的其他时间生根。按照下图所示的方法进行准备，并将插条保存在有雾或高湿度的帐篷中。一旦生根，定期在生长季节给插枝施肥，然后在次年春天植入盆中。

选取绿枝扦插

1 在初夏，从新旧木材的结合处，剪下当季生长的25～30厘米长的枝条［图中为糙皮桦（*Betula utilis* var. *Jacquemontii*）］，剪切处位于茎节上方，剪去嫩枝的顶部。

2 除去底部的叶子，削减扦插基部。一个预备好的扦插应该是8～10厘米长，带有3个茎节。

3 将扦插的根部浸在生根激素化合物中。用等量的椰壳或泥炭和珍珠岩填充模块托盘。插入的深度足以能让扦插直立。充分浇水并贴上标签。

从枝梢上取下的软木条

将较大的叶子切成两半，减少水分流失

准备好的扦插

切去约2.5厘米长的树皮条子以促进生根

播种

用种子培育树木通常是简单和廉价的，并有助于种植大量的植物，还可用于嫁接的砧木。幼苗通常生长良好，而且不太可能携带来自母株的病毒。种子栽培的植物达到开花大小所需的时间是插条所需的 2～5 倍。不过，前者也可能由于外观、抗寒性和生长状况的不同而有所差别。预测新植物的雌雄不太可能（对于果实有恶臭味的物种，如银杏叶或像茵芋属这样只有雌性植物有果实的物种是至关重要的）。

用种子培育树木的成功不仅取决于播种方法，还取决于播种前对种子的处理。播种成熟的种子，会增加发芽的概率，但如果贮藏得当，已购买的种子在数量上就足够了。一些种子，特别是北温带地区的种子，在播种前必须经过处理以打破它们的休眠期。

搜集和清洗种子

干的和肉质的果实都可以用手采摘（注意不要损坏母株植物）。根据种子的不同类型做好相应的准备工作。在春夏季节成熟的树木，如杨树和柳树，除了剥离棉絮，几乎不需清洗种子。

豆荚 在温暖的房间，把紫荆树、金链花或洋槐等树的豆荚放在纸袋里或用报纸盖住。几天后，豆荚会裂开，种子会脱落。

有翼的种子 桦木或枫树的"翅膀"既可以留在种子上，也可切断或擦掉，以方便处理。

外壳 剥去山毛榉、榛子和甜栗子等坚果的外壳，但保留壳体。

柔荑花序 从绿色的桤木等树上收集未成熟的柳絮，在纸袋中保存 1～2 周，直到它们分解。

水果和种荚

不同的树木发育出不同的子实体（fnliting body）用以保护未受精的种子，并帮助成熟种子的传播。大多树木的肉质果实可以引诱动物采摘，干燥的果核让种子可以随风飘散，硬壳的坚果还能阻止动物吃果仁。球果则不像其他的种子，种子未被包裹。

柔荑花序桦木
（桦木属）

球果（锥松）

槭树（槭属）

花楸浆果
［花楸属（Sorbus）］

核果桃

豆荚金链花

七叶树胶囊

肉质水果 对于外形较大的水果，如苹果和梨，需要切开果实并挖出种子。把较小的水果果肉放在温水中浸泡 4 天，分离种子（见下文），到时间后，种子沉入底部。向水中添加非生物洗涤剂可以加速分离。将种子洗净后拍干。

球果 在温暖的地方，将成熟的球果干燥处理后剥离种子（见针叶树，第 71 页）。

储存树种

重要的是，在播种前正确储存种子，以保持其活力。在储存之前，拣出容易生病的、损坏或枯萎的种子。树种通常储存在 3 摄氏度的冰箱里（而不是冰柜）。为了避免真菌疾病或腐烂的风险，大多数种子被冷冻干燥，密封在贴有标签的塑料袋中。肉质果实的种子只需保持干燥表面即可。外形较大的种子，如胡桃和橡树，以及油性种子（比如木兰）一旦干燥就不能吸收水分，无法发芽。需要将这些种子储存在由潮湿的蛭石、沙子组成的塑料袋，或者装有潮湿的椰壳或泥炭和沙子混合物的塑料袋中。

抑制种子休眠

在自然界，休眠导致了种子发芽时间不会早于春季，即使在良好的条件下，休眠也会抑制种子的萌发。克服休眠的方法多种多样，第一种就是划痕。

必须磨蚀或划破像金合欢树和洋槐的带有坚硬种皮的种子，以便让水渗入种子。用

从肉质果实中分离种子

1 把果实放在筛子里，用流水冲洗后用拇指把它们压碎。

2 把水果果肉放进一个罐子里，装入清水，等待沉淀。用筛子滤干后将发芽的种子保留在罐子里。

储存树种

密封塑料袋保持种子湿润

某些种子不能晒干。与椰棕或泥炭和潮湿的粗砂混合后，用透明塑料袋储存并冷藏。

划破种子

用一层不透水的涂层划破种子，加速发芽。磨掉部分种皮以便水分渗入。

砂纸（见第53页）、锉刀、胡桃钳或锋利的刀划破种皮。

你也可以用热水（不是沸水）将种子浸泡48小时，软化坚硬的种皮，种子外形越大，相应的浸泡时间越长。浸泡后便可以直接播种，不能再次晾干，因为它们会死掉。

一些树木，比如山楂树［山楂属（Crataegus）］、欧椴树［椴属（Tilia）］和花楸，在种子成熟时会产生萌芽抑制剂。因此，需要收集"绿色"种子，当它们发育完成但未完全成熟时，也就是在抑制剂出现之前的季节早期采摘种子，以确保萌芽发育良好。像往常一样，清洗和储存种子，并在春天播种。

其他树木的种子有生理性（或胚胎）休眠，对一定程度的冷热有敏感性。这种种子应采用分层处理，分层处理有两种类型。

寒冷潮湿分层 这是最常见的技术，特别是对耐寒树木，包括冷却种子来模拟冬季的温度。此外还必须保持种子湿润，这样种子才能呼吸。一般在寒冷的气候条件下，在秋季播种，然后在冷藏室或开放的苗床上越冬。萌芽状况跟当地的条件密切相关，在温和的冬天，种子萌芽率低。将种子放在0～5摄氏度的冰箱中，通常是3摄氏度，这样做的好处是可以时刻为种子提供一个寒冷的环境，期待更均等的发芽率。

冷藏少量种子的实施步骤如下：先将种子在水中浸泡48小时，沥干水分，然后放入贴有标签的密封塑料袋中冷藏4～20周直至播种。时间多数保持在12周，具体时间长短取决于树种（见园林树木词典，第74—91页）。

对于大量的种子，将种子储存在一个塑料袋里，里面填满椰壳或泥炭，或者用等量的泥炭和粗砂或蛭石的混合物。保持湿度适中，定期转动袋子使空气流通，避免种子产生热量或释放二氧化碳。如果种子在袋中过早萌芽，需要立即播种。

温暖潮湿分层 有些种子，如白蜡树或珙桐，要经历18个月的两次休眠和自然萌芽，或在第二个春天成熟；只有少数种子在首个春天萌芽。将新采集的种子安置在温暖的环境中一段时间，能够促进种子在夏季成熟，如果继续安置在寒冷的环境中，这样它们应该会在首个春天发芽。把种子放进塑料袋里进行寒冷分层，先将它们放置在18～24摄氏度的温度下取暖12周，然后放入冰箱里。或者在容器里播种成熟的种子，然后在严冬到来之前放置于恒温的繁殖盒内。

在容器内播种树种

在容器内播种是最广泛采用的播种方法，因为它比户外直接播种更能控制环境条件和防治害虫，而且通常在培育健康幼苗方面成功率更高。

在容器内播种树苗种子

1 用标准的种子堆肥填满8厘米深的花盆，轻轻地把堆肥压实在花盆边缘下方约1厘米的地方。单独播撒大一些的种子，均匀地将它们在表面间隔开来。记得播撒优良种子。

2 对于大的种子，在种子上方滤筛堆肥，直到种子被堆肥覆盖。在种子上方，撒上一层很轻的堆肥，再撒上一层薄薄的（5毫米）细沙砾或极细的蛭石。

3 用小砾石（7—12毫米）薄薄覆盖一层堆肥（约5毫米）。贴上标签、使用带有莲蓬式喷嘴的喷壶浇好水，然后将花盆放置在阴凉气候下的遮阳处，比如冷床、繁殖容器或温室中。

4 将温带物种遮蔽处的温度保持在12～15摄氏度，暖温带和热带物种遮蔽处的温度保持在21摄氏度。种子发芽后幼苗在6～8周内能长到2.5厘米高。

5 把秧苗从花盆里取出来。将堆肥敲碎，这样更容易清理根系。要捏住幼苗的叶子，以免损坏脆弱的根茎。

6 将每棵幼苗分别移植到8厘米深、装满标准堆肥的盆中。轻轻压实幼苗周围的土壤，贴上标签并浇水。放回原来的地方生长，3～4周后，它们将逐渐变得苗壮。

播种大种子

1 将大的树种，或者那些长主根的幼苗种在10厘米深的花盆里。把每颗种子种入松软的土壤基种子堆肥中，并压实堆肥。用更多的堆肥将种子刚好覆盖，保持在花盆边缘以下5毫米处。

2 播种后，给花盆浇水并贴上标签。放置在一个有遮蔽的地方，例如一个冷床或一个有遮蔽的繁殖容器中。使用深盆种植这样的幼苗，可以保证主根自由地生长（见插图）。

有许多适合播种的容器，包括标准的容器、盛大量种子的种子托盘和专门的容器，例如用于培育带有树根（如橡树和桉树）的培养器或深盆（见上文）。

一般来说，种植所用的土壤需使用排水性能良好、弱酸性的无土堆肥（见第34页）。像杨梅这类厌石灰的树，应该使用酸性或酸性种子堆肥。对于发芽较慢（需要12个月或更长时间）的种子最好播种在质重的壤土基种子堆肥中。按照图示进行播种（见第54页）。通常，用细沙砾（5毫米）或小砾石覆盖种子，以防止形成"盖层"，或在土壤表面形成硬壳，并避免苔藓或地苔生长，但如果种子萌芽长势迅速，应使用蛭石代替。

将容器放置在一个温度适宜、有遮蔽的地方（见第56页）。夜间最低气温10摄氏度通常就足够了。然而，对于一些幼嫩的物种，15～20摄氏度更适合种子生长。种子至少要等待一年，如果第一年不发芽，可能在第二年春天发芽。

一旦幼芽萌出，当幼苗叶片成熟，就要将它们移栽并放回原来的位置生长。幼苗长壮后（见第45页），将它们盆栽或分行种在苗床上。生长在控根容器中的幼苗（因为它们不喜欢扰动根部）应尽快将它们种植到生长的固定位置。

在苗床内播种树种

如果没有遮棚设施，或很难为幼苗提供全面的护理措施，你可以直接在户外播种。如果可能的话，用树篱或人工防风林保护场地不受风吹。苗床内必须没有杂草，所以要在之前的春季和夏季准备好土壤，这样你就可以锄去杂草幼苗。用充分腐烂的叶霉菌改善土壤结构，并引入菌根真菌以帮助幼苗成长。含有适宜真菌的颗粒状制剂是可行的，这对木本植物特别有效。把苗床耕至一铲深，将苗床抬高如下图所示，在边缘用木板做挡板或用土覆盖。如此一来便建造了一个纹理均匀和排水良好的土壤结构，可以促进种子萌发。

播种前（在早春至仲春，或者在气候凉爽、种子需要寒冷季节的地方，在秋中至晚秋），用耙子耙土壤表面，移走所有大石头，均匀地踩在苗床上以压实土壤。

许多树的种子都相当大，可以进行空间播种，可以通过条播机或用钻头打洞播种。小种子则在播种机中播种。深度播种的深度必须让土壤深度达到种子直径的2倍。大的种子应该播种在5～8厘米深的地方。

用锄头、藤斧或将木板压入土壤进行钻孔。为了减少真菌攻击的风险，直接从种子包里稀疏地播撒小种子，或拿一撮种子沿着钻孔播种。按照如下图所示覆盖种子。如果有必要，以5厘米的间隔将幼苗分开。1年后，将它们移植到苗床上继续生长培育、持续灌溉幼苗。

种子烟熏处理

在自然界中，有些种子只有在经历了一场丛林大火之后才能发芽。火焰烧破了种皮，烟雾中的化学物质刺激种子萌发。为了模拟这种烟熏处理种子的情况，我们可以撒一盘种子，覆盖上6～10厘米深的干蕨类植物，点燃它们并在灰上浇水。烟盒、烟纸和烟水都含有烟雾中的化学物质，现在，这些物质也可以买到。烟熏处理可使发芽率从50%提高到90%。符号 $\S$ 表示能从这种熏制处理中受益的植物。

在苗床中播种种子

1 准备一个隆起的苗床，10～20厘米深、1厘米宽。用锄头给土壤打眼，每个眼间隔10～15厘米。空间播种，间隔3～8厘米，每台播种机放置一种类型的种子。给每个播种机贴上标签。

2 用耙子的背面把土轻轻覆盖在种子上。用3～8毫米大小的沙砾在整个苗床上把出2厘米高的一层。让幼苗生长1年后移植。

嫁接和芽接

嫁接有一种名不副实的神秘感，可能是因为商业种植者大量使用嫁接，不过园丁也可以尝试。一旦理解了基本原则，再加上一点练习和对具体技术的信心，你也应该能够成功地嫁接植株。

嫁接是将两株独立植物连接起来，以选取每种植物的一些优势：一株植物的根系或砧木，以及被繁殖的植物茎的一部分，一般被称为接穗，它形成了植物的顶部生长。与插枝不同的是，嫁接植物有一个现成的根系，所以它们生长得相对快，通常在2～3年内就可以移植出来。

在某些情况下，砧木被赋予了一种宝贵的品质，如抗病能力及限制大小的能力（对果树很有用，否则它们长得太高而不容易收获）。与嫁接相比，像苹果和装饰性樱桃这样的树木，如果用自己的根来种植，不仅生长

得不好，产量也更小。砧木和接穗必须是相容的，通常是同一属，多数来自同一种类。

用砧木来嫁接

优质的砧木是生产优质树木的必要条件。你可以从专业的苗圃购买砧木，但最好是自己生产，这样，砧木的使用数目及其大小可由自己来定。如果购买的是水果砧木，尽可能买获得无病毒认证的砧木，并确保您获得的砧木适合您想要种植的树的类型和大小（详细信息见园林树木词典，第74—91页）。

砧木应根深且笔直，植株厚度中等，高约45厘米。将休眠的砧木种植在准备好的土壤中，土壤的排水性能良好，富含腐烂的肥料且没有多年生杂草。根据制造商的说明，按一定的速率添加一般的缓释肥料。

观赏树木通常是由种子培育而来，如

山毛榉（*Fagus sylvatica*）、刺槐（*Robinia pseudoacacia*）、山楂（*Crataegus monogyna*）、挪威枫（*Acer platanoides*）、花楸（*Sorbus aucuparia*）和野生樱桃（*Prunus avium*）。果树砧木、开花的酸苹果树、某些观赏李子和榛子（*Corylus*）可以通过分蘖或沟渠分层（trench layering）更好地获得。因为它们与亲本相同，所以又被称为克隆砧木。

砧木

如下图所示，这种分层种植的主要技术是将一株两年生的亲本植株进行培土，以促进茎基部的生根。在许多强壮新芽萌出之前剪掉母株。

一旦生根，这些砧木或层便可以切断母枝，这时将其种植入修整好的沟渠，以便继续在上面生长（见下图步骤5），为随后的嫁

生长的砧木

1 选择一个带有大量新芽、健康的1～2年的砧木（图中为苹果）。从春季到夏末，要分阶段把茎基部填土。每一次都要轻轻压实土壤并浇水。

2 在整个生长季节，保持砧木周围的土壤湿润，以促进从较低的茎生根。深秋，小心地把耙走土堆。

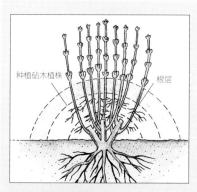

分阶段把茎基部填土

为了获得大量的嫩枝，在冬末或早春时将砧木剪至8厘米。当新芽长到15厘米长时，开始培土（见步骤1）。

图中标注：种植砧木植株、根层

3 用手叉仔细地梳理根部周围的土壤，让新根从接地的茎基部生长出来。小心不要损坏根部。

4 从砧木上取出生根的嫩枝。用锋利的剪刀在亲本植物的颈部上方剪一条直线。用5厘米深的土壤重新覆盖植物的根。

5 在苗床上，挖一条笔直的沟渠，把生根的土层划成23厘米宽，间隔30～45厘米。贴上标签并浇水。待到植物继续长成后便可用作砧木。

沟渠分层

1 在休眠期，以一定的角度在苗床上种植母株。第二年冬天，沿着一排植株挖一条沟渠。在沟渠基部固定嫩芽。用易碎土壤将其覆盖。随着它们的成长，在春夏季节，要分阶段覆盖新生的侧枝。

母株与地面保持45度的角度

将嫩芽固定在一定的位置

浅沟渠5厘米深

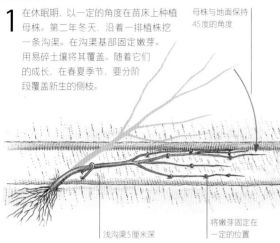

2 第二年冬天，小心地移走土壤，露出每个侧芽或侧芽层基部的不定根。

3 切掉植物基部的层状茎。把每个茎干切成几段，每段都有一个侧枝和一个正在发育的根系。去掉茎的剩余部分，把有根的层移植出来生长，就像长出新枝一样。

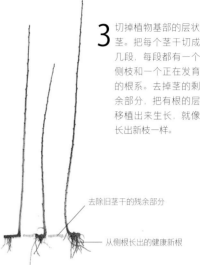

去除旧茎干的残余部分

从侧根长出的健康新根

接做好准备。重要的是要将植株种植入相当深的沟渠中，以便幼嫩的砧木产生尽可能笔直的嫩枝，并培育良好的根系。种植之后，需要进行培固。如果种植了大量的砧木，行距需要扩展至90厘米，并调整至南北朝向，以减少植株产生的阴影面积。

种植后，轻轻修剪所有嫩枝，并除去与茎齐的、不足30厘米长的侧枝，保持茎干干净，以供出芽和嫁接（见第58—63页）。在夏天，需要去除所有不足30厘米长的侧枝。

年幼的砧木必须生长良好，以便芽接和嫁接成功，因此充足的灌溉是重要的。最有效、最经济的方法是在每一排沟渠上铺设滴水管或渗漏管（见第44页）。

沟渠分层的砧木

这种方法（也称黄化分层）常用于果树，包括苹果、梨、樱桃和桃、核桃、桑树和榅桲。这项技术的原理是嫩枝的颜色变淡白时更容易生根。在秋季，两年生的亲本植株以一定角度来种植，它们应该两两间隔60厘米，保持沟渠间隔1.5米，以留出生长的空间。

在接下来的冬末，沿着一排排植物做一个浅沟，用木桩或结实的铁丝U形钉把幼苗固定在沟底。剪掉柔嫩的侧枝，但保留强壮的侧枝，或者只是轻轻地将其压向地面。所有的侧枝必须用木桩固定住或全部去除。用易碎的土壤或堆肥填满沟渠。

春天，当新的侧枝穿破土壤时，它们就会发生黄化现象。一旦出现这种情况，就需要用另一层2.5厘米深的土壤覆盖嫩枝，使新鲜土壤或堆肥来减少再植疾病的风险。在生长季节的早期，根据整个季节的需要，

重复这一过程两次以上，直到植株高度达到15～20厘米。在这段时间里，要注意保持土壤湿润，鼓励幼苗扎根土壤。

在接下来的冬天，挖出和切断根芽（见上图）。按照要求，选择植株基部附近的新芽，然后重复这个过程。

病虫害防治

一般来说，砧木和接穗品种一样，易受害虫和疾病的影响，尽管有些砧木有一定程度的抵抗性，例如，嫁接柑橘树的主要砧木

之一，日本苦橙（*Citrus trifoliata*）可以抵抗疫霉根系疾病。保持砧木充足的营养和水分是至关重要的，这么做可以增加它们的抵抗性和提高防御问题的能力，以确保砧木生长良好，并减少接穗品种感染的风险。

苹果和榅桲的砧木通常容易受到苹果白粉病的影响，当浇水不足的时候尤其明显。检查和控制蚜虫，因为昆虫会传播沙尔卡病毒[（sharka virus，即李痘（plum pox）]，所以更要仔细检查核果。

嫁接多个接穗

在某些情况下，你可能想要在一个砧木上嫁接多个接穗。对于果树来说，使用2个或3个不同品种的接穗来培育一种家族树，就可以在同一棵树上选择水果（例如，可以烹饪和食用的苹果、

桃子和油桃），也可以用来帮助异花受精。对于观赏性树木，使用多个接穗有助于培育出更平衡的树冠。这对垂柳树来说尤其有价值，因为可将自然下垂的接穗嫁接到标准的树干上。

这棵树正在用竹竿进行扇形整枝

家谱
果树砧木可以嫁接两个或更多相关品种的接穗。在这里，油桃（左）和桃（右）正在蔷薇科的树干上发芽。

顶部嫁接
将两株吉马诺克柳（*Salix Caprea* Kilmarnock）的接穗舌接到托叶柳树的砧木上（见小插图和第59页），以培育出只有一株接穗更平衡的树冠。

拼接腹接

芽长可见

现在可以移除
嫁接带

1 收集强壮的、一年生的茎作为接穗，并修剪到15～25厘米长，剪至一个或一对芽的上方。放入塑料袋，并放入冰箱，直到可以进行移植。

2 嫁接时，在砧木顶部以下约2.5厘米处做一个短切口。然后，从接近砧木顶部的地方开始，切出一个倾斜的、向下的切口，以满足第一次切口的内点。

3 将木条切去一个小薄片。从第一次切割的内角直接向上切割最后一刀。这就形成了一个平侧切面的茎（见插图），在底部形成一个"肩"的形状。

4 为了准备接穗，要做一个2.5厘米深的斜切。然后在接穗的另一边的基部做一个短的、有角度的切割（见插图）。

5 立即将接穗的基部插入砧木的切口（见插图），以便新生层接合。用嫁接带（或酒椰叶纤维）将移植物固定，直到完全覆盖。

6 为了防止嫁接失去水分导致嫁接失败，在砧木和接穗的所有外部切口表面刷上一层伤口密封胶或嫁接蜡。

7 成功的嫁接应该在几周内进行，此时接穗的芽将显示出生长的迹象。如果砧木上出现了任何根蘖，就把它们除掉，否则无法满足接穗生长所需的营养。

嫁接技巧

无论采用何种方法，嫁接的原则基本上是相同的，但根据被嫁接的植物以及砧木和接穗的相对大小，可能采用不同的技术（具体植物的详细信息，见园林树木词典，第74—91页）。嫁接多在冬末至早春或夏中至夏末进行。观赏植物通常在遮蔽下，被嫁接到集装箱砧木上，这样更容易控制生长条件，而通常在户外砧木或在开放的地面上种植果树（田间芽接或嫁接）。

为了成功嫁接，砧木和接穗的新生层（树皮下的薄再生层）密切接触，嫁接在成片和老茧之前免于干燥或避免感染是至关重要的。因此，切割必须尽可能精确，可以先在柳树茎上练习。一次做一个嫁接。用一把干净、锋利的刀，并且动作要尽可能快以防切口变干。避免接触切面，在密封移植前，检查形层是否排列整齐。

在温暖、潮湿的气候下，接穗可以长到30厘米，这样的接穗会更快成熟。

拼接腹接

这通常是在冬末或早春的芽折断之前进行的，如果砧木比接穗厚，这种方法是有用的。最常用的方法是用两年生的种子培养的砧木，在8～10厘米深的盆栽中，它们必须有笔直的茎干和良好的根系。在盆栽中生长的植物不能用于嫁接。在嫁接前2—3周，需将砧木移入夜间温度最低为7～10摄氏度的凉爽温室。保持在干燥的一面，以避免过多的树液流动，妨碍嫁接的结合。

从待嫁接的树上采集接穗，选择健壮、一年生的嫩枝。移除它们，将其切割成两根两年生的木头，以保留新旧木头之间的结合（如果接穗基部有老木头的话，接穗嫁接得会更成功）。将接穗保存在塑料袋中，在冰箱中保存直到准备接枝。

在砧木8～10厘米以上的位置进行切割，切割如上图所示。取一个接穗，修剪新旧木材结合处的基部，然后去掉顶部的芽，使接穗长15～25厘米。切割接穗的基部，

以匹配砧木上的切割面，在切割面的对面保留一个休眠的芽。将接穗的基部固定在砧木上的切口处，并用嫁接带或酒椰叶纤维固定。密封所有暴露的切割表面并给植物贴上标签。

合接

如果砧木和接穗的直径完全相同，就像拼接腹接一样，但需要用更简单的切割。这种斜切，向下切割至2.5～5厘米长，从砧木顶部的一边开始，在茎的另一边结束。将接穗剪短并匹配好，然后继续进行拼接腹接。

根尖楔形嫁接

这种嫁接方式类似于侧接嫁接，但接穗只有15厘米长。将其切入砧木，穿过中间2.5～5厘米深。将接穗底部剪成V形，每边斜切5厘米。把接穗底部推到砧木上。接穗的顶部，或者像教堂的窗户样的部分应该

在砧木的上方可见。此后按照拼接腹接方法进行处理。

拼接侧板嫁接

对于很难与砧木或树皮薄的树木（如日本枫树）结合的树木，只有在嫁接完成后砧木才会折回。

松柏就是以这种方式进行嫁接的。这种嫁接是在破蕾前或夏中至夏末进行的。如果是后者，那就在清晨从当季生长的成熟木材上收集接穗，像之前一样把老木头砍下来准备接穗，否则就只能做拼接腹接。从砧木底部15厘米处修剪叶片，然后像针叶树那样进行嫁接（见第73页）。

一旦移植完成，砧木顶部结合处上方正逐渐折回。你做得多快取决于被嫁接的植物（参见园林树木词典，第74—91页）。在嫁接之后的12个月里，砧木用以支撑接穗，松松地绑在上面。在第二个春天接枝后，砧木应该完全折回。

照顾在种植槽中嫁接的植物

在冬末或早春进行的移植物，在凉爽气候下，把植物排列在一个凉爽的温室里的种植槽中。夜间温度保持在10摄氏度以上。如果可能的话，应用底部加热15～18摄氏度，以鼓励砧木与接穗结合。另外，需要在一个热管道里进行移植，以促进组织愈合（见第109页）。当根蘖初长在砧木上的时候移除它们。在春末夏初的时候，将植物进行盆栽。

在温暖的气候或夏季嫁接的植物，它们可能会通过叶子失去水分，将它们放在高湿度的环境中，可以是一个封闭的箱子或塑料薄膜帐篷。夜间最低温度保持在15摄氏度。每天检查真菌疾病，喷雾以保持湿度。将砧木保持在干燥的一侧，直到嫁接的愈伤组织和嫩芽出现明显的生长，然后在6～8周后使植株移出高湿度的环境。在第一个冬天，仍然要保持植株凉爽，避免结霜，到春天再进行盆栽。

舌接

这是一种常见的田间嫁接方法，广泛用于果树和一些观赏植物。在这些植物中，砧木根系较大的树木将长成优质树木。它也可以用于出芽失败的植物（见第60—62页）：在出芽后的春天才将植物嫁接，仍然可以在同样的时间内培育出一棵树。这种嫁接最适合直径相似的砧木和接穗（不超过2.5厘米），以实现完美的结合。这种嫁接需要使用成熟的砧木（通常至少提前12个月进行种植）。

如下图所示，当生长激素集中在芽上时，从休眠的树木上收集大约铅笔粗细的接穗。把它们储存起来或者放在冰箱里一个干燥的塑料袋里。在早春，将砧木和接穗的切口进行吻合。如果砧木上的切口比接穗上的切口宽得多，将接穗放置在偏离中心的位置，这样保证至少有一边有良好的新生层接触。如果切口很大，要把它和接穗上的"教堂窗户"一起盖上，用嫁接蜡防止水分流失，防止水分进入接穗，一旦有水分进入就会导

舌接

1 在隆冬季节，从接穗树上挑选前一季生长的健壮的硬木嫩枝。用修枝剪剪出大约23厘米的长度，刚好在花蕾上方进行斜切。

2 将5到6个接穗捆成一捆。准备一个有遮盖的、排水性能良好的苗床，把它们放进去，将接穗插至高出土壤表面5～8厘米。这将使接穗处于潮湿的环境，将其保持休眠直到可以用来嫁接为止。

3 在早春的蓓蕾绽放之前，准备好每一株砧木。切掉顶部，使砧木高于地面15～30厘米。修剪掉任何侧枝。在一边做一个3.5厘米长、向上倾斜的切口。

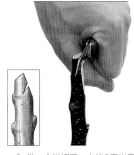

4 做一个浅切口，大约5毫米深，大约在砧木暴露的新生层的三分之一处。这就形成了连接到接穗上的舌状（见小插图）。

5 拿起接穗，剪掉所有顶部的软生长物。修剪到只剩3或4个芽。选择一个离基部3.5厘米远的芽，从反面取下一片木片，从芽切至根部。

6 通过在接穗的形成层上开一个狭长的切口来匹配砧木上的舌形楔口（见小插图）。注意不要用手触摸或污染任何伤口表面。

7 将接穗的"舌头"插入砧木。使用砧木的拱形来引导和调整接穗，直到两者的切面很好地勾在一起。

8 当砧木和接穗紧密贴合后，用嫁接带或酒椰叶纤维将接穗和砧木牢牢地绑在一起。当嫁接愈合部周围形成愈伤组织后再拆掉嫁接带。

嵌芽接：准备接穗

1　在仲夏，选择一个生长旺盛的、成熟的当季树木枝条。嫩枝或芽枝应该有铅笔般粗细，并有发育良好的芽苞。

2　用一把干净、锋利的刀剪掉枝条上的所有叶子，留下一个3～4毫米的叶柄。去掉嫩枝顶部的软尖。

观赏性树木

对于在容器中种植的观赏树木，当从花枝上取下叶子时，穿过每个叶柄留下一个2～2.5厘米的短根。移除每一个芽片，如下述的步骤3—5所示。

3　选择芽枝底部的第一个芽。在茎往下2厘米处做一个5毫米深的切口。将刀锋向下倾斜30度。

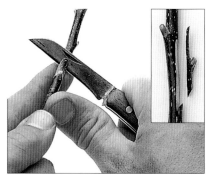

4　在第一个切口上方约4厘米处再做一个切口。朝着第一次切口，在芽的后方向下切，芽片应该从芽枝上脱落。

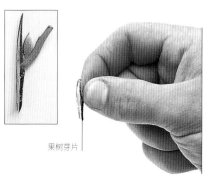

果树芽片

5　芽片由休眠的花芽、修剪好的叶柄和木片组成。抓住芽片的叶柄，放入塑料袋中。

致嫁接失败。6周左右，嫁接处就会愈合。

接穗上应该萌生出1个或3个新芽。选择一个继续生长成树（通常是最上面的那个）。你可能需要把它绑在一根竹竿上，以确保它长得笔直。一旦有3片或4片叶子长出，就要把它们修剪掉。一旦长到8～10厘米长，就将嫁接愈合部下面所有的侧枝移除（在那之前，它们是用来为砧木提供营养的）。

芽接

出芽繁殖也被称为芽接，采用与嫁接相似的原理（见第58页），不同的是接穗由一个生长芽组成，而不是一段茎。有两种主要的技术：嵌芽接和T形芽接或者叫盾形芽接（见第62页）。它们都被商业种植者广泛使用，尤其适用于果树，但热心园丁们也能轻松掌握它们。任何可能被舌接的树木（见第59页）都可能用于芽接（见园林树木词典，第74—91页）。

用于果树的嵌芽接

这是嫁接果树最成功的技术。虽然这是一种非常古老的方法，但直到最近几年才被广泛使用。与T形芽接相比，它有一个优势，那就是尽管它通常是在仲夏和初秋之间进行的，但是它的芽接时间段持续时间更长。

为了获得最好的结果，需要尽可能使用健康、无病毒的砧木和无病毒的接穗木（通常只有少数品种，主要是在商业上种植）。应该选择成熟的、新生长的铅笔粗细的枝条作为接穗或芽枝，这些枝条的基部已经开始变成棕色和木质。最好从树的外围取新芽，通常是选择向阳的一侧。避免选择那些弱势、新绿或黄化的新枝。嫩枝不能干透，所以摘取之后要立即把它们放入一桶水里。

如上图所示，取下叶片，准备一根芽条，留下短的叶柄（叶柄）。也要去除托叶（叶柄基部的叶状结构），以减少水分流失和任何未成熟的朝向芽尖的生长趋势。

如果需要芽接大量的植物，则要准备许多芽条，先把它们用湿布包裹起来，一次使用一个进行芽接。从芽条的底部开始，选择第一个芽。避免任何大的，可能是突出的芽点。核果如樱桃或桃子，不需要检查大的、圆的果芽，而需要检查小的、尖的叶芽。牢牢地拿着芽条，在芽的下方以30度的角度切开。在第一个切口上方，切口的后面向下再做一个切口。去除芽片，小心握住叶柄，以免触及和污染外露的形成层。

准备好每个砧木，在主茎较低的位置去除侧枝和叶子。选择一个干净、光滑的茎，高出地面15～30厘米（最好在砧木背阴的一面）。从砧木上取下一块木头。第一个切口刚好在一个节点的上方，以防止刀片滑落，并裁剪切口，尽可能接近芽片的大小和形状，以确保两个形成层能紧密贴合。

将芽片放置在砧木上，确保形成层相遇。如果有必要，将其放置在中心以外，以确保至少一侧的形成层接触良好。用嫁接带或2.5厘米宽的嫁接带将芽片固定在砧木上。

把胶带的一端塞到花蕾下面，然后缠绕在花蕾上以免风干（或者只在花蕾很大的时候进行缠绕）。

一旦芽与砧木结合在一起了，它们的边缘将形成愈伤组织。如果取芽成功，叶柄将看起来丰满健康，并应在叶片脱落时或之前脱落，然后便可以取下嫁接带了。然而，如果芽体没有发芽，叶柄就会枯萎，呈棕色且不会脱落。如果芽体脱落，则把砧木留到下一个早春，把砧木切至坏芽下面，用舌接进行繁殖（见第59页）。

嵌芽接果树的护理

在接下来的冬末或早春，当砧木的芽开始生长时，将砧木剪至芽体上方，如下图所示。

随着芽枝的发育和生长，芽枝也应该从芽下面的砧木上生长出来。当它们长到8～10厘米长且很结实的时候，把它们去掉（在此之前，它们可以滋养砧木）。如果新芽长得不直，需要绑在一根藤条上予以支撑，但不要用其他方法进行支撑。应该去除任何由芽产生的花，以确保所有的能量都用于发育的芽中。

在接下来的冬天，树木应该准备好在它最后的固定位置种植，或者如果需要，可移植到苗圃进一步培育。

使用嵌芽接的观赏性树木

一些观赏树种，如海棠、山楂、金莲花、玉兰、花楸以及观赏樱桃、梨等，均可通过嵌木芽接进行繁殖。对于那些在田间发芽的果树，其处理步骤与果树相同。

一些观赏树木（见第74—91页）可以用容器栽培的砧木在凉爽的温室中出芽。该技术类似于田间抽芽，在夏季中后期进行。然而，芽枝的准备方式略有不同（见第60页）。在茎基部以上约5厘米处进行芽接。芽和叶柄也暴露在外（见下图），因为它们不需要用嫁接胶带覆盖以防干燥，就像在田间发芽一样。

在10～14天内，如果发芽成功，叶柄就会脱落。保留嫁接带，直到芽长得很结实，然后把砧木剪到刚刚发育的芽儿上面，把能量输送到芽上。到秋末，一些新梢的生长是明显的，应避免植物在冬天结霜。春天的时候，把它们栽在花盆里，再剪一次以促进更浓密的生长。在6～12个月内，准备将发芽的树木种植在永久位置。

嵌芽接：把接穗和砧木结合起来

1 为了准备砧木，跨站在植物上，用一把干净、锋利的刀从茎部30厘米处去除所有的侧枝和叶子。

2 选择一个干净、光滑的茎。在一个节点上方划一个浅口。取下一小片树皮，露出形成层，并在基部留下唇状切口。

3 将芽片放置在砧木的位置（见小插图）。如果砧木上的切口比芽片宽，把芽片放在切口的一边，使形成层吻合。

4 用嫁接带将芽片绑定到砧木上，然后再缠绕在新芽上。当芽片与砧木紧密结合、嫁接成功后便可以小心地将嫁接带揭去（通常需要6～8周）。

观赏性树木

准备砧木

准备一个容器生长的砧木，用一把锋利的刀从茎干25～30厘米处去除所有的叶子。

绑定芽片

将芽片牢固地绑定在砧木上，但要保持芽和叶柄暴露在外。如果发芽，10～14天后叶柄就会自行脱落。

嵌芽接1年后的树（幼年树）

修剪嵌芽接的树木

在接下来的冬末或早春，去掉砧木的顶部。用剪枝剪在嫁接芽的上方进行斜剪（见上方小插图）。在春夏季节，从嫁接芽中会长出嫩芽（见上图）。

T形芽接-准备接穗

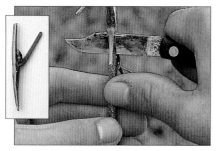

1 从当季生长的接穗上取一根成熟的嫩枝,剥去叶子。从接穗上剪下一个健康的嫩芽,在芽的上、下方分别保留一段约2.5厘米长的树皮,去掉皮后面的木条。

2 在砧木距离地面15～30厘米树干的树皮上方做一个T形切口。用反向的刀刃,小心地剥开树皮,露出树皮的髓部。如果成功运用这项技术,树皮应该能平稳地脱落。

3 抓住芽的叶柄,小心地把它滑到砧木上的树皮片状下垂物后面。修剪掉所有暴露的"尾部",使其与砧木上的水平切割相一致。把叶柄剪掉,用透明塑料嫁接带缠绕整个芽枝。

T形芽接树木

这是世界各地的果树嫁接中最广泛使用的技术,同样适用于一些观赏植物,例如刺槐,还可用于培育标准树木。虽然该技术很有效,但是或许很快就会被嵌芽接所取代(事实证明,嵌芽接被广泛用于实践,也更容易成功,见第60页)。它的名字来源于在根茎上切割的T形切口,芽将插进T形切口中。它也被称为丁字形芽接,因为萌芽已被切去一片树皮,像一块小盾牌。

T形芽接的主要缺点是,它只能在砧木树皮容易从木材上去除时才可进行,芽接时间通常是在仲夏晚期。干旱会延缓这个时间节点,在干旱的天气下如果要操作,则要在T形芽接萌发前2周保持充足的水分。T形芽接比嵌芽接更脆弱,因为没有保留木头。此外,有更大的感染空气传播的真菌疾病的风险,特别是当接种在树皮下方的芽盾上时有可能携带苹果枝枯病。

尽管如此,T形芽接依然是一种被充分证实有效的技术,有些人发现它比嵌芽接更容易(参见园林树木词典,第74—91页,寻找合适的树木)。

如果采用嵌芽接和舌接(见第59页),尽可能使用健康、无病毒的砧木,接穗木也尽量使用无病毒的。至于嵌芽接,砧木至少是两年生的,并且是在T形芽接前的秋季种植。

准备砧木和接穗

用与嵌芽接相同的方法(见第60页),从当季生长的植株中选择成熟的枝条,从你想要繁殖的植物中收集接穗材料。然而,制作芽枝的方法略有不同。剥掉叶子,但留下一个5～10毫米长的叶柄作为手柄。最好用专门的发芽刀,因为它在叶片背面或刀柄上有一个扁平的刮刀,这种专门的设计可用来切去砧木上的树皮。

抓住芽条的顶端,挑出第一个好嫩芽。将刀片插入嫩芽下方2.5厘米处。在嫩芽下面向芽枝的顶部做一个浅浅的切口,然后抬起刀片,用"尾巴"把芽条去掉。在你准备砧木的同时,把嫩芽放在一碟水里,或者用湿布包裹起来,保持干净和潮湿。

在离地面15～30厘米的高度,在砧木的树皮上做一个T形切口。顶部的切口只需要1厘米宽,而垂直和向下的切口应该是2.5～4厘米深。用刀用力切开树皮,但要注意不要划得太深,不能切到树皮的核心。用抹刀切去两片树皮。

抓住芽条的叶柄,轻轻地将芽条插入砧木的T形切口,将芽条滑动到树皮和木髓之间,这样芽条刚好在水平切口的下方。不要用力推芽条以防损坏。通过再次水平切割树皮,切断芽条的剩余尾部,然后用塑料胶带或酒椰叶纤维将芽条固定在合适的位置,就像用嵌芽接的观赏树一样(见第61页),保持芽枝裸露以避免给芽枝施加太多的压力。

发芽后大约6周,T形切口应该已经有老茧了,此时便可以移除胶带或酒椰叶纤

为准备皮接而修剪果树

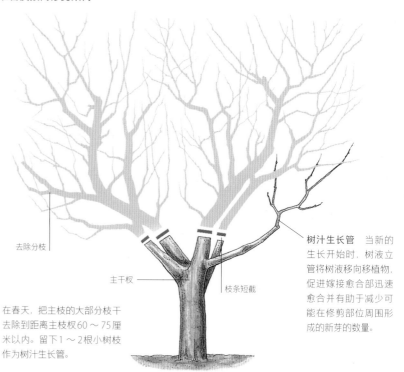

去除分枝

主干杈

枝条短截

树汁生长管 当新的生长开始时,树液立管将树液移向移植物,促进嫁接愈合部迅速愈合并有助于减少可能在修剪部位周围形成的新芽的数量。

在春天,把主枝的大部分枝干去除到距离主干杈60～75厘米以内。留下1～2根小树枝作为树汁生长管。

维。接下来，用嵌芽接树一样的方式对待发芽的植物（见第60—61页）。

倒置的T形芽接

在某些情况下，例如在潮湿的气候下，砧木要做倒置T形切口，以防止水分流入嫁接植株，引起腐烂。这种方法也经常用于嫁接柑橘品种（见柑橘类果实，第78页）。这种技术在很大程度上与传统的T形芽接技术相同，只不过在芽接中是由树皮片状下垂物下向上推的。

皮接

有时，可能需要将一棵成熟的果树（通常是苹果或梨树）从一个嫁接品种转变为另一个品种，通常是为附近的树木引入一个新的传粉者，从而改善种植或简单地尝试一个新品种。由于成熟的根和主分支系统可以滋养，新嫁接品种应该会很快结出果实。这种做法被称为嫁接，可以通过修剪后的树顶工作来进行。

皮接通常用于顶部工作，通常是将嫁接品移植到更大的树枝上的最好方式。它的名字来自将接穗插入树皮下的过程（被商业水果种植者称为"果皮"）。外皮嫁接不适合观赏树木，因为它往往会产生不甚美观的嫁接结合。

使用休眠接穗的皮接是在树干的汁液上升时进行的，这样树皮就会很容易被刮起，通常是在春季中期进行。

为了准备一棵用于皮接的树，你首先需要剪掉大部分的主干。保留一或两根树枝，将树液转移到移植物上，加速愈合和愈伤组织的形成。从前一季生长的铅笔粗的成熟枝条上摘取接穗。一次嫁接一根树枝：把树枝的树皮剪掉以便插入接穗。如图所示，在树皮上做一个长而直的切口，沿着树枝向下划。根据树枝的直径，做2～4个间隔均匀的切口，然后举起树皮。

如下图所示准备接穗，每切开一块树皮就插入一个接穗。确保每个接穗基部的锥形侧是向内的，这样它就能接触到树干分枝的新生层。用嫁接带缠绕，用嫁接蜡封接。移植物应该能愈合并迅速生长，所以要在6周后去除胶布以避免收缩。

尽管最终形成新枝只需要一个接穗，但在第一个生长季节，需要把它们都留在原地，在次年冬天则保留最茂盛的那一个接穗。如果在嫁接植株周围和下面的茎上长出任何嫩枝，当它们长到8～10厘米长时就要移除。

将果树进行皮接

1 在砧木上，除了一到两个主枝，砍去所有枝干的上端，留下一个树液立管。如果有必要的话，在切口附近修剪树皮，使修剪过的表面不留任何尖角。

2 用干净、锋利的嫁接刀在树皮上划一个切口，从修剪过的树枝末端向下延伸约5厘米。在树枝周围做4个等距的切割。

3 用嫁接刀的背面，或用薄抹刀把树皮提起到每个切口的一边，小心地把树皮移开，露出下面枝条的新生层。

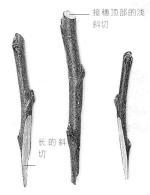

接穗顶部的浅斜切

长的斜切

4 为了准备接穗，把茎切成小段，每段都带有3个小节。从上面嫩芽的上方斜切一刀。从基部修剪一个与嫩芽相对的4厘米长的木条。

5 小心地把准备好的接穗放在砧木上的每一处树皮切口下。确保每个接穗基部的切面与砧木的形成层密切接触。

6 用塑料嫁接带固定接枝结合处，确保每一圈与前一圈重叠。从树枝的顶部绑到切口下方约2.5厘米处，然后把胶带系紧。

7 用伤口油漆或嫁接蜡密封每个树枝的切割面，以防止雨水渗入。避免在接穗附近的边缘涂上涂层，这样嫩芽就有足够的空间膨胀和生长。

8 在次年冬天，从每根树枝上除去最强壮的接穗外的所有枝条，剪平枝条表面。被挑出来的接穗会长出新的枝条。

压条法

当一个或多个低矮的茎根进入地面时，这一过程可能在一些树木中自然发生，可以在单枝压条中运用这种能力培育少量的新植物。空中压条也能诱导不定根在茎干上形成，但是在地面上进行的，这对直立的树木很有帮助。

单枝压条

从中秋到早春进行压条，落叶乔木最好在中晚秋进行，常绿乔木最好在早春进行。

在选定的植株将被压条种植的地方进行深耕。选择健壮的枝条，最好是去年的枝条，因为它们更柔韧，最有可能在第一季就生根。缠绕枝条（见右图）或者扭曲枝条直到树皮裂开，这样可以将汁液集中在发根处。将枝条固定住，用桩支撑顶端，松松地系上，以便新的枝条生长。在嫩枝周围填上混合了插穗堆肥的土壤。固定好以防土壤自然沉降，露

出新根，之后浇水。夏天的时候也要给这些压条的植物浇水。在接下来的秋天检查生根情况：一旦生根，落叶树木应该在中晚秋被拔出，而常青树则应该在早春拔出。

从亲本植株上剪下新根下面的每一层，然后在苗床或花盆中单独生长。将母枝芽修剪回主茎或适当的侧枝。大多数层应该准备在2～3年内种植，但有些可能需要5年。

对树木进行空中压条

如下图所示，在早春或枝条成熟时，在户外对枝条进行空中压条。割掉1.5厘米宽的树皮圈或剪断舌状物来缠绕茎。不透明的塑料袋是最好的"袖子"，因为它们能保持水分和反射光，所以生根的介质不会变得太热。一旦该层生根并盆栽，在雾中或繁殖容器中种植，就像生根的插枝一样（见第50—52页），两年后移植出去。

树木的单枝压条

薄片

舌状物

1 在与芽相对的茎的下方，从顶端切割出30厘米的嫩枝。切下2.5～5厘米的树皮，或切下舌状物，用火柴棍支撑打开。

2 在伤口上撒上激素生根粉。将一些插枝堆肥混合到下面的土壤中，将伤口两侧的插枝固定在8～15厘米深的地方。将暴露的茎尖绑在竹竿上。填入，固定，浇水和贴标签。

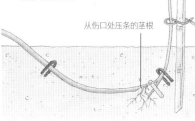

从伤口处压条的茎根

树木空中压条法

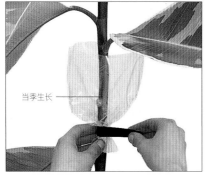

当季生长

1 从一个笔直的茎干上修剪叶片［图中为印度榕（*Ficus elastica*）］。剪下塑料袋的底部做一个套筒，把它滑过树干，用胶带固定下端。

用刀、藤条或火柴棒的反刃推进苔藓

2 做一个倾斜向上的5毫米深、2.5厘米长的切口。在舌状物下撒上激素生根粉，并推入少许湿润的泥炭藓。

3 把"袖子"卷到切口周围的位置。在"袖子"上均匀地包上苔藓，使其完全覆盖切口。用胶带将套筒的上端密封。

4 通过套筒等待新根显露出来，或者如果使用不透明的套筒，2～3个月后打开以检查根部（如果茎长得慢，就把它留到次年春天）。去除根茎层，用剪枝钳在亲本植株上的一个节点上方以一定角度切开茎，取下塑料套筒。

5 轻轻地把苔藓从根部拔出来。把这一层放进一个比根球大5厘米的罐子里。装上适合植物生长的堆肥。轻轻扎紧以免损坏根部。剪掉顶部生长旺盛的植物，以确保根部能维持新植物的生长。浇水并贴好标签，像对待生根扦插植物一样去做后期护理。

棕榈树

棕榈树是生长在热带至温带地区的常青树。根据种类的不同，所需要的湿度、排水性能良好的土壤和光照程不同，树阴深浅也有所不同。一些棕榈树，如海枣属（Phoenix）和矮棕榈［菜棕属（Sabal）］，来自阳光充足的地区，其幼苗能忍受阳光，而原产于热带雨林的棕榈树，如竹节椰属（Chamaedorea），即使长成后也喜欢阴凉。许多棕榈树需要避风。冷风会遏制或破坏新叶生长，而热风会加速水分流失。

在温暖的气候下，棕榈树生长在户外，但在霜冻多发或寒冷的地区，它们最好在遮护下或作为室内植物种植。但也有少数能忍受几度的霜冻，如布迪椰子（Butia capitata）和唐棕（Trachycarpus fortunei）。当繁殖的时候，模拟棕榈树自然生长条件的最好方法是在日光温室中运用雾状繁殖单元（见第44页和右图）。这是一个在加热种植槽上的帐篷或箱子，这有助于保持堆肥和空气潮湿。应该定期通风，以减少幼苗腐烂的风险。

棕榈树可以通过两种方式繁殖，一种是种子繁殖，一种是分裂繁殖。大多数棕榈树最适合通过种子萌生，因为种子相对容易获得，但有些棕榈树能产生根蘖或开端，通过分裂可以更快地生长。

通过种子繁殖的棕榈树

棕榈树的花序由许多小花组成：有些花重复，而少数品种如石竹，花开一次就死亡。果实有湿润的果肉，如枣椰树（Phoenix dactylifera），或干燥的果肉，如椰子树（Cocos nucifera）。当果实成熟变色后，种子就要被收集起来。清除所有的果肉以防腐烂，然后用湿纸巾或泥炭苔包裹种子。为了去除干燥的果肉，需要花费1～2天的时间，在温水中浸泡果肉直到变软，然后刮去果肉，露出种子。硬壳种子最好是趁新鲜时及时播种，但如果需要必须储存，要保持潮湿以保持生存能力。将种子放入塑料袋中，置于20摄氏度的阴凉处。大多数种子可以存活4～8周。

购买的种子以干燥的状态供应。如果种子是干燥的，根据种子大小，把它们浸泡在温水中24小时到2周的时间不等，然后马上

薄雾繁殖帐篷

温室内的薄雾繁殖帐篷允许有充足的漫射光。土壤保温电缆提供25～28摄氏度的底部温度，通过上方管道的细水喷洒，湿度几乎保持在100%。

搜集棕榈树种子

1 一旦浆果成熟并改变颜色，通常从绿色到红色或紫色，便可以剪下一丛浆果。

2 剥去果肉马上播种。为了储存种子，把种子洗干净，用湿纸巾包起来。保存在20摄氏度的塑料袋中。

棕榈树词典

糖棕属（BORASSUS） 大的直根种子（见第66页），发芽期2～4个月▥▥。

冻椰属（BUTIA） 春天播种，锉平或劈开木质外壳。果冻棕榈（B. capitata，异名为Cocos capitata）的种子不易发芽（需要6～8周），须在温水中浸泡48小时▥。生长缓慢。

鱼尾葵属（CARYOTA） 鱼尾棕榈，在春夏播种新鲜种子，发芽期3～6周，需小心处理有毒种子。在春季区分株种植，如C. mitis▥。

玲珑椰子属（CHAMAEDOREA） 春季播种，发芽期6～8周▥。

椰子（COCOS NUCIFERA） 在春季27～30摄氏度的条件下，播种大种子（见66页）；发芽期5～6个月，生长快速▥。

马岛椰属（DYPSIS，异名为Neodypsis） 分株基底分枝▥▥。

荷威棕属（HOWEA，如哨兵棕榈） 在春夏播种。缓慢且不稳定的发芽期通常是1～2年或更长的时间▥▥。在排水良好、土壤肥沃、光照间接明亮和温和湿润的条件下育苗；在生长季节少量施肥。

智利椰子属（JUBAEA，如智利酒棕） 春季播种，萌芽期为3～6个月▥。

拉塔尼亚芭蕉（LATANIA） 即拉坦棕榈，春季播种▥。

蒲葵属（LIVISTONA） 在23摄氏度的春天播种▥。发芽期为2个月。在半遮阴下、深而肥沃的土壤中生长最好。只有雌性的卷心菜棕榈树（L. australis）需要结出种子，它可以忍受干燥的环境，但需要更长的时间来发芽。

复椰子属（LODOICE） 播种种子，如大种子（见第66页）▥▥▥。有1米长的主根。

海枣属（PHOENIX） 在春夏播种，发芽期1～2个月▥。避免直接光照2～3年。区分分株种植，

生根缓慢。保证湿度和30摄氏度的温度才能促进生根；幼苗需要18～20摄氏度的环境▥▥。

棕竹属（RHAPIS） 在夏季播种，发芽期4～6周，区分分株植物▥。

大王椰属（ROYSTONEA） 在春季播种，发芽期2～3个月▥。

菜棕属（SABAL） 在春季播种，发芽期2个月▥。区分分株植物▥▥，土壤耐受性广泛。

棕榈属（TRACHYCARPUS） 在春天播种肾形种子▥。锉平或划破木质种皮，允许水分渗透并开始发芽，时间最长可达2个月，需要阳光。

华盛顿蒲葵（WASHINGTONIA） 在春季播种，发芽期4～6周▥，在植株的第一年应避免烈阳光照射。

播种棕榈树种子

通常发芽率为50%～70%

1 在深15厘米的花盆中播下大约10颗种子。间隔均匀，不要太靠近花盆边缘，否则可能会变干。用堆肥覆盖，刚好盖住种子即可。

2 把罐子放在一个温暖、明亮、潮湿的位置。一旦它们的第一片叶子形成，通常在播种2个月左右的时间，将幼苗移植入盆中。每棵幼苗的根应发育良好。

3 将每棵幼苗分别放入一个刚好大于其根系的容器中。贴上标签并浇水，保持潮湿、阴凉的条件下生长。当幼苗生长活跃时，用叶面饲料促进幼苗生长。

堆肥中的树皮促进空气流通

播种。将木质种子的外壳锉平（见第53页），或者用虎钳或胡桃夹子小心地掰开，使种子湿润，以便发芽。

播种棕榈树种子

棕榈树的种子最好种在花盆里。深陶罐是最好的选择，因为它们可以防止水淹，并允许空气流通至幼苗的根部。在每个花盆里装满合适的种子堆肥，如等量的椰壳堆肥和5毫米细的沙砾，充分浇水然后沥干。均匀播种。30～35摄氏度的空气温度和高湿度有利于提高发芽率。不要让种子变干，否则它们会死掉。萌芽期长达3周到18个月不等。不要期待超过三分之二的种子萌芽。

在温暖气候下播种的种子通常比在凉爽气候下的种子提早一周发芽。根据地区不同，将种子放置在遮阴的房子中，以保护它们不受强烈阳光的照射（见第45页），遮阴度为30%～45%。

在凉爽的气候下，在温室中阳光充足的地方放置一个加热的传播器，提供25～28摄氏度的底部温度，以提供最大程度的热量和光线。定期浇水，并轻轻喷洒花盆，以保持湿度。或者使用薄雾繁殖系统（见第44页和第65页）。过热会导致种子腐烂，所以要定期通风。

对于大量的棕榈树，在潮湿、光照、排水性能良好的土壤或堆肥中的凸起的苗床上（见第55页）用钻头播种，以减少秧苗移栽时对根系的损害。

棕榈树种子预发芽

如果空间有限，棕榈种子可以放在温室种植槽下或通风柜中，置入无土堆肥或潮湿

棕榈种子预发芽

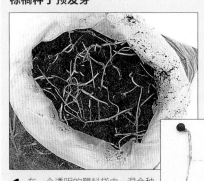

1 在一个透明的塑料袋中，混合种子与潮湿的椰油堆肥。将袋子密封并贴上标签，然后在19摄氏度的温度下保存。当根长到5厘米左右时，将幼苗移入盆中。

2 按种子情况处理每棵幼苗，以避免损坏新根和任何枝。将每颗种子种在5～8厘米深、装有盆栽堆肥的花盆中，用堆肥刚好覆盖种子。给花盆浇水并贴上标签。把幼苗种在潮湿、明亮的阴凉处。

的泥炭苔藓袋子中预发芽。用这种方法处理的种子，根据种类的不同，通常在4～8周内就会提前发芽。在种子变得太大之前，应该每天检查种子是否有发芽的迹象，并将其移入盆中。种子先生根再长芽，一旦有了根就可以进行盆栽了。

把秧苗栽进刚好大于它们的根的盆里，以减少腐烂的风险。将粗皮、肥土、细砂（5毫米）和椰壳等份混合，或同等分量的疏松岩棉，以壤土为基础的堆肥，还有珍珠岩，每升放入2克缓释肥料是合适的。盆栽后，把秧苗放在潮湿、明亮的阴凉处4～6周，直到它们完全适应。

大的棕榈树种子

一些棕榈树有巨大的种子，有长长的直株或下陷根，如海椰子（*Lodoicea*

大棕榈树种子
对于椰子和其他能结出大种子的棕榈树，选择一个深盆让主根生长。将每颗种子半埋在适合的盆栽堆肥中。发芽后，嫩芽继续在容器中生长。随着它的生长，种皮将逐渐分解。

maldivica)或糖棕(*Borassus flabellifer*)。这些种子最好直接种在深容器中。大种子可以种在室外的苗床上,但发芽的条件可能并不理想,而且埋坑容易受到昆虫和其他生物的攻击。应该半埋种子,让顶部露出来,这样幼苗就可以直接暴露在阳光下。

幼苗的护理

需要保护棕榈树幼苗2～3年,免受烈日的暴晒。热带雨林的棕榈树特别容易受到强光的伤害。浇水充足的植物比那些浇水后土壤变干的植物忍受了更多的阳光。将所有棕榈树幼苗从阴凉处移到非常明亮的阳光下会烧焦叶子。如果种植位置有充足的阳光,首先要给秧苗遮阴,并保持充足的水分。

夏季浇水是必要的:每1～2周进行一次彻底浇水,并覆盖苗床。在生长季节,可施用叶面肥。

棕榈树分株

有些棕榈树,如马岛棕属、棕竹、刺葵属,还有一些竹节椰属,很容易在植物基部产生副株。根据气候的不同,这些植物通常会在春天进行盆栽或移植。分株是一种相当简单的技术,但需要注意防止腐烂弥漫至受伤组织,因为在这种情况下分株往往会失败。

如果副株的基部低于地平面,要小心地用手叉刮掉土壤,或将植物从花盆中移出,露出根部。切掉副株,保留尽可能多的根部以使副株得以独立生长。呵护它,避免伤害母体植物,只是这样的处理会让它很容易腐烂。如果需要的话,在更换土壤或重新盆栽之前,在亲本根部的所有伤口上撒上杀菌剂。修剪副株根部,用杀菌剂处理,然后移栽或盆栽。

一个好的盆栽堆肥可以由等份的椰壳、细树皮、细沙砾(5毫米)、壤土和粗砂制成。在一个刚好能容纳副株根部大小的陶罐中种植。幼苗必须在高温下遮阴,保持最低气温为19摄氏度,并在可以独立生长前保证充足的水分。

如果在户外种植副株,选择一个有潮湿土壤的阴凉地点,要尽可能避风。确保种植孔能让根部自然伸展。

无根副株

一些棕榈树有很少的根,必须要对其进行额外的照顾。无根的副株仍从母株植物中获取能量。可以通过在副株的基部切一个切口或切片来刺激根部生长。在伤口上撒上杀菌剂,用土壤覆盖伤口,并保持副株水分充足。除去所有叶子,防止副株水分流失。

或者移除无根副株,将其密封在一个干净的塑料袋中。把它放在阴凉的地方,保持最低温度为19摄氏度,如果有必要,可以放在温室里。因为密封袋营造了一种潮湿的环境,在这种情况下,没有必要去除叶子。每天打开袋子一到两个小时通风即可。

几个月后,根部就应该形成了,此时可以打开袋子,等其长壮以后进行盆栽或移植。将副株种植得比以前更深一点,以促进根部生长,并去除一些叶子,以减少水分的流失。保持副株水分充足,防止缺水。

分株并盆栽棕榈树副株

1 将棕榈树从花盆中抽取出来。选择一个有3～6对叶子和良好根系的副株。用手叉轻轻地梳理副株根部。

2 用剪枝剪切断副株的主茎,尽可能接近母株植物,直接切断其根部。将亲本植物放回至它的花盆中。

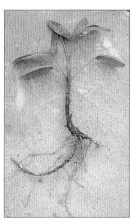

3 副株应具有与顶部生长成比例的强健根系。用干净、锋利的刀修剪掉损坏或患病的根部。

4 蘸取少量的杀菌粉(如硫黄粉),防止切掉的根部腐烂。抖掉多余的粉末,因为如果粉末太厚,可能会阻碍根部生长。

5 把副株放在一个刚好满足根部生长的花盆里,用合适的堆肥回填,保持副株的土壤深度和以前一样。将其放置在高湿度、温暖的阴凉处生长。

将副株种植入苗床

首先要选择一株来自母株的副株,在空地上分开棕榈树。分离并准备副株(见步骤1到4,左图),注意避免损坏根球。重整母根球周围的土壤。在开阔、排水性能良好、潮湿的土壤上准备一个种植孔。使种植孔足够大,以自然地展开副株的根部。将茎干和植物上的土壤标记定位到相同的深度。轻轻地将副株放进去,浇水并贴上标签。

苏铁类植物

苏铁类植物似于棕榈树，是常青树或灌木，但从植物学的角度上说，它们并不具有相关性。它们是原始植物，通过种子繁殖，由单性球状结构产生，这种结构要么有胚珠，要么有花粉囊，由胚珠发育成种子。一些苏铁会产生副株，可以分株种植。因此，其繁殖过程与棕榈树非常相似（见第65—67页），但更具挑战性。

用种子繁殖苏铁

当从种子中培育苏铁时，园丁的成功率不超过50%。为了取得最成功的发芽率，种子应该进行活力测试，然后在播种前做好准备。

播种预发芽的种子

1 用潮湿的椰壳堆肥将透明塑料袋填至半满。将一打种子放入袋中；将其密封并贴上标签。在种子发芽前，保持底部温度在25～28摄氏度，放在阴凉处。

2 当根长出后，将种子播撒在装有合适种子堆肥的深盆中，这样可以让主根生长。确保根部被覆盖，半露出种子外壳。充足浇水并贴上标签。

一个成熟的雄性和雌性苏铁需要产生具有活性的种子。当球果掉落到地面时收集种子。类似坚果的种子长达8厘米，木质外壳上覆盖着一层薄薄的红色、黄色或橙色果肉。这种肉质的外皮含有一种抑制物，会延迟种子的发芽，所以必须去除它，可以剥去或刮掉种子的果肉，在水中清洗种子。

许多苏铁的种子可能无法繁殖或失去活性，所以在播种前应该对它们进行分类。一个测试生存能力的快速方法是摇晃它们：任何咯咯作响的种子都是无法繁殖的。另一种方法是浮选试验。把种子放入水中。如果它们浮在水面上，说明它们还未成熟；如果它们沉于水下，它们就会发芽。当然这种测试并不完全准确，一些苏铁品种的种子在海上传播时可以漂浮。

用锋利的刀或锉刀（见下图）在每颗种子的硬种皮一端划一个浅口，让水分渗入种子促进萌芽。小心不要切得太深，以防损坏种子胚。在温暖的气候条件下，如果

只有主根发育良好时，才会出现顶部生长

从种子末端产生芽和根

长而脆的主根

3 幼苗生长在高湿度的阴凉处。提供底部热量，以确保最低气温不低于19摄氏度。在芽冒出前，保持水分充足，并在有2～3片叶子长出时进行盆栽。

种子生长超过2周，就应该将其浸泡在温水中24小时，以提高种子的萌芽率。在凉爽的气候下，将种子浸泡两三天。

播种苏铁

优质的苏铁种子堆肥可以由等份的无泥炭堆肥，如椰壳和三份粗（7～12毫米）沙砾制成。这种堆肥具有良好的透气性和保湿性。苏铁幼苗有很长的主根，所以最好把它们单独种植在深陶罐里。不建议在凸起的苗床上播种，因为根系非常敏感，根系干扰会杀死植株或阻碍植株生长。

为了获得最好的结果，种子可以在播种前发芽（见左下图），但种子也可以直接播种到花盆中（见下图）。应该保持种子半暴露的状态，并充足浇水和喷洒喷雾。

苏铁种子发芽环境需要保证21～30摄氏度的最低气温和60%～70%的相对湿度。在较冷的地区，通过加热传播器或薄雾繁殖系统（见第44页和第65页）可以满足这些条件。苏铁种子通常需要4～15个月来发芽，比棕榈树种子发芽的时间要长。在温暖的气候中新鲜的种子会提前一两个星期发芽。

在花盆中播种

在种皮上划一个缺口，深度不要超过1～2毫米，以避免损伤胚胎。将其浸泡1～2天。准备一个深的陶罐，放入合适的种子堆肥，将种子水平压入堆肥表面，保持半露的状态。浇水并贴上标签，放置在温暖的、高湿度的阴凉处。

照顾苏铁幼苗

一旦土根成长完好，嫩芽育有2～3片叶子后，就要将幼苗进行盆栽。因为幼嫩的根部非常脆弱，所以需要小心处理。使用等量的粗树皮、粗砂砾、碎岩棉或中等等级的珍珠岩、壤土、椰壳或等量的土壤基盆栽堆肥，岩棉和珍珠岩制成的盆栽混合物。添加一点缓释肥料。

把幼苗放在阴凉的房子里（见第45页）或有40%阴凉程度和高湿度的温室里。保持充足的水分。在生长季节每月施两次液肥是有益的。

在幼苗期，一些苏铁能忍受炎热的阳光，但其他的苏铁，比如那些来自热带雨林的苏铁，需要更加温和的处理。幼苗的叶子非常敏感，炎热、明亮的太阳可能会将它们烤焦。大多数新植物需要等其长壮后移植户外。把它们放在阴凉处3到4个月，然后在1年内，逐渐将它们带到阳光充足的地方。

晒过太阳的苏铁一般都很耐风，但雨林中的其他物种可能会遭灾。冷风可能会破坏新生长的植物，而热风可能会烘干叶子。当幼苗长出良好的根部和几片叶子时，把它们移植出去。根据品种的不同，时间通常是在2～5年。

苏铁的分株

苏铁可以从一些植物的树干或基部产生的副株进行繁殖。在繁殖之前，必须去除并小心处理这些副株。

要分离基部副株（见右图），需要移除土壤或堆肥，暴露出其与亲本植物相连的基面，并将其剪掉。修剪伤口并用杀菌剂处理，以防止受损的组织腐烂。如果副株顶部生长量较大，则去除下部叶片以减少水分流失，并用杀菌剂处理整个副株。

在伤口愈合之前，把副株挂在阴凉干燥的地方。准备一个大的陶罐，放入等量的椰壳或泥炭和粗砂或细沙制成的堆肥，或者等量的以泥土为基础的盆栽堆肥，加入珍珠岩和岩棉。将副株盆栽，如果必要的话，用一根竹竿保护它的叶子。

分割副株需要创造与幼苗非常相似的条件才能成功繁殖。一般来说，根据物种的不同，需要1～3年不等的时间。在凉爽的气候条件下，如果在薄雾繁殖系统中繁殖，根系生长将会得到极大的改善（见第44页和第65页）。

一些苏铁，特别是凤尾松（Cycas）成熟的时候，树干上可能产生副株。虽然它们比基生

副株围绕着苏铁

苏铁副株的分株

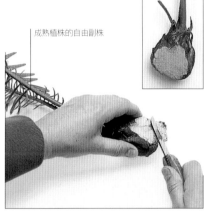

1 为了露出副株，将花盆倾斜，用铲子刮掉顶部的堆肥层。用干净、锋利的刀或修枝锯从树干基部切下副株。

2 如有必要，修剪母株上的伤口，使伤口表面光滑。往伤口上撒上杀菌剂，例如硫黄粉，以防止树干腐烂。

成熟植株的自由副株

3 在副株上修剪伤口，以产生一个干净的表面，不留任何尖角。在伤口上撒上杀菌剂（见插图），防止腐烂。小心不要用手触摸伤口，以免污染。

4 将副株放入一个开口的网眼袋中，以便空气自由流通。在阴凉处悬挂1～3天，以愈合伤口。

5 在一个15～20厘米深的罐子里盆栽，保持和之前一样深的土壤深度，用柱子进行支撑。将其放在不低于21摄氏度的阴凉处生长。

的副株小得多，但仍然能生长出苗壮的植株。副株开始只是树干上的小肿胀，通常是由损坏引起的，然后可以产生叶子。一旦生长发育良好，将其作为基部副株进行移除。

苏铁词典

波温铁属（BOWENIA） 播撒新鲜种子，发芽期长达1年。

苏铁，西米棕榈（Sago palm） 在6～12摄氏度的温度下播种种子。扎米亚棕榈（C. media）种子发芽期6～8个月。西米棕榈（C. revoluta）种子发芽期3～4个月。分离基部分株，需要

6～8个月的时间生根。

双子铁属（DIOON） 播下生长期短的新鲜种子，发芽期6～18个月。幼苗生长迅速。

非洲苏铁属（ENCEPHALARTOS） 在春季播种，发芽期2～6个月。幼苗在有利条件下生长迅速。

鳞木铁属（LEPIDOZAMIA） 去除外种皮后，播

种寿命短、有毒的新鲜种子。发芽时间长达2年，然后快速生长。

大泽米铁属（MACROZAMIA） 在春季播种。

大泽米（M.MOOREI） 在10～15摄氏度的温度下发芽。

泽米铁属（ZAMIA） 春季播种，发芽期2～4个月。

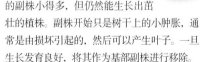

针叶树

大多数针叶树，无论是乔木还是灌木，都可以用多种方法培育，主要的方法是插枝、播种和嫁接。对于许多类型的针叶树来说，扦插是最简单的方法，适用于选定的栽培品种和无性繁殖植物，可以繁殖出许多相同的植株，是林荫道或树篱的理想选择。植株通常是由种子培育而来的（栽培品种有可能失败），但过程缓慢。如果没有种子或插枝不能很好地生根时，通常就要采用嫁接方法来培育植物了。

选取插枝

针叶树通常从当年生长的植株中繁殖，使用半成熟或成熟的木材（完全成熟或木质）插枝。基本原则与其他乔木和灌木相似，但也有一些关键的区别。主要原因是许多针叶树从专门的芽中重新生长，枝条生长的方式是由它在母株上的位置决定的。在针叶树中，主枝或多或少是笔直向上生长的，而侧枝则向外生长。对于大多数针叶树来说，从主枝的侧枝上剪下一个枝条（这对于松树和落叶树种是没有问题的）是非常困难的，而对于一些品种，如智利南洋杉（Araucaria），这几乎是不可能的。

柏树通常很容易形成主枝，它有几个品种变种。这些品种是通过从同一亲本植株的不同部位进行切割而形成的，由于每个部位都有不同的基因，所以不同的切割方式产生的品种在基因上相同，但在形状或生长模式上各不相同（比如自然矮化）。插枝形态必然会有差异，正如劳森柏树（Lawson's cypress）栽培品种出现的情况，例如美国扁柏的埃尔伍德（Ellwoodii）和弗莱切里（Fletcheri）这两个品种。

从幼苗（幼体）上取的插枝通常最好生根。这样的生根能持续到柏树科植物的成熟阶段，包括柏树、香柏树（Chamaecyparis）和杜松。然而，在云杉中，幼龄生长会逐渐消失（通常在5～6年后），从老树上剪下来的枝条不太可能生根。同样重要的是，要从生长旺盛而不是虚弱或病态的植株上选取枝条。

选取扦插材料

选择顶端带有嫩叶的强壮主枝（这些嫩枝有最好的生长点）。取5～15厘米长的半熟或成熟的插枝，在一个节的下方进行切割。

选取插枝的时间

选取扦插时间从夏季到冬末植株恢复生长之前，最好是在早至中秋或隆冬之后、生

选取针叶树插枝

等份椰壳和细树皮

1 准备一个花盆，在每升肥料的底部加入1克缓释肥料（以避免烧坏新根）。取干净的嫩枝，不要取有果实的成熟嫩枝（见左上图）。

2 如果需要的话，从每根茎的底部三分之一处剥去侧枝或针叶[这里是日本齐尔沃斯银扁柏（Chamaecyparis 'Chilworth Silver'）]。茎上留下的小伤口有助于生根。

插入插枝，使叶子正好位于堆肥的上方

3 将每个切块的根部浸在激素生根化合物（这里是粉末）中。将可生根的插枝单独插入8厘米深的花盆中：挖一个洞，插入插枝，固定好后浇水。

两两插枝，间隔4厘米

等份椰壳、珍珠岩和细树皮

4 在15厘米深的花盆中插入6～7株缓慢生根的针叶树[这里是刺柏（Juniperus conferta）]插枝，以防某些插枝不能生根。给插枝贴上标签。

一旦扦插生根后，需增加通风

5 用杀菌剂喷洒插枝以防止腐烂。将插枝放置在加热的繁殖容器或冷床中。每周检查一次，如有需要，浇少量的水，不要使堆肥湿透。给插枝遮阴以免被太阳晒焦。它们应该在3个月内生根。

根能力的高峰时期。在这段时间内，准备生根的针叶树都能很好地扎根，但较难扎根的针叶树往往生根不良，除非在一个或另一个（或两个）高峰时期（植物的详细信息参见园林树木词典，第74—91页）。同一物种的不同无性繁殖植物往往表现出明显不同的生根能力。如果在早春选取插枝，它们就会开始新的生长，即使不太明显，所以也不太可能有足够的储存来生根。春末夏初，长得太软会导致腐烂。

准备针叶树插条

生根的培养基应保持充足的空气（插条基部周围的氧气有助于生根和防止腐烂），并要保持水分。你可以使用椰壳、泥炭、珍珠岩、针叶树皮或蛭石，或这些材料与粗砂的等比例混合物（见第33—34页）。如果岩屑能在薄雾中生长，使用更高比例（3∶1）的沙子、珍珠岩或蛭石。不要把盆里的堆肥混合得坚硬。

插枝通常是根据一年生的插枝生长情况来准备的。这往往决定了切割的大小，但不应超过15厘米。对于像柏树这样有鳞片叶子的树，从插枝的基部去掉侧枝。保留从松柏类植物（如云杉）上剪下的针叶，它们可以帮助根部通气。

插枝护理

在薄雾下，或在一个有遮蔽的地方（如冷床），将插枝在塑料薄膜下的加热的种植槽上（见第44页）进行扦插。户外插枝能在冬季经受住霜冻。如果使用加热的种植槽或薄雾插枝，需要在秋季或冬季后期采取插枝。如果要利用底部热量（见第41页），则晚冬是最好的时间，温度应不低于20摄氏度，因为需要更少的热量。也要确保底部的热量没有烘干插枝基部，这对于薄雾插枝来说不是什么大问题。如果使用冷床，则在秋天取些枝条，尽量避免阳光直射，同时尽量让光线射入。在供热的情况下生根比在冷床下要快速，虽然只快了几周的时间而已。

虽然秋季的插枝很少或没有生根的迹象，但它们仍然可以度过冬季，可能只在接下来的初夏才会生根，有新的生长迹象。

当插枝生根后，将插枝放入以壤土为基础的盆栽堆肥中（见第34页），并施上缓释肥料以促进生长旺盛。将插枝部分遮阴几天，直到它们扎根，然后放在明亮的光线下刺激生长。在仲夏和秋季用杀虫剂或淋线虫剂控制象鼻虫的产生。

球果开始打开

未成熟的欧洲赤松　半熟的欧洲赤松　刚成熟的欧洲赤松　完全成熟的欧洲赤松　绽开的欧洲赤松

不成熟的铁杉　绽开的铁杉

选择成熟的球果

通常是在夏末或秋天，许多球果在成熟时会改变颜色。樟子松（*Pinus sylvestris*），即苏格兰松（见上图），由绿色变成棕色。需要在球果变色后，但在它们开始绽开或裂开之前采摘球果种子。

通过种子培育针叶树

从种子中培育针叶树是培育大量植物的最经济的方法，但有些物种发芽或生长缓慢。针叶树以球果（由叶演变而来）产生种子，以此得名。几乎所有的针叶树都是裸子植物，这意味着种子是裸露的。与其他植物不同的是，种子没有被包裹在果实或蒴果中，而是暴露在空气中生长（另见第16页）。针叶树的种子可以采用和其他树木种子一样的方式进行播种（见第53—55页），但是收集种子的方式有所不同。

收集球果

针叶树的果实通常在秋天成熟，在这个过程中会改变颜色。根据品种的不同，它们可能在1～3个夏天后成熟。区分球果是否成熟很重要，因为未成熟的、不会发芽的球果可能看起来很像成熟的球果。这对刺柏植物来说尤其重要，因为某些种类的植物唯一可见的区别就是果实从绿色变成紫黑色或蓝色，而柏树的球果一年就成熟了（参阅园林树木词典，第74—91页）。

首先要找到一棵结很多果实的树。针叶树是风媒传粉，当传播直径大于90米时，传粉会变得很困难。虽然针叶树可以自花授粉，但受精或结实率通常很低，除非有几株植物能保证充分的异花授粉。此外，如果球果很少，这样的条件很可能不利于花粉生产，所以很少有可存活的种子。

从高大的针叶树中收集球果可能是困难的，但是风和动物经常会把球果弄掉，因此通常会在地面上发现一些球果。如果球果上有昆虫伤害的迹象，表明它们已经被吃过球果的幼虫享用过了。注意要只采集雌性的、带种子的球果。

如有必要，收集接近成熟的球果是值得的，因为种子通常在球果完全成熟前几个月就具有繁殖活性（尽管比例较低）。有些针叶树球果可以长时间保存种子，主要是某些松树，它们的球果只有在森林火灾后才会在野外绽开（火灾会清除竞争的植被，制造一个自然的苗床）。一些可繁殖的种子可能存留在大多数松科树的旧球果中，除了银冷杉（*Abies*）和柏树。

避免采集赝品

收集种子时，要注意只选择含有种子的雌性球果。当心虫瘿或雄性球果，它们可能看起来与雌性球果相似。

雄性或雌性
所有的针叶树都有独立的雄花和雌花。有些树不是雄性就是雌性。这朵雄花来自雪松，看起来像一个球果，但它散播黄色的花粉。

菠萝瘿
某些云杉可能发育成球状的虫瘿，由虫虫状的棱边引起。虫瘿（这里是在茎的底部）是通过伸出的针叶进行识别的。

选取种子

敞开或切开的蒙特利球果

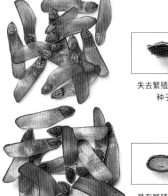

失去繁殖活性的种子

具有繁殖活性的种子

1 把熟透的球果放在有衬纸的纸盒里，贴上标签。将盒子放在烘柜或散热器上，直到鳞片打开。

2 当球果完全打开时，将带翼的种子挑出。用镊子把嵌在鳞片之间的种子拔出来。这些针叶树球果，深色的种子比浅色的种子更具有繁殖活性。

3 如果颜色差异不明显，把一些种子切成两半，以判断哪个部分是有繁殖活性的。没有繁殖活性的种子会枯萎，有繁殖活性的种子则很肥大。

雪松球果

雪松树的雌性松果需要3～4年的时间才能成熟（见右图）。长到第一个秋天，幼球果可能只有2.5厘米长。第二年，虽然球果大了很多，但仍然是绿色的，还没有成熟。到了第三个秋天，球果开始成熟，颜色也开始变化，但始终保持未打开的状态。这个漫长的过程可以通过采摘棕色的封闭球果和交替浸泡与干燥来加速裂开。用温水浸泡12小时，然后用文火烘干24小时。

新生的球果　绿色的球果　成熟的球果　绽开的球果

鳞片会散开

柄留在树上

雪松球果有扁平鳞片的圆形排列，种子附着在鳞片上。随着球果成熟，鳞片一层一层地脱落，直到只有花序轴或柄仍然附着在树上。

存储针叶树的种子

几乎所有针叶树种子可以在冰箱1～4摄氏度的条件下存储5年以上，或在冰箱零下18摄氏度的温度下存储更长的时间。在把它们放进清洁、贴有标签的塑料袋或小容器之前，应在温暖、通风的地方干燥。

测试种子的繁殖活性

相当一部分的针叶树种子通常是没有活性的或不育的。播种前，有两种测试种子的方法。第一种方法是把外形大的种子，如松树的种子放在水中。可存活的种子将下沉，而所有幼虫滋生的和空心种子将漂浮于水面。然而，这种方法并不适用于一些针叶树的种子，比如冷杉。

另一种测试方法是将种子样本切成两半。不能存活的种子是中空的或只有少量树脂；有繁殖活性的种子有一个带有脂肪的、通常是白色的胚。

打破种子的休眠期

一些针叶树的种子处于休眠状态，需要在播种前对其进行处理（见第54页），而其他的种子则很容易发芽。许多种子如果在冰箱中短时间分层，发芽会更快、更均匀。将种子与潮湿的椰壳、泥炭或沙子混合，在1～4摄氏度下冷藏约3周，然后立即播种（如果种子在冰箱中发芽了，则应立即播种）。

有些种子是双重休眠的，可以数年不发芽，如刺柏种子。加速种子发芽的方法是将它们与潮湿的椰壳或沙子混合，在15～20摄氏度的温度下加热20周，比如放入烘柜，然后在冰箱底部冷却12周。当然你也可能更

在处理完球果或种子后，你的手指会沾满树脂，很难用肥皂或专用清洁剂去除。最简单的方法是在树脂上擦一点黄油，然后用肥皂或洗涤剂去除黄油。

提取种子

提取种子通常是让球果绽开来释放种子。除了少数例外，一般球果都没有需要去除的肉质外壳或硬壳。应该将所有表面的水分进行干燥处理（在这一阶段可以储存它们），但不要试图强行打开球果。相反，把它们放在托盘上或打开的盒子里，如果它们仍然是绿色的，可以让它们在室温下自然晾干。一旦它们完全成熟和干燥，鳞片就会自然分开，露出种子并脱落。如果它们还无法打开，那就给它们提供一些热量，升温到40～45摄氏度；另一种方法是把它们放在一个冷却

的烤箱里。经过上述方法后，大多数种子会脱落，但有些会存留在球果内。用镊子把它们拿出来，在一个大塑料袋里使劲摇晃球果，或者在坚硬的表面敲击球果的顶端。

许多针叶树的种子，例如高贵的冷杉（*Abies procera*），都有"翅膀"来帮助传播，你可以去除或保留它，并不影响发芽。在一些属中，尤其是冷杉、雪松和沼泽柏树（*Taxodium*），球果在成熟时裂开，种子和鳞片会脱落。将球果浸泡24小时后晾干。干燥后，把种子从鳞片上分离出来。

在一些柔软的松树中，球果完整地脱落而未绽开，也可能很难手动打开它们。刺柏、紫杉和其他一些针叶树的种子有肉质的外壳。把肉质外壳清除掉是不必要的，因为它会自然分解，但去除它可能会加速发芽。

愿意等待，因为这样更省力也更可靠。

嫁接

对于其他植物来说，针叶树的嫁接需要将你想要繁殖的植物的接穗嫁接到砧木上。在没有种子的地方（如栽培品种）或不合适的地方，以及在很难生根或扦插生长不好的针叶树中使用，如蓝色云杉（*Picea pungens*）。

在针叶树中，砧木的作用主要是提供根部生长基，而不是控制树冠的生长（例如果树，见第56页），所以接穗也要生根。

有两个适合嫁接的季节：冬末，适合所有针叶树；夏末，主要适合嫁接蓝色云杉。

选取砧木和接穗

砧木通常是两年生的植物，应该选择一个可以与接穗兼容的物种。理想情况下，在种系上越是相关越好。如果必要的话，不同属的嫁接也是可能的，如落叶松和黄杉也是可以相互嫁接的。此外，砧木必须具有与接穗相似的生长速度，否则，就会在接合处产生不平衡的生长状况，导致接穗和砧木不相容的状态。嫁接物的不兼容性可以发生在任何阶段。

为了获得最好的效果，在嫁接前几个月将砧木盆栽，这样它们就能生根（但不是固定在花盆里）。在冬末嫁接植株时，需要提前在隆冬时将砧木盖住，并保持10～15摄氏度的温度，促使砧木根系生长。也可以使用裸根砧木在冬季嫁接。

接穗材料的选择是非常重要的，因为侧枝倾向于只向侧面生长（见选取插枝，第70页）。取前一年或当年生长的健康的嫩枝，8～15厘米长，最好是从外面的、上面的花冠摘取。柏树和松树的嫩枝也会长得很好。

冬季嫁接时，应在初冬至仲冬期间从完全休眠的针叶树上采集接穗。将接穗装在塑料袋中，置于4摄氏度或以下温度的冰箱中保存。夏季嫁接时，应在早晨采集接穗并将其放在塑料袋中，置于阴凉处以免水分流失。

嫁接一棵针叶树

所采用的技术是拼接侧单板嫁接，如下图所示。对于每一个嫁接，直径相近的砧木和接穗是最好的。剪掉所有的侧枝，从砧木底部掐掉所有的针叶，但不要剪回去。这对于向上引导汁液和促进移植物愈合是至关重要的。

在靠基部的地方开始嫁接工作，从砧木上切下一块木头（见下图）用来嫁接接穗。把接穗基部茎上的叶子剥去，将接穗切成与砧木相匹配的形状。不要把接穗切到髓部，这会阻碍它愈伤的能力。

为了保证嫁接成功，砧木和接穗的形成层（树皮下的薄层再生细胞，通常是绿色的）必须相遇。如果砧木切割得比接穗宽，可以只在一侧对齐形成层。千万要小心，因为树皮的厚度可能不同。最好的结合通常形成在接穗的尖端（如果接穗生根，根通常来自穗一侧或两侧的基部）。

按照如图所示捆绑嫁接物，但不要施加过多的压力。其目的是将形成层固定在一起，以便嫁接结合处能够生长；位于切口顶部的接穗和位于切口底部的肩部都很容易被压碎。

照料嫁接的针叶树

嫁接物必须保持湿润和温暖：将盆栽砧木栽在潮湿的椰壳或泥炭中，或将裸根的砧木放在一盘潮湿的椰壳中，让树叶可以自由生长。把植物放在有充足光线的塑料薄膜帐篷或有覆盖的盒子中，但要避免在阳光下直射。在冬末的时候，将底部加热到18～20摄氏度或放置一个热管（见第109页）将会加速嫁接结合处的生长，但夏天不需要这样的操作。

5～6周后，嫁接物应开始愈合并形成愈伤组织。在接下来的一个月左右的时间里，逐渐允许空气进入，使植物长壮以便移植户外。大约三个月后，它们就可以被带离出潮湿的环境。如果是裸根的，可将移栽的植物置于盆内或移植在苗圃内生长。

当接穗长出1～2.5厘米时，开始在一个或两个阶段去除砧木顶部生长的部分。对于冷杉和相关的针叶树来说，直到接穗活跃地生长大约1年的时间内都需要掐掉新芽，而不是砍掉砧木。必须保留砧木的叶子，这样它们既可以滋养根部，又可以从根部吸取用于嫁接的汁液。过快摘除可能会导致根和移植物都缺乏滋养。

拼接侧板嫁接

1 在靠近砧木的基部［这里是欧洲赤松（*Pinus sylvestris*）］斜切，以四分之一的深度切入茎部。

2 在第一次切割时，平切一个3厘米长的切口，取出木条（见插图）。

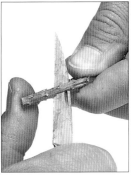

3 从接穗底部5厘米处，剥去叶子。使切口可以匹配砧木。不要切到髓部。

4 对齐准备好的接穗（见插图），使其紧贴砧木切口。使新生层完美地结合是重要的一步。

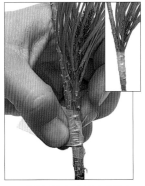

5 用嫁接带或1厘米宽的橡皮筋绑牢砧木和接穗，但不要绑太紧。缠绕整个切口（见插图）。

6 插入一盆潮湿的椰壳或泥炭中。贴上标签后放入塑料薄膜帐篷或带有盖子的种植槽中，直到老茧（嵌入）形成。

园林树木词典

冷杉属（ABIES）

扦插　隆冬到晚冬 ⚑⚑⚑
种子　春季 ⚑⚑
嫁接　隆冬到晚冬或在夏末 ⚑⚑⚑

冷杉
（Abies koreana）

这些完全耐寒针叶树的雌球果通常是直立的，而雄性球果是下垂的。只有选取幼树上的硬木插枝才会生根。种子是可靠的，但生长很慢。稀有植物是最容易嫁接的品种。

扦插

用激素生根化合物处理当季成熟的硬木插枝（见第50页）。在底部温度为15～20摄氏度的塑料薄膜帐篷中生根。生根通常很慢。春季芽苞开放后，滋养插枝以促进其苗壮成长。

种子

成熟的球果会破裂，如雪松（见第72页）。在播种前，为了达到均衡的发芽率，将有翼种子冷分层3周（见第54页）。生长缓慢的幼苗应在3～4周后长出，它们在10～15摄氏度时生长得最好，在第二年进行移植。

嫁接

对于砧木，可以使用所有跟接穗相似厚度的冷杉，最好的是冷杉，从两边来促进生根。将其放在一个18～20摄氏度的塑料薄膜帐篷里愈合。折回超过两个年头的砧木，否则，接穗和根部可能会死亡。

顶部的新枝有 4～5个芽

叶片呈放射状分布

合适的嫩枝

生长旺盛的嫩枝

长势衰弱的嫩枝

选择接穗材料

为了确保嫁接植株（此处为朝鲜冷杉）具有树状的习性，从嫩枝上选取接穗，叶片呈放射状排列，直接从树干上生长（嫩芽）。或者，从外部的花冠上方采取4～5个强有力的芽（见上图）。

相思树属（ACACIA）

绿枝扦插　初夏或夏中 ⚑⚑⚑
根部扦插　初冬或隆冬 ⚑⚑⚑
种子　早春 🔥

贝利氏相思树
（Acacia baileyana）

这个属的大多数快速生长的树木是畏寒的。种子是唯一自然的、最有效的繁殖手段。插枝的效果有限。幼小的金合欢树不喜欢根系干扰，因此在单个容器中培育种子和插枝，1～2年后进行移植，第三年植株就会开花。

取一些新鲜的、带有愈合组织（而不是伤口）的木条（见第52页），插入堆肥模块或岩棉中。有些物种，如金合欢，可以从成熟树木的根部扦插中培育出来。取约5毫米厚的根，洗净后切成2.5厘米长的小段。水平压入种子堆肥盆中，盖上更多的堆肥，并在上面铺上蛭石。

种子有坚硬的外壳：用砂纸打磨或浸泡在非常热的水中，在不低于15摄氏度的温度下冷却24小时后播种（见第54页）。然后，移植到根部训练器中。

槭属（ACER）槭树

扦插　春中或初夏 ⚑⚑
种子　秋中、晚秋或春季 ⚑
嫁接　冬季或仲夏，夏末 ⚑⚑
分层　秋中、晚秋或早春 ⚑

大多数落叶和常绿树种都很耐寒。蛇皮属、山槭属和强壮的大阪神槭属等品种可以从扦插中培育出来，而枫树属则可以从种子中培育出来。如果只需要少量植物，分层是最简单的方法。嫁接对难以生根的栽培品种是有用的。

扦插

在初夏选取软木插枝（见第52页）。或者，抬起一株砧木，让它放在有遮护的地方开始生长，在仲夏时节选取插枝，以确保它们第一年在春季有充足的生长。

种子

一些物种，如灰藓属，除非附近有几株植物，否则无法结出具有繁殖活性的种子。如果有翅的种子是干燥的，在储存或播种前，将其浸泡48小时。把新鲜的种子播撒在苗床上（见第55页），或者放在冷床的花盆里，又或者放在冰箱里储存（见第53页），到春季再播种。种子在10～15摄氏度的温度下萌发，但通常要等到第二个春天才会萌芽。

嫁接

在冬季或夏季，将掌叶菖蒲和日本菖蒲的侧边贴面与嫁接品种结合（见第58页）。在仲夏时节的户外，叶片嫁接或进行T形芽接青花芭蕉和拟芭蕉（见第60—62页）。如果接穗和砧木来自同一属，通常是同一种，则可以取得中等的成功。像单叶拟南芥这样的稀有品种可以嫁接到像芭蕉属这样的普通砧木上。长势较差的掌叶金丝桃品种只有嫁接后才能苗壮成长。

分层

根据合适的地面条件，许多品种和栽培品种可以被简单地分层（见第64页）。

七叶树属（AESCULUS）七叶树

扦插　初冬到隆冬 ⚑
种子　秋中 ⚑
发芽　仲夏到夏末 ⚑⚑⚑

这个属的树种完全耐寒。块根扦插可以从一些品种上取下。取5～8厘米长的根片，作为臭椿根扦插处理（见第75页）。在七叶树果实成熟时收集并播种。在10～15摄氏度的温度下发芽。你也可以在垄高的苗床上间隔播种（见第55页）。

通过嵌芽接的方式将其插到高于土壤表面15厘米的幼苗砧木上（见第60页）来增加七叶树的栽培品种。红花七叶树幼苗长出的

砧木比七叶树要好，七叶树长得过于旺盛，除了与同属的栽培品种，无法与其他树木完美结合。

收集种子

当果实掉落到地面时收集成熟的果实。剥除外壳后立刻播种。或者将其储存在3摄氏度的潮湿泥炭中，然后在仲冬时节，单独播于花盆中。

臭椿属（AILANTHUS）

扦插　初冬
种子　夏末到初秋
副株　晚秋到春季

人们通常只会种植一种天堂之树——臭椿。它非常耐寒。带翼的种子一旦成熟就可以播种，且容易发芽，但雌性树木需要雄性植物授粉，雄性植物的花朵散发恶臭。幼苗必须长到开花大小才能进行花粉受精。从现有的雌性植株上选取根部插枝是一种更好的选择：按照下面的方法来选取并准备插枝。插枝应该在3～4个月后生根。在春末将生根的插枝分排种植在苗床上或进行盆栽，并在第二个冬天后移植。臭椿经常产生副株，副株应与母株分离。如果一个副株有良好的根系，也应该重新种植到其他地方。在英国和欧盟，臭椿被列为外来入侵物种。

从臭椿中选取根部插枝

1 选择一棵健康、苗壮成长的树。用叉子疏松表土层，小心地露出一些根部。寻找直径约1厘米的根。并挖出根下的土壤。

2 使用剪子或长柄修枝剪，剪掉至少30厘米长的一段根部，做一个干净的直切。抖掉多余的土壤，但不要清洗根部。

3 把根部切成5厘米长（见下图）的小段，直切顶端，斜切底部，这样你就知道应该从哪个方向插入插条。将每一段插枝垂直地插入插枝堆肥中（切面呈倾斜的一端向下），深度刚好可以覆盖切面平坦的一端，使其刚好位于土壤表面下方（见左图）。给插枝浇水，贴上标签，然后将其放在阴凉的地方生根。

直切　　　　斜切

其他园林树木

肖蒲桃属（ACMENA） 像铁心木属一样选取夏末的半熟扦插（见第84页），像龙血树属一样，在成熟时或春季播种肉质种子。

猴面包树属（ADANSONIA） 当果实成熟时，从外壳中剥离种子，进行一次单独种植，或于春季在21摄氏度的自由排水堆肥容器中播种。

贝壳杉属（AGATHIS，异名为Dammara） 在早春10～13摄氏度下播种。

香柳梅属（AGONIS） 在春季播种。采用舌接或拼接侧枝嫁接。

异木麻黄属（ALLOCASUARINA） 在春天、15摄氏度的气温下播种。

唐棣属（AMELANCHIER） 选取栽培种的绿木插枝。播种有肉质外皮的种子，如花楸（见第90页，另参见第118页）。

缅甸璎珞木（AMHERSTIA NOBILIS） 种子通常没有繁殖活性，需在春天单独播种（见第54页）于21摄氏度的温度下。

槚如树属（ANACARDIUM） 像龙血树属一样，在春天播下肉质的种子（见第79页）。

杯果木属（ANGOPHORA） 像桉属一样在早春播种（见第80页）。

番荔枝属（ANNONA，异名为Cherimoya） 在春天播种新鲜的种子或将干燥的种子在21摄氏度的温度下种在非常肥沃的堆肥中。

东亚唐棣

合欢属（ALBIZIA）

扦插　初夏到仲夏
种子　早春

这个属的大多数树木是畏寒的，但合欢树（Albizia julibrianthes）在阳光充足、遮阴的地方完全耐寒。树苗在3年后开花。

绿枝插枝（见第52页）产生变化无常的结果。让插枝带有"树皮脚后跟"，用激素生根化合物处理，插入岩棉模块，以获得最佳效果。底部加热有助于根部生长。

在野外，坚硬的种皮能够经受长时间的干燥。从豌豆荚中收集种子，在播种前，用热水软化它们的外壳，然后将其冷却24小时。在夜间不低于15摄氏度的条件下，将种子播种到容器中（见第54页）。发芽后不久，将其移栽到根培养器中，以避免干扰主根。

桤木属（ALNUS）桤木

扦插　晚春
种子　秋季或晚冬
嫁接　晚冬

生命力旺盛的顽强树种，如欧洲桤木（Alnus glutinosa）、红桤木（异名为A. oregona）、紫苞桤木（A.x spaethii）及其栽培品种，可以通过软木扦插进行繁殖（见第52页）。

在秋中收集种子。在3摄氏度的温度下，将其保存在密封的塑料袋中，然后在晚冬10～15摄氏度温度下的容器中播种（见第54页）。或者，在凸起的苗床上播撒新鲜的种子（见第55页）。因为种子质轻，所以要避免在多风天气下户外播种。

在9或13厘米深的花盆中，采用舌接或侧接枝（见第58页），将欧洲桤木或灰桤木的栽培品种嫁接（见第58页）到欧洲桤木的砧木上。摘取前一年生长的接穗。如果砧木的周长比接穗的周长大得多，则采用顶楔嫁接（见金链花，第82页）是比较合适的。

桤木果实
桤木在一棵树上会结出雄性和雌性柔荑花序。雌性柔荑花序会发展成木质的、圆锥状的果实。当它们在秋天变成棕色时，就把它们收集起来。把果实放在温暖、干燥的地方，直到种子从中脱落。

南洋杉 (ARAUCARIA)

种子 初秋

这些树是半耐寒到畏寒不等，除了完全耐寒的智利南洋杉（*Araucaria araucana*，异名为 *A. imbricata*）。雄性南洋杉有外形硕大的圆锥形花粉球果，雌性南洋杉有外形相对较小的圆锥形花粉球果，这些球果在1～2年解体后传播种子。干燥的南洋杉种子不会发芽。

将新鲜成熟的种子放入一袋略湿的泥炭或沙子中，在1～4摄氏度的温度下冷藏3～12周。当种子开始发芽时，将其播种在花盆中。然后放置在光照充足、无霜的地方，温度保持在约15摄氏度。当成熟叶片开始出现时（下胚芽萌发），种子叶片通常埋于地下。在夏季，半耐寒品种的根茎插枝，包括南洋杉，在框架或自动喷雾模块下，不需添加激素粉。

草莓树属 (ARBUTUS)

扦插 夏末到初秋
种子 晚冬到早春

大多数树种，如希腊草莓树（*Arbutus andrachne*）、美国草莓树（*A. menziesii*）和草莓树（*A. unedo*），在成熟时完全耐寒。在凉爽的气候下，草莓树的产量堪忧，所以需要尝试半成熟的插枝（见第51页）。它们需要高湿度和18～21摄氏度的底部温度才能生根。草莓树使用酸性（含杜鹃花）堆肥。

收集其他树种的草莓状果实，在温水中浸泡几天以去除果肉。将清洗干净的种子储存在冰箱里的沙子中（见第53页）。将种子放入容器中（见第54页），并保存在15～21摄氏度的温度下。如果种子不能发芽，则冷藏两个月或放置在秋季的室外，以便来年春季发芽。

草莓树
草莓树的果实与草莓类似，在秋天开出白花之后，需要1年的时间才能结成熟的红色果实。一旦果实外皮变色，应立即将其收集并清洗。

酒瓶树属 (BRACHYCHITON)
酒瓶树、异叶瓶木

半成熟 夏季插枝
硬木 初夏插枝
种子 春季

这些常绿或落叶树不耐霜。两种类型的插枝都需要一定的湿度且底部加热才能成功生根。在16～18摄氏度时播种新鲜种子，进行根培养或移栽幼苗要越快越好。

翠柏属 (CALOCEDRUS)

扦插 夏末到仲秋
种子 春季

属内的三种植物都很耐寒。取10厘米长的半熟插枝（见第70页），带有或不带"树皮脚后跟"都能达到最佳效果。可在室外栽种，但底部温度需维持在18摄氏度左右，促进生根可能要等到初夏。在秋天收集成熟的黄褐色球果。将种子（见第72页）一直储存到春天，之后播种在容器中（见第54页）。保持在15摄氏度以促进发芽，但推迟至第二年春天再移栽。

桦木属 (BETULA)

扦插 仲春到初夏
种子 仲夏或晚冬
嫁接 晚冬到初春

只有完全耐寒属的树种的种子才可能培育成果，所以桦树通常是通过扦插或嫁接来生根的，在选择根茎时必须小心。

扦插

取一些软木插枝（见第52页），在它们生根后定期施肥，确保它们在第一个季节有足够的生长，否则它们可能在接下来的春天无法分离。

种子

收集种子，保持干燥并储存在冰箱里（见第53页），然后播种在容器（见第54页）中保持10～15摄氏度的温度下能够发芽。新鲜的种子也可以播种在抬高的苗床上（见第55页）。种子很轻，所以要避免在刮风的日子播种。

嫁接

大多数桦树被嫁接到桦木上，但不亲和性可能是一个问题。如果可能，利用黑曲柳的苗木作为观赏树种，如白纹叶柳、岳桦和糙皮桦。采用鞭状嫁接或侧接嫁接法嫁接植株（见第58页）。保持堆肥在干燥的一面，直到接穗裂开，以避免汁液流到结合处。接穗一取下就栽入盆中，这样接穗在第一个季节就会长得很好。

收集白桦树种子
盛夏时，将成熟的柔荑花序放到塑料袋中。将种子和谷壳放在托盘上，轻轻地吹去谷壳以留下种子。

自种白桦树的幼苗
白桦树的幼苗易于种植，所以在晚春时再寻找幼苗。当幼苗长到有2～4片叶子时，将其移植。

嫁接的白桦树的后期护理
将嫁接的白桦树（*Betula utilis var. jacquemontii*）放置于一个"热管"中，以促进愈伤组织愈合。

番木瓜属（CARICA）

种子　春季 ♣♣

　　这是一种树状草本植物。雌性、雄性或雌雄同体植物都是常见的成年番木瓜结果品种。在春季，在苗床或管中陶盆或模块中播种新鲜的种子（见第54页），以避免干扰根部。它们在18摄氏度的温度下很容易发芽。这些幼苗容易因为水分过多而出现烂苗现象（见第46页）。

梓属（CATALPA）

绿木插枝　在初夏至盛夏准备插枝 ♣♣
根部　从初冬到隆冬准备插枝 ♣
种子　在秋季或早春至仲春准备 ♣
嫩芽　盛夏 ♣♣

　　这些完全耐寒的树木的绿枝扦插（见第52页）不易成活。在截取插枝时，保留树皮"脚后跟"将其种入岩棉模块中。最好只从某些品种（如臭椿，见第75页）上选取根部插枝。将其种子收集起来并密封保存在室温下干燥的塑料袋中。在15～21摄氏度的温度下播种（见第54页）。将美国木豆树、猩红花栽培品种嵌芽接到高于土壤表面15厘米的盆中或田间种植的美国木豆树植物砧木上。美国木豆树可以进行顶部加工，将2～3个芽芽接到1.8米长的茎上，形成一个标准枝条。

上等的苗圃
当豆荚呈现出成熟的棕色后，在分裂、种子脱落之前将它们收集。豆荚晒干后可能会裂开，或者把它们剪开以取出种子。

雪松属（CEDRUS）

种子　春季 ♣
嫁接　夏末或隆冬至晚冬 ♣♣

　　完全耐寒的品种可以从采集的三年生球果种子中生长（见第72页）。在贮藏前，将种子的"翅膀"折断（见第72页）。在大约15摄氏度的温度下，对它们进行冷湿分层（见第54页）。3周后，将其播种于花盆中。
　　将栽培品种，特别是香柏，嫁接到两年生的幼苗上，如雪松。保持砧木活跃生长至仲夏。拼接侧板嫁接一个（见第73页）新生长的旺盛枝条的接穗。

紫荆属（CERCIS）

扦插　初夏到仲夏 ♣♣♣
种子　隆冬 ♣♣　嫁接　隆冬 ♣♣♣

博丹纳南欧紫荆
（*Cercis siliquastrum* 'Bodnant'）

　　这个属中完全耐寒的树木不容易繁殖。尝试着使用绿木插枝，例如金合欢属植物（见第74页）。从中秋到晚秋收集种子（见右图），然后将其浸泡。在容器中播种（见第54页），在15～21摄氏度的温度下发芽。也可尝试根尖楔形嫁接接穗到一年生的盆栽南欧紫荆幼苗上，但这可能很难成活。像金链花一样，在嫁接前几周，把它们放置在覆盖物下（见第82页）。

紫荆种荚

这些树属于豌豆科，产生扁平的种荚和带有坚硬种皮的种子。将种子浸泡在热水中冷却后放置24小时。将潮湿的种子放在冰箱里保存3个月。

其他园林树木

紫金牛属（ARDISIA） 夏末选取半成熟的扦插 ♣♣。在春季，播种龙血树的肉质种子 ♣。

波罗蜜属（ARTOCARPUS） 在晚春时，选取半成熟的插枝（见第51页），保持底部温度为21摄氏度。

密叶杉属（ATHROTAXIS） 在夏季，选取半熟插枝（见第70页）。在冬末或初春，播种在苗床或花盆中（见第54—55页）。

智利翠柏（AUSTROCEDRUS CHILENSIS，异名为 Libocedrus chilensis） 在夏季选取半熟插枝（见第70页）♣♣。在冬末或初春，播种在苗床或花盆中（见第54—55页）♣。

檬香桃木属（BACKHOUSIA） 同桉属（见第80页）♣。

佛塔树属（BANKSIA） 见第119页。

丁香豆属（BARKLYA） 在秋天播种新鲜的种子，或翻耕土壤，在春天播种（见第54页）。需要等待8～10年的时间才能开花 ♣♣。在夏季末至秋季，采取半成熟的插枝（见第51页）♣。可以在任何时候进行空中压条（见第64页）♣♣。

羊蹄甲属（BAUHINIA） 在春季，播种金合欢属植物种子（见第74页）♣。在春季，进行合接（见第58页）或拼接侧板嫁接（见第58页）♣♣。

巴西栗（BERTHOLLETIA EXCELSA） 从外壳中剥出种子（巴西坚果），在春季21摄氏度的温度下，单独播种在排水良好的堆肥中 ♣。在早春进行合接或拼接侧板嫁接（见第58页）♣♣。

红木（BIXA ORELLANA） 播种金合欢树（见第74页）种子，但在21摄氏度的温度下播种 ♣。在春季，将花树的插穗进行拼接侧板嫁接或合接（见第58页）。以1～2年而非5年的时间，更快速地获得开花树木 ♣♣。

美丽鲍氏豆（BOLUSANTHUS SPECIOSUS） 在21摄氏度的温度下播种金合欢树种子（见第74页）♣。

木棉属（BOMBAX） 将种子从外壳中去除。种子一旦成熟就在21摄氏度的温度下，单独播种于排水良好的花盆堆肥中（见第54页）♣。

构属（BROUSSONETIA） 从初夏至盛夏，选取木兰青木扦插（见第83页）♣♣。在春季，播种山茱萸种子（见第78页）♣。将构属栽培品种进行拼接侧板嫁接或合接（见第58页）♣♣。

宝冠木属（BROWNEA） 取2米长的杨柳硬木做扦插（见第89页）♣。在21摄氏度的温度下播种金合欢树种子（见第74页）♣♣。

小凤花属（CAESALPINIA） 像金合欢属一样播种。在春季，选取软木插枝（见第52页）♣。在春季进行拼接侧板嫁接或合接（见第58页）♣♣。

澳柏属（CALLITRIS） 在春季13～18摄氏度的温度下播种（见第54页）♣。

丽芸木属（CALODENDRUM） 在夏末或初秋，选取半成熟的插枝（见第51页）♣。一旦种子成熟后就在21摄氏度的温度下尽快播种（见第54页），需要生长几年的时间才能开出花来 ♣。

金雀槐属（CALPURNIA） 像金合欢属一样播种。

鹅耳枥属（CARPINUS） 在初夏时节，选取绿木扦插（见第52页）♣♣。在秋季，将种子播种在苗床上 ♣。在冬季进行合接（见第58页）。顶级的鹅耳枥为垂枝标准 ♣♣。

山核桃属（CARYA） 像胡桃属一样播种（见第81页）♣。用芽接法嫁接胡桃 ♣♣。

腊肠树属（CASSIA） 像金合欢属一样播种 ♣。

栗属（CASTANEA） 像七叶树属一样播种（见第74页）♣。像苹果属一样使用嵌芽接技法进行嫁接（见第84页）♣♣。像苹果属一样使用芽接 ♣♣。

木麻黄属（CASUARINA） 选取半成熟的铁心木属插枝（见第84页）♣。像金合欢属一样播种 ♣♣。

吉贝属（CEIBA） 从种子头的丝状纤维（木棉）中梳理种子。在春季21摄氏度的温度下，将其单独播种在排水性能良好的堆肥容器中（见第54页）♣。

朴属（CELTIS） 像桦属一样播种（见第91页）♣。将桦木插枝合接到望江南的种子育苗砧木上 ♣♣。

长角豆属（CERATONIA） 像金合欢属一样播种（见第74页）♣。在春季或盛夏，将柑橘属果树进行芽接（见第78页）♣♣。

连香树（CERCIDIPHYLLUM JAPONICUM） 像槭属一样播种（见第74页）♣；将欧榛（见第78页）嫁接到由种子培育的砧木上 ♣♣；将木兰进行简单分层（第83页）♣。

巴西栗的种子和外壳

扁柏属（CHAMAECYPARIS）

扦插　夏末到秋中 🌱
种子　春季 🌱；嫁接　晚冬 🌱🌱

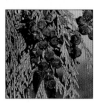

黄扁柏（Chamaecyparis nootkatensis）

从种子或插枝中繁殖这些完全耐寒的树木。一些矮生或生长缓慢的栽培品种不能自由生根，因此必须嫁接。

扦插

插枝几乎在任何时候都能生根，基部木质部分不太多的10～15厘米长的半熟插枝（见第51页）是最好的。将其插入标准的扦插堆肥中，在有雾或有盖的种植槽上或塑料薄膜下保持湿润，保持底部温度不高于20摄氏度，以促进根部生长。这可能需要花费6～9个月。

种子

在秋季，从一年生、成熟的雌性球果中提取种子。在播种之前，保持底部温度在15摄氏度，将其储存于冰箱中。在盛夏，移栽幼苗。

嫁接

将一品黄和扁柏等品种用拼接侧枝嫁接到稍粗的两年生美国扁柏幼苗上。在20摄氏度的底部温度下，插枝在几周后就会愈合。

柑橘属（CITRUS）

扦插　夏季 🌱🌱
种子　夏季 🌱🌱
嫁接　夏末或初秋 🌱🌱🌱

这个属（异名为. x Citrofortunella, Fortunella, Poncirus）有几个畏寒的品种，可以嫁接到砧木上以此得到充满活力的、抗病的早期作物。通过插枝或种子繁育的方法值得一试，但它们可能容易患疫霉菌根部疾病。

扦插　一些柑橘品种，例如柠檬（Citrus limon），通过半成熟的插枝比其他品种更容易生根（见第51页）。

种子　不同寻常的是，柑橘树的种子含有多个胚，其中一些胚是无性繁殖的（单性生殖的），所以幼苗是亲本的无性繁殖植物。在花盆中播种，除去弱小或非常旺盛的有性繁殖的幼苗，使无性繁殖植物在7年后开花。

嫁接　柑橘类植物经常被嫁接到日本酸橙幼苗（C. trifoliata）上。选取一个叶片，把它以T形芽接到树皮下。

柠檬
除了柠檬，柑橘还包括葡萄柚、酸橙、橘子、橙子、柚子以及它们的杂交品种，它们都易受霜冻的影响。

山茱萸属（CORNUS）

扦插　早春或初夏 🌱🌱
种子　初冬或早春 🌱🌱
嫁接　晚冬 🌱🌱

这个属中小型、落叶的或常绿的树木大部分都是完全耐寒的。那些有杂色叶子的最好选取软木插枝，如秋橄榄，或者使用嫁接技法来获得更快的结果。使用种子培育的大花四照花（Cornus florida）或日本四照花（C. kousa）作为砧木进行合接或拼接侧板嫁接。用种子中培育欧洲四照花（C. mas）和太平洋狗木（C.nuttallii）。

山茱萸果实
山茱萸的果实小而圆，有些是可食用的草莓状，如山茱萸。像草莓树属一样收集成熟的果实并取出种子。

榛属（CORYLUS）

扦插　初夏或盛夏 🌱🌱
种子　冬末 🌱🌱
嫁接　冬末 🌱🌱
分层　秋中或晚秋 🌱

完全耐寒的这个属的树木包括带坚果的欧榛（Corylus avellana）和大果榛（C.maxima），可由种子培育而来。它们中的大多数栽培品种通常都是通过绿木插枝进行繁殖的。也可以从砧木植物中进行简单分层。在早春，努力修剪前一年的砧木，来获得旺盛的嫩芽以进行分层。

大多数榛树可以通过合接或拼接侧板嫁接到两年生的欧榛幼苗或插枝（见第58页）。

山楂属（CRATAEGUS）

种子　秋中或晚冬 🌱
嫩芽　仲夏或夏末 🌱🌱

在秋中，收集这个属的许多完全耐寒树木的果实。最好的时间是当果实仍然呈现为绿色和在萌芽抑制物发展之前。把它们泡在温水里几天，将种子上的果肉洗掉。将种子放入容器中（见第54页），将其放置在有遮挡的地方或储存在冰箱中，在冬末播种。在10～15摄氏度的温度下会发芽，但是发芽情况不稳定，所以种子继续保存于土壤中，直到第二个春天来临。

如果只需要一两个植株，则嫁接速度更快。一些两三年生的植物品种就可以成为很好的培育种子的砧木，例如钝裂叶山楂（C.laevigata，异名为C.oxyacantha）或山楂（C.monogyna）。在室外，可以在高于土壤表面15厘米的地方进行芽接（见第60页）。

柳杉属（CRYPTOMERIA）柳杉

扦插　夏末到初秋 🌱
种子　春季 🌱
嫁接　晚冬 🌱🌱

使用8～13厘米长的单株，充分耐寒的品种（如扁柏）的半熟插枝生根。这是一种不同寻常的针叶树，如果被修剪，它能够从基部长出新的嫩芽，这些嫩芽很容易作为插枝生根。

成熟的单生的雌性球果呈棕色。在秋天收集种子（见第71页）。干燥储存，然后在播种前在冰箱中分层放置在潮湿的泥炭中，等待3周（见第54页）。底部温度保持在15～20摄氏度时有助于种子萌发。

有些矮株植物不能产生足够的插枝材料。采用拼接侧板嫁接法将接穗嫁接（见第73页）到盆栽砧木上。将温度保持在20摄氏度）几周，直到移植物产生愈伤组织。

欧洲榛
要想通过种子种植出欧洲榛，当坚果掉下来时，就要把它们收集起来，并储存在3摄氏度的潮湿泥炭中，然后播种到单独的容器里。

旋叶香青和蔓生组总是采取嫁接的方式来繁殖；通过合接或顶尖楔形嫁接法将接穗嫁接到2米长的大果榛或欧榛上。当副株出现时将其拔除。

柏树（×CUPROCYPARIS）

扦插　盛夏到夏末🍃

最常见的栽培品种是完全耐寒的莱兰柏树（*Cuprocyparis leylandii*，异名为 *Cupressus leylandii*）。为了获得最佳的效果，从略遮阴的基芽上选取15厘米长的半熟插枝。其处理方式与扁柏相同（见第78页）。

柏木属（CUPRESSUS）

扦插　晚冬或夏末🍃
种子　晚冬或春季🍃
嫁接　晚冬🍃

这些完全耐寒到半耐寒树木的品种可以通过插枝生根（见第70页）。为了获得最好的结果，在冬末，选取8～10厘米长的绿芽，保持底部温度在20摄氏度，在薄雾下生根。扦插也可以在夏季的遮阴处生根。成熟的、两年生的球果很难辨认。找一根带有三种大小球果的树枝，选择最大的一根，或者从生长顶端找到生长在枝条上的球果。播种后的种子（见第54页），在15摄氏度的温度下最容易发芽。

某些品种不能通过插枝自由生根，如金冠大果柏（*Cupressus macrocarpa* 'Goldcrest'）。这些品种最好选择拼接侧板嫁接法（见第73页）。

珙桐属（DAVIDIA）

种子　春季🍃

珙桐，也被称为白鸽树或幽灵树，非常耐寒。需要清洗成熟的水果，然后立刻将种子单独播种（见第54页）。温度保持在21摄氏度，让其生长3个月，之后移植到户外。种子是双重休眠的，两个冬天都不能发芽。10年之后才可开花。

龙血树属（DRACAENA）

扦插　任何时候；种子　早春🍃

三色龙血树（*Dracaena martinata* 'Tricolor'）

这种畏寒品种的树状物种依赖于它们的叶子而得以生长。杂色栽培品种必须通过插枝繁育以保持杂色。该植物需要3～5年的时间才可以成长到相当大的外形。

扦插

从健康、强壮的侧枝上选取茎部扦插，然后按下图进行劈开，以获得大量的新植株。或者垂直插入整个茎段。叶芽插枝也能生根。可以使用排水性能良好的堆肥或岩棉来代替锋利的沙子。8～12周内，插枝得以生根。

种子

从浆果中提取种子（见第53页），并在20～25摄氏度的温度下，将其播种在容器中（见第54页）。需要4～6周时间才可发芽。将幼苗移栽到单独的花盆中。一旦稳定下来，就能在15摄氏度的温度下继续生长。

叶芽插枝
选取一个5～8厘米长、带有一片叶子的茎，在一个节点之上进行切割。用湿润的多角砂平铺在花盆中并垂直插入茎干，保持半埋状态。将叶子修剪至其一半的长度，以避免水分流失。浇水后贴上标签，在生根前将其放置在明亮的阴凉处，温度保持在18～21摄氏度。

使用半盆堆肥或半个平底锅的堆肥；过多的堆肥或沙子可能导致腐烂。

茎干插枝
去除部分的健康茎干，每部分带有一或两个小节。用锋利的刀将其纵向切成两段。如果髓是湿润的，根部要放置在湿润的尖底砂中，避免腐烂；如果髓是干燥的，使用排水性能良好的扦插堆肥。把割伤的两边放在堆肥上。贴上标签，像叶芽插枝一样去处理。

其他园林树木

星苹果属（CHRYSOPHYLLUM） 在夏末至秋末高温高湿条件下，使成熟枝条上的硬木插枝生根。在春季播种🍃。

樟属（CINNAMOMUM） 可以在任何时候，选取半熟的插条（见第51页）🍃。在春天，从肉质果实中选取种子；在13～18摄氏度的温度下，立即将其播种。在温暖的地区可以将其切开。

琴木属（CITHAREXYLUM） 对于这个品种的树木可以在任何时候选取半成熟的插枝（见第51页）🍃。像播种樟属种子一样去播种🍃。

香槐属（CLADRASTIS） 像金合欢属一样选取根部扦插（见第74页）🍃。像播种紫荆一样去播种（见第77页）🍃。

桤叶树属（CLETHRA） 选取半熟的常青树枝条，如草莓树属（见第76页）🍃。在初夏，选取落叶树种的绿插枝（见第52页）🍃。播种方式按照杜鹃花属（见第138页）的方式进行，像木兰属（见第83页）一样进行分层处理🍃。

海葡萄属（COCCOLOBA） 从成熟的肉质果实中剥离种子；在21摄氏度的温度下，将其立即播种🍃。可以随时将成熟的茎干进行简单分层。

垂花楹（COLVILLEA RACEMOSA） 垂花楹的种子通常没有生殖属性。成熟后，立即在21摄氏度的温度下单独播种于容器中🍃。

破布木属（CORDIA） 可以在任何时候选取半成熟的插枝，成熟后进行播种🍃。

朱蕉（CORDYLINE） 同龙血树属🍃。

毛利果属（CORYNOCARPUS） 像龙血树属一样去播种（见右图）🍃。选取半熟的插枝，主要有斑纹形式，同草莓树属🍃。

山楂（+CRATAEGOMESPILUS） 像舌接苹果树一样去处理山楂（见第84页）🍃。采取芽接技法繁育山楂🍃。

百合木属（CRINODENDRON） 在夏末，选取冬青树的半熟插枝🍃。

榅桲属（CYDONIA） 采用舌接、芽接或T形芽接技法将其无性繁殖到榅桲的砧木上，同梨属（见第88页）🍃。

陆均松属（DACRYDIUM） 在仲夏至夏末，选取半成熟的插枝并播种（见第54页）🍃。

凤凰木属（DELONIX） 在21摄氏度的温度下，播种金合欢树的种子🍃。

五桠果属（DILLENIA） 剥离成熟的肉质果实中的种子。在21摄氏度的温度下播种🍃。

柿属（DIOSPYROS） 雄性和雌性柿子都有种子。果实成熟后就可以播种🍃。在夏季中下旬，采用舌接、芽接或T形芽接技法将嫁接品种嫁接到幼苗砧木上🍃。

非洲芙蓉属（DOMBEYA） 在夏末，选取半熟的插枝🍃。在春天，气温21摄氏度的天气中，待种子成熟后就立即播种🍃。

杜英属（ELAEOCARPUS） 在夏末，选取半成熟的插穗（见第51页）🍃。在春季，像龙血树属一样播种🍃。

五加（ELEUTHEROCOCCUS，异名为 Acanthopanax） 在晚春至初夏，选取软木插枝🍃。在臭椿上（见第75页）选取根部插枝🍃。像花楸属一样播种🍃。

筒瓣花属（EMBOTHRIUM） 像刺槐属一样选取根部插条🍃。播种银桦属种子🍃。将杨树副株分开，在10摄氏度的温度下盆栽副株🍃。

枇杷属（ERIOBOTRYA） 在晚秋时节，播种枇杷树的新鲜种子🍃。在盛夏至夏末，通过芽接或T形芽接技法将其嫁接到无性系丝豆砧木上🍃。

榅桲（*Cydonia Oblonga*，别名为木梨）

桉属（EUCALYPTUS）

种子　早春 🖐🌿

该属中快速生长的树木大部分是畏寒的，但一些品种是耐寒或完全耐寒的。在野外，木质的种子荚长在树上，所以可以随时收集种子。如果它们不容易分裂，那么种子可能是不成熟的。耐寒桉树在经过两个月的3～5摄氏度的寒冷时期后（见第54页）会受益匪浅。它们的根部不喜欢被干扰，所以需要将其移植或播种到根部训练器中。在15～20摄氏度的温度下，种子会迅速发芽。在12～15个月的时间内，将幼苗移植出去。

提取种子

分离出成熟的木质种子蒴果，在温暖干燥的地方放置1～2周，直到它们裂开，释放出种子和棕色的细谷壳。

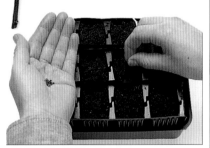

在根部训练器中播种

用无土种子堆肥填满根系训练器。在每个格子中播下一撮种子。轻轻地盖上一层筛过的堆肥和一层薄薄的细沙粒。浇水并贴上标签。在每个格子中种植一株幼苗。

水青冈属（FAGUS）山毛榉

播种　夏末到晚秋或冬末 🖐
嫁接　冬末或早春 🖐🖐🖐

让这些完全耐寒、快速生长的树木生长的最简单方法就是通过种子播种。当果实成熟后，立即收集并在户外播种（见第55页），或在冬末播种前，将种子存放在冰箱内（见第54页）。在10摄氏度的温度下使其发芽。

两或三年生的欧洲水青冈幼苗经常使用合接或拼接腹接的技法的砧木（见第58页）。水青冈有很薄的树皮，所以使用拼接的侧板嫁接技法也是合适的。在土壤水平上进行嫁接，以获得整齐的嫁接结合体，在高高茎干上进行顶部处理的嫁接，把正在生长的接穗绑在一根劈开的藤条上，使其笔直生长。用有下垂枝条的枝条绑在一根长度相当的成熟的茎秆粗壮的藤条上。

榕属（FICUS）

硬木扦插　秋末或晚冬 🖐
半熟扦插　全年 🖐
叶芽扦插　全年 🖐
空中压条　晚秋或早春 🖐

一些树种是完全耐寒或抗冻的，如可食无花果，但大多数树种都是畏寒的。无花果可以从适当的插枝类型中进行繁育，如果只需要一个或两个植株，那么用空中压条是容易获得的。

锦叶印度榕

（*Ficus elastica 'Doescheri'*）

扦插

选取番木瓜属的硬木扦插，将其捆扎成束（见第51页），并保存在秋季无霜条件下。长达90厘米的插枝，可以直接生根。在冬季，在10—15摄氏度的温度下的花盆中进行标准的扦插生根。可以全年采收常绿嫩植物的半熟插枝（见第51页）。

梣属（FRAXINUS）梣木

种子　秋中到秋末 🖐
嫁接　冬末或早春 🖐🖐🖐

这些耐寒树木的种子是双重休眠的，需要一段温暖潮湿的层化时期（见第54页）。

在苗床上，将一年生的欧梣（*Fraxinus excelsior*）排列好，再过1～2年，可以被用作进行舌接的砧木（见第59页）。在春天萌芽之前，在靠近地面的地方进行嫁接。将垂枝嫁接到四年生的砧木上。或者，将其合接到盆栽的砧木上（见第58页）。

银杏属（GINKGO）

插枝　暮春到初夏 🖐🖐🖐
种子　冬末 🖐
嫁接　冬末 🖐🖐

作为单一的物种，银杏是完全耐寒的。需要一棵雄树和一棵雌树来结出种子，而雌树结出的李子状果实成熟后会散发出难闻的气味。秋季中期将其收起来，并将果肉清理干净。用温和的洗涤剂清洗坚果类种子，去除发芽抑制剂，然后在户外播种前，将其存放在冰箱中（见第54页）。植株也可以通过软木插枝（如桦木，第76页）或使用舌接（59页）或拼接侧板嫁接（第58页）来进行培育。

茎干粗的品种，如印度橡胶树（Indian rubber），橡皮树可以叶芽插枝上生长。卷起的叶子可以减少水分流失。它应该在2年内，成长为一个大小合适的盆栽植物。

空中压条

如果环境条件有利于生根，比如在15～20摄氏度、湿度可控的环境中，可以在成熟的植物上完成空中压条。将茎干分层（见第64页）；3个月后，如果有变干的迹象，需要对根球进行喷雾处理。

叶芽扦插

用一把锋利的刀或剪刀，直接从茎干一个节的上方和节的下方2.5厘米的地方剪下来。把蜡质面放在最外面，把叶子卷成圆柱形，用橡皮筋进行固定，然后放进无土的盆栽堆肥中。叶节应位于堆肥表面。用一根劈开的藤条穿过卷好的叶子来支撑插枝。保持湿润且温度保持在20摄氏度，直到根部生长出来。

皂荚属（GLEDITSIA）槐树

种子　晚秋 🖐
嫁接　冬末到早春 🖐🖐🖐

这些耐寒树木的新植株很容易受到霜冻损害。播种前，将种子切开（见第54页），使其在10～15摄氏度的温度下萌发。在户外，舌接其栽培品种，同梣属。

浸泡后的种子

休眠的种子

准备播种的皂荚种子

用温水浸泡种子48小时。将等量的湿沙放入塑料袋中，在3摄氏度的温度下冷冻2～3个月。

银桦属（GREVILLEA）银桦树

种子　冬末

这个属的大多数树种都是畏寒的。只有银桦（*Grevillea robusta*）容易发芽。播种前，将其他物种的种子划伤或浸泡（见第54页）。把种子播撒在容器里，稀疏地用蛭石盖上。在10～15摄氏度的温度下能够萌发新芽，幼苗的长势迅猛。

冬青属（ILEX）冬青

硬木扦插 秋季或隆冬时节 🌱🌱
半熟插枝 夏末至秋季 🌱🌱
种子 早春 🌱🌱
嫁接 春季，夏末或初秋 🌱
分层 春季 🌱

Ilex × altaclerensis 'Balearica'

许多普通生长的冬青树很耐寒，尽管有些可能是畏寒的。大多数树种容易从插枝上进行生根。如果只需要几种植物，可以尝试分层种植。在野外自由播种冬青树，比较容易发芽，如果在栽培中会缓慢发芽（长达3年）。嫁接是可行的，但只对创建标准植株有用。

插枝

选取半熟（见第51页）或硬木（见第50页）的茎干插枝，带有两片完好无损的顶部叶子，约8厘米长，并留一个2厘米宽的基部伤口以促进生根。这可能需要3个月的时间。

已经生根的半熟冬青插枝可以稍早取下，但要去掉软梢。对于落叶树种，如轮生冬青（*I.verticillata*），应在初夏或仲夏选取扦插，扦插时不要剪伤插枝。它们应该在6～8周内生根，为冬季采集的硬木插枝提供底部热量。常绿植物的插枝可能会遭受落叶的风险，因为潮湿的堆肥增加了覆盖层下面的湿度。如果出现这种情况，就要将插枝扔掉。

种子

冬青树的种子通常是雌雄异株的。为了获得种子，你需要一棵带有浆果的雌性和一棵在附近的雄性植株以确保授粉。在冬天，收集浆果，清洗果肉（见第53页），然后立即播种。或者，将种子储存在温暖潮湿的地方，等待胚胎成熟。然后将种子放入冰箱，冷藏在潮湿的堆肥中（见第53页），打破种子休眠，然后在户外苗床上播种（见第55页）。

嫁接

将接穗植株的三个芽嫁接到标准冬青植株的所需的高度上。

分层

选择一个靠近地表的柔韧、充满活力的嫩枝，进行简单分层（见第64页）。

深绿色的叶子和茎干　柔软苍白的植株　灰白的生长尖端　生长尖端有球茎

锥状欧洲枸骨（*Ilex aquifolium* 'Pyramidalis'）　银边枸骨叶冬青（*Ilex aquifolium* 'Argentea marginata'）

锥状欧洲枸骨

半熟的嫩芽　软木扦插　生长中的新枝　硬木插枝

选取用于扦插的冬青插枝

冬青新枝成熟时，颜色会变暗，所以要避免带有浅绿色叶子的软木嫩枝。寻找已经停止生长的顶芽。

如果蓓蕾是淡绿色的，这说明生长激素仍然集中在叶尖而不是茎干，茎干会有助于扦插生根。

胡桃属（JUGLANS）

种子 在秋中或晚秋 🌱
嫁接 在早春 🌱

从完全耐寒到畏寒的观赏核桃是通过种子培育的。采摘成熟的果实，清理干净绿色的纤维状外壳，然后马上播种。播种在苗床上（见第55页）或根部培养器中，用2.5厘米厚的堆肥和3毫米粗的粗砾覆盖种子。经过一段寒冷期后，种子在仲春10摄氏度的温度下，发芽效果很好。在3～5年后，将幼苗移植。

胡桃（（*Juglans regia*）和黑胡桃（*J.nigra*）的栽培品种，其果实可食用，通常是采用舌接技法（见第59页）。使用两到三年生的盆种的胡桃或黑胡桃。在嫁接前，保持凉爽和休眠的状态达7～10天，以避免植株的汁液上升过快。使用比砧木稍微窄一点的接穗，更薄的接穗皮更容易与砧木的新生层对齐。

成熟的核桃

核桃是核果，不是真正的坚果。果实外皮会变黑并在树上分解，释放出成熟的坚果。要收集还未成熟的果实，去除外皮。

其他园林树木

杜仲属（EUCOMMIA） 像槭属植物那样采用嫩枝扦插。像榆属植物那样采用种播。🌱

银香草属（EUCRYPHIA） 同紫茎属植物那样采用嫩枝扦插🌱🌱。同草莓树属植物那样采用半熟枝扦插🌱🌱。同紫茎属植物那样播种。🌱

领春木属（EUPTELEA） 像紫茎属植物那样播种🌱。同北美木兰属那样压条🌱。

梧桐属（FIRMIANA） 种子成熟后从外壳中剥离出来；单独栽植在21摄氏度的排水性好的堆肥中。🌱

洋木荷（FRANKLINIA ALATAMAHA） 像槭属植物那样采用嫩枝扦插🌱🌱。像紫茎属植物那样播种🌱🌱。

钩瓣常山属（GEIJERA） 划破新鲜的种子，然后在秋季播种（见第53—54页）🌱🌱🌱。

湿地茶属（GORDONIA） 同草莓树属那样选取半熟插枝🌱🌱。同紫茎属那样播种🌱🌱。

肥皂荚属（GYMNOCLADUS） 同金合欢属那样选取此品种的根部插枝🌱🌱🌱，播种方式也同金合欢属🌱。

荣桦属（HAKEA） 同大多数银桦那样播种；避免根部干扰🌱。

北美银钟花属（HALESIA） 同北美木兰属那样选取软木插枝🌱🌱。同拱桐属那样播种🌱🌱。

绶带木属（HOHERIA） 选取初夏至仲夏的落叶乔木扦插🌱🌱。在夏末或初秋，选取半熟的常青插枝🌱。所有插条需要21摄氏度的底部温度和薄雾。像银桦一样去播种🌱。

枳椇属（HOVENIA） 研磨新鲜的种子，在水里浸泡48小时，然后在凉爽的秋季进行户外播种；或在冰箱中放置90天以保持湿润，然后在春季，10摄氏度时播种🌱。

黄花香荫树（HYMENOSPORUM FLAVUM） 像选取绶带木属插枝一样选取此品种的半熟插穗🌱。像银桦一样播撒种子（见第80页）🌱。

蓝花楹属（JACARANDA） 像选取金合欢插枝一样来选取此品种的绿木插枝（见第74页）🌱。像金合欢属一样去播种🌱。

刺柏属（JUNIPERUS）

扦插　晚春、秋天或晚冬 🌱
种子　任何时候 🌱🌱🌱

垂枝柏
（Junipeus recurva）

几乎所有这个属的树种（异名为Sabina）都是完全耐寒的。为了确保繁育成功，必须从合适的嫩枝上选取扦插。从种子培育杜松是缓慢的，但能培育出两性的植株。

扦插

选择那些强壮的、根部还呈绿色的嫩枝，其幼叶呈针状。作为半熟插枝处理（见第70页），到第二年夏天就生根了。在冬末，在底部温度约20摄氏度的湿度条件下进行扦插。

种子

雌雄刺柏属植物都需要产生具有繁殖活性种子的雌性球果。成熟时，球果呈浆果状，通常呈黑紫色或蓝色。垂枝柏和多数刺柏属植物球果在2年内成熟，金缕梅在第一个秋天成熟，而欧洲刺柏则在3年后成熟。清洗肉质外皮，然后在花盆中播种（见第54页）。需要2～5年发芽。让种子在冬天进行霜冻处理，在夏天进行加温处理，但需保持堆肥潮湿。在第二年，把生长缓慢的幼苗移栽入盆中。

毒豆属（LABURNUM）金链花

扦插　秋末 🌱；种子　早春 🌱
嫁接　早春 🌱🌱；芽接　盛夏 🌱🌱🌱

高山金链花
（Labumum alpinum）

这些完全耐寒树木的硬木扦插可以进行得非常成功。通过种子培育这两个物种也很有用。对于一棵3年后开花的树木，可以尝试着嫁接或芽接。

扦插

在当前和上一季生长的结合处选取一根带有树皮的20～30厘米长的硬木插枝（见第50页）。切断新生长的精干组织会阻碍生根。在狭槽中扎根，底部撒上粗砂砾，或者在冷床中捆成一束（见第51页），然后在春天移植入盆中。

种子

从成熟的豆荚中收集豌豆状的种子，然后像处理刺槐种子一样处理此属种子（见第89页）。

嫁接

在一个苗床上，将生长了两年的金链花种植在苗床上生长一年，将其作为芽接的砧木（见第60页）。在高于土壤表面8～10厘米处插入新芽。训练新芽靠着藤条生长，然后固定在想要的高度（根据它是多茎树还是单茎树）以允许它分枝。顶部工作下垂形式的3个芽嫁接到1.5～2米处的三或四年龄的砧木上便于嫁接植物快速生长（另见第57页）。

根尖楔形嫁接的方式（见第58页）通常比芽接更成功。削剪一个两年生的砧木到刚刚超过土壤的芽水平，以将汁液传输到茎干或将下垂形式的插枝嫁接到1.5～2米高的砧木上。如有必要，保护新嫁接的植物免受霜冻。

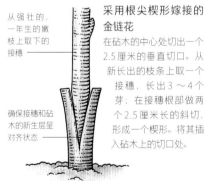

从强壮的、一年生的嫩枝上取下的接穗

采用根尖楔形嫁接的金链花

在砧木的中心处切出一个2.5厘米的垂直切口。从新长出的枝条上取一个接穗，长出3～4个芽；在接穗根部做两个2.5厘米长的斜切，形成一个楔形。将其插入砧木上的切口处。

确保接穗和砧木的新生层呈对齐状态

落叶松属（LARIX）落叶松

扦插　仲夏 🌱
种子　冬末到春季 🌱
嫁接　冬末或夏末 🌱🌱🌱

紫色的雌性球果完全耐寒。老球果可能有一些具有繁殖活性的种子。3周的低温和约15摄氏度的底部温度有助于种子萌芽。幼苗生长2年后可作为软木插枝的砧木；潮湿的环境更易生根。

对于不播种的栽培品种和稀有品种，最好采用拼接侧板嫁接。对于砧木，在春天盆栽两年生的幼苗，需要维持温暖的环境并在冬季保持干燥，长达3个星期。大多数嫩芽可以作为接穗，它们在隆冬至冬末时节完全休眠。将它们存储在塑料袋中并放入冰箱。让嫁接植物在18～20摄氏度的温度下保持干燥，直到愈伤组织形成，嫩芽破苞。

枫香树属（LIQUIDAMBAR）

扦插　盛夏 🌱🌱
种子　晚秋或冬末 🌱
嫁接　冬末到早春 🌱🌱🌱
分层　秋末 🌱

这些完全耐寒树木的种苗差异很大，因此栽培品种范围很广。从尖尖的圆形果穗中提取种子并在户外播种（见第55页），或在播种前两个月将其存放在明亮地点的潮湿蛭石中（见第53页），保持夜间温度为15～20摄氏度，以便在6周内发芽。

大多数品种从绿色的插枝中根部发育良好（见第52页），但对于大的、茂盛的树木，尤其是杂交品种，最好采用合接或拼接腹接来培育（见第58页）。对于砧木，使用两年生的盆栽品种。5年后，将嫁接树木移植出来。一个低的树枝可以进行简单分层（见第64页）。

鹅掌楸属（LIRIODENDRON）

扦插　盛夏 🌱🌱
种子　晚秋或晚冬 🌱
嫁接　晚冬 🌱🌱🌱

北美鹅掌楸
（Liriodendron tulipifera）

鹅掌楸和北美鹅掌楸都非常耐寒。最简单的繁殖方法就是通过播种来培育物种，但种子的生殖活力相当低。在秋中，采集坚果状的果实，将种子打开并在户外播种（见第55页）或在冰箱中贮藏2个月，然后在15～20摄氏度的温度下播种，在6周内发芽。

从旺盛的嫩枝上选取绿木插枝（见第52页）。将一个品种，如北美鹅掌楸合接或拼接腹接到两年生的盆栽幼苗上（见第58页）。在3～5年后，将其移植出去。

橙桑属（MACLURA）美国橙桑

硬木插枝　秋末或晚冬 🌱
根部插枝　初冬到隆冬 🌱🌱🌱
种子　秋中到秋末 🌱

本属［异名为Cudrania）］的树木是完全耐寒的。从肉质果实中提取种子。在播种前用水浸泡48小时，并在冰箱中保持湿润长达8周（见第54页）。插枝生根缓慢。如果在落叶后，立即取出硬木插枝，请将插枝成捆地储存在沙里（见第51页）直到冬末，然后插入单个花盆中，并保持底部温度在15～20摄氏度。像金合欢属一样选取根部插枝（见第74页）。

北美木兰属（MAGNOLIA）

半熟插枝　初秋到秋中 ♠♠
软木插枝　春末到初夏 ♠♠
硬木插枝　仲夏或盛夏 ♠♠
种子　秋中到秋末 ♠
嫁接　冬末到早春 ♠♠
芽接　盛夏到夏末 ♠♠
分层　秋末到早春 ♠

北美木兰属（异名为 *Manglietia, Michelia, Talauma*）大多耐寒，但花期早的品种可能畏寒。插枝可以取自有合适嫩枝的植物。如果只需要繁育一株植物，或者树木不容易生根，嫁接通常是最好的选择。种子和分层比较容易，但比较慢。

扦插

从8～13厘米长、生长繁茂的落叶木兰新枝上选取软枝和嫩枝（见第52页）。

在商业上，砧木植株在春季遮盖下生长出软木插枝。在凉爽的气候中过冬之前，能给插条生根生长留出时间（8～12周）。在春天，从花园中心购买的砧木植株是很好的，因为它总是在遮阴下生长。选取节茎尖插条，在潮湿的阴凉处生根，嫩叶易焦。保持底部温度在18～21摄氏度有将有助于插条生长。液体饲料可以滋养生根的插条（因此它们在秋天之前成熟，更有可能在春季独立生长）并在无霜处越冬。

选取常青树种和栽培品种的半成熟插枝（见第51页），如广玉兰。清除任何腐烂的叶子以避免腐烂的危险。

种子

在播种新鲜的种子前（见第55页），先将其清洁（见右图）。如果不能彻底清洁它们，那么使用杀菌剂以防止腐烂或烂苗。如果只有少数发芽，可以在盛夏移植幼苗，并将花盆在第二个冬季放回冷床。或者将种子冷藏，然后在春天保持20摄氏度的底部温度盖着播种，使种子在5～6周内均匀发芽。

从砧木植物上选取软木插枝

提取木兰种子

干燥的果实

1 收集成熟的球果（见小插图），将其晾干直至果肉完全脱落。用温水和一些液体洗涤剂浸泡1～2天，以去除防水外皮。一旦果肉变软后，沥干水分。

通过种子培育杂种花需要3～10年，但其他物种可能需要更长的时间（金银花可达30年，桔梗花可达15～30年）。

嫁接

芽接（见第60页）不易生根的北美木兰属［如滇藏木兰（*M.campbellii*）、美国厚朴（*M.macrophylla*）］和大型树木。砧木和接穗通常是相互兼容的，但匹配的生长习性应尽可能接近。保持这些植物在春天之前都是无霜的状态，然后，在它们开始生长之前，

2 除了最上面的两片叶子，剪掉插枝上的每一片叶子。将下部的叶子切成两半，以减少水分流失。掐去所有的花蕾。

2 剔掉果肉，用纸巾把种子擦干。或者播种新鲜的种子，也可以是在冷床中过冬，也可以与潮湿的椰壳、蛭石或沙子混合，放入塑料袋中，在播种前冷藏2个月。

将它们移植入盆中，长到15个月的时候就可以移植出来了。选用两年生的早花滇藏木兰（*M.campbellii* var.*mollicomata*），作为滇藏玉兰和栽培品种的砧木，并置于阴凉处。如果芽接失败，可采用合接或拼接腹接（见第58页）。

分层

在深秋或早春之间的任意时间进行落叶树的简单分层（见第64页），在早春则是常青树。

其他园林树木

刺楸属（KALOPANAX）　像珙桐属一样进行播种。

蜜汁树属（KNIGHTIA）　像播撒银桦种子一样播种。

栾属（KOELREUTERIA）　以金合欢树的根部扦插为例。像枳椇属一样去播种（见第81页）。像毒豆属一样，采用根尖楔形嫁接技法。

紫薇属（LAGERSTROEMIA）　像紫茎那样选取软木插枝。种子数量很多，像紫荆属一样去播种。

蜜源葵属（LAGUNARIA）　在春天，25摄氏度的气温下播种。种子蒴果上的毛发会刺激皮肤。

月桂檫属（LAURELIA）　像铁心木属（METROSIDEROS）一样选取半熟插枝。像银桦一样去播种。

月桂属（LAURUS）　选取半熟的插枝，播种种子，像冬青一样进行分层。

木百合属（LEUCADENDRON）　像播撒银桦（见第80页）一样播种 ＊。

甜柏属（LIBOCEDRUS）　在夏季，选取半熟插穗，在春季播种。

山胡椒属（LINDERA）　选取夏末的半熟插枝。像珙桐属一样去播种。雌树和雄树都需要果实。

荔枝属（LITCHI）　夏末至初秋，选取两年生的硬木插条。在冬末进行空中压条（见第64页）。

柯属（LITHOCARPUS）　像栎属一样播种橡子（见第88页）。采用拼接侧板嫁接法将其嫁接到盆栽砧木上。果实匮乏的品种可以使用自由播种的品种作为下砧木。

扭瓣花属（LOMATIA）　选取初夏的嫩枝扦插和夏末的半熟木扦插。像银桦一样去播种。

彩桃木属（LOPHOMYRTUS）　像铁心木属一样选取半熟插枝。像山梨一样播种。

红胶木属（LOPHOSTEMON）　像铁心木属一样选取半熟插枝。像金合欢一样播种。

马鞍树属（MAACKIA）　像金合欢属一样选取根部插枝，播种。

澳洲坚果属（MACADAMIA）　种子成熟后，立即用温水浸泡12～24小时。在21摄氏度的温度下，在容器中单独播种。

苹果属（MALUS）苹果树、酸苹果树

种子　秋末或冬末 ｜ 嫁接　冬末 🏕
芽接　盛夏到夏末 🏕

约翰·唐尼海棠
（*Malus* 'John Downie'）

这个完全耐寒的属中大多数观赏性酸苹果是自花不孕的，但是山荆子（*Malus baccata*）、佛罗伦萨海棠（*M. florentina*）、湖北海棠（*M. hupehensis*）、锡金蟹属（*M. sikkimensis*）、变叶海棠（*M. toringoides*）却可以孕育出种子。在秋天，清洗成熟的水果并在户外播种。或者，把种子储存在冰箱里。隆冬季节，将种子浸泡48小时后沥干水分，冷藏6～8周后进行播种。

大多数观赏树和结果果树都是通过嫁接繁育。适宜的种子繁育的砧木（见下表）可从专门的苗圃中种植：冬季芽接前，将其移植到苗床上继续生长。该类果树通常在接近土壤表面的地方出芽，但一些下垂的形式可能芽接在1.5～2米的茎干上。或者，将接穗舌接到砧木上通过新枝发育或沟槽分层获得。

苹果砧木

大多数栽培品种可以嫁接到下表中任何一个砧木上。根据手头能获得的砧木品种选择，以便确定嫁接树的大小。最适合花园果树的砧木是矮化砧木。可使用MM111和M25大型观赏类树木。

砧木名字

M27	非常矮小
M9	矮小
M26	半矮化
MM106	半矮化带有棉蚜
MM111	旺盛的带有棉蚜
M25	茂盛的
Mark	矮小非常耐寒
Budagovski 9（Bud 9）	矮小非常耐寒
Northern SPY	半矮化带有棉蚜
MM04	旺盛的干燥地区常发旱灾
Ottawa 3	旺盛的加拿大系列

嫁接树木的高度和宽度

1.2—2米
2—3米
2.4—3.6米
3.6—5.5米
4.5—6米
6—7.6米
2—3米
2—3米
3.6—5米
5—8米
2.4—3米

水杉属（METASEQUOIA）红杉

软木插枝　夏季 🏕
硬木插枝　冬末 🏕
种子　春季 🌱

红杉是完全耐寒的水杉。软木插条（见第52页）如果取自持久的枝条，则可以很好地生根，只掉叶子。若插枝选取自没有芽的落叶插枝（全部脱落）可能会生根，但不可避免地会死去。对于不寻常的针叶树，硬木扦插虽然生长缓慢（见右图和第51页），但仍有可能繁育成功。18～20摄氏度的底部温度可以确保植株在10～12周内生根。而在不加温的情况下，经过几个月，有用的枝条依然可以生根。如果在冷床中培养插条，可在秋天将它们进行盆栽。

铁心木属（METROSIDEROS）

扦插　夏末到秋中 🏕
种子　冬末到早春 🌱

大多数树种，如新西兰圣诞树（被土著毛利人称为pohutakawas）是畏寒的，但少数耐寒。将半熟插条（见第51页）在底部加热的密闭箱子中以18～21摄氏度的温度下生根。将种子在冬天晾干，然后在盆中的土壤浅层中播种（见第54页），在13～15摄氏度的温度下发芽。在2～3年后，将幼苗和插条移植或盆栽。

桑属（MORUS）

扦插　秋末 🏕
芽接　夏末 🏕

黑桑（*Morus nigra*）

该属的树木从完全耐冻到畏寒不等。采用标准硬木插条（见第50页），两到四年生的粗厚木头，让它们在户外生根。采用嵌芽接或T形芽接技法将其嫁接在两年生的幼苗砧木。

南青冈属（NOTHOFAGUS）桑树

扦插　早秋到秋中 🏕
种子　秋季或隆冬至冬末 🌱

虽然幼苗可能是杂交品种，但是这种畏寒到完全耐寒的树木，通常是从种子中繁育出来的。用新鲜的坚果状果实播种或在3～5摄氏度下在整个冬季保持干燥。4年后，幼苗可能还没有准备好移植。采取常绿植物半成熟的插条，如桦状南青冈（*Nothofagus betuloides*）和假山毛榉（*Nothofagus dombeyi*），令其在潮湿的岩棉或泥炭和沙子中生根，底部温度保持在18～21摄氏度，在3年内移植。

最常产生的是卵形的雌性球果，雄花只在非常炎热的夏天后才形成，所以在凉爽的地区，可能有必要进口具有繁殖活性的种子。播种后（见第54—55页）应避开强烈的阳光，并在15摄氏度的温度下保持湿润以加速萌芽。

硬木扦插

当当季植株处于休眠期时，从植株上选取13厘米长的扦插枝条。不要拔掉任何小花蕾，树皮上的裂缝可能会导致植株生病。将插枝储存在沙子里直到冬末。用激素生根化合物处理，将其插入等量的泥炭和细树皮，深度为5厘米。

蓝果树属（NYSSA）蓝果树

种子　晚秋或晚冬 🌱
嫁接　晚冬 🏕
分层　秋末或早春 🏕

多花紫树非常耐寒，传统上来说，多花紫树是由种子培育的。在深秋，采集蓝色果实，清理果肉并在户外播种（见第55页）。或者将其储存在冰箱里（见第53页），然后在播种前8周，在水中浸泡48小时后沥干水分，再次冷藏。在夜间最低温度10摄氏度下发芽。

栽培品种，如多花蓝果树，可以拼接腹接或合接到两或三年生的种子培育的砧木上（见第58页）。将成熟的植物与合适的嫩枝分层，如椴树（见第91页），在3～4年后，幼苗便可以被移植。

铁木属（OSTRYA）霍布叶铁木

种子　秋中到秋末或冬末 🌱
嫁接　晚冬或早春 🏕

弗吉尼亚铁木
（*Ostrya virginiana*）

这些完全耐寒到畏寒树木的小型雌性柔荑花序发展成啤酒花状的果实簇。种子不能稳定地发芽，但是可以通过将种子分层来提高产量。在户外播种新鲜、清洁的种子。或者将种子浸泡48小时后沥干水分，冷藏4个月。之后在花盆中播种，用3毫米的沙砾覆盖，并在夜间不低于1摄氏度的温度下发芽。至少存放1年，让尽可能多的幼苗发芽。

将铁木属栽培品种移栽到两年或三年生的欧洲鹅耳枥幼苗上，至于鹦鹉耳枥，5～6年就可长成株。

波斯铁木属 (PARROTIA) 铁木

种子　秋季或晚冬 ♦
嫁接　冬末 ♦♦♦
分层　初夏或秋中 ♦

波斯铁木完全耐寒，经常通过种子来繁育。秋季，在户外播种新鲜种子，或者在播种前浸泡48小时，沥干水分后冷藏10周（见第54页）。发芽率和增长率往往是变化的。在第二个春天，秧苗可能会出现第二次发芽高潮。铁木可以分层，就像欧椴树一样［见椴属（Tilia），第91页］。

栽培品种的接穗可以拼接腹接或合接到两到三年生的弗吉尼亚金缕梅（Hamamelis Virginiana）或春金缕梅（H. vernalis）的幼苗上。为了克服不亲和性，在砧木上进行低位嫁接。盆栽嫁接植株时，用堆肥覆盖嫁接结合处，以促进接穗生根。由于这是一个已经"护理过"的嫁接苗，当接穗有足够大的根部时，将砧木剪除。小树苗在5年后就会长大。

其他园林树木

杧果属（MAGIFERA） 在夏末，保持底部温度在21摄氏度，选取半成熟的插枝（见第51页）♦。去除杧果果肉和坚硬的种子外壳，在20～25摄氏度的温度下，播种新鲜的大型种子（见第55页）♦。

白千层属（MELALEUCA，异名为Callistemon） 像铁心木属一样选取半熟的插枝和种子（见第84页）♦*。

蜜花堇属（MELICYTUS，异名为Hymenanthera） 像紫荆属一样选取软木插枝（见第90页）♦。像撒播龙血树属种子一样进行播种（第79页）♦。

泡花树属（MELIOSMA） 像金合欢属一样选取根部扦插（见第74页）♦；像龙血树属一样播种常青树的种子（见第79页）♦；像花楸属一样播种落叶植物种子（见第90页）♦。

欧楂属（MESPILUS） 采用嵌芽接、T形芽接（见第60～62页）或舌接（第59页）技法将欧楂树接穗嫁接到榅桲或山楂砧木上♦。

木犀榄属（OLEA） 在夏季，选取半熟的插枝（见第51页）♦。剥开坚硬的种子皮♦♦♦。在春季播种（第54页）。发芽时间为4～5个月♦。

露兜树属（PANDANUS） 像龙血树属一样选取插枝（见第79页）♦，将种子剥离出果肉，浸泡24小时。在春季21摄氏度的温度下进行单播（第55页）♦。像丝兰属一样，在春季分离侧株♦。

泡桐属（PAULOWNIA） 像金合欢属一样选取根部扦插（见第74页）♦。可在上部茎上形成龙头薄荷根部。在春季去除所有嫩芽后种植。像紫荆属一样播种♦。

盾柱木属（PELTOPHORUM） 保持温度在21摄氏度，像金合欢属一样播种（见第74页）♦。

黄檗属（PHELLODENDRON） 像金合欢属一样使插枝生根（见第74页）♦。像花楸属一样播种♦。

鳄梨属 (PERSEA) 鳄梨

种子　在春季，选取成熟种子♦
嫁接　早春 ♦♦♦

柔嫩的鳄梨（P. americana）通常是从种子中培育出来的。浸泡种子以避免鳄梨根腐病。种子在20～25摄氏度的温度下萌发。在幼苗上生长到30～40厘米高后再进行种植。

为了抗病和确保果实收成，采用根尖楔形嫁接法（见第58页）或侧楔嫁接或鞍接法（见右图），将栽培品种嫁接到一或两年生的墨西哥品种幼苗砧木上。鞍状嫁接物将大片的形成层结合在一起，因此结合牢固，但需要一些技巧来匹配切口。

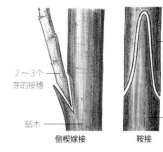

2～3个芽的接穗
3～4个芽的接穗
砧木
砧木
侧楔嫁接　　鞍接

嫁接一个鳄梨
侧楔嫁接时，要在接穗基部切成两个角度，一个比另一个切口略长，一个向下切到砧木上。在鞍接时，要在接穗的两边深深地切下，然后在中间急剧地扭转。削减砧木以与接穗匹配。

用种子种植牛油果

1　将健康的、未受损的种子浸泡在40～52摄氏度的热水中30分钟。用干净、锋利的刀削掉约1厘米长的尖端。将伤口浸在杀菌剂中。

2　将每颗种子放入埋有15厘米深的潮湿的种子堆肥的盆中，确保堆肥刚好覆盖在种子的表面（见上图）。大约4个星期后发芽（见右图）。

云杉属 (PICEA) 云杉

扦插　盛夏或晚冬 ♦♦♦
种子　春季♦
嫁接　夏末或晚冬 ♦♦♦

台湾云杉
（Picea morrisonicola）

这些完全抗冻的针叶树的插枝最好取自幼嫩的植物或矮株。如果有种子也可以播撒种子。但是通过种子来繁育云杉是非常缓慢的，所以最好还是采用嫁接的方式，作为树木的栽培品种。

扦插

如果可能的话，从树龄小于五年的树木上选取插枝。选择接近成熟的嫩枝，它们应该是坚固的，但底部不是木质的。如果在隆冬时选取扦插，提供15～20摄氏度的底部温度以帮助生根。这些插枝应该在初夏的时候生根、发芽。

种子

收集下垂的雌性球果，在秋天，果实逐渐成熟，颜色从绿色或红色到紫色或棕色；雄性球果颜色则呈黄色到红紫色。在春天，果实下垂。提取出种子，并将其储存在冰箱里，然后播种在容器或苗床上。在第二个春天，移栽生长缓慢的幼苗，而那些生长旺盛的物种，例如欧洲云杉（P. abies）和巨云杉（P. sitchensis），可以在5厘米高的时候就移栽。

嫁接

选择在顶端至少有3个侧芽的有力的嫩枝作为接穗，一年生的嫩枝是最好的，但也可以使用两年生的嫩枝。冬季，将砧木（通常是两年生的冷杉幼苗）盆栽，这样在夏季嫁接之前它们就可以独自生长。保持干燥的一面，在嫁接之前，掐掉当季生长的嫩芽。

使用拼接侧板嫁接并将植物浸入潮湿的泥炭中，保持底部温度在21～23摄氏度，直到移植处长出老茧。对于冬季嫁接，需要使用底部温度在15～18摄氏度的塑料薄膜帐篷。夏天失败的砧木嫁接可回收用于冬季嫁接。如果接穗的根基意外生根了，就可以使植物生长得更加健壮。

松属 (PINUS) 松树

种子 春季 ⚘
嫁接 冬末或早春 ⚘

松属是数量最多的针叶树属，从畏寒到完全抗冻不等。该品种由种子培育而来，栽培品种则是通过嫁接来繁育的。

种子

球果在2年以上成熟（松果需要3年），成熟时呈棕色。一般在冬末到春季成熟，如欧洲赤松（*Pinus sylvestris*），或者在秋天成熟。种子可以提取（见第72页）。一些球果，如蒙达利松（*P.radiata*，异名为*P. insignis*）的球果，只有在森林火灾后才在野外开裂。炙烤几分钟后将其冷却、润湿，然后晾干。

将种子冷藏（见第72页）3周以促进发芽。将幼苗播种到容器中（见第54页），并提供大约15摄氏度的底部温度。保护幼苗免受霜冻和虫体的侵袭，当幼苗长至5厘米高且基部呈木本质时，将其移栽。它们在最初的2～3年里都有幼叶。

嫁接

在春天，将两年生幼苗砧木进行盆栽。在冬末，对其进行遮盖。采用拼接侧板嫁接（见第73页）并将其浸入潮湿的泥炭中，保持底部温度为18摄氏度，在6周内愈伤组织就会愈合。

悬铃木属 (PLATANUS)

扦插 秋末 ⚘
种子 秋末或晚冬 ⚘

该属中除了一种树木，所有的物种都非常耐寒。英国梧桐（*Platanus x hispanica*，异名为*P.x acerifolia*）是一种杂交品种，通过硬木扦插进行繁育（见第50页）。在落叶之后，直接从当季旺盛的树木嫩枝上选取材料。生根的插枝可以在12个月后种植出去。

种子会发生有趣的变化。在秋天，收集种子并立即播种在苗床上（见第55页）。或者把种子放在冰箱里晾干：在冬末播种前5周，把种子浸泡48小时，沥干水分后放回冰箱。幼苗在2～3年后就能种植了。

悬铃树种荚
这些密密麻麻的种子串在成熟时变成棕色。在初冬的时候将它们从树上摘下来，把种子掰开。

杨属 (POPULUS) 杨树、白杨、棉白杨

扦插 秋末到晚冬 ⚘ 种子 盛夏 ⚘
嫁接 晚冬 ⚘⚘ 副株 初冬到晚冬 ⚘

Populus maximowiczii

除了粗茎物种，如杨柳，硬木插枝提供了繁殖这些快速生长、完全耐寒树木的最简单方式。它们比标准的插枝要大得多，因此，能更快地培育出成熟的植株。在落叶后，选取枝条。

雄性和雌性树木需要产生蓬松的种荚，这些种子荚有丰富的种子。撒在堆肥罐上（见第54页），用非常细的3毫米的沙砾覆盖。放在有遮盖的箱子里，保持夜间温度不低于10摄氏度，最好在有薄雾的环境下存放。在这样的环境下，发芽应该相当快。一旦你能处理它们，就移植幼苗。18个月后，将其进行移植。

一些品种的插枝，如川杨（*P.szechuanica*）和椅杨（*P.wilsonii*）不容易生根。相反，用合接或拼接侧板腹接将它们（见第58页）嫁接到两年生的大叶杨（*P.lasiocarpa*）幼苗砧木上。

一些杨树副株可以自由分离，如银白杨（*P.alba*）和欧洲山杨（*P.tremula*）。当这棵树处于休眠状态时，在它的根下切下一个副株，然后重新种植或移植为盆栽继续生长。

取杨树的硬木扦插

1 从当前季节的树木中选择高达2米的有活力的直芽。直切穿过与主枝的结合处。

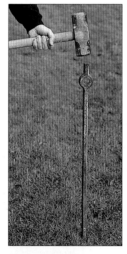

2 如果芽尖还是软的就去除，切掉成熟的硬木。修剪掉任何副枝。插枝最好在待成熟的地方生根。将一根木桩或金属棒打入地面90厘米深，为插枝打一个单独的种植孔。

3 把插枝放进洞里并进行加固处理。在这里，将插枝间隔2米，排成交错的两列。当它们扎根并在接下来的几年里生长时，定期修剪它们从而形成一个树篱。

其他园林树木

黄连木属 (PISTACIA) 在仲夏，采摘软木插条 ⚘⚘。将潮湿的种子冷藏长达2个月的时间。在春季10～15摄氏度的温度下播种。像刺槐属一样，将其嵌芽接到田间种植的大西洋黄连木（*P.atlantica*）或笃耨香（*P.terebinthus*）的砧木上 ⚘⚘⚘。

化香树 (PLATYCARYA STROBILACEA) 像山毛榉一样，用类似球果的果实播种 ⚘。像水青冈属一样进行舌接 ⚘⚘⚘。

鸡蛋花属 (PLUMERIA) 当休眠时，选取硬木插枝。如果白色乳胶还是在流动，则将插枝放在阴凉、黑暗的地方干燥几日，在21摄氏度的温度下插入排水自由的堆肥中 ⚘。在夏季，当气温达到21摄氏度、种子荚裂开时，应将其立即播种 ⚘。

罗汉松属 (PODOCARPUS) 在夏末，选取半熟扦插 ⚘。在秋季或春季，用单粒果实进行播种 ⚘。

金钱松 (PSEUDOLARIX AMABILIS，异名为P. kaempferi) 在初夏时节，选取青木扦插 ⚘。在春季，将成熟、褐色、有鳞屑的球果中的种子播撒在盆里 ⚘。

李属（PRUNUS）

硬木插枝　秋末
半熟插枝　早秋到秋中
种子　秋中或冬末
嫁接　冬末或早春；芽接　盛夏到夏末

'Yae-murasaki' 樱桃

　　在这个几乎完全耐寒的树属中，许多果树，如杏仁、杏、樱桃、红木、桃和李子，都是嫁接的最佳选择：那些通过自己的根生长的树，往往生命力太强，结果却缓慢。硬木插枝被用来繁殖一些观赏植物以及某些砧木；半熟的插枝可增加常绿乔木。某些树种可能是由种子长成的，但幼苗往往是不同的。

插枝

　　观赏植物，如：欧洲甜樱桃（*P. cerasifera*）、红叶李（*Prunus avium*）和樱桃的强壮枝条生成气生或不定根芽。尽管生长缓慢，这些使硬木插枝容易生根。选取秋季扦插和将越冬扦插捆扎成束（见第51页）。硬木插枝也可以从砧木上取下来作为砧木，如红叶李，精灵（Pixy）和柯尔特（Colt）。后者有气生的根芽和来自大型插枝的根部。

　　常青树的半熟插枝，如葡萄牙月桂（*P. lusitanica*，见第51页），在20摄氏度的底部温度下最易长出优质根部。

种子

　　应收集、清洁并将种子分层，如梨（见第88页），以确保良好的发芽率。

嫁接

　　嫁接李属的时候，使用一个可兼容的砧木是很重要的。除了野生樱桃、欧洲甜樱桃，以及日本观赏樱桃的接穗，不应再使用种子培育的砧木。另外，从分层或扦插培育的两年生的砧木是最好的。在嫁接前，砧木通常在开阔的地面上排列生长。采用嵌芽接、T形芽接（见第60—62页）或舌接（见第59页）技法在短茎上靠近地面的位置嫁接。为了培育带有下垂枝条的树木，可以在四或五年生的砧木1.5～2米高的茎干上实施嫁接工作，很快就能成功，但嫁接结合处可能不甚雅观。如果对于接穗来说，砧木太宽，则采用根尖楔形嫁接法。

收集杏仁

杏仁（*Prunus dulcis*）是核果，不是坚果：在秋天，等待它们落下后就收集。在春季播种前，剥去软皮将其冷藏。

培育李子砧木

1 要从李子砧木上培育砧木，在晚秋选取成熟的嫩枝，在当季生长的基部，折断大量的根。把每根茎都剪下来。

2 把每根硬木枝砍到45～60厘米长，并剪掉所有的叶子。用花园线把插枝捆成10捆左右。

- 去除嫩枝顶端的软木
- 移除所有叶子
- 气生根萌芽

3 在阴凉的苗床上，挖一条40～50厘米深的沟。使根部朝下，把插枝捆放入沟中。确保它们相互之间不接触。把四分之三埋起来。或者，在一个狭槽中单独排列插条，相互间隔约30厘米。

4 第二年春天，将插枝束抬起，间隔30厘米进行播种。到第二年夏天，它们就可以当作出芽的砧木了。

李属砧木

　　李树栽培品种可嫁接到下列大多数砧木上；根据当地可获得的品种，选择一个砧木，以确定嫁接树的大小。

李子、樱桃李子、西洋李子和小李子

Pixy　半矮化（欧洲）
半活力的圣朱利安（欧洲和美国）
BROMPTON　有活力的（欧洲和美国）
MARIANNA 2624　半健壮，抗橡树根真菌、根结线虫和番茄环斑病毒（澳大利亚）
MYROBALAN　有活力的（欧洲、美国及澳大利亚）

桃，油桃，杏，杏仁

ST Juliena　同上
BROMPTON　同上
ELBERTA（澳大利亚）盛产桃和油桃
MARIANNA 2624　同上，用于杏，有时杏仁
列玛格　半活力的（澳大利亚）用于杏仁和桃
金皇后　活力（澳大利亚）杏仁，油桃和桃
日本杏（P.mume）红叶李　有活力的（欧洲）

樱桃，观赏李属

Colt　半矮化（欧洲）
MAZARD / MaLLING F 12/1　非常旺盛，抵抗线虫和溃疡病（欧洲，美国和澳大利亚）

黄杉属 (PSEUDOTSUGA) 黄杉

种子　春季

这些完全耐寒的树木的雌性球果有突出的三叉形苞片。在第一个秋天，收集它们并提取种子（见第72页）。去掉种荚"翅膀"并不是必须的。将种子存放在冰箱，并在春季下来的春天之后将其盆栽或在开阔的地面上排列种植。

播种在容器中（见第54页），用堆肥或细沙砾（5毫米）浅浅覆盖，并使种子稍露在外。虽然15～18摄氏度的底部温度会加速发芽，但种子并不一定需要这样的环境。

梨属 (PYRUS) 梨树

种子　秋中到深秋或晚冬
嫁接　早春
芽接　盛夏到夏末

在这个完全耐寒的属中，嫁接是繁殖所有栽培果树和大多数观赏梨的最好方式。它们不容易通过插枝生根，如果通过自己的根来生长，往往会形成生命力太强、结果缓慢的树。观赏梨可以由种子培育而来，但幼苗会与之有所不同。

Pyrus calleryana 'Chanticleer'

种子

将收集的种子清洗干净并直接播种（见第53—55页）或将其冷藏。在冬末播种前6周，添加足够的水以覆盖袋子中的种子，将其冷藏48小时，沥干水分后放回冰箱继续保存。播种时，有些种子可能已经发芽；如果是这样的话，将其表面播种并覆盖3毫米的优质蛭石。尽可能地单独移植它们，并在接

嫁接

至于观赏性梨，在靠近地面的位置进行嵌芽接（见第60页）将其嫁接到两到三年生的梨属砧木上。在一些地区，豆梨更受欢迎，因为它具有抗火疫病的能力，在与西洋梨不兼容的品种（如Bradford或Chanticleer）中更受欢迎。发芽的植物通常2年后就可以种植了。将垂梨、杨柳的3个间隔均匀的芽嫁接到1.5米长的砧木上，形成一个平衡的树冠（见第57页）。

如果芽接没成功，可使用舌接代替（见第59页）。在早春时，折断砧木以去除失败的芽接，然后将接穗嫁接到砧木上，并在切面上涂蜡以防止切面干燥。

当嫁接果树时，采用舌接或嵌芽接或T形芽接法（见第60—62页）。果树的主要砧木是无性系榅桲。它们比西洋梨（P. communis）克隆砧木更容易繁殖，矮化程度更高，通常较早结出质量较好的果实。

一些水果品种与木梨砧木不相容。这些需要使用一个兼容的品种作为中间砧（一个与砧木和待繁殖的品种都兼容的桥接接穗）进行双重工作。如果你不知道一个品种是否与砧木兼容，最好采用这种双重工作。

用来结梨的砧木

根据当地可获得的品种和所需树木的大小使用砧木。

木梨C　半矮化
木梨A　旺盛的
木梨BA29　比木梨A更有活力
亚当斯332　半矮化，比木梨C更加有活力
OHF 332（BROKMAC）比木梨A更有活力，良好的抗火性能
豆梨D6　旺盛的（澳大利亚）

与木梨不兼容的栽培品种

Belle Julie', 'Beurré Claireau', 'Bristol Cross', 'Clapp's Favourite', 'Docteur Jules Guyot', 'Doyenné d'Eté', 'Forelle', 'Jargonelle', 'Marguérite Marillat', 'Marie-Louise', 'Merton Pride', 'Packham's Triumph', 'Souvenir du Congrès', and most clones of 'Williams' Bon Chrétien'

具有双重工作功能的中间砧木

'Beurré Hardy', 'Doyenné du Comice', 'Improved Fertility'

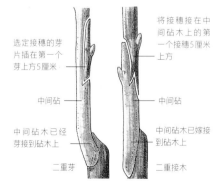

选定接穗的芽片插在第一个芽上方5厘米

将接穗接在中间砧木上的第一个接穗5厘米上方

中间砧

中间砧

中间砧木已经芽接到砧木上

中间砧木已嫁接到砧木上

二重芽

二重接木

双重工作的梨树
在第一年，采用嵌芽接或舌接技法将中间砧木嫁接到砧木上。第二年，将一个接穗芽接在中间砧木的另一边。当开始出芽时，将中间砧木切到第二个芽上方。

栎属 (QUERCUS) 栎树

扦插　初秋到秋中；种子　秋中至晚秋或早春
嫁接　晚冬

通过种子培育的方式来获取这些几乎完全耐寒的树木是最好的。常绿橡树可通过扦插来繁殖，但很少的一部分树种才可以生根，且生长缓慢。常绿植物以及稀有的落叶树种和栽培品种，也可以通过嫁接来培育。

高加索栎
(Quercus macranthera)

插枝

将半成熟的插条插入岩棉或等份泥炭或泥炭代用品和珍珠岩中。底部温度保持在18～20摄氏度以促进生根。

种子

一棵橡树能生产多达50万粒花粉，且很容易自种。它有根状茎的幼苗。收集没有象鼻虫洞的新鲜种子，将其立即播种，单个地撒到深盆或根部训练器里，或放在不会被啮齿动物啃食的苗床上。如果有啮齿动物，把潮湿的橡子储存在冰箱里，在早春播种。移栽幼苗一至两次后，再将其移栽。

嫁接

橡树包括几组在植物学上相关的类群，例如红橡树、土耳其橡树和白橡树。将接穗总是嫁接到同一组砧木上以避免不兼容的问题。采用合接或拼接腹接技法将落叶橡树（见第58页）嫁接到合适的树干上。采用拼接侧板嫁接法将常青树嫁接到三、四年生的盆栽幼苗上。移植结合处应在5～6周内愈合。直到在第二年开始生长，不要完全拿掉砧木。3～4年后，将嫁接的橡树移植出去。

自种橡树幼苗
在春天，一旦它们有两片或两片以上的叶子，就把自种的幼苗移栽到苗床上。在种植前再次移植，以促进纤维状根系的生长，这使树苗更容易生长。

刺槐属（ROBINIA）

扦插　晚秋到初冬 🏅
种子　冬末 🏅
芽接　早春 🏅🏅　分株　晚冬到早春 🏅

香花槐
（Robinia 'Idaho'）

根部插枝最好从这个完全耐寒属的年轻树木中选取。大多数本属的树木都是由种子生长而来。不过刺槐必须通过嫁接来繁殖栽培品种。可以利用某些物种的分株习性。

扦插

选取8～15厘米长的根部插条。在凉爽的地方，就把它们垂直地储存在一盒沙子里，放在凉爽、无霜的地方。在早春时，在10摄氏度的气温下，将它们插入排水良好的堆肥中，埋深1厘米使其生根。在2～3个季节后将其移植。

种子

磨碎不透水的种皮，或放入热水中浸泡48小时。在花盆中，将其播种。存放在有遮蔽的地方，保持夜间温度不低于15摄氏度，以便在3个月内发芽。

嫁接

采用嵌芽接或T形芽接将刺槐栽培品种嫁接到两年生的刺槐砧木上。刺槐有一个密集的伞状冠层：将顶部工作的两个芽嫁接到三或四年生的砧木1.5～2米处。根尖楔形嫁接（见第58页）不太容易，嫁接结合处也没有那么整齐。

分株

在刺槐开始生长前，移除刺槐的分株后重新种植。在春季重剪可令副株更加自由地生长：这样做是为了培育刺槐的砧木。

柳属（SALIX）柳树

扦插　晚秋到早春 🏅🏅
种子　春末至盛夏 🏅🏅
嫁接　隆冬到晚冬 🏅🏅

许多种类的柳树都很耐寒。它们最容易通过插枝来生长，但也可以嫁接成有吸引力的下垂的树木典范。种子必须是新鲜的，且只有在雌性树木结出种子时才能使用。

插枝

苗壮的柳树硬木插枝可长达2米，比20厘米的标准插枝更快成熟。在深秋，从新的、完全硬化的木材上选取扦插（不需要是木质的）。将它们排列在开阔的土地上，或将其盆栽或者它们捆在一起，放在无霜的沙土床上生根。选择那些在春天生长活跃的植物进行盆栽。川鄂柳（Salix fargesii）和宝兴柳（S.moupinensis）在开阔的土地上不太容易生根。也可以选取软的、绿色的或半熟的木材扦插。

种子

播种的种子必须是新鲜的。当种子成熟且蓬松时，将其立即采摘。将绒毛分开，撒下种子，用3毫米的细砂子覆盖。将其放置在薄雾下或在繁殖器中发芽一天左右。

打造一棵标准的垂柳

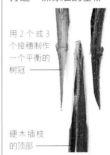

用2个或3个接穗制作一个平衡的树冠

硬木插枝的顶部

嫁接一棵植株　准备一个2米高的硬木插枝，将其作为砧木［图中是柳树鲍尔斯的杂交品种（Salix 'Bowles' Hybrid）］。把它插入一个土壤基盆栽堆肥的花盆中。用舌接法将2个或更多的黄花柳的接穗嫁接到插枝的顶部。

柳树的砧木
每年，柳树几乎可以被砍到地面（灌木）表面，产生新的用于扦插的长枝。嫩枝也可以通过培土以鼓励它们生根（新枝，见第56页）。

嫁接

将2～3个黄花柳（S.caprea）或黄花柳变种的接穗以舌接法嫁接到史密斯柳（S.x smithiana）或蒿柳（S.viminalis）的硬木扦插上。用蜡密封嫁接的区域防止干燥，让其在凉爽、潮湿和无霜的环境下愈合。将日本斑点柳（S.integra 'hakuo -nishiki'）嫁接到75～90厘米的史密斯柳或黄花柳茎上。

嫁接的植株　在12周内，插枝将生根，与此同时，嫁接处将愈合并萌生嫩芽。一旦开始新的生长，就予以施肥和浇水。去除任何出现在茎上的侧枝。2年后，将其移植出去。

其他园林树木

榆橘属（PTELEA）选取初夏至仲夏的软木扦插（见第52页）🏅。像刺槐属一样，选取根部扦插（见第74页）🏅。像花楸属一样播撒种子（见第90页）🏅。

枫杨属（PTEROCARYA）像金合欢属一样选取根部扦插 🏅。像水青冈属一样播种（见第80页）🏅。在深秋至春季，对其简单分层（见第64页）🏅。像刺槐属一样去除副株 🏅。

青檀（PTEROCELTIS TATARINOWII）像榉属一样播撒种子（见第91页）🏅。

菜豆树属（RADERMACHERA）在夏季，选取半熟的插枝（见第51页）🏅。在夏末21摄氏度下，种子成熟后，将其立即播种（见第54页）🏅。

旅人蕉（RAVENDA MADAGASCARIENSIS）当种子成熟时，在21摄氏度时播种（见第54页）🏅。在春季清除根部的副株 🏅。

木瓜红属（REHDERODENDRON）像紫茎属一样选取软木插枝 🏅。像珙桐属一样播种（见第79页）🏅。

石榴茜属（ROTHMANNIA）在夏季，选取半熟的插穗（见第51页）🏅。待种子成熟后，将种子浸泡24小时后立即播种（见第54页）🏅。

无患子属（SAPINDUS）从仲夏至初秋，选取半熟的插穗 🏅。去除肉质种皮。春季，将种子播种在21摄氏度以下的壤土堆肥中 🏅。

美洲相思（SAPIUM）在春季，像北美木兰属一样播种温和耐寒树木（见第83页）🏅，像葡萄属一样播种热带树木（见第79页）🏅。在春季，采用合接法培育栽培品种（见第58页）🏅。

檫木属（SASSAFRAS）像金合欢属一样选取根部插枝 🏅🏅。像花楸属一样播种，但在播种前，将种子冷湿分层（见第54页）3～4个月 🏅。

南鹅掌柴属（SCHEFFLERA，异名为Brassaia）选取半熟插枝、叶芽插枝和像无花果属一样形成空气层 🏅。成熟时，从肉质果实中提取种子。在21摄氏度时，将其立即播种（见第54页）🏅。

肖乳香属（SCHINUS）像银桦属一样选取半熟插枝 🏅。像金合欢属一样播种（见第74页）🏅。

挂钟豆属（SCHOTIA）像金合欢属一样播种 🏅。

日本金松（SCIADOPITYS VERTICILLATA）在夏末选取半熟插枝（见第70页）🏅。球果一般在第二年成熟，在春天播种。

巨杉属（SEQUOIADENDRON）巨杉

插枝　春季到晚秋 🌱
种子　春季 🌱

在这个单一的物种中，巨杉（*Sequoiadendron giganteum*）与红杉密切相关，并且完全耐寒。最好的结果可能是在夏末，从绿芽顶端采集10厘米长的插枝。像绿枝扦插一样对其进行处理（见第52页），保持20摄氏度的底部温度有益生长。

提取种子储存在冰箱里，并在容器中播种（见第54页），使用堆肥或细沙砾（5毫米）刚好覆盖种子。15摄氏度的底部温度能促进种子萌发。快速生长的幼苗容易烂苗（见第46页）。当幼苗长到5～8厘米高时将其移栽。

未成熟的雌性球果

这个8厘米长的卵圆形球果需要2年的时间成熟，其颜色从绿色过渡到棕色，但仍然保留在树上很多年。

苦参属（SOPHORA）

扦插　盛夏到早秋 🌱🌱
种子　隆冬时节 🌱
嫁接　冬末 🌱🌱🌱
芽接　盛夏到夏末 🌱🌱🌱

很少有树种是完全耐寒的，大多数树种是畏寒的。常绿树种如小叶槐（*Sophora microphylla*，异名为 *Edwardsia microphylla*）和四翅槐（*S. tetraptera*）可以从半成熟的扦插中繁殖（见第51页）。

像刺槐一样处理坚硬的、豌豆状的种子。

花楸属（SORBUS）花楸

种子　初秋或晚冬 🌱
嫁接　晚冬或早春 🌱🌱🌱
芽接　盛夏到夏末 🌱🌱🌱

花楸树
（*Sorbus commixta*）

除了由种子繁育，许多花楸树，包括南美花楸（*Sorbus cashmiriana*）、湖北花楸（*S.hupehensis*，异名为 *S. glabrescens*）和弗雷斯蒂花楸（*S. forrestii*）都是单性生殖的，也就是说，有活力的种子在不施肥的情况下生长，并产生与亲本相同的幼苗。花楸也可以嫁接，但必须小心使用可兼容的砧木。

种子

秋季从浆果中收集种子。在播种前，在3摄氏度的低温下将种子分层2个月，或者如右图所示那样给种子分层。种子通常很容易发芽，可在晚春进行单株移栽，然后在第二年秋天将其种植。

嫁接

花楸属植物分为三大类：白花楸（Whitebeams，即白面子树）、欧亚花楸和Micromeles。可以通过嵌芽，将白面子树嫁接到白花楸上，也可嫁接到阔叶酢上。发芽的植物可以在15个月内移植出来。

落萼组（Micromeles Group）的树木，如石灰花楸（*Sorbus folgneri*）和大果花楸（*Sorbus megalocarpa*）是通过拼接嫁接或合接培育的，如卷边花楸（*S.harrowiana*）。水榆花楸（*S.alnifolia*）可以作为大果花楸的砧木，北欧花楸（*S.aucuparia*）可以作为卷边花楸的砧木。嫁接枝处上蜡，将植株保持在10摄氏度的温度下。不上蜡，将它们放置在高湿度的帐篷中。

将花楸种子分层

将种子放在碟子里潮湿的吸墨纸上，然后在播种前，将种子冷藏8周。如有必要，要定期检查并重新浸湿纸张。如果种子开始发芽，便立即播种。

紫茎属（STEWARTIA）

扦插　初夏 🌱🌱
种子　秋末或晚冬 🌱

日本紫茎
（*Stewartia monadelpha*）

这个属的落叶乔木是完全耐寒的，但常青树是畏寒的。保持底部温度为19～21摄氏度使嫩枝扦插（见第52页）生根。给生根的插枝施好肥，便于来年春季有足够的力量进出地面。种子不容易从树木或供应商那里获得。它们需要冷却和保持夜间温度不低于10摄氏度。如果3个月内不发芽，就在户外放置1年。在第三年把秧苗移栽出去。

红豆杉属（TAXUS）紫杉

扦插　秋季 🌱🌱
嫁接　夏末或晚冬 🌱🌱
种子　一年四季 🌱🌱🌱

在这个完全耐寒的属中，雌性树种没有球果，但是，有肉质、红色杯状的单种子果实或假种皮。通过种子培育红豆杉是一个缓慢的过程。取合适的嫩枝插枝是一种更快的繁育方式。有些品种生根困难，所以必须通过嫁接的方式来进行繁殖。

扦插

从一到三年生的嫩枝上选取10～15厘米长的插枝，这些插枝形状笔直，几近成熟，但根部呈绿色。激素助根化合物可以帮助生根。扦插在初夏前的室外生根，在20摄氏度的底部温度下，可以更早生根。

种子

在秋天，随着种子的成熟，假种皮变成红色。坚硬的种皮通常是在鸟类或哺乳动物的肠道中分解，并在一段寒冷时间后发芽。将种子与湿泥炭或沙子混合来加速发芽并将它们保持在约20摄氏度的温度下。例如：在通风的橱柜中，存放4～5个月，然后在大约1摄氏度的温度下进行冷藏，放置3个月的时间。然而，在夏末，发芽的种子将没有太多时间在冬季来临之前自然生长。可能更加实用的方式是储存种子，春天将其播种在花盆里，在它们发芽之前放在室外1～2年的时间。

嫁接

春天，将铅笔般粗壮的三年生秧苗盆栽；让其生长到夏末。采用拼接侧板嫁接法将其嫁接到砧木上。需要遮阳处理。6周后，嫁接处就会结痂。

椴属（TILIA）欧椴树、椴树

种子　秋中到晚秋或在隆冬或晚冬
芽接　盛夏到晚夏
分层　秋末或早春

　　这些完全耐寒的树木的种子并不总是可以或容易发芽，但或许可以用于培养稀有物种。可以采用嵌芽接来繁殖大量的欧椴树，但必须注意，需要使用可以兼容的砧木。普通的欧椴树也可以进行分层。

种子

　　欧椴树种子有休眠的胚芽和不透水的种皮，所以发芽呈不规律性。在萌芽抑制剂发育之前，收集"青涩"种子，或将种子浸泡在温水中48小时，沥干后储存到仲冬，然后播种，保持温度在10摄氏度左右。如果3个月后，种子不发芽，让种子经历第二次冬季寒冷期。

芽接

　　美洲木、小叶椴、真绿藻和分布更广泛的阔叶椴被用作芽接的砧木。需要花费4～6周的时间来进行嫁接。

分层

　　如果需要繁育大量的植物，从一棵幼树上获得大量隔年长出的强壮新芽。在次年，在准备好泥炭和沙子的混合物后，简单分层每个新枝。在下一个秋天落叶时节或在接下来的春天去除生根的新枝。选取长出新枝的植株上的一到两个嫩芽以重复该过程。

　　如果只需要一或两个植株，简单地分层一个低枝。与土壤接触和折伤的地方，可能会在第二年或第三年发生木质化。如果伤口是在老木头上，它可能不会在第一个季节生根。在秋天的时候，梳理土壤，检查新的根系，如果需要的话，将其再行放置一年。

欧椴树果实
在果实落下之前，收集坚果状的水果。去除果实外壳。在凉爽的气候下，在户外播种，或在播种前将种子冷藏（见第54～55页）。

榆属（ULMUS）榆树

扦插　盛夏
种子　秋季或晚冬
芽接　盛夏到夏末

　　完全耐寒的树种的种子，如美国榆（*Ulmus americana*）、光叶榆（*U.glabra*）、榔榆（*U.parvifolia*）和榆树（*U.Pumila*）发芽良好。美国榆、荷兰榆（U.x hollandica）和榔榆可通过扦插繁育。芽接荷兰榆和光叶榆品种，如Lutescens和Crispa。

扦插

　　生根的嫩枝或绿木插枝需要保持良好的生长来度过冬天。在春天插枝开始生长之前，

榉属（ZELKOVA）

种子　秋中到晚秋
嫁接　冬末或早春

　　在播种前，这些完全耐寒的树木的种子需要一段寒冷期，在夜间最低温度保持在10摄氏度，8～10周内发芽。保护将幼苗免受霜冻的危害，到仲夏或次年初春将其移栽，然后让其生长3年。

　　将乡村绿地光叶榉或维沙菲尔蒂榉树（*Z.x verschaffeltii*）合接或拼接腹接到两或

保持无霜的环境，并将其盆栽。

种子

　　当它们在秋季中晚期成熟时，将带"翅膀"的种子稀疏地播种在种盘里，并在户外越冬。或者，将种子储存在3摄氏度温度下干燥，并在冬末时节播种。

芽接

　　将栽培品种芽接到已经在苗床上生长2或3年的光叶榆幼苗上。在1.5～2米的地方将3个芽芽接到五或六年生的笔直茎干的砧木上。在4～6周内选取新芽。

三年生的榉属植物、榔榆或榆树盆栽苗。在嫁接前几周，保持砧木少量浇水，并将其放置在10～12摄氏度的温度下。从生机勃勃的新木材或两年生的木材上选取10～15厘米的接穗，并用蜡密封每个移植物切口以防止晾干。将植物放置在开放的种植槽上，保持10摄氏度的空气温度，18摄氏度的底部温度并定期喷雾。在6周内，进行嫁接。

其他园林树木

北美红杉属（SEQUOIA） 同巨杉属（见第90页）。

田菁属（SESBANIA，异名为Daubentonia） 像金合欢属一样选取绿木插枝（见第74页）。像金合欢属一样播种。

火焰树（SPATHODEA CAMPANULATA） 像木兰属一样取半熟插枝。去除种子的外皮。在春季，21摄氏度、排水自由的堆肥上单独播种（见第54页）。

火轮树属（STENOCARPUS） 像冬青属一样取半熟插枝（见第81页）。在15～20摄氏度的温度下，在春季或夏季播种新鲜的种子。

槐属（STYPHNOLOBIUM） 像苦参属一样繁育。

安息香属（STYRAX） 像紫茎属一样选取软木插枝。种子休眠的时间是双倍的，像紫茎属一样播种，但产量较低。

蒲桃属（SYZYGIUM） 在夏季，选取半熟的插枝。在21摄氏度的温度下成熟，用新鲜的果实种子播种。

粉铃木属（TABEBUIA） 在盛夏或夏末，选取常绿树的半熟插枝，像槭属一样，选取落叶树种的软木插枝。一旦种子成熟，就在21摄氏度的温度下播种。

酸豆属（TAMARINDUS） 像金合欢属一样选取绿木插枝。像金合欢属一样播种。

落羽杉属（TAXODIUM） 在冬末，从带有芽苞的持久嫩枝上选取绿木插枝（见第50页）。在夏季，选取软木插枝（见第52页）；在薄雾下，保

持18～20摄氏度的底部温度进行生根。在春季，选取晒黑的球果种子播种（见第53页）。

黄钟花属（TECOMA） 像梓树植物一样，选取绿木插枝和根部插枝（见第77页）。像梓属植物一样播种。

榄仁树属（TERMINALIA） 像火焰树属一样播种。

黄花夹竹桃属（THEVETIA） 在盛夏或夏末，选取栽培植株的半熟插枝。像蒲桃属一样播种。

侧柏属（THULA，异名为Platycladus） 在夏末或秋中，选取带有"足跟"的半熟插枝（见第70页），保持湿润，底部温度保持在18摄氏度。选取带有铰链秤的雌性球果；在春季15摄氏度的温度下播种。

香椿属（TOONA） 像金合欢属一样选取根部插枝。在秋季10摄氏度的温度下，一旦种子成熟就播种。

铁杉属（TSUGA） 在秋季选取半熟插枝（见第70页），保持底部温度在18摄氏度。如果正确收集种子的话，从下垂的雌性球果中获得的种子是有繁殖活性的。在春季，播种前将其冷藏3周。

甜刺金合欢（VACHELLIA KARROO，即非洲相思树） 像金合欢属一样播种和种子。

凤尾杉（WOLLEMIA NOLILIS） 像针叶树一样播种和选取插枝（见第70～71页），并进行喷雾。垂直幼枝的插枝产生垂直的植株，横向的成熟枝条的插枝产生匍匐的生长植株。幼苗生长缓慢。像南洋杉一样进行商业培育。

灌木和攀缘植物

在所有花园种植植株中，灌木和木本攀缘植物占据多数，
但在习性、形状和寿命方面差异悬殊，
它们可以通过广泛应用的相同的技术来进行繁殖。

灌木和攀缘植物是塑造花园结构、质地和色彩的宝贵和持久的来源。从快速生长的攀缘植物（它们几乎可以立即为不美观的建筑或墙壁和地被植物提供掩护）到成熟较慢的木本灌木（它们将在多年的时间里美化边界），它们的大小和习性各不相同。

灌木是一种落叶或常绿多年生植物，有多个木本茎或枝条，通常起源于其基部或基部附近。亚灌木是木本植物，有着柔软的茎干。攀缘植物是指利用其他植物或物体作为支撑，通过改良的茎、根、叶或叶柄来攀爬或依附的植物；这里覆盖着木茎植物。

插枝的生根，以及它们的许多变种，是迄今为止最广泛使用的繁殖灌木和攀缘植物的方法，尤其适用于繁育大量的新生植物。许多植物也可能从种子中进行大量繁殖。

可以利用一些灌木和攀缘植物产生副株或根层的自然倾向作为一个简单而可靠的方法来繁殖，只有少数新植株是必须的，特别是对灌木来说，很难通过其他方式繁育，比如一些山茶花、木兰、杜鹃花。石楠对分层反应特别好。

难以繁殖的栽培品种，或需要砧木来控制生长和开花的品种，如玫瑰，最好采用嫁接或芽接的方式。这种方式需要更多的护理，但是，如果嫁接成功，蓬勃的植物会快速生长，以此来回馈园丁。

比尔·麦肯齐铁线莲（*Clematis* 'Bill Mackenzie'）
这种特殊的铁线莲因其黄色灯笼状的花朵和银色的种子而备受珍视。它被认为是甘青铁线莲（*Clematis tangutica*）和东方铁线莲（*C. orientalis*）的杂交品种，如今有很多栽培品种。

八角金盘属插枝
这种流行的常绿灌木八角金盘和它的杂色栽培品种是因其引人注目的叶子和形态价值而种植的。这两种形态都可以很容易地从全年采的半熟插枝中繁殖。

扦插

从插枝中培育新植物通常是一个非常直接的过程，这是大多数灌木和攀缘植物繁殖所采用的最流行的技术。选择最适合特定植物的插枝和成熟度适宜的木材，对插枝的成功非常重要（有关具体植物的资料，见第118—145页）。

重要的是要非常小心地选择插枝材料，避免所有可能存在害虫或疾病的枝条，丢弃所有损坏的材料，因为这些情况将很容易受到真菌的攻击。一定要选择有明显生长迹象的插枝，不要选取重现生机的杂色植物来进行繁殖。使用带有节点的、薄的、水平的且紧密挨在一起的芽，而不是非常直立的芽。

一些植物长出的幼叶，数年后才能变成成年叶。这通常与植物的年生长速度的减缓相一致，因为它把精力转向开花过程。这方面的一个例子是常见的常春藤（Hedera helix）。除非，你特别需要一株植物的成年叶片形式，否则一定要从带有幼叶的茎上选取枝条，因为这些枝条更容易生根。

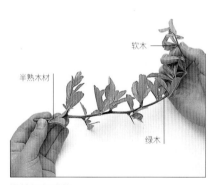

嫩枝如何成熟
这里的火棘嫩枝展示了木质的不同阶段。顶端的软木仍然是绿色的、柔软的、多汁液的，而中间的绿木则没有那么灵活。嫩芽的基部是半成熟的，变得木质化并呈黑色。

节点的插枝
（茶藨子属）　　节间的插枝
（醉鱼草属）

修剪插枝
插枝通常修剪到节点下方，生长激素在节点下方积聚（见左图）。快生根的植物可以在节点之间进行切割（见右图），以快速获得更多的插枝。

插枝类型

插枝是繁殖众多灌木和攀缘植物的最简单的方法，可以使用各种各样的类型的插枝。选取时间可以从初夏（软木）延长至冬季（硬木）。

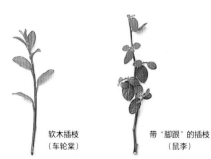

软木插枝
（车轮棠）　　带"脚跟"的插枝
（鼠李）

当亲本植株还稚嫩着、每年都有一定长度的生长时，扦插最容易生根。通常可以通过修剪老木头来恢复植物的幼嫩。最好的材料通常是新生的嫩枝，既不薄也不弱，也不是很旺盛；后者通常是空心的，且容易腐烂。选择介于这两个极端之间的材料，通常节间生长很短（两组叶片之间的距离）。

大部分的插枝来自当季生长的木材。一些灌木，如落叶杜鹃和木兰，如果在年初，插枝材料被强制保护，这时候的插枝最好生根。在某些地区，等到花园开始生长的时候，再满怀信心地让扦插生根可能就太晚了。或者，选取当地园艺中心购买的植物作为砧木，这些植物都是在保护下生长的（见第24页）。

节点的和节间插枝

对于大多数灌木和攀缘植物来说，将节点插枝修剪到叶节或节点下（见左图）能很好地生根。不过另外一些植物也非常容易生根，其插枝的基部是在节点下方通过某些方式进行切割的。这种切割被称为节间切割，因为是在节点之间的一点进行的切割，而不是仅仅在节点下方进行切割。

人们通常认为一个茎干只能从茎尖切割一次。相反，从一段茎中可以获得若干节点枝条或更多节间枝条（见右图）。这适用于绿木、半熟木和硬木插枝。确保茎干插枝的大小是一致的，因为它们会以相似的速度生根，这有助于后续的处理。

准备插枝

在太阳将植物夜间积累的重要水分蒸发掉之前，也就是植物完全膨胀的时候，尽早收集插枝材料。将新鲜的插条放入干净的塑料袋中，注意标明繁育插枝的名称和详细信息，并贴上正确的标签。你可以立即准备插枝，或者将它们储存在阴凉的地方，避免阳光直射，至多长达几个小时。如果你不能在同一天持续这样的操作，那就把含有这些插枝的塑料袋放在冰箱里，在那里，这些材料将保持数天的新鲜和完好。在准备插枝时，要保持工具、设备和表面无菌（见第30页）。

半熟插枝（六道木属）

叶芽插枝
（铁线莲）

硬木插枝
（柳树）

软木
（马鞭草属）　　绿木
（山梅花属）　　半熟
（忍冬属）

茎插
可以从一个茎干上选取一个茎尖和几个茎尖，以便从更少的嫩枝上增加插枝的产量。保持插条的大小不变。

硬木
（溲疏属）

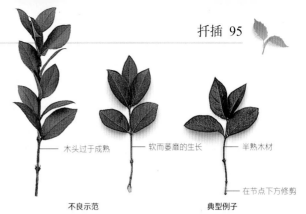

几乎所有插枝都能对人工生根激素产生反应，这种激素有粉末、液体和凝胶等形式（见第30页）。在困难问题的解决上，它们是成功和失败的关键。

切割时，割掉树干根部的一小片树皮，会暴露出细胞分裂的主要区域，从而增加水分的摄取和生根激素的分泌。对于一些灌木，如杜鹃花，切口是必不可少的。因为根部常常无法冲破细胞的坚硬外壳。不过，需要注意不要留下太深的伤口，以免暴露髓部，容易导致植株腐烂和培育失败。

生根的插枝

对于灌木和攀缘植物来说，一个标准的优质扦插堆肥是等量的椰壳（或泥炭）和树皮的混合物，颗粒直径为3～12毫米。如果想要排水性能良好的堆肥，则要使用等量的椰壳（或泥炭）、中等级别珍珠岩和树皮。岩棉是很好的堆肥的替代品：对于易于生根的材料，浇水方式比较容易，而难以生根的插条成功率更高，前提是使岩棉保持湿润而不是潮湿（请参阅第32—35页，了解合适的土壤和生长媒介）。

在所有的插枝插入生根培养基之前，先进行大量的杀菌剂喷雾，这是介于喷洒和淋水之间的一种方式。灰霉病（见第47页）是影响插枝生长的最常见疾病。每两周，在插枝生根时使用杀菌剂。

插入插枝后，彻底浇水，然后确保堆肥在任何时候都不会干燥。如果使用盖子盖着堆肥，至少每周将插枝通风两次，每次长达10分钟，清除所有枯死的植株材料或掉落的叶子。如果是在温室，当天气炎热时，一天内至少提供三次额外的遮阳和潮湿处理。容器应避免阳光直射。

缓释肥料可提高扦插植株的生命力：在夏季，在每升堆肥中添加2克肥料，在冬季，每升堆肥中添加1克肥料。在冬末或早春，以推荐的速度用高磷肥料进行液体施肥，帮助根系细胞分裂，促使扦插快速生长。

半熟插枝

这种类型的插枝涵盖了本季节生长的材料，这些材料已经变得坚硬，插枝的底部变得相当结实，而插枝的尖端一直在积极生长，因此仍然呈现着柔软的状态。许多灌木和攀缘植物都适用这种方式，包括常绿和落叶树种，从棉菊和十大功劳到一些薰衣草。半熟的插枝有利于培育大量的植物，例如杨属或火棘。

选取半熟的插枝

要选取半熟的枝条，要选择尚未完全变硬的健康新枝（见最右图）。不要选择那些木质过厚的嫩芽，也不要选择那些仍然柔软多汁的嫩芽（见右侧图）。

木头过于成熟 —— 软而萎靡的生长 —— 半熟木材

在节点下方修剪

不良示范　　　　　典型例子

选取半熟的插枝

1 在仲夏和夏末，选择当前季节生长的健康的枝条。用干净、锋利的剪刀在一个节点上方进行切割。

2 如果不能立即准备好，把嫩枝放在一个透明的塑料袋并贴上标签。储存在避免阳光直射、阴凉的地方几个小时或冷藏几天。

副枝

3 从主茎干上除去副枝。修剪每个侧枝至10～15厘米长，在节点下方进行修剪。去掉最下面的一对叶子和柔软的叶尖。

使用干净、锋利的刀

4 小心地从茎基部的一侧切下一块1～2厘米长的树皮，制作一个浅的伤口。这将有助于生根。

5 将切口的底部，包括整个伤口，浸入一些激素生根化合物（这里是粉末状）中，确保伤口有一层均匀的薄涂层。

6 将插穗插入室外苗床的标准插穗堆肥中，间距为8～10厘米，充分浇水。如有必要，在生根前盖上盖子以保持湿润。

许多商业苗圃都会种植灌木式的砧木，如箱形树篱，因为大量的剪枝是理想的插枝。

半熟扦插的最佳时机是仲夏或夏末，或者延长至初秋。在温暖的气候条件下，植物在初夏时节可能是半熟的。扦插的长度取决于正在繁育的植物的生长习性，但长度6～10厘米的扦插适合大多数灌木和攀缘植物。选择一个看起来健康的茎干（见第95页），去掉所有的副枝，修剪插枝。划伤茎干，并在伤口上涂上一层激素生根化合物，如果使用的是粉末状的激素生根化合物，则需要甩掉多余的粉末。

半熟的插枝可以在各种情况下生根。准备一个户外苗床，将一些无土的盆栽堆肥与土壤混合，深达15～20厘米，并直接插入插枝。盖好苗床以保持堆肥的湿润，在强烈的阳光下还需要遮阳以防插枝枯黄。插枝也可以插入标准的岩屑堆肥容器或堆肥模块，或者岩棉中。根据条件需求的不同（见第118—145页），将容器放置在冷床中的一个塑料薄膜隧道下，或在一个塑料薄膜帐篷下加热的种植槽上（见第44页）。

虽然半熟的插枝比软木插枝更不容易萎蔫，但湿润的环境是必须的，这样生根过程可以在最小的压力下进行。灰色叶的植物需要稍微干燥的环境来防止枝条腐烂，因为它们不喜叶子总是潮湿。定期在塑料薄膜帐篷中将插枝进行通风处理。在无霜的环境中（比如冷床，而不是更潮湿的温室），它们也能扎根很好。

在冬季，定期检查插枝，并移除所有落叶。如果堆肥有任何干燥的迹象，就要浇

带有"足跟"的插枝

1 小心地把当季生长的健康的侧枝摘下来，这样，它就会从母枝外皮上脱落出一条薄片或"足跟"。侧枝大约10厘米长。

之前　　　之后

在节点下方修剪掉"尾部"

2 用干净、锋利的刀修剪掉"足跟"的尾部。"足跟"含有促进发根的生长激素。根据茎干的成熟程度，遵循绿木、半熟或硬木扦插的技术。

水。插枝通常需要一个更长的生长季节才能生根，在春天和夏天，植株应该逐渐变得强壮（见第45页），然后将新植株盆栽或种植出去。

直接生根的盆栽插枝

对于具有高成功率的容易生根的植物，在8～10厘米深的花盆中，将2～3个半熟插枝间隔开来。这个间隔空间产生的准备到花园里种植的插枝，在盆栽之前，不需要任何中间阶段。在某些情况下，可以推进种植的整个生长进度。在插枝堆肥中加入肥料，

或在插枝生根后施用液体肥料，因为它们会在相同的堆肥中保持比往常更长的时间。如果需要植物标本，可将插枝单独放入更大的容器中。这种技术对繁殖空间的要求很高，所以不要轻易尝试，除非植物适合这种方法（见第118—145页）。

带有"足跟"或"木槌"的插枝

对于难以生根的植物，采用带"足跟"的扦插是一个好主意。"足跟"形成了植物积累自然生根激素的区域，为扦插成功生根创造了更好的机会。它也提供了一个坚硬的切割端点，因此不容易受到真菌攻击。许多鼠李植物都可以用这种方式扎根。一些小檗属植物及其栽培品种最好通过木槌扦插生根（见第119页）。

户外苗床

如果需要让大量的扦插生根，户外苗床提供了最好的条件，在苗床上，一旦植株长壮后，就可以在新的容器中生长。苗床有两种类型：沙床和透水织物床（见第40页）。

透水织物可以抑制杂草，有助于保护植物免受土壤传播的疾病，有助于容器排水，并可以通过毛细管作用使植物获得水分。沙床比织物床需要更少的水分，因为沙床天然地提供了一个水库。多余的水分会流失，但花盆里的堆肥还能保持干燥。

在钟形罩下的半熟插枝

你可以在一个大钟形或塑料薄膜隧道中让扦插生根。将无土盆栽堆肥混合到土壤中，准备一个户外苗床，直接插入插枝。保持堆肥潮湿，必要时需要遮挡钟形罩。

插枝间距为5～8厘米

叶芽插枝

这种方法提高了来自母株的半熟材料的利用率，可以从一个旺盛的嫩枝产生许多插枝。叶芽的插枝（见右图）只需要一小段半熟的茎干来提供营养储备，因为它也通过叶子或叶片制造插枝所需的营养。叶芽插枝可以是节间插枝，通常与铁线莲和忍冬合用，也可以是节点插枝，更适合于茎中空或易腐烂的植物，如山茶花。

在夏末或初秋，使用剪枝剪或锋利的刀，去除一个强壮的嫩枝，在节点之间进行切割，以创造大量的节间插枝，每一个插枝带有1～2片叶子。从一个茎干上可以得到几个插枝。

或者，如果更适合单株植株（见第118—145页），可以将植株分成节点扦插，使扦插的基部刚好位于一个节点的下方，而顶部刚好在另一个节点的上方。在准备叶芽插枝时，一定要注意保留叶腋顶端的生长

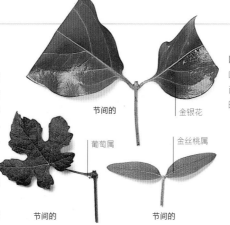

节间的　　　　金银花

葡萄属　　　　金丝桃属

节间的　　　　节间的

芽：因为它们很容易被误剪掉。有些品种的芽很长，在这种情况下，扦插应剪掉顶部叶片上方几毫米的地方，以免损坏嫩芽。对于较小的花蕾，则剪至顶部的叶子。

如果你选取插枝的植物叶子很大，剪下叶子是一个好主意。划伤插枝不是必须的步骤，但对于有木质茎的植物来说可能是一个

叶芽插枝

叶芽插条包含一个生长芽和一个短茎，由一片或两片叶子组成。它们可以是节点的或节间的。半熟的叶芽扦插在夏末或初秋时行选取。

八月瓜属

节间的

山茶属

节点的

好主意。为插枝基部做好激素生根包衣，如果使用粉末的形式，还要抖掉多余的粉末。将插穗插入装满标准插穗堆肥的花盆中。在浇水和贴标签后，把扦插放在繁殖容器或塑料膜下保持湿润。一些不太耐寒的植物可能需要底部温度来帮助生根。

当插枝生根后，通常在大约8周后，将

从灌木和攀缘植物上选取叶芽插枝

1 选择当季生长的健康的嫩芽（图中为常春藤）。选取所需的长度（您将获得与节点数量相同的插枝），在节点上方进行切割并将其放入塑料袋中，防止嫩芽干燥。

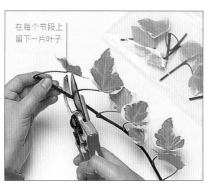

在每个节段上留下一片叶子

2 使用干净的剪枝剪或园艺刀来切割枝条。在每个节点的上方剪下茎，形成带有一个或两个叶片的节间插枝（见上图）。通过将基部修剪至一个节点下方，顶部修剪至一个节点的上方来准备节点插枝。

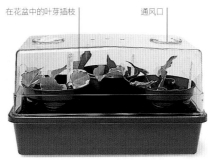

在花盆中的叶芽插枝　　　　通风口

4 把插枝扎紧并浇水，然后在花盆上贴上标签。将它们放置在繁殖容器中，如果需要，进行喷雾喷洒以保持环境湿润。常春藤不需要底部加热。插枝大概需要8周时间才能生根。

3 将每根准备好的扦插（见小插图）浸入一些激素生根化合物，如激素生根凝胶中。将花盆中填满标准的扦插堆肥，并为扦插挖洞。把每一个插枝插入堆肥中，保持叶子刚好露出土壤表面，不要碰到土壤。

5 将生根的插条分别装入标准的无土盆栽堆肥中，装入比每个插条的根球大1厘米的花盆中（见小插图）。将每个插枝充分施水并贴上标签。

幼苗栽入装有标准的盆栽堆肥的单独容器中，并在上面种植直到生根。

硬木插枝

硬木插枝的典型例子是灌木山茱萸和柳树，但其实有大量的材料可以通过这种方式来繁育，包括常绿和落叶植株。这些植物包括葡萄属（Vitis）和攀缘蓼蓄属（Polygonum，异名为Fallopia）、落叶灌木连翘和柽柳，以及常绿灌木桂樱（Prunus laurocerasus）和胡颓子属（Elaeagnus）。落叶和常绿阔叶树的插枝需要不同的处理方法。

一旦植株的生长完全成熟，落叶植株可以从晚秋繁育到仲冬。通常，插枝是无叶的。在温带气候下，那些在深秋选取的插枝可能会保留一些叶子，但这些叶子很快就会掉落。当领先的生长芽处于休眠状态，新生长的植株完全成熟时，就在同一时间选取常绿插枝。

在外形上，硬木插枝通常比软木或半熟的插枝大得多，因为它们生根缓慢得多，需要额外的营养来度过冬天。一个标准的插枝大约20厘米长，相当于一把剪刀的长度。如

果你想要所有的插枝以相似的速度生根和生长，保证固定长度的插枝有助于确保生长的一致性。使用剪刀，在一个节点的下方进行水平切割，在顶部远离花蕾的地方进行斜切，这样可以使你以正确的方式插入插枝。

通常可以从一段成熟的、当季生长的枝条上选取几根枝条，特别是从攀缘植物的长茎上选取枝条。一定要扔掉顶端的细根和基部的粗根，因为它们更有可能腐烂或需要更长时间才能生根。选取中等厚度的插枝作为单株。

落叶树硬木插枝

将准备好的插枝浸在激素类生根化合物中（如果植株还没有生根，从根部切割一片1～2厘米长的基部树皮）。将插枝插入一个适合的生根培养基中，放在一个冷床里的户外沟渠、苗床或花盆中。狭缝沟渠（见下图）适合大多数落叶灌木和攀缘植物。选择一个带有遮蔽的地方，因为风很快会风干插枝，并从土壤中清除所有多年生杂草。

排水性能好的土壤是必不可少的，因为

浸水的土壤会溺死插枝。如果需要，改善土壤排水性能和通风措施，特别是在黏重土壤中，可以在沟渠的底部掺入沙子。插入插枝时，使插枝的上半部分有四分之一暴露于土壤表面。这样，寒冷冬天或春天的干燥风就只能危害到更少的插枝，有利于植株发展成一个更大的根系。在插条固定入沟渠后，确保每个插枝与土壤之间有良好的接触。经受一段时间的霜冻后检查插枝，因为这时植株可能会拱起，需要再次牢固插枝。

硬木插枝生根缓慢，在下一个春天，它们可能在根系发育成熟之前长出叶子。在这一点上，关键是避免使插枝干燥。在整个生长季节都要浇水，避免滋生杂草，以便实现充分生长。在秋天的时候，插枝长壮后，将其种植出去。

在只需要少量新植株的地方，将插枝插入15厘米深的花盆中（见下图）。在较冷的气候条件下，把花盆放入冷床里，或者为了加快这一过程，可以把花盆放在无霜温室里的加热种植槽上。不过，增加的保护措施会使插枝进入早期生长，这经常导致叶子枯

落叶树硬木插枝

1 从深秋到隆冬，采取成熟的落叶灌木或攀缘植株（图中为连翘）嫩枝。在当季生长的植株上剪下每一根嫩枝。秋天的插枝可能还会有几片叶子，要将其修剪掉。

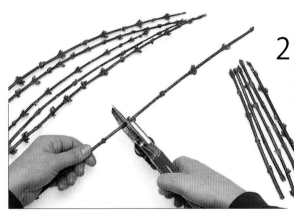

2 如果插枝还未成熟，就将其顶端的嫩芽剪掉。将插枝切成20厘米的长度（大约一对剪枝剪的长度）。在每个插枝的底部，在一个节点下方进行水平切割，从远离顶部的一个芽的地方进行切割。

3 在排水性能良好的土壤中，准备一个狭槽：将铁锹往下推15厘米，并向前按压铁锹刀片以挖开沟槽。将每根扦插的根部浸入激素生根化合物中（见小插图）。

4 将两两插枝间隔约5厘米，使每个插枝的四分之一部分露出地面。每排插枝之间应该间隔30厘米。回填沟，夯实插枝周围的土壤。贴上标签，如果土壤干燥就浇水。

花盆中的少量插枝

按照步骤4，将插条植入15厘米深的以壤土为基础的扦插堆肥花盆中——每盆大约植入4个插枝。贴上标签后将其放入冷床。

常绿插枝

1 为了准备常绿硬木插枝〔图中为南鼠刺属（*Escallonia*）〕，把嫩枝切成20～25厘米长。在插枝底部的节点下方和顶部的节点上方修剪每一插枝。把每一次扦插的下半部的叶子和任何侧枝都剪掉，以减少腐烂的风险。

2 在15厘米深的花盆中插入8根插枝，使叶子刚好露出表面。底部加热会加速发根，通常需要6～10周。把花盆放在塑料薄膜帐篷里，保持插枝潮湿。

节省空间的硬木插枝

每一插枝顶部三分之一部分露出堆肥表面

使用塑料卷轴拴牢

▲ **成排** 剪一条比插条高度宽5厘米的黑色塑料条。在上面覆盖一层1厘米厚的泥炭和细树皮。将插枝间隔约8厘米排列在堆肥上。小心地卷起塑料条，用酒椰叶纤维固定，贴上标签并充分浇水。

◀ **成捆** 捆起准备好的插枝，在15～20厘米厚的细沙砾（5毫米）中越冬，在一个遮阴的地方愈合组织。许多山茱萸和柳树的插枝会生根。在春天，把捆好的插枝分开，排成一行种植在苗床上。

萎，随后插枝死亡。如果已经开始生根，用羊毛盖住花盆，以避免枯黄，或者将它移到一个冷床或钟形罩中减缓新的生长。

事实上，通常最好的方法是把花盆放在加热的种植槽上几个星期，以加快愈合，然后把它们移到冷床中继续生根过程。在果树砧木的大规模商品化生产中应该遵循这一原则。

对于容易生根的植物，如柳树和开花的茶藨子属，需要大量插枝，可以将插枝插入大型的、准备好的苗床中。为了改善排水性能，可以使用拱起的苗床或在插入插枝之前，在每个孔的底部倒入沙子。和沟槽一样，每隔5厘米放置一个插枝，每排间隔30厘米。种植时，最好站在木板上，以免压实土壤。木板的宽度也作为行与行间距的参考指南。插入插枝后，按照狭窄沟渠中的方式处理插枝。

常绿硬木插枝

虽然常绿插枝会在户外有遮蔽的地方（比如冷床）生根，但它们在塑料薄膜帐篷提供的高于户外湿度的环境中生长得更好，无论是在温室里还是在室外的隧道钟形罩中。这是因为它们与落叶硬木扦插不同，易受环境影响，很容易通过叶片流失水分。少量的常绿硬木插枝可以在温室的花盆中生根。通常不需要底部加热，但能够快速扎根，而且

通常是迅速和惊人的。许多常青树的带根硬木扦插，如大齿油菜和葡萄牙桂樱，可用于树篱。选取50厘米长的插枝，以便在大花盆中生长。到秋季，新种植的植物可以长到1米。将大叶植株的叶子减少一半，以减少灰霉病的风险，也更容易处理。

使用有遮盖的苗床

硬木插枝在有盖的苗床上生根很好，比如在冷床上，这在较冷的气候中有助于繁殖一些不那么耐寒的物种。首先将棕炭或泥炭和沙砾混合到土壤中，形成一个排水良好的生根培养基。冬末至春季是关键时期，因为插枝可能还没有生成很多根部，但由于在受保护的环境中嫩芽可能提前生长。成功的秘诀在于生长的过程。

慢慢地进行以下操作：首先让插枝可以通过缝隙透气，然后去除冷床的灯。在插枝长壮之前，羊毛是非常有用的遮阳工具，以便在反常的晴天减少水分流失。在阳光明媚的日子里，打开冷床，避免温暖的空气促使花蕾提早凋谢。

在秋季，给苗圃浇几次水，在冬季偶尔浇水也是必要的。如果在秋天种植插枝，记得提供一些遮阳措施。根据插枝的生长速度，在接下来的春天或秋天，将生根的插枝拔起，盆栽或种植出去。

节约空间的插枝

如果你没有足够的空间，还有其他方法可以让大量现成的硬木插枝生根。12～20周后，当它们生根后，将其包裹在塑料卷中并进行盆栽。将成捆的插枝放在一盒细沙砾中或一个无霜的地方愈合，有时插枝会在冬天过后生根。然后，在春天把插枝种植出去。

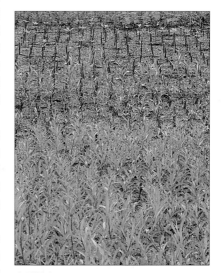

大型苗床
大量的硬木插枝，这里的柳树最好排列在苗床上，生长1年后，将其种植出去。

选取软木插枝

从嫩枝上去除柔软的顶部

将大型叶子减去一半以减少水分流失

去除最底部的一对叶子

在花盆里的插枝

1 在早春至初夏，剪去带有2～3对、不开花、旺盛的嫩枝。用剪子在节点下面进行切割。

2 为了准备每一个插枝，去掉插枝茎节上方的嫩梢，然后去掉最下面的一对叶子。插枝茎干4～5厘米长。

塑料袋可以防止插条枯萎

繁殖容器通风口　　准备插枝

3 用标准的插枝堆肥填满13厘米深的花盆，并在花盆边缘间隔排列插枝。叶子应该刚好在堆肥表面以上，不与堆肥接触。

4 用杀菌溶液给插枝浇水，贴上标签，然后放入繁殖容器中，放在阴凉的地方。15摄氏度的底部温度会加速生根过程。

5 一旦插枝生根，就让其生长至强壮状态。轻轻分开插枝，分别放入9厘米深的罐子中。掐掉生长的尖端，以促进植株生长。

选取软木插枝

在春季和初夏、新枝变得结实之前，选取软木插枝。这种方法适用于大多数落叶灌木和攀缘植物。软木插枝通常应该有4～5厘米长，在插枝顶部保留2～3对叶子。在需要的时候，把插枝放在一个干净的塑料袋里，以防止插枝枯萎。

去掉每个插枝柔软的尖端，因为它很容易腐烂和枯萎。这也确保了一旦生根，插枝不会立即从顶端单独向上生长，从而确保植株从一开始就很浓密。如果拔掉插枝尖端，一些生长激素也会重新分配，在扦插根部堆积起来，这将有助于扦插生根。除去最下面的一对叶子，使其更容易插入堆肥。

用锋利的刀或剪刀干净地剪下脆弱的植株，在不损坏强壮植株茎部的情况下，用拇指和食指掐断叶子。注意不要留下任何可能导致腐烂的痕迹。

正确种植插枝是很重要的。使用软木插枝时，最好用挖洞器或铅笔在堆肥上钻一个洞，这样软木插枝就能以最小的阻力植入堆肥，从而降低损坏的风险。将每一根插枝插入，土壤刚好埋至第一对叶子的下方，轻轻固定每个插枝。用一种专用的杀菌剂溶液彻底浇水，这样堆肥就会浸至容器底部。

插枝将受益于温暖的、受保护的环境，如繁殖容器。为了加速生根，需要在底部加热至15摄氏度。当插枝生根后，把它们从容器中敲出来，轻轻地将它们强行分开。单独种植在9厘米深的花盆中。掐掉新植物的生

绿木插枝

在晚春，从旺盛的嫩枝上选取一些绿枝扦插，这些嫩枝很结实，底部有一点木质化。像准备软木插枝一样去处理。

茎尖插枝的生长

许多落叶灌木插枝在1年内生长显著。这株60～90厘米高的山茱萸是由仲夏采集的茎尖扦插长成的，在冬季时被遮盖，在初夏种植在苗床上，一直能生长到夏末。

分株

这是一种主要与多年生草本植物相关的繁殖技术（见第148—150页），但它也适用于一系列的长有副株的灌木。在只需要少量新植物的地方，这种繁殖方法非常快速和简单。分离植株可用于落叶和常绿的植株，如白珠属（*Gaultheria*）、棣棠花属（*Kerria*）、假叶树属（*Ruscus*）和野扇花属（*Sarcococca*）。

时机并非绝对关键，但为了确保成功，最好在植株处于生长不活跃或休眠状态时分离副株。早春时节是理想的时机，植物很快就能从分株的压力中恢复过来，因为地面通常是潮湿的，而且，尽管土壤在变暖，但气温还不算太高。最好避免在夏季分株，因为新的植物容易在炎热的太阳下枯萎。

大多数灌木在地下茎（匍匐茎）上产生副株；有一些（如玫瑰），则从根上方的主茎上产生副株。当把副株从母株上分开时（见下文），用叉子抬起位于副株嫩芽和母株之间的地下茎。如果副株在基部有须根，它就

可以繁殖：切断靠近亲本植株的茎干，如下图所示，准备每个副株。

将生根的副株直接移植到土壤中，土壤中已经准备好了充分腐烂的粪肥或堆肥。定期给每个副株浇水。或者，将副株放入5～8厘米深的标准盆栽堆肥中。直到新植株长好为止，定期给副株浇水。对于茎容易长长的雪莓（*Symphoricarpos*）等植物，将副株剪短至30～45厘米，以确保浓密的植株重新生长。

有丛生习性的灌木可以用与草本植物相似的方式来分株（见第148页）。用铲子或锋利的刀从整簇植物中分离并选取带有健康根部和顶部生长良好的植株，然后扔掉剩下的植株。这种类型的分区也可以使一棵已生长到超出了指定区域的成熟灌木重新焕发活力，一个常见的例子是珍珠梅（*Sorbaria sorbifolia*）。做好准备，将分离的植株作为副株来生长。

长尖端，以促进其浓密地生长。将其放在有遮蔽的地方生长。

绿木插枝

绿木插枝与软木插枝类似，但是在新生长的枝条刚开始结实时开始操作。这种插枝比较好处理，因为它不会那么容易枯萎。然而，它的处理方式是一样的。

通常，在茎干的颜色上没有明显的区别，因此区分这两种类型的插枝的依据更多是依靠插枝的感觉。事实上，我们计划选取的许多软木插枝最后都会变成绿木插枝，这只是时间问题。对于大多数落叶植物和一些常绿植物来说，如果你错过了软木季节，那么绿枝扦插也会生根，但也有一些例外（见118—145页）。

茎尖插枝

茎尖插枝保留了柔软的尖端，当插枝成熟时，其比软木或绿木插枝截取的顶部还要多，但仍然能保持植物活跃生长的状态，通常在仲夏前后。这样柔软的顶部不易腐烂。这种方法让植物快速生长，适用于大多数常见的落叶灌木，如倒挂金钟属、山梅花、委陵菜属、紫丁香和锦带花，以及一些常青树，如山茶花、天葵和芙蓉花。

节间扦插更有可能成功，因为有些植物不会在节间生根。每次在10厘米长的新枝上的节点下方选取插枝。继续按此方法选取软木插枝。

灌木的分株

1 在早春时节，在不影响母株的情况下［这里是沙龙白珠（*Gaultheria shallon*）］，用叉子抬起一根带有副株的地下茎。检查副株底部是否有纤维根。

2 用一把锋利的剪刀，剪掉靠近母株的长的副株茎。在母株基部周围夯实土壤。

3 把主茎切至带有须根的地方，然后将副株分开。这样每个副株都有自己的根部。减去一半的顶部生长量以减少水分流失。

4 在开阔的土地或在5～8厘米深的花盆里重新种植副株。固定好每个副株周围的土壤，浇水并贴上标签。当副株生长时，要定期浇水。

播种

有许多灌木和攀缘植物可以由种子生长而来，并有机会创造出新的东西。无论是需要冬天寒冷气温的瑞香属植物（Daphne），还是只需要春天温暖潮湿的堆肥的苘麻属（Abutilon），植物发芽以及由此带给我们的兴奋感，无论花多长时间都是一样的。从你最喜欢的莸属植物（Caryopteris）品种中收集的种子生长出来的植物不太可能具有与其亲本完全相同的特征。

灌木和攀缘植物有三种基本的种子：坚果和坚果状果实，通常种子寿命较短，水分含量高（如榛子）；包住更小、更干燥种子的蒴果或豆荚［如金雀儿属（Cytisus）］；还有肉质水果和浆果（如桃花心木）。当收集种子时，首先要考虑的是，你打算收集的植物必须是健康和有活力的。生命力不足的植物通常含有病毒，而病毒可以通过种子传播。

橡子和类似坚果的水果

橡子之类的坚果一般在秋天成熟，它们需要在自然掉落的时候或之前收集。用手采摘坚果或类似坚果的水果；或者，如果植株足够大，在它的基底周围放一块布或塑料，摇晃树枝直到坚果掉到布上。将坚果从外壳中取出（不是橡子），清洗干净后立即在深盆中播种。丢弃任何显示出最轻微缺陷的坚果。

或者，将清洗干净的种子储存在潮湿的泥炭中或泥炭替代品中，并将其挂在谷仓或大棚中，避免阳光直射和与啮齿动物接触，在冬末至春季播种。这种方法建议在土壤排

从成熟的浆果中收集种子

1 对于大种子的浆果，将一把浆果放入棉布或薄纱布中，拧紧并置于冷水龙头下。挤压直到没有更多的果汁。

2 小心地打开布，把种子从捣碎的果肉中挑出来。把它们放在厨房或吸墨纸上晾干，放在通风的地方几天。

水不良和冬季降雨量通常高于平均水平的地区使用。

豆荚和蒴果

从豆荚或蒴果中采集的干种子比在坚果或类似坚果的水果中发现的潮湿种子更容易处理。而且如果储存正确，它们的生存能力将保持多年。当种子开始成熟时，每天检查合适的种子荚。当豆荚开始从绿色变成棕色时，就可以收集了。

当天气干燥时，一定要收集豆荚或蒴果，因为潮湿会增加被真菌攻击的可能性。在收集中型或大型种子之前，打开一两个种子荚，看看里面是否有成熟的种子。成熟、

有活力的种子饱满、健康，通常还是绿色的。把豆荚放在纸袋里密封好。或者，把豆荚铺在托盘的报纸上，用羊毛状植物或更多的报纸覆盖住，豆荚经常"爆炸"，向各个方向播撒种子。

一些产生花穗的亚灌木可能被当作多年生草本植物。剪下一株完整的种子蒴果，将其倒挂在纸袋中。几天后，将干燥的种子摇匀。不要试图提取种子，让它们保留在蒴果中，因为这些可能是不成熟和不可存活的。

在提取种子后，清除附着在种子上的谷壳，因为这些物质很可能腐烂，这可能会导致种子潮湿（见第46页）。用手清除或者将种子用筛子筛（见第28页），直到只剩下干

划开灌木和攀缘植物的种子

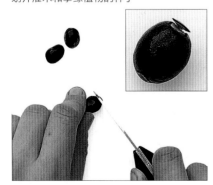

用刀 用一把锋利的刀刻划非常大的种子的坚硬外壳。小心不要伤到种子的"眼睛"，也不要切得太深。

用砂纸 在种盘里的两张砂纸之间放上小一点的、硬涂层的种子，然后用砂纸摩擦它们，使它们的表面变得粗糙。

用热水 要软化较小种子的外壳，将其放入碗中，倒入沸水。浸泡24小时后立即播种。

在容器中播种

用挖洞器在未固化的堆肥上打洞

1 用一个托盘装满标准的种子堆肥。轻轻捏紧，用水和，让它沥干。用一张折叠的纸轻拍种子，然后将种子均匀地撒在表面。

2 在种子上盖上一层薄薄的堆肥，然后再加一层5毫米厚的沙砾。苗木贴上标签，用铁丝网盖住，以保护苗木。放置在一个冷的框架中。

3 一旦发芽的幼苗足够大就可以处理了，小心地托起它们，使用小锄子或类似的工具。一定要抓住幼苗的叶子。

4 将幼苗单独插入6个9厘米深的花盆中，或在无土盆栽堆肥中成排插入托盘中。轻轻地把每棵幼苗的根部固定好。贴上标签并浇水。

种子的冷分层

播种前 播种前储存的种子可以在冰箱中冷藏。把它们放在装有潮湿的蛭石或棕褐色的透明塑料袋中，贴上标签保存1～3个月。

播种后 新鲜播种的种子，如铁线莲，可以在一个沙床或寒冷的框架中在户外过冬。将种子撒有砂粒的堆肥中，再覆盖上一层薄薄的堆肥，最后再撒上一层砂粒。

们能防止种子发芽直到外壳被分解，阻止水分进入种子内部。有几种处理方法能解决这个问题，它们都被称为划痕，即刻划或研磨种子，或将种子浸泡在热水中。

在细菌活动最活跃的春天，大自然通过使种子处于温暖、潮湿的条件来软化坚硬的种皮。这可以通过将种子储存在潮湿的堆肥中，并在夏天将它们挂在大棚中来模拟。在商业上，尤其是玫瑰，会通过添加堆肥催化剂来加速这个过程。有些不透水的种子在种皮上有化学萌发抑制剂，所以需要在播种前用热水、温和的洗涤剂或酒精浸泡种子以去除这些化学萌发抑制剂，之后再把种子彻底洗干净。

有些种子需要多次处理才能实现多次休眠：先把它们划伤，让其他治疗方法起作用。一个更安全的选择是在户外播种，顺其自然地生长。

分层的种子

温度的变化促使一些种子发芽。许多生长在温带气候的木本植物表现出低温休眠，种子在春天发芽前需要经过一个冬天的低温考验。这可以通过播种前将种子储存在冰箱中或在秋季播种并在户外越冬来克服（见左图）。即使是不需要冬眠的种子，经过短时间的冷层化后也能发芽得更快、更均匀。

有些硬皮种子需要一段温层化时期。将种子放入塑料袋中，放入等量的沙子和腐叶土，或放入等量的泥炭或椰壳和沙土中，并在20～25摄氏度下储存4～12周。这通常是在播种前进行的冷分层。

在容器中播种

大多数灌木和攀缘植物的种子最好在容器中播种（见上文），这样就可以很容易地提供它们需要的条件。种子需要一段时间

净的种子。将干燥的种子储存在冰箱中。把它们放在有明确标签的纸袋或信封里，再放入塑料盒或饼干盒中。为了保持干燥，首先在锡的底部放置硅胶。

肉质水果和浆果

它们通常是坚硬的、绿色的，成熟后会变软，颜色也会改变，通常从黄色变成红色。重要的是掌握好采摘的时机。如果放得太晚，柔软多汁的水果可能会被鸟吃掉。可通过手工采摘或摇晃植物收集水果。

从水果或浆果中收集种子有很多方法。把浆果挤在细布里（见第102页），用筛子轻轻地把它们捣碎或榨成液体，然后洗去果肉。或者，把水果放在水里自然腐烂，然后将果肉捣碎，放入清水中。果肉和死种子会浮到顶部，而有活力的、重的种子会沉到底部。无论你选择哪种方法，在储存之前，用吸墨纸或厨房用纸把种子晾干几天。蔷薇科植物，通常最好的做法是把整个水果放在一个托盘或大锅里，放在外面过冬。保持沙子湿润，这就提供了许多这类植物发芽之前所需要的冷却期。在冬末或早春，把腐烂的果实从沙里移走。

有划痕的种子

许多灌木和攀缘植物，尤其是豌豆和豆科植物（Leguminosae），有坚硬的种皮，它

覆盖在容器内播种的种子

蛭石层 用一层1厘米厚的蛭石覆盖快速发芽的种子，通常是攀缘植物或嫩灌木的种子。蛭石可以让空气和光线到达种子，并保持种子湿润。

沙砾 用细（5毫米）的沙砾或粗砂覆盖发芽缓慢的种子，这些种子大多是耐寒的种子，以使幼苗健康生长。如果堆肥长时间暴露在空气中，很容易滋生苔藓和地苔与幼苗竞争（见左上图）。

的冷却或需要一年以上的时间发芽，如瑞香属，可以在秋天播种，并在凉爽的气候下，如沙床或冷棚中过冬（在没有寒冷冬季的地区，这些种子应在冰箱中分层，见第103页）。其他的种子在春播后很容易发芽。这些植物的处理方式与苗床上培育的植物或多年生草本植物相同，幼苗适合温室中能控制温度的环境。

播下种子

在各类种盘或花盆中放入质量好的、有砂粒的种子堆肥（见第34页），切记，只需要一点点肥料，过量肥料会杀死幼苗。播种前将堆肥彻底浇水。

对于小型或中型的种子，把堆肥固定好，在堆肥和边缘之间留出3毫米的空隙。对于大的种子，间隙可以是1～1.5厘米。撒上种子，再盖上一层薄薄的堆肥，然后加入5毫米的粗砂或5毫米的细沙粒（见右图）作为秋季播种的种子。春季播种时，用1厘米的蛭石层代替沙砾：小型或中型种子用细的，大种子则用中等的。

有些种子，如杜鹃花种子，因为太细，没有足够的食物储备来推动堆肥，或者它们需要光照才能发芽。就需要将这些种子撒在经过筛选的堆肥表面：细小的种子很容易落在粗糙表面的缝隙之间。在堆肥和边缘之间只留下几毫米的距离，尽可能给幼苗更多的光照。将种子与少量银沙或细沙混合，轻轻拍打在堆肥上，以便能播种均匀。

秋天播种的种子

播种后，在容器上贴上标签并用铁丝网盖住，以防鸟或动物伤害。放置在有遮蔽的地方，在零下10到零下2摄氏度的温度下越冬，之后便能发芽。定期检查，必要时浇水。

当幼苗足够大到可以处理时，应该将它们单独移植到模块、托盘或小盆中（见第103页，注意不要弄乱它们的根）。这可能是在播种后的第一个春天或在萌发后的一年。如果像以前一样在保护下生长，新植物就能快速生长。

在一个冷框架中的幼苗

春天播种的种子

除非另有说明（见灌木和攀缘植物，第118—145页），种子萌发一般需要15～20摄氏度的温度。表面堆肥也必须始终保持湿润。要么把容器放在传播器中，要么放在雾凳上的塑料薄膜帐篷下，或者用一片玻璃覆盖它。有些种子需要底温才能成功萌发，而用毛细毡覆盖的繁殖毯（见第41页）就可以很好地保温。

在20摄氏度以上的温度下，存活率下降的种子可以很好地放置在雾凳上，但由于雾的冷却作用，需要更高温度的种子往往难以发芽。

定期检查堆肥，检查它是否干燥，必要时浇水。一旦种子从表面撒下，就不要从上面给容器浇水，把它放在盛有水的浅盘子里一段时间。偶尔向幼苗喷洒杀菌剂。当幼苗长到可以处理时，移植到托盘或盆中，放入低营养的盆栽堆肥，就像秋天播种的种子一样。在长成之前都放置在阳光直射的地方。将幼苗逐渐暴露在室外，使其变硬。

在凸起的苗床上播种

一些灌木和攀缘植物的种子，特别是那些本地品种，可以在凸起的苗床上播种。选择一个有遮挡的地点，将土壤表面提高20厘米以改善排水。清除多年生杂草，彻底挖掘土壤。大的种子可以在秋天一排排地播种；小一点的可以留到冬末。覆盖2～3厘米厚的豆粒砾石。不要让发芽的种子干透，如果有霜冻的危险，就用羊毛盖上（见第55页）。

有些种子，尤其是耐寒灌木或攀缘植物的种子，需要一段寒冷的冬季才能发芽。在凉爽的气候条件下，秋季播种后，将盛有种子的容器放置在冷架上。冷框架允许暴露在寒冷中，同时保护种子免受鸟类、动物或其他因素的干扰。一旦种子发芽，幼苗可以在移植前在冷库中保存长达1年。

压条

在自然界中，许多植物可通过压条法繁殖，即在植物茎接触土壤的地方形成根的过程。有些植物的芽会沿着地面生长，如毛核木属（*Symphoricarpos*）或石南（见第111页）；另一些直立生长的植物可能会遭受暴风雨的破坏，导致树枝掉到地上，但仍部分附着在植物上。

压条就像扦插一样，扦插仍然附着在母株上，并受到母株的保护，因此不需要受控的环境就能成功（除非在气候凉爽的热带植物上分层）。许多灌木很难从插枝上生根，如烟树（黄栌属）和榛属对分层有很好的反应。与通常用于难以生根的植物的嫁接相比，分层种植需要较少的技术和后期护理。

如果只需要一到两种植物，空中压条或普通压条法都可以用来迅速繁殖许多灌木或攀缘植物。其他形式的压条会产生更多的新枝条或植株。

空中压条法

空中压条通常用于无法将分枝降低到地面水平的情况。它可以在各种灌木和攀缘植物中成功，从柔嫩的橡胶植物（榕属）和喜林芋属（*Philodendron*）到许多耐寒的物种。这种技术还可以在12个月内培育出大到可以直接种植到花园里的瑞香。植物最好在春天进行空气分层，以便在秋天或下一个春天重新种植。

压条可以在任何年龄的木材上制作，但1～2年的材料最容易产生根。选择一根笔直的树枝，剪掉所有的叶子和侧枝，留下约30厘米的清晰茎干。在茎的中间做一个倾斜的切口，形成舌头的形状。或者，在树干周围划两道平行的切口，然后剥下树皮。在伤口上涂上激素促进发根。将一些潮湿的泥炭苔放入斜切的伤口，使其保持开口的状态，用黑色塑料套管将伤口包裹起来，防止湿气和藻类的生长。用泥炭苔包裹住"袖子"，然后固定在伤口上方。或者，用透明塑料薄膜盖住套管，并用黑色塑料或铝箔覆盖。

将保护层留在原处，偶尔取下塑料套管，检查是否生根，一般在1年内生根。当根已经发展，切断新植物的伤口和花盆或重新种植。在播种的时候要在井里浇水，在第一个夏天还要浇水，直到它完全长成。在较冷的气候中，在最初的几周用羊毛覆盖植物以保护它不受天气的影响。

对于在较冷地区被遮盖的柔嫩植物，这种技术是相同的，但生根更快，新植物可以在2～3个月内准备好盆栽。

灌木及攀缘植物的空中压条

1 在春天，选择1～2年的、直的、健康的、有活力的芽。剪掉侧枝和叶子约30厘米，不要留下任何障碍。

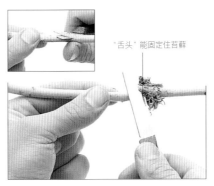

"舌头"能固定住苔藓

2 小刀往下切向茎尖约3厘米长（见小插图）。在伤口上涂抹激素生根化合物，在里面放点湿泥炭苔。

3 用黑色塑料松散地包裹茎。用胶带封住伤口周围和伤口下面。用7～10厘米厚的苔藓包裹住"袖子"来覆盖伤口。

4 用更多的胶带围绕茎上"袖子"的上端。黑色塑料袋能保持水分，但不促进藻类生长。将该层放置一年（见小插图）。偶尔检查一下有没有发根的迹象。

5 当通过苔藓可以看到坚固的新根时，移除塑料套管。切下根球下面的茎。把根部清理掉，但不要把所有的苔藓都清除掉。对于杜鹃花来说，将新生长的枝条修剪回老枝上方的一个芽。将这一层盆栽在无土的盆栽堆肥中，或在准备好的土壤中种植。好好浇水并贴上标签。

普通分条法

当你只想要一些新植物时，普通分条是一个很好的方法，它可以快速繁殖许多灌木和攀缘植物。你可以在一年中的任何时候这样做，但最好的时间是秋天和早春。大多数攀缘植物柔韧的枝条可以简单地固定在土壤表面扎根，而许多灌木较硬的枝条则需要一条沟渠。

对于大多数攀缘植物，选择一根不超过2年、60～90厘米长、水平生长、接近地面又足够柔软，可以固定在地上然后向上弯曲成直角的新枝。避免非常薄的茎和厚的徒长枝。如果没有合适的材料，重剪植物以促进其长出更有活力的新芽。

在固定这一层之前，先在母株旁边的地面上准备好秧苗到达地面的地方，将秧苗挖过去，并将一些自由排水的插条堆肥放入其中，深度为30厘米。确保堆肥充分混合到土壤中，因为扦插堆肥如果暴露在空气中很快就会变干。

将这层的叶子和侧枝剪掉，离生长的尖端30厘米。把这一层的茎的底部沿其长度的一半缠绕起来，或者通过一个节点，在茎的中间做一个倾斜的切口，形成"舌头"。或者，拧断茎来损伤树皮，或者从茎的下方取下2.5厘米长的树皮。用激素根茎化合物治疗伤口。

在伤口两侧用几根长镀锌丝、U形钉或钉书钉固定之前，先从表层下面去除一些富集的土壤。理想情况下，你应该在一年生的木材连接老木材的点上钉下一层。但实际上这并不总是可能的，因为分枝可能不够长。在这层上堆起土壤，深度达到8厘米，并保持坚固，否则随着土壤的沉降，茎会露在外面。弯曲枝条的顶端，使其尽可能接近垂直，并将其固定在一个木桩上。枝条弯曲所形成的角度有助于生根，因为生长激素集中在生根部位而不是生长的顶端。随着枝条的生长，继续松散地缠绕。给这个压条浇水，夏天每周检查一次，确保它不会干透。还要保持这一区域没有杂草。

有些植物生根很快，但大多数至少需要1年的时间。不要急于把这一压条与它的亲本分离，因为这是幼苗建立良好的根系系统的关键时期。当根长得很好时，将新植株切断，然后将其盆栽或直接种植出去。

当对灌木进行压条时，选择一个柔顺的枝条，并准备好茎。用一根竹竿标出茎与地面接触的地方。挖一个8厘米深的斜坡沟渠，把秧苗固定在底部。将枝条弯曲到尽可能垂直的位置，并将茎尖系在竹竿上。回填洞，固定后浇水。

攀缘植物的普通压条

1 在秋天，选择一个年幼的、生长较低的枝。从茎尖后面至少30厘米处取下叶子和侧枝。

2 斜切一个2.5厘米长的切口，在芽的下面、茎的中间做成舌状。

3 用刷子在伤口上撒上激素生根化合物，这里是粉末，去掉多余的部分。

4 用铁丝钉把干净的茎，带伤口的那一面朝下钉在土里。将土壤堆到秧苗上方8厘米的深度。用木桩把枝梢钉住，使它立直。

5 一旦生根了，通常在接下来的秋天，切断靠近母株的那一层，用手叉抬起那一层。把这层上的老茎切掉，让它长出新的根。

6 将新植物装入标准的无土盆栽堆肥、充分浇水并贴好标签。等它长好了，就把它种出去。或者可以直接种植到它的永久生长地。

灌木植物的普通压条

1 用竹竿标记茎与土壤接触的位置。挖一条沟，大约8厘米深，从藤蔓向上倾斜到灌木。

2 用金属线钉将准备好的茎钉在沟槽的底部。将茎尖向上弯曲，绑在竹竿上。填入洞中，轻轻固定后浇水。

攀缘植物的自然压条

1 当一棵常春藤的嫩芽已经扎根于地面，并产生健康的新生组织时，小心地用手叉将它抬起。用剪枝钳，从母本植株上切断自然压条的茎，刚好在一个节的上方直接切过茎。

2 把生根的茎切成几段，确保每一段都有良好的根系和强壮的新生组织。从每一节中移除下部的叶子，可在靠近主茎的地方切下去。可以使用只有一个或两个叶子的部分，但这将需要更长的时间来完成压条。

3 用标准的无土盆栽堆肥将每一层单独盆栽。浇好水并贴好标签。在室外有遮蔽的地方继续生长，直到新的植物生长起来。已经生根的部分可以直接种植到它们的最终种植点。

自然压条

一些植物，如常春藤和一些较小的叶、低生长的枸子属植物会自然压条生长，它们蔓生的茎在生长过程中会扎根于地面。为了繁殖它们，用手叉抬起有根的嫩枝，用剪枝切断它，切成有根的部分，单个地进行盆栽。

或者，用铁锹将生根的侧枝或压条去掉。生根良好的压条可以种植出去，最好在早春时节进行，因为这段时间压条会在变暖的土壤中迅速形成。移植时，要彻底整理土壤，并充分浇水。在凉爽的气候下，用羊毛保护新植物几天，让它们生根发芽。

攀缘植物的波状压条

这对每年都能长出新芽的植物很有用，包括铁线莲属、金色啤酒花（*Humulus* 'Aureus'）和紫藤属等攀缘植物。实际上，它适应了自然压条的过程，使得从一株植株上获得相当多的分层成为可能。在早春，准备好要进行简单分层的地面（见第106页），将一个上一年的芽压到地面。如果茎很薄，就不需要缠绕它，但是缠绕会加速生长过程。

将茎缠绕在茎节之间，将芽插入再伸出土壤，用金属钉将伤口固定在土壤下面，这样在两层之间至少有一个芽留在地面上。或者，在一个节点后面切出切口，甚至穿过它，沿着土壤表面蜿蜒生长，把茎固定在切口上。通常在秋天就生根了，但有些要到春天才生根。当压条长出良好的根时，它们就完成了自然压条。

攀缘植物的波状压条

根系分枝 选择一个健康、拖尾的枝条，并修剪掉叶子和侧枝。将茎在每个节之间缠绕（上图）或在生长芽后面缠绕（左图）。使用激素促进发根，用金属线钉将茎固定在伤口上。

压条的发展 一旦茎与地面接触，伤口就会刺激生根。这一过程的能量是由母体植物提供的，而芽的生长尖端沿着分层的茎吸收汁液（见上图）。每一层都有根和嫩枝，在扎根时可以被切断。

观赏灌木的法式压条

观赏灌木的法式压条法并不经常在商业上进行，因为它需要很长的时间，但它仍然值得园丁去尝试：它是非常可靠的，特别是对于很难生根的灌木。这种方法需要在春天将一株生机勃勃的幼嫩砧木修剪到5厘米长，以促进长出新的枝条，这个过程被称为"矮林作业"（见第24页）。

翌年早春，修剪生长点并将芽钉入准备好的土壤中，它们从母体上生长出来，就像车轮上的辐条一样。侧枝长出来之后，用土把它们堆埋起来。浇水并定期除草。在秋天，将生根分层从母本植株上抬起并分离出来用于盆栽或移植。芽位于中心的新枝可以在第二年分层。

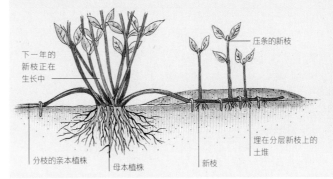

生根压条
固定前一季生长的每一根嫩枝。当侧枝高6～8厘米时，在侧枝上方堆上土壤，让侧枝尖暴露出来。夏天晚些时候再堆到15厘米深的地方。

嫁接

对于难以通过其他方式繁殖的植物品种，通常会采用嫁接的方法，该方法还可以加速植物生长。嫁接分为许多不同的类型。对于大多数灌木和攀缘植物来说，最好的选择是根尖楔形嫁接。这种嫁接成功率高，而且还易上手。除此之外，适合灌木和攀缘植物的嫁接方法还有舌接和拼接侧板嫁接（见第109页）。

嫁接首先需要高质量的砧木，即可以在嫁接中与受接穗品种相兼容的植株。而且通常选用一年或两年的幼苗，但是用于木兰和杜鹃花嫁接的砧木可以从插条中获取。夏季嫁接，砧木需在容器内培育；而冬季嫁接，砧木既可以在容器内种植也可以裸根生长。

如果只培育几株砧木，可以将它们移植到深9厘米的正方形花盆中，以便为其最重要的根系提供生长空间。对于一些植物来说，幼苗生长到第一个夏季或者冬季，就已经可以用来嫁接了。而且通常来说，砧木周长达到6～10毫米即可，最主要是砧木与接穗的周长要匹配。这种情况经常会出现在夏季，因为这个时候砧木和接穗大致处于相似的生长阶段。在嫁接前的两周时间里，要使砧木所在容器里的堆肥保持湿润，这样一来，砧木伤面的形成层就不会被过度活跃的树液所淹没，进而也不会影响砧木与接穗的结合。

通常，可以从那些能够快速成活、无虫无病，并且每年仍会外延生长（能增加植株大小的新芽）的栽培品种中获取接穗。接穗长度没有限制，但8～13厘米长、带有2～4个健康芽的接穗通常是最好的。对于接穗的周长也没有严格的要求，但短于8厘米的较难处理。如果嫁接后新苗生长受阻，可以尝试用小一点的接穗，但是这样一来就无法保证结合的质量。如果植物长势不好，还可以使用两年生的木材；这在芙蓉花以及其他属的植物上已经产生了非常良好的效果。

嫁接过程中，一定要注意防止接穗干枯，所以若不立即使用，需将其储藏在塑料袋中并置于冰箱之中，这样可以使它在一周内保持新鲜。进行准确的嫁接切割对嫁接的成功与否也至关重要；在切割前可以练习先对柳树等其他芽进行切割。

顶楔嫁接

接穗过程就像制作一根锋利的长矛一样。在接穗底部斜切一下，通常从芽上方切入，茎基中心切出。在切割中，刀要慢慢地穿过茎，来切出一个完美均匀的斜口。再在茎的另一边重复操作，切出一个对称的楔子。

形成层即韧皮层与木质层之间的薄壁细胞带，现在应该裸露出来了，这对嫁接的成功与否至关重要。处理接穗时，还需去除其顶部长势不好的部分或未成熟的顶芽。比如紫藤，很有可能是从一段木质层中截取出了多个接穗。

在准备砧木的过程中，要先清洁茎，将其干燥，然后在根部的正上方切掉其上半部分；沿着茎横切，留下方便操作的空间即可。如果切口不均匀，可以薄薄地刮掉一层，使表面整洁。然后在砧木新的切面上切开一个短于接穗楔子的垂直缝隙，2～3毫米深。要在砧木的中间切割缝隙，这个缝隙的周长需要与接穗的周长相似，这样形成层就能够完全匹配了。

顶楔嫁接

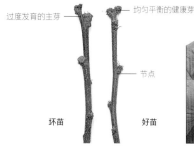

过度发育的主芽 ——— 均匀平衡的健康芽

节点

坏苗　好苗

1 接穗来自当季生长的成熟、健康的嫩枝，顶部有良好的芽，且节点间隔密集。

在茎的中部垂直向下切

2 将接穗修剪成15～16厘米的小枝条，并带有4～6个节点，在其底部切出两个2～3厘米长的斜切口。

至少在一侧对齐接穗和砧木，以确保形成层相接

3 在根茎上端约2.5厘米处将裸根植物母株的上端切掉。然后再在茎上切开一个2～3厘米深的切口。

将接穗切口的顶端或称为"教堂的窗户"露出来

4 小心地将接穗的楔形基座插入砧木的切口中。此时，要确保砧木与接穗的形成层相接。

绑嫁接苗时，要保持各处受力均匀

5 用一个5毫米宽的条状橡皮筋绑住嫁接苗。在接枝的正下方，将橡皮筋缠绕在砧木的顶部。如果接穗芽比较大，也需在其周围绑上橡皮筋并固定住。

6 用蜡或创伤密封剂密封接穗切口顶端和砧木的切面，以防止水分蒸发。如果使用蜡，需要将其放入广口瓶中，再把瓶子放入装有沸水的碗中隔水加热，并用干净的植物标签或小画笔涂抹。

7 将嫁接的植物放在种子托盘中，接穗靠近边缘。用潮湿的堆肥覆盖。再为其插上标签。

常见的嫁接类型

镶接 若砧木与接穗的干围很接近，可以在各自的表面切出一个斜切口。将它们放在一起，使得两侧的形成层相接。半成熟或者硬木接穗的长度应当为8～10厘米，如果可能的话，尽量选择底部有芽的。

接穗和砧木上的斜切口。长2.5～3厘米

2.5～8厘米长的砧木

若接穗比砧木小一些，可以在砧木非中心的位置斜切，这样切口更小，能使两侧的形成层对齐。另一种选择就是只让一侧的形成层对齐（见第108页）。将接穗轻轻地放进砧木的缝隙中，一直插到缝隙底部；这个操作应该让接穗的切口表面适当露出像"教堂窗户"这样的形状，这样多余的汁液可以流出来。

新的嫁接体愈合的过程中，橡皮筋条能起到理想的辅助作用。筋条缠绕茎时要保证各处压力均匀，注意不要把形成层位置放偏。通常来说，只有施加足够的压力，才能保持移植到位。但如果接木生长状况不佳，需将砧木往里拉以改善砧木与接穗的接触状况。

结合的部分需使用专有接枝蜡或伤口密封胶，而且若是接穗顶端已被切割，也需将其密封。也可以使用保鲜膜型胶带固定，这样就不需要用蜡了。

其他嫁接类型

砧木和接穗的干围接近时，舌接和拼接侧板嫁接都是不错的选择（见上文）。嫁接时的原理相同，但将砧木和接穗结合到一起的木工切削方法可能有所不同。

嫁接植物的后期护理

嫁接植物的后期护理是否得当是嫁接成功与否的关键。嫁接植物很容易变干，但浇水又会淹到结合处，造成腐烂，所以需要将嫁接物放置在密闭的盒子中或者用塑料薄膜盖住，为其提供一个温暖湿润的环境。温度要控制在18～20摄氏度，在冬季要保持这个温度就意味着需将嫁接植物放到一个加热的工作台上（见第41页）。将嫁接植物放到工作台之前，先将沙子和棕垫浇上水。夏季，新生苗需放置于遮阴处以防被晒干。

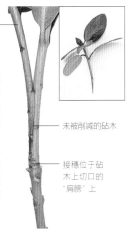

半熟枝上的接穗

单板侧接 接穗与砧木茎下10～13厘米长的所有叶子都要修剪掉。在砧木的底部向下切一个2.5厘米的切口，再向上切开2.5厘米的斜削面，使两个切口相接。在接穗上削一个与之相适的切口（见小插图），与砧木拼接到一起。

未被削减的砧木

接穗位于砧木上切口的"肩膀"上

为防止真菌疾病，每天首先要做的就是保持塑料膜大棚或繁殖箱通风5～10分钟，这样做可以将凝结在砧木上的水汽风干。但要注意的是通风太久太早会让结合处变干。

植物形成愈合组织是嫁接成功的首要标志，它通常在嫁接3到4周以后开始形成。嫁接结合处边缘以及"教堂窗户"上面和周围会出现柔软的白色组织，并且它也会沿着砧木切口的长度延伸。在这个阶段，也就是准备移到工作台时，嫁接苗可能会折断。将繁殖箱打开几厘米的缝隙，开一整晚，随后在长达4周的时间内逐步增加箱子开口。在此期间，愈伤组织的颜色会由白转黄再转棕，颜色变化的同时还会逐渐硬化。

千万不要在天气温暖明媚的时候移动嫁接苗。将这些嫁接苗取出来时可能需要置于遮阴处，并且最初几天嫁接苗四周表面应保持潮湿。开始只需给它们浇一点点水，只有当这些裸根嫁接苗成活后再将其栽入盆中，每一株都需放在比它们自身的根团大一点的容器中。嫁接苗的长势都很好，尤其在受保护的环境中；嫁接苗长到足够大时，接下来可以在秋季或者春季移植到户外。

嫁接苗的热管愈伤组织

有一种方法可以使砧木和接穗保持无霜、凉爽，同时还可以将热空气传输给嫁接苗，使植株不易变干。该种方法已在商业上得到大规模应用。这样能够使愈伤组织快速形成，给商业种植者提供了灵活性，对于园艺师来说培育疑难物种也更容易成功，比如山茱萸和榛属。无论裸根砧木还是容器育苗，所有类型的嫁接苗都能长得很好。

小型热管或许可在冷温室或棚中制造。需要一根8厘米长的塑料排水管和一根用来加热土壤的发热电缆。电缆长度是排水管的2倍，还要带

有恒温调节器、操纵台以及电力供应。将2.5厘米宽的部分切成排水管深度的一半，以形成凹槽，凹槽的间距如下图。将管道内部的电线对折后粘到底部。用木块轻轻地把管子抬高。将一些接枝蜡熔化到摸起来刚好有温度的程度；然后将每一株嫁接苗和所有的接穗都浸在蜡中密封，以防干燥。将嫁接的植物放置在热管中，如下图。设置恒温调节器的温度，将管道内温度维持在20到25摄氏度之间。成功的嫁接植物会在3周内长好。

1 在管中切出多个2.5厘米宽的槽：如果是裸根植物，间隔2.5厘米，如果是盆育砧木，间隔8厘米。将每个植物及其嫁接部分都置入这个槽中。

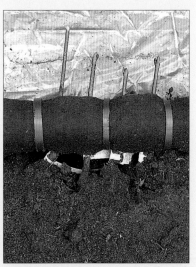

2 为防止裸根植物干枯，将其用潮湿的堆肥覆盖。在槽中放一些棕垫，再用切断的管子或者绝缘带固定。

石南

这些常绿灌木主要有三种类型：帚石南属（Calluna），是帚石南属下唯一的物种，但具有多个栽培品种，花期开始于仲夏，持续到晚秋。第二种是大宝石南属（Daboecia），它是有两个夏季开花品种的帚石南属植物，而其中只有大宝石南（D. cantabrica）可在花园中种植。最后一种是欧石南属（Erica），包括许多冬夏季花期的物种和栽培品种。石南属与帚石南属植物大多耐寒，其品种既有地被植物，也有约7米高的树木石南。它们中大多需要种植于有足够水分及阳光的酸性土壤或暴露的场地。由于无法通过种子培育繁殖，所以该品种需通过压条或者扦插繁殖。

选取插条

在所有帚石南属植物中，大宝石南和石南科灌木的插条最易生根，且最不易生病。从健康、有活力、不开花的枝条中获取半成熟的插条。有些石南属植物很少出花，所以可能需要从开花的枝条中获取插条（见右下图）。而澳大利亚本地石南（澳石南属）的插条一般取于初夏或花期之后。

一些商业用苗圃不会将插条上的叶子择去，因为它能有效防止腐烂。因此，不必费心摘下帚石南枝条上的小叶子。将插条插入一个排水良好且通风的堆肥中，且不需使用生根激素。而且，因为石南属与帚石南属植物对这些制剂所含的盐很敏感，所以也不要使用氮肥。

不同物种和栽培品种生根速率不同，因此需将插条单独插入模块中，或将几个同物种或同品种的插条插入13厘米深的盆中。为了获得最佳效果，要将插条的根茎种植在温度维持为15～21摄氏度的培植器中。

石南属与帚石南属植物容易腐烂，所以要喷洒或浇上一些通用杀菌剂，并记得每天通风。春季插条变硬之前，要将生根插条单独盆育（见第111页）。同时，只有在堆肥几乎干涸时，才需要从底部为插条浇水，否则，堆肥表面可能会长出苔类或苔藓。

此外，还可以将插条种植于遮阴处的花床中，如冷床。为避免温度变化影响插条，需将其置于阴凉处。4～6个月后，将它们种植于有排水良好的土壤的育苗床上，或者单独种植于花盆中。种植后，在秋季以前都要将它们置于阳光充足的地方，之后再将它们移植户外。石南属与帚石南属易受葡萄象鼻虫的影响：在仲夏时要在幼苗上涂抹线虫

选取半熟枝插条

1 夏末到秋季来临之际，选择一根强壮、健康、不开花的侧枝，首先，在茎尖下方约10厘米处，用剪枝剪剪下一条蘖枝。

叶子稀疏，瘦小

花蕾

小节间空间

叶子大小均匀

劣质材料　　优质材料

2 右侧插条生长得比较紧凑、均匀，能够长成一株好的植物。而左侧的这两枝插条，又弱又细，就可能长不成。而且，它们的花蕾也会阻碍生根。

开花的幼苗在同一株茎上

选择仅有少量花蕾的春花欧石南苗（Erica carnea），然后从茎上及其顶端分别剪下5厘米的插条。按照步骤3和步骤4所示对插条进行处理。

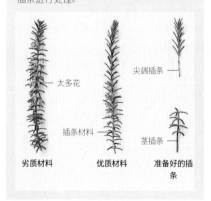

太多花

尖端插条

插条材料

茎插条

劣质材料　　优质材料　　准备好的插条

3 将每根茎修剪至4～5厘米长。用手指捏住插条的底部，用干净锋利的刀在合适的部位直接切断茎。

4 择掉欧石南和大宝石南插条的叶子，轻轻地捏住距茎底部约三分之一处，并迅速地将其拔出。此外，还要掐掉所有插条的顶端。

5 在绿植模块或花盆中装满等份的潮湿的椰壳纤维或泥炭的混合物，或等份的细皮与泥炭。将插条植入其中，要求插条最底部的叶子正好在堆肥表面。切记不要将插条固定死。

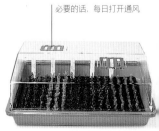

必要的话，每日打开通风

6 用带有细莲蓬式喷嘴的喷壶为插条浇上通用杀菌剂。为插条插上标签后，将其放入能加热的培育箱中，加速生根。在插条扎根期间，将其放在避免阳光直射的地方。

种植半成熟的插条

为了浓密生长而掐掉顶部

1 插条会在8～12周后生根。为了让它们苗壮成长，要定期为其施低氮肥料，如一周施一次液体肥料。此外，定期掐掉它们的生长锥，以便其生长更加浓密。

2 4～6个月后，植物发育良好，将它们分别种入8厘米深的无土堆肥的盆中，帚石南植物厌钙，所以要使用杜鹃科配方的肥料，放置于户外盆栽培育。为了防止幼苗枯萎，尽量不要让幼苗受冻。

3 从夏末开始，石南与帚石南植物的种植场所就要固定下来。为了获得最佳效果，种的时候可以分成几个不规则的组，间隔20～25厘米。这样一来，它们就会迅速长大，形成大簇。

水剂，此外，如果石南与帚石南植物在早秋还未移植到户外，还需要再次涂抹。

压条

　　在荒野中，石南与帚石南植物种在沙质土壤中，茎就容易扎根。所以，用压条法培植这些植物比扦插法更容易。不过压条培植的植物没有扦插法培植的浓密。

　　在母株四周浅沟的土壤里混合少量纯砂和泥炭替代物，如椰子壳纤维或泥炭，以提供良好的生根介质。仲秋或春初，压弯那些健壮的侧苗，用土将其盖住。用钢钉把这些苗钉在地面或者用石头把它们压着。不要割伤或弄伤茎。一年后，切下生根茎，将其移植到苗圃床上，培育半年后种植到户外。

　　如果只需要一两个生根的压条，只需简单处理苗下的土壤。如果要将大量的嫩枝压条，仲春将它们挖出，在其他地方挖洞将其重新种植，将苗的三分之二都埋上。这种类型的压条法是"堆土压条法"（见右图）。

　　如右图所示，在这些枝条中间填土。如果枝条很少，将其排列成一排。如果枝条不是很脆弱，绕着洞边按压，以形成一个圆圈，但是这可能会使植物周围更容易长杂草。将土壤压实，以便其生根。

　　秋天之前，要好好地为植物浇水。清理土壤，切下每个茎上新根正下方生根的插条。扔掉原来的苗，把生了根的压条养在花盆里，培育方法与培育插条相同。

播种

　　用种子培育顶花皮木（*Erica terminalis*）与帚石南（*Calluna vulgaris*）。冬季至初春播种，方法同杜鹃花。澳石南经烟熏处理后，发芽效果更好。

压条

春季，在植株边缘选取一棵健康的幼苗。在幼苗下的土壤中施上一些泥炭替代品，如椰壳纤维（或泥炭）和砾砂或粗砂，来使其更松散。将幼苗埋进已经准备好的土壤之中，再用石头压在土上将其固定。第二年春天，挖出根层，将其从母株上割下，移植户外。

应用堆土压条法的石南属

1 春季，挖出成熟的植物。再挖一个能容纳植物三分之二的大洞。用"堆土法"将植株放入洞中，再在根部周围填满土壤。

2 在苗与苗之间填上等份的沙砾、椰壳或泥炭的混合物，使此处与周围的土壤齐平。轻轻地固定并插上标签。

3 干旱期需给植物浇水。到了秋天，位于土下部分的茎应该已形成根。挖出整株植物，并切断母株上生根的苗，然后将它们单独盆栽或种植在遮阴处。

下层根的原始深度

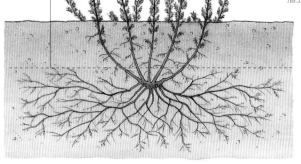

月季

与普遍看法不同，就算种植空间有限，所有的月季，无论是原种蔷薇、古典月季还是现代品种，都易于繁殖。

月季基本可以通过三种方式繁殖。虽然大多数现代的大花或簇花丛生的高质量月季不建议通过扦插法培育，但扦插法对花匠来说是最容易的。嫁接或T形芽接月季是最受商业种植者欢迎的方法。虽然这个方法需要提前规划并预先种植砧木，但通常会长出更有活力的植物。

用种子培育月季的难度很高，而且通常只有用原种蔷薇培育的成功率才更有保证。然而，月季是典型的杂交苗子，一些业余月季种植者都已经培育出了有价值的品种。

扦插

硬木扦插培育成功率最高的蔷薇科植物有庭院月季、微型月季、地被月季以及一些光叶攀缘蔷薇 [Rosa Lucieae，异名为R. wichurana, R.wichuraiana]，硬木扦插培育成功率最高。选取插条的获取方法与其他灌木大致相同（见第98页）。

尽管软木扦插需要可控的环境与细心照料，但月季产量增多证明（见第100页）软木扦插培育法不仅有利于批量繁育盆栽月季，而且对于较难种植的物种和栽培品种，如木香花（Rosa banksiae）和"美人鱼"，也是十分有效的。

硬木扦插

选取合适的茎
在夏末或秋天，从当季生长的植株上摘取成熟、健康的30～60厘米长的木质枝 [这里是"梦幻尖塔"蔷薇（Rosa 'Dreaming Spires'）]。

根插条
到了第二年春天，这些插条应该开始生根并产生新芽。在当年秋天，用手叉举起每一个已生根的插条，注意不要损坏根。把新的玫瑰移种在固定的位置上。

— 一年生插条

— 强壮的新枝

首先在半阴的地方挖一条深约20厘米的缝隙沟槽，并沿底部撒一些纯沙粒以改善排水效果。收集合适的枝条，在朝外的芽上方按一定角度切开，然后将枝条放在潮湿的报纸或苔藓上，以防止其变干。将茎切成23厘米长，摘掉所有叶子，只保留顶部的两片叶子，并在每一根插条的基部切下一个芽。不用保留假植苗。

先将插条的根部浸入水中，然后再放入激素生根剂中，以10～15厘米的间隔将其种植在沟槽中。填满沟渠，再盖上土，使叶子与土壤处于水平位置。将其固定并充分浇灌。在干燥条件下，用黑色塑料地膜保护插条。1年后，生根的插条就可以移植到户外。

把8厘米长的插条种植在堆肥覆盖深度达8厘米的花盆中，用繁殖器或繁殖毯子在其底部加热（见第41页），保持21摄氏度左右的温度，这样插条就会更快生根。第二年春季，生根的插条就可以移植到户外了。这种方法对于大多数地被和微型月季特别有效。

月季的软木扦插

1 初夏至仲夏，选择当季生长的健康苗。用修枝剪在每个节点的上方部位将其剪下。为保持新鲜，剪下后立刻将插条放到塑料袋里。

— 丢掉生长锥

— 将小叶切成两半

— 在节点上方斜切

2 沿着茎将每个枝条都剪成段，使每个节间的插条顶部都留有一片叶子。因为生长锥比较软，无法生根，所以要将其丢弃。修剪小叶以减少水分流失。

— 插入石岩棉模具中的插条

— 杀菌剂

— 将茎浸入激素生根粉中

3 将每个插条浸入杀真菌剂溶液中，然后将其底部浸入激素生根粉中。将插条插入大块石棉中2.5厘米深的孔中，或插入深种子盘中的种子堆肥中，间隔5厘米。

月季的软木扦插

插条应该从那些早春被修剪后长出幼苗的植物中获取。而且这些植物最好能在温室等受保护的环境中生长。如果园林植物的第一批新芽未用过除草剂，尤其是没用过那些可以在土壤中保留数月之久的芽前除草剂，那么这些新芽也可以用作插条。

早春至仲春是获取软木茎尖插条的最佳时间，这时新芽只有4～5厘米长，不需要修剪。夏季，从较长的嫩芽中选取节间茎插条（见第112页）。为防止腐烂，所有插条都要用上内吸杀菌剂，并且使用激素生根化合物帮助生根。将插条插入堆肥或石棉中时，请确保它们互不接触。

将插条放在塑料袋中拉紧或将其放置在繁殖器或喷雾装置中来保持插条周围的高湿度（见第44页）。首先提供约27摄氏度的底部热量，大约4周后，将温度降至18～21摄氏度。通过逐渐减少插条覆盖的时间来硬化插条。将它们单独放入装有无土堆肥的8厘米深的盆中。

用这种方法可以在两个月左右的时间内培育出大小适中的植物。把幼苗修剪掉大约50%，确保其能茂盛地生长，而且修剪还为进一步繁殖提供了很好的材料——这也是商业苗圃常见的做法。

分株月季根蘖

一些月季，特别是皱叶蔷薇（Rugosas）和苏格兰玫瑰品种［伯内特蔷薇（R. pimpinellifolia）］不是通过与其他砧木嫁接繁育，而是借由自己根部的硬木插条繁育的。因此，这些玫瑰生长的大量根蘖是纯种的，并且可以将其从母株上分离出来并种植。如果需要培育大量植物，这个方法就特别有用。当根蘖生长不活跃时，将其与一定长度的根挖出，并立即重新种植。

嫁接

标准的嫁接和T形芽接可以将来自两种不同品种的材料结合在一起，以综合两者的优点。将要繁殖的月季顶部生长的接穗或芽与砧木结合在一起，砧木的选择要考虑活力和坚硬程度。嫁接月季需要在温暖且潮湿的环境下进行，但可以在同一生长季节培育大量新植株。发芽是在开放式花园中进行的，但是花费的时间较长。

嫁接月季

嫁接最适合微型月季和一些地被月季。它被广泛用于切花产业。

传统的苗木砧木，例如松叶红景天（R.laxa）或中华大叶红景天（R. chinensis 'Major'），用于商业嫁接。园丁可以从专业苗圃获取砧木。砧木根据茎或"颈"的直径分级：通常为5～8毫米或8～12毫米。

砧木通常在仲冬被放入温室，将其假植于深18厘米的泥炭床，该床可提供18摄氏度的底部热量，以促进早期的生长。

所用的嫁接类型与果树嫁接果树大致相似（见第63页）。选取春季发育的半熟芽，用作接穗。将枝条切成短段，要求每段上

有一个芽和一片叶子。从茎秆的一侧切下一片，将每个茎秆的基部修剪成楔形。挖出砧木，并在每个枝条下方"颈部"的上方直切，切去顶部。

切开树皮，将准备好的接穗插入皮瓣下方，用细线或接枝带固定。

将每个嫁接的砧木都种入种子堆肥中，

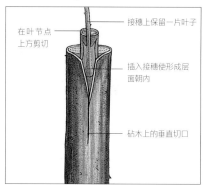

嫁接月季

1 选择当前季节生长的半成熟芽。取一根带有叶柄的茎插条。在顶部节点上方斜切，再将茎的底部2.5厘米长的部分切割成楔形。

叶腋中的芽　　　切开暴露出的形成层

接穗上保留一片叶子
在叶节点上方剪切
插入接穗使形成层面朝内
砧木上的垂直切口

2 用修枝剪直接将砧木"颈部"的顶部剪开。从顶部垂直切开树皮，切口深为2.5厘米，然后轻轻打开树皮瓣。将接穗滑入切口并牢牢捆上。

月季根蘖的分株

秋末或早春，选择一个发育良好的根蘖，并使用修枝剪将其从砧木中分离出来，并尽可能保留多的根。然后挖一个又宽又深的洞，将这些根种进去，浇水并固定。

如何繁殖各种类型的玫瑰

大花灌丛玫瑰（杂交茶香月季）
月季　嫁接、T形芽接、杂交。
丰花灌丛玫瑰　嫁接、T形芽接、杂交。
矮生丰花花灌丛月季　硬木扦插、T形芽接、杂交。
微型月季　硬木与嫩枝扦插、容器种植植物嫁接、T形芽接、杂交。
地被月季　硬木扦插、嫁接、T形芽接。

藤本月季和蔓生月季
硬木扦插用于部分光叶攀缘蔷薇，嫩枝扦插用于如木香花与"美人鱼"等难处理的品种、T形芽接、杂交。
现代灌丛月季　硬木插条、T形芽接、杂交。
古典灌丛月季，原种蔷薇　硬木扦插、分株、T形芽接、种子繁育（仅适用于品种玫瑰）。

玫瑰果"道格玛·哈斯楚波夫人"
（Rosa 'Fru Dagmar Hastrup'）

并置于温度为15～24摄氏度的繁殖器或雾化器中。放置约4周，直到移植物形成愈合组织，接穗开始生长后将其种植到13厘米深的花盆中。嫁接苗在6周内变硬后，就可以在春末移植到户外了。

T形芽接

大花灌丛月季（杂交茶香月季）出现以前，所有月季都是通过插条培育的。随着育种的发展，许多品种失去了发育合格根系的能力。往更有活力的砧木上芽接早在其他植物上就已经应用过了，但到19世纪中叶，芽接才成为商业苗圃用作繁殖各类玫瑰的主要方法。尽管对花匠来说，这一进程很慢且更具挑战性，但它仍然是从园林品种中生产高质量植物的最佳方法。

冬季，专业苗圃可能会有灌丛月季芽接的砧木。砧木根据"颈部"尺寸进行分级，通常为5～8毫米或8～12毫米，并且在不同地区有各种砧木（见右侧方框），但大多数砧木与任何品种都兼容。如果土壤结冰或太过潮湿，将根茎假植，直到早春可以种植为止。播种地点不能有杂草，而且应事先准备

好花园堆肥或腐熟肥料。

商业种植者以20厘米的间隔种植砧木，每行间隔90厘米。如果培育的数量较少，则可以单独种植在由大型挖洞器挖出的洞中，也可以种在狭缝沟槽中（见下文）。如果砧木尚未修剪，那就把顶部修剪到23厘米处，根部修剪到15厘米处。颈部上的土壤应该覆

种子培养砧木

疏花蔷薇（ROSA LAXA） 该植物砧木很受欢迎，一般都能产出高质量的植物，并且几乎不长根蘖。但仲夏早期容易干燥（汁液流动减少），因此必须要尽早芽接。对于这种植物，锈病是一个问题，但现在使用合适的杀菌剂就能轻松控制。这是英国花匠能接触到的主要的砧木。

"火棘" 犬蔷薇（R. CANINA 'INERMIS'） 几乎与疏花蔷薇一样受欢迎，尤其在地中海区域。

"美梦成真" 蔷薇（R. 'DR HUEY'） 是南加州、亚利桑那州及澳大利亚东南部受欢迎的砧木；耐干性与碱性土壤。

蔷薇属杂交植物R. x FORTUNEANA深根玫瑰 适合温暖气候的沙质土壤，如西澳大利亚。

大型玫瑰苗圃中一般都会有适用于嫁接的砧木。

盖到树枝的上部，但不能超过树枝，以使树皮芽接的位置保持湿润和柔软，然后压实土壤。除非非常干燥，否则不需要浇水，并控制杂草的生长以防止它们与月季争夺养分。在茎变成熟或变硬并开始开花后，从夏初繁殖的月季中采摘出用于芽接的芽木。检验芽材是否可以使用的一个好方法是掰断一些

插条砧木

野蔷薇很容易生根；在温暖的气候，生根8周以后就可以用于T形芽接。常见于西澳大利亚和新西兰，其砧木适用于下垂品种的接穗嫁接。

蔷薇属犬蔷薇（R. CANINA）品种
"美梦成真" 蔷薇（R. 'DR HUEY'）
"花中皇后" 蔷薇属月季花（R. CHINENSIS 'MAJOR'） 广泛种植于非常炎热的气候地带；耐干性与碱性土壤。

标准玫瑰的砧木

蔷薇属犬蔷薇 传统的标准砧木。
多花型蔷薇（R. MULTIFLORA）、蔷薇属植物（R. POLMERIANA），
蔷薇属玫瑰（R. RUGOSA）与一些栽培品种。

T形芽接：培育砧木

1 初春时，用铁锹挖出V形沟渠，其深度应足以容纳砧木的根部。将砧木放入沟渠。

2 将沟渠填上土，并且轻轻地固定。再沿木桩的颈部培土，直至分枝的根部。插上标签，并且用井水浇灌。

T形芽接：准备芽条

1 初夏，切断长约30厘米、有活力的、成熟的、开花枝条。在枝条上方的每个芽的根部斜切。

2 去掉每个芽条上柔软的顶部生长部分和叶子。从茎上切下大约5毫米的叶子茎，留下一个"手柄"。做好标签并保持湿润。

T形芽接：准备砧木

1 仲夏时，用手叉轻轻松土，把根茎的"颈部"挖出来。处理芽之前完成这一步，砧木的颈部就不会干枯。

2 用柔软的干布轻轻清洁茎的树皮。这将清除那些可能会钝化接芽刀刀刃的土壤或沙砾。

3 在树皮距离顶部约2.5厘米的位置上，水平切一个5毫米的口子。再垂直向上切开，与水平切口相连接，以形成一个T形切口。

4 用反着的刀，轻轻撬开两个切口下留下的树皮瓣。这时，薄薄的绿色形成层会在下面露出来。此时的砧木就可以用于芽接了。

T形芽接：处理芽条

1 握住一枝芽条，使芽朝上。折断芽条上的刺，确保没有凸起。

2 将刀插入离叶柄约5毫米的地方。用刀向内径直地切掉茎、芽与2.5厘米长的"尾巴"。

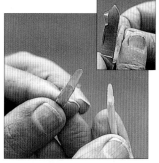

3 抓住芽条的尾巴，剥去绿色树皮上的木质层，将其丢掉。剪掉尾巴（小见插图），留下大约1厘米长的接穗。

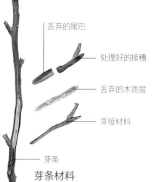

芽条材料
处理芽条接穗的每个阶段都需要丢弃芽枝的不同部分。

- 丢弃的尾巴
- 处理好的接穗
- 丢弃的木质层
- 芽接材料
- 芽条

T形芽接：组合嫁接苗

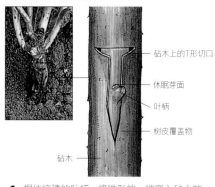

- 砧木上的T形切口
- 休眠芽面
- 叶柄
- 树皮覆盖物
- 砧木

1 握住接穗的叶柄，将锥形的一端塞入砧木的树皮皮瓣下（见左上图）。将芽整齐地放置在皮瓣下；如果需要的话，修剪接穗的顶端，使它与T形切口相匹配（见右上图）。

2 为确保接穗与砧木紧密接触，在嫁接苗周围固定一块橡胶接枝片（见小插图），钉在芽的对面。随着砧木愈合，形成层消失，橡胶补丁就会自然腐烂脱落。

第二年初春时 在休眠芽的正上方，用剪枝剪把砧木的顶端剪掉。春末，将强壮的多茎植物芽中长出的嫩枝（见小插图）修剪至8厘米或更长。

刺：大多数品种都能剥离得很干净。

收集芽条并存放于阴凉处潮湿的苔藓或报纸中，仔细贴上标签，直到需要时再取出。不要把它们放在水里，否则它们的底部会腐烂。芽条可以一直保存到仲夏，那是最适宜芽条芽接的季节。在温暖的气候下，夏末获取的芽在来年春天就能抽枝了。

新手为月季芽接前，应该先用嫩柳条进行大量的切割练习。实际过程应迅速进行，以避免芽或砧木颈变干。

准备接芽时，清除茎部周围的土壤。在树皮的颈部切一个T形切口，使颈部能接入接芽（见第114页）。从芽条上切下带有芽的盾形树皮薄片，剥下其周围树皮（见上图）；处理好的芽叫作接穗。将接穗插入丁字形切口并固定。

嫁接苗3～4周就能愈合。如果气候恶劣，冬季时，用土覆盖砧木，以防霜冻。但如果气候较温和，则不需要。如果用土盖上砧木，则需在早春时将发了芽的砧木挖出。

用一把锋利的修枝剪将砧木休眠花蕾的正上方剪掉。随着季节的推移，芽就会随之生长。修剪新梢能刺激植物生长得更浓密。如果一棵强壮的攀缘植物已经发芽，那么在它的生长过程中还需要定桩。至初秋，月季完全成熟，就可以将它移植到固定位置了。

T形芽接标准月季

标准月季芽接的方法与灌木月季相同，但通常要在茎部周围插入2～3个芽，以保持茎顶端的平衡（见右图）。芽高于土壤的高度决定了标准的类型：60厘米是半标准；1米为完整标准；1.2米为灌木或垂柳标准。为防止风力破坏，这些茎需要用桩子做支撑。

理论上，所有的月季都可以作为标准植物种植，但许多月季会因为它们直立的习性而看起来很丑。大花和丰花灌丛月季、中庭月季、地被月季、一些生长松散的灌丛月季以及能长成垂柳标准的较老一些的光叶攀缘蔷薇等品种的芽接效果都比较好。

在标准砧木上进行T形芽接

使用复芽
绕着砧木茎插入2个或3个芽，间隔8厘米，使其离地1.1～1.2米。用橡胶贴片将所有的芽固定。

春季修剪
春季，在嫁接芽生长出新苗的正上方的位置修剪砧木。

种生月季

所有栽培种或野生月季都可以通过种子生长出与母株完全相同的幼苗。但是种子培育最大的问题是种子的发芽要历时两季。种子在播种前必须分层或冷冻，以克服它们的休眠（见第103页）。蔷薇果会在仲秋至秋末成熟；与生长红色果子的品种不同，许多栽培品种的蔷薇果成熟时是绿色的。种子从蔷薇果中分离之前或之后都可以进行分层。

从新鲜采集的蔷薇果（见右图）中提取的种子应放在装有湿润的椰壳、泥炭、蛭石或沙子的塑料袋或种子盘中，贴上标签。冬末以前，始终将种子置于20摄氏度左右的温度中。再将种子放在袋子或托盘中，放置于冰箱上层架子上冷却3～4周，温度控制在零下4.5摄氏度。

种子还可以播种在模具中（见右图）并放置于凉爽、遮阴的地方，如冷床。历时一年才能发芽。当幼苗长出第一片真正的叶子时，将其盆栽，继续培育直到长成。把幼苗放置凉处，使其受冷而变得耐寒（见第45页），并在必要时进行盆栽，待它们长得足够大时，移植到户外。

在凉爽的气候下，蔷薇果可以放置在5厘米深且含有湿润的泥炭替代品、蛭石或泥炭的容器中，并在室外遮蔽处放置12～15个月。这使得种皮自然分解。第二年的初春，将分层的种子（见上文）取出并清洗干净，播种在室外的苗床中。在苗床中放置10厘米厚的壤土作为种子堆肥。

播种时，将种子间隔2.5～5厘米，并用1厘米厚的种子堆肥或细土以及1厘米厚的细砾石（7～12毫米）覆盖。种子发芽可

种育蔷薇

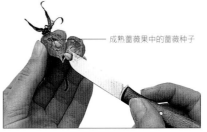

1 秋天，用干净锋利的刀切开从母株上取下的成熟蔷薇果。用刀背将种子拨出。

成熟蔷薇果中的蔷薇种子

2 将种子放入一个装有椰壳纤维（或泥炭）的透明塑料袋中，并在约21摄氏度的条件下保存2～3个月，然后把袋子放在冰箱里3～4周。

3 在模具盘中分别放入一半沙子与一半泥炭替代品（或泥炭）的堆肥，然后将种子单独播种，用砂粒覆盖。贴上标签再放到冷床中。

捏住脆弱的幼苗

4 当幼苗长出第一对真叶时，将其单株分别移植到5厘米的花盆中，要求盆中装满壤土基盆栽堆肥。再把花盆放回冷床。

能需要长达两个月的时间。第二年秋天将幼苗移植到苗圃床上，并在2～3年后将其种植到花园里。

杂交月季

用两种不同的月季进行杂交，然后选择最好的苗木来繁育新的栽培品种，对于商业种植者来说这是一项费时但令人振奋的工作，而且许多园艺家也乐在其中。

专业育种者考虑到亲本的染色体结构，采用的策略是使用亲本中的一个显性基因，而这不一定是商业栽培的品种，因为商业栽培的品种是针对一两个理想的特征进行选育的。对于初学杂交的人来说，用易繁殖的现代栽培品种作为亲本是比较现实的，而且这些品种的蔷薇果产量也多。选择的月季的某些特性是你希望延续的，如它们的抗病性、习性、花形、香味或颜色等。实际上，两个受欢迎的命名栽培品种在杂交时，很少会产生具有商业价值的后代。

杂交：处理花粉（亲本）

1 为了收集花粉以便立即使用，取一朵半开的花，在花节上方剪下花朵，并将其放在水中。

2 当花朵完全开放后，通常24小时后，花粉囊就会裂开，露出花粉，轻轻拉下所有花瓣。同时要保持花粉囊完整。

3 暴露的花粉囊现在已经可以释放花粉了。用干净的驼毛刷在花粉囊上轻扫，收集花粉。

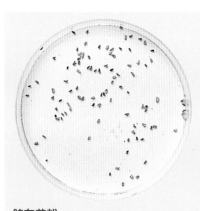

储存花粉

花粉可在杂交前一个月内收集，并存放在干净的盘中催熟。花粉成熟后，看起来很松软。

杂交：处理种子亲本

1 在种子亲本上选择一朵尚未完全开放、也未授粉的健康花朵。

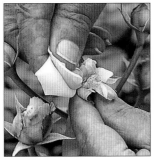

2 快速扭动花瓣，向内拉开，露出未成熟的花粉囊。

3 用镊子小心地拔出花粉囊。不要伤害到柱头。将粉囊放置24～48小时。

4 将成熟的花粉用骆驼毛刷或干净的手指转移到已经黏稠的柱头上。

5 在授粉花上贴上花粉母本的名称，待其成熟。同一种子亲本上的花可以用不同月季的花粉受精。

杂交幼苗

用杂交种子培育的月季花苗，应在低温温室苗床上或无霜期的地方培育成开花大小。可以根据叶子和花色进行选择。同一亲本的幼苗之间会有很大差异（见左图）。很多花会呈现出粉红色或朱红色。

许多品种与栽培品种杂交都会产生无法繁育的后代。如果多次开花或一季多熟的月季与没有花期的月季杂交，大概率会产出没有花期的幼苗。在不需昆虫授粉的可控环境中，月季的杂交效果最好。通风良好的温室是月季杂交最理想的场所。除非气候非常寒冷，月季杂交一般不需要复杂的加热系统。大棚就能提供比较好的恒温条件。卫生环境也很重要，初秋时，必须对温室彻底清洗消毒（见第38页）。在引进植物之前，要给温室足够的时间通风干燥。

用于杂交的两种月季，其中一个充当花粉（雄性）父本，提供成熟的花粉，另一个充当种子（雌性）母本，产生果实和种子。多花瓣的月季可能不会产生很多花粉，而有些月季花可能不会形成饱满的果实。

将挑选出的亲本种子放在装有肥沃的盆栽堆肥的大容器中，并在初秋将其置于户外。仲冬再将它们放入温度至少为4.5摄氏度的温室中，这样的环境可以使它们发育成长。放入温室的一个月后，轻剪灌丛月季。在阳光明媚的日子，为它们提供良好的通风条件，并浇上少量的水，先不用施肥。到了仲春，幼苗便开始发育。

为种子母本授粉

先处理花粉亲本（见第116页）并收集花粉：成熟的花粉看起来质地松软或蓬松。必要的话，可在种子母本准备好前一个月收集花粉，但必须保持花粉干燥。

种子母本的花朵必须发育良好，但不能完全开放；这时的花粉囊尚未成熟，无法进行授粉。去掉种子母本的花瓣和花粉囊（见上文），确保不留下碎片，因为这些残余可能会腐烂并使真菌攻击植物。在24～48小时内，柱头就会成熟黏稠，准备接受雄花的花粉。一旦授粉，就在种子亲本上标上种子双亲本的名字。如果使用不同亲本的花粉制作不同的花，两次使用刷子之间需用消毒酒精清洗一下刷子。

如果杂交成功，果实会在仲秋前发育成熟。杂交过程中，出现的新芽或嫩枝要及时摘除，尽量减少浇水，也不要施肥，以防止它把精力浪费在新的生长上，但要保持良好通风。如果授粉失败，果实则会腐烂或萎缩。

杂交种苗的护理

秋季，从成熟的果实中提取种子并在沙子中分层，如原种蔷薇。将种子播种在准备好的苗床（如未加温的温室）中，并加以覆盖。按要求浇水，但注意不要浇水过多。浇水过多或极端温度有时会使花苗出现枯萎或腐烂的情况。严格控制卫生，使用综合杀菌剂。

种子预计会在两个月内发芽，第一年会长到23～45厘米，届时大部分新植株会开小花。由于亲本植株是已知的，那么新植株的颜色和形态就可以推断出来。如果植株没有开花，那么说明苗木只在夏季开花。这种情况就只能在下次选取更好的亲本植物了。

仲夏时，选择最好的三四株苗，在室外将其按T形芽接法嫁接到砧木上（见第114页）。第二年，杂交的结果就会完全显现出来。杂交培育工作者应该在接下来的季节里培育出最具价值的栽培品种，处理掉不会再用的杂交品种。

灌木和攀缘植物词典

六道木属（ABELIA）

软木扦插　春季 🌱
嫩枝扦插　春末 🌱
半熟枝扦插　夏初至夏末 🌱🌱

该属中无论是耐寒的落叶或常绿灌木，还是半耐寒的落叶或常绿灌木的插条，生长在加热的繁殖器或雾台中都很容易生根。从第一波生长的植株中获取的软木插条会在2～4周内生根。在凉爽的地区，仲夏之后，不要着急将嫩枝插条种到花盆里；要先修剪插条，让它具有灌丛的特点，而且还要等它完全生长成熟——如果根系没有长好，它们就无法越冬了。夏末无霜期时可以获取半熟枝插条。植株会在1～2年间开花。

苘麻属（ABUTILON）花苘麻、苘麻

软木扦插，嫩枝扦插，半熟枝扦插　随时 🌱🌱
硬木扦插　秋季 🌱🌱
播种　初春 🌱

本属中大多数耐寒或畏寒的常绿以及落叶开花灌木都可随时通过较软的嫩枝插条培植。如果夏季用插条作垫料，夏末时就可以将它们用作节茎尖插条。其种植方法同六道木属，盆栽种植，而且冬季时，还要提供至少5摄氏度的温度。红萼

猕猴桃属（ACTINIDIA）中华猕猴桃

嫩枝或半熟枝扦插　夏初 🌱🌱🌱
硬木扦插　秋末至仲冬 🌱🌱
播种　秋季或春季 🌱
压条　秋季；嫁接　冬末 🌱🌱🌱

该属植物大部分为完全耐寒的植物，并大多数为落叶攀缘植物。扦插是培育该属植物最简单的方法。嫩枝扦插最适合中华猕猴桃（A. chinensis）和狗枣猕猴桃（A. kolomikta）；半熟枝扦插或硬木扦插适用于软枣猕猴桃（A. arguta）。种子培育的品种生长迅速。新的植物会在2～3年间开花结果。

扦插

嫩枝插条要配合使用激素生根化合物，并将硬毛猕猴桃的叶子剪至5厘米长。半熟枝扦插与硬木扦插要选用那些生命力不太旺盛、容易腐烂的枝条。

播种

果实需要一株雄性和一株雌性植株。如果播种新鲜的种子，种子会很快发芽，但春播的种子要经历3个月的低温期。

黄蝉属（ALLAMANDA）

扦插　夏季 🌱
分株　春季 🌱

软枝黄蝉
（*Allamanda cathartica*）

本属为畏寒的常绿灌木和攀缘植物。其嫩枝节茎插条很容易生根。取5～8厘米长的插条，将其放置在潮湿且底部温度为15摄氏度的环境中使其生根。插条应会在6～8周内生根，2～3年后开花。

另外，对于迅速成长起来的新植株，将成熟的样本分化成多丛，然后重剪，重新种植。

苘麻（*Abutilon megapotamicum*）要使用半熟茎插条扦插（见第95页）。大风玲花（*A. xsuntense*）和白花苘麻（*A. vitifolium*）的硬木插条很好生根；但在天气较冷时，需保护它们免受霜冻。

播种需要从干燥的种子荚中收集种子。在有遮盖的情况下，种子会很快发芽，但要注意粉虱和红蜘蛛螨。新植物开花通常需要两年时间。

压条

如果只需要一两株植物，单枝压条对所有植物都适用。

嫁接

对于命名品种，用实生砧木舌接。嫁接的植株往往比扦插的植株生命力强。

从猕猴桃果实中提取种子
将成熟的水果切成两半。用刀尖拨出种子。将种子放入细筛中，在流动水中洗去果肉，烘干保存。另外，也可以不经清洗，直接将其在容器中播种。

唐棣属（AMELANCHIER）柳树

扦插　春末 🌱🌱
分株　初春 🌱
播种　秋季或春季 🌱
压条　随时 🌱

在这个完全耐寒的属中，许多灌木品种都会产生根出条，易于分株。它们也很容易杂交，因此一些种子可能无法长成。新苗会在2～3年后开花。

扦插

为了获得最佳扦插效果，新生长的植株不到10厘米时，就可以获取软木插条。

分株

对成簇的物种进行分株；将生了根的加拿大唐棣（*Amelanchier canadensis*）的根出条挖出并重新种植。

播种

从成熟的黑色果实中采集种子，在秋天播种。如果将其贮藏，干燥的种子会有坚硬的包衣：在春季播种，来年春季发芽；或播种前，先温后冷分层，以加速种子发芽。

压条

单枝压条对本属的所有品种都有效，特别是拉马克唐棣（*A. lamarckii*）。

桃叶珊瑚属（AUCUBA）斑点月桂

扦插　夏末起
播种　秋季
压条　春季与秋季

这些完全耐寒的、常绿的灌木中，通常只培育只有青木（*Aucuba japonica*）按常规培育就可以。其半熟插条可以很容易地在遮阴的苗床上扎根，例如冷床上。如果愿意的话，为方便处理，摘掉插条上的一些叶子，并将其放置在底部温度为21摄氏度的条件下6～8周以加速插条生根。春季后再将插条进行盆栽。新苗会在3～4年间成熟。

从成熟的浆果中收集种子，在秋天播种。播种后种子发芽可能需要18个月。

单枝压条效果也很好，压条可以在12个月后移植户外。

桃叶珊瑚浆果
用粗布擦拭浆果，除去大种子上的果肉。

小檗属（BERBERIS）小檗叶

半熟枝扦插　仲夏

槌形扦插　初夏或秋季

硬木扦插　秋末至仲冬

分株　随时　播种　冬末或初春

嫁接　冬末

这些落叶和常绿、多刺的灌木完全耐寒。扦插培育可能很棘手，因此需要分株培育成簇状的树种，嫁接培育较少生根的品种。新生植株通常需要至少两年的时间才能开花。

半熟枝的插条生根最快，尤其是种植在岩棉模具中。槌形扦插最适用于小檗属植物四色小檗（Berberis xlologensis）及其培育品种。并且配合使用激素生根化合物可以使这两个种类加速生根。在较冷的气候下，需要

将半熟枝插条和常绿硬木插条放置在冷床或钟形罩中加以保护。

簇状品种如冬青叶小檗（B. microphylla）一年四季都可以分株，但是春季与秋季分株效果较好。

从成熟果实中收集的种子需要一小段时间的冷却才能打破休眠状态。将浆果分层播种于沙土中，或在室外或盆中，到了夏天就会发芽。

用拼接腹接法将四色小檗和线叶小檗（B. linearifolia）以及它们的栽培品种嫁接到杂交品种渥太华小檗（Berberis×ottawensis）一年生的砧木上。

选取槌形插条

木槌

半熟枝侧枝

1 从去年生长的茎上选取槌形插条，落叶植物夏初获取，常绿植物秋季选取。在本季生长的长约10厘米的短侧枝主茎节点上方与下方剪切，使插条底部有1厘米的槌形部分。

木槌

2 修剪每个侧枝底端的叶子与软尖。如果木槌直径大于5毫米，则纵向将其切开。然后将插条视为半成熟插条处理。该方法为细茎插条提供了更坚固的基底，从而使其可以产生根。

叶子花属（BOUGAINVILLEA）

软木或半熟枝扦插　夏初

硬木扦插　冬季

压条　冬末或初春

"花叶"叶子花
（Bougainvillea glabra 'Variegata'）

对于畏寒的落叶植物以及常绿的攀缘植物而言，气候寒冷时，压条法培植该属，比扦插繁殖畏寒的、落叶或常绿的攀缘植物更有效。新苗会在2～3年间开花。

扦插

软木或半成熟插条，如果生长在潮湿的环境中，长5～8厘米、带有假植苗或部分为去年生长的，将会在4～6周内生根。如果保持15摄氏度的底部加热，生根速度会更快。在较冷的气候中，需将硬木插条种植在较深的花盆中，并放到加热器上，将温度控制在21摄氏度。在温暖、潮湿的气候中，插条生根只需要3个月，也会长得比较结实。

压条

单枝压条或波状压条培植；容器内生长的植物可以在花盆中压条并分离。

其他灌木和攀缘植物

翅果连翘属（ABELIOPHYLLUM） 软木或半熟枝扦插（见第100—101页和第95页）。春季单枝压条，秋季播种。

金合欢属（ACACIA） 半熟枝扦插（见第95页）。将种子浸泡在热水中（见第103页）；春季温度为21～25摄氏度时播种。

铁苋菜属（ACALYPHA） 将软木插条或茎尖插条种植在21～27摄氏度的温度中。春季分株。

野凤榴属（ACCA，异名为Feijoa） 将半熟枝插条种植在凉爽、无霜或有底部加热防护的地方。播种方法同八角金盘属（见第128页）。

七叶树属（AESCULUS） 秋天在室外播种新鲜种子。分株根出条。

木通属（AKEBIA） 春末到仲夏取嫩枝扦插。经过短暂的冷分层后在春季播种。波状压条（见第107页）效果最佳。

刺红檗属（ALLOBERBERIS） 同十大功劳属（见第134页）。

橙香木属（ALOYSIA） 春季到仲夏软木或半熟枝扦插，同莸属（Caryopteris）（见第121页）。

合柱堇属（ALYOGYNE） 种植半熟枝插条，并为其提供微湿的底部加热。春季种植（见第104页）。

蛇葡萄属（AMPELOPSIS） 软木扦插与嫩枝扦插，同地锦属（Parthenocissus，见第136页）。秋季播种。

单药花属（APHELANDRA） 嫩枝扦插（见第101页）；底部保持20～25摄氏度的温度。

楤木属（ARALIA） 像南蛇藤属（Celastrus）一样获取该品种的根插条（见第122页）。分株根出条，方法同唐棣属（Amelanchier）。秋季播种。拼接腹接法获得斑叶样式（见第109页）。

熊果属（ARCTOSTAPHYLOS） 秋季半熟枝扦插（见第95页）。将种子浸泡在热水中；秋季播种。

紫金牛属（ARDISIA） 夏季软木扦插或半熟枝扦插，方法同朱槿（Hibiscus rosa-sinensis）（见第131页）。播种方法同西番莲（Passiflora）（见第136页）。

木茼蒿属（ARGYRANTHEMUM） 获取软木扦插、半熟枝扦插和节茎尖插条（见第101和105页），也可以选用茼蒿属（Glebionis）与日环菊属的杂交（Ismelia）砧木。春季播种。

马兜铃属（ARISTOLOCHIA） 春季，选取娇嫩品种的软木插条；而对于耐寒品种而言，仲夏时选取嫩枝插条。春季播种。

涩石楠属（ARONIA） 初春种植软木或嫩枝插条。冬末分株根出条。秋季播种。

蒿属（ARTEMISIA） 春天将嫩枝茎尖插条插入塑料薄膜下排水良好的堆肥中。半熟枝茎尖扦插，

方法同橙花糙苏属（Phlomis）。

巴婆果属（ASIMINA） 冬季进行根插条，同南蛇藤属（Celastrus）。秋季播种。

佛塔树属（BANKSIA） 夏末将半熟茎尖插条种植到岩棉模具或能自由排水的堆肥中。进行烟熏处理后，春季再以一定的间隔播种（第103—104页）*。

车叶梅属（BAUERA） 仲夏将半熟枝插条种植于自由排水的堆肥中。春季温度达到20～25摄氏度时再播种。

石南香属（BORONIA） 种植半熟枝插条，要求同橙花糙苏属（Phlomis）（见第137页）。春季播种且种子不能受热。

常春菊属（BRACHYGLOTTIS） 夏季种植软木或硬木插条，方法同花葵属。

木曼陀罗属（BRUGMANSIA） 春季和夏季都可以将软木插条与半熟茎尖插条种植到岩棉模具或排水良好的堆肥中。春季温度达到20～25摄氏度时播种。夏季根插条（见第75页）。

鸳鸯茉莉属（BRUNFELSIA） 春季和夏季都可以选取软木扦插或嫩枝扦插。

醉鱼草属（BUDDLEJA）大叶醉鱼草

软木扦插或嫩枝扦插　春季和夏季 🌡
半熟枝扦插　仲春开始 🌡
硬木扦插　秋季至仲冬；播种　春季 🌡

该属中完全耐寒或畏寒的灌木软木插条和嫩枝节茎尖或节间茎插

"帝王蓝"大叶醉鱼草
（*Buddleja Davidii* 'Empire Blue'）

条和半熟枝插条都很容易生根。摘去大叶醉鱼草（*Buddleja davidii*）栽培品种上一半的叶子。处理球花醉鱼草时要防止其遭受叶、芽上线虫的影响。此外，要保证硬木插条不受霜冻。

如果用种子培育的话，将种子种植到户外，当户外土壤温度达到10摄氏度时，种子会在播种第6～12个月后开花。

黄杨属（BUXUS）黄杨木

嫩枝扦插　夏初至仲夏 🌡
半熟枝扦插　春末至秋末 🌡
分株　春季 🌡
播种　初春 🌡

将该品种完全耐寒的常绿灌木的插条种植在排水良好的堆肥中，从嫩枝中截取节尖茎插条。半熟枝插条（见下文）种植在户外，6～8周就会生根，但气候寒冷时需要覆盖；如果想要插条更快生根，就将其放置于塑料薄膜中并给予底部加热。

可以用小铲对锦熟黄杨（*Buxus sempervirens*）及其栽培品种进行分株。将种子冷冻一段时间，能使种子均匀发芽。黄杨生长缓慢，种子种植更是如此，因此可能需要4到5年的时间才能收获可以种植的植物。

半熟枝扦插黄杨

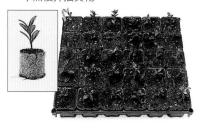

1 在绿植模块或堆肥盆中种植大量10厘米长的插条。第二年春天，再将插条单独放入8厘米深的盆中。

2 继续养育插条，定期掐掉其尖端。秋天，将它们种植到设施完备的苗床上，间隔30～45厘米，培育3～4年。

紫珠属（CALLICARPA）紫珠

软木扦插　夏初 🌡🌡
半熟枝扦插　从夏初起 🌡🌡
硬木扦插　秋末至仲冬 🌡
播种　秋季或春季 🌡

该属既包括完全耐寒的灌木，也包括畏寒的。这些灌木的软木插条与半熟枝插条涂抹上激素生根化合物后，很容易生根。硬木扦插培育日本紫珠（*Callicarpa japonica*）。播种时，可以从新鲜或干燥的果实中获取种子。

山茶属（CAMELLIA）

半熟枝扦插　仲夏至初冬 🌡🌡
硬木扦插　秋季至冬末 🌡🌡
播种　秋季或春季 🌡
压条　春季 🌡
嫁接　仲冬至冬末 🌡🌡🌡

该属大多数完全耐寒或畏寒的常绿灌木半熟枝插条均能生根。在较冷的气候下，需要细心呵护，且堆肥排水良好，但在温暖的地区要求就低一些。可选用节间或切口为1.5厘米的节尖插条，但节尖插条能在3～4年内迅速长出开花植物。种植插条前，需要在单节插条上零星地抹上些激素生根化合物。处理硬木插条时，需要掐掉花蕾并把插条底部加热到12～20摄氏度。这样一来，插条生根需要6到12周。

肉质果实分裂后立即收集种子。可以播种新鲜的种子，也可以在春季播种之前，将硬木皮浸入热水中。山茶花很适合杂交。

将直径不超过1.2厘米的低生芽进行单枝压条（见第106页）。两年以后，压条生根

凌霄属（CAMPSIS）凌霄花

半熟枝扦插　夏季 🌡🌡
硬木扦插　秋季至仲冬 🌡
根插条　冬季 🌡
播种　春季 🌡
压条　冬季 🌡

植物处于休眠状态下，这些耐寒、有生命力的落叶攀缘植物的根插条（请参阅南藤蛇属Celastrus，第122页）长出的植物比其他插条培育得更强壮、更容易越冬。开花植物会在3年内长成。

在较冷的气候下，要准备更多的半枝熟插条，因为生根的插条很难越冬。硬木扦插时，许多新芽可能会枯死，所以需要检查木质层是否成活（树皮下为绿色）。之后，将插条置于凉爽潮湿的环境中，以便其扎根。

秋天从干燥的蒴果中收集种子，然后在春季播种，种子很容易发芽。厚萼凌霄（*Campsis radicans*）能通过气生根攀爬，很适合自行压条繁殖。

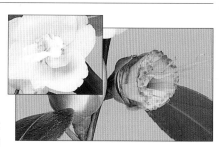

杂交山茶花
处理授粉的山茶花首先需要选择尚未完全开放的花朵（见上图中小插图），然后用镊子小心地去除所有的花瓣和雄蕊，使柱头露出来。

了才能将其挖出。

在滇山茶（*Camellia reticulata*）及其栽培品种的培育方法中，嫁接优于扦插。采用根尖楔形嫁接、舌接（请参阅第59页）或劈接，将接穗嫁接到山茶（*C. japonica*）、怒江红山茶（*C. saluenensis*）或滇山茶（*C. reticulata*）两年生的幼苗或插条上，植株会在2～3年内开花。

半熟枝插条类型

威廉斯杂交山茶花
（*C. x williamsii*）　　节间叶芽　　节叶芽　　垂直切开茎以获得更多插条　　3个节点　　节茎尖　　分离的叶芽　　较大的插条可用于生根缓慢的物种　　三节茎

莸属 (CARYOPTERIS) 蓝雾灌木

软木扦插　春季至仲夏 🌡
嫩枝扦插　春末至仲夏 🌡
半熟枝扦插　仲夏至夏末 🌡
硬木扦插　秋末至仲冬 🌡
播种　春季 🌡

　　该属完全耐寒的落叶亚灌木的软木插条与嫩枝插条都很容易生根，可以直接种植在9厘米深的盆中。在温暖潮湿的环境下，这些植物的插条会在3周内生根。首先按上述方法处理半熟枝插条，再将其种植在冷床或钟形罩中。硬木插条可以种植在室外无霜的地方，或无霜温室中加热台上的容器中。

　　秋季从干果中收集种子，将种子风干后储存，待到春季再播种，播种后种子很容易发芽。而新植物也会在2～3年内开花。

劈接山茶花

摘下花蕾

1 剪取带有3～4个芽的两个半熟枝，剪掉枝条下部的叶子和花蕾。从每块树皮的根部切下两根2.5厘米的树皮条，形成一个一侧没有树皮，另一侧有树皮和位置最低的一个芽的楔形。

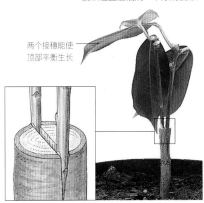

两个接穗能使顶部平衡生长

2 将砧木切成8厘米长，并在顶部垂直切开2.5厘米深的切口。将接穗慢慢地移到砧木切口的末端，使接穗的树皮与砧木的树皮齐平（见小插图）。用接枝蜡密封接口，等待其愈合。

美洲茶属 (CEANOTHUS)

软木扦插　春末至仲夏 🌡
半熟枝扦插　仲夏至秋末 🌡🌡
硬木扦插　秋末至冬末 🌡
根插条　秋季 🌡🌡
播种　冬末 🌡🌡🌡

　　该属中的常绿和落叶灌木完全耐霜冻。常绿植物半熟枝扦插或硬木扦插培育都能长得很好，而落叶灌木用软木扦插培育长得好。扦插后，插条会在2～3年内开花。该属的所有种类都可以通过种子来培育。

扦插

　　将长约8厘米的节茎尖软木插条种植于带有激素生根化合物的排水良好的堆肥中，插条在4～6周就会生根。如果可能的话，常绿品种需选取带有假植苗的半熟枝插条。如果在插条底部加热到12～15摄氏度，插条会更快生根。

　　种植前，需要为小叶树种的美洲茶如深脉美洲茶（*Ceanothus impressus*）及其栽培品种的硬木插条提供一些干燥的生根介质，以防腐烂；它们在岩棉模具中生长得很好。根插条的方式同南蛇藤属。

播种

　　播种前，先将硬种子浸入热水中（见第103—104页）。有些品种的种子需要冷藏3个月；而其他的一些则需要烟熏处理。

"针垫"美洲茶（CEANOTHUS 'PIN CUSHION'）选取该植物与其他常绿美洲茶属的插条时，最好挑选那些带有假植苗的，如果可能的话，从半熟木中选取插条，以促进插条生根。

其他灌木和攀缘植物

柴胡属（BUPLEURUM） 夏季半熟枝扦插（见第100页）🌡。春季播种 🌡。

云实属（CAESALPINIA） 春季与夏季将软木插条与嫩枝插条种植在排水良好的堆肥中。播种方式同鹦喙花属（CLIANTHUS）（见第124页）🌡。一些娇嫩品种生长还需要20～25摄氏度的温度 🌡。

荷包花属（CALCEOLARIA） 春季与夏初软木扦插。不需要为其底部加热；但如果环境太过潮湿，插条可能会腐烂 🌡🌡。春季播种，不需要加热 🌡。

朱缨花属（CALLIANDRA） 夏季半熟枝扦插（见第95页）🌡。春季单枝压条（见第106页）🌡。先对种子进行烟熏处理，春季温度达到16～18摄氏度时播种 🌡。

红千层属（CALLISTEMON） 见白千层属灌木（Melaleuca，见第85页）。

帚石南属（Calluna） 见第110—111页。

丽蔓属（Calochone） 夏季取半熟枝扦插 🌡🌡🌡。

网刷树属（CALOTHAMNUS） 夏季与秋季种植嫩枝插条与半熟枝插条，方法同树紫菀属植物（Olearia，见第135页）🌡。春季表土播种（见第104页）🌡。

夏蜡梅属（CALYCANTHUS，异名为Sinocalycanthus） 夏季将嫩枝插条与半熟枝插条种植于带有底部加热的排水良好的堆肥中。秋季播种 🌡🌡。

星蜡花属（CALYTRIX） 夏季与秋季种植嫩枝插条与半熟枝插条，方法同树紫菀属植物 🌡。

魔力花属（CANTUA） 种植嫩枝插条和半熟枝插条，并在夏天始终为其底部略微加温 🌡。

锦鸡儿属（CARAGANA） 夏季扦插，方式同荚蒾属（Viburnum，见第143页）🌡。处理种子的方法同鹦喙花属 🌡。将呈下垂状的品种整刃嫁接于树锦鸡儿（C. arborescens），方法同黄花柳（见第89页）。

假虎刺属（CARISSA） 夏季半熟枝扦插 🌡。秋季或春季温度达到18～21摄氏度时播种 🌡。

扁枝豆属（CARMICHAELIA） 仲夏至秋季种植半熟枝插条，方法同树紫菀属植物 🌡。播种方法同鹦喙花属 🌡。

木银莲属（CARPENTERIA） 通常微繁（快速无性繁殖）；从微繁砧木上获取的嫩枝插条更容易生根 🌡。春季温度达到25摄氏度时播种 🌡🌡。

滨篱菊属（CASSINIA） 根插条的方法同薰衣草属（Lavandula，见第132页）；但插条可能会腐烂 🌡。

岩须属（CASSIOPE） 嫩枝扦插的方法同常绿杜鹃花 [Evergreen Azaleas，见第138页的杜鹃花属（Rhododendron）] 🌡。播种与压条同石南科灌木（见第110—111页）。

锥属（CASTANOPSIS） 秋季播种 🌡。

"火把"美花红千层
（*Callistemon citrinus* 'Firebrand'）

南蛇藤属 (CELASTRUS) 美洲南蛇藤

软木或嫩枝扦插　夏初
根插条　冬季

南蛇藤 (Celastrus orbiculatus)

该属完全耐寒和畏寒的植物，尤其是落叶乔木，可从茎尖截取软木插条或嫩枝插条（见第100—101页），这样的插条能很好地生根。一枝苗上可以剪下好几段插条。修剪约50%的新生苗，使其长成分枝良好的植株。插条长成的新植物会在3～4年内成熟。

扦插时无须特殊照料或特殊条件，一截根能剪出好几个插条。用锋利的刀或修枝剪将根插条修剪至所需大小。丢弃细根，而且确保只使用没有伤痕的原材料。

在较冷的气候下，插条会在冷床中生根并长出嫩芽，但如果有无霜的温室，插条会生长得更快。如果插条抽芽速度较慢，可以将其加热台上放几周。春季时，它们应该就能盆栽了。还可以将两个插条直接插入一个9厘米深的盆中，以免根系受到影响。

美洲南蛇藤根插条

在每个部分的底部斜切

1 在亲本植物的根部挖一个45～60厘米深的坑，露出其根部。切去每个根上端长为10厘米的部分，该部分大约比铅笔粗，比手指细。洗去土壤，将根切分成4～5厘米长的分段（参见上图中小插图）。

2 用杀真菌剂对插条除尘。往花盆里装上排水良好的无土盆栽肥料，并将其压实。插条垂直地插入堆肥，使平切口的末端略高于堆肥。间隔5～8厘米。再用1厘米长的净沙覆盖。最后，浇水后再插上标签，放置于无霜的地方。

木瓜海棠属 (CHAENOMELES) 贴梗海棠

软木扦插或嫩枝扦插　春末至夏初
硬木扦插　秋季至仲冬
根插条　秋季至仲冬
播种　秋季或春季
压条　冬末

相比于其他办法，用这些完全耐寒的落叶灌木的硬木插条扦插，能更快长成大株植物，而这个过程通常只需2—3年。另外，海棠的伸展姿态使得它非常便于压条。

扦插

选取节茎尖软木插条与嫩枝插条（见第100—101页）时，最好选取那些带有假植苗的枝条，再抹上一些激素生根化合物。保证插条完全湿润可防止枯萎。最多4周时间，插条就会生根。如果用激素生根化合物处理带有伤口的硬木插条（见第98页），并且将其放置于阴凉潮湿的环境下，插条就很容易生根。

根插条的直径应为8毫米，长度应为8厘米；处理方式与南蛇藤属相同，此外还应将其水平放置在堆肥表面并用少量肥料轻轻覆盖。可以将根插条放在育苗床上培育。

播种

从成熟的果实中收集种子（见下文），并在秋季将其播种。或者，种子历经3个月的冷分层后，在来年春季再将其播种。

压条

单枝压条培育（见第106页）非常有效。而且压条在春季就可以挖出来了。

收集贴梗海棠的种子

秋季，果实变黄并能轻松地从树枝上摘下来时，用锋利的刀划开水果，小心地切开外皮。然后再打开水果，以免损坏种子。最后再用钝刀或植物标签挑出种子。

白粉藤属 (CISSUS)

扦插　随时

这个大属包括一些畏寒的以及半耐寒的灌木植物和藤本植物，它们可以很容易地通过插条法繁殖。而新植物也会在2年内开花。长度为6～8厘米的软木和半熟枝的节或节间插条（见第100和95页）很容易生根。如果将插条放置在20～25摄氏度的温度下并保持潮湿，生根时间通常只需要3～6周。

岩蔷薇属 (CISTUS) 岩蔷薇

软木扦插　春末至夏初
半熟枝扦插　仲夏至冬末
播种　春季

这些耐寒常绿的中小型灌木的插条需要小心照料以防腐烂。像花坛植物一样播种，2年内就能获得开花植物。

扦插

软木插条（见第100页）很容易生根。岩蔷薇属会长出许多侧枝，因此需要仔细挑选材料。生根最多需要4个星期，也可以将其直接种植在花盆中（见第96页）。

在较冷的气候下，种植在冷床里的半熟枝插条（见第95页）会长得很好。冬末，新植物开始生长之前，从母株（气候较冷时，覆盖母株以促进生长）中获取的材料生根较快。插条生长过程中要谨防白粉病，尤其是岩蔷薇属杂交品种（*C. x purpureus*）及其栽培品种；之所以要注意白粉病，是因为白粉病会降低插条的生根潜力。如果得了白粉病，叶子会枯萎，并带有黄色和棕色斑点。因此，取插条之前，先喷一点杀真菌剂。

播种

从干蒴果中取出的种子很容易发芽。将它们播种（见第103—104页）于遮阴处，直至开花，或将其播种在苗床上。

大小合适的芽

软木扦插

夏初，在恰当的时候选择一根不带芽的非开花枝条作为软木插条。如果插条上长满了芽，它们可能会死掉，变成一个"废苗"，无法长出新芽了。

蔓生的芽

铁线莲属（CLEMATIS）铁线莲

扦插　春季至夏末
播种　秋季
压条　冬末至春季
嫁接　冬末

在该属完全耐寒和半耐寒、落叶和常绿的攀缘植物中，落叶品种通常都是从软木插条培育而来，而常绿品种是从半成熟插条培育而来。压条法培育最适合铁线莲属及其栽培品种。较大花朵的杂交品种嫁接可以保证植物更有活力。播种该品种的种子后，新植物开花通常需要2～3年。

扦插

可以从软木与半熟枝中获取芽插穗（见第97页）。它们的制备方法相同，但软木插条要在春季至夏季剪取，半熟枝插条在仲夏至夏末剪取。它们都能很好地生根，但半熟枝插条所需的湿度较小。对于大叶软木插条，例如某些铁线莲属栽培种，要择去插条上多余的叶子，只留一片，以避免过度簇拥而产生葡萄孢菌。

春季，将生了根的半熟枝插条种入花盆中

处理好的插条

强芽

弱芽

芽插穗
从本季节生长的苗上剪取约5厘米长的芽插穗。在叶腋中寻找形态良好的芽；弱芽可能长不出新苗。将叶子较大的品种［例如华铁线莲（Clematis armandii）］修剪至只留一片叶子。如有必要，将小叶切成两半，减少水分流失。

收集并播种铁线莲属的种子

1 天气干燥时，将成熟的蓬松籽头去掉。无须去掉种子上的羽状物。

2 将种子薄薄地撒在准备好的排水良好的堆肥中，再覆盖上一层薄薄的堆肥，并撒上粗砂。最后插上标签。

（见第95页）。小木通（*C. armandii*）及其栽培品种的半熟枝插条与硬木插条都能很好地生根（见第98页）。它的插条需要在仲冬新苗长成前4～6周获取，并插入岩棉模具中培育。每个插条都必须带有一个发育良好的芽。种植前需要涂抹激素生根化合物，插条根部温度保持在12～15摄氏度，保持湿润。插条一生根，就将其移入盆中培育，并放置在潮湿的环境中。

播种
秋季收集新鲜的种子并播种（见上图）。种子在种植前需要一段时间的冷分层（见第103页），以确保春季均匀发芽。

压条
对上一个季节生长的苗进行波状压条（见第107页）。来年夏天，压条就会生根。

嫁接
使用一年或两年生短尾铁线莲（*C. Vitalba*）的幼苗当作砧木。从当季栽培品种新长出的苗中截取3.5厘米长的接穗。用顶楔嫁接的方法将接穗移接到8厘米长、3毫米宽的粗根上。之后单独盆栽，使芽与堆肥表面齐平。在接穗长出自己的根之前，这个根会一直维系接穗的生长（这被称为培养嫁接）。

大青属（CLERODENDRUM）

软木扦插　春末至夏初
半熟枝插条　夏季
根插条　秋季至仲冬
播种　春季
分株　冬末至春季

该属完全耐寒和畏寒、常绿和落叶灌木以及攀缘植物的软木插条与半熟枝插条（见第122页），但需将其单独插入9厘米深的花盆中种植2～3年，待其开花。从果实中收集种子，并在春季播种前进行3个月的冷分层期。

同样，既可以在春季时将大青属臭牡丹（*Clerodendrum bungei*）分株，利用其天然的根出条培育新植。也可以在冬末至来年春季期间分株簇状的成熟植物（见第101页）。根出条会在同年开出花来。

大青属臭牡丹分株
选取一株带有须根且健康的根出条（图中左侧）。轻轻去除母株与根出条之间的土壤，暴露出连接它们的地下茎（匍匐茎），然后用铁锹割断匍匐茎，再挖出根出条，修剪掉所有受伤的或者过长的根部后，将它们移植到事先准备好的土壤中。

其他灌木和攀缘植物

风箱树属（CEPHALANTHUS） 夏季半熟枝扦插或冬季硬木扦插。秋季播种耐寒植物的种子。

蓝雪花属（CERATOSTIGMA） 夏初获取软木插条，方法同吊钟花（Fuchsia，见第128页）。

夜香树属（CESTRUM） 软木扦插与半熟枝扦插。

蜡梅属（CHIMONANTHUS） 春末扦插带有假植苗的软木。单枝压条。秋季播种。

流苏树属（CHIONANTHUS） 秋季播种，过两个冬天后发芽。

墨西哥橘属（CHOISYA） 嫩枝扦插与硬木扦插，方法同鼠刺属（Escallonia，见第127页）。

桤叶树属（CLETHRA） 扦插培育的方法同常绿杜鹃花（见第138页）。播种方法同杜鹃花属。

鹦喙花属 (CLIANTHUS)

扦插 春末至秋初
播种 春季
嫁接 春季

这些耐寒或畏寒的常绿或半常绿攀缘灌木的软木插条与半熟枝插条（见第100和95页）很容易生根。从新生长的苗中获取茎插条，在某个芽下方的位置修剪，并将超过一半的复叶修剪掉。插条生根大约需要4周。生根后，将插条移植到9厘米深的盆中种植。冬季要为插条浇上少量的水，并掐掉顶端，使其生长茂盛。不过要注意的是，鼻涕虫可能会严重影响该植物的生长。

从有毛的长豆荚中收集硬皮种，并通过磨蚀或浸泡使其裂开（见第102页），这样一来种子在10～14天内就能发芽。

沙漠豌豆，也就是枭眼豆 (*Clianthus formosus*)，最近重新命名为耀花豆 (*Swainsona formosa*)，寿命很短，但将其嫁接（见右图）到鹦喙花 (*C. puniceus*) 或鱼鳔槐 (*Coluteaarborescens*) 的幼苗上能稍微延长其生命。嫁接时使用比接穗苗早10天发芽的砧木苗。嫁接过程要很快，以防切口变干。准备接穗时，要将砧木放在塑料袋中。嫁接后，新植物会在1～3年内开花。

嫁接枭眼豆幼苗

1 当砧木幼苗长出两片子叶时，小心地将其挖出。再用消过毒的剃须刀片从叶子之间切开茎的顶部，切口长约1.5厘米。

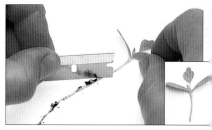

2 同样地，在长出两片叶的阶段，挖出枭眼豆的幼苗。切掉根部，在茎的两侧切出一定角度，以在根部形成楔形（见小插图）。

3 将接穗轻轻地插入砧木切开的茎中。用软制羊毛绳将嫁接物绑上。再将嫁接的幼苗放入5厘米深，无土种子堆肥的花盆中。嫁接处位置要高于土壤高度。

4 将嫁接苗放入最低温度为18摄氏度、潮湿的繁殖器中。当嫁接苗长好并且幼苗长势良好时，立刻取下羊毛绳。用刀小心地切掉绳子，并用镊子固定幼苗。

变叶木属 (CODIAEUM) 巴豆

扦插 随时
压条 随时

"火烈鸟" 变叶木属
(*Codiaeum* 'Flamingo')

如果只需培育几株植物，那么插条可以很容易地从该畏寒小属的常绿灌木中获取。选取软木和嫩枝节茎尖插条（见第100—101页），将切下的茎浸入木炭粉中以固定汁液，之后再将其插入堆肥。为插条底部提供20～25摄氏度的热量。插条会在4～6周内生根。而新植物也会在2～3年内成熟。

如果只需要一两个新植株，那么可以用空中压条繁植巴豆，并且压条在一年后就能长成大型植株。

山茱萸属 (CORNUS) 梾木

软木扦插 春末至夏初
硬木扦插 秋末至仲冬
分株 冬末至早春
播种 秋季
嫁接 冬末

该属的落叶灌木完全耐寒。红瑞木 (*Cornus alba*) 和偃伏梾木及其栽培品种的软木都不易生根：因此要在恰当的阶段获取节插条，且节插条要从新的茎尖上截取，长度不能超过7厘米。之后，把插条放在排水良好的堆肥中，并为其抹上弱激素化合物。这样一来，生根最多需要4周时间。

若想培育山茱萸色彩鲜艳的冬季茎，最佳方法是在遮阴处种植硬木插条（见第98页）。从秋天成熟的果实中收集的种子要赶

在种子休眠前播种（见第103页），或将种子冷分层以待春季播种。挖出并种植偃伏梾木生了根的根出条，用拼接侧枝嫁接的方法培育大花四照花 (*C. florida*) 的栽培品种，如"鲁布拉" ('Rubra')，很难生根。

软木扦插材料

当茎上开始形成呼吸孔或皮孔时，剪取插条。但"孔雀木"红瑞木 (*Cornus alba* 'Elegantissima') 插条底部带有发育良好的皮孔（见小插图），不容易扎根。

其他灌木和攀缘植物

电灯花属 (COBAEA) 春季播种。

锚刺棘属 (COLLETIA) 秋季将半熟枝插条种植在微温的露天堆肥中。

鱼鳔槐属 (Colutea) 获取软木插条。处理种子的方法同鹦喙花属。

旋花属 (CONVOLVULUS) 夏季和秋季获取半熟枝扦插，避免潮湿。

臭叶木属 (COPROSMA) 采用半熟枝扦插的方法，同海桐属（见第137页）。春季播种，不需要额外加热。

秋叶果属 (COROKIA) 夏季软木扦插。夏季和秋季半熟枝扦插，避免潮湿。

小冠花属 (CORONILLA) 夏初嫩枝茎尖扦插。播种同鹦喙花属。

蜡瓣花属 (Corylopsis) 采用软木扦插，方法同丁香属（见第142页）。春季在室外播种，需要

2年才能发芽。春季或秋季进行简单压条或法式压条。

萼距花属 (CUPHEA) 春季至秋季软木扦插与半熟枝扦插。春季播种。

鞣木属 (CYRILLA) 仲夏以后，将半熟枝插条种植在排水良好的堆肥中。根插条的方式同南蛇藤属。春季播种。

大宝石南属 (DABOECIA，见第110—111页)。

榛属（CORYLUS）榛子

扦插　春末至夏初
播种　秋季
压条　冬末至春季
嫁接　冬末

这些完全耐寒的灌木很容易长根出条，尤其是嫁接的植物。使用软木节茎尖扦插培育紫叶大果榛（Corylus maxima）的栽培品种，可以避免这种情况的发生。插条最长不能超过8～10厘米，并需要保留一小片幼叶。将其种植到岩棉模具中4～8周内就能生根。将每个插条的茎底部轻轻割开2厘米长的口子，并涂抹一些激素生根化合物。

收集并播种的新鲜种子，如果经受了冬季的严寒，可以很好地发芽。

欧榛（C. avellana）与紫叶大果榛（C.maxima）的栽培品种通常通过法式压条培育。当然，也可以将其分蘖培育（见第56页）。为改善培育结果，在幼芽生长之前，应将幼嫩芽划开个口子，并抹上生根激素化合物。用合接的嫁接方法将命名栽培品种嫁接到欧榛的砧木上。之后2～3年间就可以长出大型植物。

枸子属（COTONEASTER）

软木扦插或嫩枝扦插　春季至仲夏
半熟枝扦插　仲夏至秋季
播种　春季
压条　早春
嫁接　冬末

枸子属格罗姆柳叶枸子（Cotoneaster salicifolius 'Gnom'）

该大属包括一些完全耐寒的落叶和常绿的灌木，这些灌木的插条都很好生根。而且它们匍匐的形态很适合压条培育，同时，还能通过嫁接培育出标准植株。新植物会在2～3年内成熟。

扦插

所有的枸子属的软木与嫩枝插条都很容易生根。选取插条时，要选用那些带有长幼苗的茎插条，如矮生枸子（Cotoneaster dammeri）。枸子能直接在花盆中生根，有生长锥的细叶小叶枸子（C. integrifolius）生根效果最好。

在较冷的地区，可以将半熟枝插条种植在冷床上。如果将插条种植在塑料薄膜下或在繁育器中，再辅以底部加热，插条很快就会生根。

播种　秋天，从成熟果实中提取硬皮种子，并在春季播种之前先进行热分层，再进行冷分层。种子第2年就会发芽。枸子属可以自由杂交，但通常无法长成。

压条　如果只需要一到两株植物，可以用单枝压条培植。该植物也可以自行分层（见第107页）。

嫁接　用合接的方法将悬垂绿穗苋枸子（C. 'Hybridus Pendulus'）的接穗嫁接到高大、树干直的砧木上，以培育出垂枝灌木或小树。这种方法被称为整顶嫁接［见常春藤（Hedera），第130页］。除此之外，还可以用盆育两年的泡叶枸子（C. bullatus）或耐寒枸子（C. frigidus）作为砧木。

黄栌属（COTINUS）美国红栌

扦插　春季
播种　夏末至早秋或来年春季
压条　冬末或早春

用扦插或播种的方式培育该属大型、完全耐寒的落叶灌木可能很困难。如果培育植株数量少，单枝压条是最简单的方法，但是通过母株法式分层培育的产量更高。而且，2～3年后即可获得大株植物。

扦插

将带有2～3片新叶、4～6厘米长的细软木节茎尖插条插入排水良好的堆肥中。激素生根化合物与潮湿的环境能加速生根，将生根时间缩短到6周。在较寒冷的地区，要刺

提取黄栌种子

激生根的插条在秋天之前尽可能地生长，因为如果插条过小，它们往往无法很好地越冬。

播种

种子成熟时收集种子，并将新鲜种子尽快播种（见第103页），以便春季发芽。储存的种子会形成坚硬的外皮，因此春季播种时必须将其划破并冷分层。

压条

为了使压条在秋季生根，冬末就要开始单枝压条。如果使用法式压条（见第107页），则灌木丛会长出大量新芽，而这些新芽也将在秋天扎根。

1 取一些黄栌蓬松的籽头，将其"揉"在一张纸上，这样黑色种子与它们的羽状物就分开了。

2 端起纸张，轻轻吹走松散的穗。将种子播种在装满无土种子堆肥的小盆中（如果种子壳掉在堆肥中，不用在意）。往种子上覆盖一层薄薄的堆肥，为其浇水，插上标签。

金雀儿属（CYTISUS）金雀花

半熟枝扦插　夏末或早秋
硬木扦插　仲夏进行　播种　秋季或春季

傲骨蜡梅金雀花杂交种（Cytisus x praecox 'Allgold'）

该属中落叶灌木和常绿灌木的新植物都是完全耐寒或半耐寒的，通常会在2年内开花。在排水良好的堆肥或岩棉模具中，种植半熟插条——或有假植苗或无假植苗。浇水过多植物会得基腐病。合适的湿度、12～15摄氏度的底部热量和激素生根化合物的使用可以加速生根，但生根仍需要2～6个月。对于蜡梅金雀花杂交种（Cytisus x praecox）及其栽培品种而言，从它们强壮的幼枝茎中选取成熟硬木插条，然后在潮湿和有底热的情况下生根状况最佳。培育过程中，每两周喷洒一次杀菌剂，每周通风。

所有品种都容易通过种子培育，但坚硬的种皮却不好处理。秋天播种新鲜收集的种子，以待其在春天发芽。在苗叶期，将盆栽的秧苗移植到9厘米深的盆中，待次年秋天种植。播种前，将春季播种的种子浸入热水中。阿特拉斯金雀花（C. battandieri，异名为Argyrocytisus battandieri）需要两个生长季才能移植到户外。保护幼苗免受兔子侵害。

瑞香属（DAPHNE）

嫩枝扦插　春季至夏初 🌱🌱
半熟枝扦插　夏季 🌱🌱
根插种　秋季到冬季 🌱🌱
播种　仲夏或秋季 🌱
压条　春末至夏初 🌱🌱
嫁接　冬季 🌱

南欧瑞香
（*Daphne cneorum*）

这些完全耐寒和极耐寒的落叶、常绿灌木不喜干燥，因此无论用什么方法繁殖，都要保持新植物的湿润。由于大多数植物中都存在病毒，因此瑞香属的根部很容易异变。夏瑞香杂交种（*Daphne x burkwoodii*）、南欧瑞香、金边瑞香（*D.odora*）及其栽培品种最容易生根。欧亚瑞香（*Daphne mezereum*）和芫花（*D.genkwa*）的根插条效果很好。瑞香属植物也不适宜移栽。

欧亚瑞香通常用种子培育。那些匍匐生长的或蔓延生长的品种，例如巴尔干瑞香（*D. blagayana*）和南欧瑞香最易于压条培植。而较难培育的品种和杂交种需通过嫁接培育。嫁接小型的高山植物很复杂，但通常都能成功。嫁接后，新植物会在2～3年内开花。

扦插　当植物的底部逐渐发育强壮时，选取5～10厘米长的节茎尖嫩枝和半熟枝插条，然后为插条抹上激素生根化合物，提供排水良好的堆肥和15摄氏度的底部加热，这样插条可以加速生根。对于高山植物，取1.5～7厘米长的插条，并使用2～3等份粗砂混合到一等份的苔藓泥炭中。在较冷的气候下，可将插条种植于冷床中扎根。带有病毒的插条叶子通常会掉落，继而死亡。健康的插条需要6到10周才会生根。根插条的方式同南蛇藤属。

播种　收获成熟的果实除去果肉，但无须完全清洁种子。之后，立即将其种植在装有沙砾种子堆肥的容器中，放置在阴凉、无霜的地方。经过寒冷的冬季后，大多数种子会在春天发芽。再过一年，所有种子就都会发芽。对于高山植物来说，可以将新鲜种子放在潮湿的泥炭层或沙子中分层，并在室内的花盆中或在冷藏库中放置6周。干燥的种子发芽率会低一些。

压条　单枝压条培育的幼苗一年后就会牢牢地扎根了。瑞香属植物也可以使用空中压条法培育。

嫁接　嫁接前，将种植在花盆中的砧木充分浇水（见下文）。选择接穗时，要从前一年强壮、健康的插条中选取——高山植物需选取2.5～5厘米长的插条，其他瑞香属仅需截取标准长度。

适用于瑞香属的嫁接类型

瑞香属植物可以使用下列嫁接方法的一种。砧木一般选自于两年的高山瑞香（*Daphne alpina*），尖瓣瑞香（*D. acutiloba*），黄瑞香（*D. giraldii*），洋瑞香（*D. laureola*）或欧亚瑞香。新嫁接的植物至少在10天以内都要保持湿润。

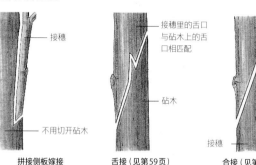
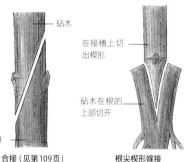

接穗　不用切砧木
拼接侧板嫁接（见第109页）

接穗里的舌口与砧木上的舌口相匹配　砧木　接穗
舌接（见第59页）

砧木　接穗
合接（见第109页）

在接穗上切出楔形　砧木在根的上部切开
根尖楔形嫁接（见第108页）

胡颓子属（ELAEAGNUS）

半熟枝扦插　夏末至秋季 🌱🌱
硬木扦插　秋末至冬末 🌱🌱
分株　春季 🌱　播种　秋季 🌱

该属中完全耐寒的落叶和常绿灌木的插条通常很好生根，但在某些年份，叶子很容易脱落而且无法生根。如果植物长出了根出条，也可以将其分株。新植物生长两到三年后就可以种植户外。

扦插　金边埃比胡颓子杂交种（*Elaeagnus x ebbingei*）及其栽培品种的生根率比胡颓子高。培植胡颓子时，要挑那些又大又有光泽的叶子。取带有2～3个节、长7～10厘米的节状半熟枝插条（见第95页），除顶部的两片叶子外，将所有叶子摘下。在插条底端切开2厘米长的切口。如果辅以15～20摄氏度的底部加热，插条会加速生根，生根时间缩短到8～12周。剪取生长最旺盛的硬木插条，并将其种植在无霜、潮湿的环境中。插条种植后会在12～20周内生根。

分株　银果胡颓子（*E. commutata*）能通过根出条繁殖。分株的过程有三部分：将成熟植物的根出条挖出，分割和移植。

播种　从成熟的果实中收集种子，秋天播种新鲜的种子；得益于冬季寒冷，胡颓子种子会在春天成熟，并可能立即发芽；如果没有发芽的话，将其视为秋季播种处理。

丢掉软尖
处理好的插条

插条材料
修剪掉低处的叶子

半熟枝扦插
当前季节生长的一枝植物能提供多条插条（左图）。摘掉一半的大叶子可以减少水分流失。

吊钟花属（ENKIANTHUS）

扦插　春末至初夏 🌱🌱
播种　冬季至初春 🌱🌱

该属中完全耐寒的，主要为落叶灌木的植物，要用嫩枝扦插，方法同落叶杜鹃花（见第138页）。在较冷的地区，生根的插条可能无法越冬，这是因为生长期短，不足以使新木材完全生长成熟。从干果子中收集种子后，处理种子的方法同杜鹃花。新植物需要4～5年才能开花。

麒麟叶属（EPIPREMNUM）

扦插　随时 🌱
压条　随时 🌱

这些畏寒、常绿、木质的攀缘植物会在茎上生出气生根。从这样的嫩枝上截取的插条很容易生根。

剪取嫩枝茎尖插条（见第101页）或半熟枝叶芽插条（见第97页），将其分别种入花盆，底部加热到20摄氏度。插条种植后，可能会在2～3年内长成成熟的植株，而通过单枝压条或空中压条培育，1～2年内植物就会成熟。

鼠刺属（ESCALLONIA）

嫩枝扦插或半熟枝扦插　仲夏至秋季🌱
硬木扦插　秋末至冬季🌱

　　这些植物大多数是完全耐寒的植物，其中大多为常绿灌木，它们可以用嫩枝扦插或半熟枝扦插培育。10厘米长的嫩枝茎插条生根需要4到8周。在较冷的地区，将半熟枝插条种植于冷床中越冬，插条也会生根。

　　那些细枝较多、不太有活力的栽培品种用硬木扦插培育更容易生根。硬木插条（见第99页）的基茎不易腐烂。选取插条可参照以下两种长度：20～25厘米或10厘米。将插条种植在无霜潮湿的地方或气候温和的户外。第2年秋天，幼苗就能生长到一定大小，然后可以挖出，移植到花园中。2～3年后植物就可以开花。

→ 树叶刚好在堆肥上方

→ 15厘米深的盆中种植了6株插条

硬木扦插
如果材料有限，可以选取短一点的10厘米长的插条。将每一根茎下方的叶子修剪掉。将插条种植在泥煤与树皮混合物中，其后，插条会在6～8周内生根。

卫矛属（EUONYMUS）

软木或半熟枝扦插　春末至夏末🌱
嫩枝扦插　春末🌱
硬木扦插　秋季至冬末🌱
播种　秋季🌱
嫁接　冬末🌱

　　该属包括完全耐寒的、落叶的和常绿的灌木和攀缘植物，它们的插条都很容易生根。嫩枝扦插最适用于卫矛（*Euonymus alatus*）。而硬木扦插适用于冬青卫矛（*E. japonicus*）及其栽培品种。落叶品种可以用种子培育。新植物会在3年内成熟。处理欧洲卫矛（*E. europaeus*）和其他会刺激皮肤的品种时，需佩戴手套。

　　扦插　长5～10厘米的软木或半熟枝插条在种植后会在4周内生根。如果插条叶

子得了白粉病（powdery mildew），则可能会出现叶子凋零的情况。因此，要选择健康的原材料。卫矛生根时间长达10周，所以要尽早获取嫩枝插条，而且插条还要选自于那些每年仍会长出新苗的灌木丛。为插条涂抹上激素生根化合物有益于生根。将冬青卫矛及其栽培品种的硬木插条种植在无霜、潮湿的地方，秋季时将其移植户外。

　　播种　从成熟果实中收集种子，新鲜种子在秋季播种，经过冬季的寒冷后，种子会在次年春天发芽。

　　嫁接　用拼接腹接的方法将欧洲卫矛的幼苗砧木与其栽培品种嫁接到一起。用舌接嫁接扶芳藤（*E. fortunei*），培育标准植物。

播种卫矛属植物
这些灌木的果实非常鲜艳，在秋天会分裂开来露出种子。可以在果实分裂前将纸袋绑在茎上，收集西南卫矛异株亚种（*Euonymus hamiltonianus* subsp. *sieboldianus*）血红色的种子。播种前，先去掉肉质的橙色外种皮（假种皮）。

其他灌木和攀缘植物

猫儿屎属（DECAISNEA） 秋季进行播种🌱。

肉藤菊属（DELAIREA） 夏季进行嫩枝插条和半熟枝插条或压条🌱。

罂粟木属（DENDROMECON） 将软木插条种植在排水良好的堆肥中🌱🌱。

枸骨黄属（DESTONTAINIA） 仲夏至秋季进行半熟枝扦插（见第95页），不需要底部加热🌱。

溲疏属（DEUTZIA） 培育方法同山梅花属（Philadelphus）🌱。

常山属（DICHROA） 同绣球花（*Hydrangea*，见第131页）🌱。

黄锦带属（DIERVILLA） 软木扦插与半熟枝扦插（见第100—101页与第95页）🌱。

双盾木属（DIPELTA） 根插条与半熟枝扦插（见第100—101页与第95页）🌱。春季播种🌱。

双花木属（DISANTHUS） 软木扦插的方法同金缕梅属（Hamamelis，见第130页）。生根插条可能很难越冬🌱🌱🌱。单枝压条🌱。

林仙属（DRIMYS） 软木扦插与半熟枝扦插🌱。较老的植物可能会自行分层。

蓟序木属（DRYANDRA） 夏季种植软木插条🌱🌱🌱。春季温度达到18摄氏度时，在每个盆中播种2～3颗种子；有些种子需要进行烟雾处理🌱 * 。

灯笼紫葳属（ECCREMOCARPUS） 春季温度达到10～15摄氏度时播种🌱。智利悬果藤（*E. scaber*）的种子需要光照才能发芽。

结香属（EDGEWORTHIA） 夏季，将嫩枝和半熟节茎尖插条种植在排水良好的堆肥中🌱🌱。将茎的底部切开1～2厘米深的口子。

五加属（ELEUTHEROCOCCUS） 像南蛇藤属一样在夏初进行嫩枝扦插或根插🌱。冬季分株根出🌱。秋季或春季播种🌱。

香薷属（ELSHOLTZIA） 春季种植软木插条🌱。用塑料薄膜覆盖但注意环境不要太过潮湿。不需底部加热。

岩梨属（EPIGAEA） 夏季种植嫩枝插条，不需底部加热🌱。春季或秋季分离生根的压条🌱。

石南科灌木（ERICA） 见刺叶石南属（Bruckenthalia，见第119页和第110—111页）。

泽兰属（EUPATORIUM） 种植软木插条的方法同

树紫苑属植物（Olearia，见第135页）🌱。春季播种🌱。

大戟属（EUPHORBIA） 夏季将其嫩枝茎尖插条种植于带有底部略微加热且能排水良好的堆肥中🌱🌱。春季播种🌱。

黄金菊（EURYOPS） 春季至秋季种植软木插条与半熟枝插条，方法同莸属（Caryopteris）🌱。春季温度达到10～13摄氏度时播种🌱🔥。

白鹃梅属（EXOCHORDA） 春季进行软木扦插，方法同丁香属🌱。秋季播种🌱。

Dryandra quercifolia

何首乌属（FALLOPIA）

中亚木藤蓼
（*Polygonum baldschuanicum*）

软木扦插或半熟枝扦插 春末至夏末 ♠
硬木扦插 冬季 ♠
根插条 冬季 ♠

这些完全耐寒的落叶攀缘植物生长十分旺盛，但令人惊讶的是，软木和半熟枝插条却很难生根。插条在生长过程中，有些会腐烂，有些在较冷的气候中无法越冬。选取插条时，要选那些长度不超过6厘米的节间插条。插条生根需要2～4周时间，并且生长比较缓慢。新植物3年才能长到能开花的大小。

处理硬木插条时，解开茎秆是最困难的部分。它们在无霜的地方（例如温室）的深盆或托盘中能够很好地扎根。如果插条在根部发育成熟之前生了芽，那么就用羊毛毯把它们盖上，以防止被太阳晒伤。如果插条种在14～19厘米深的花盆中，秋季就能用来种植。根插条的方法同南蛇藤属。

八角金盘属（FATSIA）

扦插 随时 ♠
播种 秋季或春季 ♠

这种广泛种植的物种，八角金盘（*Fatsia japonica*，又名*Aralia japonica*）是耐寒的常绿灌木。只能通过扦插来培育其栽培品种，但扦插培育的植物大小却不理想。该品种更容易通过种子培育。

参照图片处理半熟枝插条（右图）；如有必要，摘掉叶子。将其当成标准插条来培育，提供底部加热能加速生根。

秋末从成熟的黑色果实中提取种子，将其种在花盆中并以蛭石覆盖。在15～20摄氏度的温度下，种子会在10～20天内发芽。2年后，将植株移植户外，再过3年即可长成大型植物。

八角金盘半熟枝扦插
选取生长旺盛的半熟枝幼苗。用干净、锋利的修枝剪在一个节的正下方剪开，剪下顶部8～10厘米长或带有3～5个节的茎。摘下多余的叶子，只留下顶部的两片叶子与生长锥。修剪底部下端的叶子（见小插图）。将插条插入花盆中，只需将底部的节掩埋上即可。

连翘属（FORSYTHIA）

"北方黄金" 连翘
（*Forsythia* 'Northern Gold'）

软木扦插或嫩枝扦插 春季至仲夏 ♠
半熟枝扦插 仲夏至秋初 ♠
硬木扦插 秋末至早春 ♠
播种 早春 ♠
压条 春季或秋季 ♠

该属为完全耐寒的落叶灌木，其插条最容易生根。蔓生的毛连翘在野外会自行分层，因此压条法对该品种和栽培品种很奏效。连翘的种子也容易发芽。新植物需要18～36个月才能长成开花大小。

扦插

种植在标准堆肥中的软木或嫩枝节茎尖与茎插条会在2～4周内生根。处理那些叶子较长的栽培品种时，要去掉超过一半的叶子。将其直接种植在盆中（见第96页）或太阳能隧道式干燥装置中（见第45页）。如果要在冬天将它们种植于冷床中，则取长约10厘米的半熟插条（见第95页）。

来年秋天来临之前，不要移植硬木插条（见第98页）。在较冷的地区，将其种植在底部温度为12～20摄氏度的冷床或无霜温室，这样插条会更快生根。

播种

种子需要低温冷藏大约4周。在较冷的地区，如果将它们播种在冷床上的容器中，它们会在同一年的春天发芽。

压条

用单枝压条或自我分层的方法来培育新的植株。压条在6～12个月内就会生根。

棉绒树属（FREMONTODENDRON）

半熟枝扦插 夏末 ♠♠♠
硬木扦插 秋末至冬末 ♠♠
播种 春季 ♠

这些耐寒的常绿或半常绿灌木及其栽培品种扦插培育很困难，但也有可能成功。所有品种的种子都很容易发芽。新植物会在12个月内长到开花大小。

扦插

选取8～10厘米长的节茎尖半熟枝插条。保留生长锥，仅保留一片叶子。为插条抹上激素生根化合物，将其种植在排水良好的堆肥中或岩棉模块中。放置于加热的繁殖器中或底部温度为12～20摄氏度、不透明的塑料薄膜中。定期喷洒杀真菌喷雾剂，并把堆肥放在干燥的一面，这样一来可预防葡萄孢菌。节间茎插条（见第94页）也会生根，但成功率不高。

在凉爽、无霜的环境下，硬木插条就会生根。但是，为了保证成功，要完全按照上述的要求处理节茎尖插条，但有一点不同，那就是插条要选自于完全成熟的木材。之后，将其插入岩棉模具中。旺盛的根系在4～6周内就会发育。能看到根部时，尽快将其移植到9厘米深的花盆中。

播种

从干果壳中收集的种子直接播种到9厘米深的花盆中（见第96页），以免根部受到影响。在种子底部加热到15～20摄氏度，存活的种子会在30天内发芽。起初，少为种子浇水，防止立枯病。

倒挂金钟属 (FUCHSIA)

"花园新闻" 倒挂金钟

软木扦插　随时
半熟枝扦插　仲夏至秋初
硬木扦插　秋末至冬末
播种　春季

　　该种属包括完全耐寒或畏寒的、落叶和常绿的灌木和攀缘植物。扦插培育几乎不会失败。在薄膜覆盖下的灯笼海棠可能会遭受多种病虫害，因此只能从干净、健康的植物中获取插条。灯笼海棠还能通过种子培育。新植物开花非常快，通常只需1～2年。

扦插

　　使用软木插条、节茎尖、单节与节间茎插条都会在10～20天内生根。可以将其种植在花泥或岩棉中。想要植物长得

软木扦插

将植物枝条分成多个节段，使每部分在一组叶子的上方和下方大约有1厘米长的茎。这些分段能垂直切分成更多的节间茎插条。然后掐掉2.5厘米长的生长锥，用于节茎尖扦插。

好，秘诀就是在处理半熟枝插条时，将新的生长物掐掉，刚好只留最后一芽上方的一对叶子就可以。

　　生长旺盛的短筒倒挂金钟 (*Fuchsia magellanica*) 及其栽培品种的硬木插条很容易生根。通常在春天时，就可以将它们挖出来。在室外种植的话，要将插条放置于凉爽、无霜的地方。

播种

　　冬末从肉质果中收集种子，春季播种，并用蛭石覆盖（见第103—104页），在20摄氏度的温度下，种子在3周后就会发芽。种子发芽后，起初生长缓慢，但是如果播种的早，并放置于温暖的地方，该属灌木第一年就会开花。

垂直切分茎　　拍掉生长锥

茎插条　　　切分茎插条　　　茎尖插条

在花泥中扦插灯笼海棠

1 将一整块花泥切成多个2.5厘米见方的立方体。将这些立方体浸泡在碗中10到15分钟，之后将它们放入碟子或托盘中。用毛衣针在每个立方体的中心扎一个1厘米深的孔。准备一些灯笼海棠的茎尖插条。在每个立方体中插入一根插条，注意不要将茎弄坏。每根插条都应带有叶子，且使叶子刚好露出表面，插条的底部与孔的底部接触。如果孔太浅，用毛衣针扎得深一点——切勿用插条往里扎。

2 向碟中加1厘米深的水。为插条贴上标签，将其放在塑料袋或盖子下，并用约15摄氏度明亮的间接光照射，直至其生根（见小插图）。当它们的根从花泥中露出来时，将插条单独放入8厘米的无土盆栽堆肥中。用5毫米厚的堆肥覆盖住泡沫，以防止根部变干（如果将泡沫暴露在空气中，它会充当半熟枝插条的插芯，吸走根部的水分）。

栀子属 (GARDENIA)

播种　随时
嫩枝扦插　随时

　　该属中畏寒常绿的灌木种很容易通过嫩枝和半熟枝插条培育，培育时可将其按照节间茎尖插条处理。插条不适宜移栽，因此最好将其单独种在模具托盘或花盆中。种植

于20～25摄氏度并且潮湿的环境中时，插条会在6～8周内生根。生根的插条会在12～18个月内开花。

　　播种新鲜的种子，底部加热至15～20摄氏度，种子很容易发芽。新植物需要7年才能开花。

染料木属 (GENISTA)

软木或嫩枝扦插　夏初至仲夏
半熟枝扦插　仲夏
硬木扦插　秋季至仲冬
播种　春季

　　该属为完全耐寒或畏寒的落叶和常绿灌木，不同品种开花期不同，既有第一年开花的也有第二年开花的。西班牙染料木 (*Genista hispanica*) 通过种子培育特别容易成功。

　　扦插染料木及其栽培品种的软木插条与嫩枝节茎尖插条都会在2～4周内生根。

　　如果从每个季节旺盛生长的幼植中选材，那么从西班牙染料木中剪取的半熟枝插条（见第95页）的生根情况会相当不错。在植物开始变硬和新叶子变窄处，剪取5～7厘米长的插条，为插条抹上激素生根化合物，并种入排水良好的堆肥中。保持环境湿润并为插条提供15摄氏度的底部加热。从成熟的木材中选取矮生染料木长7～10厘米的硬木插条（见第98页），既能防止腐烂，又能在岩棉模具中生根。如果选取的是锤状插条（见第96页），插条可能尚未成熟，不过可以将其当作半熟枝插条处理。插条需要8～12周才能生根。

播种

　　从豌豆状的豆荚中收集种子。春季播种之前，先用砂纸打磨硬种皮并将其放在热水中浸泡（见第102页）。种子会在2～3周内发芽。

其他灌木和攀缘植物

八角金盘常春藤杂交种 (x FATSHEDERA) 扦插培育，方式同常春藤。

榕属 (FICUS) 随时可以进行嫩枝扦插与半熟枝扦插，方法同球兰 (Hoya，见第131页)。随时可以进行空中压条。

银刷树属 (FOTHERGILLA) 夏初进行软木扦插，方法同金缕梅属（见第130页）。单枝压条。

丝缨花属 (GARRYA) 夏季或秋末进行半熟枝扦插（见第95页）。将其种植在排水良好的堆肥或岩棉中，方法同棉绒树属（见第128页）。

白珠树属 (GAULTHERIA) 异名为Gaulnettya，Pernettya）秋季进行半熟枝扦插，方法同美洲茶属（见第121页）。春季与秋季分株根出条。播种方法同杜鹃花属。

金缕梅属（HAMAMELIS）金缕梅

扦插　春季 ♣♣；播种　秋季 ♣♣
压条　春季 ♣；嫁接　夏末 ♣♣

该属为完全耐寒的落叶灌木。其软木插条在寒冷的气候下很难越冬：新生的植物长7～10厘米时，就要尽早截取节茎尖插条了。为插条提供12～20摄氏度的底部温度，同时辅以激素生根化合物后，插条会加速生根，生根时间一般为6～8周。冬季，要保持插条湿润并保护其免受霜冻。

将成熟的种子荚种在有盖的托盘中：它们爆开后，种子就会露出来。种子会二次休眠。将种子置于温暖的环境3个月后，再将其置于寒冷的环境3个月，使其分层（见第103页）。在较冷的气候下，将新鲜的种子种植在冷床中越冬。用单枝压条法培育出相匹配的幼苗。

将栽培品种拼接腹接（见第58页）到两年生、盆育的弗吉尼亚金缕梅属（*H.virginiana*）幼苗砧木上，嫁接位置低一些，

以免嫁接苗长出根出条。早春，将两年生的弗吉尼亚金缕梅幼苗种植在花盆中，用作嵌

嵌芽接金缕梅

1 取与砧木上成熟程度相似的芽，在较冷的地区，这些芽可能生长在芽条的根部。取带有3毫米长的茎和3厘米长树皮的芽。

2 处理好砧木后，将芽放到砧木上。如果需要，将芽对齐到砧木有切口的一侧（见小插图），以便形成层相接。将芽与砧木绑在一起。为其底部提供20摄氏度的温度，并放置在潮湿的阴凉处，会在4～6周内发芽成苗。

芽接的砧木，持续浇水。待第2年秋天将其移植，移植后嫁接苗会在4～5年内开花。

长阶花属（HEBE）婆婆纳

软木扦插　春末至秋季 ♣
半熟枝扦插　仲夏至秋末 ♣

这些完全耐寒或半耐寒的常绿灌木包括一些小型高山植物。其所有的插条均能很好地生根，但许多小型叶品种和栽培种采用半熟枝插条时，其生根状况好一些。

软木插条会在3～4周内生根。使用了

细水雾系统或激素生根化合物，可能会导致插条腐烂。长阶花品种可能会得霜霉病和叶斑病，为避免这种情况发生，插条一生根就要将其尽快盆育，并使其在通风良好、无霜的环境中过冬，少给插条浇水。之后，春天再将其移植户外。皮姆里德长阶花（*Hebe pimeleoides*）、莱肯斯长阶花（*H.rakaiensis*）

以及光叶长阶花（*H. pinguifolia*）这些品种的插条底部可能会腐烂，因此只扎根到堆肥的表层即可。而新植物也会在两年内开花。现在有些人开始将长阶花属当作婆婆纳属（*Veronica*）的一部分了（见第212页）。

软木扦插长阶花属

长阶花属的大小不等，有矮秆状的，也有大型灌木。节茎尖插条取带有1～2对叶子，长5～8厘米的即可。

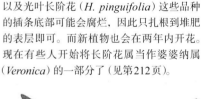

"红边"长阶花　　"吉祥黎明"长阶花　　胡克娜长阶花　　褐毛花楸长阶花　　大奥姆长阶花　　"仲夏美人"长阶花

其他灌木和攀缘植物

智利榛属（GEVUINA） 进行半熟枝扦插，方法同榄叶菊属（Olearia，见第135页）♣。秋季播种 ♣。

彩叶木属（GRAPTOPHYLLUM） 春季或夏季进行半熟枝扦插 ♣。春季温度达到19～24摄氏度时播种 ♣。夏季进行单枝压条 ♣。

银桦属（GREVILLEA） 夏末至冬末进行假植苗插条扦插 ♣♣。播种新鲜的种子（见第103页），或在

春天将其浸泡在15摄氏度的水中 ♣♣。为了避免腐烂，或培育早花或垂枝植物，用合接培育 ♣♣♣。

南茱萸属（GRISELINIA） 采用半熟枝插条和硬木插条法，方法同桂樱（Prunus laurocerasus，见第138页）♣。春季或秋季播种 ♣。

菊三七属（GYNURA） 春季进行软木扦插或秋季进行半熟枝扦插 ♣。种植到排水良好的堆肥中并

为其提供20～25摄氏度的底部温度。

海蔷薇属（HALIMIUM） 培育方法同岩蔷薇属（见第122页）♣。

铃铛刺属（HALIMODENDRON） 根插条的方式同南蛇藤属 ♣♣。春季在凉爽、无霜的地方播种（见第104页）♣♣。冬末用舌接的方法将其嫁接到锦鸡儿属鱼鳔槐的砧木上 ♣♣。

常春藤属（HEDERA）常春藤

软木扦插　随时
半熟枝或硬木扦插　夏末至冬末
压条　随时
嫁接　随时

这些完全耐寒的或半耐寒的、常绿攀缘植物和蔓生灌木的茎在野外容易生根，因此易于扦插和压条。小叶品种及其栽培品种可以嫁接到常春藤上（熊掌木杂交种 *x Fatshedera lizei*）以培育标准植物。

整顶嫁接培育标准常青藤

扦插

从蔓生植物的幼茎或丛生植物的成体上剪取单节软木插条、叶芽或硬木插条。小叶西洋常春藤（*Hedera helix*）栽培种较长的软木插条可确保植物生长更强壮。将2～3株插条直接种植在9厘米深的盆中，并保持凉爽，生根需要4～8周时间。

压条

挖出能自行分层的大西洋常春藤（*H. hibernica*）与能波状压条的革叶常春藤（*H. Colchica*）及其栽培品种（请参见第107页）。

嫁接

用根尖楔形嫁接或T形芽接将3个接穗嫁接到砧木上。T形芽接要在接穗苗长成后进行。新植株需要掐掉新的生长端。

1 准备一块熊掌木的砧木；在距离茎底端90厘米以上的位置切开3个位置相错的T形切口。用刀片的背面松开树皮的瓣。

2 进行每个T形切割时，请从常春藤成熟木材的芽条中切出一个芽（见插图）。将芽滑入切口，使其紧贴并修剪掉"尾巴"。

3 用嫁接带将嫁接区捆扎起来。之后将其放置于阴凉处，直至伤口愈合（4～6周）。数周之后，将茎从嫁接处的正上方切开。

木槿属（HIBISCUS）

软木扦插或半熟枝扦插　夏初至夏末
硬木扦插　秋末至仲冬
播种　春季
压条　春季与夏季
嫁接　冬季

"戴安娜"木槿
（*Hibiscus syriacus* 'Diana'）

本属中大多数为完全耐寒或畏寒的落叶和常绿灌木，如木芙蓉（*Hibiscus rosa-sinensis*）、木槿（*H. syriacus*）及它们的栽培品种。这些植物都容易通过插条生根。修剪常绿木槿时就能轻易地获取插条。而那些不太容易生根的品种可以通过压条繁殖。木槿的幼苗各不相同，因此通常被用作砧木。木槿很容易嫁接，并且在有利的条件下生长很快，次年秋季或春季就可以移植户外。但是至少需要3年才能开花。

扦插

剪取标准的软木茎尖或半熟枝插条。为插条提供12～20摄氏度的底部温度并涂抹上激素生根化合物，会提高插条生根的成功率。尽早将插条种植于9厘米深的盆中。对于那些已经扎了根的木槿，在仲夏至冬季期间，不要再进行移栽。如果将木槿种植在无霜的环境中或深盆中，它的硬木插条可以保留住主芽并能很好地生根。

播种

从较大的、干燥的果实中收集种子。春季播下的种子很容易发芽。将木槿播种在苗床中，待来年秋天即可用作砧木。

压条

木芙蓉的空中压枝（见第105页）一般会在6～8周生根。

嫁接

用根尖楔形嫁接（见第108页）将两年生的接穗材料嫁接到根与茎交会处的砧木上。将成功的嫁接苗放入14～19厘米深的盆中，放置于无霜的环境中生长。

其他灌木和攀缘植物

半日花属（HELIANTHEMUM） 夏季与秋季嫩枝扦插与半熟枝扦插。春季在凉爽、无霜的地方播种。新植株生长需要大量光照。

拟蜡菊属（HELICHRYSUM） 该属包括吊兰，如散蜡菊菊（*H. petiolare*）。夏季进行软木或半熟枝扦插，春季进行播种培育。

天芥菜属（HELIOTROPIUM） 夏季进行嫩枝扦插。夏季进行半熟枝扦插。春季播种。

束蕊花属（HIBBERTIA） 使用嫩枝扦插与半熟枝扦插，方法同树紫苑属植物（Olearia）。

沙棘属（HIPPOPHAE） 在排水良好的堆肥中种植嫩枝插条。根插条的方式同南蛇藤属。秋季将新鲜的种子种植于户外。

绥带木属（HOHERIA） 夏季与秋季，将嫩枝和半熟枝插条种植在排水良好的堆肥中。秋季播种。

绣珠梅属（HOLDISCUS） 夏季进行软木扦插。秋季播种。春季至夏季单枝压条。

紫苜豆属（HOVEA） 嫩枝扦插与半熟枝扦插，方法同树紫苑属植物（Olearia）。播种，方法同鹦喙花属。

球兰属（HOYA） 春末至夏初软木扦插或用至少带有3个节的嫩枝扦插，方法同山梅花属（Philadelphus，见第136页）。

葎草属（HUMULUS） 春季至夏初叶芽扦插。黄叶葎草可能会枯萎，而且生根晚的插条不易过冬。春季进行波状压条。

绣球属（HYDRANGEA）平顶绣球

软木扦插　春末至仲夏
半熟枝扦插　仲夏
硬木扦插　冬季
播种　春季
压条　春季

裂茎扦插

使用干净且锋利的小刀或手术刀纵向切开嫩枝和半熟插插条的茎，就能获得双倍的插条。

不用修剪叶子

波状压条培育攀缘绣花球

1 从去年生长的植株中，选择气生根仍在生长的健康苗。将等分的泥炭替代品和沙砾混合到土壤中。

2 尽可能地将茎向下固定，同时也将气生根向下固定。轻轻地将约15厘米长的茎掩埋。直到1年后新芽出现之前，要始终保持压条湿润。

该属大多数完全耐寒或畏寒、落叶和常绿的灌木和攀缘植物很容易通过插条生根。但也有一些例外。如攀缘冠盖绣球（Hydrangea anomala subsp. Petiolaris）就适用于压条培育，栎叶绣球（H. quercifolia）大部分种子都会发芽。有一些绣球花在第2年就会长到开花的大小。这里包括草绣球（Cardiandra）、赤壁草（Decumaria）、叉叶蓝（Deinanthe）、常山（Dichroa）、冠盖藤（Pileostegia）与钻地风属（Schizophragma）。

扦插　大多数绣球花的节间距离各不相同，所以需要通过长度决定软木插条的类型，但不论什么类型的插条，都会在2～4周内生根。生根过程中，要掐掉新苗，以免长成茎长植物。栎叶绣球与冠盖绣球在生长中都需要照料：选取5～10厘米长的节茎尖插条。在插条上仅保留未成熟的尖端。去掉栎叶绣球插条上超过一半的叶子。并涂抹上激素生根化合物。这样一来，插条在12周内就可以生根。因为在阴凉且无霜的地方，多毛的叶子与茎很容易腐烂，所以要选取并栽植与马桑绣球与其栽培品种相适的半熟枝与硬木插条。

播种　从干果实里提取种子并播种于容器之中（第104页），轻轻地将其覆盖上。放置于10摄氏度的温度下，保持凉爽和潮湿。常山属（Dichroa）的种子需从浆果中获取。

压条　使用波状压条培植。生根的压条在1年以内就能够用于移植。

金丝桃属（HYPERICUM）金丝桃

展萼金丝桃
（Hypericum lancasteri）

软木扦插或半熟枝扦插　春末至早秋
硬木扦插　秋末至仲冬
分株　春季
播种　秋季或春季

该属为完全耐寒或畏寒的、落叶和常绿灌木。它们很容易通过扦插或播种培育，并会在2～3年内开花。硬木扦插最适合更高一些的灌木。金丝桃（Hypericum calycinum）通过其纤匐枝传播，然后进行分株培育。

扦插　约5厘米长、带有1～2对叶子的软木插条与半熟枝茎插条通常会在3～6周内生根。想要达到最佳效果，需要选取不开花的苗。摘去嫩枝插条底端叶子时要小心不要损坏茎。可以将其直接种植在花盆里。较小的品种，例如，奥林匹克金丝桃（H. olympicum），插条的长度可能只有2～3厘米。

如果只需培育少量植物，则在深盆中种植硬木插条。否则，请将其扎根在凉爽、无霜的地方，例如冷床或阳光隧道下。

分株　挖出一簇金丝桃（H. calycinum），重新栽植或盆栽。这一步可以随时操作，但最好在新的季节性植物开始生长之前完成。

播种　从成熟的果实中收集种子，并在秋季凉爽的时候或早春播种，用蛭石轻轻覆盖。保持无霜冻。

素馨属（JASMINUM）素馨

迎春花

软木扦插或半熟枝扦插　春季与夏季
硬木扦插　冬季
压条　春季

该属为完全耐寒或畏寒的、落叶和常绿的灌木和攀缘植物。它们很容易通过扦插增产。素芳花（Jasminum officinale）和迎春花（J. nudiflorum）最好选用硬木插条扦插。该属植物也可以压条培植，而且压条法尤其适用于那些茎上有气生根的品种。素馨属植物通常需要3年才能长成大型的开花植物。

扦插

为了减短插条的长度，可以选择节间软木插条与半熟枝。除去部分复叶以减少植物患葡萄孢的风险。为插条抹上生根化合物能加速生根，将生根时间缩短到4周左右。那些较早扎根、顶部生长强劲的插条在较凉的气候下能够更好地越冬。但尽量多准备一些额外的插条，以防一些插条无法越冬。

选取标准的硬木插条。在较冷的区域，放置于凉爽、遮阴处，也可以将其放置于冷床或无霜温室中的深盆中过冬。

压条

所选择的嫩枝的根是沿着其长度形成的，并对其进行单枝压条。12个月内压条就会长出良好的根系。

山月桂属（KALMIA）

嫩枝扦插　夏季
硬木扦插　仲夏
播种　冬季至初春
压条　春季

这些完全耐寒、常绿的灌木通过扦插培育可能很困难，而且尽管种子容易发芽，但幼苗仍需要悉心照料。压条培育该属是最可靠的方法。但是，新植物需要7年才能开花。

扦插　在茎两端切开嫩枝插条，之后再按照杜鹃花的处理方式处置。但是扦插培育过程中，插条生根速度特别慢。可以尝试硬木扦插。

播种　采用表层播种，方法同杜鹃花属。因为幼苗很容易枯萎。所以需要放置于遮阴处并提供低养分的堆肥，

压条　单枝压条可在12个月内生出根茎，之后，需要2年时间才能移植到花园中。

猬实属（KOLKWITZIA）猬实

软木扦插或嫩枝扦插　春末或夏初

猬实（Kolkwitzia amabilis），这种完全耐寒的落叶灌木用扦插培育很容易生根，并会在3年后开花。处理插条的方法与山梅花属（Philadelphus）相同。选择插条时，避免水生芽，插条长度至少为3节，这样可增加新芽数，提高越冬成功率。

智利钟花属（LAPAGERIA）智利风铃花

播种　春季
压条　春季与秋季

繁殖智利风铃花（*Lapageria rosea*）及其栽培品种这种单物种的半耐寒或畏寒的常绿攀缘植物，最好的方法就是压条。既可以单枝压条也可以波状压条。如果用扦插培育，推荐使用半熟枝或基部插条，但在较冷的气候下，它们很难生根，而且即使在温暖的气候中，就算它们能生根，也可能很难长大。

播种时，先将种子浸泡48小时，再分别种入8厘米深的盆中。用1厘米厚的蛭石覆盖，种子在15～20摄氏度的温度下就会发芽。新植物需要2～3年才能长到开花大小。

花葵属（LAVATERA）锦葵

扦插　春季至秋季

该属为完全耐寒或半耐寒的、落叶和常绿的灌木和亚灌木。尽管一年四季都可以种植其插条，但在花芽形成之前剪取的软木和嫩枝新苗可以又快又好地生根。

节间距离可能会很大，但冬葵的节间插条也会生根，因此不论是在节点之下还是节点之上修剪，都可以将插条的长度固定为6～8厘米。这样一来，新生植物就不会长成茎长植物。插条种植以后，生根需要2～4周的时间。锦葵也特别适合直接在花盆中生根。生根后，新植物会在1～2年内开花。

女贞属（LIGUSTRUM）女贞

软木扦插或半熟枝扦插　夏初至仲夏
硬木扦插　秋末至仲冬
播种　秋末或早春
压条　春季或秋季

该属包括完全耐寒或半耐寒的、落叶或常绿灌木。女贞通常被视为树篱，而通过修剪可以获得优质插条。它通常需要3年才能长成大型的开花植物。

取7～10厘米长的节状嫩枝和半熟枝插条，保留上端两对叶子。插条生根需要3～6周的时间。可以直接将其种植在花盆中（见第96页）。

也可以将硬木插条种在露天地或凉爽、无霜的地方。树叶可能会凋零，但不用担心，新的叶子春季时就会长出来。女贞幼苗长势好时，能达到1米长，因此可以使用非常大的插条来繁殖成熟的植物，第2年秋天就能种入花园，这样一来，生长期比平常少了1～2年。

所有的女贞可以通过单枝压条法培植（见第106页）。从成熟的浆果中收集种子，并在秋末播种新鲜的种子。如果春季进行6～8周的冷分层，则干燥的种子会更均匀地发芽。

选取女贞的大枝硬木插条

从节点正下方，也就是新生长苗的底部，剪取60厘米长的成熟枝。从茎的下半部修剪掉软尖和树叶。将所有苗切成同一长度（见小插图）。用干净的刀或修枝刀从每个插条的根部割掉长3.5厘米的树皮条。将插条种植在狭槽中，间隔10厘米，使叶子刚好不接触土壤。再将插条固定，贴上标签。

薰衣草属（LAVANDULA）

软木扦插或半熟枝扦插　夏初至秋季
硬木扦插　秋末至冬末
播种　春季
压条　春季

通常，这些完全耐寒或畏寒的常绿灌木和亚灌木在生长一两年后就能开出大量花朵，以至于没有合适的插条，就算有也很容易染上葡萄孢菌。种子培育的物种与栽培品种的习性与花色各不相同。较老茎长植物，可以通过压条法培植。但生长非常缓慢。

扦插　初夏至仲夏时，从幼株上取6～8厘米长的软木或半熟枝插条，修剪节点下方，并剥去底部3厘米长的叶子。为插条抹上激素生根化合物，放入排水良好的堆肥中。初夏的插条在薄雾中或未加热的不透明塑料薄膜下很容易生根。经常为插条通风，并喷上杀菌剂。插条种植以后，需要4～8周才能生根。取带有假植苗的半熟枝插条，并将其种植于凉爽、无霜的地方。

按照处理半熟枝插条的方法来处理硬木插条，但在开花后，最好从新生苗中获取硬木插条。冬天，插条可能需要3个月才能生根。将其放置于无霜的环境中，以防止其过早抽芽。如果发生这种情况，掐掉新长出的部分，只保留原来插条的长度，以防止腐烂或蚜虫侵袭。

播种　从干燥的籽头中收集种子，冷分层4周后播种。

压条　用堆土压条法培植，以待来年春天长成大型植物。种植时，把它们埋得深一点以避免徒长。

修剪薰衣草的花茎
最好在开花后新一轮生长中剪取硬木插条。修剪掉颜色逐渐变淡的开花茎，以刺激新芽的形成。因为薰衣草很难从旧木头中生长出来，所以注意不要将灌木修剪得太狠。

其他灌木和攀缘植物

桃花岗松属（HYPOCALYMMA） 夏季半熟枝扦插（见第95页）。春季表土种冬。

神香草属（HYSSOPUS） 春季到秋季软木扦插与半熟枝扦插。

冬青属（ILEX） 见第81页的园林树木。

鼠刺属（ITEA） 用於嫩枝扦插与半熟枝扦插种植常绿品种，方法同冬青属（见第98页）。软木扦插与嫩枝扦插培育落叶品种（见第100—101页）。春季表土播种（见第104页）。

龙船花属（IXORA） 夏季半熟枝扦插（见第95页），并提供底部加热。

藤珊豆属（KENNEDIA） 春季播种，方法同鹦喙花属（见第124页）。

棣棠花属（KERRIA） 软木与硬木扦插，方法同连翘（见第128页）。分株根出条。

马缨丹属（LANTANA） 夏季与秋季嫩枝扦插和半熟枝扦插。插条在岩棉中能够很好地扎根。

鱼柳梅属（LEPTOSPERMUM） 半熟枝扦插，方法同海桐属（Pittosporum，见第137页）。秋季或春季种冬。

胡枝子属（LESPEDEZA） 软木扦插与嫩枝扦插的方法同葛属（见第121页）。秋季播种，或将种子

贮藏起来，待到春季播种，方法同鹦喙花属（见第124页）。

木藜芦属（LEUCOTHOE） 仲夏至仲冬种植嫩枝和半熟枝扦插，方法同常绿杜鹃花（见第138页）。播种方法同杜鹃花属。

鬼吹萧属（LEYCESTERIA） 秋季至冬季，将硬木插条种植于凉爽、无霜处准备好的苗圃中（见第98页）。秋季播种。

木紫草属（LITHODORA） 夏季至初秋嫩枝节茎尖扦插，并定期为其通风。

忍冬属（LONICERA）忍冬

软木扦插、半熟枝扦插或叶芽扦插　春末至夏末 🌡
硬木扦插　秋末至仲冬 🌡
压条　春季
播种　秋季或春季

京久红忍冬杂交种
(Lonicera x heckrottii)

金银花既含有完全耐寒的常绿或落叶植物，也有畏寒的常绿或落叶植物。灌木和攀缘植物都可以通过扦插培育，而且攀缘植物压条培植效果也不错。3年后就能长成开花植物。

扦插软木与半熟枝节间茎尖插条或茎插条（见第100页与第95页）会在种植4周之后生根。攀缘植物，如金银花，需要选取3～5厘米长的插条，但是节点较密的灌木［蕊帽忍冬 L. ligustrina var. pileata）]的插条需要长6～8厘米。注意要选用没有蚜虫和白粉病的植物，种植时保持一定间距，以免感染上葡萄孢菌。如果将蕊帽忍冬与亮叶忍冬（L. ligustrina var. yunnanensis）的半熟枝插条种植于凉爽、无霜的地方，它们可以很好地扎根。也可以选用芽插穗（见第97页）与标准硬木插条（见第98页）扦插。第2年秋天，20～30厘米长的常绿植物的插条就能长成大型植物。

播种

种子经受寒冷才能发芽。种子从秋天新鲜的浆果中提取，或在潮湿的泥炭中冷藏3个月后再播种。

压条

为适用的幼苗进行波状压条，之后，它们在6～12个月间就会扎根。

北美木兰属（MAGNOLIA）

半熟枝扦插　夏末至秋季 🌡🌡
软木扦插或嫩枝扦插　春末至夏初 🌡🌡
播种　秋季与春季
单枝压条　春季
空中压条　秋季
嫁接　夏末、秋季或春季 🌡

里基北美木兰
(Magnolia 'Ricki')

该属既有完全耐寒的植物，也有畏寒的植物。其中许多落叶灌木都可以通过较柔软的嫩枝节茎尖插条繁育，方式同木兰属（见第83页）。在每个插条的底部切开一个短于2厘米的小口。取10～15厘米长的常绿灌木的半熟枝插条，当作软木插条处理。插条在秋天和冬天生根较慢。播种次生休眠的种子，如木兰树种。

春季，将木兰单枝压条，并在来年春天分离生了根的压条。秋季空中压条（见第105页）比较适用于生长较慢的品种［如星花玉兰（Magnolia stellata）]。

对于园丁来说，嫁接通常是繁殖木兰的最佳方法。嫁接较小的灌木，要使用种生的日本辛夷（M. kobus）或插条培育的二乔玉兰（M.xsoulangeana）作为砧木。在秋季与初春至仲春进行拼接侧板嫁接。夏末嵌芽接能节省嫁接材料。嫁接后，新植物会在4～5年内成熟。

龟背竹属（MONSTERA）

扦插　随时 🌡
压条　随时 🌡

所有这些畏寒的常绿的附生攀缘植物经常会长出气生根，因此适合压条培育，但扦插培育效果也不错。该属植物种植2年后才能成熟。

通常选取有2个节长的叶芽（见右页图）或茎（见下图）插条，将其种植于排水良好的堆肥中，保持湿润，并提供20～25摄氏度的底部温度。为防止插条失去平衡，可将叶片卷起来。如果有多条茎插条，请在托盘中间隔2.5厘米种植。也可以将茎插条垂直插入花盆中。扦插植以后，生根需要4～8周的时间。注意保护新树叶免受烈日灼伤，防止枯萎。

单枝压条，需要将新生的长芽固定到土壤或邻近处装有排水良好的堆肥的容器中。压条生根非常快（3—6个月），但只有在新植株成熟后才能将其与母株分开。

龟背竹茎扦插
选择刚形成气生根的幼茎。将其切成5厘米长的小段，用作叶芽插条（见右图）。用无土的岩屑堆肥填满半个种子盘。再水平放入插条，将插条的一半埋在堆肥里，使芽露在上面。

十大功劳属（MAHONIA）

叶芽扦插或半熟枝扦插　仲夏至秋季 🌡
硬木扦插　冬季 🌡
分株　春季与秋季
播种　秋季 🌡

该属为完全耐寒的常绿灌木。处理其半熟枝或硬木插条的方法大致相似。第一批长一旦成熟，选取的木头就会生根，但再长一段时间的插条会更好地扎根。扦插后，植物在3年以后就会开花。

处理插条的方式同叶芽扦插条。十大功劳属的植物（也可参见第119页的刺红檗属）的节间距离很短，因此一个插条可以有两个或多个节点。在茎的一侧切开一个1厘米长的口子。摘去一部分复叶，只留下2～3对小叶。使用排水良好的堆肥；提供15～20摄氏度的底部温度，这样插条才能加速生根。

十大功劳植物一年可以生长30厘米或更长，因此可以用一根茎制成几根硬木插条。在植株生长不活跃时，将丛生的品种［如大叶红景天（Mahonia aquifolium）]分株。

种子经常会异花授粉，比如一些较高的秋叶蓟马（M. aquifolium）与羽叶蓟马（M. pinnata）的杂交种，但是通过家庭采集的种子培育幼苗仍然是有价值的。初夏收集成熟的果实，并在播种前彻底清洗种子。

去掉柔软的尖端和最上面的叶子

复叶

插条

十大功劳属植物芽插穗
选择一株本季生长的嫩苗。去掉柔软的尖端和最上面的一对叶子。将茎切成2.5～5厘米长的节间插条（见小插图）。只保留顶端的叶子，将剩下的叶子全部摘掉，并修剪留下的叶子。

龟背竹属叶芽扦插

1 选取叶腋中有好芽、健康的幼叶〔图中为花叶龟背竹（*Monstera deliciosa* 'Variegata'）〕。用干净、锋利的小刀在花蕾上方和节的下方约2.5厘米的茎上横切。

用劈开的藤条与麻绳支撑插条

芽位于堆肥表面

2 选择一个直径比茎长2.5厘米的花盆，并在花盆中填上无土岩屑堆肥。将茎直插入花盆。用劈开的藤条支撑插条或卷起插条的叶子，用橡皮筋固定后，再用藤条支撑。接着，为植株浇上水并插上标签。

夹竹桃属（NERIUM）夹竹桃

嫩枝扦插或半熟枝扦插　春末至早秋
播种　春季
压条　随时

夹竹桃（*Nerium oleander*）为半耐寒的常绿灌木。想要在2年后长成开花植物，可以直接将8厘米长的嫩枝插条与半熟枝插条种植在环境潮湿的花盆中。提供12～20摄氏度的底部温度，插条会加速生根，生根时间缩短到3～6周。插条种植在水中也能生根。要想长出浓密的植物，要掐掉植物的顶端。

秋季，从豆状豆荚中收集种子。春季，当温度达到16摄氏度时开始播种，种子会在2周内发芽。夹竹桃很容易杂交。空中压条或单枝压条可培育大型植物，但是压条比扦插需要更多的时间和精力。

榄叶菊属（OLEARIA）雏菊

软木扦插或半熟枝扦插　夏初至秋季
硬木扦插　冬季

在该属完全耐寒或畏寒的常绿灌木中，种植于潮湿条件下（例如在塑料薄膜下）排水良好的堆肥中的星状榄叶菊（*Olearia stellulata*）和类似的品种发育较弱的软木插条，生根状况相当不错。在插条硬化后，为避免植株散落，将生根的插条种植于9厘米深的花盆中。像哈氏榄叶菊（*O. x haastii*）这样的天然杂交品种，很难找到未开花的茎。但6～8厘米长的插条生根状况最佳。如果

可能的话，保留生长锥以防止葡萄孢菌感染。榄叶菊属的植物生长在岩棉中能很好地生根。

另外，大齿榄叶菊（*O. macrodonta*）的硬木插条生根状况也不错。但是，要确保插木的底部是完全成熟的，同时也要将其种植在凉爽、潮湿并且无霜的地方。如果种在温室中，要用塑料薄膜将其覆盖，但不需要底部加热，否则插条就会腐烂。20～30厘米长的大插条会繁殖出大型植株，并且在第2年秋天就可以移植于花园种植。生根后，新植物会在3～4年内开花。

其他灌木和攀缘植物

羽扇豆属（LUPINUS） 春季进行软木扦插与嫩枝基部扦插。如果湿度太高，插条就会腐烂。春季播种，方法同鹦喙花属。

珍珠花属（LYONIA） 嫩枝扦插和半熟枝扦插，方法同常绿杜鹃花（见第138页）。播种培育方法同杜鹃花属。

飘香藤属（MANDEVILLA） 夏初进行软木扦插与嫩枝扦插（见第100—101页），并为其提供20～25摄氏度的底部温度。春季播种，并提供20～25摄氏度的底部温度，存活的种子会在30天内发芽。

蔓炎花属（MANETTIA） 春末或夏季进行软木茎尖扦插或半熟枝扦插（见第95页）。春季温度达到13～18摄氏度时播种。

美丁花属（MEDINILLA） 春季与夏季进行嫩枝扦插，并为其提供一定的湿度与20～25摄氏度的底部温度。春季温度达到19～24摄氏度时播种。空中压条培植可随时进行。

蜜花属（MELIANTHUS） 春季，当新的生长苗不长于15厘米时，取基部软木插条。在初春分簇。播种培育的方法同苘麻属。

铁心木属（METROSIDEROS） 半熟枝扦插，方法同美洲茶属（见第121页）。春季时，表土播种培育（见第104页）。

含羞草属（MIMOSA） 春末软木扦插。播种培育，方法同鹦喙花属（见第124页）。

沟酸浆属（MIMULUS） 软木扦插与半熟枝扦插（见第100—101页与第95页）。一旦插条生了根，植物需要寒冷、耐寒，以防止腐烂。春季表土播种培育。

蔓虎刺属（MITCHELLA） 夏末至秋季进行半熟枝扦插。秋季播种。

龙船花属（MYRICA） 夏初至仲夏进行节嫩枝扦插，并为其提供底部加热。根插条的方式同南蛇藤属（见第122页）。秋季时，播种培育（见第103页）。单枝压条（见第106页）。

香桃木属（MYRTUS） 半熟枝扦插与硬木扦插，方法同海桐属（见第137页）。对于较难生根的小叶种，需在堆肥表面铺上1～2厘米厚的细砂（5毫米）。秋季或春季播种。

南天竹属（NANDINA） 夏季进行节嫩枝扦插。选择那些茎刚好变黑的木材。分株根出条。秋季播种。

绣线梅属（NEILLIA） 夏季进行软木扦插与半熟枝茎扦插，方法同山梅花属（见第136页）。秋季播种。

印第安李属（OEMLERIA，异名为Osmaronia） 春末进行节软木扦插与嫩枝扦插，方法同唐棣属（见第118页）。分株根出条，方法同唐棣属。秋季播种。

木犀属（OSMANTHUS） 夏末至冬季，半熟枝茎尖扦插。可能的话，可以选取那些带有假植苗的插条。将插条插入排水良好的堆肥中或带有底部加热的岩棉模板中。秋季在容器中播种，置于凉爽、无霜的地方。

蓝眼菊属（OSTEOSPERMUM） 随时进行软木扦插及半熟枝扦插。春季播种。

米花菊属（OZOTHAMNUS） 夏末至冬季半熟枝扦插，方法同橙花糯苏属（见第137页）。插条很容易腐烂。秋季在容器中播种，并将其置于凉爽、无霜的地方。

黄虾花属（PACHYSTACHYS） 夏季进行软木与嫩枝节茎尖扦插。

尼泊尔沟酸浆
（*Mimulus aurantiacus*）

芍药属（PAEONIA）芍药

播种　夏季
嫁接　夏末

伊丽莎白·蕾娜牡丹
（*Paeonia suffruticosa* 'Reine Elisabeth'）

少数较大型的、灌木状的落叶"树状牡丹"为完全耐冻的植物。可以通过种子培育，但需要7年时间才能开花。嫁接培育，植株会在2～3年内开花。

播种

将新鲜的种子播种在花盆中，使其经历寒冷和温暖两个阶段，例如过两个冬天。种子是双重休眠的（第1年长根，第2年长叶）。注意要防止老鼠吃掉种子（另见第204页的多年生植物）。

嫁接

使用同一品种的接穗和砧木嫁接可以防止植物长出根出条。但是，嫁接通常会使用牡丹花和芍药的砧木。取一枝长约10厘米、粗1～1.5厘米的根作为砧木。植物一经修剪，就不会再继续苗壮成长了，所以可以直接将其处理成多个砧木。从4厘米长的单叶芽插条上剪下一个叶腋下有一个芽的接穗。将砧木垂直切开3～4厘米。按照标准的根尖楔形嫁接操作。

秋天，可以将嫁接苗移到花盆里。盆育前，将其种植在无霜的环境中，确保连接处埋在地下，促使接穗生根。

地锦属（PARTHENOCISSUS）

软木或半熟枝扦插　春季至仲夏
硬木扦插　冬季
播种　秋季或春季
压条　春季

用扦插法培育这些完全耐寒的落叶攀缘植物难度较高。植物会在3年内成熟。

扦插

软木插条可能会腐烂；半熟枝插条很容易生根，但可能很难越冬。生根需要3～5周时间。选取带有多个芽的地锦插条，增加能越冬的芽的数量。五叶爬山虎（*P. quinquefolia*）的节间插条，长6～8厘米，只有一个节，但一旦生根就生长得很快。从三年生的硬木中获取的硬木插条，在凉爽无霜的地方可以很好地生根。如果顶部生长较缓，可为其底部加热。它们容易过早爆芽。

播种

将从黑色肉质果实中提取的种子冷藏2个月，初秋播种或将其冷分层（见第103—104页）。

压条

许多植物沿着芽苗会长出气生根；可以用这样的芽苗来培育新植株。

洛氏地锦（*PARTHENOCISSUS TRICUSPIDATA* 'LOWII'）
这种爬山虎与其栽培品种应选取至少带有3～4个节的插条，较大的插条更容易越冬。

西番莲属（PASSIFLORA）西番莲、百香果

软木或半熟枝扦插　春季至夏末
播种　随时
压条　春季

紫水晶西番莲
（*Passiflora* 'Amethyst'）

该属植物主要为常绿攀藤植物，其中有些耐寒有些畏寒。可以用任何类型的软木或半熟枝扦插培育，包括节茎尖（见第101页）、叶芽（见第97页）和半熟茎（见第95页）。在潮湿的环境中插条生根需要3～4周的时间，但在春天之前都不能移栽。也可以直接将其种植于花盆中（见第96页）。

发酵种子以杀死镰刀镰菌：将成熟的果实存放14天，捣碎，再将果肉在温暖处放置3天。用筛子在流水下清洗种子，然后烘干。播种前（见第103—104页），在20～25摄氏度的温度下，将种子在热水中浸泡24小时，软化硬皮（见第102页）让它们更容易发芽。

该植物每年都会长出很长的新芽，这些新芽很适合用于波状压条（见第107页）。新植株在3年后开花结果。

山梅花属（PHILADELPHUS）山梅花

软木或半成熟插条　春末至仲夏
硬木扦插　冬季
播种　冬末或早春

该属为完全耐寒的落叶灌木。可以通过软木或半熟枝、节茎尖和茎扦插培育（见第100页和第95页）。选取带有两个节或约8厘米长的插条；避开粗大、多汁的水芽，而且要注意不要选到那些顶端曾受蚜虫侵害的植物。将半熟枝插条种植于阴凉无霜的地方或直接种植盆中生根。这样一来，生根需要4～6周时间。将硬木插条）种植在无霜的地方或加热台上。

如果在播种前将种子冷藏6～8周，种子发芽率会更高。注意不要让种子变干。

半熟枝扦插
春天，将生根的插条直接种植于花盆或苗圃里。

喜林芋属（PHILODENDRON）

扦插　随时
播种　成熟时
压条　随时

该属植物为畏寒的常绿植物。大多为附生的攀缘灌木，一般都通过茎生根，所以如果保持温暖和湿润的环境，它们很容易通过扦插或压条培育。

长度不超过10厘米的软木或半熟枝的叶芽、茎尖和茎插条（见第95—101页）都适合用于扦插。扦插类型由差异很大的节间间距决定。在21～25摄氏度的条件下，生根需要4～6周。在较热的天气，需要为插条遮

插条类型

茎尖插条　　　　　　节间叶芽插条

双节茎插条　　　　　节叶芽插条

橙花糙苏属（PHLOMIS）

半熟枝或硬木扦插　仲夏至仲冬 🪏
播种　春季 🪏

　　该属为完全耐寒的常绿灌木和亚灌木。与许多灰叶植物一样，它们的插条如果生长在过于潮湿的环境中，就很容易腐烂。一些品种的种子很容易发芽，且会在2年内成熟。

扦插

　　在尚未开花的当季植株上取长10厘米的半熟节茎尖或硬木插条（见第95页和第98页）。将其插入排水良好的堆肥中，置于塑料薄膜下。如果堆肥和环境过于潮湿，很容易导致插条死亡。不要在底部加热，因为底部加热会产生冷凝水，滴到叶子上，助长霉菌。每周至少通风3次，每次5～10分钟。橙花糙苏属植物在花园中有覆盖的情况下生根效果很好。生根需要4～12周时间。

播种

　　春天播种（见第104页），用蛭石覆盖。在15～20摄氏度的条件下，发芽需要2～3周。

挡阳光，并喷上水雾。从成熟的浆果中提取种子并立即播种（见第103—104页），为种子提供20～25摄氏度的底部温度。

　　空中压条以及单枝压条（见第106页）可在12～18个月内培育出大型新植株。而种子培育与扦插培育还需要一年多的时间才能长出大型植株。

空中压条
空中压条培育喜林芋属植物时，环剥所选的软木。在茎的周围划2个间隔约1厘米、平行的切口。注意不要切得太深，以免伤及树心，然后剥去树皮环，露出木材（见小插图）。

马醉木属（PIERIS）

嫩枝或半熟枝扦插　春末至秋季 🪏
播种　冬末或早春 🪏
压条　春季 🪏

马醉木（*Pieris japonica*）

　　这些完全耐寒的常绿灌木很难找到优质的扦插材料，但值得努力找找，因为只有少数品种适合种子培育。植物在3年内能开花。

扦插

　　一旦新叶褪去了红色或粉红色，就要从未受冻、生长旺盛的植株上选取不长于8厘米的节嫩枝插条（见第101页）。去掉顶端，保留4～5片叶子。摘掉一大半较大的叶子。有了激素生根剂、排水良好的低营养堆肥和12～15摄氏度的底温，生根时间可以缩短到6至8周。在半熟枝上切开1～2厘米长的切口（见第95页）。

播种

　　表层播种，播种于15摄氏度且湿润的环境中。幼苗生长缓慢，很容易枯萎。

压条

　　在春季进行单枝压条，但任何时候都可以进行空中压条。

海桐属（PITTOSPORUM）

扦插　秋季 🪏
播种　冬末 🪏
压条　早春 🪏

嫁接　冬末 🪏

　　该属中耐寒或畏寒的常绿灌木有多轮生长期，所以很容易将新木与老木混淆。从当季生长的枝条上取6～8厘米长的半熟枝插条（见第95页）。插条基部可能会腐烂，但如果在排水良好的堆肥上插入2厘米长的尖沙压条，它们生根的位置一般位于茎的上端。大叶和绿色物种以及栽培品种更容易生根。在12～20摄氏度的条件下，生根需要8～12周。如果出现落叶，需换用其他插条。

海桐花
（*Pittosporum* 'Garnettii'）

　　蒴果裂开时收集黏稠的种子，用肥皂水清洗后，在15摄氏度的温度下播种（见第104页）。一季后可将幼苗移植户外。该属可以通过空中压条和单枝压条培育合适的软木（见第105—106页）。也可以通过将植物接穗合接（见第109页）或拼接腹嫁（见第58页）到一年生的海棠树苗根茎上培育。在塑料薄膜下，6周后结合处就会形成愈合组织。这时，要移植并剪去根茎。在遮阴处，嫁接苗1年内预计可生长30厘米。

其他灌木和攀缘植物

拟长阶花属（PARAHEBE） 春末夏初，在排水良好的堆肥中种植嫩枝插条，同赫柏属（新西兰常绿灌木，见第130页）🪏。春季，在无霜冻的地方播种🪏。

白缕梅属（PARROTIOPSIS） 初夏，嫩枝扦插，同木兰属（见第134页）🪏🪏。春季播种，同金缕梅属（见第130页）🪏🪏。

夜香树属（PENSTEMON） 春季至秋季，软木节扦插或半熟枝扦插（见第100页与第95页）🪏。秋季或春季播种（见103—104页）🪏。

五星花属（PENTAS） 随时行软木扦插（见第100页）🪏。春季温度达到16～18摄氏度时播种🪏。

分药花属（PEROVSKIA） 春季开花前，节茎扦插，方法同莸属🪏。冬季时，将插条种植在凉爽、无霜的环境中（见第98页）🪏。

蓝花藤属（PETREA） 夏季，半熟枝扦插（见第95页），并提供18摄氏度的底部温度🪏。冬末单枝或空中压条（见第105—106页）🪏。

挂钟藤属杂交种（x PHILAGERIA） 压条培育，方法同智利钟花属（见第132页）🪏。

石楠属（PHOTINIA） 夏季至冬季，在排水良好的堆肥中，种植节嫩枝和半熟枝的插条（见第101页和第95页）🪏🪏。抹上高等生根剂后，它们在岩棉模具中能很好地生根。春季播种🪏。

避日花属（PHYGELIUS） 春季进行软木基部扦插，秋季进行前绿叶扦插🪏。春季温度达到10～15摄氏度时播种🪏。

松毛翠属（PHYLLODOCE） 培育方法同石楠（见第110—111页）🪏。

风箱果属（PHYSOCARPUS） 春末至夏末进行软木或半熟枝扦插，方法同莸属（见第121页）🪏。春季在凉爽无霜的地方播种🪏。

冠盖藤属（PILEOSTEGIA） 夏季与秋季，半熟枝扦插，方法同鼠刺属（Escallonia，见第127页）🪏。单枝或波状压条（见第106—107页）🪏。

胡椒属（PIPER） 夏季温度达到20～25摄氏度时进行嫩枝扦插🪏。春季温度达到20～25摄氏度时播种。

黄花木属（PIPTANTHUS） 播种，方法同鹦喙花属（见第124页）🪏。

避霜属（PISONIA） 夏季进行嫩枝扦插与半熟枝插条（见第100—101页与第95页）🪏。春季播种🪏。春季空中压条🪏。

密头火绒草属（PLECOSTACHYS） 夏季进行半熟枝或软木扦插，方法同蜡菊属🪏。

白花丹属（PLUMBAGO） 春季至夏季进行软木扦插与半熟枝扦插（见第100—101页与第95页）🪏。春季播种（见第104页）🪏。

远志属（POLYGALA） 春季至夏季进行软木扦插与半熟枝扦插。秋季播种较耐寒的品种；春季播种耐霜冻的品种🪏。

远志状马先蒿（POLYGALOIDES） 同远志属🪏。

委陵菜属（POTENTILLA）委陵菜

软木扦插或半熟枝扦插　春末至夏末
硬木扦插　冬季
播种　秋季或春季

　　该属为完全耐寒的落叶灌木。其嫩枝插条与半熟枝插条（见第101页与第95页）很容易生根，但由于幼叶容易枯萎，切勿使其变干。选取那些5～7厘米长的插条，而且

如果生长锥始终很软，就将其掐掉。插条生根需要4周左右。不论是节还是节间插条，培育效果都一样好。可以将其直接种植在花盆中或太阳能隧道式干燥装置中（见第45页）。如果在玻璃罩中培育植株，请注意防范春季的白粉病和夏季末的红蜘蛛螨。

　　从硬木（见第98页）中可以截取出同样

大小的插条。生命力较强的"Friedrichsenii"和"Maanelys"等金露梅品种的插条长度可能比标准长度稍长。插条可在凉爽、无霜的地方（例如冷床）或在无霜温室中加热床上的深容器中扎根。

　　灌木状的委陵菜属可以通过种子培育（见第104页），但通常需要2年时间才能开花。

李属（PRUNUS）樱花

软木扦插　春末至夏初
半熟枝扦插　夏季至秋季
硬木扦插　秋末至冬末
播种　秋季或春季

　　该属中的落叶或常绿的灌木是完全耐寒的。开花的灌木，如矮扁桃（*Prunus tenella*）和麦李（*P. glandulosa*）的软木基部插条（见第100页）需要在花快要凋谢时，从约6厘米长的新芽中获取插条。插条种植后4～6周内就会生根，如果将常绿的月桂树，如桂樱（*P.*

lauro cerasus）和葡萄牙桂樱（*P. lusitanica*）的半熟枝和硬木插条（见第95和第98页）种植于无霜、潮湿的环境中，它们很快就会生根。处理插条时，要摘掉其一半的大叶。再将生了根的插条于冬末种植于14～19厘米深的花盆中，以待来年秋天移植户外。

　　从成熟的果实中收集种子。种子需要经受2～3个月的寒冷才会发芽：秋季播种新鲜的种子或者在春季播种之前在潮湿的椰壳中将种子分层。

火棘属（PYRACANTHA）火棘

嫩枝扦插或半熟枝扦插　仲夏至秋初
硬木扦插　秋末至仲冬
播种　秋季或春季

　　该品种为完全耐霜冻常绿灌木。可以从其新苗中获取插条。插条种植3年后，就会开花结果。

扦插

　　长度为6～8厘米的嫩枝和半熟枝的节茎插条很容易生根。去掉插条上所有的软尖，并为其涂抹上激素生根化合物。插条种植以后，生根需要4～6周时间。

　　按照上述方法处理硬木插条（见第98页），但是要在插条底端

切开2厘米长的切口。并将插条放置于无霜的环境中。如果为插条提供12～20摄氏度的底部温度，插条会更快生根。那些扎根在14～19厘米深的花盆中，较大的、20～30厘米长的插条在第2年秋天就能移植户外。而仲冬时选取的插条可能会得黑星病，抑制其生根。

播种

　　秋季和冬季从浆果中提取种子。种子需要3个月的冷分层（见第103—104页）才能发芽。

收集火棘属种子
秋季和冬季收集雾状的成熟果实。将它们压扁除去大部分果肉，在温水中擦洗。播种新鲜的种子或将其储存在潮湿的沙子中并存放于冰箱。

杜鹃花属（RHODODENDRON）

软木扦插或嫩枝扦插　春末至仲夏　到
半熟枝扦插　仲夏至秋末
播种　冬季或初春
压条　春季与秋季
嫁接　冬季

　　该属品种覆盖范围广，包含完全耐寒或畏寒的、落叶与常绿灌木杜鹃花。这些品种可以通过多种方式培育。它们第一次开花时间各有不同，3～5年甚至更久。

"萨福"杜鹃花
（*Rhododendron* 'Sappho'）

　　扦插　想要落叶杜鹃花生根，在新苗只有几厘米的时候，也就是灌木仍在开花的时候，取软木节茎尖插条（见第100页）。之后再为插条涂抹上激素生根化合物。插条很容易被晒枯萎，所以天气特别热时，要特别为其遮阳。把插条放在雾气中效果最好。插条种植以后，需要8～10周才能生根。因为根系较小的落叶杜鹃很难越冬，所以秋季前根系生长越多越好。在较冷的气候下，可以将生根的插条放置于照灯下（见第42页），增加白昼光照的时间。

　　常绿杜鹃花与矮杜鹃花（同瓔珞杜鹃属，见第135页）用节嫩枝插条培育（见第101页）更容易生根。

　　许多常绿的、大花的杂交种，用半熟枝扦插培育更容易生根。处理插条的步骤包括，去除尖端，摘掉超过一半的、较大的叶子，然后在插条上切开一个口子，抹上激素生根化合物。再提供12～20摄氏度的底部温度以获得最佳效果。插条种植以后，生根需要10～15周的时间。

　　播种　人工授粉植物生长的种子通常能够长成。将从干燥的豆荚中收集的细种子（见第104页）撒播到过筛的无石灰（砂质）堆肥上。将盆或托盘放在雾气中、玻璃或塑料薄膜下，确保种子不会变干。为种子提供不超过16摄氏度的底部温度能缩短发芽时间——通常一个月内就会发芽。可以将小幼

盐麸木属（RHUS）漆树

扦插　冬季🌡️；分株　冬末🌡️；播种　冬季或春季🌡️

该属为完全耐寒或畏寒的、落叶与常绿的灌木或攀缘植物。根插条培植［南蛇藤属（Celastrus，见第122页）］一般都会成功，并且在一年内就能长出可以移植户外的幼苗。漆树会生长出很多根出条，非常便于分株（见第101页）。播种前，要提前将种子浸泡在热水中48小时，并且还要冷藏3个月。

苗放置于容器中，或者将它们移植到模具里培育一年。在夏季时，按照要求保护并遮盖幼苗。而在次年移植春季播种后长出的幼苗。

　　压条　如果有合适的幼苗，可以通过空中压条或单枝压条培育。

　　嫁接　冬季用拼接侧板的方法将该属接穗嫁接到铅笔粗细的大白杜鹃（Rhododendron decorum）、云锦杜鹃（R. fortunei）与喇叭杜鹃（R. discolor）的幼苗或坎宁安的白色杜鹃花（R. 'Cunningham's White'）生根的插条上。耐石灰的"Inkarho"砧木也可用于嫁接杜鹃花。因为砧木可能会长出根出条，所以嫁接结合处的位置必须尽可能低。但是生根的坎宁安的白色杜鹃花通常不会长出根出条。在潮湿的泥炭中插入裸根的砧木，以刺激须根和良好的根块迅速生长。将嫁接木放置于温度维持在15～20摄氏度的塑料薄膜大棚中，其接口愈合需要6～8周。

合适的苗　　　　　　不合适的苗

选取适用于单枝压条的幼苗
（此处以坎宁安的白色杜鹃花为例）压条培植时，相比于那些较老的木质茎，带有嫩绿柔韧枝条的、健康、结实的茎容易弯曲，并且也更容易生根。

茶藨子属（RIBES）金茶藨子

软木扦插或半熟枝扦插　春末至仲夏🌡️
硬木扦插　秋末至仲冬🌡️
芽接　仲冬至冬末🌡️🌡️
嫁接　冬末🌡️🌡️

该属为完全耐寒的落叶与常绿灌木。取自于软木与半熟木的插条用于装饰，取于硬木的则用来培育醋栗果和茶藨子的果实［醋栗（Ribes uva-crispa var. reclinatum）］。标准茶藨子可以用于嫁接。新植物会在4年内成熟或者结果。

扦插软木插条、半熟枝插条与茎尖插条（见第100—101页与第95页）生根状况都不错。但是不要使用那些患上白粉病的材料。为了达到最好的效果，从8～10厘米长的新生苗上截取节茎尖插条，并保留其顶端的2片叶子。为插条涂抹上激素生根化合物，并保护幼叶以防枯萎。

处理醋栗果与茶藨子的硬木插条（见右图与第98页）。将醋栗、红醋栗和白醋栗（R. rubrum）插条的一半插入土壤中。必要时，保留上面的2片叶子。种植黑醋栗插枝（R. nigrum）时，使2个芽位于土壤上方。保证观赏植物的硬木插条免受霜冻，以确保其生根。

嫁接

用嵌芽接或舌接的方法将茶藨子的接穗嫁接到1～1.2米长的极叉分茶藨子（R. divaricatum）或香茶藨（R. odoratum）的砧木上。如果使用嵌芽接，需要插入2个相对的芽。

硬木扦插

处理插条　将成熟的醋栗果与茶藨子的苗切短到一定的长度（见左图）。保留黑醋栗（为了在地面或地面以下产生大量芽）和醋栗（帮助生根）插枝上所有的芽。去掉红醋栗和白醋栗顶端的3～4个芽，以防止长出根出条。

黑醋栗20～25厘米

红白加仑30厘米

醋栗30～38厘米

茶藨子扦插
一年后，挖出生根的硬木插条。将茎下10厘米处所有的芽或插枝基部所有的芽剪掉后再重新种植。这将避免灌木在生长时长出麻烦的根出条。

其他灌木和攀缘植物

木薄荷属（PROSTANTHERA）　夏末与秋季半熟枝节茎尖扦插，方法同橙花糙苏属（见第137页）🌡️🌡️🌡️。要注意，扦插培育时，插条时可能会腐烂。春季播种培育（见第104页）🌡️。该属种子通常会自然杂交，所以种子可能不会长成。

帝王花属（PROTEA）　半熟枝茎尖扦插，方法同树紫苑属（见第135页）🌡️🌡️。春季温度达到10～15摄氏度时播种🌡️🌡️🌾。要注意幼苗可能会使密生海神花（P. compacta）和心叶帝王花（P. cordata）受潮。

蔓黄金菊属（PSEUDOGYNOXYS）　夏季进行嫩枝扦插和半熟枝扦插（见第101页与第95页）或压条培育🌡️。

榆橘属（PTELEA）　夏初获取嫩枝节茎尖插条🌡️。秋季播种（见第103页）🌡️。

白辛树属（PTEROSTYRAX）　夏初种植软木节茎条，方法同莸属（见第121页）🌡️。秋季播种🌡️。

鼠李属（RHAMNUS）　秋季与冬季，在开放的堆肥或带有15～20摄氏度底部温度的岩棉模具中，种植半熟枝或硬木节茎条🌡️。秋季播种🌡️🌡️🌡️。

石斑木属（RHAPHIOLEPIS）　嫩枝节扦插，方法同火棘属（见第138页）🌡️。秋季播种🌡️。

伏石花属（RHODOTHAMNUS）　夏季种植半熟枝节茎条（见第95页）🌡️，并为其提供15～20摄氏度的底部温度🌡️。播种培育，方法同杜鹃属🌡️。

鸡麻属（RHODOTYPOS）　种植软木或硬木插条，方法同连翘属（见第128页）🌡️。秋季播种🌡️。

伞蟹甲属（ROLDANA）　夏季种植软木或硬木插条，方法同花葵属（见第133页）🌡️。

裂叶罂粟属（ROMNEYA）　对于已命名的栽培品种，根插条的方法同南蛇藤（见第122页），但需要将其根部水平插入土壤中。而该属播种培育的话，需要将其种子浸泡在酒精中15分钟；秋天播种🌡️🌡️。为了避免其根系受到干扰，将其移植到模块中。

迷迭香属（ROSMARINUS）　半熟枝扦插与硬木扦插的方法同薰衣草属（见第132页）🌡️。春季播种培育🌡️。

悬钩子属 (RUBUS)

软木扦插或半熟枝扦插　春末至仲夏 ▮
硬木扦插　冬季 ▮
根扦插　秋季与冬季 ▮
叶芽扦插　仲夏至夏末 ▮
分株　冬末至早春 ▮
压条　冬末至早春 ▮

这些完全耐寒的落叶和常绿的灌木和攀缘植物，包括覆盆子（*Rubus idaeus*）、黑莓或树莓（*R. fruticosus*）、酒莓（*R. phoenicolasius*）和其他杂交浆果。虽然它们是长寿植物，但会携带病毒，所以定期繁殖可以保持活力。要注意黑莓在某些地区具有侵入性。

各种类型的树莓插条都很容易生根，但对于树莓来说，分株是最佳的培育方法。对于黑莓和杂交莓，叶芽扦插能长出大量的新植物，但如果只需要少量植株的话，最好选用尖端压条培植。培植以后，这些植株通常在2～3年就会开花结果；而分株了的覆盆子会在1年后结果。

扦插

采用观赏植物的软木扦插与半熟枝扦插（见第100页与第95页）。可以将其直接种植在花盆中（见第96页）。如果没有更好的方法，可以将插条倒插种植。落叶物种（见南蛇藤属，第122页）的硬木扦插与根插条培植效果都不错。但是如果材料有限，可以选择叶芽插条（见第97页）。选择一段30～45厘米长的健康藤条，要求藤条带有健康成熟的芽与叶子。剪下2.5厘米长的插条，要求插条上带有芽，而且芽上下各留1厘米长。之后，将插条插入泥炭或替代泥炭和沙子等量组成的堆肥盘或罐子里，并放置于凉爽、潮湿、无霜的地方（或有雾的地方）。插条种植以后，生根需要6～8周时间。春季，将其间隔30厘米、行距1米，种植在花盆或苗圃中，第2年的秋天或春天就能将其移植户外。

分株

分株培植的方法最适用于覆盆子。在休眠期挖出成熟植株并进行分株（见第101页），每一株至少保留一根藤条和良好的根系。再将其种植在新的一排位置，间隔38～45厘米。在高于芽的位置上，切割藤条，将其剪短到23厘米。对于长根出条的品种，分株生根的根出条（见第101页）。

压条

尖端压条（见右图）是繁育黑莓最好的方法。尖端压条能利用植物在藤条接触地面时从顶端生根的习惯培植。对于观赏植物品种，可以使用波状压条培植（见第107页）。

尖端压条培植黑莓

1 夏末，最好在植物边缘选择一根强壮、健康的藤条。将尖端埋在一个10～15厘米深的洞里，并且将其固定。必要时将这个藤条钉住。

2 保证土壤潮湿。植物顶部应会在几周内生根。在这个阶段把它挖出来，放在花盆里生长，或者留到春天移植。当从母株切下尖端时，要保留长23厘米的老茎。

柳属 (SALIX) 柳树

软木扦插或半熟枝扦插　春末至夏季 ▮
硬木扦插　秋季至冬末 ▮
播种　春季 ▮

灌木柳树完全耐寒并且其插条很容易生根。获取软木或半熟枝插条（见第100页与第95页），并且将其种植在容器中，置于潮湿的环境中。也可以将它们种植在户外有遮盖的地方使其生根（见第96页）。较有活力的品种在秋季之前可以长到1米长。若要培育矮柳，需在春末至初夏获取2.5厘米长的软木插条。

硬木插条（见第98页）的长度为20厘米～2米，相比于标准插条，早一年或两年成熟。每年春天，可以用"分蘖"的方法（见第24页）来获取软木、直枝来用作大插条。"分蘖"是指将灌木茎部砍到近乎于地面高度。

种子一旦产出就只能存活几天。可以即刻将其播种，或将其存放在泥煤里，并存放于冰箱中，储藏时间不能超过一个月。播种的方法同铁线莲属（见第123页），要求始终保持湿润。种子种植后，1～2周就会发芽。

活力篱笆

这个篱笆，是用在春天刚刚发芽、2米长的柳叶片硬木插条编织而成。插条很容易生根，从而形成一道绿色的篱笆。有些苗圃专门培植大的硬木插条，称为插枝，直接将其插在裸露的山坡上，几乎立即就能形成防风林。

接骨属 (SAMBUCUS) 接骨木

软木扦插或半熟枝扦插　春末至仲夏 ▮
硬木扦插　冬季 ▮
播种　秋季或春季 ▮
嫁接　冬季 ▮

该属的落叶灌木是完全耐寒的，并且如果材料合适，其软木或半成熟的节插条很容易生根。因为粗壮、衬皮较厚的枝条比较容易腐烂，所以不要把它们用作插条。可以将插条直接种植在花盆中（见第96页）。因为大的茎往往衬皮较厚而且容易腐烂，所以如果可能的话，选择带有假植苗的硬木插条。将插条种植于户外或种植于容器之中，置于凉爽，无霜的环境。

夏天果实成熟时，从肉质果实上采集硬皮种子。如果将其存放于冰箱中保持干燥，它们可以存活数年。但最好在秋天播种，那时种子还是新鲜的（见第104页），这样它们就会经历一段寒冷时期。种子可能在第一个或第二个春天发芽。

用拼接腹接的方法将彩色切叶品种［如"金羽"接骨木（*Sambuus racemosa* 'Plumosa Aurea'）］嫁接到一年生黑莓幼苗（见第58页）上，嫁接苗在第2年秋天会长成大型植株。

茄属（SOLANUM）

软木扦插或半熟枝扦插　春末至夏末 🌡🪴
播种　冬末至初春 🪴

格拉斯奈文茄
（*Solanum crispum*
'Glasnevin'）

这个属现在包括树番茄属（*Cyphomandra*）、红丝线属（*Lycianthes*）和番茄属（*Lycopersiicon*）。它主要由耐寒或畏寒的爬墙灌木组成，包括茄子、土豆和番茄。灌木类植物插条并不难生根。

扦插

从较不活跃、节距较近的新芽上，取5～10厘米长的软木和半熟节茎插条（见第100和95页），并用其做扦插。之后，新植株会在2～3年内成熟。

播种

所有的品种都可以通过种子培育。冬季樱桃（*Solanum pseudocapsicum*）需从成熟果实中提取种子（见第103页），并将其在新鲜时播种（见第104页），再覆盖1厘米厚的蛭石。为种子提供20摄氏度的底部温度，种子会在4周内发芽，8个月后结果。

槐树属（SOPHORA）宝塔树

扦插　夏末 🌡🪴
播种　秋季或春季 🪴

该属为完全耐寒的落叶或常绿灌木。播种培育后，3～4年开花。

扦插

从每年开花前仍能长出好苗的植株中挑选半熟枝插条（见第95页），一旦植株成熟，大部分养分都用于供花蕾生长，生根就变得非常困难。将5～8厘米长的插条插入自由堆肥中，如果可能的话，选取那些带有假植苗的插条（见第96页）。为插条涂抹上激素生根化合物，并为其提供15摄氏度的底部温度。插条种植以后，生根需要6～8周时间。强化幼苗的耐寒力，并在冬天使其免受霜冻，之后在春季，将幼苗种植在花盆中。

播种

收集种子，将其浸泡48小时（见第103页）以除去种子黏性的外壳。在温暖的天气下，播种新鲜的种子（见第104页）或者将种子干燥处理，储存在冰箱中。春天播种时，需要提前将种子在热水中浸泡24小时。

绣线菊属（SPIRAEA）

软木扦插或半熟枝扦插　春季至夏末 🪴
硬木扦插　冬季 🪴
分株　休眠期 🪴

这些完全耐寒的落叶灌木的插条都很容易生根。成簇的品种，如绣线菊（*Spiraea thunbergii*）可以通过分株培育。培植之后，植株会在2～3年间开花。

扦插

取长5～8厘米的软木和半熟茎插条。插条种植以后，需要2～4周时间才能生根。直接将其种植于花盆（见第96页）或在太阳能隧道式干燥装置中。生命力较强的品种，如维契氏叶蝉（*S. veitchii*）的硬木插条（见第98页）可以在阴凉无霜的地方，或者在无霜温室的加热床上的深容器中生根。

分株

分株之前，最好将植株修剪到离地30厘米以内，这样更容易处理植株。

其他灌木和攀缘植物

假叶树属（RUSCUS） 仲冬获取单芽根茎插条（见第149页），将其种植于阴凉无霜的地方 🪴。早春分蘖培植。秋季播种 🌡🪴。

魔力花属（RUTA） 夏季与秋季种植嫩枝插条和半熟枝插条。不需在底部加热 🪴。春季播种 🪴。

鼠尾草属（SALVIA） 软木扦插与半熟枝插条（见第100—101页与第95页）。表层播种培育，方法同杜鹃花属（见第138页）🪴。

银香菊属（SANTOLINA） 嫩枝扦插或硬木节尖插条 🪴。秋季或春季播种 🪴。

野扇花属（SARCOCOCCA） 种植嫩枝插条与硬木插条，方法同黄杨属（见第120页）🪴。分株根出条培育 🪴。秋季播种 🪴。

钻地风属（SCHIZOPHRAGMA） 夏季种植嫩枝节插条，方法同火棘属（见第138页）🌡🪴。但是用插条培育成功率无法保证。种子培育，种子发芽前需要3个月的冷分层 🌡🪴。

千里光属（SENECIO） 任何时候都可以种植该属耐寒品种的嫩枝与硬木插条，方法同花葵属（见第133页）🪴。在夏秋两季，取半耐寒和畏寒品种的嫩枝和半熟枝插条（见第101页和第95页）🌡🪴。春季，在凉爽、无霜的地方，将耐寒品种的种子种植于花盆中（见第104页）🌡🪴。春季温度达到20～25摄氏度时播种半耐寒和畏寒的品种（第104页）🌡🪴。

茵芋属（SKIMMIA） 种植嫩枝插条与硬木插条，方法同鼠刺属（见第127页）🪴。秋季播种 🪴。

金盏藤属（SOLANDRA） 夏季与秋季在15～20摄氏度时种植嫩枝插条和半熟枝插条 🌡🪴。春季播种 🪴。

耳药藤属（STEPHANOTIS）

扦插　随时 🌡🪴
播种　春季 🌡🪴

多花耳药藤
（*Stephanotis floribunda*）

这些耐寒的、常绿缠绕攀缘植物和灌木很容易通过扦插与播种培育。新的植株会在2～3年间开花。

扦插

选取带有2～3个节的半熟枝节插条（见第95页），使其在21～25摄氏度的环境中生根。茎尖插条生根状况也不错（见第101页）。一株苗上能截取好几个软茎插条，种植后生根需要4～6周时间。炎热气候下插枝需要遮阴和喷雾，也可以将其放置于塑料薄膜下培育。

播种

从豆荚中收集成熟的种子后立即播种，当温度在20～25摄氏度时，种子通常就会发芽。

珍珠梅属（SORBARIA） 软木扦插或硬木扦插，方法同苘麻属（*Abutilon*，见第118页）🪴。挖出生根的根出条，将其单独培育（见第101页）🪴。秋季播种 🪴。

花楸属（SORBUS） 秋季播种（见第103页）🪴。

鹰爪豆属（SPARTIUM） 播种培育，方法同鹦喙花属（见第124页）🪴。

旌节花属（STACHYURUS） 夏季种植嫩枝节或假植苗插条（见第101页与第96页）🪴。培育过程中，不要让芽生长太过活跃。插枝可能生根，但会出现开花后仍不能生长的情况。秋季播种 🪴。

省沽油属（STAPHYLEA） 夏季种植嫩枝节插条。应立即播种秋季采集的种子，以免种子变干，丧失活力；但是它们在发芽前需要一段时间的热分层与冷分层（见第103页）🪴。

野珠兰属（STEPHANANDRA） 节或节间茎扦插，方法同花葵属（见第133页）🪴。种子培育，播种方法同省沽油属 🪴。

扭管花属（STEPHANANDRA） 夏初软木茎尖扦插，方法同苘麻属（见第118页）🌡🪴。夏季种植半熟枝插条（见第95页）🌡🪴。夏末单枝压条（见第105页）🪴。

安息香属（STYRAX） 培植方法同白辛树属（见第139页）🪴。

沙耀花豆属（SWAINSONA） 同鹦喙花属（见第124页）。

"鲁贝拉"茵芋
（*Skimmia japonica* 'Rubella'）

毛核木属（SYMPHORICARPOS）雪果

软木扦插或半熟枝扦插　春末至早秋 ♣
硬木扦插　冬季 ♣
分株　冬末至早春 ♣
播种　春季 ♣♣

这些完全耐寒的落叶灌木可以通过扦插培育。5～8厘米长的软木插条与半熟枝插条会在2～4周生根，生根后，2～3年就会成熟。将它们直接种在花盆里或在太阳能隧道式干燥装置中生根。如右图所示处理硬木插条。

修剪丛簇，将其挖出后分株（见第101页）。春天播种前，需将种子冷热分层，这样种子才能在第2年春天发芽。

雪莓硬木扦插

用酒椰叶纤维或麻绳系紧

1 将10～15个当季生长的成熟芽［这里以白雪果（Symphoricarpos albus）为例］放在一起，切段，每一段长度大约与修剪枝相似。再把插条绑成捆。将它们修剪至等长。

2 将每一个花盆中都填满排水良好的堆肥。将一捆插条插入，使插条的三分之二都埋在堆肥中，再为其插上标签。初春，将生了根的插条移植出来单独培育。

丁香属（SYRINGA）丁香

软木扦插　春末 ♣♣；根插条　秋季 ♣
播种　秋季或春季 ♣；压条　春季 ♣
嫁接　冬末与仲夏至夏末 ♣

格雷维总统丁香花
（Syringa vulgaris
'Président Grévy'）

在该属完全耐寒的落叶灌木中，只有从未成熟的木头中获取的插条会生根，且该属一般不能通过种子培育。在雾期来临之前，压条培植是最标椎、最容易操作的方法。丁香很容易嫁接，嫁接过程中可能会长根出条。新植物需要4年及以上时间才能开花。

扦插　从5厘米长的软木苗上截取茎插条。为插条抹上激素生根化合物，并提供排水良好的堆肥和15摄氏度的底部温度，6～8周就能生根。扦插条像根插条一样容易生长，处理办法同南蛇藤，但要将其单独插入花盆中。

播种　为了确保种子均匀发芽，请播种新鲜种子。早春时，为种子提供20摄氏度的底部温度。如果春季播种的种子发芽状况不好，那就再让它们经历一次冬季的严寒，等来年春天发芽。

压条　用5厘米长的纸条作为单枝压条，并在第2年春天将其挖出。

嫁接　通过根插条培育紫丁香（Syringa vulgaris）砧木，并将砧木切短到5厘米长，以避免长根出条。用根尖楔形嫁接的方法，将5～10厘米长的接穗嫁接到砧木上。冬季，用合接的方法将其嫁接到两年生的裸根幼苗上。也可以用嵌芽接的方法与丁香嫁接。

柽柳属（TAMARIX）柽柳

软木扦插　春末至仲夏 ♣♣；硬木扦插　冬季 ♣
播种　春季 ♣

该属为完全耐寒的落叶与常绿灌木，其根为弱根，会影响扦插。扦插培植后，新植物会在3年后成熟。

扦插

长5～10厘米的软木插条（见第100页）很容易在排水良好的堆肥中生根，但如果长期置于潮湿的环境中，其叶子就会腐烂。将插条单独种植在模具或花盆中，以防种植生根插条时，弱根脱落。

试着把硬木插条（见第98页）放在阴凉无霜的深盘里生根，并在里面生长一年，以便长成更大的根系。之后直接将其种到14～19厘米深的盆里或花园里。

播种

将从干果实中提取的种子保存在冰箱中（见第102页）以保存其活力。春季播种的种子（见第103—104页）应该很容易发芽。

蒂牡花属（TIBOUCHINA）

嫩枝扦插　夏季 ♣♣；硬木扦插　冬季 ♣♣
播种　春季 ♣♣

该属为畏寒的常绿灌木。在温暖地区，将其插条种植于户外排水良好的土壤中，硬木插条很容易生根（见第98页），否则，需要提供15～20摄氏度的底部温度，插条才能生根。嫩枝的侧枝能很好地扎根。节茎尖端插条需种植于带有15～20摄氏度的底部温度、能良好排水的堆肥中才能生根。插条种植以后，生根需要6～10周时间。如果用种子培育的话，温度达到20～25摄氏度时，种子就会发芽。

越橘属（VACCINIUM）

软木扦插或半熟枝扦插　春末至夏末 ♣♣♣
硬木扦插　冬季 ♣♣；根茎插条　春季 ♣
分株　秋季与春季 ♣♣；播种　冬末 ♣
压条　早春 ♣

这个属包括完全耐寒的常绿和落叶灌木，其中有些品种3年就能长出可食用的果实。这些品种为：越橘（Vaccinium myrtillus, V. caespitosum）与欧洲越橘（V. arctostaphylos, V. parvifolium, V. myrtillus）。蓝莓不容易种植，但可以通过多种方式培育。蔓越莓是匍匐生长的，易于压条培育。

扦插

对于高灌木蓝莓（V. corymbosum）来说，容易生根的有早春发芽的1～2厘米长的软木或仲夏发芽的10～15厘米长的插条。处理插条时，保留插条顶端3～4对叶子，使其在18～20摄氏度、排水良好的堆肥中扎根。春季，将其种植于花盆中，并且养育一年时间。

常绿植物半熟枝的材料最容易生根。有些地区夏季长而炎热，那么完全可以从成熟的木材中获取落叶越橘的硬木插条（见第98页）。然后将其种植在凉爽、无霜的地方或深花盆中使其生根。

将低灌木蓝莓（V. angustifolium var. laevifolium）的根状茎切成10厘米见方的块，种植到珍珠岩中，并提供20摄氏度的底部温度，方法同岩白菜属（见第190页）。

其他培育方法将成熟的越橘丛（V. vitisi-idaea）分株，然后再将其移植。在酸性堆肥表面上播种，并用细的泥炭藓将其覆盖，保持湿润直至其发芽。用单枝压条或自我压条方法（见第106—107页）培育蔓越莓（V. macrocarpon）和那些难以生根的品种。

荚蒾属 (VIBURNUM)

软木扦插　春末至夏初 🌱🌱
半熟枝扦插　仲夏至秋末 🌱🌱
硬木扦插　冬季 🌱
播种　秋季或春季 🌱🌱
压条　春季 🌱
嫁接　夏末 🌱

　　该属为完全耐寒的常绿与落叶灌木。通常堆集成簇状以便传播。不同植株开花年限不同，一般为 2～3 年。

　　扦插　嫩枝扦插（见第 101 页）最适用于红蕾荚蒾 (Viburnum carlesii) 的栽培品种与冬夏开花的落叶变种。前者需选用早期的绿枝插条。插条一般很难越冬。种植插条时，将带有一对叶子与 3 个节点的节茎尖插条种植到排水良好的堆肥中。再将插条上的大叶子切开。为插条涂抹上激素生根化合物来加速生根，将生根时间缩短至 4～6 周。之后，将生长强劲的插条直接种植于花盆中（见第 96 页）并掐掉新植株末端的花芽。

　　常绿植物半熟枝插条与节间插条最容易生根。为插条抹上激素生根化合物并提供微温的底部温度会加速生根，使生根时间缩短到 6～8 周。将插条种植在凉爽和无霜，或者底部维持在 12～20 摄氏度的深盆中，冬天开花的落叶树也可以通过硬木扦插培育。不长于 6 厘米的节间硬木插条只需 6～8 周就能在岩棉中很好地扎根了。而且，如果为插条提供 12～20 摄氏度的底部温度，插条会更快生根。要始终保持岩棉湿润。

　　播种　一些品种的种子需要在新鲜时播种，如果事先对种子进行了一段时间先热后冷的分层，那么种子会更快发芽。春季播下的种子会在第 2 年发芽。

　　压条　该属中许多品种，尤其是红簇蕾荚蒾都可以通过单枝压条培育。

　　嫁接　用合接将红簇蕾荚蒾与刺荚蒾 (V.xburkwoodii) 的接穗嫁接到盆育的绵毛荚蒾 (V. lantana) 与欧洲荚蒾 (V. opulus) 的幼苗砧木上。但是嫁接苗可能会长出根条。

播种荚蒾

将浆果在手掌中压碎

1 秋末，将采摘下的成熟果实在手掌中压碎 [此处以白蜡荚 (Viburnum betulifolium) 为例]。准备一个装有壤土基盆栽堆肥的花盆。把果肉和种子均匀地撒在堆肥表面。

2 用直径 5 厘米的小砾石将其覆盖并插上标签。再将其放在寒冷的地方，刺激种子发芽。这一过程需要 6～18 个月。之后，再将其分别单独移植到花盆中培育 2 年。

槲寄生属 (VISCUM) 槲寄生

播种　早春 🌱🌱

　　这些完全耐寒的、寄生的、常青的灌木经常生长在苹果园里。选择一种成熟的、有活力的、不会受寄生植物影响的树，如苹果、白蜡树、雪松、山楂、落叶松、酸橙、橡树或杨树来寄生该属植物。将一些新鲜的浆果弄烂，将黏稠的果肉直接插入槲寄生要生长的树枝的伤口里。种子的发芽和生长在最初的几年比较缓慢。

播种槲寄生

1 选择一根直径 10 厘米或以上、距地面 1.5 米的树枝。在树皮上划两个短的十字切口，切掉树皮瓣，再往里塞入一些种子（见小插图）。

2 用一小片粗麻布或苔藓覆盖切口，再用麻绳或拉菲草将其固定。这一步可以保护种子不受鸟类侵害，也能使其在种子发芽前也不会被晒干。

其他灌木和攀缘植物

山矾属 (SYMPLOCOS)　种植嫩枝节插条，方法同火棘属（见第 138 页）🌱。播种培育，方法同省沽油属（见第 141 页）🌱🌱。

合果芋属 (SYNGONIUM)　夏季软木茎尖扦插（见第 101 页）或叶芽插穗（见第 97 页）🌱。

南洋凌霄属 (TECOMANTHE)　当春季温度为 18～21 摄氏度时播种（见第 104 页）🌱🌱。夏季在有底部加热的条件下种植半熟枝插条 🌱。春季波状压条培植（请参阅第 107 页）🌱。

蒂罗花属 (TELOPEA)　夏末与秋季，将半熟节茎尖插条（见第 101 和 95 页）种植在排水良好的堆肥中 🌱。该属种子存活率低，在 25 摄氏度的温度下播种，在 9 厘米深的花盆中播种 2～3 颗新鲜的种子 🌱🌱。只留下一株强壮的幼苗，待 2～3 年第一次开花以后再将其移植户外。

厚皮香属 (TERNSTROEMIA)　在夏季与秋季，将嫩枝和半熟枝节插条种植在排水良好的堆肥中 🌱。秋季播种。

香科科属 (TEUCRIUM)　夏季至秋季进行嫩枝扦插与半熟枝扦插 🌱。春季温度达到 20 摄氏度时播种（见第 104 页）🌱🌱。

百里香属 (THYMUS)　见第 291 页。

漆树属 (TOXICODENDRON)　繁殖方法同盐肤木属（见第 139 页）🌱。注意在处理毒漆藤 (T. radicans) 和毒葛 (Poison Ivy) 时，请戴一次性手套和护目镜。

络石属 (TRACHELOSPERMUM)　夏季与秋季种植嫩枝插条和半熟枝插条，并提供 15～20 摄氏度的底部温度 🌱。春季进行单枝或波状压条培植（见第 106～107 页）🌱。

莓香果属 (UGNI)　半熟枝扦插的方法同红千层属（见第 121 页）🌱。

荆豆属 (ULEX)　嫩枝或硬木扦插，方法同金雀花属（见第 129 页）🌱。种子培育时，先将种子在热水中浸泡，再待秋季或春季种植（见第 103—104 页），种植时不需要底部加热 🌱。

蔓长春花属 (VINCA)　随时用从健康苗上截取的嫩枝和半熟枝扦插。对于浓密的植物，种植时要在堆肥表面下插入至少一个半节点。早春分蘖培植 🌱。

牡荆属 (VITEX)　夏季种植嫩枝插条和半熟枝插条，不需要提供底部加热 🌱。春季或秋季于凉爽、无霜的地方播种 🌱。

葡萄属（VITIS）葡萄藤

软木扦插或半熟枝扦插　春末至仲夏
硬木扦插　秋末或冬季
播种　春季
压条　春季
嫁接　仲冬至冬末

　　该属既有完全耐寒的落叶缠绕攀缘植物，也有畏寒的落叶缠绕攀缘植物。一些用来酿造果酒与做甜点的葡萄都是全球红葡萄（Vitis vinifera）的变种。也有一些葡萄是全球红葡萄与柔干葡萄杂交而来。大多数品种的插条都很好生根。但是毛葡萄是个例外，它比较适合压条培植。用嫁接藤蔓的方法来培育该属植物可以增加其活力或抵抗害虫。

　　扦插培育时，所取的软木插条或半熟枝插条长8厘米，有3个节，节间较密，茎较细，这样的插条生根较快。如果选取的是大叶品种的插条，还需要摘掉插条上一半的叶子，再为插条涂抹上激素生根化合物，这样一来，生根最多需要4周时间。冬季前新苗硬化，使其耐寒。

　　要保证所有硬木插条的中心是嫩绿的，否则可能会得枯梢病。秋末，也就是在冬季寒冷来临之前，在芽上方切一个5厘米长的

生根的插条

可以选取两种长度的硬木插条，一种是带有3～4个芽的，另一种是带有一个芽的（藤眼）。后者不容易生根，但能产生更多的插条。

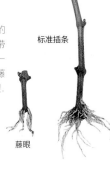

标准插条

藤眼

切口，下方再切同样的切口，形成一个藤眼。将芽垂直插入深盆，并使花芽露于堆肥表面，再将其种植在无霜区或底部温度为18摄氏度的地方生根。初冬，在剪枝上剪取60～90厘米长的插条，再将它们捆成束。假植于遮阴处，种植的深度大约为其高度的三分之二。在冬季中后期，处理好标准长度的插条，然后放在花盆中生根。

　　经过短暂的冷分层后进行春季播种。波状压条培育毛葡萄。

　　在受葡萄根瘤蚜影响的地区，可以用舌接将1～2株接穗嫁接到冬葡萄（V. berlandieri）或沙地葡萄（V. rupestris）的砧木上。生长弱的品种也可以用同样的方法培育。

葡萄属标准硬木扦插

1 将插条种植在壤土基的盆栽堆肥中，并置于底部温度为21摄氏度的无霜区。如果种植大量的插条，可以选用繁殖毯。

一两枝插条可能不会生根

2 当插条长出花芽时（左图），将它们单独种植（中图）。一直培育到第二年春天（右图），再将其移植出来。

锦带花属（WEIGELA）

软木扦插或半熟枝扦插　春末至仲夏
硬木扦插　冬季；播种　春季

　　这些完全耐寒的落叶灌木的插条很容易生根。选用6～8厘米长的软木插条和半熟枝节茎插条扦插。生根最多需4周时间。可以直接将其种植在花盆中（见第96页）或太阳能隧道式干燥装置中。在较冷的地区，半

熟枝的插条可以在冷床中生根。落叶的插条（见第98页）可以在阴凉、遮阴的地方或深的容器中生根。

　　从干燥的蒴果中提取种子，春天播种（见第137页）或直接在有遮盖的苗床上播种。它们会在几周内发芽，并在2～3年内长成开花植物。

紫藤属（WISTERIA）

软木扦插　春末至仲夏
硬木扦插　冬季
插条　冬末
播种　早春
压条　春季
嫁接　冬末

Wisteria × formosa

　　该属为完全耐寒、有活力的落叶缠绕攀缘植物。压条与扦插是培育该属植物最佳的方法。

　　扦插　从枝条间节距很近的侧枝上剪取6～8厘米长的软木插条（见第100页）。插条种植以后，生根需要6～8时间。在冬天来临之前，硬化插枝，刺激其生根。新芽春天才能长出来。硬木插条（见第98页）在遮阴处或无霜期温室的深盆中生根状况最佳。用长2～4厘米的插条扦插（见第158页），并为其提供12～20摄氏度的底部温度，这样插条4～5周就能长出新芽。

　　播种　种子培育的植物质量差，需要数年才能开花，所以只能作为砧木使用。播种前需将干种子浸泡24小时（请参阅第103—104页）。

　　压条　每年产生的长芽是波状压条的理想材料。

　　嫁接　用根尖楔形嫁接的方法将其嫁接到两年生的紫藤幼苗或长根上。将嫁接苗插入潮湿的泥炭或椰壳中，保持湿润，并提供15～20摄氏度的底部热量。嫁接苗会在3～6周愈合。分离植株，当植株的芽开始鼓起时，再将其种植在花盆中。

根接

取一根20厘米长的紫藤。从根的顶部直切，在根的中心垂直切一个3厘米长的口子。从上一年的木材中剪出一个长15厘米长、带2～3个芽的接穗。将其底部切成一个8厘米的楔形（见小插图）。把接穗推进砧木里，再用4毫米宽的橡皮筋固定。

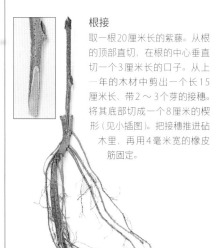

丝兰属（YUCCA）

软木扦插　春末至夏季 ；芽插穗　初春
分株　冬末与初春 ；播种　春季

该属的常绿灌木既有完全耐寒的也有畏寒的。耐寒的、无茎的品种，可以通过根上产生肿胀的芽或"脚趾"，或通过根出条培植。畏寒的、有茎的品种，可以通过茎扦插培育。新植株在生长2～3年后就可以长成合适的大小。

扦插　幼嫩的植物主茎上通常会长出小枝，这可以用作软木插条。插条种植以后，生根需要8～12周时间。较脆弱的银

线象脚丝兰（*Yucca elephantipes*）可以从成熟的芽上取茎插条。如果没有软木，可将插条水平放置在托盘中，以培育幼苗用作软木插条。如果插条要在托盘中生长，最好将其垂直插入。

处理耐寒的无茎植物的根插条时，挖出成熟植株的根，或者在早春的时候把整个植株挖出来，剪下快要长开的蓓蕾（见左下图）。如果蓓蕾还没有长开，用杀菌剂拂去灰尘。之后，将它们分别插入9厘米深的花盆中，并铺上堆肥。

到秋天的时候，植物就能生长成熟，这时可以将其移植户外，或者将其种在19厘米深的花盆里再生长一年。

分株　对于许多较小的、耐旱的、无茎的品种来说，分株根出条（右下图）很有效。长出新植株后，要将新种植的植株置于遮阴处，防止它们在生根之前被晒干枯萎。

播种　播种丝兰种子前，先将其浸泡24小时，这样可以加速发芽，但这一步不是必须的。种植后，为其提供15摄氏度的底部温度。

丝兰属芽插穗

1　挖出成熟植株的根［此处以细叶丝兰（*Yucca flaccida*）为例］。去掉每根状茎上快长开的芽，也就是从"脚趾"的底部直接切下。

2　将每个"脚趾状"芽单独种在排水良好的堆肥中，种植深度是长度的2倍。浇水并铺上标签。种植时保持15～20摄氏度的底部温度，它会在2～3周内生根。

分株丝兰属根出条

1　春天，小心挖到根出条的底部。将其从底部连接母茎处切断。再在其切口上撒上杀菌剂。

2　将根出条单独放入排水良好的堆肥中，如等量的无土盆栽堆肥和细沙砾中。插上标签。在生根以前，始终保持21摄氏度的温度。

从丝兰属中获取茎插条

1　从成熟的茎切下30～90厘米长的部分，也就是从叶节之间切下。

2　摘掉茎上所有的叶子。将茎切成多个插条，每个约10厘米长（见小插图）；或者用干净、锋利的剪枝夹在两个结的上下分别修剪。

3　将插条水平地压入一个装有潮湿的无土岩屑堆肥的托盘中，使插条的一半都在堆肥中，或者将单个插条垂直插入9厘米深的花盆中。在新芽出现以前，始终保持湿润，且温度在21～24摄氏度间。

其他灌木和攀缘植物

迷南苏属（WESTRINGIA）　夏季与秋季，在保持15～20摄氏度的底部温度、敞开的堆肥中种植嫩枝插条与半熟枝插条，注意不要让叶子过于湿润 。

威康草属（WIGANDIA）　夏初进行嫩枝茎尖扦插。春季播种或冬季在13～18摄氏度的温度下播种 。

文冠果属（XANTHOCERAS）　根插条，方式同南蛇藤属（见第122页） 。秋季播种（见第103页） 。

黄根属（XANTHORHIZA）　夏初种植嫩枝节插条 。春秋两季分株根出条 。秋季播种 。

六道木属（ZABELIA）　培植方法同六道木属（见第118页） 。

花椒属（ZANTHOXYLUM）　根插条，方法同南蛇藤属（见第122页） 。初春将生根的根出条分株 。秋季播种 。

粉姬木属（ZENOBIA）　夏末温度为15～20摄氏度时，种植半熟枝节插条 。播种培育，方法同杜鹃花属（见第138页） 。

多年生植物

多年生植物种类繁多，繁育它们既能让园丁保持现有植物的健康和活力，
又可以在生长期很短的多年生植物凋零时，将其取代，
同时也可以为花展提供更多库存。

"多年生植物"这个术语严格来说是指生长年限为3年或3年以上的植物，但在园艺中，它是指非木质的多年生植物。许多植物，尤其是生长在那些较寒冷地区的植物，在结籽前是绿色的，生长几年后，会在冬天枯死。但有些植物却是常绿的。

多年生植物极具商业价值，它不仅包括传统的花境植物，还包括高山植物、水园景植物、蕨类植物和包括竹子在内的观赏草类。兰花（Orchids）和凤梨（Bromeliads）也是多年生植物，大多生长在气候温暖的花园或凉爽地区的室内或温室中。这些受欢迎的植物群通常是通过一些专门的技术繁殖的。

大多数多年生植物基部或树冠处会生长出新的植物；它们的根或根状茎伸展开来（除非被限制在容器中），并且植物能自然地形成簇状，这使分株成为繁殖的不二选择。通过分株，园丁不仅可以使成熟的植物恢复活力，还可以从同一植株中获取多个带有根和芽的分株，而这些可以立即作为新植物种植在花园的其他地方。商业种植者一般从母株中获取多个分株，并在可控的环境中将其种植。园丁们通常都采用这些方法。

为了提升种植效果，通常需要大量的多年生植物——而种子培育或扦插都是培育的好办法。许多多年生植物很容易通过种子培育（孢子同样可以用于蕨类植物），但是新的植物需要更长的时间才能开花，而且人工收集的种子并不是都能发芽。在适宜的条件下扦插是培育这些具有特殊特征品种后代的最佳途径，如特别着色的、大的或重瓣的花，不开花的植物，如罗马草坪洋甘菊；叶形与叶色美丽的观叶植物，单性植物，当然还有不育杂交种。

干蓟种子
与许多海洋冬青一样，硕大刺芹（*Eryngium giganteum*）不易移栽，因此最好通过种子培育。人们更熟悉它的别名，也就是"威尔默特小姐的鬼魂"，因为它会神秘地出现在维多利亚时期女园丁去过的每一个花园：她走到哪里，就把它的种子撒到哪里。

夏末的授粉者
米夏雏菊（*Symphyotrichum*）的花形和颜色都能在秋末吸引蜜蜂和蝴蝶。这些植物受益于一年一度稳定的、规律的分株，开花量大，不易感染白粉病。

分株

分株是多年生植物无性繁殖最简单的方法，也是园丁最常用的方法。这样既可以复壮老植物，又能长出新植物，还可以用于商业繁殖大量适宜在花园中种植的多年生植物。

大多数多年生植物应该每2～4年分株一次，以保持健康和活力。大多数夏末开花的须根植物，如耐寒菊花品种和米夏菊，一年或两年分株一次，开花效果最好。而有些多年生植物，如长须鸢尾每年都会产生新的根茎。应对其丛簇分株，约每3年左右将分株的根茎重植。

但也有少数属，如牡丹、鬼白属（Podophyllums），以及一些玉簪属（Hostas），就不必经常分株，而只需在培植时分株。植物可以于秋季、冬季或早春分株，也就是在它们不活跃的时期分株。春天和初夏开花的

植物，如铃兰［铃兰属（Convallaria）］、淫羊藿属（Epimedium）、垂铃儿属（Uvularia），开花后才能分株。必要的话，除了炎热干燥的时期和寒冷的冬天，可以随时分株大多数多年生植物。

初夏是分株一些多年生植物的时期，比如肺草和胡须鸢尾。每年的这个时候，新根会生长，任何伤口都会很快愈合，从而降低了腐烂的风险。将分株苗种植在花盆中可以帮助它们生根；但需将花盆放在遮阴处。一些早花植物，如菟葵（Hellebores）和牡丹，会在仲夏至夏末长出来年生长的花蕾；因此可以在夏末或秋初将它们分株，以确保来年春天开花。而且，要为所有在夏天分株的植物多浇水，直到它们长成。

任何时候，成功分株的秘诀都是根茎要

比芽多。剪掉多余的叶子，在植株长成前，保持分株的湿润并将其放置于遮阴处。

处理土壤

分株还能够改良土壤质量。体积大的有机物，不论是花园堆肥、叶霉还是腐烂的肥料，都可以施在植物被挖走的地方。如果要在同一地点重新种植，可以往土壤里加入少量缓释肥料如骨粉肥料以给新植株一个好的开始。然而，在不同地点重新种植分株能够使植物更具活力，并能对抗土壤中任何积累许久的病虫害。

波状压条多年生植物

并不是所有的植物都需要挖出来分株。许多多年生植物会自然地在母体周围长出新

分株有成熟冠的多年生植物

1 早春时，在新生长的植物开始发芽时，将有蔓延根茎的植物分株，比如向日葵。用叉子把植株挖出来，插入叉子时要远离树冠，以免伤到根部。

2 把根从松软的土壤中摇出来。用铁锹把植株的木质层削掉，然后把植株分成小块。尽量避免破坏植物周围的娇嫩部分。

3 用手把分株撕成小条。并确保每一条都有良好的根系和若干新芽。扔掉旧的、木质的中心层和其他发育状况较弱的分条。

4 立即重新种植分株的部分，种植到与之前相同的深度，并保持一定的间距，使植物充分生长。将其轻轻地固定，充分浇水，但要注意不要冲走泥土，以免暴露根部。

波状压条带有须根的簇

小植株 要把一个小的多年生植株分株，首先要挖出一簇，然后再用两个手叉靠背地把它分开。如果植物非常密集，用锋利的刀子把它切开。

大植株 一些大型多年生植株没有木质树冠，但其中心变得越来越密集。用两个背对的叉子将这些植株分株，再用叉子前后撬动来松动根部。

长有根茎的多年生植物的分株

1 对于根茎粗壮的多年生植物，我们用园艺叉将其整株挖起。清理根部泥土，并徒手将株丛掰成易于处理的小丛。

2 用干净锋利的刀从株丛中切下年轻的新根状茎，确保每一株上都有良好的根系和叶片。丢弃枯萎的老根状茎。

3 在根状茎的切口上撒上杀菌剂，防止植株腐烂。我们将根部最多剪去三分之一。同时，为防止鸢尾长得过高而摇晃，我们将叶子修剪至15厘米，呈锯齿状。

4 将子株移植于户外，要让子株的根状茎水平种植于土壤中，并轻轻将其固牢。同时，确保子株的上半部分沐浴在阳光下，并定期浇水，直至生根。

植株，可以简单地将这些植株挖出来移植，并不需要挖出母株。有些品种，如草莓，能长出生根的走茎（见第150页）。多年生植物，如筋骨草，可长出单株莲座垫状丛。提起一个垫子，轻轻地将其分开，或者从垫状丛边缘拔起少许植株。虽然这不是严格意义上的分株，但结果相似：母株的生长受到了限制，也培育出了新植株。

多年生植物的分株

为了分株，我们拔起植株，用软管里的水冲洗子株上的泥土，或放在桶里清理根茎时，我们会看到"天然分割线"，有了这根线，植物就很容易分开了。这样对根、芽或枝条的伤害也会最小。毕竟，分开植物造成的伤害要远小于将其切断。

矾根属和报春花等小型植物，以及长有疏松地下茎的植物如荷包牡丹、科尔切斯淫羊藿和血红老鹳草等，都易于分开。天竺葵属于根系发达的植物，对于这种植物而言，手叉大有用处，它可以分拨出几个小簇。而对于长有粗壮纤维根的多年生植物而言，传统方法则是极好的，用两把花园叉背靠背反向分离簇丛。

有些多年生植物长有紧实的木质花冠（如落新妇属、嚏根草、草地老鹳草栽培种和金莲花属）；有些长有根状茎；有些长有肉质根，如翠雀属、芍药和大黄属。我们都需要将它们分开。一把铁锹或老旧且结实的面包刀用起来比较顺手。

在分株过程中，尽可能小心，以免损伤母株根系。然而，一旦母株根系受损，我们会根据多年生植物是双子叶植物还是单子叶植物（见第17页）进行差别处理。大多数的多年生植物是双子叶植物；分株后，如果我

们将此过程中受损或肥大的根系修剪整齐，这并不会影响其根系后期的生长发育。单子叶多年生植物不能愈合受损的根部。我们知道，从冠部上长出的是单片大叶，而不是如玉簪属草本植物、根茎鸢尾和沼芋属等的多叶茎。我们将受损的根部剪断至冠部，以促进新根的长出。此外，分株的根部一定要及时浇水，保持湿润。分株得到的子株应及时种植，如果没有，则应将其放在空闲的角落或置于环境潮湿且装有堆肥或泥炭的箱子中。当然，塑料储藏板条箱也是不错的选择。

子株的处理

通常情况下，我们会将植株分成大小合适的子株，确保每个子株附着具有生命力的新芽。如果将一株植物分成多个子株，那小簇子株从成熟到开花的时间要长于大簇的。生根丛可能含有木质中心，而这些部位缺乏生命力，我们最好将其置于堆肥堆中。同时，受损的部分应全部丢掉。

母株一旦分株，我们就要修剪掉枯死或损伤的部位（见第148页）。分株时，要使用干净、锋利的刀，避免疾病

入侵切口。当然，严重受损的根或芽也要做杀菌处理，以防切口腐烂。

为了子株的生长发育，我们可在苗床上立即重新种植有生命力、健康、相对无损的，且长着3～5个芽有良好根系的子株（见第148页）。苗床上培育子株的间距，约为开放型花园植株间距的二分之一至三分之二。

我们将较小的植株单独进行盆栽（花盆的体积应大于植株根部），并搬至遮阴处，使其继续生长发育，直至生根。值得注意的是，很多植物尤其那些长有肉质根的植物在进行盆栽时，千万不要将其根部置于严霜中，因为在这种环境下，它们无法成活。因此，在较冷的时候，我们需将这类植物置于沉床上或给予一定的遮蔽保护，以备越冬（见第42—43页）。等长到了适宜移植的大小时，再将子株移栽到翻新的土壤中。

在生长期结束前，我们要尽可能地给耐寒的小簇子株创造适宜的生长环境。我们将这些子株栽入装有肥沃且易于排水的堆肥花盆中，如一份细粒（5毫米）的沙砾与两份为生长提供营养的壤土盆栽堆肥。接着，我们将其置于温度高于室外的遮蔽处。这将会延

顶端增长稀疏且不健康

分株的好处

由于老的木本茎是在植物的基部发育的，所以，如果任由植株自行生长发育，那多年生植物，如图中所示的矾根属植物，它的生命力会下降，外观也不如从前。开花性能也大打折扣。为了使植物保持最佳生长状态，每隔4年左右我们需进行一次分株。

老旧的木质茎很少长出新叶

长它们的生长期。夏天，我们将子株搬至阴凉处，以防幼苗烧焦，还要记得按时浇水。

单芽分株

在商业繁殖中，一些属的植物会被分成单芽，以最大限度提高新植株的产量，达到与母株同产。最常选的是单子叶植物，如百子莲属、忘忧草（萱草属植物）和玉簪属草本植物，但许多其他品种的多年生植物栽培也会考虑。春天，植物开始生长时，分株效果最佳。

种植者可将单芽进行分株，确保每个子株上都有良好的根系，切记不要造成不必要的损害。我们将子株种植在有遮蔽的苗床上，或放入9厘米深的花盆里。较大簇的子株则放入13厘米深的花盆中，确保每个芽苗种植的深度与之前相同。早期阶段，我们需对这些子株给予更多的保护，以防遭受极端温度的影响。

如果想要迅速种出更多植株，我们可将玉簪等植物的单个肉质芽沿着花冠，垂直地切分为两半，但这会有腐烂的风险。在这种情况下，卫生环境至关重要。我们将分成两瓣的幼苗种在13厘米深的花盆里，并加热花盆底部，这样能促进它的生长，有助于芽苗快速生根。

容器栽培植物的分株

容器栽培植物的分株通常是很成功的。长有生根茎或走茎的植物，如虎耳草、大叶落地生根，我们根本不需要将其从花盆中移出。只要把走茎插入装有堆肥的花盆中，便可促进新植株的长出。实际上，像吊兰这种多肉根植物如果用容器种植，它的分株和再次生根效果会更好，因为这避免了从边缘将其拔起而对根部造成的损害。这类植物可随时进行分株，但最理想的时间，还是花期后或休眠期。

对生长在容器中的多年生植物进行分株时，要将它从花盆中取出来。如果愿意的话，把根部堆肥洗掉，露出自然分割线。把植物分成大小合适的子株（通常一簇有3～4个子株）。对于生根布满花盆的植物而言，可能需要用大刀切开冠部，将根部和顶部分开。但注意不要损伤根部。

根据植物是双子叶植物还是单子叶植物，修剪植物上所有受损的根，接着单独进行盆栽。盆栽时，选用以壤土为基础的盆栽堆肥：这可以使根球保持稳定，并为其提供恒定水平的养分。即使植物干枯了，也易于再次保持湿润。

单芽分株

肉质根植物 掰开植株的花冠，确保每一株都有一个饱满的芽和生长良好的根系。在苗床上成排种植子株，种植深度与之前相同，间隔为15厘米，或装盆种植。

葡匐根茎（根状茎）　　强壮健康的芽

根系发达，比嫩芽大得多

长有葡匐茎的多年生植物将根茎[这里是奥地利婆婆纳（Veronica austriaca）]切成段，每段都有一个强壮的芽和良好的根系。如有必要，修剪较长的根部。

生根走茎的繁殖

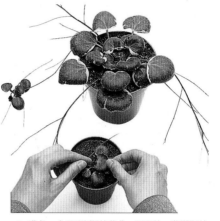

1 准备一个8厘米深的花盆，里面放一些潮湿的插条堆肥。用钉子将走茎固定住，这样植株的基部就能和堆肥表面接触。

2 一旦生根，通常在几周后，我们就要切断新植株周围的走茎。任小植株生长，直至根部长满整个花盆，接着再将其放入标准盆栽堆肥中种植。

容器栽培植物的分株

1 记得给植物浇水[图中为吊兰（Chlorophytum comosum）]，沥干水分。将植株从花盆中取出，抖掉堆肥。从下方松动根块，然后轻轻将其分开。

2 修剪所有患病或受损的粗根，确保纤维状营养根完整。在比根块约宽2厘米的花盆中，装入相同的堆肥，接着单独进行装盆种植。

用干净锋利的刀从单子叶植物上切下受损的根

播种

种子繁殖虽有一定的弊端，但这种方式简便且经济，可以培育大量多年生植物。许多栽培种不是由种子培育而来，即使是常见的品种，在幼苗期也会有一些自然的，但可接受的变异。但是，长出优于母株的幼苗也不是不可能的。

但有些栽培种还是可以由种子培育而来，如翠雀属植物、羽扇豆和东方罂粟（鬼罂粟）。长有彩色、大理石花纹或杂色叶子的幼苗，如矾根属栽培种，它们颜色各异。因此，劣质的品种需要在早期淘汰。

种子繁殖也是培育结一次果的品种的唯一途径，如绿绒蒿属植物。它们在第一次开花后便会凋谢。无性繁殖非常缓慢的多年生植物，如獐耳细辛属和白头翁属，都是由种子大量商业化培育而来。

多年生种子的采集

普通种植者很容易从自己培育的植物中收集种子。大量多年生植物易于结籽，通常长在薄的种囊或种荚中。从长势最佳的植物中收集种子，以确保长出高质量的幼苗。种子头会迅速成熟，所以要密切关注，在它们散落前及时采集种子。选择干燥的日子收集种子，以免种子受潮腐烂。

一些植株，如鸢尾和牡丹，它们的种子头生长位置明显且易于发现。而另一些植物的种子头则藏在叶中，如獐耳细辛属和樱草（德国报春花）。取下种子头，并用两块木头或用手指按压，让种子留在干净的纸上。大戟属植物和其他一些多年生植物的种荚会

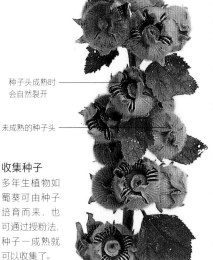

种子头成熟时会自然裂开

未成熟的种子头

收集种子
多年生植物如蜀葵可由种子培育而来，也可通过授粉法，种子一成熟就可以收集了。

种子分类 可使用专门的堆叠筛对种子进行清理。用比种子稍大的网筛把干燥的种子头轻轻压碎。种子会从上面的筛子掉下来，然后被下面的细网筛接住。筛掉细小的谷壳后，我们将种子装在准备好的盘子里。

— 上筛粗糠

— 种子落在了细网筛上

— 收集盘中的细糠

"爆炸"释放出种子，或会非常迅速地将种子散落开来。当它们变成棕色时，要把茎上的种子头去掉，然后放进纸袋里。收集种子时，一定要给种子袋贴上标签，以免日后混淆。

种子的分类和清理工作

有一种简单的办法来清理收集到的种子，即：将种子放在浅口容器中，轻轻吹去灰尘和谷壳，从而留下种子。使用家用、自制或专用的金属网筛（见上文）彻底清洗种子以备储存。大小不同的种子则需要不同尺寸的网筛。我们用普通的筛子收集粗糙的谷壳，用较细的筛子收集种子，并用托盘收集尘土。注意不要将种子筛和厨房筛混淆，因为有些种子是有毒的。

浆果成熟后立即进行采集，如铃兰（铃兰属）和黄精属，接着将其浸泡。我们将浆果放入筛子中，用流动的水冲洗，去掉果肉。或者，往捣碎的浆果中加入一碗水，搅拌均匀。果肉和死籽通常会浮在水面，而活种会沉底。倒掉果肉，并用厨房用纸擦干种子。

播种多年生种子的时间

有些种子最好在采集后立即播种。初夏至仲夏开花的多年生植物的种子如果新鲜时播种，发芽更快，更均匀。例如羽扇豆、报春花或罂粟。一些多年生植物，如绿绒蒿或报春花，种子存活期很短。我们最好将大戟属、龙胆属植物和其他一些品种的植物置于阴凉处。到了秋天，再进行播种。花期晚的多年生植物种子如果进行秋播，则要到次年早春才

会发芽。大多数情况下，如米迦勒节雏菊（联毛紫菀属）的种子，需要实行冬储春播。

种子的贮藏

种子必须储存在阴凉干燥处，潮湿或温暖的环境都会让种子变质进而死亡。冷藏温度为5摄氏度的冰箱是种子储存的佳地。将干种子放入贴好标签的纸包里，然后置于密闭的塑料容器中。

记得在容器中放入少许干燥剂（如硅胶），以除去多余的水分。将种子放入小袋中，或者更好的做法是在容器底部撒上凝胶，然后将种子包放在凝胶上方的金属网上。切记一般情况下请不要打开该容器。还有一种方法就是将种子置于新开罐的奶粉中，尽管只能使用一次，但罐子和奶粉都能吸收空气中的水分，从而降低湿度。切记，一般情况下不要打开它。

种子的生命力

发芽失败的原因通常是播下了死种。种子死亡的原因有很多：种子可能没有受精，

测试种子的生命力
将中等大小或较大粒的种子放入一罐水中。活种会沉到底部，而空心的死种会浮在水面。晾干后，我们立即播种活种。

干浆果的种子

种子和谷壳

一些多年生浆果，为了便于储存，可将其晒干。播种前，用木制压榨器或砝码压碎干浆果，筛去种子中的谷壳。

或者不能完全发育；杂交种子可能有缺陷基因；种子可能会受到真菌或昆虫的侵袭而受损。播种后，种子可能会因腐烂、啮齿动物的侵害或严寒的摧残而死亡。

处理休眠期的种子

一些多年生植物的种子具有内在休眠性，这会延迟种子在自然环境中发芽，直到环境适于幼苗生长（见第19—20页）。播种前，有几种方法可打破这种休眠状态，从而

通过浸泡便于种皮破裂

浸泡前　　浸泡后

一些长有坚硬种皮的种子，水分可渗透进去。我们将其置于冷水碟中浸泡24小时，以备播种。浸泡结束便立即播种。

提高发芽率。在多年生植物中，大多数的豆科长有坚硬的保护性种皮。而我们必须将种皮划破，以便水分能够进入。通常情况下，我们建议种植者用锉刀将种皮划开。但是所有用此类方法处理过数十种羽扇豆种子的人都知道，这是件痛苦又耗时的事。另一个更好的方法是，用细砂纸打磨较大颗的种子（见第102页）。

在潮湿的夏季采集的种子，通常只需将种子浸泡在水中即可。如果种子体积大，或

者生长环境炎热干燥，则可直接将沸水浇在上面，接着放入冷水中静置24小时。种子一经泡发，就要立即进行播种；否则，它们就会死掉。

许多多年生植物，尤其是生长在山区或恶劣气候中的那些，它们的种子在度过寒冷期后才会发芽。春播前，须将种子进行冷藏（分层）处理，具体做法是：将种子放置冰箱中冷藏数周，或在寒冬地区进行秋播（见第153页）。一些多年生植物，如牡丹，处于双重休眠状态。我们需要先给予种子冷处理，再给予一定的暖处理，接着还需进行二次冷处理。如果播下的不是鲜种，种子两年左右才能自然发芽。我们可人为地改变种子所处的温度环境，以满足上述要求。

为除去某些多年生植物种子中的化学抑制剂（见第19页），它们的种子一经成熟，就要立即播种，以防止抑制剂发挥作用。如果有些种子暂时不具活力，我们须将其贮存一段时间再进行播种；或将种子浸泡在水中48小时，过滤化学物质，如根茎鸢尾。

准备播种容器

多年生植株的种子通常播种在9～13厘米深的花盆或半大花盆中。最好将迅速且

由种子培育出多年生植物

1 在13厘米深的花盆中装上潮湿的种子堆肥，直至盆口不足1厘米处，并轻轻压紧。

2 将折叠的纸片或小包里的种子薄而均匀地播撒。

3 薄薄铺上一层筛过的堆肥，贴好标签。接着将花盆置于水中，直至完全浸透，静待沥干。

4 接下来，在花盆表面盖上一层玻璃或厨用薄膜，以防水分流失，并置于温度适宜的遮蔽处。

5 幼苗长出两片子叶后，将其单独移栽。对于不喜根部干扰的植物，可使用可降解花盆（见小插图）。

6 一旦幼苗长出强壮的根系，我们就把它们移栽到最终种植地，或在恰当的时候进行盆栽。

播种良种

1 可将极细的粉尘状种子（这里是风铃草）和细沙混合。把种子和少许沙子放在塑料袋里摇匀，这样更易均匀播种。

2 接着，将干净的纸对折成漏斗状，取少许沙子和种子的混合物放在折纸上，轻敲纸张，便可将沙种混合物撒到堆肥上。

蛭石追肥

给容器中的种子撒上一层5毫米厚的细级蛭石，注意这里不是堆肥。蛭石有利于种子与空气和阳光接触，从而降低种子受潮的风险（见第46页）。

易于发芽的种子（如翠雀属或羽扇豆的）或不喜根部干扰的植物种子单播在模块或托盘中；盆栽前选用足够大的器皿，便于植株长到适合移栽的大小。

大多数多年生植物最适合以壤土为基础的种子堆肥，除了在发芽不久后就要被移栽的幼苗。自制的优质种子堆肥可由两份灭菌土壤、两份泥炭、泥炭替代品或叶霉和一份尖角砂制成。秋播时，使用等份的粗砂、泥炭、树皮纤维或土壤制成的堆肥效果也很好。准备用于播种的容器，在容器中装入大量堆肥，轻轻按压，刮去多余部分，接着用压榨器或空花盆底部将其压紧。

在容器中播种

注意不要播撒太多种子，以免长出纤弱且易猝倒的幼苗（见第46页）。用堆肥覆盖好种子，或者，对于那些需要光照才能发芽或快速发芽的种子，用蛭石覆盖。粒大饱满的种子可采用空间播种，我们用压榨机将其推入堆肥中，接着撒上5毫米厚的堆肥。在苔藓上播种时，湿种的效果会更佳。

播种后，用花洒喷壶浇水或将播种容器置于水盘中30分钟，避免对堆肥表面和种子造成影响。盖上播种容器或将其放入繁殖器中，以防水分流失，必要时需进行遮阳处理。

种子萌发后取下盖子，大多数种子发芽的理想温度为15.5摄氏度。将完全耐寒或耐寒的种子储存在10摄氏度的环境中，它们可在较低的温度下发芽，但萌发时间较长。畏寒种子的最低储存温度为20摄氏度。如果在容器中进行秋播，由于冬天天气寒冷，种子会形成分层，我们便在种子表面撒些浅层细砾石或粗砂子，不仅能防止杂草蔓延，而且能保护种子免受雨淋。将播种容器置于开放式冷床或

正在分层的种子

冬天，在寒冷的气候下，我们将装有种子的花盆置于开阔沙地、树皮纤维或土壤的边缘，这样种子会由于寒冷而打破休眠状态，从而开始发芽。

是盆栽花坛中。冷床可保持堆肥湿润，使黏土盆不易冻裂，从而防止植物根部遭受霜冻。记得在播种容器表面盖上一层细网，以免种子被鸟类和啮齿类动物吃掉。多年生植物的种子总是让人琢磨不透，通常发芽快的种子可能又不发芽了，而处于休眠期的种子可能会迅速发芽。知道预期发芽日后，我们最好将花盆或托盘里的种子储存一年。

幼苗的处理

我们需给予幼苗充足的阳光，记得按时浇水。如果使用石棉模块或其他惰性材料，则需根据厂家说明，每隔一天浇一次水。在幼苗长出两片真叶后，便换用液体肥料。

到了幼苗移栽的时期，我们将30～40棵幼苗移到托盘中，或将它们单独移植到模块或花盆里（见第152页）。如果幼苗是在凉爽无霜的环境中发芽，我们最好等到幼苗稍强壮些再进行盆栽种植。幼苗的叶子总是需要修剪。我们通常会选择以壤土为基础的盆

栽堆肥或者由三份灭菌土壤、两份泥炭、泥炭替代品或叶霉和一份尖角砂混合物制成的堆肥。

将幼苗搬至遮阴处，直至幼苗健康地生长发育。对于手脚麻利的种植者而言，他们可在一年内将幼苗移栽到其最终种植地。而磨蹭一点的，可能要到来年春天才能完成这些，这会延迟幼苗的种植。这些被延迟种植的幼苗更适于盆栽或是在苗床上培育1年。

户外播种

易于生长的多年生植物可在苗床上培育，而对于一年生或两年生的植物，春播是最好不过的。如有需要，在幼苗生长的过程中将其分成小簇单株；当它们长到大约8厘米高时，将其连根挖起进行移栽。

如果堆肥变酸了，那发芽慢的种子可能会腐烂，所以我们最好将种子直接播种到冷床上。接下来，我们一排排地进行播种，记得贴好标签，施些肥。保持冷床湿润、无杂草。注意，别让虫子爬到冷床中把种子吃了。在冷床上培育几周后，便可将幼苗进行盆栽或移栽种植。如果在冷床上培育时间过长，则不利于幼苗生长，因为它们的生长空间会变得狭小且彼此争夺阳光和空气。

多年生植物的杂交

钓钟柳属、菊属或玉簪属等大量多年生植物都可进行杂交，有时会产出优质杂交种。这有助于我们设定明确的目标并专注于研究某类植株及其特性，如研究开花更灿烂且耐寒的百子莲属。或者，我们简单地把习性相同的母株种在一起，通过蜜蜂传授花粉。接着，便可采集种子，挑选幼苗。要坚决点，只留下长势最好的幼苗。

自播苗移植

大量的多年生植物可自然地在花园中播种。我们用泥铲铲起幼苗时要带着足够的土壤，避免影响幼苗根块的生长。接着，将挖起的幼苗立即移植到备好的土壤中，轻轻将其固定，贴好标签，浇入适量的水。如有必要，记得定期浇水并给予一定的遮阴处理，直至生根。

扦插

我们可从多年生植物的茎、叶和根上剪取插条，并从中繁殖出多样的多年生植物。大多数情况下，设置某些形式的可控条件是很有必要的，如加热的繁殖器、温室和冷床等，因为这有助于插条重新生根抽枝，长成新植株。如果能提供上述这些条件，扦插是多年生植物繁殖的理想方法。繁殖出的新植株在第二年便可种植，有的甚至还能开花。

成熟的植株在剪下方扦插所需要的插条后，可恢复得很好。或者为了获取插条，我们可专门栽培砧木。良好的卫生条件是扦插成功的关键——干净锋利的工具、无菌的生长培养基，以及健康、有生命力、无损的插条。对于一些多年生植物，可在一年中除花期外的任何时间段进行扦插。而其他一些植物，要在几周甚至几天内完成。如果在花期后进行扦插，很多插条能够生根发芽、茁壮成长。多年生植物的插条无法越冬，所以我

们在其生长季早期进行采摘。这样插条便有足够的时间牢固根系，以度过下一个休眠期。

生根基质

扦插采用的是无菌、保水、通风良好且能固牢插条的基质。泥炭或泥炭替代品如椰壳纤维和细沙砾或沙子混合而成的基质是最常用的（见第33页）。当然，也可使用几种惰性介质：岩棉（见第35页）和蛭石是茎扦插常用的基质。对于一些难处理的高山植物，我们则选用磨碎的浮石（见第167页）。一些易生根的植物只要悬浮在水中，就能从茎中生出根（见第156页）。

给予插条一定的保护

从多年生植物顶端剪下的插条通常是柔软或半成熟的，记得让插条的组织富含水分、具有活力（充分供水）。在干燥或通风

的环境中，水分会从茎和叶表面流失，剪下的插条会迅速枯萎，所以一个遮蔽且潮湿的生长环境至关重要。在热带和亚热带气候下，茎插条可在开阔地上茁壮生长。然而在其他地方，我们必须给予插条一定的保护，可选择在温室、塑料膜大棚、狭小的空间、繁殖器、冷床或有遮蔽的窗台上进行种植。

如果给予底部加热处理，茎插条一般会更易于生根。但倘若这样做，插条的生长环境将受热不均。把受保护的插条从温暖和高湿处移到露天环境中时要小心。此外，插条须经历硬化期。切记，在插条生根前不要过度浇水。

取茎插条

茎、茎尖和基茎插条均可用于多年生植物的繁殖；根据植物生长阶段的不同，它们可能是柔软、鲜活或半成熟的木质部分。我们将第一轮长出的新枝作为插条，第二轮长出的用于开花，这对大多数园林植物的生长不会造成影响。如按上述所说，那要等到取下插条后再进行春季施肥。如果它们的茎不是多汁液的，则生根状况将得到改善。插条尽可能取自丛类边缘较有活力的嫩枝。不开花的嫩枝总是不错的选择，但如果是天竺葵属或非洲凤仙花（凤仙花属），这就有些棘手了，因为我们还要除去其插条上的花和芽。提供插条的母株应是年轻、有生命力的。不要给母株施氮肥，否则它们的插条难以生根。

取多年生植物的茎尖插条

1 从当季的生长物中选择近节、健康的嫩枝。用干净锋利的刀在节点正下方切开，并在茎尖下方切下8～13厘米长的插条。

2 将插条放入塑料袋或水桶中，待一切准备就绪，我们便用干净锋利的刀切去或徒手掐掉较低处的叶子。注意不要留下任何可能会引起腐烂的"祸端"。

3 将插条插入岩棉生根培养基中，打出一个直径3～5毫米的孔。一个孔上插一根插条，叶子露在外面。轻轻地将插条固定好，加入适量的水，贴好标签。

贴标签从左到右，从前到后

4 将插条放入繁殖器或塑料膜大棚中保湿，最低温度为18～21摄氏度。并将其置于明亮的光线下，约2周后，插条便会生根。

4周龄插条

5 将生根插条单独插入10厘米深的无土盆栽堆肥中，但不要将植株从岩棉模块中连根拔起。记得给插条贴标签，浇适量水，置于温暖明亮处，任其茁壮生长。

帮助插条生根

黏性凝胶粘附在插条底部

激素生根复合物 为了促进插条生根，我们将准备好的插条［图中为鼠尾草（*Salvia iodantha*）］浸入激素生根粉或如图所示的凝胶中。

湿度 将插条插入花盆中，用塑料袋盖住，避免藤条与插条接触。同时用橡皮筋把袋子扎紧，使其密封。这样可保持插条周围的湿度，以防水分流失。

插条越软，生根则越快，但也越易于遭受疾病、虫害和不利条件的侵害。记得定期检查夏末初秋剪下的插条上是否有蚜虫等有害生物，如堇菜属和钓钟柳属植物。这一点十分重要，因为害虫会伤害柔软的插条。建议每周喷洒一次防腐剂或杀菌剂。几乎在所有植物中，下切口都位于叶节正下方，这个地方的天然生长素在生根过程中发挥了更积极的作用。激素生根粉或凝胶（见上图）对大多数植物的根系生长很有益，而未使用这类激素的，则生根速度较慢。

茎尖插条

软木和绿木插条取自春季到初夏的新枝，当温室植物的新枝也是不错的。春季和初夏是南庭芥属（*Aubretias*）和堇菜属（*Violas*）植物的花期。花儿凋落后经过修剪，它们会在盛夏中期甚至是后期长出不错的嫩枝。光看名字就能猜到，它们的茎几乎是肉质柔软的；稍一弯曲就会折断，一按就能压扁。在适宜的环境中，通常不足两周，软木插条便能迅速生根。

半熟插条取自生长活跃但基部成熟的嫩枝，它们的成熟期通常在仲夏至仲秋之间。这类插条会弯曲但不会被折断，也不易被压碎。我们需给予其防寒保护才能生根，然而不利的生长环境也不会对它们构成太大的威胁。不过生根时间较长，一般为4～8周。一旦插条生根，我们应将其置于合适的堆肥中进行盆栽种植（见第32页）。冷床、温室或塑料膜大棚都是插条种植的佳地，或者可将其置于温暖的环境中，有遮蔽

的沙床上。记住，任何情况下，它们都不喜强光照射。

茎插条

有长茎的多年生植物，如半边莲杂交种（*Lobelia cardinalis* hybrids）和婆婆纳，我们可将它们的茎切成5～8厘米的长段。插

条的顶部是在叶子上方进行修剪，而底部则在叶子下方修剪。从插条上取下底部叶片，或从多叶茎上再取下1～2片，以便有足够长的裸茎插入生根培养基中。此后处理茎插条的方法与处理茎尖插条的大同小异。

易生根植物的繁殖法

从易生根植物，如锦葵、福禄考、紫菀、石竹、大戟和金钱草等植物上截取大量茎插条时，有一种节省空间的方法，即青苔卷（见下文）。它由专业人士开发，可用于家庭繁殖。泥炭藓可用粗泥炭、细碎树皮或岩棉代替。在将青苔卷起之前，可在底部铺一层塑料，保持泥炭或树皮松散。给卷筒浇水时须小心，避免出现积水和腐烂的现象。接着将其置于繁殖器中，或者装在塑料袋里。从上方定期浇足水，并将其沥干。易生根的多年生植物的茎尖插条可在水中生根，如钓钟柳属（*Penstemons*）、勋章菊属（*Gazania*）和紫露草属（*Tradescantia*）。

将插条放入装满水的罐子里，然后将罐子放在温室种植槽或窗台上。和对待茎尖扦插一样，避免强光照射，以防水变绿。

一卷茎尖插条

1 剪一条约15厘米宽、60厘米长的黑色塑料条。用2.5厘米的潮湿泥炭藓将其覆盖。放置插条，让叶子远离苔藓。

卷筒的外端

2 条带"内"端的插条间隔约为8厘米，"外"端逐渐缩小插条间隔至5厘米。接着从内端开始卷条带。

3 卷好后，用橡皮筋固定，贴上标签。将卷筒放在阳光直射、最低温度为21摄氏度的地方。记得给予一定的遮蔽处理，以保持插条湿润。必要时从顶部往下浇水，保持苔藓湿润。

4 当插条有生长迹象时，请在4～6周后将条带展开。接着把插条从苔藓中取出。将其单独种植在8厘米深的无土盆栽堆肥花盆中。

基茎插条

基茎插条是从母株冠部剪下来的整个嫩枝，因此每个嫩枝基部都含有母株的组织。它们是生长活跃的强壮嫩枝，能迅速长出根系，这不同于专门生产花朵的成熟枝。

如果在季节早期从紫菀、福禄考和鼠尾草等夏季开花的植物上取基茎插条，那么在同年的夏天或秋天，它们便会长成中等大小的开花株。从商业角度而言，这种方法很受欢迎。因为它不仅可减少植物一年的产量，还可让插条在进入下一个休眠期前尽情地生长发育，这对于莎草一类的植物很有利，否则它们无法熬过严冬。

大量的多年生植物的基茎插枝来自春季的第一批嫩枝。通过催熟植物即可获得早期插条，而这些植物在去年秋天的时候，便被挖出并移栽到花盆中［就像下图的飞燕草（Delphinium）］。接着将其置于温室、塑料膜大棚或冷床中，任其生长。飞燕草、双距花（Diascia）和堇菜（Viola）等植物可在后期培育成基茎插条。修剪花茎至冠部，并在它的顶部撒上砂质堆肥，以便植物迅速长出强壮

水中的软木插条

1 从健康、近节点的嫩枝上剪取10～15厘米长的软木茎尖。修剪节点下方插条，去除下部叶子。接着，将铁丝网放在一罐水上，放入插条，使其茎部浸在水中。

花盆的大小刚好够根部放入

2 这时不断往罐里加水，使插条的下部茎始终浸在水中。2～4周后，插条的根部会发育得很好。这时，我们便将其单独放入8厘米深的砂质堆肥盆中。记得浇水，贴好标签。

的新枝。一些多年生植物，尤其是羽扇豆和飞燕草，它们的茎是空心的，在堆肥中易于腐烂。因此，我们可能很难从中获取用于软木插条的优质材料，但剪取基茎插条可防止茎部腐烂。对于空心茎插条，用蛭石或珍珠岩等轻质疏松的介质可有效防止腐烂，记得定期喷洒杀菌剂或浸泡插条。基茎插条也可

从砧木上获取，如菊花的，它可在防寒措施下越冬。通常情况，我们会丢掉砧木，因为新植株的生命力会强于母株。

这些插条通常是在季节早期获取，底部加热（见第41页）可促进生根。合适的繁殖堆肥可由等量沙子和泥炭或泥炭的替代品（如椰壳纤维）混合制成。激素生根化合物通

珍珠岩上的飞燕草基茎插条

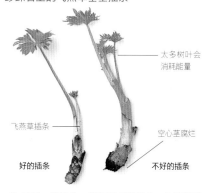

太多树叶会消耗能量

飞燕草插条

空心茎腐烂

好的插条　　　　　　**不好的插条**

1 春季，选择8～10厘米长的嫩枝，从基部切下，每根嫩枝都附着一块母本木冠。除顶部的两三片叶子外，其余的全部剪掉。

朝茎基切割

2 用干净、锋利的刀，在茎底部的三分之一处剪掉所有受损的组织或残根。

3 在15厘米深的花盆中加入湿润的珍珠岩，不要加得太满，离盆口2.5厘米。随后将花盆放在冷水碟中，插入大约8根插条，使其半埋在珍珠岩中。

4 给花盆贴好标签，置于温暖处。记得避免阳光直射，保持珍珠岩持续湿润。4～8周内，插条便会生根发芽。当新根有1厘米左右长时，就可进行盆栽。我们轻轻地将插条拔起，抖一抖，去掉粘在根部的珍珠岩。

5 最后，将生根的插条单独种在8厘米深的无土盆栽堆肥花盆中，种植深度与之前相同。轻轻压实，贴上标签，浇好水。6～8周插条便可生根。这时，我们再进行移植。

基茎插条

1 春天，植物基部冒出8～10厘米高的新芽时，便在与木质冠状组织连接处将其彻底切下。

2 剪掉下部叶子并修剪基部。如果可以，从节点下方直接切下约5厘米长的插条。记得用激素生根粉或凝胶处理每根插条的基部。

3 将插条插入合适的扦插堆肥花盆中，浇好水，贴上标签。随后将插条置入繁殖器或透明塑料袋中。给予底部加热会加快生根。

4 在生根状况良好的前提下，约4周后，将插条分开，旨在把对根部的干扰降到最低。随后将插条单独放入标准的盆栽堆肥中（见小插图）。

常很有用，喷洒杀菌剂也不错。插条易在冷床、温室和塑料膜大棚或在温暖的气候下，在有遮蔽的沙床上生长发育。

叶插条

有些植物可从部分或全叶上再次生根抽芽。由于新植物是纯绿色的，所以杂色叶不

片叶插条

1 选择健康、成熟的叶子，将其切成薄片，但这样会伤到叶脉。这里，我们把旋果花的叶子切成两半，去除中脉。再准备一个自由排水的插条堆肥托盘。

2 接着，在堆肥中挖出一条浅沟，将叶插条插进去，切面朝下，并将插条基部周围轻轻压实。然后，将托盘放入繁殖器中或密封在塑料袋中，以防水分流失。

能作为叶插条。叶插条分两类，第一种，新植株在切片的表面长出叶子，如多叶海角苣苔属（*Streptocarpus*）（见左图）和虎尾兰属（*Sansevieria*）。第二种，全叶和植物的茎都能派上用场。休眠芽通常生长在基茎部与茎部相接处。

有些植物，如非洲紫罗兰，芽并不是最关键的部位，因为新芽会不断长出。而在其他品种中，如欧洲苣苔属和叶柄型报春花，芽是十分重要的，必须好好保护。没有芽的报春花，它的插条可以生根，但不会长出新的莲座丛。芽一般不可见，握住叶子向下拉（千万别用力扯）除去叶子，但别伤害到芽。脱盆或挖起植物后，清理掉大部分堆肥或土壤，以便从莲座丛中获得外层叶子：它们可能看起来不起眼，却很适用于扦插。培育叶插条需要自由排水的生根介质，如等量的粗砂或珍珠岩和泥炭或泥炭替代品。

我们可将单根或几根叶插条插入花盆边缘。通常情况下，叶插条可在生长季早期获取。但许多热带植物和室内植物的叶插条，如青藤，如果给予一段时间的暖处理，便可促使其重新生长发育。这样一来，一年中的大部分时间我们都可以进行采取。热带插条必须保持在20摄氏度左右的高湿度下。几周后，新幼苗开始生长发育。非热带植株品种，如从全叶插条中培育来的植株，可在春季中后期剪取。为了保湿，记得给予叶插条一定的遮蔽处理。这时，我们不需要给其加热。到了盛夏时节，新幼苗开始发育，我们将其置于适当的堆肥中进行盆栽。

全叶插条

1 从母株周围的叶柄基部上剪下健康、成熟的叶子，将其浅植于装有等量泥炭和粗砂的花盆中。

2 记得给插条浇水，待其沥干后贴上标签。同时给予一定的遮蔽处理，以防水分流失。将透明的塑料瓶做成简易的保鲜袋为插条遮阳，避免阳光的直射。

3 每个叶基周围会长出几株幼苗。这时，我们取下遮蔽物，让新生植物继续生长。等待时机成熟，便可将其单独种植在以壤土为基础的盆栽堆肥中。

根插条

虽然根插条比茎插条更易长出新芽，但并非所有的情况都是如此。取根插条的最佳时机是植物处于休眠状态时，即秋中下旬或冬季。根扦插不能用于杂色植物的繁殖：虽然可培育出新植株，但叶子会是纯绿色的。

不过，根扦插适用于根系粗壮植物的繁殖，如罂粟、聚合草、毛蕊草等。通常情况下，建议选择有铅笔那么粗的根插条。但事实上大量多年生植物的根并没有这么粗，较细的根插条也可实现繁殖。根插条越细，其长度也就越长。对于根部很细的植物，如夹竹桃，便要选择它最粗的根，将插条水平放置在生根培养基上，切记不是直立插入。

从耐寒和完全耐寒植物上剪下的根插条易在冷床上生长发育。只有在极冷的天气里才需要给予保暖措施，以防堆肥结冰。从半耐寒和易罹霜害的植物上取下的根插条最低温度应保持在7～10摄氏度。春季，如插条上有新物的萌发，则要在进行盆栽前，检查它们是否生根良好。根插条在新根长出前便会抽芽，等到新根系形成后，再将插条装盆种植。

将根干扰降到最小化

有些植物，如白头翁属（*Pulsatilla*），进行根扦插后长势良好，但母株的生长会因根部受到干扰而生长受阻。而有些植物可在容器中进行种植，把这类植物的根部插到沙地或砾石床中有利于其生长，便于我们获得根插条［见刺芹属（*Eryngium*），第196页］。如果植株长在地里，我们就在离花冠约10厘米处对其进行修剪，接着小心将它连根挖起，在别处重新种植。不要把土坑填平，记得盖上一块玻璃或透明的硬塑料，并用藤条做好标记。土坑周围长出新芽后，将其挖起进行盆栽。

多年生植物的分层

一些具有匍匐习性的多年生植物，可像木本植物一样分层生长（见第106页），如攀附的夹竹桃，或蔓生茎，如石竹［见石竹属（*Dianthus*），第193页］。分层的最佳时间是冬末、开始生长前，或是秋季、新生长完成后。在下一个生长季的时候将新植株分开。

根部扦插繁殖

1 秋季或冬季，植株处于休眠期，我们将其挖起，洗净根部泥土。选择粗细适中的强壮根系，尽可能切至花冠处，与母株分开。注意，取下的数量不超过母株根插条的三分之一。

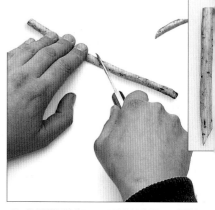

2 将根插条切成5～10厘米长的段；一般较细的插条其长度也是最长的。为确保插入插条的方式正确，我们要以一定的角度切开插条的基部，以笔直的角度切开它的顶部（见小插图）。

3 准备标准的扦插堆肥，浇水后待其沥干。用杀菌剂处理插条，以防腐烂。用打洞器在堆肥中打出与插条一样深的孔，然后垂直地将其插下，确保插条的顶部与堆肥表面平齐。

4 在插条表面撒上1厘米粗的粗砂或沙砾，贴好标签，置于冷床、繁殖器中，或在温暖的环境中，将其放置在避风处。底部加热有助于生根缓慢植株的生长发育。一直浇水直至插条有生根的迹象，当然浇水也只是为了防止堆肥变干。

5 通常在次年春天，插条的顶部开始生长。可轻轻将它挑出查看其生根情况。将插条单独种在8厘米深且装满标准盆栽堆肥的花盆中。定期浇水，贴上标签（见小插图）。直至可进行户外种植。

细根插条的繁殖替代法

根据不同的植株品种，我们将根切成8～13厘米长的段，在插条两端直接切入。同时将插条水平放置在潮湿的标准扦插堆肥托盘中，间隔约为2.5厘米。接着，在插条表面撒上5毫米的堆肥，轻轻将其固牢，静待生根发芽（见步骤4—5）。

蕨类植物

蕨类是一种原始的无花植物，所以靠孢子而不是种子繁殖。孢子繁殖是产生大量新植株的常见方法。然而，这种繁殖方法很费事，成功率不是很高。当培养条件不达标时，可能无法培育出孢子；有些蕨类植物是不育的，且许多羽冠的栽培品种并不是由孢子繁殖而来。许多蕨类植物还可通过根状茎、球芽或小植株等营养繁殖方式进行繁殖。种植者往往采用这种方式增加植株量。

孢子

蕨类植物的生命周期（右图）分为两个阶段：第一种是孢子体（含孢子）的无性阶段，与我们种植的叶状体植物相似；第二种是有性的配子体阶段，称为叶原体。当孢子从蕨类植物中分离、开始发芽时，叶原体就会产生。受精就是在第二阶段进行的，因为雄性的精子必须游到雌性的卵上，所以受精是通过水来实现的，这就是为什么蕨类植物要生长在潮湿的地方。胚胎发育后，就长出了便于识别的蕨类植物。成熟后，蕨类植物会产生孢子，如此往复循环。

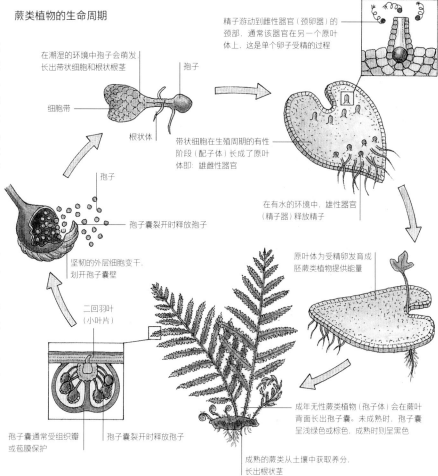

蕨类植物的生命周期

在潮湿的环境中孢子会萌发长出带状细胞和根状根茎

细胞带

根状体

孢子

孢子

孢子囊裂开时释放孢子

坚韧的外层细胞变干，划开孢子囊壁

二回羽叶（小叶片）

孢子囊通常受组织瓣或苞膜保护

孢子囊裂开时释放孢子

精子游动到雌性器官（颈卵器）的颈部，通常该器官在另一个原叶体上，这是单个卵子受精的过程

带状细胞在生殖周期的有性阶段（配子体）长成了原叶体即：雄雌性器官

在有水的环境中，雄性器官（精子器）释放精子

原叶体为受精卵发育成胚蕨类植物提供能量

成年无性蕨类植物（孢子体）会在蕨叶背面长出孢子囊。未成熟时，孢子囊呈浅绿色或棕色，成熟时则呈黑色

成熟的蕨类从土壤中获取养分，长出根状茎

蕨类植物大全

铁线蕨属（ADIANTUM） 耐寒品种在15摄氏度时播种新鲜孢子。柔嫩品种在21摄氏度时播种。早春时节，将根茎分成大块（紧密排列的节点）。热带植株，如鞭叶铁线蕨用叶尖根植株。

观音座莲属（ANGIOPTERIS） 巨蕨或王蕨，分离叶耳（见第163页）。**铁角蕨属（ASPLENIUM）** 同药蕨属（Ceterach）、对开蕨属（Phyllitis）。

药铁角蕨（SPLEEN-WORT） 播种孢子的方式与铁线蕨（Adiantum）一样。芽胞铁角蕨（A. bulbiferum）的叶中脉和鹿舌草的基部可长出球芽或新植株，不育品种的卷曲伪藓萝果是如此。春季，对耐寒的植株进行分株。北美过山蕨（A. rhizophyllum）的叶尖上会长出新植株。**蹄盖蕨属（ATHYRIUM）** 播种孢子的方式与铁线蕨一样。叶基部能长出小根球芽。在不拔起母株的情况下，可对侧冠进行分株（特别是长势不好的喜马拉雅蹄盖蕨品种）。

泽丘蕨属（BLECHNUM） 硬蕨或水蕨夏末，将孢子置于15摄氏度的环境中。春季，对其进行分株。只有乌毛蕨（B. penna-marina）和穗乌毛蕨（B. spicant）易于在凉爽的气候下生根。此外，可从匍匐茎上取下新植株。**金毛狗属（CIBOTIUM）** 孢子一成熟，在21摄氏度的环境

中播种绿色孢子。**番桫椤属[（CYATHEA，同桫椤属（Alsophila）]** 在15～18摄氏度时播种新鲜孢子。从树干或根部剪下侧枝。**贯众属（CYRTOMIUM）** 在16摄氏度时播种孢子。

冷蕨属（CYSTOPTERIS） 气囊蕨在16摄氏度时播种孢子。球根蕨（C.bulbifera）的叶中脉上可长出球芽。春季，对根茎进行分株。

骨碎补属（DAVALLIA） 和铁线蕨播种孢子的方式一样。对匍匐根茎或气生根茎进行分株。

蚌壳蕨属（DICKSONIA） 同金毛狗属植物的播种孢子方式。从树干上剪下侧枝。

双盖蕨属（DIPLAZIUM） 在21摄氏度时播种新鲜孢子。球茎双盖蕨的根球芽。从二回羽叶双盖蕨（D. bipinnatifidum）和食用双盖蕨（D. esculentum）的匍匐根上将新植株分开。

鳞毛蕨属（DRYOPTERIS） 在15摄氏度时播种新鲜孢子。春季或秋季对其进行分株。

海金沙属（LYGODIUM） 与金毛狗属播种孢子的方式相同。在生长前对其进行分株，并对攀缘茎进行分层处理。**合囊蕨属（MARATTIA）** 见观音座莲属（ANGIOPTERIS）。

荚果蕨属（MATTEUCCIA） 在15摄氏度时播种新鲜孢子。早春，对其侧冠进行分株。

肾蕨属（NEPHROLEPIS） 剑蕨和金毛狗属播种孢子的方式一样。从走茎上取下新植株，特别是从栽培品种和气生根匍匐茎上取下。**球子蕨属（ONOCLEA）** 见荚果蕨属（MATTEUCCIA）。

紫萁属（OSMUNDA） 成熟后立即在15摄氏度时播种绿色孢子。在春天或秋天进行分株。

旱蕨属（PELLAEA） 在13～18摄氏度时播种孢子。**鹿角蕨属（PLATYCERIUM）** 和金毛狗属播种孢子的方式一样。形成明显的鸟巢状便可分开植株。**多足蕨属（POLYPODIUM）** 参见荚果蕨属。

耳蕨属（POLYSTICHUM） 冬青、麟毛蕨和荚果蕨属播种孢子的方式相同，从中脉基部取下球芽。春天对不育品种进行分株，典型代表为紫堇（Pulcherrimum bevis）。

凤尾蕨属（PTERIS） 羊齿蕨在21摄氏度时播种新鲜孢子。春季，将根茎进行分株。

沼泽蕨属（THELYPTERIS） 在15摄氏度时播种新鲜孢子，在春冬或夏季对其进行分株。

岩蕨属（WOODSIA） 在15摄氏度时播种新鲜孢子，在休眠期分株。

狗脊蕨属（WOODWARDIA） 链蕨夏末或初秋在15摄氏度时播种孢子。春季进行分株（第162页）。从蕨叶上表面摘取球茎。

从孢子中繁殖蕨类植物

1 选择长有成熟孢子囊的蕨叶[这里是楔叶铁线蕨（Adiantum raddianum）的棕色孢子叶，见右图]。用干净、锋利的刀切下蕨叶，将其放入干净的折叠纸片或信封中，置于温暖干燥处，2～3天后收集孢子。

未成熟 　　　　成熟 　　　　过于成熟

2 在8厘米深的花盆中装入等量泥炭和尖角沙或两份泥炭和粗砂的无菌混合物，将孢子轻轻拍在表面。记得盖上透明的厨房薄膜。

3 将花盆置于避免阳光直射、温度适宜的封闭繁殖器中。6～9个月后，挖出堆肥表面长出的绿色原叶体小块。

4 在装有新鲜堆肥的盆中挖几个小坑，将其种下，间隔为2厘米。接着，喷洒消毒水，盖上盖子，并将花盆置于与之前相同的繁殖环境中。

5 当幼嫩的蕨叶足够大时，将其放入湿润的无土盆栽堆肥的模块或托盘中，接着置于潮湿的环境下。当小叶开始发育，便可进行盆栽种植。

孢子的收集

大多数温带蕨类植物的孢子在夏中至夏末成熟，然而许多热带蕨类植物不易成熟，且成熟期极短。在蕨叶的背面可以看到孢子或孢子体。一些蕨类植物，如球子蕨属（Onoclesa），能长出特殊的孢子叶。未成熟的梭菌通常呈淡绿色或淡褐色，表面呈颗粒状。当孢子叶成熟时，它的颜色会变深，孢子囊膨胀并分裂，从而释放出孢子。只有少数孢子叶呈开放状，当其外表蓬松时，叶片就可繁殖了。

为了收集孢子，将饱满的蕨叶或蕨叶剖片放入干净的容器中，置于温暖干燥的环境下。千万别放入塑料袋中，这会让孢子变潮发霉。当孢子脱落时，它们呈细尘状。播种前，应将孢子与所有杂物分开，如鳞片残留物或叶毛，因为它们会污染孢子的培养物。

用放大镜观察，大小一致的微小颗粒是孢子，剩下的则是杂物。要么用细筛将二者分开，要么将灰尘倒在干净的纸上。将纸张持45度角，碎屑迅速向下移动，孢子则很慢；重复几次后就可将孢子和杂物分开。藻类、苔藓和真菌的污染是导致原球菌生存能力下降和死亡的主要原因。如果不确定是否被污染，试着用10%的次氯酸钠（标准家用漂白剂）溶液加蒸馏水浸泡孢子5～10分钟。静待水分沥干，用无菌、煮沸、冷却的水冲洗，接着将孢子放在滤纸上晾置24～48小时。绿色的孢子，如海

金沙属（Lygodiums）和紫其属（Osmurdas）的孢子，存活时间极短，须在采集后48小时内进行播种。只有成熟且呈褐色的孢子才能进行储藏；只要保存得当，它们的生命力可保持3—5年。储存孢子时，记得将孢子放入装有干燥剂的塑料薄膜罐里，贴上标签，然后置于冰箱中，将温度设为4～5摄氏度。

播种孢子

将两份泥炭藓和一份粗砂混合在一起，便可得到制作最简单且效果最佳的播种培养基。用沸水或10%的次氯酸钠溶液（如上所述）对花盆进行消毒。我们将制好的混合物倒入花盆中，接着用沸水对花盆表面进行消毒。消毒后，立即盖上厨用薄膜，静置直至完全冷却。接着，将孢子（见上图）薄薄地撒上一层，迅速盖上新的厨用薄膜，或者用塑料袋将花盆封好。放置在避免阳光直射的封闭繁殖器中。耐寒和寒温带蕨类植物在15～20摄氏度时可发芽；热带蕨类植物在21～27摄氏度时可发芽（见第159页）。

2～26周内，培养基表面会长出丝绒般的幼嫩原叶体，呈绿色雾状。如果摸起来黏糊糊的，那可能是受到了藻类污染。在这种情况下，尽管部分蕨类植物能够幸存，但一些种植者还是建议将其丢弃。如果培养基中长苔藓了，用镊子就能将其清除。10%的高锰酸钾水溶液对防止虫害很有用。

春季播种后，我们将一簇簇幼嫩原叶体放入无菌、无土的种子堆肥中。接着，用新塑料袋将其密封，在避免阳光直射和封闭的环境下生长，直至长出可辨认的小叶。或者，我们不移动原叶体的位置。每月用强度为"正常"强度四分之一的稀释平衡液体肥料浇灌。等到我们可以清晰看到成熟蕨类植物的小叶时，再对其进行修剪。在这个阶段，它们变得更坚韧、易于处理、更能抵御外部干扰。幼叶长势良好时，便移栽到装有无土堆肥的托盘中。浇水时需小心，接着将其种在钟形容器或繁殖器中。一旦长出根系，在阳光和空气的滋养下，植株会日益强壮。长到5～8厘米高时，我们将其单独栽到相同深度的花盆中。记得将花盆置于明亮、遮阳避风处。提供适合每种植物生长的最低温度，这点很关键。2～3年内，大多数的新生蕨类植物可重新种植。

植物无性繁殖

这里所说的无性繁殖是蕨类产生的子蕨与母蕨相同。因此，这种方法培育出的植株品种无法产生孢子，或者说，子蕨不是由孢子发育而来。

球芽和植株

许多蕨类植物会长出球芽，看起来像又肥又圆的种子，其中的一些可在母本叶上发

育成生根的小植株。叶尖、中脉上或下部、整个叶片的上表面或中脉基部都可能是球芽和小植株发育的场所。在其原始生活环境中，它们的蕨叶贴着地面生长，以便生根、扩大种群。

从成熟的球茎中繁殖

大多数球芽的成熟期在生长季末期（夏末至秋季）。这时，我们可将球芽叶分离出来，置于装有潮湿无土种子堆肥的托盘中，或种入等量泥炭和尖角沙中（见右图），等待其生根。如果小植株已经生根发育，则不必保留母株的小蕨叶（见右下图）。或者也可保留蕨叶，使其继续附着在母株上。这样球芽会扎根到周围的土壤中，同时还能汲取母株的养分。等长出3～4片蕨叶时，我们便将球芽进行盆栽移植（见右图步骤4和5）。3～4个月后，幼嫩的蕨类植物会长得足够强壮，并适宜移栽至户外。或者在晚春或初夏凉爽时进行户外种植。

休眠球芽的繁殖

一些蕨类植物的老叶基部仍然是饱满具有活力的，特别是铁角蕨及其栽培品种。将根状茎分开，进行种植。它们可在基部周围（长出新植株的部位）长出一簇白色的球芽。

春天，挖起母株植物，清理根部泥土，露出完全枯死的蕨叶基部。并干净利落地切断叶片与根茎的连接处。我们用手术刀或锋利的刀修剪枯死的地方，留约5厘米长、基部呈绿色且有生命力的部分。将其倒置，绿色组织朝上，种入以土壤为基础的种子堆肥托盘中（用沸水消毒并进行冷却的托盘）。将托盘放入新塑料袋中，充气后密封。将其置于15～20摄氏度的温度、明亮、能避免阳光直射的地方下。1～3个月内，叶基部都会长出绿色的鼓囊，然后会慢慢发育成白色的小球芽。球芽生根时，我们从塑料袋中摘去叶子，分离球芽，并将其单独盆栽（右图步骤5）。也可置于繁殖器或塑料袋中，使其继续生长，这和从成熟球芽上长出的植株相差无几（见上文）。

蕨类植物的简单分株

只需培育少量植物时，对已生根的蕨类植物进行分株是简单且可行的。尤其对于不育品种而言，如黑鳞刺耳蕨（Polystichum setiferum），分株可能是唯一的繁殖途径。分株会给母株造成伤害，因此，为了给母株留完整的生长季节来恢复，分株最好在早春至仲春之间进行。

从球芽发育而来的蕨类植物

1 秋季，我们选择被球芽压着的蕨片［这里是芽胞铁角蕨（Asplenium bulbiferum）］，在靠近基部的地方将其剪下。这时，小的新叶可能已经从球芽中冒出（见小插图）。

2 准备装有湿润的无土种子堆肥托盘。用铁丝钉将蕨叶固定在堆肥表面（见小插图），确保叶肋与堆肥表面紧挨着。

3 给托盘浇水，沥干后贴好标签，放入充气、密封的透明塑料袋中。置于温暖、避免阳光直射或阴凉处的繁殖器中：耐寒品种保持在15～20摄氏度，热带品种保持在24～27摄氏度。

4 球芽生根后，我们从袋子或繁殖器中取出托盘，拿下铁丝钉。抓住蕨叶，将其拔起。如有必要，用刀将新植株从蕨叶上切下。

5 在8厘米深的花盆中装入湿润、无土的盆栽堆肥，将单个植株进行盆栽。置于温暖光亮处，定期浇水。每月施些液体饲料，强度是正常肥料强度的一半。随着植物的生长，适时换盆。

生根植株的蕨叶

新植株的蕨叶 在某些情况下，球芽发育成蕨叶和根系后，依旧附着在母株上。蕨叶可取下用于繁殖。

修剪蕨叶 熟叶和死叶都不要。将蕨叶放在堆肥盘上（见上文第二步），当新植株有生长迹象时将其单独盆栽。

蕨类植物气生根状茎的分株

根状茎间隔紧密，但互不接触

1 选择长势良好且含有大量健康幼叶的新根茎，用修枝剪直接在根茎处剪下15～30厘米长的段。

2 修剪根茎至5～8厘米长，去掉蕨叶，以防腐烂。每个茎段至少含一个生长芽（见小插图）。通常，根茎长的成活率更高。

3 接下来，在播种盘中加入等份的壤土、树皮、细沙砾或粗砂和椰壳混合物，轻轻压实。接着将根茎段轻轻压入或按入堆肥表面，间隔约2.5厘米，贴好标签。

具有直立根状茎的蕨类植物，其顶端都会长有花冠和"毽子状"的蕨叶，通过分株，可将主冠与其周围的侧冠分开。子株来自完整的生根单冠，这点至关重要。子株必须有带根的完整单个花冠。一些蕨类植物，如蹄盖蕨（*Athyrium filix-femina*），它们的侧冠距主冠15～30厘米或者更远。通常在不用拔起母株的情况下，就可对其进行分株。至于其他蕨类植物，则需在生长初期将其拔起，并从中分离出单个花冠，多年生草本植物的分株过程也是如此。修剪枯叶和所有受损的根茎后，记得用花园石灰擦拭切口，便于切口愈合。

我们将耐寒蕨类的母株和大簇子株迅速移栽到固定种植地，浇足水，直至再次生根发育。对小簇子株以及一些娇嫩或畏寒的蕨类植物而言，在进行盆栽时，我们需选择8厘米深、排水良好以及装有缓释肥料的无土花盆。栽种完毕后，将其置于阴凉处，直至新芽萌发。耐寒的蕨类植物，适合在室外或冷床上生长。而一些娇嫩的蕨类植物，温度适宜的温室是不错的选择。浇水时，我们要均匀喷洒，以保持湿度，避免浇水过度。按照上述所说，大部分的蕨类植物在3个月后便可进行移植。

蕨类根状茎的分株

蕨类植物的根茎会朝侧面、土表上方或下方蔓延。因此，早春至仲春时节，我们用干净、锋利的刀或修枝剪切开根茎，便可完成分株。根茎的长度需控制在5～8厘米，且必须附着一个或多个生长点和一个根系。接着将其单独种入无土盆栽堆肥中，置于阴

4 记得保持繁殖器湿润，必要时可加热至21摄氏度。通常4～6个月内，这些根茎段就开始生根抽叶，我们需将其单独种到湿润的无土盆栽堆肥中。然后贴上标签，置于潮湿阴凉处，任其生长。

凉处，确保水分充足。2～3个月内，它们就会开始生长发育。

陆生蕨类植物，如鳞毛蕨或卵果蕨，它们的根茎通常长在土壤中，蕨叶则从茎节中长出。叶芽从地下根茎长出的情况罕见，如果出现了，我们需确保每节根茎上都有2～3片健康的蕨叶和直径至少5厘米长的小根块。除此之外，小根球上需附有完整的土壤团。短匍匐茎的茎节通常分布密集，不易剪取。最好的办法是，从长势良好的蕨类植物中，轻轻地取下较大簇的子株。

多足蕨属，根状茎长在地表上，因此在分株时，要确保每个部分拥有良好根系，这点至关重要。在重新种植或进行盆栽种植时，要确保根状茎栽种的位置与之前一致，否则会有腐烂的风险。和骨碎补属一样，许多附生和岩栖（岩栖）蕨类植物都可长出气生根茎。早春，如果将这些根茎切断并置于堆肥中，气生根茎便能长出新根和新叶。或者，将这些根茎和母株一起种植在开阔的土地上，植株生根时，便将其切下。

匍匐茎的繁殖

有些蕨类植物，如泽丘蕨属（*Blechnum*），通过地下匍匐茎的蔓延形成了植物群落。产生新植株的走茎有时会从匍匐茎顶端长出，有时从茎节长出。春季，我们将幼苗从母株丛中分离出来，确保分离出的每一株幼苗都有发育良好的根系。接着，将幼苗种入无土的盆栽堆肥中，加入少量缓释肥料，置于阴凉处。日常浇水时，注意喷洒均匀，保持湿度。通常2～3个月后，这些幼苗就能苗壮生长，适宜户外移植。有些幼苗可能长势缓慢，如果它们在夏季长势不好，那在气候凉爽时，将其置于无霜的冷床上以备越冬，来年春天再进行移栽种植。

有些肾蕨属植物长有气生匍匐茎，它们的蔓生茎在接触土壤处生根。在生长季，我们可顺应其生活习性。将匍匐茎种植在5～8厘米深、装有等份泥炭或细树皮和尖角沙的花盆中，并将其置于13摄氏度的环境温度下，浇水时需喷洒均匀，保持湿润。冬末或早春，新植株开始生长，我们便将其与母株分离，采用盆栽种植，任其生长。有些品种的蕨类

植物，尤其是肾蕨（*N. cordifolia*），每隔一段时间就会在匍匐茎上长出细小的鳞状块茎。同一季节，我们去除附着短截匍匐茎的块茎。然后遵循上述步骤，将剩下的块茎进行盆栽，种植深度与之前相同。

叶耳的繁殖

热带的合囊蕨科（*Marattiaceae*）包括观音座莲属（*Angiopteris*）、天星蕨属（*Christensenia*）和合囊蕨属（*Marattia*）。它们可长出巨大的直立根状茎，顶部叶片高达5米。在每个叶柄膨大的基部，都长有一对被称为叶耳的肉质耳状生长物，它们可从休眠芽中长出新植株。此外，它们还可生根，甚至还能在分离后长出新植株。叶耳可随时脱落，特别在热带地区。至于其他地区，如果冬末或早春进行采摘，其生长速度最快。接下来，将其

种植到椰壳和沙子的混合物中（见下图），或置于基部湿润的银沙中。同时，在顶部覆盖上一层泥炭藓，深度是叶耳的一半。将其置于繁殖器中，保持湿度。或在24～27摄氏度的环境中，置于明亮、避免阳光直射的薄雾中。

新植物2～6个月才能萌发（热带地区所需时间较短）。按照时间顺序，叶耳会先长出可见的嫩芽，接着是根，最后是幼苗。温带地区，大型植株在移植前需培育1年甚至更久。温带地区的植物需要生长1年甚至更久才能移植。一旦蕨叶长出，我们便将其种入不含石灰的混合物中，由一份壤土和木炭、两份精硅砂、三份腐叶土和中等的树皮混合组成。记得始终保持植株湿润，且是高湿润状态。

蕨类的分层

分层的方法适用于攀缘蕨植物，如海金

沙属植物。它们的叶子从有节的攀缘轴（叶中脉）中长出。初春和初夏是这类叶子生长的活跃期，我们将它们的节点置于装入湿润精硅砂的花盆中。浇水时，应喷洒均匀，湿度不变（即高湿环境），最低温度为15～20摄氏度。同时应将其置于明亮且滤过的光线中。叶尖长出强壮新芽时，我们将切断的压条置于装有等份腐叶土或泥炭、碎苔和木炭，以及以壤土为基础的盆栽堆肥中。

分离树蕨的侧枝

一些树蕨会从自己的树干［蚌壳蕨属（*Dicksonia*）和番桫椤属（*Cyathea*）］或根部（番桫椤属）长出侧枝。要是母株的主要生长点受损，这些树蕨的生长速度就会非常缓慢。春天，如果将树蕨从母树干上彻底切下，它们能够继续生长。将取下的侧枝放入湿润的混合土中，由一份壤土、中等树皮和木炭，两份精硅砂，以及三份腐叶土混合组成。此外，我们需要侧枝埋得很深，这样它就能直直地插在花盆中。接着将其置于15～20摄氏度的高湿度的繁殖器中，给予明亮的过滤光线。侧枝苗壮生长时，便可移栽种植。

叶耳的繁殖

1 冬末或春初，选择极具活力的新植物，最好基部长着排列稀疏的叶耳。因为成熟植物的叶耳（在图片背景处）不易生根。

2 用干净的快刀将健康完整的叶耳从母株根茎处切下。接着将等份粗硅砂和椰壳（或泥炭）进行混合，倒入5～8厘米深的陶盆中。

3 修剪叶耳上所有的根茎或断枝（见小插图），并在切面撒上杀真菌剂。接着将叶耳插入陶盆中，基部朝下，使其下半部分埋入混合物中。浇水、贴好标签。

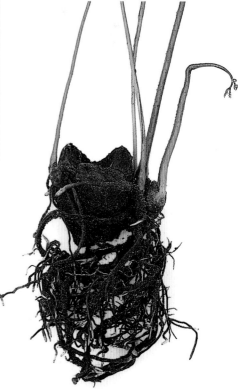

4 将陶盆置于温暖、明亮且潮湿处，2～6个月内叶耳便会长出不定芽。接下来，12～18个月内，叶耳能长出强壮的根系和幼小的蕨叶，此时我们可选择盆栽或户外种植。

高山植物

高山植物、大型多年生植物及灌木植物的繁殖方法有很多相似之处。种子规模是它们之间最明显的差别，也是引发问题最多之处。剪取插条是特别细微精巧的工作，有些植物插条的长度不能超过5毫米。

另一个关键的差别与高山植物所喜的环境有关。不管是来自高山还是低海拔地区，对于大多数高山植物而言，最重要的环境因素是具有良好的排水性。在培育过程中，包括繁殖，它们需要既能锁水又可自由排水的生长基质。标准堆肥一般难以满足上述条件。因此，培育高山植物时须添加额外的沙砾或沙子。某些高山植物进行扦插时，还需要添加纯沙甚至浮石粉。

由种子繁殖而来的高山植物

不仅仅是种子存活期短的物种，如报春花属（Primula），对于许多高山植物而言，种子最好一成熟就播种。初夏至盛夏时节，刚播下的种子［特别是侧金盏花属（Adonis）、点地梅属（Androsace）、银莲花属（Anemone）、党参属（Codonopsis）、紫堇属（Corydalis）、垫报春属（Dionysia）、獐耳细辛属（Hepatica）、角蒿属（Incarvillea）、绿绒蒿属（Meconopsis）、报春花属、白头翁属（Pulsatilla）和毛茛属（Ranunculus）］只需2～3周就可以发芽，到了秋天便可长成苗壮健康的新植株。如果不能获得或买到鲜种，那最好在冬季或早春进行播种。

与其他植物一样，许多品种的种子能长成新植株，但也有些不能；通常它们的幼苗生存力较差，但偶尔也会长出异常优良的植株。每当同属中的几种植物比邻而生时，就有可能出现杂交种，尤其是耧斗菜、寒菀、天竺葵、琉维草、绿绒蒿、元参属植物、报春花、虎耳草和堇菜等。

收集和储存种子

高山植物的种子一成熟立即收集［尤其像天竺葵（Geraniums）和大戟属（Euphorbia）这样，预先散种的植物会将种子散播得很远］，我们将其清洗干净，立即播种或存放于阴凉干燥处，也可置于冰箱的密封盒中。收集垫状高山植物的种子时，通常需要耐心和勤奋（这正是这类种子稀少珍贵的原因）：等到果实成熟时，它们可能会被掩埋在新叶丛中，不易收集。你可能需要用放大镜来寻找它们，再用镊子轻轻地拉开叶丛，取出里面微小的果实或单个种子。

为播种准备种子

有些高山植物的种子想要发芽，需要经过一段时间的冷分层，同时还需要为其模拟出自然条件下的高山环境。在凉爽的气候下，冬季的露天花园通常可为高山植物提供发芽所必需的低温：将装有种子的花盆放在通风的冷床上。冬季播下的种子可迅速发芽，但需给予幼苗一定的保护（见第45页）。或者，把种子放在冰箱里。一段时间后，将其置于户外的冷床上让其发芽。

高山植物的种皮坚硬，往往因为种子太

垫状植物的种子

垫状高山植物（上图为点地梅多毛地锦（Androsace hirtella)）的果实和种囊可能很小，会隐藏在新植株中。我们可用镊子收集它们的果实、种囊或单个种子。

小而无法切开或划破。但有些种子在播种前经过浸泡，易于发芽，尤其是肉质的，在贮藏过程中就已出现起皱萎缩的老种，如报春花和旱金莲的种子。将这些种子放入温水中浸泡12～24小时（加一滴肥皂水会助于种子吸水），待其沥干后立即播种。

高山种子的播种

对高山植物而言，卫生至关重要。种子和幼苗易于受到杂草、地钱和苔藓的干扰。堆肥和花盆至少要是局部无菌。养分全面的高山种子堆肥由等份的以壤土为基的种子堆肥或灭菌的壤土、精选的精硅砂（5毫米）或粗砂组成。我们可使用园艺砂，但不推荐使用沿海砂，因为后者所含的盐分足以杀死幼苗。如果使用以泥炭为基础的堆肥，那对于极需排水的高山植物而言，如彩花和垫报春，则需要增加一倍的沙砾或沙子。

用高山植物的优良种子进行盆栽播种

— 银沙中的种子

— 沙砾堆肥

排水层 —

在花盆底部浅浅地铺上一层碎瓦片或岩石碎屑，装入堆肥中，至盆口不足2厘米处。优质的堆肥由一份以泥炭为基础的种子堆肥和两份细砂或粗砂组成。浇足水，待其沥干。接着，在堆肥表层铺上一层2～3毫米的银色或精细的园艺砂粒，仔细地将种子地播种到它的表面。

播种高山植物的种子

将高山植物的种子均匀地播种到堆肥表面，除了良种（见左图），其余都用少量堆肥覆盖。再撒入5～10毫米厚的细沙砾（5毫米），保护种子。记得浇水、贴好标签。当幼苗长出两片真叶时再进行移栽，堆肥表面撒上一层1厘米厚的细沙砾（见小插图）。

种子的分层

正常进行播种（见第164页右下图）。用塑料袋封住花盆，以保持堆肥的湿度。然后将其置于冷藏库底部4～5周后，取下袋子放到户外。

稀播是必要的，小心地徒手撒种或从包中撒种（较大的种子可以单独播种）。大多数播种到堆肥中的种子都需先覆盖一层极细的堆肥粉，但注意，不要用堆肥粉将种子"淹死"。播种时，为确保种子分布得薄而均匀，可将良种与干银沙混合，这样一来，种子便不需要再撒上一层堆肥。除此之外，铺一层薄而细小的精硅砂不仅能保持种子水分、抑制苔藓和地钱的生长，还能防止种子在浇水时被冲走。即使将花盆置于室外，硅砂同样能防止种子被大雨冲走。将贴有标签的花盆置于室外凉爽、部分遮蔽处。由此看来，冷床无疑是最佳之选。

种子发芽

不同品种的植物之间，差异巨大：有的可能在播种后的几天内就立刻发芽，有的也可能在4年后才发芽。发芽时间不规律可能会带来麻烦，特别是在同一个盆中，种子的发芽时间长达1年甚至更久。理想的做法是，将早期种下的幼苗小心挖出并进行移植，接着用更多的堆肥填满种盆的空隙，并将其放回原位，等待进一步发芽。

高山植物幼苗的照料

长到适宜移植的大小时，大多数高山植物的幼苗就要被小心地移植了。然而，如果种子在初冬发芽，那最好不要打扰它们，等到来年春天再进行移植。此外，有些高山植物的种子最好在盆中种上1年甚至更久。

许多高山植物在幼苗时就已盘根错节，因此移植时须十分小心，避免损伤。尽管有些幼苗只有5～10毫米高，但像对待其他幼苗一样，我们只修剪它们的叶子，避免损伤脆弱的嫩茎。我们将植株移植到托盘、单个

花盆或模块中，后者最适合大多数簇状和垫状的高山植物。使用与播种时相同的自由排水堆肥，再轻轻地将堆肥压实、浇足水，待其沥干。接着，在堆肥中挖出一个和根茎差不多大的洞，插入幼苗，滤入更多的堆肥，并将其轻轻地固定。最后，在堆肥正上方撒上一层6～12毫米的细沙砾，直至植株颈部。这既可保持堆肥表面凉爽，又可杜绝杂草的出现。更重要的是，这么做可确保植株颈部排水良好，否则植株易于感染上真菌。

耐寒菊科植物的种子

喉凸苣苔、希腊苣苔、欧洲苣苔和矮杜鹃花，这一组高山植物，移植时需要进行特殊处理。它们的种子与灰尘几乎无异，须进行表面播种。同时其幼苗易于脱水，遭受感染。此外，对于这类高山植物的种子而言，最好的播种方式和蕨类孢子一样，种在新鲜、切碎的泥炭藓（见下文）中，或者播种到无菌的泥炭基种子堆肥上，然后在封闭的环境中发芽。如果要使用堆肥，就需在花盆中填满堆肥，并使其牢固，然后用沸水浇灌，对堆肥进行灭菌。接下来将它沥干，静待冷却后在其表面进行薄种，就像种苔藓一样。

播种后，立即将花盆盖好，放入繁殖器中，也可以密封在塑料袋里或放在带盖的透明塑料容器里，用胶带封住松动的盖子，放置阴凉处。这些种子通常不需长时间浇水，如有必要，可从下面浇水或朝顶端轻轻地喷些水雾。浇水时速度要快，因为打开盖子的次数越多，露在外面的时间越长，种子就越容易感染各种苔藓和真菌孢子。这类高山植物的幼苗发育速度非常缓慢，我们应将其置于密封容器中，免受打扰，直至第2年甚至第3年，再将它们移植到以泥炭为基础的堆肥中，并使其逐渐脱离受保护的环境。

在苔藓上进行播种

1 在无污染的地方，用剪刀将几把泥炭藓切成2.5厘米的碎块，放入干净的玻璃碗中。这一步需要尽可能多地使用绿色新鲜的苔藓。

彻底洗手或戴上外科手套

2 在碗内倒满沸水对苔藓碎块进行灭菌，待其冷却后，挤出多余的水分。然后将通过以上步骤得到的2.5～5厘米厚的苔藓，放入消毒过的小容器中。

一把把潮湿的苔藓

3 接下来，将种子撒在苔藓上，可使用折好的纸或卡片，便于更均匀地撒播良种。盖上盖子，密封容器，贴好标签（见小插图），置于阴凉处或有遮阴的冷床上。

4 完成上述步骤后，种子会在4～6周后发芽（见小插图）。每隔一段时间取下盖子通风，以防种子潮湿腐烂。继续生长2～3年，幼苗便适宜移栽种植。

扦插

对于许多高山植物而言，特别是它们的杂交体和栽培品种，扦插是一种很好的繁殖法，因为它们几乎无法通过种子进行繁殖。与较大型植株一样，根、茎、叶都可用于扦插繁殖，但垫状植物、莲座状和垫状的高山植物需采用特殊的技术才能完成扦插繁殖。处理微小型的植物材料，镊子和解剖刀就非常实用，没必要购买昂贵的扦插工具。此外，大多数高山植物的扦插工序简单，一些非常基本的扦插工具就可完成。茎插条的长度一般为3～5毫米，但1～3毫米较短的插条也很有用，如垫报春属（Dionysia）、虎耳草和龙胆草的插条。茎插条可长达3～5毫米，但一般我们只需要取1～3毫米长的较小茎段，垫报春属植物、虎耳草和龙胆草的茎段甚至更短。

剪取插条的主要方法同样适用于高山植物：使用干净锋利的刀具，选择健康、不开花的部分。切记保持插条湿润，无论是剪取插条还是种植插条，都要防止害虫和疾病的侵害。激素生根化合物有助于生根，特别是矮杜鹃科植物、瑞香和高山柳树等木本高山植物（参见灌木和攀缘植物，第118—145页）。如果不用激素，很多插条也可很好地生根。许多高山植物插条的优质堆肥是由等份标准的壤土插条堆肥和粗砂混合制成的。对于某些高山植物来说，即使这样的堆肥，也不能实现完全自由排水。纯园艺沙子或细沙甚至磨碎的浮石都可用于难以生根的植物，如酒神草和一些虎齿草植物。

大多数修剪好的插条可放入装有合适堆肥、沙子或浮石的花盆、盘子或托盘中。将其成行摆放在托盘中或置于花盆或盘子周边，

记得留出一定的间隔。给上述容器贴上标签，给插条喷些杀菌剂。通常在10～15摄氏度、避免阳光直射的阴凉处，插条根系长势良好。插条也应采取一定的遮阴处理，以保持自身湿润，避免水分流失。适合插条生长的环境是：凉爽、光线充足的窗台、玻璃罐或透明塑料袋中，未加热的繁殖器或有遮蔽的冷床也是不错的选择，甚至也可置于温室或高山住宅的长椅上。13～18摄氏度的底部温度或许不是必要的生长条件，但利于生根。

在生根发育的过程中，插条但凡有枯萎或真菌感染迹象，应立即清除，否则可能会"祸害"到整批插条。插条生根后，再进行盆栽。此时，新芽将会萌发或从花盆底部长出根。

茎尖插条

上述这些基本与较大型的草本植物相似。春季或初夏，在新枝开始变硬和成熟之

前，我们从生长活跃的嫩枝、绿枝上取下软木插条。绿木插条稍成熟些。叶枝生长缓慢，在还未变硬前，依旧柔软多汁。初夏，我们剪取绿木插条。这些枝条成熟时，插条也就变得坚硬或半成熟了。当年完全成熟的木质嫩枝可为许多高山植物提供硬木插条（或来自常青树、成熟木）。

根据植物品种的不同，这些插条可在仲夏至秋季期间进行剪取。修剪插条至叶节下方（铁线莲除外，因为其插条位于节间），剪掉靠近茎下部的叶片。特别在其萎蔫的情况下，柔软的生长尖也可剪去。

基部和莲座插条

上述这些，对于高山植物是最重要的，因为许多都可长成莲座状的垫子，铺在地上。

晚春和夏季剪取插条。处理母株时需非常小心，因为它们易受损，任何的损伤都可

取高山植物的插条

1 选择强壮、不开花的枝条［图中为蔓枝满天星（Gypsophila repens）］，从植株的不同部位将其剪下。放入塑料袋里，以防枯萎。

处理好的插条

2 使用干净、锋利的刀或解剖刀，按如下所示的方法修剪插条。将插条种入装满粗砂砾状的插条堆肥花盆中，种植深度适中（见下文），并将其固牢。

高山植物的插条类型

基部的 从基部取5～8厘米长、附有短茎和新叶的嫩枝（图中为报春花）。此外，在节点下方修剪基部。

半熟的 从刚变硬但尚未木质化的茎中，取3厘米长的茎，并剪去1厘米的茎底部。

软木的 在生长旺盛的新绿枝上（图中为满天星）取下它柔软的尖端，插条长度一般为2.5～8厘米。

熟木的 从完全成熟的新枝上，剪下约2.5厘米长的插条。修剪至底部保留约1厘米的茎干。

绿木的 绿木生长放缓时，从软尖上取下2.5～8厘米长的条。从其下部修剪出1厘米的插条。从插条下方剪去1厘米。

叶子 取下成熟、健康的且尚未受损的叶子。所有的叶子尽可能靠近植株或茎的基部。

莲座丛 在植物边缘剪取新莲座丛，切至叶下方5～10毫米处，修剪茎部的下三分之一。把茎部下方的三分之一剪掉。

自根苗 清理植物周围的表层土壤后，拔起生根的植株，修剪其侧枝和乱根。

取高山植物的根插条

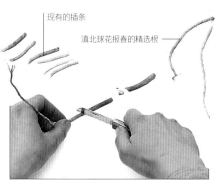

现有的插条
滇北球花报春的精选根

粗砂质的插条堆肥
根插条
5毫米粗的细沙砾

1 深秋或冬季，我们拔起健康的植株，切掉靠近冠冠处粗壮健康的根系。从较低一端入手，呈一定角度将其切成4～5厘米长的段。

能引起真菌感染。这些插条通常长有非常短的茎，因此要小心地进行剪取和修剪。莲座丛插条最好成行放置在托盘或花盆中。生根是缓慢且间歇性的过程。

垫报春属通常难以生根，且根部易于腐烂。对于这些和其他几类植物，一些商业种植者提倡用碾碎的浮石代替堆肥。插条只需偶尔浇水，最好的办法是，将花盆置于装有水的深托盘中，静置一小时。

自生根插条

许多高山植物可形成垫状或丛状，每隔一段时间就会生根，或长出匍匐茎、走茎或根状茎。剪去生根部位，操作简单，且不会过度干扰母株的生长。春末和夏季是植物

2 在大半个花盆的底部铺一层瓦片，再用插条堆肥填满。插入插条使其直端与花盆表面齐平，并撒上1厘米厚的细沙砾。

生长的活跃期，用锋利的刀切下插条。盆栽后，无需给予自生根插条遮蔽处理。

叶扦插

一些高山植物可由单叶繁殖，特别是长有结实或肉质叶子的植物；夏天是其繁殖的最佳季节。我们一般会选择成熟、健康、没有枯萎或变黄迹象的叶子。将叶子底部的四分之一或三分之一部分直立插入堆肥中，或最好呈45度角插入（注意不要倒置）。插条生根之前要少浇水，以防插条腐烂。叶子基部长出新叶或新芽时，可进行盆栽种植。

根扦插

只有少数高山植物可通过根扦插进行

繁殖，如白凤花（*Anchusa caespitosa*）、矮黄芥属（*Morisia*）和报春花（*Primula denticulata*）。只选择最粗壮、最健康的根系。深秋和冬天是进行扦插的最佳时间。纯尖沙可替代一些植物的堆肥。记得挑选轻微湿润的纯尖沙，不要潮湿的。新植株一旦长出，便将插条进行盆栽。

分株

许多高山多年生植物可通过简单的分株实现繁殖，如高山石竹（*Alpine dianthus*）。其繁殖方式与其大多数同品种相同（见第148页）。由于高山植物体型矮小，所以更需谨慎处理；有的植物拔起时，易于散开。最适合根扦插的是：长有大量须根的丛状高山植物，如菁属、风铃草属、无心菜属、寒菀属和无茎龙胆等。而大多数垫状高山植物（垫状体在拔起时易受损）不宜采用分株法，尤其是长着中央冠或简单主根的高山植物，如点地梅属和垫报春属。

早春，在植株复苏或花期后，拔起植株，抖抖土，露出根部。将植株分成大小适宜的子株，确保每株都含有大量的支撑根。植株一拔起便立即种植：如果还种在老地方，要先轻耕土壤，再施些堆肥和骨粉。较小簇的子株易散开，而较大簇子株根系又很少。那我们可以把这些子株当作插条装盆种植，置于遮蔽处如冷床上，直至良好地生根。

细磨浮石中的莲座丛插条

1 从植株的边缘选择健康的莲座丛。用镊子将其固定，并在茎尖下方剪下5～10毫米长的茎段。

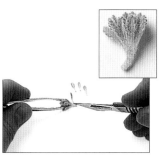

2 我们小心地从莲座丛的下三分之一处剪掉较低的叶子（见小插图），并将所有插条的基部浸入激素生根复合物中。

3 在一个5厘米深的陶罐中加入地面浮石，直至罐口1厘米处。水从陶罐下方排出，沥干后种植插条，间隔1厘米，固定，贴好标签。

细磨浮石

对于高山植物而言，来自冰岛火山岩的细磨浮石是完全无菌的，有足够的保水能力。它们可从一些高山植物专业供应商处获得。

在浮石中生根的植物

点地梅属［ANDROSACE，同卧地梅属（Douglasia）］ 小型垫状品种有：A. ciliata、柱叶点地梅和迭叶点地梅。

寒菀属（CELMISIA） C. sessiliflora。

垫报春属（DIONYSIA） 尤其是弯花垫报春、D.

tapetodes、小叶菥蓂垫报春和D. freitagii。

葶苈属（DRABA） 刚葶苈（D. rigida var. Bryoides）、柔毛葶苈（D. mollissima）。

石头花属（GYPSOPHILA） 藓状石头花（G. aretioides）。

勿忘草属（MYOSOTIS） M. pulvinaris。

薄菊属（RAOULIA） 所有品种。

虎耳草属（SAXIFRAGA） 小型稀有垫状植物，软木类如塞文虎耳草（S. cebennensis）、挪威虎耳草（S.poluniniana）、S. poluniniana和巧玲花（S. pubescens）。

园林水生植物

真正的水生植物靠根部生长发育，通常它们的部分或全部的顶端生长都一直在水中或饱和的土壤中。湿生植物如沼芋属（*Lysichiton*），可在深水中茁壮成长；边缘植物［如燕子花（*Iris laevigata*）］生长于浅水中；水草，如狐尾藻属（*Myriophyllum*），这是一种沉水植物，有助于往水中充氧；深水浮叶植物，如睡莲；以及浅水浮叶植物［如大漂（*Pistia stratiotes*）］，它们的根可自由移动，并从水中吸收养分。

繁殖方法

大多数水生植物易于通过营养繁殖。许多水生植物的浮茎或四processmelle蔓延的根可生成新植株从而实现繁殖。特别是在热带和亚热带地区，某些水生植物（如水莴苣，也就是大漂）长势甚好，以至于被视为入侵杂草，有的甚至会堵塞水道。

小池塘里的水生植物必须定期进行打薄和分株，以防生长空间狭小。但这样一来，池塘可能容纳不下太多的植物。我们仅重新种植最年轻、最具活力的植株，剪掉枯黄、无生命力的部分，从而使所有植株恢复活力。在花园池塘中，水生植物通常生长在网状的种植篮中，这样更容易拔起并分开丛状植物

［如某些莎草属（*Cyperus*）］和根状茎植物，如芦苇。用带有大量排水孔的标准塑料花盆种植水生植物也是极好的。自由漂浮的植物和疏松生根的含氧杂草可以在水中梳理或网状化进行打薄和分离。

种子或扦插等繁殖方法，往往需要大量的后期工作。同时新植物必须在模拟其生长环境的可控条件下培养。水上园林植物生长在特殊的以壤土为基础的水生堆肥中，不过重壤土或以壤土为基础的盆栽堆肥也是合适的。

分株

对于长有纤维根的植物，如莎草和其他边缘植物，以及某些块茎和根茎植物，如睡莲，分株无疑是最简单的繁殖方法。在不拔起母株的情况下，可将小植株与许多水生植物分开。一般情况下，植株生长活跃时，我们可进行分株，但最好在晚春，这样伤口愈合得快。但总有些例外，不要在植株休眠期进行分株，因为水温低会增加植株腐烂的风险。注意不要在分株期间夹入藻类杂草；因为微小的海藻易于被忽视，所以在重新种植之前，需要彻底清洗茎、叶和根部，确保没有细小海藻丝的存在。

睡莲的分株

锥形根状茎

1 春天，成熟植株开始萌发新叶时便将其拔起浸在水中，仔细冲洗根部的泥土。

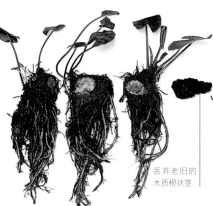

丢弃老旧的木质根状茎

2 将根状茎切成段，每段附有2～3个生长芽。剪掉所有受损或过长的根部。把每一段根茎都放入花盆中，再置于浅水里，直至新植株长出。

所有的园林水生植物

菖蒲属（ACORUS） 在春天进行根茎分株。

泽泻属（ALISMA） 春季进行根茎分株。可以播下鲜种，也可以储存干种，等待春播，春播温度控制在15摄氏度左右。

水蕹属（APONOGETON） 春季进行根茎分株。15摄氏度是其生长的最佳温度，也适宜直播鲜种。

花蔺属（BUTOMUS） 开花灯心草、水剑兰早春进行分株，它们生长在球芽上。通常，在15摄氏度时下播鲜种。

马蹄莲（CALLA BOG ARUM） 在春季进行分株，在10摄氏度时播种鲜种。

驴蹄草属（CALTHA） 在夏末或早春进行分株，在10摄氏度时播种鲜种。

沼委陵菜（COMARUM PALUSTRIS） 同委陵菜属，在春天分株。

水仙叶柏（CYPELLA AQUATILIS） 在春季将一簇簇球茎分开。

莎草属（CYPERUS） 春天进行分株，夏天便能长出新植株。春天播下湿种，生长在21摄氏度下的莎草为不耐寒品种，在其生长期剪取插条。

蕺菜属（HOUTTUYNIA） 春季，对根茎或小幼苗进行分株。在10摄氏度时播撒鲜种。春末取

下插条。

鸢尾属（IRIS） 在花期后进行根茎分株，在10摄氏度时播种鲜种。

水生半边莲（LOBELIA DORTMANNA） 繁殖方式是将其生根的走茎分开。在10摄氏度时进行春播。

剪秋罗（LYCHNIS FLOS-CUCULI） 在10摄氏度时进行春播。

水薄荷（MENTHA AQUATICA） 水薄荷在春秋两季进行分株，在10摄氏度时春播干种。在春夏季进行扦插。

睡菜（MENYANTHES TRIFOLIATA） 春天进行分株。在10摄氏度时播种鲜种。春天扦插。

莲属（NELUMBO） 莲花在春天进行分株。春季，在25摄氏度时播种潮湿的破皮种子。

萍蓬草（NUPHAR） 黄睡莲春天进行分株。

睡莲属（NYMPHAEA） 睡莲在春天进行分株。夏季的幼苗。播鲜种或进行春播；将耐寒品种置于10～13摄氏度下，热带品种置于23～27摄氏度下。春季或初夏进行根芽扦插。

水金杖属（ORONTIUM） 奥昂蒂春天进行分株，在10摄氏度时播种鲜种。

箭南星属（PELTANDRA） 美洲茯苓春天进行分株。

大漂属（PISTIA） 水浮莲夏天长出幼苗。

梭鱼草属（PONTEDERIA） 梭鱼草晚春进行分株。在10摄氏度时播种鲜种。

眼子菜属（POTAMOGETON） 春季或初夏进行扦插。

水生毛茛（RANUNCULUS AQUATILIS）、长叶毛茛（R. LINGUA） 春季或夏末进行分株。在10摄氏度时播种鲜种。花期后扦插。

慈姑属（SAGITTARIA） 慈姑春天分离其植株或块茎，在10摄氏度时播种鲜种。

水凤梨（STRATIOTES ALOIDES） 夏天分离小植株；秋天分离徒长枝。

水竹芋（THALIA DEALBATA） 春天进行根茎分株。

香蒲属（TYPHA） 芦苇、香蒲春天进行分株。

王莲属（VICTORIA） 大王莲在冬季或早春29～32摄氏度时播湿种。

水浮莲

丛状植物的分株

一些丛状多年生植物，主要是边缘植物，如莎草和苔草，和所有纤维状多年生植物一样，可简单地徒手拔起或扒开。我们整株拔起丛生植物，然后取出或剪下一小撮根部发育良好的植株。丢弃丛生植物老旧的中心部分，并重新种植子株。可对小簇子株进行盆栽种植，直至生根；把花盆放入大一点的容器里，装满水，直至堆肥的高度。必要时，保持冬季无霜。

分离侧枝

当植物处于生长活跃期时，去除长出侧枝的小植株，如这张图的最右侧。如果将其置于温水中，它们会比放在外面长得更快。如果从母株上取下茁壮的幼苗，可能要在水中支撑一下分离的小植株，直至它们能够漂浮。

分离睡莲的幼苗

1 开花后，我们选择根系发达、健康的植株，这种睡莲是在花茎上长出的，而其他睡莲则在叶基部长出。将小植株拔起，与其余部分分离。睡莲的茎在没有太多阻力的情况下易于折断，因为茎部开始腐烂，小植株便通过自己的根来吸收养分。

2 这些小植株来自开花的新芽，它们处于不同的发育阶段，但都可长成新植株。修剪掉老旧的花茎和所有破损的部位，并在篮子或大花盆里装满水生堆肥或重壤土。

3 将幼苗插入堆肥中直至花冠处，并用铁丝箍固定。盖一层薄薄的砾石，将生长点露在外侧（见小插图），并贴好标签置于浅水区，任其生长发育。

根茎和块茎的分株

许多水生园林植物都长有根茎状或块茎状的根。春天或初夏，对这些植物进行分株。耐寒的水中百合（除了睡莲，因为它是由种子培育而来）经常通过分株进行繁殖。即使你不需要增加该植株的种群，最好也每隔几年就将水中百合拔起并进行分株处理。这样有利于恢复植株活力。有些植株有大致呈圆锥形的根状茎，茎周围长有新植株；可将其中一小部分切掉，留出新芽的叶子和一些细根，以便盆栽种植（见第168页）。其他睡莲的根状茎如北美香睡莲和块茎睡莲的根茎呈水平生长，叶和根是间隔萌发。虽然它们看起来与圆锥形根茎不同，但生长原理大同小异。将根茎切成段，且每段附着一些叶和根。

将子株重新种植在装有新鲜水生堆肥的容器中（容器位于土壤水平以下）。将大簇子株种到永久种植地。将其放在砖块上培养，便于幼苗到达地表，并随着茎的生长逐渐降低砖块的高度。冬季，在浅水区保持小簇子株不受霜冻。只要水足够深，它们的茎便可自由漂浮。新植株长出时，我们逐渐往里加水，始终确保嫩枝的尖端和新长出的叶子都漂浮在水表面。

所有根茎型和块茎型水生植物的分株方式都差不多。有些根茎易徒手拉开，但有些根茎则需要利刀才可将其分开。鸢尾花，最好在花期后立即进行分株。我们需要对其进行修剪，确保所有的子株都附着生根的根茎和扇叶，就像花园鸢尾一样。将扇叶修剪至8～10厘米，然后重新种植。

植株的分离

许多水生植物会长出幼苗；这些幼苗可能会脱离母株，独立生长发育。许多自由漂浮的植物都是以这种方式进行繁殖，它们长出的侧枝可自然分离，漂浮起来或迅速扎根于泥泞的浅滩。有些能形成莲花丛，如碧蕊花；我们剪下其侧枝（见左上图），可加速生长。

而其他植物，如芦荟层和大部分的热带睡莲，可在长花茎上长出小植株。当然，这些花茎是必须要切断的（见左图）。一些热带睡莲，其叶柄顶部的叶子可长出新植株，甚至在依附于母株的情况下也能开花。一旦叶子开始凋谢，便可轻而易举地将植株分开。或者像对待其他多年生植物一样，将叶子种到装有水生堆肥的花盆中，使其生根发芽。要么将叶子从母株上剪下来，装在花盆中置于浅水里；要么把花盆放在叶子下方，生根后再将叶子剪掉。一种名为"莎草"的矮秆纸芦苇，在头状花序中也能长出小植株。弯曲茎秆，将头状花序埋入装有部分土壤的容器中，促进其生根。一旦幼苗生根，便可单独进行盆栽。

种子

用种子培育水生植物是一个相当缓慢的过程，有些需要3～4年，甚至更长时间才能长到开花的大小。然而，当需要大量植

园林水生植物的采集和播种

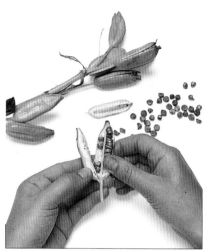

1 夏季或秋季，我们可从成熟的种子头中收集种子。切下干燥的种囊（这里以鸢尾为例），并将其打开。种子一经采集便立即播种，如果无法做到，可先将其储存在装满水的玻璃瓶中。

2 13厘米深的花盆中填满软实的水生堆肥或壤土堆肥，接着将种子均匀播种到堆肥表面。再撒上一层5毫米厚的细沙砾，这利于保湿。记得贴好标签。

3 将花盆放入一个更深的大盆中，往大盆中倒水，直至水面正好盖住花盆。接着将大盆置于光线明亮、温度适宜处，静待种子发芽（见小插图）。

物，又无法通过分株或扦插进行繁殖时，种子培育也是个不错的选择。该方法适用于许多因花而闻名的植物，如睡莲、荷花、二穗水蕹（*Aponogeton distachyos*）以及水金仗（*Orontium aquaticum*）。与其他植物一样，栽培品种的种子可能长势不好。

采集种子

　　夏季或秋季，水生园林植物一经成熟，我们便收集种子。最好立刻进行播种，如果做不到，也可将其储存在干净的小玻璃瓶中，置于阴凉黑暗处，等到春季再进行播种。不建议将这些种子储存在潮湿的泥炭中。只有极少数水生植物的种子可在干燥处理后用来播种，如泽泻和薄荷。有些植物能结出大量种子，如泽泻。而其他植物如香蒲属，只能偶尔产出具有繁殖力的种子，而娇嫩的睡莲只能在温暖的气候中结种。有些水生植物可结出果实或浆果，但必须在浸软后才能取出种子。

　　除了睡莲，耐寒睡莲并不经常结种，但其热带品种通常却可大量结种。储存这类种子时，可以将种荚装入棉布袋中（见右上图）。切勿让种子变干。在种子表面抹上水凝胶作为生长介质，然后进行播种。如果想储存种子过冬，可将种子外层的水凝胶洗掉。

播种

　　首先，准备播种容器，如装着水生堆肥、以壤土为基础的盆栽堆肥或筛过的花园壤土

收集睡莲的种子

为了成功收集到种荚，花朵凋谢后，便立即在花蕾上缠绕宽松的棉布。用麻绳缠绕植株茎部，确保种子下沉到盆底时完好无损。将这些种子保存在水凝胶中，种荚成熟时它们会裂开（见右图），2～3周后可取出种子。

未熟的种荚　　成熟的种荚　　分解的种荚

的花盆或托盘（见第152页）。不要往花盆里施肥，因为肥料会促进藻类生长，从而让幼苗窒息而死。接着，在堆肥表面均匀播种，再撒上5毫米的细沙砾。幼苗需湿润的土壤，因此可将花盆或托盘放入大一点的盛水容器中，使其部分浸没或全部浸入，这么做可为水生植物创造出近似自然栖息地的环境。如果将耐寒的水生植物置于空气流通、光线明亮、有遮蔽物的玻璃板下，那么它的种子在

没有人工加热的情况下也可发芽。畏寒的水生植物品种，在15摄氏度左右最易发芽。而娇弱的品种，在21摄氏度以上才能发芽。稍微加热底部，便可促进水生植物的发芽。

　　第一对真叶长出时，就可将这些幼苗单独盆栽种植。接着像上文提到的一样，将花盆浸入水中，如有必要，还可多浸泡一年，以防霜冻。春季，水温升高时，将这些幼苗移栽到其永久种植地。

园林水生植物的杂交

如果将睡莲和水鸢尾进行杂交，结果可能不错（另见第21页）。为得到纯种，我们可从盛开两三天的花朵中提取花粉，然后将其转移到即将开放的花朵芯液中。接着，再用棉布将已授粉的花朵包起来，以防虫害。

插条

大多数的沉水植物都没有木质茎，因此所有的插条都无法硬化。我们最好在春季或夏季取下插条。快速生长的"造氧机"，如软骨草和菹草，应定期更换为从插条中培育出的幼苗。通常情况，插条指的是软木茎尖插条，其制备方法与其他多年生植物相似。

准备莲座丛插条

选择完全成熟的新叶，接着将茎切至莲座丛下方5厘米处。一只手握住莲座，然后用锋利的剪刀修剪苞片的顶部（见小插图）。将插条种入花盆中。

在球芽处进行繁殖

春季，徒手将球茎从根状茎中挖出。注意不要折断柔软的球茎尖部。我们可将球茎当作水生种子（见第170页），将其装入一个小花盆中，倒入足够球茎覆盖住的堆肥。接着，将花盆浸入一个大盆中，置于15摄氏度的明亮处。1～3周内，球茎便会生根。

掐取或剪下健康的嫩枝作为插条。接着，去除边缘植物插条下部的叶子。以莎草为例，修剪莲座丛。将含氧植物的插条捆成六束种入盆中，或者丢到泥泞的野外池塘中，任其生根。其他水生植物可单独进行根扦插，如水生薄荷（水薄荷）和沼泽勿忘我（沼泽勿忘草）。将插条插入有壤土的花盆或托盘中，接着将其浸入浅水中，搬至温暖的阴处。边缘植物的插条可在水罐中生根。2～3周后，就可将生根的插条进行移栽种植。

根芽插条

当从水中拔起根状茎或块茎植物，或购买裸根时，可能会看到圆而小的鼓囊，根部持续冒出新芽——这些根芽也叫"芽眼"，可用于繁殖。块茎睡莲和像菖蒲这样的植物，可用利刀削掉它们的根芽。以黄睡莲的根茎为例，需要切8～10厘米附着生长点的长段，然后将新芽种在花盆或播种盘里。

与前文处理种子的步骤一样，将装有新芽的容器置于玻璃片下。如有必要，可进行。

剪取根芽插条

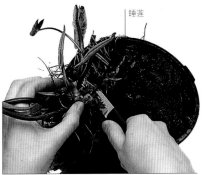

睡莲

1 从砧木上切下附有生长点的肥大根茎。同时为保存叶芽，还必须切断相邻的叶柄。我们可选择利刀进行切割，干净的切口不易感染真菌。

新芽安稳地在堆肥里生长

2 在10厘米深的篮子里装满水生堆肥或筛过的表土。轻轻将新芽插入，露出生长锥。接着，撒上粗砂砾，将叶芽固定在适当的位置。篮子浸入水中，使水刚好没过沙砾。

盆栽种植，并随着芽的生长提高水位（确保芽尖处在水面）。冬季，我们将其置于凉爽、不受霜冻的地方。到了春季，万物复苏时再进行移植。

从冬芽中长出新植株

以水鳖属和水堇属为例，有些水生植物会长出瘤状的根芽，这种根芽被称为冬芽或具鳞根出条。初冬，母株处于休眠期，这些根芽会在水中自由地上浮下沉，直至春天。接着，这些冬芽会破水而出，长成新植株。为了使冬芽更轻松地完成这一过程，可将冬芽与母株分离，进行盆栽。春季，将浮出水面的新芽收集起来，放入装有壤土或水生堆肥的容器中。

球芽

以花蔺（*Butomus umbellatus*）为例，某些根茎植物会在根茎上长出球芽，这些球芽与根芽的作用相似。球芽需要从根茎上分离下来进行盆栽种植，才能继续生长。

入侵性水生植物

以下这些植物被列为入侵种，不允许购买、交易以及放流野外。由于法律没有追溯效力，已种植这些植物的园丁不会面临起诉，但是需禁止他们交易或放流这些植物。

细叶满江红（AZOLLA FILICULOIDES） 仙女蕨。

黄花菜属（CABOMBA CAROLINENSIS） 卡罗来纳水盾草。

肉叶草（CRASSULA HELMSII） 新西兰侏儒草。

凤眼莲（EICHHORNIA CRASSIPES） 水葫芦。

纳氏水蕴藻（ELODEA NUTTALLII） 水蕴草。

大叶草目（GUNNERA TINCTORIA） 智利大叶草

水鳖（HYDROCHARIS MORSUS-RANAE） 马尿花。

漂浮天胡荽（HYDROCOTYLE RANUNCULOIDES） 漂浮雷公根。

大卷蕴藻（LAGAROSIPHON MAJOR） 卷蜈蚣草（Curly Waterweed）。

水丁香属（LUDWIGIA）、大花蕾薇和黄花水龙（L. PEPLOIDES） 水樱草花。

黄花沼芋（LYSICHITON AMERICANUS） 美国臭鼬卷心菜。

绿狐尾藻（MYRIOPHYLLUM AQUATICUM） 和异叶提灯藓（M. HETEROPHYLLUM）、粉绿狐尾藻。

凤梨科植物

这些常绿的多年生植物主要源于美洲热带地区，其中既有陆生植物，也有岩生（依附在岩石上）植物或附生（依附在树上）植物。沙漠、雨林都是它们的栖息地。许多常绿多年生植物呈莲座状或瓮状，其中心部位是用以收集雨水的叶筒。有些铁兰属植物［如空气凤梨（*Tillandsia cyane*）］缺少这种可以收集雨水的"叶筒"，于是就通过覆盖在叶子上的微小海绵状白色鳞片从空气中获得水分。有几种（耐旱）植物外表很像仙人掌，可在干旱的沙漠中茁壮成长。

以水塔花（*Billbergias*）、凤梨（*Neoregelias*）和空气凤梨为例，最受欢迎的凤梨科植物都是整洁的观赏性植物。在凉爽的气候下，可成为吸人眼球的温室或室内植物。在气候温暖的地区，这些凤梨科植物可以种在户外，同时它们也被热带国家用于园林美化。除雀舌兰属（*Dyckia*）、刺齿凤梨属（*Hechtia*）和龙舌凤梨属（*Puya*）等少数品种，其他的凤梨科植物都不耐寒。通常情况下，凤梨科植物可通过侧枝分株的方式进行繁殖（这也是凤梨科植物最方便快捷的繁殖方法）。同时，对于大多数种植者而言，这也是唯一一实用的繁殖方法，因为凤梨科植物的种子存活率低。除非你自己种植，否则很难获取。培育凤梨科植物需要用不含石灰的土壤和水。如果自来水中含有白垩，那就要用干净的雨水或冷却后的开水对其喷洒或浇水。如果用白垩水进行喷洒，叶面会留下钙质沉淀物。

分株

凤梨科植物的自然周期是：成熟-开一次花-凋谢。侧枝会在成熟凤梨科植物的基部周围生长，母株开花一年后，便会枯萎。这时，侧枝可从母株中汲取营养。通过这种方式，生长几代侧枝之后，就能长成一大簇的凤梨科植物。在植物的培育过程中，种植者经常会为了使一株植物看起来"整洁"，而过早地分离侧枝。这些幼小且尚未成熟的侧枝扎根很慢，需给予其特别照料。一些铁兰属和姬凤梨属植物的侧枝长在叶片之间时，分离工作就会变得很棘手。将未成熟的侧枝当作未生根的插条处理，在恒定21摄氏度及高湿度的环境下任其生长。最好的办

陆生凤梨属植物的分株

1 拔起侧枝根部发育成熟的植株，或将其从盆中取出。必要时，还需戴好手套，轻轻将侧枝掰开，同时丢弃老旧的木质中心。

2 将生根的侧枝单独进行户外种植或盆栽。由叶片处长出的未成熟侧枝可能仅含根原始体（见小插图）：用激素生根复合物涂抹这些侧枝的基部，接着将其插入凤梨种子堆肥中，等待生根。

注意保护好所有的根部

叶子必须高于堆肥表面

3 对于已生根的侧枝，我们可准备一盆合适的堆肥，如等量的壤土基堆肥、粗树皮和浮石颗粒混合物。接下来，将侧枝插入堆肥中，轻轻固定，记得浇水，贴好标签。

附生凤梨的分株

成熟的侧枝　　让未成熟的侧枝继续生长

1 大多数附生凤梨会在植株的基部长出侧枝。我们可选择已生根的成熟侧枝进行繁殖。

2 剪下侧枝直切其茎基部。在切口处涂抹杀菌剂。将附生凤梨的侧枝固定到合适的土壤中任其生根，或与陆生凤梨属植物一样盆栽。

叶腋侧枝

一些凤梨属植物会在叶腋处长出侧枝。剥去植株外部的叶子，露出成熟侧枝的底部，然后轻轻将其分开。

收集凤梨的种子

在浆果开始自然掉落前，最好不要将其从植株上取下，否则难以收集到完全成熟的种子。接下来把浆果捣成浆、去籽、用温水洗净，加入少许洗涤剂来清除黏稠的外层。

蓬松的种子头　将薄而干的种囊打开，露出里面蓬松的种子头，这里是空气凤梨。当这些长有羽状物的种子能够毫不费力地从茎秆上扬起，浮在空中时，就代表它们已经完全成熟了。接下来就可播种这些长有羽状物的种子。

法是留下侧枝，让它与逐渐衰老的母株一同生长，直至长至其整个体积的三分之二。那时，它们已有了自己的根系。这一点尤其适用于虎纹凤梨（Vriesea splendens）及其近亲。因为它们只能在叶筒中心长出一个侧枝，要想繁殖，唯一途径就是剥除形成叶筒的叶子，但这么做母株也会受到伤害。

　　春季植株开始生长后不久，便是侧枝分株的最佳时间。将植株从花盆中取出，进行分株（见下图），同时丢掉母株的剩余部分。接着，将侧枝单独进行盆栽。通常1年内就可培育出开花大小的植物。分株同样适用于依附在软木树皮或浮木上的空气凤梨和其他附生植物，因为它们易长出侧枝。我们不移动这些植物，直至长成其母株大小的三分之二。等这些植物到了无外力的作用下也易脱落时，便对其分株。

在生根的侧枝上生长发育

　　和附生凤梨属、水塔花属和彩色凤梨属等附生植物一样，我们从陆生品种中取下侧枝，如果适合种植，生根后应进行盆栽。堆肥是否能自由排水，是避免植物腐烂的关键。制作堆肥时可试着将等份的泥炭或椰壳纤维和少量园艺木炭的粗砂混合在一起，或是混合等份的泥炭、椰壳纤维、珍珠岩以及粗砂。湿度也同样重要，确保侧枝的叶筒顶部装满水，尤其是夏天，但注意不要往堆肥上浇太多的水。附生植物的侧枝同样可生长在浮木、软木树皮或树蕨的茎部。可将空气凤梨的侧枝插入这些树枝的裂缝中。

种子

　　用种子培育凤梨对种植者来说是有益的，这亦可用于苗圃的大规模生产和杂交。然而，许多凤梨科植物自身无法繁殖，除非同一物种的两个或多个植株同时开花，否则

小型植物群很难结出具有繁殖力的种子。以虎斑凤梨（T. butzii）为例，许多铁兰属品种都可进行自我繁殖，它们最有可能结种。

　　成熟的凤梨科植物会多次从叶筒中长出凤梨花。包括红叶果子蔓（Guzmania sanguinea）、三色彩叶凤梨（Neoregelia carolinae 'Tricolor'）以及小精灵凤梨（Tillandsia ionantha）在内的许多植物，在即将开花时，莲座顶部的叶子会变红。在野外，蜂鸟、蝙蝠和昆虫会对花朵进行授粉，因此为促进植物结种，我们在培育植物时最好进行人工授粉。

附生凤梨种子的播种

1 从柏树、杜松或崖柏等针叶树上取下一些小枝，用少许湿润的泥炭藓将其粘成一束。再用麻绳、拉菲草或金属丝将其捆好。

3 接着，用喷雾器小心地往捆好的小枝上浇水。贴上标签，将其轻轻悬挂在阴凉、温暖、湿度为100%的地方，如繁育箱或喷雾繁殖台。记得定期喷洒，或每天将其浸泡在干净的雨水中，保持湿润。

薄而干的种囊里可能裹着种子，种囊裂开后，里面羽状或翼状种子就会随风散开。另外一些种子则由浆果携带，其外表附有一层果冻状的物质（当鸟儿啄食浆果、擦拭喙部时，它就能让种子粘到树皮上）。铁兰的种囊需要6个月到1年的时间才能成熟；羽状的种子则可在种囊打开的那几日进行收集。植株完全成熟后，才能取下浆果。在播种前小心地将种子与果肉分开。洗掉所有果冻状外层，因为这些会影响植株的发芽。

播种

　　凤梨科植物的种子应新鲜播种，因为羽毛状种子只能存活一两个月，甚至几星期。专业种植者会将凤梨种子播种到兰花幼苗的堆肥中，因为这些堆肥颗粒细小。我们还可将凤梨科种子播种到能自由排水、消毒过的精细种子堆肥中。堆肥的制作可参考培育侧枝时提到的一些混合物。将种子薄薄地撒在准备好的堆肥盘上，浆果的种子留在表面；但如果是羽状或是翅状的种子，我们要在堆肥表面撒上一层非常薄的粗砂砾。同时，盖上一层玻璃保湿，盖上聚苯乙烯板用来保温和遮阴。种子萌发的最低温度为

2 把刚收集的蓬松种子头打开，将羽状物种子均匀地撒在捆好的小枝上。苔藓是和这些小枝粘在一起的，或者用更多的拉菲草捆绑小枝。

在容器中进行播种

　　准备种子盘或花盆，里面加入能自由排水的堆肥，堆肥一般由等份的椰壳纤维、珍珠岩和粗砂制成。接着将羽状的种子撒在堆肥表面。最后再盖上一层薄薄的沙砾，使种子与堆肥充分接触。

19～27摄氏度。针叶细枝通常呈弱酸性，种植者可将附生植物的种子播种到这些细枝上，或者将它塞入冷杉球果的缝隙中。

凤梨科幼苗的生长和生根过程都非常缓慢，播种和移栽幼苗之间至少要间隔五个月。移植时，幼苗间隔2.5厘米，确保幼苗在托盘中紧密生长（空气凤梨除外）。幼苗在盆栽前可能要移栽好几次。等到幼苗长到可进行移植的大小时再将其单独盆栽。附生植物的幼苗也可移植到树蕨茎或软木树皮上。所有的幼苗都要用能自由排水、不含石灰的盆栽堆肥。较大的植物盆栽时，可选择将较粗的兰花堆肥与少量粗砂混合。可在盆底放入大量碎瓦片或撒上2.5厘米粗的粗砂砾便于排水。切记不能将植株埋得太深，植株下部的叶子与堆肥间应有一定的距离。新植物通常需要3年或更长时间才能开花。

其他繁殖法

长而无根的铁兰［松萝凤梨（*Tillandsia usneoides*）］可通过最简单的扦插进行繁殖：从生根丛的末端剪下约30厘米长的插条，将其置于温暖潮湿处，任其自然生长。

凤梨属成熟叶筒中心的花梗上能开花结果。每个成熟果实的顶部都有一簇叶子，可切下来用于生根发芽。由叶腋发育而来的嫩枝也可长成菠萝，当这些嫩枝长在主茎上时被称为徒长枝，当它们长在果茎上时被称为幼枝。如果继续留在母株上，它们不会发育。但如果将其分离出来，便可生根发芽长出新植株。

从插条中繁殖菠萝

在果实下方，或在茎基部处选择健康的嫩枝或徒长枝。用利刀将其切开，然后用杀菌剂浸渍切口表面。干晾几天，修剪下部叶片，将插条插入砂质堆肥盆中。置于21摄氏度的环境下任其生根发芽。生根后，将其移栽于15厘米深的花盆中。

从冠芽中繁殖菠萝

1 用利刀切下成熟菠萝的冠芽，上面附着直径约1厘米的果实。记得在切口处涂抹杀菌剂，静晾几天。

2 将插条插入标准插条堆肥盆中，最低温度宜为21摄氏度。插条生根后，在几周内便可进行盆栽。

凤梨属植物

光萼荷属（AECHMEA）附生植物，初夏可对其侧枝分株。一旦植株成熟，在21摄氏度时立即播下浆果的种子🌡🌡🌡。凤梨属（ANANAS）(菠萝)，随时可见根部抽枝、徒长枝或花冠抽芽🌡。水塔花属（BILLBERGIA）附生植物，夏季对其侧枝分株🌡。一旦植株成熟，在27摄氏度的温度下播下浆果的种子🌡🌡🌡。红心凤梨属（BROMELIA），春末或夏初对其分株🌡，像水塔花属一样播种🌡🌡🌡。

围苞凤梨属（CANISTRUM）同水塔花属。

粉衣凤梨属（CATOPSIS）附生植物，春末对侧枝分株，底部加热有助于生根🌡。待植株成熟后，在27摄氏度时播撒羽毛状种子🌡🌡🌡。

姬凤梨属（CRYPTANTHUS）（地星、海星植物）陆生植株，初夏将叶腋上的侧枝剪下🌡。播种方式与水塔花属种子相同🌡🌡🌡。姬红苞凤梨属（x CRYPTBERGIA）春季时对侧枝分株🌡。

刺垫凤梨属（DEUTEROCOHNIA，异名为

Abromeitiella）同亚菠萝属，陆生植株；春季或夏季对其侧枝进行分株🌡。春天，在27摄氏度时播下翼状种子🌡。雀舌兰属（DYCKIA）陆生、旱生植物；春末或夏初，对其进行分株🌡。早春，在27摄氏度时播下翼状种子🌡🌡🌡。

束花凤梨属（FASCICULARIA）陆生、附生和旱生植物，在春季或夏季对其进行分株🌡。冬季或春季，在27摄氏度时播下浆果的种子🌡🌡🌡。

星花凤梨属（GUZMANIA）附生植物，仲春时进行侧枝分株🌡。在27摄氏度时播羽毛状种子🌡🌡🌡。

刺齿凤梨属（HECHTIA）陆生、旱生植物；春季对其进行分株🌡。植株成熟时，在21～24摄氏度的温度下播翼状种子🌡🌡🌡。

彩叶凤梨属（NEOREGELIA）陆生、附生植物；春季或夏季对其分株🌡。待植株成熟时，在27摄氏度时播浆果的种子🌡🌡🌡。

鸟巢凤梨属（NIDULARIUM）（巢凤梨）附生植

物；分株和播种与彩叶凤梨属相同。

叶苞凤梨属（ORTHOPHYTUM）岩栖类植物；春季对其进行分株🌡。播种方式同水塔花属🌡🌡🌡。

艳红凤梨属（PITCAIRNIA）陆生植物，春末或夏初，对其进行分株🌡。春季，在19～24摄氏度时播翼状种子🌡🌡🌡。

龙舌凤梨属（PUYA）陆生植株，在19～24摄氏度的温度下，植株成熟后播下翼状种子🌡🌡🌡。

丽冠凤梨属（QUESNELIA）陆生、附生植物，分株和播种与彩叶凤梨属相同。

铁兰属（TILLANDSIA）（气生铁兰）附生植物，春季对其进行分株🌡。播种方式同水塔花属🌡🌡🌡。松萝凤梨的插条随时都可剪取🌡。

花叶兰属（VRIESIA）附生植物，春季分株🌡。播种方式同艳红凤梨属🌡🌡🌡。

杯苞凤梨属（WITTROCKIA）陆生、附生植株，春季或夏季分株🌡。播种方式同艳红凤梨属🌡🌡🌡。

观赏草

草科，往往以齐整草坪的形式呈现给大众，长期以来一直因其耐用性而备受喜爱，但它通常被认为是更亮眼植株的陪衬。然而，草科也包含多样的观赏性植物。一些草科品种因其结构特征而备受关注，如获草。另一些品种因其叶子颜色而成为种植之选，如白霜蓝羊茅（*Festuca glauca*）；长着杂色的草，如绿白相间的玉带草（*Phalaris arundinacea* 'Picta'）；有着诱人茎的草，如智利竹 *Chusquea culeou*；或羽状头状花序，如细茎针茅（*Stipa tenuissima*）。

真正的草属于禾本科，几乎总是长着空心圆形的茎，有着固定间隔的实心节。这些特征在竹亚科的木茎竹（sub-family Bambusoideae）中最为明显。灯心草和莎草看起来相似，却不是真正意义上的草，属于其他植物科。

花朵的生长形式各异：穗状花序、圆锥花序和总状花序。许多草科，种下两年左右便可开花，但竹子却可长达几十年都不开花。当然，它们最终也会开花：起初，只有少数藤蔓会长出花序，但随后几年它们的数量会大大增加。一旦开始开花，竹子的生命力就会衰退，最终可能死亡。

多年生牧草的繁殖

多年生牧草很常见，在某些情况下，可能是入侵性杂草。因此，人们往往认为它们易于繁殖。只要遵循基本的种植规律，多年生禾草就很容易种出来。繁殖的方法主要有两种：分株繁殖和种子繁殖。

很少开花的竹子必须通过分株进行繁殖。杂色草如果采用种子繁殖，就会失去其

杂色。还有芒草这类草科，在凉爽环境中不能结籽。对于中部密集、裸露的成熟草而言，分株有助于恢复它们的生命力。

分株繁殖

草科的分株很简单，只要挑对日子，就能成功。夏季，牧草长出新芽，有些芽还相当大；它们一直休眠直至次年春天。一般而言，新芽开始生长时就是分株的黄金时间，也就是仲春时节。这一点对竹子尤为重要；如果在一年中其他的时间段进行分株，则成功率较低，因为竹子有腐烂或遭遇天旱的风险。而其他牧草，如果生长在轻质土或温暖的环境中，那在秋天也可分株。

小草科的分株

对于小型丛生草，为方便处理，我们会剪掉叶子，将其连簇拔起。接着将根部松散的泥土抖掉，或者把根部洗干净，这样易于

将其分开。如上图所示，将植株分成大小合适的子株，是修剪所有子株上过长的或损坏的根。

如果丛生植物根部相互缠绕，不易分开，像芒草一样，那我们就用锋利的刀或铁锹将其根部切开。这样做对根部造成的伤害比直接将根茎切开要小得多。

竹类的分株繁殖

竹根不耐旱，所以我们要选择在凉爽的阴天进行分株，以防根部水分流失。分株时，记得戴上结实的手套，因为竹叶中含有二氧化硅，且十分锋利。

有些竹子长有细长的根状茎，茎上附着嫩枝；这些嫩枝扩散延伸，会形成疏松的团块，可能具有一定的入侵性。如下图所示，分株这一类植株时，需从丛生植物的边缘取下强壮的新根状茎。

而有些竹子长有短而粗的根状茎，顶端附着嫩枝，能长成紧密的丛。

小型丛生植物的分株
如有必要，将叶子修剪到一半至四分之三处，15 ～ 20 厘米长，这样草更易处理。用叉子将其整簇拔起，分成 2 ～ 4 块，可徒手或使用两把手叉进行操作。在花园里或苗床上重新种植子株，或在装有沙质堆肥的花盆中进行单独栽种。记得给每个子株贴好标签，浇足水。

地下茎竹子的分株

1 春天，给竹丛周围的土壤松土，露出边缘的根茎和新芽，并用剪刀将其从母株上剪下。

2 接下来，用剪刀将根茎（每个根茎至少有一个芽）剪成几段，并将切面浸入装有杀菌剂的小碟子中（见小插图）。

3 然后将切片单独放入排水便利的堆肥中，根茎埋在堆肥内侧，芽露在外侧。并将其压紧固牢、贴上标签，浇好水。

大型草丛的分株

1 找到嫩枝健壮、芽饱满的侧丛 [图中为芦竹（*Arundo donax*）]。在它周围挖一条沟（至少要有一铁锹片那么深），将根部露出来。

2 抖掉泥土，露出侧丛和主丛之间的根状茎。用修枝剪、斧头或鹤嘴锄将其分开，并将侧枝连根拔起。

3 将侧丛切成片，每片至少有3～4个芽。修剪根状茎，形成整齐的根球。重新种植侧丛，深度和之前的一样，浇水并贴好标签。

无法存活　　可存活

单芽繁殖

只要每个根茎上都有健康的生长芽，分株时被折断的小块根状茎就可以继续生长。发育能力不强的芽（左）就没用了，可以丢掉。将这些根状茎进行盆栽，置于无霜床或苗床上。一年后，便可进行移栽。

如果可以，将整簇拔起。将根状茎用剪刀或大刀切成几片，每片附有几个生长芽。注意不要损伤任何须根。茎部切至30厘米，以减少水分流失。对于大丛坚韧的竹子而言，更实用的做法是剪掉植株周围的侧丛。

大型丛生草的分株

对于大块的长得高的草，我们用两把叉子呈反方向将其拨开，这和对待长有纤维根的多年生植物一样。如果根茎很坚硬，就选用修枝剪、鹤嘴锄或斧头将它分开。已生根的竹丛和其他草科因簇丛太大而无法整簇拔起时，我们便将它们的侧丛分开，如上图所示。

为方便操作，先选择一簇侧丛，将其茎部削减至60厘米长。但在挖掘侧丛和将其分开的过程中，注意不要损伤茎基部的生长芽；因为它们有时很脆，易于折断。丢掉木质部分，修剪受损的根或根状茎。所有脱离丛生的单瓣芽都能继续生长，但要培育至其生根发芽，这比较耗时费力。

子株发育生长

根据草科子株的大小以及当地的环境，可将其移栽到花园里、苗床上，或进行盆栽。如果进行户外种植，那要选择阳光充足、排水顺畅、土壤保持湿润的地方；肥沃的土壤利于植物抽枝散叶，但这会影响植株开花。

盆栽有利于小簇或是易于折断植株的培育；记得选用排水顺畅的堆肥，将花盆置于凉爽湿润、避光无风处，直至生根发芽。封闭的冷床是个不错的选择，当植株开始生长时就打开冷床。大部分竹子和草科两年后就可进行种植。

播种

如果将牧草播种到花园里，新长出的幼苗往往会和已生根的植株形成竞争关系。此外，牧草幼苗与杂草长得相似，不易区分。在种子头完全成熟之前，我们要收集发育良好、健康的花序，取出种子，便于后期播种。

牧草可直接播种到户外的苗床上，但种植间隔不能太小，必须给予它们足够的生长空间。最好种植容器苗。有些草籽较大，所以在播种时草籽间要留间隔。一定要控制播种温度。大多数草籽如果新鲜播种，一周内便会发芽。长到适宜移栽时，便可单独盆栽。将一盆盆已生根的幼苗置于无霜冻的环境中，任其生长。仲春时移栽到户外。

播种的草坪

草坪在凉爽的温带地区备受喜爱，但在夏季降雨量少的地区就不那么受欢迎，因为它们需定期灌溉。根据地区、气候以及对草坪质量要求的不同，混播草坪选择的种子也不尽相同。

现代育种培育出了坚韧的多年生黑麦草的改良品种，频繁地修剪不仅对该草坪毫无影响，而且利于其成为耐磨的优良草地，是家庭花园的理想选择。至上外观的优质草坪，首选细羊茅和弯茅。如果树荫下也要撒上草籽，那就要选择耐阴品种的混合物，如林地早熟禾。

在夏季干燥的地区，有时会在种子混合物中添入三叶草，因为它能使植株保持绿色。而在炎热的地区，便会选择耐旱的草种，尽管它们在冬季可能会变成棕色，如羊齿菊（*Cynodon dactylon*）、黄花菊

收集草籽

收集　花序完全蓬松（右上图）后立刻切下茎段。如果切得太早（左上图），花序里就没有种子。

提取　将草茎置于阴凉干燥处，静待几天，种子便会成熟了。这时可轻而易举地实现种穗分离，立即播种或将种子储存起来等待春播都可以。在8厘米深的盆中撒下3～5粒种子，或单独种在排水顺畅的无土种子堆肥中。

（*C. transvaalensis*）、黄花洋蓟（*Digitaria didactyla*）等。

　　一个草坪可能要用上几十年，因此，如果要新建一个草坪，选址至关重要。在初秋或春季播种前就提前开始整地。第一步，清理播种地里的杂根、杂草和石块等。接着用旋耕机翻新土地，将充分腐烂的有机物混合到25厘米深的土壤中。未来几个月长出的多年生杂草要立即除掉。如果选用的是重黏土，可能需要用砾石或排水管来改善排水。在干燥区，一定要安装灌溉装置。播种前，用压路机踩实土壤。用耙子除去小石块和丛状杂草，创造良好的种植环境。降雨或灌溉后，可在春季或初秋播种。

　　如果是大面积种植，用播种机播种更方便。而小面积的，手工播种即可。为均匀播种，将播种地分成同等大小的部分。对于右侧的播种地，我们称量一定数量的种子，置于测量容器中。通过上述操作，可以测量而不用称量后续的种子数量。将种子与等量的沙子混合，从塑料罐中往外撒，这样既快捷又简单，还能确保播种均匀。如果种植面积小，就给予其一定的遮挡，以防鸟类侵害，并保持土壤温暖潮湿，植株一发芽就把遮盖物取下。在温暖湿润的环境下，幼苗草在晚秋或夏初可生长良好。

草坪播种

1 将草地分成大小相等的区域，称出每个区域所需的种子量进行播种。每个区域的种子要横向播一半，纵向播一半。

机器播种　对于大面积的种植，可用播种机。一半的种子采用单向播种，另一半种子的播种方向与之形成直角。对于边角地，可铺上塑料布，把播种机直接开过去播种。

2 轻轻耙动播种区的表面，覆盖种子。如有需要，用塑料布或网保护播种区不受鸟类侵袭。天气干燥的话，记得定期浇水。

3 种子萌发时间为7～14天。一旦草长到5厘米高时，便用轻型的盘旋割草机或锋利的刀片将其割至2.5厘米。

多年生观赏草

在最低温度10摄氏度下，播下以下观赏型草科种子（仅限非杂色型），并在春天进行分株。

剪股颖属（AGROSTIS）

看麦娘属（ALOPECURUS）狐尾草。

拂子茅属（CALAMAGROSTIS）芦苇。

蒺藜草属（CENCHRUS）异名为禾本科狼尾草属（Pennisetum）喷泉草。

鸭茅属（DACTYLIS）

发草属（DESCHAMPSIA）

披碱草属（ELYMUS）野生黑麦。

羊茅属（FESTUCA）羊毛草。

甜茅属（GLYCERIA）♣♣

绒毛草属（HOLCUS）

赖草属（LEYMUS）异名为披碱草属（ELYMUS）。

臭草属（MELICA MELICK）

栗草属（MILIUM）金色栗草（M. effusum 'Aureum'）由种子发芽生长而来。

蓝沼草属（MOLINIA）

虉草属（PHALARIS）

芦苇属（PHRAGMITES）

刚竹属（PHYLLOSTACHYS，即竹子）盆栽时，子株上至少要长有两个生长芽；将其置于封闭的冷床上，直至新芽抽发。花盆中生满根时换盆；2年后便可移栽种植。

早熟禾属（POA）草甸草、长矛草。将其固定在胎生早熟禾的成熟头状花序上，以获得生根的幼苗♣♣

赤竹属（SASA）

蓝禾属（SESLERIA）

以下属中植物播种（仅非杂色形式）的最低温度为15摄氏度。春季对其进行分株。

北美箭竹属（ARUNDINARIA）

芦竹属（ARUNDO）分株♣♣春季从新茎段剪下单节插条；和根扦插一样，将插条水平放在装有插条堆肥的托盘上；置于15摄氏度的环境下，保持湿润，任其生根♣♣

箣竹属（BAMBUSA）

垂穗草属（BOUTELOUA）

寒竹属（CHIMONOBAMBUSA）取根状茎切片。

白穗草属（CHIONOCHLOA）雌雄分明；雌性受精的种子是可存活的。

丘竹属（CHUSQUEA）取根状茎切片。

蒲苇属（CORTADERIA）蒲苇、生草丛从雌性植物中挑选可育种子进行播种；不常见的自育型通常进行自播。对大型草科进行分株，将其分成小簇子株。接着将子株盆栽种植，置于15.5摄氏度时任其生长。

香茅属（CYMBOPOGON）

扁芒草属（DANTHONIA）

牡竹属（DENDROCALAMUS）在18摄氏度时播种♣♣。在21摄氏度时取茎（秆）切片，水平放置在泥炭藓中，任其生根♣♣

画眉草属（ERAGROSTIS）画眉草

箭竹属（FARGESIA）根茎切片。

金知风草（HAKONECHLOA MACRA）

异燕麦属（HELICTOTRICHON）喜马拉雅筱竹（竹子）在18摄氏度时播种。

白茅属（IMPERATA）芒属植物生根缓慢。

求米草属（OPLISMENUS）夏末，从半成熟、不开花的嫩枝上剪取茎插条♣♣

大明竹属（PLEIOBLASTUS）

矢竹属（PSEUDOSASA）

甘蔗属［SACCHARUM，异名为蔗茅属（Erianthus）］在21摄氏度时播种。春季取单节茎插条，具体方法同芦竹属。置于18摄氏度的环境下任其生根♣♣

业平竹属（SEMIARUNDINARIA）取其根茎切片。

鹅毛竹属（SHIBATAEA）取其根茎切片。

金梁草属（SORGHASTRUM）

钝叶草属（STENOTAPHRUM）去除秋季从地下茎上长出的生根的植株♣♣

针茅属［STIPA，异名为芨芨草属（Achnatherum）］黄茅、针茅或针草。

玉山竹属（YUSHANIA，异名为Sinarundinaria）

有关一年生草科的信息，请参阅一年生和两年生植物（第220—229页）。

兰花

所有兰花都属于兰科，大约有835属，25000种，以及数千个杂交品种。许多兰花姿态优雅、艳丽多彩，是极好的栽培观赏型植物。在发育过程中，兰花的生长方式多种多样。为适应生长环境，有的是附生型，有的是地生型。它们适应环境的能力不仅在文化方面意义重大，对其自身繁殖也至关重要。

附生兰

我们栽培的兰花大多是附生型植物，少数是依附在岩石表层的石生型兰花。附生兰花生长在树干上，但不吸取树木的养分。它们利用气生根从空气中吸收水分，从枝干和树干上积聚的腐烂落叶中汲取养分。气生根也能起支撑作用，兰花在自由悬挂在半空之前，常常部分附着在树皮上。附生兰花有两种生长模式：一种是合轴，另一种是单轴。

多茎兰，主茎产生花穗或花序。新株是从侧芽中长出的，这里的侧芽也就是我们熟知的"凤眼"，长在老假鳞茎的生长基上。单茎兰是单轴生长模式，具有延伸茎或根茎，所有的新生长都来自植株顶端。成熟叶基部的茎上会长出花穗。得益于原栖息地的环境，附生兰花的根暴露在自然环境中也能成活。它一般生长在温暖潮湿的低海拔或低海平面的雨林中，在较凉爽、高海拔的

热带雨林中，它也能生长。这表明，培育和繁殖兰花，温度十分重要。喜凉的兰花最低生长温度保持在10～13摄氏度，喜温的保持在20～24摄氏度，而其他品种则保持在14～19摄氏度。

对于大多数附生植物来说，由三份细颗粒树皮、一份珍珠岩和一份木炭组成的堆肥既可用于植物盆栽，又可用于营养繁殖（另见第33—34页）。

地生兰

地生或地栖兰花主要生长在较冷的气候环境中，而附生兰在此环境中无法生存。当然，也有许多热带陆生生物亦是如此，如粤琼玉凤花（Habenarias）。地生兰大多是落叶植物，其生长模式要么是上文说的单轴，要

附生兰 种植的兰花中许多都是热带附生植物，如橙黄卡特兰（*Cattleya aurantiaca*）。在自然环境中，它依附在树上，吸收空气中的水分。叶腋和枝条上腐烂的落叶为其提供养分。在温暖潮湿的气候下，卡特兰的固着根可以安全地露在自然界中。

么是合轴。它们可能长出根状茎或地下块茎，每个块茎支撑叶莲座丛和中央花茎的生长发育。这种一年生植物通常冬季休眠，春天复苏。

由于有休眠的习性，加上长有地下贮藏器官，它们比附生植物更耐寒。大多数所谓的"耐寒兰花"都是地生兰，尽管许多兰花在户外完全耐寒，但有些兰花在非常潮湿的冬天环境中无法成活。因此最好在冷温室或高山植物温室里种植这类兰花。大多数陆生植物采用的是自由排水的堆肥，由壤土、沙砾、泥炭、叶霉菌或细树皮组成。

多茎兰

多茎兰，如卡特兰，具有假鳞茎（体积膨大且能储藏食物和水分的器官），能长出新叶和花朵。休眠的无叶假鳞茎被称为背生鳞茎。背生鳞茎可用于繁殖，因为摘除根茎通常会唤醒处于休眠期的"凤眼"。并不是所有的多茎兰都有假鳞茎，少数几会长出茂盛的叶子，如兜兰属（*Paphiopedilums*）。

有假鳞茎的多茎兰，其繁殖通常是通过移植单个鳞背茎或分株来实现。通过去除背生鳞茎进行繁殖的兰花要等上好几年才能开花，而进行分株的大型兰花可能来年就会开花，但前提是每个子株上至少含有四个假鳞茎。对于所有具有假鳞茎的多茎附生植物，分株的基本方法大同小异。但由于植物的结构和生长习性的差异，也要做出相应的改变。有些兰花，如齿舌兰，通过移植背生鳞茎实现繁殖的成功率较低，因为它们很少产生足够的休眠凤眼。在这种情况下，可通过移植主假鳞茎实现繁殖。

其他的多茎植物，如石斛属，会长出不定芽——小植株，这些小植株是可分开的，可以对其进行盆栽种植（见第181页）。

兰花的商业种植法

分生组织培养可在实验室通过从休眠芽中提取的生长细胞进行商业化生产，创造拥有数千个相同后代的兰花（见下文和第15页）。

娴熟的实验室工作技术有利于将种子培育成兰花。在自然环境中，这些微小的种子依靠共生微真菌产生的糖分，为其提供发芽时所需的能量。在培养过程中，种子可在含有琼脂的培养基（富含全部必要营养素）中发芽，种子的收集和发育必须在完全无菌的环境下进行，以防空气中细菌的侵害。幼苗的开花效果自然有所不同，我们选择最好的来进行分生组织培养。种植者可用种子培育兰花，但这需要特殊的种植设备和一定水平的技能。

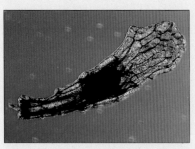

兰花种 一朵兰花可产生上百万颗小花种。然而，它们易于遭受空气中细菌的侵害。所以必须在完全无菌的条件下进行采集和播种。

植物分生组织培养 将兰花假鳞茎生长芽上的细胞放在特殊的营养凝胶中进行无菌培养，这样可以产生许多小植株。

多茎的假鳞茎分株

1 春天，把长有8个或更多的假鳞茎的兰花分成两株。从容器里取出植株，抖掉根部多余的堆肥。

2 将假鳞茎的中部稍微分开点，用锋利的修枝刀切断连接它们的木质根茎，这样植株就分开了。

3 接着，把子株上的无叶背生鳞茎切除。当然，所有不新鲜、干瘪的背生鳞茎也要去掉。剩下的可单独进行盆栽。

4 用干净、锋利的修枝刀剪掉所有死根。同时修剪较长的健康根，但记得要保留至少15厘米长的活根，接着，将修剪好的植株装盆种植并固牢。

5 将子株放入比根球稍大的容器中，使假鳞茎基部与花盆边缘保持水平，并用兰花树皮将其填满。

每个子株至少含4个假鳞茎

多茎的假鳞茎分株

生长良好的植物每年会产生一个或多个新的假鳞茎，每个假鳞茎会存活数年。新假鳞茎都是从老假鳞茎（生长在坚韧的连根茎上）的基部长出来的。如果植株要在第一年就开花，那新假鳞茎要从较为成熟的假鳞茎中获取能量，即便是拥有了自己的根和叶。因此，如果在花期后对植株分株，要确保每个子株上必须有四个或更多饱满、绿色的假鳞茎。我们要丢弃所有枯萎的褐色假鳞茎。

大多数多茎兰的分株方式与上述所示的方法相似。春季对其进行分株。与此同时，母株需装盆种植。将植物从容器中取出，除去最老的无叶假鳞茎，确保每个分株上至少留4个假鳞茎。使用干净、锋利的修剪刀，垂直向下切断根茎，将假鳞茎分开。在大多数属中，连接假鳞茎的根茎一般很短，只有在将假鳞茎分开的过程中才能看到。切记，不要切开假鳞茎基部的软组织，否则会使它们变得毫无用处。为避免这种情况，在使用修剪刀前，可以徒手将假鳞茎分开。把枯萎的死根剪掉，留下一些具有生命力的根，并将每个子株进行盆栽种植。记得将每个分株的假鳞茎放在堆肥表面，这样，6周内新鳞茎就会萌发，且没有腐烂的风险。

单个背生鳞茎繁殖

假鳞茎在开花后就会出现老化现象，它们的叶子会慢慢脱落，但仍具有生命力，并且以支撑它们实现进一步的生长。有些品种的兰花，叶子一次性就会全部掉落，而有的品种两三年内一次只掉一片叶子。

虽然落叶仍附着在主植物上，但它有助于促进植株的生长和开花。但如果无叶的背生鳞茎与母本分离后依旧

单一背生鳞茎的繁殖

轻轻地将着根固定

1 将饱满、健康的背生鳞茎（见小插图）单独放入8厘米深的兰花堆肥盆中。使背生鳞茎与堆肥表面持平，以防处于休眠状态的生长芽腐烂。

背生鳞茎基部长出嫩芽

2 将背生鳞茎置于阴凉遮蔽处，保持环境湿润。6周内，芽开始生长，2～3个月后，背生鳞茎会抽出新枝。

老假鳞茎的分株

1 春季或秋季，在没有到达生长旺盛期或完全处于休眠状态时，将董心兰从容器中取出，把根部的堆肥轻轻抖掉，露出老假鳞茎。

2 接下来，把根球放在一旁，用干净、锋利的手术刀或小刀将老假鳞茎和背生鳞茎之间的根状茎切开。小心地将老假鳞茎取出；如有必要，可切开根部。

老假鳞茎

主植物

3 修剪掉两部分受损的根和无生命力的背生鳞茎。将主植物放入比根球大1厘米的花盆中。接着，把老假鳞茎放在一个尽可能小一点的花盆里。

保持绿色饱满，只要母株上依旧有4个假鳞茎，那么它们就可以用于繁殖。

用干净、锋利的修剪刀从母株上剪下单根背生鳞茎，注意不要损伤基部较柔软的组织。当背生鳞茎被基生叶苞片覆盖时，我们要将其剥离，直到基部长出休眠芽或"凤眼"（见右图）。由于兰花种类不同，休眠芽或凤眼的数量也不尽相同。蕙兰（*Cymbidium orchids*）会长出几个凤眼，最强壮的长在后鳞茎的基部，而纤弱的则长在上部。

将后鳞茎的枯根移除，留下约5厘米的长势良好的根，用来盆栽。在兰花堆肥中进行盆栽，接着置于繁殖器中任其生长。根据兰花的不同生长温度，将繁殖器的温度调至适合兰花生长的温度（见第178、181页和183页）。

6周内，绿芽萌发，10周左右会长出新根。这时，将兰花从繁殖器中移出，置于温室或室内光照良好的种植区。再过六个月，植株就可"落地"了，也就是说，在不影响堆肥球或新生根的情况下，可将兰花栽到一个更大的容器里。一年后，再次进行盆栽。如有必要，可多次换盆，直至植株成熟。

然而，在这期间的某个阶段，老假鳞茎会慢慢枯萎。它会从枯萎走向死亡，我们可从正在生长的幼苗上将其取下丢掉。大约4年的时间，新植株才能开花。有时，两个休眠芽会同时从同一个假鳞茎上长出。这样的植物是"双茎"的。再过几年，每根茎就能长成一株独立的植株，这样一个花盆里就有两株兰花了。当两个植株上都有四个或更多的假鳞茎时，可对其分株。对于少于四个假鳞茎的植物，想要再次开花的概率较小。或许要等上好几年，才能长得足够强壮，实现开花。

老假鳞茎的分株

对于某些种类的兰花，特别是齿舌兰属（*Odontoglossums*），用背生鳞茎进行繁殖，成功率很低。另一种繁殖法是剪掉老假鳞茎，但这种做法风险很大。只有大部分或所有假鳞茎上长着强壮、健康叶子的植物才可尝试这种方法。"齿舌兰"，常用于过去被纳为齿舌属的物种及其杂交种，以及相关属、属间杂种和衍生的栽培品种。这些植物目前包括文心兰属（*Oncidium*）。然而，"齿舌兰"一词一直流行，尤其在年长的种植者和文献中。该属中的所有植物，其繁殖方式大同小异。

老假鳞茎在春季或秋季进行繁殖，此时植株既不是生长旺期也未进入休眠期。而老假鳞茎一般会长出约15厘米长的新芽。将植株从花盆中取出，切断相连的根茎，这样便于将老假鳞茎从植物的其他部分中分离出来。接着，将根部轻轻拨开。如有必要，可将其切开，但注意不要损坏假鳞茎。

把老假鳞茎种植在和自身体积一般大小的花盆中，便于其生长发育。把剩下的植株移植到一个比根球稍大的花盆里。第二个假鳞茎的基部会萌发新芽，待成熟时，就会继续开花。

卡特兰属植物的繁殖

卡特兰（*Cattleyas*）是附生的多茎兰。该词适用于所有品种的卡特兰属植物以及其他近缘属及其属间杂种，如纯色卡特属（*x Cattlianthe*）。所有卡特兰品种的繁殖方式相差无几。卡特兰会长出短的根状茎和直立的、由粗壮转为细长的假鳞茎，每个假鳞茎上长着一片或两片半硬的叶子。

我们按照以往的方式分离背生鳞茎，从而实现繁殖。也可将其分成四个或更多的等份假鳞茎，每个假鳞茎上都有新芽。然而，有时较老的假鳞茎或背生鳞茎没有新生迹象。

如果是这样的话，初秋时，我们可以切断假鳞茎之间的根茎，不用将整株拔起，就能使其继续生长。来年春天再将子株进行移

进入休眠期的凤眼

在把假鳞茎和背生鳞茎分开时，我们要在每个假鳞茎的基部寻找休眠的"凤眼"。这些凤眼应该是饱满、绿色的；如果是干瘪的或变成褐色，那它们就死亡了。每个假鳞茎上至少有一个健康的凤眼。

取石斛插条

在节点中间切开

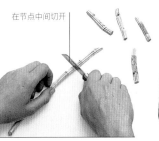

节点处会有新芽萌发

用堆肥覆盖根部即可

1 取下一根25厘米长的健康藤条，用利刀在叶节上方或茎基部切下。

2 在藤条的叶节之间切开，将其分成约8厘米长的段。每段插条上至少有一个节点。

3 在种子盘里填满潮湿的泥炭藓，将插条放在苔藓上，盖上盖子，置于潮湿、温暖的地方。

4 插条在几周内便会生根，长出小植株。一旦它们足够成熟，便可单独进行盆栽。

栽。子株抽芽时，我们在新芽基部长出新根之前将其分开并进行装盆种植，2～3年后，植株便会开花。

藤状假鳞茎的兰花

乍一看，有些多茎植物，特别是石斛，似乎是单轴生长，因为它们的叶子长在细长且少有分枝的茎末端。事实上，"茎"是类似藤条的假鳞茎；它们的叶子可能从藤节或藤尖上长出。通常在春天，花从藤条上的节上长出。长有藤条的石斛兰和笋兰会从节间的休眠芽中长出新芽，因此我们可通过"茎"插条实现繁殖，这种插条一般在2～3年内便会开花。

有时，石斛兰会从藤条节间长出不定芽或小植株。这些亦可用于繁殖，大多数植株2～3年内便可开花。

无假茎鳞兰花的分株

有些多茎兰，如兜兰属和美洲兜兰属（*Phragmipediums*），是没有假鳞茎的。两者的繁殖都很棘手：第一，它们没有背生鳞茎；第二，对其进行分株的效果不佳。众所周知，有些兰花品种在长出丛芽前不会开花，而这通常要4～5年的时间。

这些兰花至少在经历四次生长后，再对其进行分株。冬末或早春，在它们开始生长前，切下厚厚的根茎，这与假鳞茎的分株方式非常相似。然而，最好只在成熟、发育良好的兰花上尝试这种方法，这样开花所需的多重生长仍留在母本上。

从不定芽中繁殖

捏住小植株的茎

1 选择根部强壮、健康的小植株（这里是石斛），用干净的利刀将其从母茎上切下。

2 接着，将幼苗放入8厘米深的优质兰花堆肥盆中，确保根部（见小插图）刚好处于堆肥表面下。

附生兰

指甲兰属（AERIDES） 冷生到中温生单茎兰，同万带兰属（Vanda，见第183页）

彗星兰属（ANGRAECUM） 不建议进行繁殖。

安古兰属（ANGULOA） 摇篮兰花或郁金香兰冷生多茎兰；春季，可对植株进行分株或摘除背生鳞茎（见第179页）

安古捧心兰（x ANGULOCASTE） 冷生到中温生多茎兰，分株方式和安古兰属一样

蜘蛛兰属（ARACHNIS） 温生或中温生的单茎兰；取茎方式与万带兰属相同

巴克兰属（BARKERIA） 冷生多茎兰与兜兰的分株方式如出一辙，都在春天进行

柏拉索属（BRASSAVOLA） 中温生多茎兰；大型植物的茎状假鳞茎在春天进行分株

长萼兰属［BRASSIA，异名为杂交蜘蛛兰（BRASSIA Ada）］ 冷生多茎兰；可通过分株或除去背生鳞茎的方式繁殖

柏拉索卡特兰属（x BRASSOCATTLEYA） 中温生多茎兰，春季移除单一的背生鳞茎（参见第179页）

石豆兰属（BULBOPHYLLUM） 冷生、中温生或暖生的多茎兰；春季对其背生鳞茎进行分株（见第179页）

卡特兰属（异名为 x Sophrolaeliocattleya、Sophronitis） 中温生多茎兰；通过分株或移除单一背生鳞茎的方式繁殖（见第180页）

瓜利卡特兰属（x CATTLIANTHE） 同卡特兰属

贝母兰属（COELOGYNE） 冷生或中温生的多茎兰；春季对其分株或移除背生鳞茎。

蕙兰属（CYMBIDIUM） 冷生多茎兰；可通过分株或移除单一背生鳞茎进行繁殖

石斛属（DENDROBIUM） 冷生到中温生的多茎兰；春季取茎插条或移除幼苗（见上图）。

足柱兰属（DENDROCHILUM，金链兰） 冷生多茎兰；春季对其分株或移除单一背生鳞茎。

小龙兰属（DRACULA） 繁殖方法同尾萼兰属。同尾萼兰属的分株方式

围柱兰属（ENCYCLIA） 冷生多茎兰；春季对其分株或移除单一背生鳞茎。

树兰属（EPIDENDRUM） 冷生或中温生的多茎兰，和兜兰一样在春天分株。有一些是地生兰。

蕾丽兰属（LAELIA） 冷生或中温生的多茎兰，偶尔在春季对背生鳞茎进行繁殖

蕾嘉兰属（xLAELIOCATTLEYA） 冷生多茎植兰；春季对其进行分株或移除背生鳞茎

薄叶兰属（LYCASTE） 冷生多茎附生兰或地生兰。春季，对其进行分株或去除背生鳞茎。

尾萼兰属（MASDEVALLIA） 这类植物没有假鳞茎。重新盆栽时，需小心地将生长旺盛的丛分开，并在平整土地上种植匍匐茎

单茎兰

这些没有假鳞茎的兰花，长着向上生长的主茎或根茎，时不时地从生长顶端长出新叶。有些植物，如蝴蝶兰属，根茎很短，当新叶在顶端长出时，老叶就会慢慢脱落，因此，不管何时，植株总会有3～6片叶子。有这种习性的兰花可自我控制植株大小，不会长得过高。其他单茎植物，如具有长根茎的万带兰，叶子从顶端依次向下生长发育，在此阶段根茎也会不断生长。无论是哪种生长习性的兰花，都无法实现正常的分株。虽然许多单茎植物不像多茎植物那样易于繁

殖，但如果生长顶端（新叶长出的部位）腐烂或损坏了，它们就有一种天然的修复力：即可长出新植株。如果发生这种情况，新芽可能会从茎干较低部位长出。这种能力可用于繁殖。只有蝴蝶兰才能在开花的茎上长出新植株，而其他兰花则在根状茎或靠近基部的不同位置长出新植株。

取茎段

单茎兰，如万带兰，可长出细长向上生长的根茎。母株生长到一定阶段时，便可进行繁殖。随着植物的生长，它的顶端长出新叶，而基部的旧叶则会掉落。结果，茎基部

变得光秃秃的（裸露无叶），气生根则从老叶基部的叶腋中冒出。在此阶段，我们可移除植物的顶端和气生根，以促进基部无叶部分长出新叶。为避免植株长得过高或者顶端过重，上述方法确实不错。但是，这会给母株带来一定的风险，一般情况下不建议这样做。

春天，万物生长，我们用利刀将兰花的根茎切下，并将植株的顶端部位进行盆栽种植。接着置于潮湿的阴凉处，夜间最低温度为16～19摄氏度；记得定期喷洒无石灰水，持续几周，以防植株部分干燥。用潮湿的苔藓包裹下部茎，促进一个或多个新根和新芽萌发。接着用透明塑料袋盖住苔藓、扎好，以保持苔藓潮湿。几周后，新植株便开始萌发。这时我们取下塑料袋和苔藓。

另一种方法是，将植物无叶的下部留在容器里，置于温度适宜的繁殖器中（见第178页和所有的附生兰，第181页和183页）。几周内，新植株会从靠近茎基部的节点处长出。6～12个月后，当新植株生根并长出至少两对叶子时，我们便把新植株从旧茎上取下，进行盆栽。

幼苗繁殖

一些单茎兰在根状或茎基部周围的不同位置长出新植株，从而实现无限制繁殖。这些新植株可留在母株上，直至生根长出新叶。在该阶段，我们可将幼苗挖起，单独进行盆栽。这一做法对母株不会造成任何伤害。此外，大多数幼苗1～2年后便会开花。

蝴蝶兰属长着短小向上生长的根状茎，每个根状茎有3～6个椭圆形的肉质叶子。自然情况下，母株根部很少长出新植株，但如果它们的中心部位遭受损坏或腐烂了，新植株就会长出。从叶子基部长出花穗很不寻常，因为它们的茎下部有"节点"，每个苞片覆盖的"节点"下都有一个小凤眼。

茎尖的第一个花期结束后，我们将其剪下。值得一提的是，茎下部的"节点"在一定的刺激下，可再次长出花茎。这有助于延长花期至几星期甚至几个月。有时，上述现象在无人工干预的情况下也可发生。如果植株到枯萎前都不开花，便可将它的茎拔掉。

下部花茎上的"节点"可通过涂抹"分株荷尔蒙"（可从兰花专家处获得）促进幼苗或高芽的萌发，注意这里不是促进植株的开花。这种化合物含有生根激素和促进生长的维生素。然而，无菌环境是成功的必要条件，但要实现这点很难。

将高芽（Keikis）繁殖成蝴蝶兰（Phalaenopsis）

1 洗完手，用消过毒的手术刀，从覆盖叶节点的苞片中心处垂直切下。注意，不要切到下面的嫩芽。

要切得足够深才能将苞片切开

2 接着，用消过毒的镊子，将苞片剥成两半，露出凤眼，多余物一律除去。同时将茎上3～4个节点上的苞片去掉。

3 使用消毒植物标签或用抹刀涂抹少许"分株荷尔蒙"（生长激素）在凤眼（见小插图）或周围裸露的组织上。

4 6～8周后，涂抹过生长激素的"节点"上会长出小植株。把茎段置于小盆兰花堆肥中。将小植株单独进行盆栽，保持生长环境湿润，这有利于植株生根。

用金属丝钉住

5 12～18个月后，幼苗长到至少8厘米高时，便与母株分离。切开小植株周围的母株茎，直至基部。新植株两年后会开花。

蝴蝶兰属的幼苗生根

花茎从叶节长出

有些蝴蝶兰，特别是路德蝴蝶兰，偶尔会从老花茎上长出小植株。在幼苗下方2.5厘米处切断，将植株与母株分离。将小植株置于8厘米深的兰花堆肥表面，并用钢丝钉将气生根固定住。

气生根

取万带兰的茎部

1 万带兰和联生兰是单茎兰。当它"头重脚轻"时，我们便可将其切成几段，促进下部茎的新生长。

让气生根在花盆中生长

2 取下一或两段的茎，用修枝剪在叶节之间的茎上笔直地切开。确保该部分有一些健康的气生根。

涂有塑料的钢藤支撑着茎直到它扎根到堆肥中

4 将顶部茎段置于兰花堆肥中，将茎基部置于堆肥里，接着用结实的藤条将其固定，直至生根发芽。切记不要将气生根置于堆肥中，因为它们易于腐烂。

让茎顶部与空气和水接触

3 在无叶的下部茎上包裹一层1厘米厚的潮湿泥炭藓，促进新芽萌发。用细绳绑好苔藓，放进透明塑料中，保持苔藓湿润。

大茎段应在2～3年后再次开花

5 接下来，将茎段置于阴凉处，保持最低温度约为18摄氏度。每天喷几次水，直至新根长出。

第一朵花凋谢后，就去掉茎顶部开花的地方。选择一个"节点"，小心剥去苞片。在芽上涂抹"分株荷尔蒙"后，立即用保护膜将其包裹。按照上述步骤，在每个茎上处理3～4个"节"，而每个植株只处理两个茎。6～8周内，幼苗便会生长发育，等到新叶和新根长出时，再将其从茎上取下。接着，将新长出的植株种在小盆堆肥中。生根发芽后，再将其与母茎分开。

附生兰（接第181页）

腋唇兰属（MAXILLARIA）是冷生多茎兰；春季进行分株或移除单个背生鳞茎（见第179页）🌱。

丽堇属（MILTONIA）冷生或中温生多茎兰；春天去除单一背生鳞茎（参见第179页）🌱🌱。

美堇属（MILTONIOPSIS，三色堇兰）是冷生多茎兰；春季，植株足够成熟时（见第179页），对其进行分株。

齿堇兰属（x ODONTONIA）是冷生多茎兰，如文心兰。

文心兰属（ONCIDIUM，异名为Odontoglossum、x Odontioda，x Odontocidium，x Wilsonara）冷生或中温生的多茎兰；春季，对含有假鳞茎的多茎兰株进行分株或去除单个背生鳞茎。在植株足够成熟时，也可对其他部位进行分株🌱🌱🌱。

文美兰属（x ONCIDOPSIS，异名为x Odontonia）冷生多茎兰；对老假鳞茎分株（见第180页）🌱🌱🌱。

兜兰属（PAPHIOPEDILUM）拖鞋兰 冷生或中温生的附生兰或地生兰；通过切割根茎实现分株（见第181页）🌱🌱🌱。

蝴蝶兰属（PHALAENOPSIS蝴蝶兰，异名为Doritis，x Doritaenopsis）温生的单茎兰；移除生根的小植株🌱或随时繁殖高芽（见第182页）🌱🌱🌱。

美洲兜兰属 冷生或中温生的多茎兰；春天，通过切割根茎实现分株（见第181页）🌱🌱🌱。

虎斑兰属（RHYNCHOSTELE，异名为Lemboglossum）冷生的多茎兰；春季，对背生鳞茎进行分株🌱。

丽特兰属（x RHYNCATTLEANTHE）中温生多茎兰；春季对背生鳞茎进行分株🌱。

金虎兰属（ROSSIOGLOSSUM）不推荐繁殖。

贞兰属（SOPHRONITIS）不推荐繁殖。

奇唇兰属（STANHOPEA）是冷生多茎兰；春天对植株进行分株或是去除单一背生鳞茎🌱。

万带兰属（异名为Asocentrum，Ascocenda）中温生到暖生的单茎兰；取茎方法见上文🌱🌱🌱。

伍氏兰属（x VUYLSTEKEARA）冷生多茎兰，如齿舌兰。

地生兰

用种子繁殖的耐旱地兰植物，其商业技术已推广应用到更多兰科品种。该技术一旦掌握，许多兰花就易于实现营养繁殖。地生兰要么是根状茎的，即含有根茎，通常是假鳞茎，类似于附生多茎兰；要么是块茎的，从地下块茎顶端的芽中长出叶莲座丛。植株的繁殖方法取决于其生长习性。

合适的堆肥可由等量的壤土、粗砂、混合泥炭和腐叶土以及细树皮制成，每10升含10毫升的（两个顶部）蹄角粉。

根茎类陆生植物的分株

大多数根茎类陆生植物宜进行春季繁殖，即在进入生长期之前。如果要培育一株新植物，所有的子株都要做好营养储备。因此将陆生植物分成附有1个主芽和2～3个假鳞茎的子株，分株方式与附生多茎植物的大致相同（见第179页）。地生兰的假鳞茎通常有一部分埋在土壤中；重新种植时，确保其种植深度与之前一致。子株的生长环境和母株差不多，我们可以将子株种在盘子里，置于温室中生长。

没有假鳞茎的根状兰可被分为几株，每株的生长期落后主苗2～3年。这个时间是通过根茎上的节数计算的。在杓兰属生长季结束时进行分株效果甚好，此时它们的营养储备会通过根茎均匀分布。上述做法几乎不会对子株的生长发育产生影响。此外，植物在进入休眠期前，还可很好地再次生根。

大多数根状茎植物通常从主根状茎中长出侧枝，这为繁殖提供了丰富的营养物质。少数分枝会呈现单一持续的生长趋势，这会给正常的分株造成麻烦。当这些根茎长出四个或更多的一年生生长节时，在生长季早期，只需将根茎切掉一半，便可促进休眠芽的萌发。记得不要将根茎完全切开，旨在减少顶端优势、促进侧枝生长。在下一个生长季前，每个子株上至少保留两个生长芽。如果一切顺利，活跃的嫩芽将在春天发芽。将其连株拔起，分成单株，并单独进行盆栽，记得将其置于与母株相同的生长环境中。

独蒜兰属的繁殖

独蒜兰属（*Pleiones*）大部分都是半耐寒的兰花，可能是附生、石生或地生的。它们会形成紧密的单个小假鳞茎丛，但实际上这些都是独立的个体，不是连着的根茎上一串串成熟度不同的假鳞茎。假鳞茎春天开花，夏天凋谢，而新生假鳞茎次年春天才会开花。假鳞茎只偶尔度过两个冬天，在春天长出新芽。

秋天，一簇簇的独蒜兰被连株拔起，分成单株（见第184页）。通常情况下，假鳞茎会自然散开，如果没有，便轻轻将其分开。植株也可在老叶脱落的地方长出球芽（见第184页）。球芽可分开，从而增加数量。

陆生植物丛的分株假鳞茎

1 有些地生兰，如台湾独蒜兰（*Pleione formosana*），成熟时会形成紧密的丛生植物群。当假鳞茎处于休眠状态时，我们在秋天将其拔起并分成单株，促使新植株长出。

2 小心拔起处于休眠期的假鳞茎，用小锄将它与丛生鳞茎分开。注意不要损伤根部。丢弃所有枯萎的老假鳞茎，因为它们不会再长出健康的新鳞茎了。

3 从有生命力的假鳞茎上清除掉所有的枯萎物，剥去松散、像纸一样的外皮。接着，用干净的利刀切除死根，但注意不要损害健康的新根（见小插图）。

4 准备13～15厘米的深盆，装好无土盆栽堆肥。我们将5个假鳞茎置于堆肥上，并用堆肥覆盖它们的根部。这样根部长生的"凤眼"就刚好在堆肥表面。记得浇水、贴好标签。

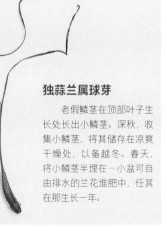

独蒜兰属球芽

老假鳞茎在顶部叶子生长处长出小鳞茎。深秋，收集小鳞茎，将其储存在凉爽干燥处，以备越冬。春天，将小鳞茎半埋在一小盆可自由排水的兰花堆肥中，任其在那生长一年。

长有块茎的地生兰分株

1 从初秋到初春中的任何时间段，都可将植株拔起，轻轻地洗掉上面的土壤，露出块茎。用锋利的刀将新旧块茎之间的地下茎切开。

2 重新种植母株并浇好水。新块茎的种植深度与之前的相同，间隔约15厘米，记得浇水，贴上标签。

芽，这些芽又会产生自己的块茎。在这个过程中，不需将植物从土壤或容器中移开，因为长出的两种新植株，在无人工干预下可健康生长。

陆生茎插条

一些陆生植物，如血叶兰属（Ludisia）拥有肉质分段茎，当它们接触地面时，便从节点处生根。这种能力使它们更易通过茎插条实现繁殖（见下文）。血叶兰属是亚热带植物，因此，在插条形成愈伤组织后，盆栽于地生兰堆肥中，并将其置于阴凉的繁殖器中，在高湿度和底部温度为20摄氏度的环境中生长。

块茎兰的繁殖

块茎兰的生长模式与其他块茎状植物相似，但它们长出新块茎的能力各不相同。蜂兰属（Ophrys）这类植物很少长出块茎，而掌裂兰属（Dactylorhizas）可能会形成大量侧枝。在自然长出新块茎的地方，块茎可在休眠期间随时被拔起进行分株。许多种植者更喜欢在初秋这样做，以免损害年初就开始生长的幼苗根系。分株后，将母株和侧株种到要开花的地方。蜂兰属和红门兰属（Orchis）等不易长出新块茎的兰花，通常一年只能长出一个新块茎来取代老块茎。可通过两种分株方式中的一种，诱导其长出新块茎。从早春开始，根据花的种类，可在花朵开始凋谢时，采用"夏季"繁殖。将植物从土壤中拔出，将新块茎从莲座丛中分离出来，并在新块茎芽的上方切断与它们相连的

地下茎或匍匐茎。新块茎是饱满结实的，有别于干瘪棕色的老块茎。将莲座丛和老块茎重新进行装盆种植，它们大部分的根系是完整的。

将新块茎单独进行盆栽，像对待休眠期植物一样，将其置于阴凉干燥处。让老芽继续生长（去掉花穗以防长出种子消耗能量）以便在休眠前长出更多新块茎。莲座丛实现全叶发育时，未开花的莲座丛便可用于"冬季"繁殖。在此阶段，新块茎应在莲座丛下部长出。切掉从旧块中长出的茎干底部，顺便将莲座丛和新块茎一起去除。注意保留一小部分茎段，其中一或两个根仍然附着在原来的块茎上。莲座丛应该会正常开花并维持其新块茎的生长。接着老块茎会从其茎上的休眠腋芽中长出一或多个新

血叶兰属的茎扦插
宝石兰［血叶兰（Ludisia discolor）］的茎容易长出不定根。取8～13厘米长的茎尖插条，在节点下方进行扦插。盆栽前，置于阴凉干燥地48小时，静待其长出愈伤组织。

不定根

地生兰

倒距兰属（ANACAMPTIS） 繁殖方法与红门兰属相同🌱。

白及属（BLETILLA） 多为冷生或半耐寒植物（白及为霜冻耐寒植物），长有根状茎；和独蒜兰属的分株方式一样，二者都在春天进行（见第184页）🌱，且在分株后的第一年便会开花。

虾脊兰属（CALANTHE） 长有根状茎的虾脊兰属大多是暖生或冷生的陆生植物（虾脊兰和钩距虾脊兰是耐寒型植物）；春季开始生长前，对附生多茎兰进行分株；子株须附有一个前芽和至少两个假鳞茎，它们在分株后的第一年便会开花。

杓兰属（CYPRIPEDIUM） 女士拖鞋兰为半耐寒和完全耐寒型植物，有根状茎；在春季或秋季将根状茎分成单株（见第184页）🌱，1～2年后便可开花。

掌裂兰属（DACTYLORHIZA） 沼泽兰、斑点兰完全耐寒型植物，有块状茎；在植株休眠期进行分株🌱，1～3年后便可开花。

火烧兰属（EPIPACTIS） 火烧兰完全耐寒型植物，长有根状茎；早春，在植株休眠期对根状茎进行分株🌱。一年内便可开花。

斑叶兰属（GOODYERA） 金线莲为完全耐寒型植物，长有根状茎；春季分株，分株方式同血叶兰属，生根前要保持生长环境阴凉潮湿🌱。对其进行茎扦插（同血叶兰属），1～3年后便可开花。

玉凤花属（HABENARIA） 暖生型植物，长有块茎；和掌裂兰属的分株方式一样，都是在秋季或春季进行，3～4年后便可开花。

血叶兰属（LUDISIA） 暖生型植物，长有纤维根；

对其进行茎扦插🌱，1～3年后便可开花。

蜂兰属（OPHRYS） 霜冻耐寒到完全耐寒型植物，长有块茎；其繁殖速度较慢，一般可进行"夏季"和"冬季"繁殖🌱，3～4年后便可开花。

红门兰属 霜冻耐寒到完全耐寒型植物，长有块茎；其繁殖速度较慢，一般可进行"夏季"和"冬季"繁殖，3～4年后便可开花。

独蒜兰属 半耐寒到耐寒的附生兰或地生兰，长有根状茎；对假鳞茎进行分株繁殖，次年便可开花。从球芽到开花需要3～5年🌱。

长药兰属（SERAPIAS） 半耐寒到完全耐寒型的块茎状植物；通过匍匐茎实现繁殖，并在茎尖产生新块茎，春季将其分离并重新种植，第1年便可开花。

多年生植物词典

老鼠簕属 (ACANTHUS)

老分株 春季或秋季 🌡
播种 春季 🌡
插条 仲秋到晚秋 🌡

老鼠簕属是完全耐寒到半耐寒型植物。所有的这类植物都可进行分株，特别是杂色品种。它们从残留在土壤中的根中自然繁殖。除了杂色植物，所有的植物都易通过根扦插实现繁殖。老鼠簕属也可由种子培育，将育苗和插条置于深盆中。

分株

将株从分成 2～4 份。秋季分成的子株，来年可能会开花；如果春季进行分株，则需要 2 年才能开花。

种子

在 15 摄氏度时进行播种。将幼苗进行盆栽或成排种植在苗圃中，3 年后便可开花。在种植的第一年冬天，要给予幼苗一定的保护，以防霜冻。

扦插

从成熟、健康的植株上取 5～8 厘米长的根插条。插条一般两年后开花。

成熟的种子头
高大的花穗 [这里指茛苕 (Acanthus spinosus)] 从基部开始成熟，每朵花都会长出硕大、有光泽的黑色种子。

蓍草属 (ACHILLEA)

分株 春季 🌡
播种 春季或秋季 🌡
扦插 初春或秋季 🌡

深黄蓍草
(Achillea 'Taygetea')

这种完全耐寒的边缘型和高山型植物都以类似的方式进行繁殖。它们可按照以往的方式进行分株，分株后第一个季节便能开花，或者进行单芽分株，以获得更多的植株。我们可在拔起的高山植物的母株上取下自生根插条。在 5 摄氏度时进行播种，长出的幼苗在第一年便可开花。初秋取半熟插条，或在春季从高山型和边缘型多年生植物上取茎基部插条，它们一年后就能开花。

长筒花属 (ACHIMENES)

分株 秋季或早春进行分株 🌡
播种 早春

这种畏寒的植物已得到广泛杂交，已成功培育出了许多杂交品种。这些植物在冬季进入休眠期，以鳞片状根茎的形式存活。根茎（小的，呈现块茎状，通常称为块茎）可自然繁殖。在植物秋冬季休眠期或在春季植物分株时收集这些根茎，并用于繁殖。为增加新植株的产量，盆栽前我们可将小块茎切成两半。植物在同年开花，所有品种都可在两年内从种子长到植株开花的阶段。

用于播种的种子或有意杂交的植物种子可产生颜色变化，这很有趣。在 18 摄氏度的条件下，把种子撒在苔藓上，做法同高山植物的种子。在幼苗进入休眠期前，尽可能使其处于生长状态。

从小块茎中繁殖耐寒茛苕属植物

1 秋天，叶子枯萎后，将休眠的植物从盆中移出，或从边缘处将其拔起。清理根部，把小块茎从枯死的根上取下来。

2 丢掉没用的母株。接着用潮湿的椰壳或泥炭半填满种子盘，将小块茎均匀地撒在表面，再撒上 1 厘米厚的椰壳。贴标签、置于阴凉干燥处。

3 春天，在 13 厘米深的花盆中装上无土堆肥。在其表面放上 5 个小块茎，用 0.5～1 厘米厚的堆肥将其覆盖。贴好标签，浇些温水，置于 15 摄氏度的环境中。

单独进行盆栽或作为一株植物生长

4 通常 3 周后小块茎就抽芽了，在此之前要少浇水。8～10 周后，植株会长出几对叶子，12 周后，如有需要，可单独盆栽。

岩芥菜属 (AETHIONEMA)

播种 秋季或早春 🌡
扦插 春末夏初 🌡🌡

这种木本多年生植物是完全耐寒型到畏寒型品种。大多数岩芥菜寿命很短，但易从种子培育而来。特殊的形态和品种必须由扦插繁殖得来。

播种

一些岩芥菜，如大花岩芥菜 (Aethionema grandiflorum)、高山岩芥菜 (A. saxatile) 及其栽培品种，可在花园中自播，特别是当它们生长在苗床上的时候。在寒冷气候下，我们在冷床上进行秋播 (仅寒冷气候下的耐寒型)，或在 10 摄氏度时进行春播。一般情况，新植株将在两年内开花。

插条

取下 3～5 厘米长的软木茎尖插条。接下来将其置于明亮、避免阳光直射的地方，如果生长环境过于阴凉，就会影响新芽的生长。一旦插条生根，我们便单独进行盆栽。夏末或次年春天，将植株移栽到最终种植地。

百子莲属（AGAPANTHUS）

分株　春季 🌱
播种　春季或秋季 🌱

百子莲属"蓝巨人"
（*Agapanthus*
'Blue Giant'）

完全耐寒到半耐寒型植株和其栽培品种都可进行分株，特别是有杂色叶子的。

它们不喜频繁的根系干扰，较老植物从分株中不易恢复，生根缓慢。因此，生长了3～4年的植株最合适。收集的种子可能发芽率不高，但能长出一些意想不到的变异品种。

分株　将株丛拔起，用两把叉子呈反方向将其分成2～4份。应修剪掉所有受损的根部，大部分子株应在同一年开花。植株可被分成单冠，种在苗圃或花盆中生长。如有需要，在第一个冬天给予植株一定的保护，以防霜冻，待春天时将其种下。在温暖的环境中，植物可能一年后就会开花，但大多数需要2～3年。

播种　在16摄氏度时进行播种，3周内就能发芽。将已生根的幼苗置于冷床上生长，如有必要，给予幼苗保护，使其免受霜冻；春天，将其转移到苗圃中种植。新植株一般在第三年开花。

采集百子莲属的种子
当鼓鼓的种荚尚未裂开时，剪下"绿色"的头状花序。将其置于温暖干燥的盒子中，直至释放出种子。

百子莲属的分株
分株后，小心地剪掉所有老茎和损坏的根部组织，用干净的利刀直切根部。记得在切口上撒些杀菌剂，如硫黄粉，以防腐烂。

羽衣草属（ALCHEMILLA）斗篷草

分株　春季 🌱
播种　春季或秋季 🌱

Alchemilla mollis

虽然来自南非的是半耐寒植物，但大多数多年生植物是完全耐寒的。它们喜欢充足的阳光，易于自播。所有植株或栽培品种的纤维状根丛都易于分开。将其子株进行重新种植，或将其分成附着强壮根须的单冠。接着，把它们装盆栽培或成排种在苗圃上。新植株在同年会开花。如果想从种子中培育耐寒品种，那最好进行秋播，接受严冬的洗礼。春季，在15.5摄氏度的环境中，播种半耐寒植物的种子，它们将在3周内发芽，并可在同一季节开花。

柔毛羽衣草（*Alpine* Lady's Mantle）的幼苗
柔毛羽衣草常在花园里进行自播。当秧苗长到适宜移栽时，小心拔起幼苗移栽种植。

其他多年生植物

秋葵属（ABELMOSCHUS） 在15.5摄氏度的气温下进行春播（见第151页）🌱。

芒刺果属（ACAENA） 早春或秋季，对其进行分株（见第167页）🌱；在装有沙砾堆肥的冷床上进行秋播（第164页）🌱。晚春取茎尖插条（第166页）、自生根插条或走茎（第150页）🌱。

彩花属（ACANTHOLIMON） 由于彩花属种子存活率低，在其成熟或早春时节，将其放入钟形罩或冷床中🌱。夏季取半熟插条（见第166页），但插条易于腐烂，用手术刀移除较低、多刺的叶子🌱。将其种植在冷床的砂质堆肥中，并给予一定的遮蔽，但不要过量浇水。

针叶芹属（ACIPHYLLA） 可在春季进行分株（见第148页）🌱；秋季新鲜种（见第151页）；接着，将插条置于钟形罩或冷床中🌱。不要过量浇水。

乌头属（ACONITUM） 早春分株🌱，秋天播种；接着将其置于冷床或钟形罩内；一般情况下，它的发芽速度可能很慢🌱。

类叶升麻属（ACTAEA，异名为Cimicifuga） 在春季对根茎进行分株；秋天在户外播种，它的发芽速度可能也很慢🌱。

侧金盏花属（ADONIS） 花期后对其分株；用杀菌剂涂抹大切口（见第148页）🌱。种子在沙砾堆肥中成熟时，我们将其置于钟形罩或冷床中；老种子发芽不规律🌱。

芒毛苣苔属（AESCHYNANTHUS） 在21摄氏度时播下成熟的种子，生存期短🌱。任何阶段都可取它的软木插条。

藿香属（AGASTACHE，异名为Brittonastrum） 春季，在15.5摄氏度时播种🌱。在夏季或秋季取半熟插条🌱。

粗肋草属（AGLAONEMA） 也称广东万年青属，在春季进行分株（见第148页）🌱。在21摄氏度下播成熟的种子🌱。

筋骨草属（AJUGA） 在春季或初秋进行分株或分离生根的幼苗。春季，在10摄氏度时进行播种🌱。

蜀葵属（ALCEA） 在春季或夏季15.5摄氏度时进行播种🌱。

海芋属（ALOCASIA） 春季进行分株，在25摄氏度时播种🌱。

假面花属（ALONSOA） 同双距花属（Diascia，见第194页）🌱。

山姜属（ALPINIA） 参见海芋属（Alocasia），但成熟后要立即播种🌱。

莲子草属（ALTERNANTHERA） 初秋或春季进行分株。初秋取下半熟茎尖插条；早春，取下越冬植物的软木插条🌱。

庭荠属（ALYSSUM） 在秋季或早春进行播种🌱。夏末，取下半熟插条对其涂抹生根剂并置于沙砾堆肥中。

辐枝菊属（ANACYCLUS） 在15.5摄氏度时进行春播🌱。春季取下基部茎插条🌱。

琉璃繁缕属（ANAGALLIS） 可随时分离自根层，但夏季最佳🌱。春季在10摄氏度时进行播种🌱。

香青属（ANAPHALIS） 春季对其进行分株（见第148页）🌱，取下茎基部插条🌱。在10摄氏度时进行春播🌱。

牛舌草属（ANCHUSA） 春季分株成单冠🌱。春季在10摄氏度下采集种子（第151页）🌱。秋季，取栽培品种的根插条🌱。冬末取根插条，或夏末的莲座丛插条，每根插条都附着簇生牛舌草的茎段🌱。

薄叶乌头
（*Aconitum napellus* seedheads）

点地梅属（ANDROSACE）铜钱花

分株　初夏 ♣♣♣；播种　秋季或种子成熟时 ♣♣♣
扦插　早夏至盛夏 ♣♣♣

比利牛斯点地梅
（Androsace
pyrenaica）

该属的多年生高山植物全耐寒。但如果环境太过潮湿，它们就会腐烂，尤其是天气寒冷的情况下。密垫型植物最好由种子培育而来。如果对其进行分株或培育插条，那么垫状大型植株的开花速度会更快。在这个过程中，镊子很有用，但是种子不易获得，插条体积也比较小。

分株

花期后，将绵毛点地梅、匍茎点地梅和长生点地梅等植物分成单株或几个莲座丛（见第167页），便于来年开花。

银莲花属（ANEMONE）

分株　春季或夏末 ♣♣♣
播种　成熟时或春季 ♣♣♣
扦插　秋季或冬季 ♣♣

打破碗花花
（Anemone
hupehensis）

长有根状茎的银莲花喜欢在春天开花；有纤维根的草本银莲花，通常在夏末或秋季开花（块茎种见第261页）。林地银莲花（Woodland anemones）的分株效果很好。但对于日本银莲花，分株后，其生长可能受到抑制，根扦插更适合它。林地银莲花也可能在根部受损的母株周围长出小植株；可将这些小植株轻轻拔起，进行移栽种植。

分株

春季，对花期较晚的植株进行分株，如多裂银莲花。将丛生植株分成2～4部分，在它开花的地方进行重新种植。有些植物如加拿大苔儿属，在春季或初夏开花。花期后立即进行分株，效果更佳。第一组应在同年开花，第二组应在次年开花。具有根状茎的植株，在其休眠期，或叶子枯萎时，在不造成损害的情况下对其分株。将根状茎切成几节，每一节至少附有一个芽，在它们变干之前立即重新种植，或许会在下一个季节开花。

播种

银莲花种子一旦成熟，立即薄种，发芽率会达最高。在15.5摄氏度时春播

鲜种，3周后即可发芽。由种子培育而来的植物会在第2或第3个季节开花。在潮湿的沙砾堆肥中进行播种［为林地植株添加有机物，如白花亚平宁银莲花（A. opennina）和栎林银莲花（A. nemorosa）］。等幼苗到了可移栽时期，便移植长有纤维根的幼苗。具有根状茎的海葵，它们的幼苗在移栽前，最好在花盆中种植一年。这段时期，使用液体饲料，能让幼苗茁壮生长。林地植物通常会自播，如亚平宁银莲花、栎林银莲花和多裂银莲花的一些品种。

扦插

我们要去除株丛边缘的杂株，以免干扰日本海葵的生长，同时取下根插条（见第158页）。它们通常在2～3年后开花。对于大花银莲花，春季，我们对其进行盆栽；秋季，将其拔起，在根块下方约5厘米处切开根茎。将切下的根茎分别用1厘米的沙砾或堆肥轻覆在根块上，并进行盆栽。大约一个月后，嫩芽便会萌发。春季，可对这些根茎进行分株并移植到户外。

播种

如有可能，种子一经成熟，立即播种；老种子往往发芽不佳或不稳定。我们要用无菌沙砾堆肥，以防杂草或疾病对幼苗造成伤害。在花盆中进行播种，将其置于户外遮蔽处。幼苗在初期发育缓慢，可推迟到第二年甚至第三年春天再进行移栽。新植物一般在2～3后开花。

扦插

取较大的、叶片较多的植物茎尖或莲座丛插条，将其置于沙砾堆肥中，静待生根。种垫状型植物很棘手。我们取单瓣莲座丛插条或生根的小丛，将其插入纯沙砾或磨碎的浮石中。植株2年内会开花。

收集银莲花种子
一些银莲花长有像羊毛一样的种头。有些种子会自然脱落；剩下的可在"羊毛"内部播种。

花烛属（ANTHURIUM）

分株　早春 ♣♣
播种　春季或秋季 ♣♣

花烛
（Anthurium
andraeanum）

这些常绿、畏寒的多年生植物，很多是附生植物，可进行分株（见第148页），1～2年后便可开花。注意不要损坏脆弱的根须。种子一成熟就播种，或在25摄氏度时进行春播。它们可能需要几个月才能发芽，由种子培育出的植物需要几年才能开花。

海石竹属（ARMERIA）

分株　早春或秋季 ♣♣
播种　早春或秋季 ♣♣
扦插　夏末 ♣♣♣

多年生海石竹是垫状植物，大多是完全耐寒型。木质冠可进行分株；植株也易于由种子培育而来培育环境一般是冷床。选择插条时，请挑选距植物边缘3～5厘米长的半成熟多叶基茎。底部不是必须加热，但这样有助于生根，激素生根化合物也一样。

蒿属（ARTEMISIA）

分株　春季 ♣♣
播种　春季或秋季 ♣♣♣
扦插　春季或夏末 ♣♣♣

该属的草本或木本多年生植物属于完全耐寒型。这些植株易于分株，有些从插条中发育，生根良好。通常种子培育而来的植物，需要更长时间才能成熟。

分株

我们将丛生植物如白苞蒿和银叶艾（同菊科蒿属）拔起并进行分株，将其分成中等大小的子株，并立即进行重新种植；子株可在同一季节出优良品种。

播种

播种后的种子可放在冷床中或置于16摄氏度下，两周内便会发芽。次年春天，我们将幼苗种到户外。

扦插

夏末取茎尖或将侧枝作为绿木插条，但中亚苦蒿除外，它的根最好是来自春天的软木插条。次年春季进行栽种，1～2年后便可成熟。波伊斯城堡艾蒿不耐寒，可能无法度过严冬；记得定期剪取插条。

蜘蛛抱蛋属（ASPIDISTRA）

分株　春季 ⚘

该属都是半耐寒型到畏寒型物种。用刀把木本砧木分开，将株丛切成小块附有根须的根状茎。接着单独盆栽子株，温度保持在15摄氏度下，直至新根苗壮生长。

紫菀属（ASTER）

分株　春季 ⚘
播种　春季 ⚘
扦插　春季 ⚘

这种多年生植物是完全耐寒到畏寒型品种，同狗娃花属须进行和马兰属，当它们的生长空间变得拥挤时，分株。叶苞紫菀（*A. amellus*）每3～4年进行一次分株，可以防止植株生长间距过小，从而降低黄萎病的风险。种子在15摄氏度时进行播种，次年便迅速发芽开花。基部嫩枝是插条的首选。春季将其剪下，接着将根插条放入花盆、繁殖器或喷雾台的苔藓卷中。一般情况，可进行盆栽种植或将其置于冷床中，任其生长。有关米迦勒雏菊（*Michaelmas daisies*）的信息请参阅卷联毛紫菀属（*Symphyotrichum*，见第210页）。

南庭荠属（AUBRIETA）

分株　开花后或初秋 ⚘
播种　早春或种子成熟时 ⚘；扦插　夏末秋初 ⚘

南庭荠

该属有12种垫状或土丘状植物是完全耐寒型的，但只有南庭荠得到了广泛种植，扦插是该品种最可靠的繁殖法。

分株

轻轻地拔起株丛并进行分株，修剪子株上的叶子以减少水分流失。

播种

南庭芥易由种子培育而来，但长出的幼苗会有所不同。

扦插

在夏季的阳光下，嫩枝条成熟时，我们将其取下。成熟的嫩枝很脆：准备插条时要使用手术刀或美工刀（见右图）。不要修剪下部的叶子，因为茎可能会折断；相反，我们要使用锋利的刀片向上切割。或者花期后，修剪叶片，从新生长的植株上取半成熟的插条。将插条放入装有沙砾堆肥的花盆或托盘中，直至叶片，然后搬到有盖的苗床上。插条生根后，进行装盆种植（3～5周），使其继续生长。晚秋或次年春天移栽种植。

取南庭荠属的成熟枝上的插条

选择不超过5厘米、粗壮且不开花的新枝，最好是这个长度的一半。修剪插条下半部分叶子，在靠近茎部的位置向上切。在节点下方的底部进行斜角切割，去掉莲座丛上可能会腐烂的黄叶。

其他多年生植物

莲花升麻属（ANEMONOPSIS MACROPHYLLA）春季，对莲花升麻进行分株并仔细照料（见第148页）⚘；种子一成熟就播种；寒冷的冬天需要打破种子的休眠期，发芽率也不稳定 ⚘。

当归属（ANGELICA）春季，在10摄氏度时播种 ⚘。

袋鼠爪属（ANIGOZANTHOS）秋季或春季在温暖区进行分株。种子成熟后播种或在15摄氏度时进行春播；发芽可能很慢，但浇些热水或采用烟熏处理有助于新芽的萌发 ⚘。

蝶须属（ANTENNARIA）花期后进行分株或将生根的植株分开，接着将子株装盆种植。春天或植株成熟时，我们往沙砾堆肥中播种；切记要保持冷床凉爽 ⚘。种子不宜过量浇水。

春黄菊属（ANTHEMIS）春天在15摄氏度时播种。初秋，取半熟的草本植株插条。春末或初取高山植物的基茎插条 ⚘。

圆果吊兰属（ANTHERICUM）花期后进行分株，在10摄氏度下进行春播 ⚘。

峨参属（ANTHRISCUS）方法同当归属 ⚘。

金鱼草属（ANTIRRHINUM）秋季或春季，在15摄氏度时播种。春末取软木插条；初秋取下半熟插条。

耧斗菜属（AQUILEGIA）春末夏初，在10摄氏度时播种鲜种；秋播陈种，并暴露在寒冬之中；从分离开的植株中收集种子，进行杂交和自播都很自由。初夏时，取下高山植物基茎插条 ⚘。

南芥属（ARABIS）秋天或早春进行分株（见第167页），或将垫状型品种的根茎分开 ⚘。秋季播种，或在10摄氏度下进行春播（第164页）。夏季取根茎尖插条（见第166页）⚘。

熊耳菊属（ARCTOTIS，异名为Venidioarctotis，Venidium）同勋章菊属（Gazania）⚘。

无花果属（ARENARIA）同芥属（Arabis）。

盔苞芋属（ARISARUM）夏天植物枯萎时，对其根状茎进行分株（见第149页）⚘。在15摄氏度时，种子一经成熟，便立即播种 ⚘。

蓝星鸢尾属（ARISTEA）早春，分离已生根的叶扇（见第149页）⚘。春季，在16摄氏度时进行播种 ⚘。

羊菊属（ARNICA）参见圆果吊兰属。

龙舌百合属（ARTHROPODIUM）春季进行分株（见第148页）⚘，在10摄氏度时春播（见第151页）⚘。

假升麻属（ARUNCUS）春季进行分株（见第148页）⚘；秋季，在10摄氏度时播种（见第151页）⚘。

蔓金鱼草属（ASARINA PROCUMBENS，异名为Antirrhinum asarina）春季在16摄氏度时进行播种（见第151页）⚘。春季或夏季取茎尖插条 ⚘。

马利筋属（ASCLEPIAS）在春季15摄氏度时播种 ⚘。

天门冬属（ASPARAGUS）在休眠期进行分株（见第148页）⚘。从浆果中收集种子。春天，在15摄氏度时播种。（另见蔬菜植物，第294页）⚘。

日光兰属（ASPHODELINE）花期后小心地进行分株（见第148页），其他时间段分株的效果不好，子株易于腐烂 ⚘。在10摄氏度时春播 ⚘。

阿福花属（ASPHODELUS）同日光兰属。

落新妇属（ASTILBE）早春进行分株，但要小心操作。种子的存活期不长；秋天播种，暴露于寒冬之中 ⚘。

星芹属（ASTRANTIA）春季进行分株（见第148页）。春季或种子成熟时在10摄氏度时播种 ⚘。

金庭荠属（AURINIA）秋季或早春，在10摄氏度时播种 ⚘。夏末取3～5厘米的绿木茎尖插条。

卧芹属（AZORELLA）种子成熟时或秋季，在沙砾堆肥中播种，也可以在早春，10摄氏度时播种 ⚘。春季或夏季，取下莲座丛插条 ⚘。

耧斗菜属 "紫微星"
（*Aquilegia* 'Crimson star'）

秋海棠属（BEGONIA）

分株 初春 ♠；**播种** 种子成熟后或初春 ♠♠
茎扦插 秋季或春季 ♠
叶扦插 春末夏初 ♠

"蝉翼纱"秋海棠属
（Begonia 'Organdy'）

该属的大多数多年生植物都是畏寒的。根状秋海棠属的品种，如虎斑秋海棠属（Begonia bowerae）、莲叶秋海棠属（B. manicata）、蟆叶秋海棠属（B. rex）都可以进行分株繁殖。尽管可以进行地茎插条扦插，但用作花坛和切花且很受欢迎的四季秋海棠通常是由种子培育繁殖的。蟆叶秋海棠属、铁十字秋海棠和许多其他品种，或者也可以说是所有品种，都可以用叶插条扦插，且很容易生根（块茎状秋海棠属见第262页）。

分株 将根茎分成若干部分，并且每部分至少要有一个生长锥，然后单独盆栽。较老的没有长叶子的根茎部分可以切成5厘米长的小段，然后成行地种植到装有标准堆肥

的托盘中。温度21摄氏度，且保持湿润，通常6周后，根茎会生根发芽，可以将它们单独盆栽，此时将温度降至15摄氏度。植株会在6个月内长到普通植株的大小。

播种 在气候凉爽的地区，春季，温度达到21摄氏度时，可以播种良种；在温暖的地区，也可以等种子成熟后播种。因为种子发育离不开光照，所以播种后不要完全覆盖种子。2～3周后会长出幼苗，幼苗长到宜于处理时可以移栽。四季秋海棠会在3到6个月内开花；其他品种可能需要1年的时间才能开花。

扦插 可以从长有茎的秋海棠上截取茎尖插条。置于21摄氏度的环境下，一个月内就会生根。最好在春季截取冬季开花的洛林秋海棠插条。进行叶插条的方法是将准备好的一段2.5厘米茎插入堆肥中，叶子露出土壤表面。置于21摄氏度的环境下，大约6周内会长成小植株。如果想要让叶子四周长出更多的小植株，可以在扦插时切断主茎脉或将叶子切成小方块（见下文）。

进行秋海棠属叶插条

每个切口直径长1厘米

1 选择成熟健康的叶子。用一把锋利的刀，切下叶柄，然后直接切穿叶子下方的每个主脉。

叶脉上的大头针可以让它们与堆肥接触

2 如图，用大头针将叶子固定在装有标准扦插堆肥或蛭石的托盘中，将翘起的树叶侧边剪掉；贴上标签。置于21摄氏度的环境下，并保持湿润，直到长出幼苗（通常需要2个月）。

轻轻地分离小植株

3 小植株长到宜于处理时，挖出生根的叶插条，然后小心将其分成单株。注意保留每株小植株根部上的堆肥，然后单独移栽到8厘米深且装满堆肥的花盆里，浇上水并贴上标签。

用大头针穿过叶脉，将插条固定在堆肥中

方形叶子插条

从大片健康的叶子上切出大约2.5厘米宽的正方形。每个方块必须有一条主叶脉贯穿其中。按步骤2和步骤3处理，叶脉向下，插入装有扦插堆肥的托盘中。

岩白菜属（BERGENIA）

分株 春季或秋季 ♠；**播种** 春季 ♠♠
扦插 秋季或春季 ♠

该属较老的完全耐寒的多年生植物会生长出大量木质的、匍匐的根茎。这些根茎通常匍匐生长在土壤表面，而只有叶子长在顶端。如果该品种需要培育的数量较少，则可以直接通过移栽这些根茎实现。如果需要培育的数量较多，则需通过截取根茎插条实现。

分株 植株开花后或秋季可以分株，挖出长根茎并切下长在底部的小植株，进行移栽（见第149页及以下），留下母株，等待其开花。移栽的小植株会在次年开花。

播种 种子会在3～6周发芽，无须加热。新植株会在2年后开花。

扦插 分株岩白菜属时，将没有叶子且较老的根茎部分切成段。种植在装有堆肥或珍珠岩的托盘中，确保根茎上端露出堆肥。

岩白菜属分株
初春分株，分株时确保每株有良好的叶莲座丛和约15厘米长的根茎。修剪掉较大的叶子，以减少水分流失。如果母株的根茎露出地面生长，则移栽后根部埋在土里的深度要比以前深。

荷包花属（CALCEOLARIA）

播种 春季和夏季播种 ♠♠
扦插 初秋或春季 ♠♠

该属的多年生植物包含畏寒和完全耐寒的（一年生植物，见第221页）植物。荷包花属的许多品种以及现代品种可以用种子培育繁殖，温度达到16摄氏度时播种，两周内发芽（见第151页，或参照高山植物第165页）。需要将幼苗置于凉爽、通风的环境中。秋季可以进行半熟踵状扦插，但是种植后要在冬季做好御寒措施，不然就在越冬时保护好母株，这样春季就能获得插条。插条在两周内就会很快地生根。春末即可进行移栽。夏季，可以从高山品种中截取单株的莲座插条（见第166页），然后将其种植到沙砾堆肥中。

截取岩白菜属根茎插条

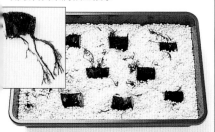

1 将较老的无叶根茎切成4～5厘米长的部分，确保每部分都长有几个休眠芽。修剪掉茎上的长根。将切好的约5厘米长的根茎半插在装有湿润珍珠岩或堆肥托盘中，根茎上的芽要露在地表上。贴上标签。

2 将插条置于21摄氏度的加热繁殖器中，并保持湿润。插条会在10～12周内生根。生根后单独盆栽或成行的移栽到苗床中。

浇水后，将其放置在加热的繁殖器中或盖上一层塑料膜或玻璃板以防根茎脱水。然后置于21摄氏度的遮阴处。春季可以将新长出的植株移栽，预计在12～24个月内开花。

风铃草属（CAMPANULA）

分株　初秋或春季🔸
播种　春季或秋季🔸；扦插　春末夏初🔸🔸

Campanula raineri

该属大多数耐寒的多年生植物包括高山植物以及粗壮的草本植物。一些长得较小的类型，例如风铃草，可以通过自体播种大肆繁殖，也可以进行分株和插条培育。

分株

通过分株纤维状的木制冠可以增加品种数量和形状良好的树形。在不挖出母株的情况下，可以将风铃草属（特别是高山植物）周围生根的嫩枝或者长匍茎上长出的小植株分离出来，进行移栽，然后将其置于遮阴处。

种子

薄薄地播一层细颗粒的种子，然后轻轻地覆盖住。春播种的温度宜为15.5摄氏度。秋播种则须将花盆或托盘放置在冷床中。第一年的夏秋两季，将生命力较强的多年生植株幼苗进行移栽。生在容器里的高山植物幼苗越冬后，春季可以将其移栽至花盆里。烟囱风铃草（*C. pyramidalis*）和风铃草（*C. medium*）播种方法同两年生植物。

扦插

几乎从所有高山植物中截取的地茎插条种植后都能存活，最好在春末将插条栽入沙砾堆肥中。即使没有底部加热，2～3周内也能长出根茎。开花后将新长出来的草本植物进行茎尖插条培育。冬季可以将丛生风铃草（*C. glomerata*）进行根插条培育。

高山植物风铃草属扦插

从许多高山风铃草属［图示为藏滇风铃草 *Campanula cochleariifolia*］上可以截取大约1厘米长的莲座插条。

美人蕉属（CANNA）

分株　春季🔸；播种　春季🔸🔸🔸

气候较冷时，经常将这些畏寒和半耐寒的植株移栽到较高的遮蔽处，保持干燥，确保其安全过冬。分株根茎后（见第149页），置于16摄氏度的环境下，子株会与母株在同一个季节开花。播种前，先用锉刀或热水处理种子，以打破种皮的休眠状态。在21摄氏度时播种（见第151页）。种子培育的植株通常在次年开花。

碎米荠属（CARDAMINE）

分株　开花后或初秋🔸；播种　种子成熟或初春🔸
扦插　初春🔸🔸

许多耐寒的多年生植物（同石芥花属）根茎很脆弱，所以需小心分株；如果不小心弄断了根茎，折断的根茎也可以种植。温度达到10摄氏度时就可以播种；根茎类幼苗需在花盆中生长一年。将草甸碎米荠（*C. pratensis*）或该属其他品种的叶子压入土壤中也可能会长出小植株，并在地表上或地表下长出球芽。

其他的多年生植物

雏菊属（BELLIS）　开花后分株🔸。仲夏播种，春季移栽到花坛种植🔸。

华贵草属（BERTOLONIA）　春季，温度达到21摄氏度时播种🔸。春季进行茎尖插条扦插🔸。

鬼针草属（BIDENS）　春季，在15摄氏度时播种🔸。春季或初秋进行茎尖插条扦插🔸。

火铃花属（BLANDFORDIA）　春季或开花后分株🔸。春季，在15摄氏度时播新鲜的种子🔸。

垫芹属（BOLAX）　分离株侧枝进行移栽🔸🔸。播种成熟的种子，置于冷床中且保持凉爽🔸。

偶雏菊属（BOLTONIA）　初春时分株🔸。春季，温度达到15摄氏度时播种🔸。

玻璃苣属（BORAGO）　将矮小玻璃苣进行分株🔸。

八幡草属（BOYKINIA）　冬末春初分株🔸🔸。春季播种，置于冷床中且保持凉爽🔸🔸。

鹅河菊属（BRACHYSCOME，异名为Brachycome）春季，18摄氏度时播种；发芽率较低。春季进行地茎插条扦插🔸。

蓝珠草属（BRUNNERA）　开花后分株🔸。春季，温度达到10摄氏度时播种🔸。冬季进行根插条扦插🔸。

须苞草属（BULBINE）　同鸢尾属🔸。

粗茎草属（BULBINELLA）　秋季分株🔸。播种成熟的种子，置于冷床中且保持凉爽🔸。

牛眼菊属（BUPHTHALMUM）　春季分株（见第148页）🔸。春季，温度达到10摄氏度时播种🔸。

柴胡属（BUPLEURUM）　同牛眼菊属（Buphthalmum）。

新风轮属（CALAMINTHA）　春季分株，或直接挖出移栽生根的根茎🔸。春季，在10摄氏度时播种🔸。初秋进行半熟枝插条扦插🔸。

红娘花属（CALANDRINIA）　该属的播种方法同琉维草属🔸。春季，温度达到15摄氏度时播种。秋季播种高山植物种子；越冬时需将其放置在遮阴处，不让种子休眠，这样能让种子发育更好🔸。

夏季，将从该属高山植物中截取的莲座插条种植到沙质地中生长，不过可用作插条的嫩枝数量可能较少🔸🔸。

肖竹芋属（CALATHEA）　春末分株🔸。春季，在21摄氏度下播种。

万玲花属（CALIBRACHOA）　同矮牵牛属🔸。

锦竹草属（CALLISIA）　同细锦竹草属（Phyodina）春季分株🔸。春季，在17摄氏度时播种🔸。

薹草属（CAREX）　春季分株；在盆中种植或在苗圃中单株种植。尽可能在秋季播种存活期短的种子或春季，在15摄氏度时进行。

刺苞菊属（CARLINA）　春季，在15摄氏度时播种🔸。

蓝苞属（CATANANCHE）　仲春分株🔸。春季，在15摄氏度时播种🔸🔸。冬季进行根插条🔸🔸。

寒菀属 (CELMISIA) 新西兰雏菊

播种　种子成熟后或秋季 ⚘⚘
扦插　春末 ⚘⚘⚘

　　该属完全耐寒的多年生植物是自花不稔性的；它们通常只有在几株植物一起生长的情况下才会结籽。在10摄氏度时播种（见第164页）。将种子置于半遮蔽处并保持湿润，直至生根。该属也可通过进行莲座插条繁殖（见第166页）；土壤上铺上一层浮石，植株的扎根效果会更好（见第167页）。可以从较大的植株上分离带根的莲座丛：操作方法同插条，直至生根。要确保子株或插条置于湿润的环境：每天都要喷洒点水，但不要过量，否则会有腐烂的风险。

吊兰属 (CHLOROPHYTUM) 吊兰

小植株　任何时候种植都能长出小植株 ⚘
分株　春季 ⚘

　　该属畏寒的品种中最常见的是朱蕉变种。成熟的花茎末端长出的小植株是最吸引人的。这些小植株会长出不成熟的根，可将其从母株上分离，进行移栽。如果是还没有生根的幼苗，则可以在分离时将幼苗茎末捎带一部分母株的茎干，再移栽到装有堆肥的花盆中，置于15摄氏度的恒温下；10天内应该会生根。

　　通过分株可以让植物生长得更快（见第150页），应将子株置于15摄氏度的环境下。

菊属 (CHRYSANTHEMUM)

分株　春季 ⚘
播种　春季 ⚘；扦插　春季 ⚘

该属大花型的多年生植物，菊花以及朝鲜类菊花都是完全耐寒的；大多数其他菊花品种是半耐寒的（一年生植物，见第222页）。可分离耐寒性菊属的根茎（见第148页）。如果将子株移

伊冯娜·阿尔诺菊花
(*Chrysanthemum* 'Yvonne Arnaud')

栽到肥沃的土壤中，则子株会和母株在同一季节开花，重塑活力。

　　在15摄氏度时播种神韵菊花的种子（见第152页）。两周内发芽，同年开花。

　　从园林植物中截取5～8厘米长的地茎插条（见第156—57页），或从越冬时置于遮蔽处的亲本植物上截取更多的地茎插条。将插条种植在装有标准扦插堆肥的托盘中，置于10摄氏度的环境下，不久就会生根。随后将生根的插条移栽到盆中种植，温度保持不变。春末移栽，同年就会开花。

铃兰属 (CONVALLARIA) 铃兰

分株　春季或秋季 ⚘
播种　秋季 ⚘

完全耐寒的铃兰长有又细又弯的根茎，随时可能会遭到其他物种的入侵。所以最好在开花后分株，除了植株生长比较慢时不能分株，其他任何时

铃兰
(*Convallaria majalis*)

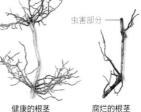

无根　　　　新芽

虫害部分

健康的根茎　　　腐烂的根茎　　虚弱的部分　　成熟的部分

紫堇属 (CORYDALIS)

分株　春季或初秋；播种　初夏或秋季

　　该属中的许多多年生植物［如假烟堇属（*Pseudofumaria*）］是完全耐寒的，但是一些长有纤维状根的品种，如毛黄堇，更适合生长在高山植物温室中。一些长有根茎类的品种，如尿罐草，可以通过分株繁殖。其他品种最好由种子培育繁殖。

分株

　　由于根茎柔软而脆弱，分株时很容易损害根茎，所以要小心地挖出休眠的根茎并分株。分株后要立即移栽大棵的子株。小棵的子株应先种到盆里，次年移栽。

播种

　　种子成熟后立即播种或秋季播种。旧种子发育能力较差，所以需要将它们播种在户外遮阴处，等待发芽。幼苗长到宜于处理时，将其移栽到花盆中。有许多植株易于自体播

候都可以。将根茎切成只有根的部分，确保每个根部都有芽，然后立即移栽。该属的大多数品种，其根茎处理方法同插条。种植后，次年春季，植物会迅速开花。因为由种子培育的植株生长缓慢，所以只有很少的品种是由种子培育繁殖的。播种前首先需要浸软浆果以便提取种子。播种在户外的种子至少两个冬季才能发芽。3年后才会开花。

根茎扦插

　　将根茎切成5～8厘米长的部分，确保每个部分都有根和一些休眠的芽。丢掉虫害和脆弱的部分。根茎插条的处理方法同细根插条。春季插条就会发芽，秋季可以移栽。

种繁殖，移栽幼苗时要小心。

紫堇属植株的幼苗
在15摄氏度时，新种子会在几周内发芽，旧种子发芽则很慢且不稳定。种子需在盆里生长两年，以确保都长出幼苗。

翠雀属 (DELPHINIUM)

分株　春季 ⚘；播种　春季 ⚘；扦插　春末 ⚘

多年生飞燕草的最简单繁殖方法就是通过分株。但是有几个品种由种子培育繁殖效果最佳。当然，其他品种产出的变异种子也仍然有价值。大多数飞燕草是完全耐寒的。将成熟的丛生植株分成

飞燕草

2～4部分，丢掉木芯。子株和母株在同年开花。在盆中播种，置于13摄氏度的环境下。即使旧种子发芽不稳定，

14天后也会长出幼苗。新植株会在18个月内开花。

　　从8厘米长的嫩枝上截取地茎插条（见第156页）；这些嫩枝大多是空心的，这也是导致插条易于腐烂的原因之一。在15摄氏度时将插条种到标准扦插堆肥（一些种植者将少许细沙放在种植孔的底部）或珍珠岩中（见第156页）。生根后，大约10天，将其移栽到花盆中，温度保持不变。初夏再移栽到苗床中。

石竹属（DIANTHUS）康乃馨，石竹

分株　夏季或秋季
播种　春季、初夏或秋季
扦插　仲夏至夏末
压条　仲夏至夏末

该属多年生植物大多是完全耐寒的，不同的品种，繁殖方法也不同。它们是受欢迎的杂交对象。

分株　一些四处生长的垫状物种和品种生长时会自然落根。这些品种开花后会形成簇状植株，可将其进行分株，每株最多可有20个嫩芽并且要带有根须。新植株将在次年开花。

播种　播种夏季用作花坛种花的石竹种子，如春季，在15摄氏度下，播撒石竹的种子后，可在10天内发芽。初夏，小叶龙竹（*D. barbatus*）的播种方法同两年生植物；仲秋移栽。秋季和春季，将高山植物移栽到置于冷床中的花盆里。少数品种是自体播种繁殖的。

扦插　可从石竹类属植物，尤其是小株高山品种上截取半成熟枝插条（“传输管”）。种植到铺有扦插堆肥的玻璃罩或繁殖器中，肥料中配有含激素的生根化合物有利于植株的生长。保持湿润但不能潮湿。在15摄氏度的环境下，2～3周会生根；次年会开花。

压条　可将康乃馨的茎干压入土壤或装有扦插堆肥的花盆中，8周内可生根。

截取花园石竹的半成熟枝插条（“传输管”）

手持不开花的嫩条底部，剪下尖端。剪下的尖端长度为8～10厘米，且需要带3～4对叶子，因为节点处容易被折断，所以裁剪时需小心。还需将尖端下面的叶子都修剪掉。

康乃馨压条

1　选择一根长势旺盛且不开花的嫩枝。除了保留约8厘米长茎条尖端上的叶子，嫩枝上其余的叶子全部修剪掉。在叶子下面切一个2.5厘米深的斜切口，翘起的部分像舌头。

2　准备好混合了等份潮湿纯砂和泥炭的土壤，轻轻弯曲茎条，使切口张开，将其牢固地推入土壤。

其他的多年生植物

长春花属（CATHARANTHUS）　春季，在21摄氏度时播种。夏季和初秋进行半熟枝插条。

蒿枝七属（CATHCARTIA）　同绿绒蒿属（Meconopsis）。

矢车菊（CENTAUREA）　春季分株。春季，在10摄氏度下播种。冬季进行根插条。

距缬草属（CENTRANTHUS）　春季分株。春季，在10摄氏度时播种。

卷耳属（CERASTIUM）　春季分株。秋季播种或春季，在15摄氏度时播种。初夏进行软茎尖插条。

果香菊属（CHAMAEMELUM）　初秋或春季分株。春季，在10摄氏度时播种。

柳兰属（CHAMAENERION）　同柳叶菜属（Epilobium）。

鳖头花属（CHELONE）　春季分株。春季，在15摄氏度时播种。春末进行软木茎尖插条。

北美金棱菊（CHRYSOGONUM VIRGINIANUM）　同距缬草属。

升麻属（CIMICIFUGA）　春季分株，尤其是长有彩色叶子的植株。秋季播种，发芽率不高。

蓟属（CIRSIUM）　同距缬草属。

春美草属（CLAYTONIA）　种子成熟后立即在遮蔽的冷床中播种。一些品种是自体播种繁殖的。

蝶豆属（CLITORIA）　春季，在21摄氏度时播种经热水处理后的种子。夏末进行半熟枝插条。

君子兰属（CLIVIA）　在花期前进行分株。春季，在21摄氏度时播种。

党参属（CODONOPSIS）　种子成熟时或秋季，在冷床中薄薄地播种一层良种。幼苗需在花盆中长上一年再移栽。大多数植株在第三年开花。

鞘蕊花属（COLEUS）　同彩叶草属（Solenostemon）。

旋花属（CONVOLVULUS）　春季分株高山品种。春季，在15摄氏度时播种。初秋进行半熟枝插条。夏季，将高山品种如鲍斯尔卷耳（*C. boissieri*），进行锤状插条。

金鸡菊属（COREOPSIS）　春季分株。春季，在10摄氏度时播种。春季进行地茎插条。

宝塔姜属（COSTUS）　春季分株。春季，在21摄氏度时播种。冬末，在植株生长之前，将根茎切成5厘米长的部分再种植，方法同岩白菜属。

两节荠属（CRAMBE）　春季，置于10摄氏度的室内或室外播种。秋末进行根插条。

金槌花属（CRASPEDIA）　春季分株。初春，在10摄氏度时播种高山品种的种子。种子的存活率通常比较低。

栉花芋属（CTENANTHE）　同竹芋属（Maranta）。

姜黄属（CURCUMA）　同竹芋属（Maranta）。

琉璃草属（CYNOGLOSSUM）　春季分株。春季，在15摄氏度时播种。

雨伞草属［同楯叶草属（Peltiphyllum）］　开花后将根茎分株。春季，在10摄氏度时播种。

山菅兰属（DIANELLA）　仲春将根茎分株。春季，在15摄氏度时播种清洗过的种子。

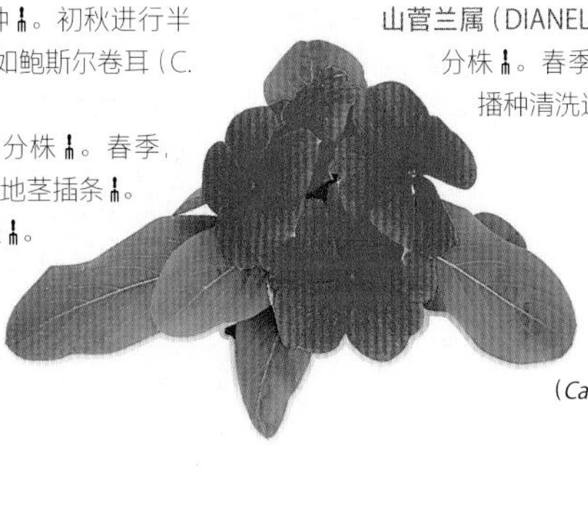

长春花（*Catharanthus roseus*）

双距花属（DIASCIA）

播种 种子成熟时或春季　**扦插** 春季或夏末

杂交多年生双距花属是最常见的品种。该属类是自交不育的，除非有多个克隆植株或者其他品种和它在一起生长，否则不会结籽。在15摄氏度时播种，种子会在10天内发芽。同年会开花。刻意的杂交会产生有趣的结果。

心叶双距花
（*Diascia cordata*）

春季进行软木茎尖插条或植株开花后将茎干上再生长的嫩枝修剪下来移栽。气候凉爽时，尤其冬季要保护春末截取的半熟枝插条免于受到霜冻的侵害，直至来年春末。

节间插条　节状插条

露在外部的空心茎　叶节密封茎

双距花属软木插条

双距花属插条最好在春季进行或植株开花后将茎干上再生长的嫩枝修剪下来移栽，否则茎条会变成空心并且在插入生根培育基后会腐烂。如果在植株生长节点下方修剪插条，则空心茎的根可能还会存活。

黛粉叶属（DIEFFENBACHIA）**哑藤**

扦插 春季
压条 春季

这些畏寒的多年生植物通常通过扦插繁殖，并且可能是唯一一种进行空中压条的草本多年生植物。因为植物的汁液会导致皮肤过敏，所以扦插完黛粉叶要洗手或者扦插时戴上手套。

扦插

随着时间的推移，粉黛叶会越长越杂乱，但可以将基部侧枝和多叶的茎尖作为插条。将插条栽入培育箱或装有标准扦插堆肥的盆中，温度保持在21摄氏度。插条会在3周内生根。如果用塑料袋覆盖住花盆并放置在温暖的房间窗台上，插条大约会在六周内生根。也可以通过进行茎插条繁殖，将主茎干切割成几个部分，每个部分要有一个节点。种植后六周内会长出新芽。只要保留了茎干最下面的芽，被切断的主茎干也会继续蓬勃生长。

压条

空中压条可用于仍留在母株上的根蘖。茎尖下方保留10～15厘米的茎干，修剪掉所有叶子。分别在茎干两侧切开两个分开平行切口，约5毫米宽，然后剥掉外皮。将一个透明的塑料袋（底部打开）套在茎干上保证遮住切口，并在切口下方绑上绳子或粘上胶带。用潮湿的泥炭藓包好袋子，然后固定在苔藓上面。3个月左右会生根，然后切下生根的部分，移栽到盆中。

黛粉叶属插条

径直切穿茎干

1 可以选择生长在植株顶端的枝条作为插条，将其他侧枝移除，然后从最低节点上方切穿主茎，取下所需枝条即可。

2 修剪掉除了顶部2～3片叶子以外的所有侧枝和叶子。将主茎切成一段段5厘米长的茎条，确保是从每个节点下方截取的。

茎尖插条

茎插条

根茎将重新发芽

3 准备几个盆，装入湿润且坚硬的扦插堆肥。一个盆中插入茎尖插条，确保叶子紧贴堆肥表面。将茎插条水平压入另一个装有堆肥的盆中约三分之一，确保芽露在最上面。等待其重新发芽。

垫报春属（DIONYSIA）

播种 春季或冬季
扦插 春末至仲夏

除了总苞垫报春（*Dionysia involucrata*）和*Dionysia teucrioides*，其他品种都需要和两种类型的品种杂交才能结籽（如报春花），一种是雌蕊长的，另一种是雌蕊短的（见第206页）。"垫状"型的种子紧紧地"扎"在具叶莲座丛深处；夏季需要使用镊子来收集。

种子一成熟就播种到沙砾堆肥中或冬季播种，为了促使种子发芽，冷床中需要保持通风且种子上最好覆盖上一层薄薄遮盖物。长出幼苗后，将其移栽到装有泥炭、壤土和精细（5毫米）沙砾三种混合物的容器中。为了避免植物吸收水分过多，将盆浸入水中直至盆缘，然后沥干水分。第二个季节植株就会开花。

截取单株的莲座插条时，插条应长5～15毫米。接着将其种植到压碎的细小浮石或园艺用沙或细沙中，然后将插条置于半透明罩下或冷床中。生根之前不要浇水。

蓝刺头属（ECHINOPS）**球蓟**

分株 春季
播种 春季
扦插 秋末

该属完全耐寒至耐霜冻的多年生植物要么通过种子培育繁殖（该属从种子发育相对较容易），要么通过分株或根插条繁殖。使用锋利的刀或铲子为母株分株。子株和母株都会在夏季开花。

在盆中播种该品种的种子，温度保持在15摄氏度。预计两周后发芽。发芽后将幼苗单独盆栽；春末再成行地种植到苗床中。种子培育的植株会在次年开花。

该属所有的物种和品种都可以进行根插条。选用铅笔粗细的根茎，将其切成5～8厘米大小的部分。

收集蓝刺头种子

种子头变干燥且变成褐色时，需切下开花茎，摘下种子，晾干储存。

淫羊藿属（EPIMEDIUM）淫羊藿

分株　春季 ⚒

播种　春季 ⚒⚒　扦插　冬季 ⚒

"紫丁香" 长距淫
羊藿（*Epimedium
grandiflorum*
'Lilafee'）

该属的丛生植物完全耐寒，大部分林地品种可以进行分株繁殖。幼小植株更容易进行根茎插条繁殖。从园林植物上收集的种子很可能是杂交的。

分株

开花后，需将大簇的植株切割成适当大小的花。子株会在次年春季开花。

播种

只有宝兴淫羊藿（*Epimedium davidii*）、长距淫羊藿（*E. grandiflorum*）和部分新品种是自花能稔的。如果是多个品种生长在一起，那么就可以在结籽后收集种子。种皮成熟后会裂开，此时种皮里的种子即使是青色也会掉落出来，因此要注意观察。种子成熟时尽快在冷床播种，4周内发芽，3年后会开花。

扦插

取根茎部分进行根插条。挖出根茎团块，并用强水流将根茎上的泥土冲洗干净。修剪掉老叶子。小心地分离成单个根茎；再将它们切成5～8厘米的长度，修剪掉过长的纤维状根。然后将其放在准备好的托盘上，盖上堆肥，置于遮蔽处，直到生根发芽。植物在2～3年内开花。

喜荫花属（EPISCIA）桐叶喜荫花

分株　春季和夏季 ⚒

播种　春季

扦插　初夏或仲夏 ⚒

该属（异名为 *Alsobia*）所有的常绿多年生植物都是畏寒的。匍匐的垫状叶子通过生根、长在地下茎或匍匐枝上的方式四处伸展。这些匍匐枝的顶端会长出小植株，我们可以将其分离，并单独将它们种植到盆中生长。生根的小植株会和母株在同一季节开花。

就瓶子草属（*Sarracenia*）而言，在苔藓表面上播种，温度保持在21摄氏度。第二季度就会开花。次年将不开花的嫩枝进行软木茎扦插条促使其开花。根底产热的温度为21摄氏度时可以促使植株生根。

独尾属（EREMURUS）沙漠独尾草、狐尾百合

分株　夏季或初秋 ⚒⚒

播种　春季 ⚒⚒

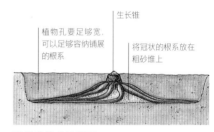

独尾草
（*Eremurus robustus*）

尽管该属植物完全耐寒，但幼苗往往经受不住春季霜冻的考验。虽然植株的根多肉且厚实，但是根扎得很浅，在挖出植株时很容易伤到根部。只有生长了许多茎的成熟植物才能进行分株。

分株

叶子枯萎后，要立即小心地挖出蔓延的根部。用锋利的刀将植株分割成单株的根颈，并修剪掉枯萎的茎干。如果较大的根受损，则需将其修剪并在切口处涂上杀真菌剂，然后立即将子株移栽，或将未成熟的根茎成行地种植到苗床中。将海星状的根冠种植到粗砂中，尤其是黏重土壤中，以防止腐烂。将矮小的根冠种植到不是花盆的深托盘中，然后置于遮阴处使其避免受到霜冻的侵害。子株次年会开花。

播种

在15摄氏度时播种，或在初夏播种。然后将花盆置于遮阴处（如冷床）。新种子可在2周内发芽，旧种子发芽则不稳定且较慢。植株可在3～5年内开花。

移栽分株后的根冠

挖出一个比根部宽且15厘米深的种植孔。在底部铺上5—8厘米高的粗砂层。将根冠放在粗砂顶部，重新埋上土壤，确保生长芽能露在土壤上面。

其他多年生植物

马裤花属（DICENTRA） 初春或初秋将根茎进行分株，或在夏季植株休眠时对野荷包牡丹（*D. eximea*）之类的高山植物进行分株 ⚒⚒。种子成熟时播种或春季，在10摄氏度时播种 ⚒⚒。

白鲜属（DICTAMNUS ALBUS，异名为 *D. fraxinella*） 春季分株 ⚒。种子刚成熟或春季，在15摄氏度时播种 ⚒⚒。

离被鸢属（DIETES） 开花后分株，插条时比较复杂 ⚒。秋季播种或春季，在15摄氏度时播种 ⚒。

毛地黄属（DIGITALIS） 春季，在10摄氏度时播种 ⚒。

捕蝇草属（DIONAEA） 春季分株。春季，在12摄氏度时播种，同瓶子草属（*Sarracenia*）；植株可能在5年后才会开花。夏末夏初截取叶插条：将叶子平放在新鲜且湿润的泥水藓上，然后再覆盖上一层切碎的苔藓；湿度保持在21摄氏度 ⚒⚒。

狗面花属（DIPLARRHENA） 开花后将植株分成带根的扇叶 ⚒。春季，在15摄氏度时播种 ⚒。

流星报春属（DODECATHEON） 初春分株 ⚒。种子成熟时或夏末播种 ⚒。如果植株基部长出小鳞茎，则需在秋季将其移栽到花盆里继续生长 ⚒。用同样的方法处理长有休眠芽的单株小鳞茎 ⚒。

多郎菊属（DORONICUM） 开花后分株 ⚒。春季，在10摄氏度时播种 ⚒。

葶苈属（DRABA） 初春分株 ⚒。结籽快，种子成熟或初春时播种；置于冷床中且保持凉爽 ⚒。夏末截取莲座插条；这些插条在纯沙中生根较快，所以需要良好的排水性。从花盆下面灌水比较适宜。

茅膏菜属（DROSERA） 种子成熟时尽快将种子播种到铺有两层苔藓泥炭的净沙上，然后置于10～13摄氏度的温度下 ⚒。该属进行叶插条的方法同捕蝇草属 ⚒。

仙女木属（DRYAS） 种子成熟时立即播种 ⚒，同南庭荠属。夏末，截取2.5～5厘米长的熟木插条；然后扦插到装有沙砾堆肥且排水性良好的花盆或托盘中 ⚒。初夏，将粗壮的茎干进行压条 ⚒，

覆盖上泥炭和粗砂 ⚒。

紫锥菊属（ECHINACEA） 春季分株 ⚒。春季，在15摄氏度时播种 ⚒。冬季进行根插条 ⚒⚒。

象腿蕉属（ENSETE） 播种方法同芭蕉属（*Musa*）⚒⚒。

血水草（EOMECON CHIONANTHA） 开花后分株 ⚒。春季，在10摄氏度时播种 ⚒。

柳叶菜属（EPILOBIUM） 春季分株 ⚒。植株在初春开始生长时，可将垫状高山植物分株 ⚒。春季，在10摄氏度时播种 ⚒。在春季截取软茎尖插条 ⚒。

飞蓬属（ERIGERON） 同紫菀属。

玄参科植物（ERINUS） 种子成熟时或春季，在10摄氏度时播种 ⚒。春季截取莲座插条 ⚒。

牻牛儿苗属（ERODIUM） 春季分株 ⚒。种子成熟时尽快播种 ⚒；置于冷床中且保持凉爽。春季进行地茎插条 ⚒。夏季截取半熟枝茎尖插条 ⚒。

刺芹属（ERYNGIUM）刺芹

分株　春季 ▮
播种　秋季或春季 ▮；扦插　秋末 ▮▮

刺芹（*Eryngium giganteum*）

该属的大多数多年生植物完全耐寒，但有些是半耐寒。尽管该品种不易移植，但其可以通过将多肉的根系进行根插条繁殖。存活期短的刺槐只结一次果就枯萎了，只能由种子培育繁殖。

分株

植株开始生长之前就用刀将紧紧缠绕在一起的木冠分割成单冠，确保每株单冠上附有较多的根须。然后将其成行地移栽到苗床或在边界种植。子株生长较慢，但有些品种生长得快，和母株在同一季节开花。

播种

春季，在10摄氏度时播种。两周内可长出幼苗；新植株会在次年开花——有些品种种植后第3年开花。新鲜采摘的种子比老种子发芽更均匀；秋季种子成熟后立即播种，次年春季就能发芽。

扦插

从粗壮的根部截取插条，切成5～8厘米长的小段。将其水平插入装有堆肥的盘中，再覆盖一层堆肥。冬季要保护它免受霜冻伤害。次年春季发芽和长出纤维状的根时，将新植株单独盆栽，第二个季节就能开花。将插条捆绑在一起径直地种到装有沙土

的花盆里，用遮盖物覆盖上，保护它们越过寒冷的冬季。春季发芽时，再将它们移植到苗床中继续生长。如报春花，小株植物也可以使用去除基盘法（见第206页）。

为了使插条工具不伤害到母株的根部，需在沙床上放置一个花盆（花盆必须有大的排水孔）。粗壮的根部穿过盆孔生长到沙子里时，用锋利的刀将盆下的根割断，然后把花盆移开（见下文）。从沙土里把根挖出来用作插条，或让它们在原地生长直至春季，再进行移植。

进行根插条的材料

春季，将植株所生长的容器放入至少15厘米深的沙床里，以促进植物扎根到沙子中。秋末，将盆底下长出来的根切断，移开花盆。把扎进沙床的根挖出来用作插条。

糖芥属（ERYSIMUM）桂竹香

播种　仲夏 ▮
扦插　夏季 ▮

布雷登糖芥
（*Erysimum* 'Bredon'）

该属中一些常绿多年生植物是完全耐寒至耐霜冻的，以往以桂竹香而出名。桂竹香（*Erysimum cheiri*）和阿利尼糖芥（*E. × allionii*）这两种存活期短的品种通常是由种子繁殖的。像香紫罗兰之类的桂竹香重瓣花栽培品种或像鲍尔斯淡紫糖芥（*Erysimum* 'Bowles Mauve'）之类的不结籽的品种以及其他改良后的品种可以通过插条繁殖。

播种

用作花坛种花且存活时间短的多年生

植物，播种方法同两年生植物。仲夏将种子成行地在苗床上浅浅地播种一层，然后在初秋至仲秋移栽幼苗。

扦插

从不开花的嫩枝截取半熟枝茎尖插条。将其插入装有标准扦插堆肥花盆中，即使没有人工加热，也能生根。几周后，将生根的插条单独盆栽。必要时，在冬季可将花盆置于冷床中，保护插条免受霜冻的侵害。

进行桂竹香软木插条

节点插条易于生根。移除只有3～4个节且不开花的枝条，从每个节点下方切断。修剪掉下方的叶子。

大戟属（EUPHORBIA）大戟

分株　初春或春季至夏季 ▮
播种　秋季或春季 ▮
扦插　夏季或秋季 ▮▮

先令大戟
（*Euphorbia schillingii*）

在这个庞大而又多种多样的属中，多年生植物是耐霜冻至完全耐寒的。因为植株流出的乳状汁液会刺激皮肤，所以处理大戟属时要戴手套。大多数草本大戟属品种都可以进行分株繁殖；种子培育的大戟属植物生长很快。大多数品种都能进行插条繁殖，尤其是特定的品种。

分株

例如多色大戟（*Euphorbia polychroma*）品种，在春季和初夏开花，开花后可进行分株（见第148页）。例如黄苞大戟（*E. sikkimensis*）可在初春花期要结束时进行分株。根部是纤维状的品种可以进行单芽分株。

播种

在15摄氏度时播种。发芽不稳定，几个月后可能才长出幼苗。为了克服这个问题，可在秋季播种使其经受冬季的寒冷；这样，种子在春季能更均匀地发芽。

扦插

开花后从生长成熟的枝条上截取茎尖插条。取5～10厘米长的嫩枝后静置一小时将其汁液凉干，再将其插入装有标准的扦插堆肥托盘或苔藓卷中。置于诸如冷床之类的遮阴处，把握好湿度，因为湿度过大会导致根茎腐烂。插条最多需要一个月会生根。生根后单独盆栽并在春季再移栽到其他地方。

网纹草属（FITTONIA）

分株　春季 ▮
播种　春季 ▮▮
扦插　春季或夏末 ▮

该属畏寒且常绿的多年生植物的茎干自由生根、四处蔓延。将已生根的的簇状植株分成附根的小簇。随后将其单独种植到容器中，温度保持在18摄氏度，直至生根。生根后，温度可降至15摄氏度。如果在容器中播种后，置于18摄氏度的环境中，种子会在3周内发芽。

春季，从新枝上截取软木茎尖插条或在夏末从成熟的枝条上截取软木茎尖插条，然后将其插入托盘或盆中。置于18摄氏度的环境中，14天内会生根。

草莓属（FRAGARIA）草莓

分株 夏末 ♨

播种 初春或夏末 ♨　压条 夏季 ♨

凤梨草莓栽培品种
（Fragaria x ananassa cultivar）

该属多年生植物是完全耐寒至耐霜冻的，包括水果草莓和野生或高山草莓。大多数草莓小植株会生长在匍匐、生根的茎（长葡茎或匍匐茎）上，这是通过压条法促进植株自然繁殖的，十分便利。但是，有些草莓属不长长匍茎，那必须通过分株或种子培育繁殖。草莓易感染病毒，选用健康的植株分株繁殖显得尤为重要。

分株

一些常年结果的栽培品种不会长很多长匍茎和花簇，所以需通过标准分株繁殖。新植株会在次年夏季结果。

播种

诸如Baron *solemacher* 之类的高山草莓不长匍茎，必须初春，在18摄氏度时播种

收集高山草莓种子
将高山草莓的成熟果实晾干。然后将晾干的果实轻轻挤压，以收集种子。

草莓生根的长匍茎
保持土壤的湿润，同时移除植株上所有的花朵，以促进长葡茎的生长。长葡茎长出来后，用铁丝将它钉到土壤里，固定好，促进长葡茎生根。夏末，小心地挖出生根的小植株，将其从母株上切离，移栽到盆中生长。

繁殖。可以在室外播种新鲜的种子，或者夏末播种后，根据需要置于冷床中。次年新植株会开花结果。

压条

许多草莓的长葡茎会扎根于土壤，母株结果后，这些长葡茎会长出小植株。小植株随着根茎的生长而生长。小植株扎根良好时，很容易将它们从母株上切下。这样可以让长葡茎下一年更好地自我压条。可直接将茎干压入土壤或者压进花盆中，促使其向苗床伸展。

为了效果更佳，可将一些植株专门进行压条繁殖。将这些植株分开种植，两株之间距离1米宽即可，然后去除花朵。保持土壤湿润，以促进长葡茎生长扎根。用铁丝钉把长葡茎钉进土壤或直接将其钉进一个8厘米深且装满土壤堆肥的花盆里（花盆应埋到土壤里，盆口与土壤表面持平）。在夏末和秋季将生根的植株移至最终种植地，等待下个季节的丰收。

天人菊属植物（GAILLARDIA）宿根天人菊（毯子花）

分株 初春 ♨
播种 春季 ♨
扦插 秋末 ♨

栽培品种"小精灵"天人菊（*Gaillardia* 'Kobold'）

该属的多年生植物完全耐寒。耐寒的杂种品种是最常见的。多数品种分株后可在一年内开花。该品种既可以分株繁殖也可以通过插条繁殖。

分株

将紧紧缠绕在一起的丛生植株分成单株的、附根的嫩条。

播种

收集成熟的头状花序后晾几天直至晾干，然后取出花序中的种子，保存起来；晾干后花序中心的种子应该很容易脱落。在最低温度为15摄氏度时播种（见第151页），它们应在10天内发芽。

扦插

多年生植物可以通过根插条繁殖。将丛生植物周边粗壮的根移除，以避免影响母株的生长。将移除的根切成一段段5～8厘米长度的茎条，然后进行底部加热，温度保持在10摄氏度时就可以生根。

山桃草属（GAURA）

分株 春季 ♨♨
播种 初春 ♨
扦插 春季或夏季 ♨♨

该属多年生植物生长在温暖、阳光充足且排水良好的土壤中，是完全耐寒的。除了山桃草（*Gaura lindheimeri*），其他品种的存活时间都很短。子株和母株在同一季节开花。在容器中播种后置于10摄氏度的环境下。春季截取地茎插条，夏季截取半熟枝插条。

杂色菊属（GAZANIA）

播种 春季 ♨
扦插 夏末秋初 ♨

勋章菊（*Gazania rigens* var. Uniflora）

该属中许多多年生植物是畏寒至半耐寒的，可以由种子培育繁殖。应在排水良好的堆肥中播种，然后置于18摄氏度的环境下。14天内会长出幼苗，并和母株在同一季节开花。勋章菊（*Gazania rigens*，异名为G.splendens）不会结籽。许多品种长势也不会太喜人。尽可能从不开花的或移除了花苞的枝条中截取地茎插条或半熟枝茎尖插条。插条种植后容易生根，即使在水中也是如此。需施用排水性良好的扦插堆肥以避免腐烂。栽种后保持湿润且经常通风，直到生根（通常在2～3周内）再移栽到盆中种植。春末移植前要保持植物免受霜寒的侵害。

其他多年生植物

泽兰属（EUPATORIUM）春季分株 ♨。春季，在15摄氏度时播种 ♨。春季截取地茎插条 ♨♨。

土丁桂属（EVOLVULUS）春季，在18摄氏度时播种 ♨。初秋截取半熟枝插条 ♨。

蓝菊属（FELICIA）（异名为Agathaea）在春季，在15摄氏度时播种 ♨。初秋截取半熟枝插条 ♨。

蚊子草属（FILIPENDULA）春季分株 ♨。春季，在10摄氏度时播种 ♨♨。冬季截取根插条 ♨。

乳菀属（GALATELLA，异名为Crinitaria）同紫菀属（Aster）♨。

岩穗属（GALAX URCEOLATA，异名为G. aphylla）春季分株；子株生根较慢 ♨♨。春季，在10摄氏度时播种 ♨♨。

山羊豆属（GALEGA）在秋季或春季分株 ♨。将种子浸入冷水中；春季，在15摄氏度时播种 ♨。

猪殃属（GALIUM）开花后分株 ♨。种子成熟或春季播种，置于冷床中且保持凉爽 ♨。

龙胆属 (GENTIANA) 龙胆

分株　初春或开花后🌱
播种　夏季至初秋或初春🌱🌱
扦插　春季或夏季🌱🌱

华丽龙胆 (*Gentiana sino-ornata*)

大多数多年生龙胆属植物完全耐寒，生长期长且结籽多，所以该属主要由种子培育繁殖。像 *Gentiana saxosa* 和西亚龙胆

(*Gentiana septemfida*) 之类的龙胆属植物，一般是自体播种繁殖的。但是像柳叶龙胆之类较大型的植株，一般由分株进行繁殖。其他一些龙胆属植物，特别是垫状高山植物龙胆草和秋季开花的品种，如蓝玉簪龙胆 (*G. veitchiorum*) 和华丽龙胆 (*G. sino-ornata*)，是在野外通过生长蘖枝繁殖的。像紫瓶子草 (*G. purpurea*) 和蕌薇 (*G. lutea*)，生长有浓密的冠状根系，所以该品种一旦生长就不易移植，因此该植物类型最好由种子培育或分

株繁殖。秋季种植龙胆属植物，应使用富含有机物，呈酸性或中性且具有良好排水性的湿润堆肥；春季种植龙胆属植物所需的堆肥性质则与秋季相反。

分株　初春小心地对根系分枝上长出的蘖枝进行分株，预防过冬时小植株遭到霜冻的侵害而腐烂。挖出母株，将其分成一些带有数个芽和肉质根（根部呈"丁"状）的小植株。有时，可以在不移栽母株的情况下分株。分株后立即移栽或种到盆里。按照一般的分株方法将较大的植株分株。如果缺水，所有的分株都存活不了。天气干燥时，每天需要喷两次水。如果损害保持在最低限度，则植物应在一年内开花。

播种　种子的活力下降很快，因此最好在成熟后尽快播种。秋季开花的龙胆需要种在酸性种子堆肥中。薄薄地播种一层优良种子，以免受潮。4～5周内发芽，但细小的幼苗通常生长缓慢。幼苗长到宜于处理时，可移植到盆中种植。新植株在2～5年内开花。

扦插　尤其是秋季开花的龙胆，截取软木茎尖插条或地茎插条。将插条扦插到装有等份粗砂和泥炭混合物的花盆中，温度保持在15摄氏度。插条扎根后，将它们单独种植到花盆中，然后再将花盆放置到冷床或高山植物温室中。

进行高山龙胆植物分株

1 春季植株开始生长时，将垫状植株进行分株。挖出植株，小心地将其分成单株，并确保每株都附有"丁"状茎根且长有叶冠。

2 每隔15厘米，就在砂质土壤的苗床上种植一棵带"丁"状茎根的植株，或将其种在排水性良好的盆栽堆肥中，生长一年。次年春季将它们移植出来。

老鹳草属 (GERANIUM)

分株　夏末，秋季或初春🌱
播种　种子成熟时或初春🌱
茎插条　春末或夏末🌱🌱
根插条　秋季🌱

每3～4年进行一次分株，可以帮助该属完全耐寒或半年寒的多年生植物保持活力。该属有些品种易于杂交繁殖，有些品种则通过自体播种繁殖。所有物种和某些栽培品种都可以由种子培育繁殖。只有血红老鹳草 (*Geranium sanguineum*) 和大根老鹳草 (*G. macrorrhizum*) 的茎适合用作插条。也只有草原老鹳草 (*G. pratense*)、暗花老鹳草 (*G. phaeum*) 和血红老鹳草适合进行根插条。

分株

分株后第一年就会开花。很容易将松散的纤维状的根簇分开。紧密相连的根茎必须用刀切开强行分离。也可以进行单芽分株。

播种

在15摄氏度时播种，种子会在14天内发芽。植株会在次年开花。

扦插

春季或植株停止生长时，进行地茎插条。在靠近地面或者低于地面的位置截取插条。每部分茎条上要有一个节点。在15摄氏度时，置于阴凉处的插条会生根，一年内会开花。若将插条插到托盘中的堆肥中，置于户外冷床中，生根后，春季将其进行移植。

成熟的天竺葵种子头
种子头成熟后，种子会自然掉落，应每天检查种皮并在它变成棕色但没"张口"吐出种子时收集种皮。将收集的种皮放在纸袋中，直到它们吐出种子。

大叶草属 (GUNNERA)

分株　春季或夏季🌱🌱
播种　夏季或秋季🌱

春季中期在植株开始生长前，将"大个植株"分成一棵棵单株，或秋季温度为15摄氏度的环境下，圆形果实成熟后立即播种。在初春或夏末将垫状高山植物分株。高山植物的种子几乎不能自体繁殖。将新鲜的种子播种到置于冷床中的花盆里。

其他多年生植物

非洲菊属 (GERBERA)　春季将母株分成单个的莲座丛🌱。春季，在15摄氏度时播种🌱。

路边青属 (GEUM)　春季分株🌱。秋季在户外播种或在春季，在10摄氏度时播种🌱🌱。

星草梅属 (GILLENIA)　同路边青属🌱。

美女樱属 (GLANDULARIA)　同马鞭草属 (Verbena)🌱。

海罂粟属 (GLAUCIUM)　秋季或春季，在15摄氏度时播种🌱🌱。

活血丹属 (GLECHOMA)　春季分株🌱。随时可以从母株上分离生根的小植株🌱。春季，在10

石头花属（GYPSOPHILA）

播种　种子成熟时或春季🌱
扦插　春季或夏季🌱
嫁接　冬末🌱🌱🌱

该属的大多数多年生植物完全耐寒，但有些是畏寒的。该属品种通常是由种子培育繁殖或从不会由种子培育和插条繁殖的栽培品种杂交繁殖的。然而，圆锥石头花的重瓣花品种的插条不易生根，而通过嫁接繁殖的方法最为可行。大株的草本满天星把根扎得很深，不易移栽。

嫁接圆锥石头花（Gypsophila paniculata）

挺拔、健康的根

播种

种子成熟或春季在盆中播种多年生植物的种子，温度保持在15摄氏度。蛞蝓和蜗牛可能会伤害幼苗。

扦插

可以将粗壮的基部芽，或软木茎尖作为插条。温度为18摄氏度时，生长在混合了粗砂和壤土中的插条会生根。插条会在种植后第二个季节开花。

嫁接

嫁接时，采用已经生长了2年，根系旺盛的满天星幼苗，来提供砧木。秋季将所选品种的植株挖出来，移植到花盆中，置于免受霜害的温室中促进植株的生长。冬末，该品种会长出新生的粗壮的茎条，其可用作嫁接时的接穗。将嫁接的植物遮盖住直到春末，然后将其移栽。第二个季节会开花。

从砧木底部中间切开

1 挖出已经种植了两年且由种子培育的植株。将根上的泥土清洗干净。剪掉植株底部8～10厘米长、1厘米厚的根茎，从根茎顶端直接切穿并与底部成一定的斜角。

2 从根部修剪掉纤维状的根须，然后将侧根切成1厘米的长度。用一把干净锋利的刀在砧木顶部垂直切出一个1～2厘米深的切口。

在茎根底部两侧各切一个斜口

3 从母株上取一个5～8厘米长的嫩枝作为接穗。剪下底部的叶子，将底部根茎切成1～2厘米长的楔形。

8厘米深的花盆

4 将砧木放入标准扦插堆肥中，固定好。将接穗的根部轻轻推入砧木的切口中，使它们紧密贴合在一起。检查砧木和接穗的边缘是否至少有一边对齐。

5 用塑料嫁接带或拉菲草固定接穗和砧木的位置，让接穗紧密地插到砧木切口中。将整个接枝都缠上塑料接带或拉菲草，以防止水分流失。在花盆上贴上标签，浇透水，沥干水分。

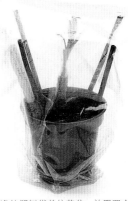

6 用干净的塑料袋盖住花盆，并用四个藤条将塑料袋撑开（高于植株即可），避免植株腐烂。将花盆置于15摄氏度的环境下，等待4～6周，直到长出新植株。

摄氏度时播种🌱🌱。也可在春季对杂色欧活血丹品种软木茎尖插条🌱。天气暖和时，可能会遭到其他物种的入侵。

舞花姜属（GLOBBA） 春季分株🌱。春季，在21摄氏度时播种🌱。

地团花属（GLOBULARIA） 春季分株；从那些不易移植的低矮的、隆起的根茎边缘将生根的嫩枝移栽。秋季播种（第164页）；置于冷床且保持凉爽。夏季截取莲座插条🌱🌱；根茎底部热量为15～18摄氏度时有利于插条生根🌱🌱。

甘草属（GLYCYRRHIZA） 冬末分株，分株方法同

芍药属（Paeonia）🌱🌱。春季，在15摄氏度时播种；播种前先将种子在凉水中浸泡24小时🌱。

肖竹芋属（GOEPPERTIA） 同叠苞竹芋属（Calathea）🌱。

密垫菊属（HAASTIA） 夏季播种新鲜的种子，置于冷床且保持凉爽，会在几周内会发芽；幼苗生长一年后再移栽🌱。初夏截取莲座插条🌱。插条非常容易变干和腐烂。

喉凸苣苔属（HABERLEA） 同欧洲苣苔属（Ramonda）🌱🌱🌱。

瓣苞芹（HACQUETIA EPIPACTIS，异名为Dondia

epipactis） 开花后分株🌱。种子成熟时播种；置于冷床中且保持凉爽。该品种一般是由自体播种繁殖🌱。

姜花属（HEDYCHIUM）（同Brachychilum） 初春植株仍处于休眠状态时将根茎分株🌱。在春季在21摄氏度时播种🌱。

岩黄芪属（HEDYSARUM） 用热水浸泡种子，以打破种子的休眠状态，春季，在15摄氏度时播种🌱🌱。

堆心菊属 (HELENIUM)

分株 春季 🌱
播种 春季 🌱；扦插 春季 🌱🌱

堆心菊栽培种
'Sonnenwunder'

大多数多年生堆心菊属品种都完全耐寒，长势喜人，能迅速长成簇状植株。所以需要每隔3～4年进行一次分株，既可以增加该品种的数量，同时也能保持每株植物的生长活力。将砧木切成适当大小的部分进行移栽。大多数花园里种植的各类植株都是栽培品种，因此等着从这些家种的栽培品种上收集的种子，播种后效果不佳。春季，在15摄氏度时播种。大约一周内会长出幼苗，并在初夏至仲夏进行移栽。多年生植物一般在次年开花。

为了更快地增加品种的数量，且进行插条：嫩枝长到约8厘米长时，将其截取地茎插条即可。生根的插条和母株会在同一季节开花。

向日葵属 (HELIANTHUS) 向日葵

分株 春季 🌱；播种 春季 🌱；扦插 春末 🌱

"卡普诺克之星"向日葵 (Helianthus 'Capenoch Star')

该属耐寒的多年生植物很容易进行分株；其根系发达，地下茎（匍匐枝）四处蔓延，可能会遭到其他物种的入侵。子株会和母株在同一季节开花。在15摄氏度时播种会在7～10天内发芽；且会在2～3年内开花。从8厘米长的嫩芽上截取地茎插条；温度保持在15摄氏度，插条会在14天内生根。插条和母株会在同一年开花。有关一年生向日葵见第224页；洋姜（Jerusalem artichokes）见第302页。

蜡菊属 (HELICHRYSUM)

分株 春季 🌱
播种 春季或夏季 🌱
扦插 夏季至初秋 🌱

如果所处的环境太潮湿，这种畏寒至完全耐寒的多年生植物就很容易腐烂，因此注意对用于繁殖的培育器进行通风。拥有纤维状根的丛生多年生植物，如天山蜡菊（Helichrysum thianschanicum，异名为 H. lanatum），可将簇状天山蜡菊分成2～4个部分。子株开花的时间比同年母株开花的时间要晚一些。

种子成熟后，花簇就变得蓬松，一不小心种子就会被吹跑。所以在种子被吹走前一定要收集成熟的种子头。在13～16摄氏度时播种。两周后会长出幼苗，两年内植株会开花。夏季高山植物的种子成熟后，需要立即播种。

从不开花的新生植株上截取半熟枝茎尖插条，种植在托盘中，温度保持在15摄氏度。插条通常在14天内生根，生根后快将其移植，或者推迟到春末再移植。在冬季必要时提供防冻保护。插条会在次年开花。可以从高山植物品种米尔福德蜡菊（H. milfordiae）上截取莲座插条。

獐耳细辛属 (HEPATICA)

分株 冬末或夏季 🌱🌱
播种 初夏或冬末 🌱🌱

这些完全耐寒的林地植物通过营养输送，生长缓慢。除几个特殊品种，该属的其他品种建议由种子培育繁殖。冬末或开花后将成熟的植株进行分株。分株后的小植株要想长势良好，那么在分株时须确保每棵植株都有健康的根。种子成熟后要立即播种，或者等到冬末播种。将种子播种到置于冷床的花盆中。大约3年后植物会开花。

铁筷子属 (HELLEBORUS)

分株 开花后分株 🌱
播种 夏季 🌱

嚏根草［东方圣诞玫瑰，杂种铁筷子（Helleborus orientalis，H. hybridus）］可以自由杂交。但是想拥有一株"纯种"的嚏根草，必须由分株实现。其他完全耐寒的品种也可以通过分株繁殖。

分株 植株长大后，将杂种植株（例如铁筷子属杂交品种 H. × nigercors）进行分株。直接将小簇的东方圣诞玫瑰和其他品种分离即可，但已经长成较大株的嚏根草和其他品种则需要修剪或者用叉子将其分离后再移栽。扎根良好的子株会在次年的春季开花。

播种 大多数品种都会结籽，所以许多品种都是自体播种繁殖的。种子成熟后立即在苗床或托盘中播种；经受冬季的寒冷后，可以打破种子休眠，从而使种子的发芽率达到最高。种子会在秋季或春季发芽，2～3年内开花。当然，如果播种的是干燥的旧种子，发芽率则不稳定。如果新鲜的种子不能播种，须存放在潮湿的沙子或苔藓中。该属是不错的杂交对象。

收集鹿食草的种皮
如果轻轻挤压种皮，种皮裂开后看到的是暗黑色的种子，那么就可以收集种皮了。收集时戴手套以防刺激性汁液沾到手上。将种皮置于干燥温暖的地方，直到它们自然分裂。

鹿食草通过自体播种繁殖，长出幼苗
春季，许多品种［图中为科西嘉圣诞玫瑰（Helleborus argutifolius）］母株四周会长出幼苗。幼苗长出一两片叶子后，小心地将其挖出并移植在潮湿的遮阴处。

萱草属 (HEMEROCALLIS) 雏菊

分株 初春 🌱
播种 秋季或春季 🌱

大部分雏菊都完全耐寒，但少数美国品种是畏寒的。用叉子将生长较密的植株分开，修剪掉受损的根部，然后移栽，可以进行单芽分株。如玉簪之类的品种，这些可以被"置顶"。在15摄氏度时播种，14天内就会发芽，尤其播种的种子较新鲜时。次年植株开始开花。不同的品种，长出不同的幼苗，给人意想不到的惊喜。

分株时确保铲刀
垂直切入——

矾根属（HEUCHERA）珊瑚花

分株　春季；播种　春季

　　如果不按时分株，这些抗霜冻的多年生植物的活力会下降。分株也可以保留品种的颜色和叶片杂色。将花冠分株后，可以将长老的木芯丢掉。在10摄氏度时播种。一些如紫叶珊瑚中的品种分株后长势良好；少数杂色幼苗品种长势也不错，其他品种的长势也十分喜人。植株会在次年开花。

矾根属植物分株

初春，植株长大后，将其挖出。且将母株四周长出的小植株也挖出进行移栽，确保每小株长势旺盛，根系健康，并且确保茎干上要有2～3个芽。

其他多年生植物

蝎尾蕉属（HELICONIA）春季分株🌱。经过热水处理后，春季在21摄氏度时播种🌱。

赛菊芋属（Heliopsis）同向日葵属🌱。

夜鸢尾属（HESPERANTHA）同丝柱鸢尾属（Schizostylis）春季分株🌱。春季，在15摄氏度时播种🌱。

裂矾根属（HEUCHERELLA）秋季或春季分株🌱。

蕺菜（HOUTTUYNIA CORDATA）春季分株🌱。春季，在10摄氏度时播种🌱。春季截取软木插条🌱。

枪刀药属（HYPOESTES）春季，在18摄氏度时播种🌱。春季截取软茎尖插条或夏季截取半熟枝插条（见第154页）🌱。

屈曲花属（IBERIS）秋季播种🌱。仲夏截取半熟枝插条🌱。

凤仙花属（IMPATIENS）春季，在16摄氏度时播种用作花坛和花物种品种的种子。在春季或夏季截取软茎尖插条（见第154页）🌱。

角蒿属（INCARVILLEA）春季播种新鲜的种子，置于冷床中且保持凉爽🌱。

旋覆花属（INULA）秋季或春季分株🌱。春季，在10摄氏度时播种🌱。春季截取地茎插条🌱。

虎掌藤属（IPOMOEA）（同牵牛属）春季，在21摄氏度且阳光充足的地方播种🌱🌱。春季截取软木插条🌱。

血苋属（IRESINE）秋季截取茎插条；春季截取茎尖插条🌱。

玉簪属（HOSTA）玉簪花

分株　春季；播种　春季

　　尽管该属的品种有些会长出地下茎，有些会长出四处蔓延的根茎（匍匐茎），但大多数品种会长出纤维状的根簇。该属品种完全耐寒，但如果通过移栽繁殖，子株需要花费一些时间才能恢复过来，因此分株只能在必要时或植株生存空间不足时进行。

"神翠鸟"玉簪
（*Hosta* 'Halcyon'）

　　分株　用铁锹将稠密的根系分开；小心地用手将蓬松的多肉的根簇分开，把对根的损害降至最低。将单芽成行地移栽到花盆里或苗床中。次年植株会争先恐后地生长出根簇，特别是同时"扎根"。切下幼株上的芽成功地移植到苗床，受损的芽周围会形成很多芽冠。这些芽会在下一个季节开花，然后成为下次分株的对象。

　　播种　玉簪属植物会结籽；植株下面的

将丛生的玉簪属植物进行分株

如果丛生的玉簪属植物的砧木又坚韧又密集，就用铁锹将其铲开。但是要确保分开每株分枝上有1～3个健康的芽，然后用刀子修剪掉受损的根。

种皮开始脱落种子时，尽快收集花穗。尽管像紫萼（*Hosta ventricosa*）之类的品种，孕育的种子比较纯正，但是一些幼苗仍会发生一些有趣的变种。杂色品种的幼苗可能会变异得只剩下一种颜色。在15摄氏度下播种；将幼苗置于冷床中。2～3年内开花。

通过分株玉簪属植物的芽冠繁殖

1 玉簪属植物的芽开始生长的时候，将每个芽底部的泥土清理掉，露出芽冠。用一块干净的湿布小心地擦拭每个芽冠的底部，不要损害到底部的根。

2 用干净锋利的解剖刀或小刀小心地在每个芽冠上切一个小的垂直切口。如果牙冠太厚，需再切一刀，与第一刀成直角。

3 在切口处敷上激素生根化合物，然后插入一根牙签确保每个切口不会闭合。将芽冠用土覆盖至与之前相同的深度，牢固好，浇透水。整个生长过程都要多浇水保持湿润。

4 秋季，休眠芽的切口会愈合，来年春季，新枝上会长出嫩芽。春季或秋季，将芽冠分株，确保每株上都有芽。

鸢尾属 （IRIS）

分株 春季或初夏 ⚒
播种 春季 ⚒

西南鸢尾（*Iris bulleyana*）

该属（异名为 Belamcanda）多为具有纤维根与根茎的多年生植物，3～4年分株一次有利于该属的繁殖。该属的纯品种和杂交品种都由种子培育繁殖。

分株

开花后分株：春季可将太平洋沿岸杂交种、西伯利亚品种和轮叶婆婆纳等生长纤维根的鸢尾花进行分株。初夏，将长有根茎的品种挖出，如有髯鸢尾，将根茎切成段，确保每段都附有根和长有扇状的叶子，然后进行移栽，确保露出地面的茎干约15厘米高。次年花朵会零零散散地开放，但随后的日子里会越开越茂密鲜艳。将没有生长点的根茎切成约8厘米长的茎条，放入托盘中，露出顶部。植株很快就会发芽。发芽2年后开花。

播种

播种新鲜的种子（见第151页）。鸢尾花种子像被喷上发芽抑制剂似的，发芽较慢；所以在播种前最好浸泡在16摄氏度的温水中2～4小时，这样种子会在2～4周内发芽。幼苗会在3年内开花，但有髯鸢尾的幼苗开花较早。不要让喜阴的品种干燥。

露薇花属 （LEWISIA） 苦根琉维草

播种 初春或者仲夏至夏末 ⚒
莲座插条 夏季 ⚒
叶插条 夏季 ⚒⚒⚒

种子培育繁殖是增加该属耐寒高山植物属的主要办法。露薇花（*Lewisia cotyledon*），常绿品种，其他品种的侧枝可以用插条。该属的所有品种都不喜湿，所以浇苗和插枝都要格外小心。

播种 种子成熟后，或在春将种子播种在排水性良好的堆肥中，该堆肥由1份消毒的壤土与2份叶霉和尖沙组成，之后放到冷床上。特鲁蒂利露薇花（*L.tweedyi*）发芽较慢且不稳定。一些品种很容易进行杂交繁殖；若由种子培育繁殖可能不会培育出想要的品种，但长出的幼苗却十分漂亮。

扦插 尽可能取下茎上的侧枝，然后栽种到沙砾堆肥或无石灰的沙子中，将其置于培养箱或冷架中。叶插条在相同的环境下也可以生根，但成熟的速度会相对较慢。此外，若浇水过多，插条会极易腐烂。

半边莲属 （LOBELIA）

分株 春季 ⚒
播种 秋季或春季 ⚒
扦插 春季或夏季 ⚒⚒

一些存活期较短的半耐寒多年生植物［主要是六倍利（*Lobelia erinus*）］用作花坛种花，但边界多年生植物，无论是耐寒还是畏寒品种，都可以通过分株或者扦插繁殖。

分株 用叉和刀子将蓝花半边莲（*L.siphilitica*）、罗贝利草（*L.cardinalis*）和 *L. laxiflora* 等植物的花冠分株，会在同年内开花。

播种 耐寒植物的种子成熟后，需立即在遮阴处浅植。将温度保持在15摄氏度，几周内即可出苗。大多数幼苗在第一年便会开花。

插条 夏季，从边界多年生植物上截取茎尖插条和茎插条。可以将蓝花半边莲和罗贝利草的花茎切成一段段5厘米长的茎条，将花茎下方的叶子移除。置于18摄氏度的环境下，3周内可以生根。越冬时要保护幼苗免受霜冻的侵害。下个季节就会开花。大多数植株的扦插是直接将母株垂直切开，并确保每棵分株都保留叶子。春季将具有双重形态的六倍利进行地茎插条。

种植用作花坛种花的半边莲属幼苗

大多数用作夏季花坛种花的幼苗，移栽起来很费劲。为了节省时间并确保植物的密度适合移植，播种时需将种子撒得稠密一些，这样发芽后可以成簇或成片地进行移栽。

羽扇豆属 （LUPINUS） 羽扇豆

播种 初春至仲春 ⚒
扦插 仲春至春末 ⚒

叶羽扇豆品种*Lupinus* 'The Chatelaine'

该属的多年生植物中，只有 *Lupinus x regalis* 这个品种被广泛种植。该品种是半耐寒乃至完全耐寒的。不同寻常的是，该属有许多现代杂交品种，如 Gallery 系列和一些栽培品种是由种子培育繁殖出来的纯种植物。扦插是无性繁殖的最佳手段。大多数羽扇豆植株不喜欢潮湿的土壤，也不易移栽。

播种

播种前先将种子浸入冷水中24小时，然后置于15摄氏度的环境下。该属都长有大颗粒的种子，可以将其在苗床中或单独种在花盆中，以免盆栽时对根系造成干扰。10天内会发芽。春末移植。

插条

植株长到约8厘米高时，将新枝用作地茎插条。置于15摄氏度的环境下，生根需要10～14天。将插条植根于珍珠岩中（如飞燕草）。将生根的插条种到花盆里，置于遮阴处（如凉爽的冷床）生长。初夏进行移栽，植株会在同年或次年开花。

剪秋罗属 （LYCHNIS）

分株 夏季或秋季 ⚒
播种 初春 ⚒
扦插 春季 ⚒⚒

该属多年生植物（除了 *Lychnis x haageana*，异名为 Viscaria）是完全耐寒的，开花后，可将其进行分株。子株会和母株在一个季节开花，也有可能在下一个季节开花。在10摄氏度时播种；高山植物的种子最好在种子成熟时尽快播种。由种子培育繁殖的植株会在1～2年内开花。而一些物种，如毛剪秋罗（*L. coronaria*）是靠自体播种繁殖的。许多色彩绚丽的幼苗长势喜人，也可以通过茎插条繁殖。

竹芋属 （MARANTA） 条纹竹芋

分株 春季 ⚒
播种 春季 ⚒⚒
扦插 春季 ⚒⚒

将这些长有地下茎、畏寒的生根多年生植物进行分株，尤其需将簇状植株分开（见第148页）。将植株置于潮湿、明亮、有间接光照的地方生长，保持在18摄氏度，直到生根。在相同的温度条件下，种子会在两周内发芽。新长出的嫩枝高达8～10厘米时，截取地茎插条（见第156页）。除去插条下方的叶子，将其插入装有标准扦插堆肥的盆中或托盘中。在18摄氏度的潮湿环境中两周内生根。

绿绒蒿属（MECONOPSIS）

分株　夏末秋初 ▟▟
播种　春季或者初秋播种 ▟ 或 ▟▟

藿香叶绿绒

　　该属是完全耐寒的，多为存活期短的多年生植物，易于自体播种繁殖，因此该属随处生长。种植珍贵的蓝色花品种，如藿香叶绿绒蒿（*Meconopsis betonicifolia*），具有挑战性；因为该属的某些品种一生只结一次果实。分为精选型和不育型杂交种。

　　分株　一旦该植株停止生长，就将该植株分成单个的莲座丛。分株时要小心地分开花冠；因为花冠很脆弱，容易受损，易造成腐烂。

　　播种　尽管收集的大多是杂交种子，但也会正常地生根发芽。种子生存期短：种子成熟后立即采集并播种（冬季需要保护夏季长出的幼苗免受霜冻的侵害），或将种子晾干放到冰箱冷藏，来年初春再播种。为了获得最佳效果，请同时执行这两项操作。种子需要光照才能发芽，白天温度需要保持在18摄氏度，而夜晚则需将温度降低至10摄氏度，这样的话，种子会在14～21天之内发芽，但不保证全部种子都会发芽。在20摄氏度时，播种藿香叶绿绒蒿，两周后，温度调至5摄氏度，10～14天后种子会发芽。不结籽的植物可以通过根插条繁殖，截取2～3厘米长的根茎，将根茎垂直插到沙砾堆肥中，确保底部温度适中。

收集绿绒蒿属的种子

种皮一旦变成棕色，就将它们摘下来放置在温暖的地方烘干，直到种皮裂开。将种子剥出，放在干净的纸上，立即播种。

石猴花属（MIMULUS）

分株　春季 ▟
播种　秋季或春季 ▟
扦插　春季或秋季 ▟

　　该属（异名为Diplacus）的大多数多年生植物完全耐寒，尽管有些是畏寒的。可以将生根的多年生植株进行分株。该属的所有品种都可以由种子培育繁殖，但有的是杂交品种，因此长出的幼苗各不相同。插条繁殖是另一种选择。

　　分株　多年生草本物种可以分株。有些植株根系十分发达。

　　播种　春季，在6～12摄氏度时播种细小的种子。通常两周内会发芽。为了让耐寒品种提前开花，秋季可以在花盆中播种该品种的种子；必要时，要保护置于冷床中的小植株免受冬季寒冷的侵害。石猴花属通过自体播种繁殖。

　　扦插　可以截取软木茎尖插条。插条在3周内生根，并能在同一季节晚些时候开花。

其他多年生植物

希腊苣苔属（JANCAEA）异名为Jankaea，同欧洲苣苔属（Ramonda）▟。

鲜黄连属（JEFFERSONIA，异名为Plagiorhegma）春季分株 ▟；生根较慢。在10摄氏度时，尽快播种 ▟▟。生长缓慢。

灯心草属（JUNCUS）春季该属开始生长时分株 ▟。春季，在10摄氏度时播种 ▟。

黄山梅属（KIRENGESHOMA）春季分株。春季，在10摄氏度时播种 ▟▟。旧种子发芽不稳定且生长缓慢。春季截取地茎插条 ▟。

蝻草属（KNAUTIA）春季分株 ▟。春季，在15摄氏度时播种 ▟。春季截取地茎插条。

火把莲属（KNIPHOFIA）仲春至夏末分株；移栽大棵的植株，但生根的嫩枝只能种植到花盆里 ▟▟。春季，在15摄氏度时播种 ▟。

扁豆（LABLAB PURPUREUS）异名为Dolichos lablab，参见第302页的"蔬菜"。

野芝麻属（LAMIUM，异名为Galeobdolon，Lamiastrum）春季分株 ▟。春季在苗床上播种，或在盆中播种，置于10摄氏度的环境下 ▟。夏季截取茎尖插条 ▟。

山藜豆属（LATHYRUS）春季分株 ▟。春季，在15摄氏度时播种；首先在冷水中浸泡24小时 ▟。香豌豆见第226页。

火绒草属（LEONTOPODIUM）春季分株 ▟。种子成熟时或秋季立即播种 ▟▟。

滨菊属（LEUCANTHEMUM）同蝻草属。

新火绒草属（LEUCOGENES）在富含有机物、排水性良好且酸中性的堆肥中播种新鲜种子；发芽率不太高 ▟▟▟。夏末进行半熟枝茎尖插条 ▟▟。

蛇鞭菊属（LIATRIS）同蝻草属。

丽白花属（LIBERTIA）同山麦冬属（Liriope）。种子是裹在种皮里的 ▟。

橐吾属（LIGULARIA）同蝻草属。

补血草属（LIMONIUM）同蝻草属。

柳穿鱼属（LINARIA）同蝻草属。

亚麻属（LINUM）春季，在15摄氏度时播种 ▟。仲春进行软木插条或夏季进行半熟枝插条 ▟。

山麦冬属（LIRIOPE）春季分株 ▟。春季，在10摄氏度时播种从浆果中提取的种子 ▟。

百脉根属（LOTUS，异名为Dorycnium）春季，在15摄氏度时播种；播种前首先在热水中浸泡24小时 ▟。夏末进行半熟插条 ▟。

银扇草属（LUNARIA）春季对复苏银扇草（Lunaria rediviva）分株 ▟。春季直接播种 ▟。

地杨梅属（LUZULA）同灯心草属（Juncus）▟。

珍珠菜属（LYSIMACHIA）春季分株 ▟。春季，在10摄氏度时播种 ▟。春末截取茎尖插条 ▟。初秋，将从珍珠菜（L. nummularia）中截取的半熟枝插条根植于堆肥或苔藓卷中。

千屈菜属（LYTHRUM）同蝻草属 ▟。

博落回属（MACLEAYA，异名为Bocconia）春季分株 ▟。春季，在15摄氏度时播种 ▟；该属通过自体播种繁殖。冬季用将根茎部分按照根插条的方法进行扦插 ▟。

舞鹤草属（MAIANTHEMUM）开花后分株 ▟。秋季播种，经受冬季的寒冷后，发芽十分缓慢 ▟▟。

锦葵属（MALVA）春季，在10摄氏度时播种 ▟。春季截取地茎和茎尖插条 ▟。

欧夏至草属（MARRUBIUM）秋季播种或春季，在10摄氏度时播种；发芽不稳定 ▟。夏末截取地茎插条 ▟。

通泉草属（MAZUS）春季分株 ▟。种子成熟时或者初春，10摄氏度时，在盆中播种 ▟。春季分离自生根的枝条 ▟。

蜜蜂花属（MELISSA）春季分株 ▟。春季，在10摄氏度时播种 ▟。夏末进行半熟枝插条 ▟。

薄荷属（MENTHA）见薄荷 ▟。

美国薄荷属（MONARDA）仲春分株；也可以进行单芽分株 ▟。春季，在10摄氏度时播种 ▟。春末截取茎尖或者地茎插条 ▟。一年内会开花。

矮黄芥（MORISIA MONANTHOS，异名为M. hypogaea）冬季或初春在盆中播种，置于冷床中且保持凉爽 ▟。冬季截取根插条 ▟▟。

火炬花
（*Kniphofia* 'Alcazar'）

芭蕉属（MUSA）香蕉、大蕉

分株　春季 ♣♣♣
播种　种子成熟时 ♣♣♣

尽管该属品种长得像树一样高大，但除了芭蕉（*Musa Basjoo*）是耐霜冻的，其他品种都是畏寒的草本植物。长出的侧枝和走茎，可用于插条繁殖。将侧枝取下栽种，置于21摄氏度的环境下，直到生根。必要时，将其移栽到遮阴处。在播种大粒种子之前，将每粒种子的一边锉平，浸泡在热水中，再冷却24小时。每个盆里播一粒种子，温度保持在24摄氏度。一个月内可以发芽。幼苗长出后，仍然将其置于相同的温度下。新植株可以在一年内长到3米高。

香蕉果实和雄性花
该品种主要作为观赏植物种植，基本上不结籽，但如果结了籽，就立刻在其成熟时进行收集并播种。

香蕉走茎的繁殖

1 清理掉茎根上的泥土，使其露出走茎。然后直接用大而锋利的刀向下切割，将走茎切下，确保每株走茎尽可能多带一些根须。

2 将杀菌剂涂抹在切口上。在母株周围填上土壤。取下走茎上所有大的或损坏的叶子，以减少水分流失。将走茎种植到比砧木大一点的容器中，埋根的深度与以前相同。浇完水，置于温暖且有遮蔽的地方，在盆上贴上标签以便识别。

罂粟属（PAPAVER）罂粟

分株　仲春 ♣
播种　夏季或春季 ♣
扦插　秋末 ♣

多年生罂粟大多耐寒。结一次果的品种，不易分株，但可以由种子培育繁殖，所以由种子培育繁殖是最佳的选择。东方罂粟（*P.orientalis*）或大红罂粟（*P. bracteatum*）的栽培品种主要是重瓣花型或东方花型，但是种子培育生长出来的植株参差不齐，因此最好通过分株或者插条繁殖。

分株　将大簇的根系分成单个根茎，确保每个根茎上都有苗壮的根，子株会和母株同一个季节开花。

播种　种荚变成棕色时，趁它们还没裂开脱落出种子时，赶紧将它们收集起来。这些小种子需要光照才能发芽：种子成熟时或在春季，在10摄氏度时立即在地面播种，10天内会发芽。幼苗长到宜于处理时可以将其移植：因为它们不喜移植。种子培育的植株在第二个季节会开花。秋季播种威尔士罂粟（*P. cambricum*，异名为Meconopsis cambrica）种子，使其经受冬季的寒冷，次年春季发芽。

插条　东方罂粟可以从土壤中残留的断根上自然繁殖，因此根插条的植株很容易存活。将8厘米长的根插条垂直插入排水性良好的堆肥中。冬季将植株放置到遮阴处。春季新芽扎根时，可单独将幼苗成行地移植到育苗床中或单独种到盆里。或者，像刺芹属，将它们种植到沙土里。生根的插条会在次年开花。

芍药属（PAEONIA）芍药

分株　初秋或初春 ♣
播种　秋季 ♣♣♣

该属为十分耐霜冻的多年生植物（如灌木，见第136页），比其他品种生长得早。植株生长前，将多肉的根切成小段（见第149页和右图），确保每段上都有一个或多个饱满的顶芽。牡丹不易移植，所以分株后可能两年多才会开花。有时，母株周围的浅根中生长出来许多小植株，在不移植母株的情况下把小植株移走。

该品种的种子是双重休眠的（见第151页）。将它们播种在盆中，在寒冷的冬季盆放到户外，或在播种前将种子冷却数周，有利于它们的生长（见第152页）。来年夏季就会生根，但是种子需要在寒冷的天气中再待上一段时间才能长出嫩芽。植株需要5年的时间才能长到可以开花的大小。

牡丹分株
牡丹植株上的芽开始变成红色且十分饱满时，挖出根系，清理掉根系上的泥土。小心不要弄伤多肉的根部。将"根冠"分成单株，每株上确保有2～3个芽（见小插图）。涂上杀真菌剂后进行移栽。

牡丹的种穗
一些牡丹品种［图示为马略卡芍药（*Paeonia cambessedesii*）］的种皮里同时包裹有黑色和红色两种种子，只有黑色种子可以繁殖。

天竺葵属（PELARGONIUM）

播种　冬末或者仲春
软木插条　春季至秋季
半熟枝插条　夏末或秋季

天竺葵
'Happy Thought'

比起品相不那么艳丽的多肉品种，区域性的、艳丽的、常春藤类的和天竺葵属多年生栽培品种更常见。这些品种是畏寒的，每年气候凉爽时，需要从母株上截取插条培育繁殖。区域性天竺葵属的单花F1杂交种通常用作花坛用花，该属是由种子培育繁殖的。

冬末，在21摄氏度时，立即播种F1杂交种的种子。7～10天内会长出幼苗；将其置于15摄氏度的环境下生长。仲春，在15摄氏度时，播种其他类型的种子。

插条

开花后，截取软木茎或茎尖插条，这些插条会在7～10天内生根。冬季需要将生根的插条置于最低温为8摄氏度的环境下；在较冷的地区，春末应该将这些插条移植。秋季再将这些植株用插条工具挖出，修剪插条，一个盆里种上一两棵小植株。置于干燥的地方，并且保护它们免受霜冻的侵害。冬末，勤浇水，且温度保持为18摄氏度，这样才能促进植株的生长。然后截取软木插条，7天内会生根。天气变暖后，通常，半熟枝插条不太会腐烂了，但生长速度较慢。在15摄氏度时会生根。

钓种柳属（PENSTEMON）

播种　初春
扦插　夏季或初秋

在15摄氏度时播种该属边界多年生植物的种子，而高山植物的种子需要在冷床中播种。形态好且饱满的种子可以收集起来；因为这些种子播种后长出的幼苗比较整齐。钓种柳属是个杂交的好对象。夏末至初秋，对所有存活期短且半耐寒的多年生植物截取半熟枝茎尖插条。小株的高山品种的插条应该截取2.5～5厘米长。边界品种的插条长度应至少是高山品种的两倍。

将插条种植到托盘、花盆或水中，置于15摄氏度的环境下，两周内会生根。为了节省空间，也可以将它们种植到苔藓卷上。花盆应该装有排水性良好的沙砾堆肥，以防止插条腐烂或者保护生根的插条免受霜冻的侵害。初夏，从高山植物上截取软木插条很容易，插条可以和母株在同一季节开花。

艳红钓钟柳
像这种边界钓种柳属的幼苗长势良好，值得我们种植。

草胡椒属（PEPEROMIA）

分株　春季
播种　春季
扦插　任何时候

该属大多数品种都是耐寒的。杂色品种的分株必须靠分株进行。因为该品种的发芽率不高。像圆叶椒草（*Peperomia obtusifolia*）这样的有茎植物，可通过茎尖插条繁殖。没有茎的品种，如皱叶椒草（*P. caperata*），可以通过叶插条繁殖。

分株　将母株分割成2～4份。单独盆栽；保持一定的湿度，直到植株生根。底部温度为18摄氏度时更有利于生根。

播种　在21摄氏度时播种。当幼苗长到宜于处理时（通常在3～4周内）将其单独盆栽，幼苗生长环境的温度须保持为18摄氏度。

插条　截取软木茎尖插条，将其插入盆的边缘，然后放置在繁殖器中或在盆上裹个塑料袋，温度需保持在18摄氏度。插条应在3周内生根。

截取叶插条时，需挑选成熟的叶子，然后将其附带的5厘米长的茎秆（叶柄）一并剪下。叶插条用小花盆即可。小花盆中需装满相等分量的粗砂和泥炭，深度约为1厘米，装好将叶插条插入盆的边缘。用塑料袋盖在盆上以保持湿润。在21摄氏度时，大约需要4个星期才会生根，而从小叶柄的底部再长出新植株也需要大约4个星期。

其他多年生植物

玉簪紫草属（MYOSOTIDIUM HORTENSIA，异名为M. nobile）　开花后小心地进行分株（见第148页）。种子成熟时或春季，在15摄氏度时播种（见第151页）。

勿忘我属（MYOSOTIS）　初夏在10摄氏度时播种（见第151页）。夏季，将M. colensoi和M. pulvinaris之类的品种截取软木茎尖插条（见第154页）。（一年生植物，见第227页。）

紫凤草属（NAUTILOCALYX）　春季，在17摄氏度时，在青苔上播种（见第208页）。夏季截取茎尖插条（见第154页）。

龙面花属（NEMESIA）　春季，在15摄氏度时播种（见第151页）。夏季截取软木或半熟枝茎尖插条（见第154页）。（一年生植物，见第228页）

猪笼草属（NEPENTHES）　春季温度为27摄氏度的条件下播种（见第151页）。春季进行半熟枝插条（见第154页）。夏季进行空中压条，如黛粉叶属（Dieffenbachia，第194页）。

假荆芥属（NEPETA）　春季或秋季分株（见第148页）。春季，在10摄氏度时播种（见第151页）。

初夏截取软木茎尖插条；初秋截取半熟枝插条（见第154—55页）。

赛亚麻属（NIEREMBERGIA）　春季分株（见第148页）。春季，在15摄氏度时播种（见第151页）。初秋截取软木茎尖插条；要保护这些插条过第一个冬季时免受霜冻的侵害（见第154页）。

月见草属（OENOTHERA）　春季将该品种纤维状的根进行分株（见第148页）。春季，在10摄氏度时播种（见第151页）。截取软木插条，特别是在春末已经扎根的品种中截取（见第154页）。

牵环花属（OMPHALODES）　开花后分株（见第148页）。春季，在10摄氏度下或秋季播种（见第151页）；播种牵环花属（O.lucilliae）种子，置于冷床中且保持凉爽。

沿阶草属（OPHIOPOGON）　同山麦冬属（见第203页）。

牛至属（ORIGANUM）　见食用性草本植物，第291页。

蓝眼菊属（OSTEOSPERMUM）　春季，在18摄氏度下播种（见第151页）。春季截取软木插条，

夏末截取半熟枝插条（第154—55页）。

葡地梅属（OURISIA）　春季分株（见第149页）。种子成熟后或春季立即播种，花盆中应放置等份的沙砾，砂质黏土和腐叶土（见第151页）；置于冷床中且保持凉爽。

酢浆草属（OXALIS）　初春或开花后将根茎和须根品种进行分株（见第148—149页）。春季，在13～18摄氏度下播种（见第151页）。（关于球芽和块茎品种，见第275页）

富贵草属（PACHYSANDRA）　春季分株（见第148页）。夏季和秋季截取半熟枝插条（见第154页）。

拟耧斗菜属（PARAQUILEGIA）　种子成熟后，尽快在装有沙砾堆肥的盆中播种（见第151页）；置于冷床中且保持凉爽。初夏截取地茎插条（见第156页）；但不是所有的插条都会生根。

梅花草属（PARNASSIA）　秋季或春季分株（见第148页）。秋季在花盆中播种（见第151页）；置于冷床中且保持凉爽。

瓜叶菊属（PERICALLIS）　春季，在15摄氏度时或夏季播种（见第151页）。

矮牵牛属（PETUNIA）

播种 春季🌱；扦插 夏季🌱

红毯矮牵牛花
（*Petunia*
'Red Carpet'）

该属的栽培品种是比较受欢迎的花坛草本植物。尽管是多年生植物，但和一年生植物培育方法一致。在15摄氏度时播种（见第151页），10天内会发芽。

像多年生植物矮牵牛属，不适宜由种子培育繁殖，可以通过软木茎尖插条繁殖（见第154页）。如果必要，植株越冬时，要保护好植株免受霜冻的侵害。

福禄考属（PHLOX）

分株 春季或初秋🌱
播种 初春
插条 初春，春末或秋季🌱

齐帕林宿根福禄考
（*Phlox paniculata*
'Graf Zeppelin'）

该属耐寒或半耐寒的多年生植物进行的分株和地茎插条会同一年开花。福禄考属露出地表的部分容易受到鳗虫的侵袭，往往不易察觉，所以尤其是草本边界品种应通过根插条繁殖，减少鳗虫的侵害。种子培育繁殖也不易受到鳗虫侵害（一年生植物，见第228页）。

分株

春季只分株长势好的福禄考草本植物（见第148页）。初秋进行高山植物分株。垫状的高山植物分株后长势不好。也可以进行单芽分株（见第150页）。

播种

在15摄氏度下播种（见第151页），会在7～10天内发芽。应将林地品种的幼苗置于阴凉处。次年开花。

插条

初春，高山品种会长出合适的芽，进行分株繁殖，林地品种可以通过地茎插条繁殖（见第156页）。在15摄氏度下会生根。

或者，在春末截取软木茎尖插条；这是繁殖垫层的高山植株的好方法。较小的高山物种的插条（见第166页）可能只有2.5厘米长。将它们种植到含有等份的尖锐沙子和无菌壤土的混合物中。秋季，挖出福禄考，从较粗的根上截取2.5厘米长的茎段（见第158页），将其水平种到托盘中。

报春花属（PRIMULA）报春花

分株 初春或开花后
播种 仲春或夏末至秋季
扦插 冬季；去除基盘 冬末

黄花九轮草（*Primula veris*）

该属大多大株植株都是耐寒的，有的是存活期较短的多年生植物，其可以通过不同的方式繁殖。

分株 常规的分株可使欧洲报春花（*Primula vulgaris*）和西洋樱草（*Polyanthus*）品种长势更加旺盛，但会削减其他品种的繁殖量。将根须茂密的丛生植株分成单个的根冠或莲座丛。用刀将茂密的砧木［如单花报春（*Primula allionii*）］进行分株。直接栽种高山品种或者移栽大棵子株。将大片的叶子剪下来一半，如沼泽报春花和枝状大烛台，以减少水分流失。

播种 该属所有品种都可以由种子培育繁殖。种子培养的报春花很少受到病毒的侵害，但是一些园林品种，尤其是高茎报春花（*P. elatior*）、黄花九轮草、欧洲报春花和橘红灯台报春这几类品种，除非和其他品种分开种植，否则它们很容易杂交。通常，雌蕊长的品种（长花柱，短雄蕊）和雌蕊短的

将高山植物报春花属进行去除基盘（206页右中和207页左中）

1 在该属品种开始生长时，选择长势旺盛的植株。用锋利的刀剜出或挖出每棵植株的根冠。

2 使用细毛刷将杀真菌剂（见小插图）涂在切掉的根部上进行除菌除尘，以防腐烂。然后将纯砂覆盖在去基的根上。

白头翁属（PULSATILLA）白头翁

播种 种子成熟后立即播种或秋季🌱
插条 春季至秋季或冬季🌱🌱🌱

该属品种完全耐寒，但通过营养输送生长缓慢，易于由种子培育繁殖。生根后不易移植。虽然该植株不易进行分株和根插条，但是这是繁殖该属稀有品种（特别是高山植物）的最佳方法。如果播种的是新鲜的种子，长势最好。

播种

种子一成熟，就从羽毛状种子头上收集种子进行播种（见第164页）。种子发芽时，其羽状部往往会将种子推出堆肥：所以播种前需修剪掉种子上羽状部，或发芽后种子露出来时再将种子轻轻推进去。白头翁（*Pulsatilla halleri*）和欧洲报春花播种后，10～14天内发芽，次年开始开花。其他品种第一年无论什么时候播种后都要等到次年春季才能发芽。不要等到幼苗的根系长满整个花盆才移植。

插条

春季开花后插条或者秋季扦插，将粗壮且多冠的植株挖出来进行分株，分割成单冠的嫩枝或生根的插条（见第167页）。尽可能让每株嫩枝都附有根须且具有5～8厘米长的茎。然后种在装有等份的砂浆和泥炭的花盆里，确保芽刚刚露在堆肥上。置于半遮蔽的冷床中；保持湿润而不是潮湿。幼株开始生长时，需要多晒太阳。

冬季，从长得快的多冠植株上截取根插条（见第167页）。只截下粗壮健康的根进行移栽而丢掉母株，植株不会成活。将根部切成一段段3～5厘米长的根条。插入沙砾堆肥中，刚刚露出土壤即可。保持湿润而不是潮湿。发芽后立即移植。

如果不想打扰容器中生长的母株，可以通过让母株在沙床中生根来获得用于插条的材料，如刺芹属（见第196页）。

品种（短花柱，长雄蕊）一起生长时，才会结籽。该品种种子存活期短，因此最好播种新鲜的种子，但春季购买的种子应在15摄氏度下播种。大多数报春花，应该种植在潮湿的、有机物含量丰富的且排水性良好的堆肥里。如果将种子置于阳光下（在盆中轻轻地覆盖一层蛭石砂而不是堆肥），保持潮湿且温度适宜，发芽率最高。

插条　可以通过根插条繁殖出颜色一样的球花报春（*P. denticulata*）植株。将母株较粗的根切成一段段4～5厘米长的根茎。也可将报春花属如拉蒙达属植物一样进行莲座插条或者单叶插条。

去除基盘　可以移植到开阔的地面或盆中进行去除基盘，有利于像球花报春这样的多叶报春花属植株生长，且会在土壤上长出许多多叶的簇绒。截取植株上面的部分作莲座插条。

3 根部长出2.5～5厘米高的新芽时，将其挖出。注意不要损坏其根部。将根簇分离成单个的莲座丛，并确保每个莲座丛都长有苗壮的根。然后将分离的莲座丛单独盆栽。

欧洲苣苔属（RAMONDA）

分株　初夏
播种　初夏或仲夏
扦插　秋季或初秋

这些常绿多年生植物都很耐寒，但不喜过于潮湿的冬季。用锋利的刀将生长较密的植株小心地分割成单株的、有根的莲座丛（见第167页）；移栽前将插条种在盆里一段时间。

欧洲苣苔属结籽多且是灰色的，一旦小小的种皮成熟，种子很容易脱落出来。种子成熟后，立即将种子薄薄地播种在有机物丰富且潮湿的堆肥中（见第164页）。幼苗长出的第一个冬季不要移植，等到春季幼苗长到宜于处理时再移植，处理过程中可能会不小心切断小的莲座插条或单叶（见第166页），所以尽可能保留至少1厘米长的茎条。然后将它们插入沙砾堆肥或装有等份的尖沙和泥炭的花盆中，放置在阴凉的繁殖温床中。其生根较慢，可在次年开花，但18个月后会更自由地开花。

毛茛属（RANUNCULUS）毛茛、铁蒺藜

分株　春季或秋季
播种　春季或夏季至秋季

该属的大多数多年生植物是完全耐寒的；而花毛茛（*Ranunculus asiaticus*）是半耐寒的。毛茛通常由种子培育繁殖，但通过分株繁殖得更快。

分株

开花后分株草本植物，大多数高山品种在春季分株。将丛生植物分割成单个的、带根的子株。可在分株后将高山植株种到盆里；而将草本品种（如*R. aconitifolius*）成行地移栽到苗床。

播种

初春，在15摄氏度下播种花毛茛的种子。幼苗可能会在第一个夏季开花，冬季枯萎。

对于大多数其他的品种，必须要打破种子休眠。夏季或秋季，种子一旦成熟（成熟的种子也是绿色），就会迅速脱落种荚。在脱落前要立即收集种子，在盆中播种，使其能经受冬季的寒冷。使用沙砾质的、以壤土为基本成分的种子堆肥。

置于遮阴处，如冷床中。新鲜种子通常在来年春季发芽，但较老的（黑色或棕色）种子，以及一些澳大利亚品种的种子，需要两年或更长时间才能发芽。

非洲堇属（SAINTPAULIA）非洲紫罗兰

分株　春季
播种　春季
插条　春季或在植物生长期内

"夹竹桃"非洲堇
（*Saintpaulia* 'Bright Eyes'）

繁殖非洲紫罗兰最简单方法是叶插条。该属耐霜冻的多年生植物都可以进行分株，这是保留长有斑叶样式品种的唯一手段。非洲紫罗兰的幼苗很好看。

分株

小心地截取莲座插条，确保每个插条上都有根。在盆上套个塑料袋以保湿，置于阴凉且温暖的地方三周左右直到生根。

播种

将种子种在铺有一层苔藓的种子堆肥上。在21摄氏度时，2～3周内会发芽。幼苗生长缓慢；幼苗长到易于处理时，可单独盆栽。生根后，将它们置于15摄氏度下生长。

插条

将完全发育的带有叶柄的叶子进行扦插。在盆的边缘插入单个或多个叶插条。一个月后生根，再过一个月后会长出幼苗。将小植株从每个叶柄上分离出来，当它们长到宜于处理时，将它们单独盆栽。

其他多年生植物

糙苏属（PHLOMIS）　春季分株（见第148页）。春季，在15摄氏度下播种（见第151页）。

新西兰麻属（PHORMIUM）　春季分株。将有根的叶扇种到花盆里。春季，在18摄氏度时播种。

酸浆属（PHYSALIS）　春季分株。春季，在15摄氏度时播种清洁过的种子。

马刺花属（PLECTRANTHUS）　春季，在21摄氏度下播种。夏末截取半熟枝插条（如鞘蕊花属）（见第209页）。

北美桃儿七属（PODOPHYLLUM）　春季分株。秋季播种。足叶草的种子一旦干燥便活不了，应尽快播种并保持湿润。

花荵属（POLEMONIUM）　初春分株。春季，在10摄氏度下播种。

黄精属（POLYGONATUM）　春季分株。秋季播种；置于冷床中且保持凉爽；发芽可能缓慢且不稳定。

委陵菜属（POTENTILLA，异名为Comarum）　春季分株草本植物。春季种子成熟时播种；置于冷床中且保持凉爽。

夏枯草属（PRUNELLA）　同花荵属。

肺草属（PULMONARIA）　开花后或春季分株。春季，在10摄氏度下播种。冬季截取根插条。

薄菊属（RAOULIA）　春季或夏季将垫状植株进行分株（见第167页）。春季将种子薄薄地播种在厚厚的沙砾堆肥中。夏季软木插条会长出1～2厘米的嫩芽（见第166页）；生根不稳定。

大黄属（RHEUM）　冬末分株，分株方法同芍药属（见第204页）。秋季，在10摄氏度时播种（蔬菜，见第306页）。

鬼灯檠属（RODGERSIA）　春季分株。春季，在10摄氏度时，播种在苔藓上，如瓶子草属（见第208页）。

金光菊属（RUDBECKIA）　春季分株。春季，在10摄氏度时播种。春季截取地茎插条（见第156页）（一年生植物，见第228页）。

全缘金光菊变种"维耶特的小苏兹"（*Rudbeckia fulgida* var.*speciosa*）

鼠尾草属（SALVIA）

分株 春季
播种 春季
地茎插条 春末；茎尖插条 夏末秋初

埃及艳后系列一串红
（*Salvia splendens*
Cleopatra Series）

该属的多年生植物是畏寒至完全耐寒的，都可以由种子培育繁殖。多年生植物分株，例如林地鼠尾草（*Salvia nemorosa*）和草本一串红（*S. x superba*）。

从边界植物上截取地茎插条，例如大叶鼠尾草（*S.guaranitica*，异名为 *S. concolor*）。

分株

将生根的植株进行分株，用刀将木质砧木切成2～4段，然后重新栽种。

播种

花穗基部的种荚陆续成熟后，种子2天内就会脱落。收集成熟的种荚，在16～18摄氏度时播种。保护幼苗免霜冻的侵害。

插条

从约8厘米长的嫩枝上截取地茎插条。在15摄氏度下会生根。从新长出来的不开花的植株上截取软木和半熟枝茎尖插条，在春末移植。

虎尾兰属（SANSEVIERIA）弓弦麻

分株 初春
扦插 任何时候

该属畏寒的植物只有虎尾兰属（*Sansevieria trifasciata*），在温带地区比较常见。杂色栽培品种只能通过分株繁殖，以延续叶子的花纹（扦插栽培的植株叶子没有花纹）。

分株

当植物处于休眠状态或即将开始生长时，用铁锹或锋利的刀将大簇植物进行分株（见第148页）。任何时候都能进行分株，但最好是初春。将子株种到花盆中，尽可能置

于温暖的条件下，偶尔浇一下水，直到植物生根。

扦插

用成熟健康的叶子作叶插条（见右图和第157页）。将每片叶子水平切成小部分，然后将其插入装有标准扦插堆肥的花盆或托盘中。不要担心有的插条之间挨得太近会影响植株生长。置于有间接光照、明亮的地方，且温度保持在21摄氏度；不用遮盖，保持堆肥湿润即可。如果将插枝的底部插入堆肥中，6～8周内底部就会生根发芽。

虎尾兰属叶插条
准备一个混合有相等分量的椰壳纤维或泥炭和沙子的托盘。将一片健康成熟的叶子切成5厘米宽的小段（见左图）。将叶插条的下边缘向下插入堆肥中。每隔5厘米插入一个叶插条。

瓶子草属（SARRACENIA）猪笼草

分株 春季；播种 春季

该属大多数的植物都是耐霜冻的，但紫瓶子草（*Sarracenia purpurea*）是完全耐寒的。子株或幼苗不能缺水。

分株

植株开始生长前将大簇植物进行分株。用锋利的刀切掉根冠，将茎干插入装有等份

湿润椰壳纤维和苔藓的花盆中，置于15摄氏度的环境下，保持湿润。

播种

如果种子新鲜，并置于潮湿且光照好的条件下，则种子发芽良好；反之，如果播的是旧种子，则种子发芽不稳定。冷层积可以改善旧种子的发芽效果。为了制造一个湿润环境，

需要模仿沼泽植物的自然栖息地，在苔藓表面播种一串红的种子。在花盆里铺上一层苔藓，保持种子永久处于潮湿的环境，或用一片玻璃或塑料覆盖在花盆上，从下面浇水，定期通风也能保持种子潮湿。最好是雨水浇灌，因为雨水不含石灰。保持16摄氏度，种子2～3周才能发芽。幼苗长到宜于处理时，可将其单独种在装有标准堆肥的花盆里。

在苔藓上播种植物的种子

1 在9厘米深的花盆中装入无土的种子堆肥，铺至边界2厘米以内。用孔径有5毫米的筛子筛一下潮湿的泥水藓，使其质地更为细腻。

2 用开水浸泡种子，以烫死苔藓中的杂草种子。天气凉爽时，将多余的水挤出来。在盆中铺上5毫米厚的苔藓层。

筛过的苔藓更有利于种子的生长

外层花盆里的水藓

3 将花盆放入一个装满潮湿的泥炭藓的大花盆中。将种子薄薄地播在中间的小盆里，置于潮湿明亮的遮蔽处，温度保持在16摄氏度。

虎耳草属（SAXIFRAGA）

分株　春季或秋季
播种　秋季或春季
扦插　春末　或　；球芽　初夏

虎耳草
（Saxifraga sancta）

大部分完全耐寒的植物最简单的繁殖方法就是通过分株，除了垫状植物。除了垫状植物可以通过插条繁殖，其他品种是通过种子培育繁殖。

分株　仲春，植物开始生长前，将长有纤维根的丛生植物进行分株，例如齿瓣虎耳草（Saxifraga fortunei，异名为S. cortusifolia var. fortunei），子株会与母株在同一个季节开花。开花后挖出生根的莲座丛，诸如S.x urbium和圆锥花虎耳草（S.paniculata，异名为S. aizoon）；然后移植到花盆或苗床中生长。这样可以促进虎耳草的茎干长出小植株。

播种　在花盆中播种新鲜的种子，轻轻撒上一层粗砂。秋季播种需将其置于冷床中（见第152页和第164页），使其经受过冬季的寒冷，发芽更均匀。春季播种的种子在2～3周内发芽。植株在2～3年内开花。

扦插　将没根的莲座丛作为插条处理；截取1～2厘米长的茎，插入沙砾堆肥中；置于10～13摄氏度下，插条会生根，次年开花。高山植物的插条比较小，可将它们插入纯净的沙子或浮石中。

球芽　夏季串花虎耳草（S. granulata）枯萎时，其花序和叶腋下会长出球芽。将球芽埋在潮湿的沙子中，初春播种，在10摄氏度下种到装有种子堆肥的托盘中。次年移植。

岩扇属（SHORTIA）

分株　春季
播种　种子成熟时或初春
地茎插条　初夏
茎尖插条　夏末

该属（异名为Schizocodon）中的高山植物是完全耐寒的，不易移植，生长缓慢，且非常容易枯萎。开花后分株。如果有条件的话，在10摄氏度下将种子播种到富含酸性至中性堆肥中。第一年不要移植幼苗。从4～6厘米长且粗壮的枝条上截取地茎插条或茎尖插条；将其插入装有等份尖沙和富含腐殖质堆肥的盆中。插条生根很慢，而且并不是所有的插条都会生根。

庭菖蒲属（SISYRINCHIUM）

分株　春季或初秋
播种　夏季至秋季或春季

将该属完全耐寒的多年生植物进行分株，特别是杂色品种，确保每个扇叶型的单株都有根（见第149页）。许多品种是自体播种繁殖的。种子成熟时或春季，在15摄氏度时播种（见第151页和第164页）。

垂筒苣苔属（SMITHIANTHA）

分株　冬末
播种　春季

这些畏寒品种的根茎很容易繁殖。分株后一年内就可以开花（见第149页）。如果可分株的植株数量太少，那么分株时可以将茎切成两半再种植。在21摄氏度下，将种子种在铺有一层细鳞茎苔藓的堆肥上，同瓶子草属（见第208页）。10到14天就会发芽，但幼苗生长缓慢。幼苗生根后，将温度降低到18摄氏度。

彩叶草属（SOLENOSTEMON）

播种　初春至初夏
扦插　初春至夏末

该属畏寒的品种和杂交品种如彩叶草（Solenostemon scutellarioides，异名为Coleus blumei）是最常见和随处生长的。

播种

杂交品种的繁殖通过播种就能实现（见第151页）。大部分种子都能发芽生根；有些是杂交品种的幼苗；将不是杂交品种的幼苗除掉即可。在18摄氏度下播种并保持湿润，光线充足的情况下，10～14天内会发芽。生根幼苗的生长环境最低温度应为15摄氏度。

扦插

将特定的品种进行软木茎尖插条（见第154页）。种植到排水性良好的介质（如岩棉）或者水中，然后放置在阳光充足的窗台上，生根都比较快（见第156页）。置于18摄氏度的环境下，10～14天内会生根。

其他多年生植物

地榆属（SANGUISORBA）　春季分株（见第149页）。秋季播种（见第151页）；置于冷床中且保持凉爽；发芽不稳定。

肥皂草属（SAPONARIA）　春季分株（见第148页）。春季，在10摄氏度时播种。春季截取软茎尖插条。

蓝盆花属（SCABIOSA）　仲春分株（见第148页）。春季，在15摄氏度时播种。春末截取茎插条（见第156页）。

思崇花属（SCHIZOSTYLIS）　春季分株（见第148页）。春季，在15摄氏度下播种。

玄参属（SCROPHULARIA）　春季分株，尤其是杂色品种（见第148页）。春季，在10摄氏度下播种。春季截取地茎插条（第156页）。

黄芩属（SCUTELLARIA）　春季分株（见第148页）。春季，在10摄氏度时播种或种子成熟时以及播种。春末截取软木插条，或春季截取地茎插条（见第154—156页）。

卷柏属（SELAGINELLA）　春季要小心地分株（见第149页）。播种孢子如蕨类植物（见第159页）。春季截取茎尖插条；在21摄氏度时，将插条插入富含腐殖质的潮湿堆肥中生根速度很快。

天葵属（SEMIAQUILEGIA）　同耧斗菜属（见第189页）。

千里光属（SENECIO）　同丝柱鸢尾属。

棯葵属（SIDALCEA）　春季分株（见第148页）。春季，在10摄氏度下播种。春季取地茎插条（第156页）。

麦瓶草属（SILENE）　开花后分株（见第148页）。种子成熟时或春季，在10摄氏度下播种。春季截

取地茎插条（见第156页）；从高山植物上截取1厘米长的插条。

鹿药属（SMILACINA）　开花后分株（见第148页）。秋季播种，使其经受冬季的寒冷；发芽缓慢。

雪铃花属（SOLDANELLA）　开花后定期分株（见第148页）以保持植株生长活力。种子一旦成熟，尽快在潮湿、肥沃的堆肥中播种；置于冷床中且保持凉爽。

金钱麻属（SOLEIROLIA，异名为Helxine）　春末分株（见第148页）。

一枝黄花属（SOLIDAGO，异名为x Solidaster）　同蓝盆花属（Scabiosa）。一枝黄花（x Solidaster luteus，异名为x S.hybridus）冬末分株。

白鹤芋属（SPATHYPHYLLUM）　春季分株。在24摄氏度下尽快播种。

球葵属（SPHAERALCEA，异名为Iliamna）　春季，在15摄氏度时播种。春季截取地茎插条（第156页）。

药水苏属（STACHYS，异名为Betonica）　春季分株。可以截取单芽分株。在春季，在15摄氏度下播种。

琉璃菊（STOKESIA LAEVIS）　仲春分株（见第148页）。春季，在15摄氏度时或秋季播种。冬末截取根插条（第158页）。

鹤望兰属（STRELITZIA）　开花后小心地将走茎截取分株，如芭蕉属（见第204页）。春季在21摄氏度下播种。

鹤望兰（Strelitzia reginae）

海角苣苔属（STREPTOCARPUS）

分株　春季
播种　春季

扦插　春季至秋季

中华鸢尾兰
（*Streptocarpus caulescens*）

该属的一些耐霜冻多年生植物是只结一次果的。多叶的物种和品种都可以通过分株和叶插条繁殖。可通过种子培育新的杂交品种，尤其是仅生长单叶的品种例如大旋果花（*Streptocarpus grandis*）。少数品种长有茎，如海豚花白花（*S.saxorum*）

分株

将生根的植物丛切开或者拉开。将分好的子株种到盆里。置于15摄氏度下，3周内会扎好根，并在同一年开花。

播种

在21摄氏度下，将种子播种在精选的苔藓上，同瓶子草属。10～14天内会长出幼苗，但一开始幼苗生长得较慢，次年才会开花。如果幼苗长势好的话，通常第一年就开花了。

扦插

植物开始生长时，从健康的植株上截取茎尖插条。置于15摄氏度下，插条会在2～3周内生根。插条和母株在同一季节开花。截取叶插条时，沿着成熟叶子中间的叶脉将其切成两半，如果植株数量较多，切成更小的段即可（见右图）。将每一片切好的叶片垂直插入装有扦插堆肥的托盘中（切口或底部边缘朝下），置于18摄氏度下。4周左右，切口处会长出新植株；这些新植株长得大一些，将它们单独盆栽即可。

丢弃

从切口处的静脉生根

"人"字形插条　叶插条　底部　横向插条

截取好望角苣苔属叶插条
将叶片切成"人"字形或直接横切叶面，确保切下的每个叶片至少2.5厘米宽。将叶插条切口或底端朝下，成排地插入装有扦插堆肥的托盘里。轻轻地压结实，贴上标签并浇水。

卷舌菊属（SYMPHYOTRICHUM）米迦勒雏菊

分株　春季
播种　春季
扦插　春季

该属多年生植株完全耐寒，如果每年进行一次分株，可以减少得霉病的概率。用铲子或背靠背绑在一起的叉子将茂密的根冠分开。将根冠分成生根的单株根冠，每两株种植的间隔距离为5～8厘米，其与母株在同年开花。在15摄氏度时播种，两周内发芽，次年开花。开粉红色花的品种通常会培育出开紫红色花的后代。底部的嫩枝作为插条的效果最好（见第156页），但如果植株数量较少，也可以使用茎做插条。插条种在花盆、装满苔藓卷的繁殖器或雾台中都可以生根；然后将盆栽置于冷床中生长。

唐松草属（THALICTRUM）唐松草

分株　仲春
播种　初春种子一旦成熟就立即播种

该属的地下茎多年生植物大多是完全耐寒的。重瓣偏翅唐松草不能自体播种繁殖，只能通过分株繁殖。植株开始生长时可以将根茎分株（见第149页），子株生根很慢，而且一年内也不会开花。不将丛生植物的根冠挖出的情况下也可从母株边缘分离生根的根茎。将子株种植到遮蔽的地方，直到生根再移栽。种子成熟时会变成棕色，这时要尽快收集种子；因为一旦种子成熟，它们就会迅速脱落。种子成熟后在冷床中播种（见第151页）。种子培育的植株需要2～3年的时间才会开花。

千母草属（TOLMIEA）

分株　春季；小植株　随时可以移栽

该属只有千母草（*Tolmiea menziesii*）是完全耐寒的。成熟的植株在春季易于进行分株繁殖。另一种繁殖方法就是让植株自然生长，叶片（薄片）和茎秆（叶柄）交接处会自己长出新植株，因此有了"千母草"这种俗称。植株生长旺盛时，把嫩枝上的叶子摘下来插到盆里（见下图），或者在开阔的土地上，用小石子把叶子压在土壤上。几个月后，将叶柄切断，使生根的枝条脱离根茎。

驮子草植株的培育繁殖

1　从母株上剪下带有叶柄的健康叶子。叶柄长度为1～2.5厘米即可，然后在8厘米深的花盆中倒入等份的椰壳或泥炭和沙子。

2　沿叶子底端折叠叶子，使叶边与叶柄重合。然后插入花盆中，使叶插条刚刚插到养料里，最后牢固好。浇上水，置于温暖的地方等待生根（通常2～4周）。

紫露草属（TRADESCANTIA）

分株　春季
播种　春季
扦插　任何时候

该属完全耐寒的品种分株后长势良好。畏寒的品种大多通过插条繁殖。所有品种都可以通过种子培育繁殖，尽管种子培育的杂色品种长势不好。

分株

气候凉爽时，只分株耐寒的边界品种。小心地将茂密的多肉根冠分开。根部可能是纤维状或块茎状。

播种

在15摄氏度或18摄氏度下播种畏寒品种的种子，7天内会长出幼苗。长出幼苗后的第一个季节或第二个季节就会开花。

扦插

如果从水竹叶（*Tradescantia fluminensis*）之类长势好的植株上截取匍匐的茎插条，无论是扦插到水罐里还是扦插到窗台上的花盆里，都很容易生根。或者，将四根插条分别插到装满堆肥的花盆的四周。两周内，再单独盆栽。

油点草属（TRICYRTIS）

分株 初春
播种 秋季
扦插 仲夏至夏末

该属完全耐寒的品种长有根茎或匍匐的茎干（匍匐茎）。该品种处于休眠时可将苗壮生长的丛生茎挖出并分株，也可将生根的匍匐茎挖出并分株。子株会和母株在同一年开花。该属的所有品种都可以由种子培育繁殖。这些植株的种子在生长季节成熟较晚，所以气候凉爽时，种子不一定成熟。种子一旦成熟，立即播种，使其经受冬季的寒冷；发芽可能会有所延迟。预计3年内会开花。

一株植物总有几根茎干可以截取叶芽插条，截取插条后，插入沙砾扦插堆肥中即可。冬季来临前，如果将插条置于潮湿的环境中，插条叶腋处会形成麦粒大小的球芽，这时叶子就会枯萎。春季，会再长出新植株。然后单株移栽，两年内开花。

对黑点草菊进行茎插条

1 油点草的花和叶腋下会长出小球芽，然后长成小植株（见小插图）。所以初夏可以截取插条，即植株开始长出花蕾以及茎干慢慢变粗时。截取下长而健康且不开花的茎干。

丢掉柔软的尖端

2 丢掉茎干柔软的尖端，将剩余部分切成段，从每个茎的叶节点上方径直切下即可。为了给正在生长的鳞茎提供能量，每段插条应保留一片叶子。准备一个装有沙砾扦插堆肥的模块盘或种子托盘。

节间茎插条

3 将插条叶柄浅浅插入堆肥，不要让叶子碰到堆肥。稍微加热一下底部，然后将其置于潮湿、阴凉的地方。

4 叶子会随着插条的根和鳞茎长大而枯萎。冬季插条休眠之前，可能会长出新芽（见小插图）。春季来临之前都要保持其生长环境的湿润。

延龄草属（TRILLIUM）三色堇

分株 开花后；播种 种子成熟时或冬季
去除基盘 开花后

该属的品种都完全耐寒。该属繁殖的方法是将根茎分成单株，确保每棵单株上至少有一个芽以及附有一些根。长出新根的过程缓慢。也可以将生长旺盛的品种的根茎切成一段段3～5厘米长的根条，或在原位对其进行移栽；侧芽长出一年后，可将其移栽到盆中种植。也可盆中播种，使其经受冬季的寒冷。发芽较慢；需要5年才能开花。

延龄草属根茎去除基盘
在茎干生长点下方，将根茎四周去除基盘。涂上杀真菌剂，覆盖好并放置一年。然后挖出根茎，将侧枝从茎干分离，单独盆栽（见小插图）。

其他多年生植物

马蓝属（STROBILANTHES） 春季分株（见第148页）。春季，在15摄氏度时播种（见第151页）。春季截取地茎插条或软木茎尖插条。

紫背竹芋属（STROMANTHE） 春季分株（见第149页）。春季，在21摄氏度下播种。

金罂粟属（STYLOPHORUM） 开花后分株（见第148页）。春季，在15摄氏度下播种。

共药花属（SYMPHYANDRA） 冬季或初春，在15摄氏度下播种（见第151页）。

聚合草属（SYMPHYTUM） 春季分株（见第148页），分株是杂色品种繁殖的唯一方法。春季，在10摄氏度下播种。冬季截取软根插条（见第158页）。

蒟蒻薯属（TACCA） 春季或植物开始生长前将根茎进行分株（见第149页）。春季，在25摄氏度下播种。

菊蒿属（TANACETUM，异名为Balsamita，Pyrethrum） 春季分株（见第148页）。春季，在10摄氏度时播种。春季截取地茎插条。

大花饰缘花（TELLIMA GRANDIFLORA） 春季分株（见第148页）。种子成熟后尽快播种。

四蕊花属（TETRANEMA） 春季分株（见第148页）。种子成熟后或春季，在18～21摄氏度下播种。

野决明属（THERMOPSIS） 春季分株（见第149页）。播种前将种子在冷水中浸泡24小时，然后春季，在15摄氏度下播种；发芽率不高。

菥蓂属（THLASPI） 种子成熟时或初春在花盆中播种（见第151页）；置于冷床中且保持凉爽。春季截取软木茎尖插条（见第154页）。

山牵牛属（THUNBERGIA） 春季，在21摄氏度下播种。初秋进行半熟枝插条（见第154页）。

黄水枝属（TIARELLA） 春季分株（见第149页）。秋季播种，置于冷床中且保持凉爽。

地菊属（TOWNSENDIA） 种子成熟后，立刻在装满沙砾堆肥的花盆中播种（见第164页）。置于冷床中且保持凉爽。春季尽可能从茎干浓密的植株上截取莲座插条（见第166页）。存活期较短，但繁殖规律。

疗喉草属（TRACHELIUM，异名为Diosphaera） 春季，在10摄氏度时播种夕雾草（T. caerulem）和高山植物种子。春季截取软木茎插条。

车轴草属（TRIFOLIUM） 春季分株（见第148页）或将生根的茎干从母株上分离，再移栽。播种前将种子在冷水中浸泡24小时。春季，在10摄氏度时播种。

金莲花属（TROLLIUS） 开花后分株（见第148页）。种子成熟后或春季播种；播种后可能需要两年时间才会发芽。

旱金莲属（TROPAEOLUM）

分株　春季 🌱
播种　秋季 🌱 或 🌱🌱🌱；压条　冬末春初 🌱

美丽旱金莲

该属植物是畏寒至耐霜冻的，最常见的草本品种是美丽旱金莲属（*Tropaeolum speciosum*）。有关一年生植物见第229页。块状根品种见第278页。

分株　植株生长开始之前需将根茎进行分株（见第149页）；分株后将卷曲的长茎种到花盆里。而短茎可以按照种植根插条的方法进行（见第158页）。大多数旱金莲属不易移植，但可以通过其他方式繁殖，成活率很高。

播种　多年生植物的种子存活期短，发芽通常不稳定。种子成熟后尽快播种，因为该属不易移植，所以一个花盆里种一粒种子即可。如果不及时播种，将种子储存在潮湿的泥炭中。较老的种子在冷水中浸泡12 ～ 24小时可以提高发芽率。置于冷床中且保持凉爽。种子培育繁殖的植株可能需要3 ～ 5年才能开花。

压条　将长枝压条，用2.5厘米厚的土壤覆盖（见第10页）。

钩穗薹属（UNCINIA）钩状莎草

分株　春季 🌱
播种　秋季或春季 🌱

该属多年生植物是畏寒至耐霜冻的，多为丛生植株，有的植株会长出地下茎，所以分株时要小心（见第148—149页）。该属的种子存活期较短；种子一旦成熟，即使有的仍在壳中，也要将它们剥离出来立即播种，最低温度保持在15摄氏度（见第152页）。次年春季会长出幼苗；气候凉爽时，确保幼苗免受霜冻的侵害。

藜芦属（VERATRUM）

分株　初春或秋季 🌱🌱；播种　秋季 🌱🌱🌱

分株这些完全耐寒的植株根茎时要小心：因为树液有毒，可能会刺激皮肤（见第149页）。种子成熟后立即播种，使其经受秋季的寒冷。幼苗可能需要几年的时间才能发芽，生长速度极慢，并且需要数年才能开花。

白藜芦
（*Veratrum album*）

毛蕊花属（VERBASCUM）毛蕊花

分株　春季 🌱；播种　春季 🌱；扦插　秋末 🌱

该属（异名为Celsia）的多年生植物十分耐霜冻，其根簇茂密，如黑毛蕊花（*Verbascum nigrum*）品种，可以通过分株繁殖。种子培育的品种长势不太好，但最终能长成的幼苗很艳丽。像毛蕊花"矮宝巾"（*V.* 'Helen Johnson'）品种，存活期很短，不会长出大的冠簇。可以通过根插条代替分株繁殖该品种。

分株

植株开始生长前将簇冠分株，同年就可以开花。

播种

在15摄氏度下播种，可在10 ～ 14天内发芽。幼苗通常在次年开花。一些毛蕊花品种可以在露天花园中自由自在地自体播种繁殖。

扦插

挖出一棵长势好的植株，切下健康且粗壮的根，再切成一段段5厘米长的茎条。切下后，

马鞭草属（VERBENA）马鞭草

分株　春季 🌱；播种　春季 🌱；扦插　夏末 🌱

该属中只有很少的多年生植物是完全耐寒或耐霜冻的；大多数品种是半耐寒的。许多品种是由种子培育繁殖，包括有些用来作花坛种花的品种，如马鞭草和杂交品种。马鞭草和许多其他品种也可通过插条繁殖。通过分株繁殖的有长有纤维根的品种，如马鞭草。

西辛赫斯特马鞭草
（*Verbena* 'Sissinghurst'）

分株

将成熟的丛生植株进行分株，子株和母株会在同一年开花。匍匐的茎可能在与接触土壤的地方生根；可以分离匍匐茎上生根的幼苗，单独移栽在盆里生长。

播种

在21摄氏度下播种。14天左右会发芽，同年幼苗会开花。柳叶马鞭草（*V. bonariensis*，异名为*Verbena patagonica*）通常通过自体播种繁殖。

扦插

尽可能从不开花的植株上截取半熟枝茎尖插条。置于15摄氏度，插条会在14天内生根。确保插条有充足的光照，必要时，要保护幼苗在寒冬免受霜冻的侵害。

Verbascum 'Gainsborough'

像该属这样长有莲座丛的多年生植物有时会长出莲座侧枝。在不移植母株的情况下，可以小心地将侧枝切割下来移栽。

可以丢掉母株。将根插条水平地插入装有堆肥的托盘中，春季植株生根后再单独盆栽。为了保护母株，容器中生长的植株会把根部扎到沙床，同刺芹属。生根的插条在次年开花。

婆婆纳属（VERONICA）婆婆纳

分株　初春或秋季 🌱；播种　春季 🌱；扦插　春末 🌱

该属的大多数多年生草本植物都完全耐寒。要保护那些有羽状部的叶子的植株（如Veronica bombycina）免受寒冬潮湿的侵害。许多品种的茎干生长出的根茎四处蔓延，可以通过分株繁殖，子株长势良好。所有品种都可以通过种子培育繁殖。从夏末开花的品种上截取茎插条，例如兔儿尾苗（*V. longifolia*，现已将该名修订为*Pseudolysimachion longifolium*）。

分株

春季将小簇垫状品种进行分株，例如穗花婆婆纳（*V. spicata*），或直接将茎干上生根的小植株分离进行移栽，子株会和母株在同一季节开花。开花早的品种最好在开花后的下一个季节进行分株，如拟婆婆纳（*V. gentianoides*）。也可以进行单芽分株。

播种

在15摄氏度时播种，播种后稍微遮盖一下种子，让其照到一点阳光即可。种子培育的该品种并不是纯种的。

扦插

嫩枝长到8厘米长时，截取地茎插条。在15摄氏度时，两周内会生根。从高茎植物上截取茎插条。生根的插条会和母株在同一个季节开花。

堇菜属（VIOLA）紫罗兰

分株　初春或秋季或冬末 ♣；播种　仲夏或春季 ♣
扦插　春末至夏末或秋季 ♣；堆土压条　夏季 ♣

该属的多年生植物是半耐寒乃至完全耐寒的，存活期很短，但一般来说，很容易繁殖。

三色堇（Viola tricolor）

分株

初春开花后将簇状的香堇菜进行分株，分成2～4份即可。像垫状植株里文堇菜（V. riviniana）之类品种很容易进行分株；如果秋季或冬末分株，则子株会和母株一同开花。

播种

大多数品种是在初春至仲春播种，然后将其置于15摄氏度下。冬季开花的三色堇则在仲夏播种，10～14天会长出幼苗；植株长大到宜于处理时再进行移植。像不长茎干的特兰西瓦尼亚紫罗兰（V. jooi）高山品种，最好种到种子罐中，直到次年春季，再小心地将其移植。一些品种通过自体播种繁殖并自由地杂交。许多堇菜属会长出小小的、绿色的花苞，花苞里会结出有活力的种子，但这些花朵是闭花受精的，并不会开放。

扦插

有几个品种不能自体播种繁殖，但根系发达，可以通过截取2.5～5厘米长的茎尖插条繁殖。堇菜属和三色堇兰的茎干在花期会长得更长且变成空心，这时截取的茎插条不会生根，因此最好春季从新梢上截取插条。将插条插入装有等份的纯砂和壤土的花盆里，温度保持在25摄氏度，14天内会生根。长出新叶时就将它们移植。或者，秋季截取插条前3周，修剪植株，从再生的小植株上截取茎尖插条。越冬时，将插条置于光照好的地方，保护插条免受霜冻的侵害。

堆土压条

也可以通过用沙砾堆肥覆盖顶端，或堆土压条来促进根茎生根。将这些生根的茎条像截取插条一样从母株上分离后移栽到盆里。

将堇菜属茎条进行堆土压条
将混合好的等份细沙砾、椰壳或泥炭，覆盖住长在成熟的根簇上的嫩枝，覆盖到嫩枝的一半即可。保持湿润，直到5～6周左右，嫩枝在这些养料中生根。然后将其从母株分离，单独盆栽。

蓝花参属（WAHLENBERGIA）

分株　春季 ♣
播种　初春或夏末 ♣
扦插　春季或初夏 ♣

该属的多年生植株完全耐寒至耐霜冻，但是存活期较短，必须进行有规律的繁殖。垫状植株皇家蓝花参（Wahlenbergia gloriosa）可以直接进行分株，或分离生根的走茎进行移栽（见第167页）。种子成熟后或春季，在15摄氏度下播种（见第164页）。从新长出来苗壮的嫩枝上截取地芽插条（见第166页）；将其种植在排水性良好的堆肥里，且置于像冷床之类遮阴处。夏季截取软木茎尖插条，置于15～18摄氏度下，插条会生根（见第166页）。大多数植株种植后的第一年内都会开花。

其他多年生植物

对叶景天属（UMBILICUS OPPOSITIFOLIUS，异名为 Chiastophyllum oppositifolium）　开花后或初春分株（见第148页）。秋季播种；置于冷床且保持凉爽 ♣。初夏截取软木插条（见第154页）。
垂铃儿属（UVULARIA）　开花后分株（见第149页）。秋季播种新鲜的种子；置于冷床且保持凉爽，旧种子发芽缓慢且不稳定 ♣。
缬草属（VALERIANA）　春季分株（见第148页）♣。春季，在10摄氏度时播种 ♣。春季截取地芽插条（见第156页）♣。
折瓣花属（VANCOUVERIA）　春季分株（见第149页）♣。播种成熟的种子；播种后置于冷床中且保持凉爽 ♣。

草灵仙属（VERONICASTRUM）　春季分株（见第148页）♣。该属播种和插条的方法同婆婆纳属。
林石草属（WALDSTEINIA）　开花后分株（见第149页）♣。秋季播种 ♣。
石墙花属（WULFENIA）　秋季或初春进行分株，将植株的莲座丛分成单株，确保每个子株上都有根（见第167页）♣。初春，在15摄氏度时播种（见第164页）♣。
熊尾草属（XEROPHYLLUM）　秋季播种新鲜的种子，使其经受冬季的寒冷；发芽缓慢且不规律 ♣。

马蹄莲属（ZANTEDESCHIA）马蹄莲

分株　春季 ♣
播种　春季 ♣

马蹄莲（Zantedeschia aethiopica）及其品种完全耐寒，但大多数品种是畏寒的。它们会长出大簇块状根茎，易于分株。只有马蹄莲是由种子培育繁殖的。

分株

气候凉爽时，需要覆盖住托盘中休眠的根茎，置于15摄氏度的环境下，直到根茎上的芽变饱满。根茎发芽后，可将根茎切成小段，确保每段上都有一个芽。将杀真菌剂涂在切口表面。根茎可以移栽种植时，在相同的温度条件下，将根茎移植到装有沙子的花盆里，等待生根。

气候变暖时，在原地越冬的丛生马蹄莲属和其他品种开始生长时，可以对其进行分株。子株和母株会在同一季节开花。

播种

播种后置于21摄氏度下且保持湿润，将一粒种子播种到8厘米深的花盆中，几周内种子就会发芽。尽可能保持幼苗活跃的生长。预计在2～3年内开花。

"克罗伯勒"马蹄莲（Zantedeschia aethiopica 'Crowborough'）
将马蹄莲种到潮湿的土壤中或池塘边缘，春季长成大簇的植株时，挖出并分株（见第149页）。

朱巧花属（ZAUSCHNERIA）

分株　春季 ♣
播种　春季 ♣
扦插　春末 ♣

该属植物大多完全耐寒至耐霜冻，分株时要小心。在15摄氏度时播种；底部加热可提高发芽率。也可以通过进行截取软木茎尖或地芽插条繁殖。插条会和母株在同一个季节开花。

一年生和两年生植物

虽然一年生和两年生植物的存活期很短，
但它们也是很有价值的繁殖对象——只需稍加培育，在很短的时间内，
从蔓生植物到攀缘植物，这些由种子培育的品种也能在夏季给花园增添色彩。

一年生植物在一个生长季节内自然发芽、开花、结籽并枯萎。两年生植物第一年只长叶子，次年才会开花，然后结籽并枯萎。由于它们的生命周期短，因此由种子培育繁殖是该品种繁殖的唯一方法。

幸运的是，大多数一年生和两年生植物很容易由种子培育繁殖。它们的种子很少进入休眠状态，存活期长的植物种子也是如此，因此播种前不需要特殊处理。种子发芽容易且快速，播种后很快就能呈现出绚丽的色彩，有些一年生植物在几周内就能开花。

播种方法——在容器中或就地播种——在很大程度上是由植物的耐寒性、当地的气候以及植物的展示方式决定的。如果要培育花坛种花，可以随心选择一年生和两年生植物的种植地方，可以种植在庭院容器中，或者气候凉爽时，作为温室盆栽种植。两年生植物比一年生植物需要更长期的养护：幼苗必须在一季内生长，通常在苗床中培育后再种植出去。

一年生和两年生植物只适合于一种繁殖方式，如果气候适宜，大多数品种会大量结籽，并自由地进行自播。许多受欢迎的园林品种所长出的幼苗，即使不完全是"纯种"，还是很讨人喜欢的。这为收集种子、利用自家育苗、尝试杂交，或只是让植物在花园中自然生长提供了大量机会。

受精的花
一旦授粉受精，大马士革爱神花（*Nigella damascena*）花朵中心的子房就会变得饱满并改变颜色。然后会发育成吸引人的充气种子头，这些充气种子头通常干燥后用于花卉展示。

漂亮的种皮
贝壳花（*Moluccella laevis*）以环绕白色花朵的大型绿色花萼而得名。随着种子的成熟，花萼变成白色和类纸状。

播种

一年生和两年生种子可根据其耐寒性和当地的条件，在覆盖物下或室外播种。在购买种子时，可以选择F1和F2杂交种子，以保证种子的均匀发芽，也可以选择自然授粉或开放授粉的种子，后者成本较低。对于在自家采集的种子，切记必须是该品种的纯种子才能长出和母株一样的植株。杂种种子与母株有不同程度的差异。

购买种子

购买时请检查包装上的日期，以确保种子是取自当前季节的作物。种子通常是由铝箔包装的，以保持其新鲜。一旦打开包装，如果长时间不播种，种子就开始变质，所以最好一次播种完。但如果用粘胶带密封包装，置于阴凉干燥处保存，大多数一年生和两年生的种子都能保持一年或更长时间的活力。豌豆属（豆科）的种子寿命更长。如果置于潮湿、有阳光或温暖的地方，种子的存活率将迅速下降。

购买经过处理的种子（见右图）可降低操作难度，减少间苗的需要。有些种子，特别是F1和F2杂交种的极细种子，单独包衣形成颗粒，播种时要留足够大的空间，均匀播种。播种后要浇足水，使包衣溶解。让种子喝饱水，才能更好地发芽。

水溶性种子的工作原理也一样。沿条播沟底部铺上胶带，盖上土壤，然后浇入水。将未经处理的种子混入凝胶中。凝胶可以直接用试剂盒中的，也可以用壁纸糊制成。都准备好后，进行流质播种。使用袋子挤压凝胶，确保种子沿条播沟底部均匀分布（另见蔬菜，第284页）。

不易发芽的杂交种子，如鸟足菜属的种子，可以在出售前进行引种。这样种子会加快发芽，除非种子太干燥，造成发芽受阻。种子播种后迅速生长。

保存好您自己的种子

最好从生命力强、健康、花色好的植株上取种：这些植株会培育出较好的幼苗。将那些长势不好的植株除掉，阻止它们结籽。争取在种子头或种荚由绿色变成棕色或黑色，即将脱落出种子之前收集成熟的种子。气候干燥时，将种子头采摘下来，可以从单株上采摘，也可以从茎秆上采摘，然后将其晾晒在温室的长椅上或温暖的窗台上或通风

柜里。如果种子头或种荚晒干后没有开口，则需要轻轻压碎种皮和种荚挤出种子。种子一旦从种壳中脱落出来，就将其装在包装袋或信封中，存放在阴凉、黑暗的地方，如冰箱中，直到播种时再拿出来。

何时播种一年生植物和两年生植物

在寒冷的地区，完全耐寒的一年生植物会在春季开花，所以土壤至少升温至7摄氏度时，或秋季土壤温度较高时，直接播种即可（见第218页）。冬季在寒冷地区或土壤湿重的地区，也可以在容器中播种，但是这样播种可能会导致种子腐烂。

春末至仲夏，可以根据耐寒的两年生植物的生长速度，在室外的苗床中播种。将幼苗移植到苗床中以继续生长，然后秋季在开花位置继续进行种植（见第219页）。冬末春初或夏初，可以在容器中播种半耐寒和耐霜

购买的种子

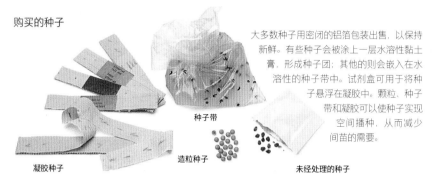

种子带

凝胶种子

造粒种子

未经处理的种子

大多数种子用密闭的铝箔包装出售，以保持新鲜。有些种子会被涂上一层水溶性黏土膏，形成种子团；其他的则会嵌入在水溶性的种子带中。试剂盒可用于将种子悬浮在凝胶中。颗粒、种子带和凝胶可以使种子实现空间播种，从而减少间苗的需要。

收集和储存种子

种皮 选择干燥的日子采集成熟的种皮，确保种子不受潮。如果种皮开裂，可将种子抖落到纸上，以便播种或贮藏。

晾晒种子头 种皮或种荚变成褐色时，将其采摘下，并放入铺有纸的盒子或托盘。放在温暖、阳光充足的地方，直到完全晒干，然后取出种子。

收集种子 将干燥的种子头放入滤茶器中，滤茶器正下方铺一大张纸。轻轻地挤破种子头。种子会从细小的网眼处落下来，滤茶器里只剩下种壳。

储存种子 将清洁过的种子放入密封且贴有标签的纸包中。存放在冰箱底部的带盖的塑料盒中，温度保持在1～5摄氏度。

在托盘中播种一年生和两年生植物的种子

1 准备一个装有种子堆肥的托盘。将其置于水中，直到堆肥表面潮湿。然后端出来沥干水。将种子放到一张纸上，轻轻抖动，将种子薄薄地播撒在表面上。

2 除良种外，用一层相当于种子两倍厚度的堆肥覆盖其他种子。用筛子筛一下堆肥，质地更细。或者使用蛭石（见下方）。

3 在托盘上盖一块玻璃或一块透明的硬塑料，以保持水分。用网布或报纸覆盖，避免阳光直射。开始发芽时，把这两层遮盖物都拿掉。

终用树叶处理幼苗

4 幼苗长到足够大，宜于处理时，轻轻地拍容器，将里面的东西敲出来。将幼苗挖出，在其根系周围铺上堆肥。

5 将每个幼苗移植到准备好的容器里（这里是一个模块盘），中间要留足够的空间让幼苗"伸展"自己的根。将幼苗周围的堆肥轻轻地压实。浇水并贴上标签。

使用蛭石

使用蛭石可以让种子接触到空气和光，因此对于需要光的种子是有用的。它还降低了植物得枯萎病的风险。将种子撒在锅或托盘中（见第1步），铺5毫米厚的细腻蛭石即可。

冻的一年生植物和两年生植物的种子，覆盖好，温度保持在13～21摄氏度，当所有的霜冻天气过后再移植。

在温暖无霜的气候条件下，只要土壤足够暖和，就可以直接露天播种一年生和两年生植物的大粒种子，长出幼苗后可以让其待到原地等待开花，也可以移植到苗床中种植。优良或昂贵的种子最好播种在容器中，生长条件比较容易控制，生命力不强的植物的种子也是如此。在室外种植时进行连片播种，以达到延长花期的目的。

在容器中播种

无论在盆、盘、种子盘中还是在模块盘中播种都行，这取决于要播种的数量或类型。容器太大，浪费空间和堆肥；容器太小，会导致播种过密，造成种子受潮（见第46页）从而长出的苗较虚弱。大种子可播种在岩棉模块中，会长出塞子苗。可降解的花盆对不易移植的植物很有用。

准备一个装满种子堆肥的容器（见第34页）。轻敲容器，以排除空气。用指尖将壤土为基质的堆肥压实，特别是在角落里，然后用平木板或压板将表面平整到边缘以下约5毫米。在平整之前，只需将无土堆肥轻轻地压实。将容器立在水中或用花洒浇水，以彻底湿润堆肥，在水中加入适当的杀菌剂，以免受潮脱落。让容器沥干水分。

直接将种子放在包装袋、折纸或手掌上进行播种。轻轻抖动包装纸或手，慢慢放出种子，薄薄地、均匀地撒在堆肥上。一粒一粒播种大粒或颗状种子。将微小的种子与等量的细干沙混合，以保证播种均匀。

用沙子播种的细小种子无须覆盖，只须用压种机或相同大小的空容器将种子压入堆肥表面即可。用一层堆肥或蛭石覆盖其他种子，使种子与潮湿的堆肥接触。如果覆盖层干燥，请用喷雾器将其弄湿。通过在容器上覆盖厨房薄膜或玻璃或塑料片或将其置于封闭的繁殖器中来阻止堆肥干燥。如有必要，可对容器进行遮挡，避免阳光直射。

种子发芽

发芽所需的温度因属而异（见第220—229页）。气候凉爽时，使用温室长椅上的加热繁殖器是最理想的，但放置在温暖的房间里的窗台上也足以满足一系列一年生植物的需求。定期检查容器，一旦发生发芽，应立即揭开盖子或覆盖物。将容器置于充足的光线下，但要遮挡强光，避免幼苗被晒伤。始终保持堆肥潮湿，以保持稳定的生长，直到幼苗可以移栽。

移栽幼苗

为避免容器培育的幼苗长得太浓密，应提前将其移植到较大的容器中，使其有足够的空间发育，然后再种植到开花的位置。幼苗长到宜于处理时（即使是相当小的幼苗），应尽快移植，这样做会让正在生长中的幼苗少受到打扰。

在可降解的花盆中播种

在5厘米深可降解花盆中播种3粒种子。浇水并贴上标签。长出幼苗时，单独种植。幼苗生根后，将整个花盆都埋到土壤里。

播种前的土地准备工作

1 清除掉土壤中的所有杂物和杂草。双脚并拢向前拖动，直至地面平坦且无气囊，使土壤更加结实。特别要注意土壤边缘的地方。

2 各个方向上都耙一遍，形成细密的耕层，准备播种。这尤其有助于播撒的种子较好地落在细沟间。如果土壤干燥，则需先把土壤浇灌透彻。

在划分的区域内成行地播种

1 首先使用藤条或麻线在苗床上划出一个网格。然后在土壤上撒出沙砾或沙子，标出播种区域；用瓶子（见小插图）可以控制沙子的流动。或者，用木棍在土壤上划痕。

2 将线绳或藤条作为标线，在每个播种区用锄头划出深约2.5厘米的条播沟。沿着条播沟均匀地撒播种子（见小插图）。单独播种丸化种子或大颗粒种子。

3 再小心地将条播沟周围的土壤细细地耙一遍，确保种子不要脱落。用耙子的背面牢固。在每个播种区域插上标示牌并常用花洒喷壶浇水。

4 初期，幼苗看似稀疏且整整齐齐地生长着，但很快就会长成一片，变得密集且不规则。

模块盘中生长的幼苗易于处理，种植时几乎不会阻碍生长。其他合适的容器是可生物降解的塑料容器，最大尺寸的直径为9厘米深，以及深种盘。要移植幼苗的话，首先要将幼苗移植到直径为9厘米的花盆中，长大后再移栽到直径为13～18厘米的大花盆中。轻轻拍打坚硬的容器外壳，使堆肥变松，以便可以将其完整地取出。用一

把小挖刀或宽刀从根部将每一株幼苗挖出，注意不要损害到根部。一定要用叶子托住幼苗，避免擦伤茎条或生长锥。

在准备好的容器的堆肥上挖一个洞，洞的大小要足以容纳根和茎，使种叶刚好覆盖在堆肥上面。轻轻地将每一棵幼苗牢固好。每两株幼苗间隔4～5厘米种植，或者每个模块种一棵。将较小的幼苗留在托盘的

一端，这样它们就不必与较大的幼苗争夺养分，并且能更好地均匀发育。

用细磨砂的罐子浇水使幼苗定根。放置在稍微温暖的环境中，促进它们快速生长。常浇水，天气好时，用报纸或帐篷遮阴，以免光照太强灼伤幼苗。

经受耐寒锻炼的幼苗

气候凉爽时，在覆盖物下培育的新植株不太耐霜冻，因此在种植前，需要用6周左右的时间，让幼苗逐渐适应室外条件，或进行耐寒锻炼（见第45页）。霜冻期过后，可将经过耐寒锻炼的半耐寒和畏寒的一年生植物移栽出来。如果条件不允许移植出去，定期给植物补充养分，使它们继续健康地生长。

户外播种

可将一年生植物的种子在户外准备好的地方或者犄角处播种，也可以在苗床中播种，以便插条或移栽。两年生植物的种子通常在苗床播种。避免使用非常肥沃的土壤，因为这样只会促进叶子的生长，花开的数量就会减少。大多数一年生和两年生植物都喜欢有阳光的地方。

播种前要做好土壤的准备工作，为了不让鞋子上沾满泥，要等土壤表面足够干燥时再播种，轻踏在土壤上。如果土壤缺乏养分，需要施用一种平衡肥料，用量为70克/平方米，并将其轻轻耙或叉入土壤。在播种前，土壤湿润但不积水时，就可以播种了。

划定边界

在划分的种植区域内，一年生植物最好以植株会长成的高度分区种植或者按自己的想法分类种植。在播种之前制订一个计划，考虑植株的高度、习性和花朵的颜色。记住大株的一年生植物比小株的一年生植物需要更多的播种空间。将播种区域划分为一个网格，以便精确地将制订的计划转移到地面上，并在每个有适当间隔的播种区域上划分出条播沟（见左图）。或者在制订计划之前，在整个区域内每隔15～23厘米划分一个条播沟或直接在区域内进行撒播。

在条播沟中播种

虽然一排排的苗木起初看起来太拥挤，但比较容易除草，容易与杂草苗区分开来，也容易剔苗（见第219页）。

用锄头的拐角，每8～15厘米划出一条条播沟，取决于植物的最终大小。或者，用

长藤或耙背代替锄头的拐角紧紧地压在土壤中划出条播沟。实际操作中，播种的深浅不是那么重要，但条播沟的深度应该不超过2.5厘米。有均匀的深度才能均匀地发芽。在较厚的黏土上播种的话，条播沟不能太深。如果土壤非常干燥，则播种前先将浇水。

手动播种或沿条播沟和覆盖物播种。因为发芽率很低，所以旧种子要种得深一些。如果没有下雨的可能，可以用细圆浇水壶喷水，将种子浇透。保持土壤湿润且无杂草，以获得最佳发芽率。

播撒种子

这种方法最好在不同植物之间播种时使用，例如在划分的区域间隙中。由于不能使用锄头，除草在早期会比较困难。将种子薄薄地播在划分好的区域上，并轻轻地耙入，使其与土壤接触。在该区域插上标示牌，常浇水。

撒播种子

1 用耙子将土壤耙细（见第218页）。直接用手进行撒播，或者用播种机撒播，也可以直接用包装袋将种子薄薄地、均匀地撒在耙好的苗床上。

2 用耙子从条播沟的垂直方向耙土壤以覆盖种子：轻轻地耙土壤，尽可能避免种子受到扰动。在该区域插上标示牌。使用花洒浇水。

对一年生植物和两年生植物幼苗进行间苗

单株生长的幼苗 将条播沟里的幼苗间苗时，需要拔出多余的、长势不好的幼苗，然后将苗壮的幼苗四周的土壤压实即可。确认压实后浇水。

丛生的幼苗 挖出丛生的幼苗（这里为美洲石竹）。将它们分成单株，确保每株幼苗的根部都保留大量土壤，以均匀的间隔将其移栽到苗床中。

间苗

即使播种时注意了种子的稀疏，长出幼苗后也需要间苗（见左下图），以避免过度拥挤。许多耐寒的一年生植物会到处散播大量种子，因此自体播种的幼苗也需要间苗。土壤潮湿且天气温和时最适合间苗。如果植株间距为20厘米或更多，则需分次间苗，使生长中的苗木相互保护。

对因播种不均或发芽不良而造成的稀疏地带，尽可能用疏苗来弥补，或将稀疏地区长出的幼苗移植到园内其他地方继续生长。像仙女扇属、石头花属和罂粟之类的一年生植物长有直根，不好移栽。间苗后，需进行浇水，轻轻浇水，但要确保浇透。

苗床

两年生植物通常生长在室外苗床中，等植株长到宜于处理时可以移植到固定的位置等待开花。通常从春末至仲夏播种，然后在夏季将其移植到另一个苗床中生长。秋季，将小植株移栽到固定的位置等待开花。一年生植株也可以种子苗床里，方便插条。

保护室外种子

发芽前和发芽后，都要保护一年生植物和两年生植物免受啮齿动物、鸟类或猫的侵害。将土壤上方的细枝压条。或者，使用金属丝网制造成一个笼子形状（见第45页）。将边缘向下弯曲，以使网罩保持在将要长出的幼苗上方。气候凉爽的地区，使用钟形玻璃盖保护秋季播种的一年生和两年生植物免受潮湿或霜冻的侵害。

培育两年生植物

1 在耙好的苗床上播种两年生植物种子；常给它们浇水。一个月左右，幼苗会长到5～8厘米高，这时需要用叉子将其挖出。

2 幼苗在苗床上栽植的间隔距离，前后应为15～20厘米长，左右的行距应为20～30厘米宽。每个种植孔都应留出足够的空间以埋入植株的根系。牢固好，在该区域插上标示牌并浇水。

3 秋季，新植株长势良好时，如果苗床太干燥，则需要给苗床灌溉水，然后小心地将植株挖出。将它们移植到土壤肥沃的地方，固定好位置，等待开花。

一年生和两年生植物词典

注意：存活期短的多年生植物通常被认为是一年生植物，请参见多年生植物（第186—213页）。

藿香蓟属（AGERATUM）牙线花

播种　冬末至初春🌱

　　该属的一年生植物都是半耐寒的，而且生长在亚热带和热带气候中花园和野外的植物都靠自体播种繁殖。种子长在纸一样易破的种子头中，所以成熟后易于提取（见第216页）。

　　播种后将其置于20～25摄氏度时，该地区种子会在10～14天内发芽。必要时，发芽后7～10天内移植幼苗。牙线花通常需要12周或更长时间才能长到能开花的植株的大小。

苋属（AMARANTHUS）

播种　仲春至春末🌱

　　该属半耐寒的一年生植物和存活期短的多年生植物是风媒传播的，并且经常杂交、随处播种。有时，苋属可能会受到其他物种入侵，但像毛地黄属一样通过自体播种长出的幼苗很容易移动或移栽（见第223页）。

　　流苏状的花朵会结出颜色鲜艳的种子头。小种子长在流苏深处，所以通常看不见。收集种子的最佳方法是"挤压"流苏。或者，摘下头状花序，把它们放在一个纸箱里，置于温暖干燥的地方一周左右，直到种子掉出来。把光滑的、黑色或粉色的种子放进碗里，当谷壳浮到顶部时轻轻吹去，种子会落到碗底。

　　播种后，将其置于20摄氏度下，大多数苋属品种会在7天内发芽，但是菠菜（*Amaranthus tricolor*）在最低温度为25摄氏度时才会发芽。必要时，可在7天内移植幼苗。如果在后期移植，植株的活力变弱，不会在12周后或更长时间才开花，而是早早地就开花了。

　　气候凉爽时，可以将千穗谷（*A. caudatus*）播种到室外，以便在春季开花；幼苗长出后需要间苗，每两株幼苗最好间隔60厘米远。

珀菊属（AMBERBOA）香芙蓉

播种　秋季或初春至仲春🌱

　　这些完全耐寒的一年生和两年生品种的种子都长在纸一样易破的种子头中，并且很大，宜于处理。温度保持在10～15摄氏度，播种后种子会在10～14天内发芽。必要时，在同一时期内移植幼苗。

　　将容器中所有的幼苗移栽到盆或模块盘中，以免植株长大再移植时对其根系造成损害。秋季天气变冷时，播种后需要覆盖好幼苗，以免受到霜冻的侵害。珀菊属植物播种后会在12～14周内开花。

鹅河菊属（BRACHYSCOME）鹅河菊

播种　仲冬至初春🌱

　　从该属的半耐寒的一年生植物上收集纸一样易破的圆盘状种子头（同向日葵）（见第224页），晾干再储存。

　　因为良好的光照条件可以提高发芽率，所以最好浅植（见第217页）。置于18摄氏度下，发芽通常需要7～21天。鹅河菊播种后12～14周内会开花。

其他一年生和两年生植物

北美荷包藤（ADLUMIA FUNGOSA）种子成熟后立即在遮阴处或室外播种🌱。

侧金盏属（ADONIS）播种方法同疆矢车菊属🌱。

麦仙翁属（AGROSTEMMA）播种方法同黑种草属；种在贫瘠的土壤中植株，开花效果最好🌱。

剪股颖属（AGROSTIS）播种方法同凌风草属（Briza）🌱。

银须草属（AIRA）播种方法同凌风草属。**蜀葵属**（ALCEA）播种方法同两年生的康乃馨🌱。

阿米芹属（AMMI）播种方法同矢车菊属。**牛舌草属**（ANCHUSA）像菊科胜红蓟属一样播种完全耐寒的或耐霜冻的一年生和两年生牛舌草属的种子。非洲勿忘草（*A.capensis*）直接播种🌱。

当归属（ANGELICA）种子成熟后立即播种；置于10～16摄氏度下且有充足的光照才会促使种子发芽。幼苗长大到足以处理时就移栽；较大的幼苗不易移栽🌱🌱。该属是由自体播种繁殖。

盘果苘属（ANODA）播种方法同天人菊属🌱。

峨参属（ANTHRISCUS）像疆矢车菊属一样播种。直接在排水良好的土壤中播种🌱。

蓟罂粟属（ARGEMONE）播种方法同万寿菊属（Tagetes）🌱。

细辛属（ASARUM）春季将根茎分株。春季，在18摄氏度时播种，1～4周内会发芽🌱。

车叶草属（ASPERULA）播种方法同疆矢车菊属🌱。

滨藜属（ATRIPLEX）播种方法同疆矢车菊属，不同的是，该属从春季到初夏都可播种🌱。

沙金盏属（BAILEYA）播种方法同疆矢车菊属🌱。

山芥属（BARBAREA）种子成熟后立即播种耐寒的两年生植物种子🌱。

沙冰藜属（BASSIA）播种方法同翠菊属（Callistephus）🌱。

玻璃苣属（BORAGO）播种方法同疆矢车菊属🌱。

雀麦属（BROMUS）春季，在10摄氏度下播种🌱。

苋菊属（CALOMERIA，异名为Humea）播种方法同鸟足菜属。种子一成熟就开始播种🌱。

▲苋属幼苗
苋属幼株长出2～4片叶子时就可进行移栽。如果幼苗移植过晚，则新植株将无法繁育。

◀收集种子
植株的花朵开始变色时（由深红色变为黄色），就意味着种子成熟了［图示为尾穗苋（*Amaranthus caudatus*）］。将托盘放在头状花序下面，轻轻地"挤"花朵流苏，使种子（见小插图）落在托盘里。

芸薹属（BRASSICA）

播种　初春至仲春🌱

　　常见的观赏性卷心菜或羽衣甘蓝（甘蓝品种）都属于该属。它们完全耐寒，生长过程同一年生植物和两年生植物。从干燥的种子头中很容易取出种子（见第216页），播种后将其置于15～21摄氏度的环境下，5～7天就能发芽。必要时，发芽后7天内移植幼苗（见第217页）。观赏性卷心菜16周左右成熟（另请参见蔬菜，第296页）。

凌风草属（BRIZA）

播种　初秋或初春🌱

　　装饰性种子头成熟后，应立即收集该完全耐寒的属中一年生禾本科牧草的种子（见下文）。置于10摄氏度的环境下，10天就能发芽。必要时，发芽后10～14天内移植幼苗（见第217页）。幼苗通常在14周内开花。

收集凌风草的种子
轻轻地拉动种子头以使种子掉入下面的收集袋中［图中为银鳞茅（*Briza minor*）］。干净的塑料袋可以用来收集种子，但不能用来储存种子。

蓝英花属（BROWALLIA）

播种　夏末春初至春末🌱🌱

　　该属品种是畏寒的，需要14～28天才能发芽。因为良好的光照条件可以提高发芽率，所以浅浅地播种最佳。置于18摄氏度的环境下，10～14天就能发芽。16周内植株会开花。

荷包花属（CALCEOLARIA）**拖鞋花**

播种　春季或仲夏🌱🌱

　　该属的一年生植物和两年生植物都是半耐寒的。压碎圆形状种子头就可取出小粒种子（见第216页）。春季播种一年生植物种子，仲夏播种两年生植物种子，次年夏季或初夏会开花。充足的光照和置于15～21摄氏度的环境下，种子在14～21天内可以发芽。必要时，发芽后7～10天内移植幼苗。

最多36周内会开花，如果季节气候都适宜，Anytime系列会在16周内开花（另见多年生植物，第190页）。

金盏花属（CALENDULA）**英国金盏花**

播种　秋季或初春至仲春🌱

　　该属的一年生植物完全耐寒并随处可以自体播种繁殖：该品种由"纯种"培育的幼苗长势不是太好，但变种培育的幼苗长势还可以。像洋地黄属一样移植自体播种的幼苗（见第223页）。收集种子时，注意保留大粒种子所有可存活的部分。

雅致色泽金盏花
（*Calendula officinalis* 'Art Shades'）

　　温度为15～20摄氏度时，最好直接在室外播种（见第218页），7天内就会发芽。必要时，发芽后7天内移植幼苗。气候凉爽时，使用钟形玻璃盖保护秋季播种的种子免受潮湿或霜冻的侵害（见第39页）。金盏花在10到12周内开花。

金盏花种子的结构
金盏花种子在收集或储存时经常分成3部分。每个部分都可以用来播种，因此注意不要将其与谷壳一起丢弃。

翠菊属（CALLISTEPHUS）**中国紫菀**

播种　初春至春末夏初🌱🌱

　　翠菊属以及其他品种都是半耐寒。尽管可以在仲春气候凉爽时置于10～15摄氏度下，或霜冻期要结束时在室外播种，但播种后最好用容器覆盖（见第217页）。初夏播种，秋季就可以开花。

绒球菊花系列翠菊
（*Callistephus chinensis* Pompon Series）

　　薄如纸般的种子头中可结出许多种子，而且都是大粒种。但播种时覆盖的土壤或堆肥不能超过种子高度。置于16摄氏度的环境下，种子在7～10天内可以发芽，必要时，发芽后7～10内移植幼苗。播种后约20周，会开花。

风铃草属（CAMPANULA）**风铃草**

播种　秋季或初春至仲春🌱

　　风铃草（*Campanula medium*）是完全耐寒的两年生植物。种子生长在圆形状种子头中，而种子长在花基上的花萼中。压碎整个种子头取出种子播种要比从种壳中挑选出细小的种子容易。因为良好的光照条件可以提高发芽率，所以浅浅地播种最佳（见第217页）。

　　温度为15～21摄氏度时，发芽需要10～14天。植株长大到易于处理时，可在4周内移植幼苗，以便在12个月内开花。在冬季气候温和的地区，如果秋季直接播种，春季就能开花（另见多年生植物，第191页）。

两年生风铃草属幼苗
苗床中生长的幼苗第一个季节无须移植，补充养分即可。秋季将其移植到固定的位置，等待开花。

辣椒属（CAPSICUM）**辣椒**

播种　仲春至春末🌱🌱

　　一年生植物主要为栽培作物，但有些植株结出的果实颜色鲜艳，也可作为观赏。扁种子长在多肉的水果中。夏季收集种子时，先晾晒成熟的花椒，让种子熟透，再提取种子。收集时戴上手套以免刺激皮肤（另见蔬菜，第298页）。春季，在21～25摄氏度下播种。7天左右会发芽；必要时，发芽后一周内移植幼苗，植物会在16～20周内开始结果。

辣椒

青葙属（CELOSIA）

播种 仲春至初夏

鸡冠花

青葙（*Celosia argentea*，即鸡冠花）的栽培品种为一年生植物，是半耐寒的。将种子头上的羽状物晒干，然后将种子摇到干净的纸上。

播种后将其置于21～25摄氏度下，7天左右会发芽。必要时，发芽后7天内移植幼苗。因为该植物不喜欢移植，所以如果将种子播种在容器中（见第217页），则不要等到根系太大时再移栽。移植时分别将幼苗放入9厘米深的花盆中。植株12到14周会开花。

疆矢车菊属（CENTAUREA）

播种 初春

矢车菊

一年生和两年生的植物中，完全耐寒的矢车菊（*Centaurea cyanus*）及其栽培品种种植最为广泛。自体播种的幼苗长势喜人；种植方法同毛地黄属。该属长出的是大粒种子，易于提取，所以最好直接播种（见第218页），12周内会开花。置于10～15摄氏度的环境下，10～14天内发芽。必要时，发芽后10～14天内移植幼苗。

仙女扇属（CLARKIA）

播种 秋季或初春

"鲜艳的"仙女扇属

完全耐寒且直根的一年生植物种子长在种子头里［如高代花（*Godetia*）］，一旦子成熟，种子头很快就会散开。为了避免移植，直接播种即可（见第218页）。在15摄氏度下，种子在10～21天内发芽。在易霜冻的地区，用玻璃盖保护秋播的幼苗过冬免受霜冻的侵害（见第39页）。古代稀（*Clarkia amoena*，即别春花）种子发芽后长势喜人。12周内就会开花。

鸟足菜属（CLEOME）

播种 仲春

通常只栽培该属的一年生植物。畏寒的醉蝶花（*Cleome hassleriana*，异名为*C. pungens*，*C. spinosa*）是最受欢迎的。

在18摄氏度下播种（见第217页）。它们会在10到21天内发芽，但有时发芽率也会不稳定。如果发芽不稳定，则需等到第一批幼苗长出两片叶子时再进行移植。移栽时为了不打扰植株的根系，最好在9厘米深的花盆中单独种植幼苗，并遮盖好。植物会在16～18周内开花。

霓花属（CLERETUM）

如彩虹菊、冰叶日中花
播种 初春至仲春

该属半耐寒的一年生植物种子长在多肉的种子头中，充分干燥种子头后，可以提取出细小的种子。在15～21摄氏度下播种，7到10天即可发芽，并在16周内开花。必要时，发芽后7～10天内移植幼苗。气候凉爽的地区，如果在有盖的容器中播种（见第217页），则应等到幼苗足够苗壮时再移植（见第218和第45页）。

旋花属（CONVOLVULUS）

播种 初春至春末

该属最常见的一年生植物是三色旋花（*Convolulus tricolor*，异名为*C.minor*）和其栽培品种。该属都是完全耐寒的。种子生长在圆形状种子头中。在户外播种后，旋花属会在12～14周内开花。

如果在遮蔽的地方播种（见第217页），大粒种子可以单粒播种在装有岩棉（见下文）的模块盘中，而不使用堆肥，这样可以减少移栽时对根部的干扰。将其置于13～15摄氏度下，种子7～10天内发芽。必要时，发芽后7内移植幼苗（见第217页）。在岩棉中培育的幼苗，只需将装幼苗的模块盘放到预先制好的岩棉块中心，这样根部就可以不受限制地生长到岩棉块中了。

在岩棉中播种旋花属种子

1 诸如三色旋花之类的植物种子比较大，可以依次播种在划分好的岩棉模块的托盘中。将划好模块的托盘放在滴水盘中，然后用水浸湿岩棉。静置30分钟，然后沥干多余的水分。

2 用小挖洞器在每个岩棉模块的中央打一个约5毫米的深孔，然后准备播种。将旋花属种子逐一撒入准备好的模块中。

3 然后将小块松散的岩棉纤维填满每个孔，确保种子上方不留一点空间。干纤维会吸收岩棉模块中的水分。在托盘上贴上标签并放置在温暖明亮的地方。

4 幼苗应在10～14天内长出子叶。长大到根部可以从岩棉中露出来后。可以将其移植到岩棉塞或石棉块中（见小插图）。

飞燕草属（CONSOLIDA）飞燕草

播种　秋季或初春至春末🌿

该属完全耐寒的一年生植物种子有毒，长在长长的种皮中。因此该品种最好直接在室外播种（见第218页）。最好连种以延长花期，特别是该品种需要通过扦插繁殖时。秋季播种，植株会在春末开花，但霜冻地区，越冬时最好用玻璃罩覆盖幼苗以防受到霜冻的侵害（见第39页）。

在10～15摄氏度下播种，7～10天会发芽。必要时，发芽后7～10内移植幼苗（见第217页）。12～16周内会开花。

金鸡菊属（COREOPSIS）金鸡菊

播种　初春至初夏🌿

该属的一年生植物完全耐寒。种子长在易破的圆盘状种子头中，与向日葵属（*Helianthus*，见第224页）一样，干燥后很容易提取种子。播种后，将其置于10～15摄氏度下，最多可能需要21天才能发芽。

必要时，幼苗大到足以处理时可以将其移栽（见第217页）。植株会在12～16周内开花。两色金鸡菊（*Coreopsis tinctoria*，异名为*Calliopsis tinctoria*）比较喜欢在沙质土壤中生长。

石竹属（DIANTHUS）石竹、香石竹

播种　春末夏初🌿

该属完全耐寒的一年生和两年生植物很容易自然受孕杂交，因此，从植株上收集的种子在播种后，长出的植株各色各样，往往给我们带来意外的惊喜（见第216页）。石竹也是不错的杂交对象（见第21页）。种子长在干燥的种子头中。

在13～15摄氏度的室外播种（见第218页）；10～14天会发芽。两年生植物在播种后12个月开花，但有些可以按一年生植物的种植方法播种，16周内开花。（另见多年生植物，第193页）

毛地黄属（DIGITALIS）毛地黄

播种　春末

毛地黄的深管状花吸引着寻求花蜜的蜜蜂进行植物授粉。纸一样易破的种子头中能装很多种子，使毛地黄很容易自体播种繁殖。可以挖出并移栽自体播种的幼苗。

尽管有一些栽培品种会变体，但长势喜人，还是令人欣喜的。在种子头成熟时尽快收集成熟的棕色种子头，以防种子头分裂后"吐出"种子。种子和植株的其他部分一样都是有毒的，所以在分类和清洗时要注意（见第216页）。

两年生的洋地黄完全耐寒，置于10～15摄氏度下，7天左右才会发芽。必要时，发芽后7天内移植幼苗。茎干呈深色的幼苗更有可能开出紫色花。有些品种在播种后20周开花，但大部分品种通常在次年的春末和初夏开花。

自体播种的洋地黄幼苗

1 洋地黄在花园中容易自体播种繁殖。每个花穗下结出的种子头在初夏或仲夏成熟后会裂开，脱落出大量的小种子。

2 夏末秋初时在母株的根附近寻找幼苗。选择一个凉爽、潮湿的日子（避免树根枯萎），将那些至少有4片叶子的幼苗移植到更好的开花位置。

3 用手铲将幼苗挖出，确保每棵幼苗根部都带一团泥土。这样可以保护根系免受损坏，并确保幼苗生长速度加快。

4 每两株幼苗移植的间隔至少30厘米。确保每一棵幼苗重新栽植的深度与没移栽时的深度相同，以使根系能良好地展开。轻轻地将其固定好，浇上水，并贴上标签。

其他一年生植物和两年生植物

红花属（CARTHAMUS）一年生红花属的播种方法同疆矢车菊；两年生红花属的播种方法同沙冰藜属🌿。

百金花属（CENTAURIUM，易名为Erythraea）种子成熟时或仲秋，在10摄氏度下播种耐寒的一年生和两年生的百金花属种子🌿。

顶羽鼠曲草属（CEPHALIPTERUM）播种方法同蜡菊属🌿。

唇柱苣苔属（CHIRITA）冬末至春季，在19～24摄氏度下，可以连种畏寒的一年生的唇柱苣苔属种子🌿🌿🌿。

金凤菊属（CLADANTHUS）播种方法同沙冰藜属🌿。

薏苡属（COIX）播种方法同百日菊属（Zinnia）🌿。

锦龙花属（COLLINSIA）播种方法同仙女扇属🌿。春季播种，秋季间苗。自体播种的二色科林花幼苗长势喜人。最好直接播种。

山号草属（COLLOMIA）播种方法同仙女扇属🌿。

山芫荽属（COTULA）春季，在13～18摄氏度下播种半耐寒的乃至耐霜冻的一年生山芫荽属种子🌿🌿。

还阳参属（CREPIS）种子成熟时且温度为10～15摄氏度的条件下，立即播种耐寒的一年生还阳参属种子🌿。植株很容易自播。

琉璃草属（CYNOGLOSSUM）仲春播种半耐寒至耐寒的一年生和两年生琉璃草属的种子。光照条件下才会发芽。红花文殊兰（C. amabile）最好直接通过播种繁殖。

异果菊属（DIMORPHOTHECA）播种方法同鹅河菊属，但播种异果菊属种子时要盖上堆肥🌿。

糖芥属（ERYSIMUM）桂竹香

播种 春末夏初

少数一年生和两年生的糖芥属品种完全耐寒，长长的种皮中大量结籽。种皮晒干后就会裂开，很容易把种子提取出来（见第216页）。在10～15摄氏度下播种，10～14天内会发芽。移栽幼苗时，需修剪主根以促进形成纤维状根，这样移栽后植株的根系更容易存活（见第219页）（另见多年生植物，第196页）。

花菱草属（ESCHSCHOLZIA）加州罂粟

播种 初秋或初春至春末

该属一年生品种完全耐寒，自由结种，因此自体播种长出的幼苗很容易成形，长势喜人。但是，它们的移植效果不好，因此最好在种皮散落种子之前收集种子进行播种。将种子直接播种到室外即可（见第218页）。

置于10～15摄氏度下，通常7～14天内会发芽。必要时，发芽后可在7天内单独移植幼苗。连续分批播种，可以延长花期。天气凉爽时，用玻璃罩保护秋播的幼苗免受冬季寒冷和霜冻的侵害（见第39页）。这些罂粟花通常在12～16周内开花。

收集花菱草的种子

未成熟的种子头 采集花菱草属的种子：初夏至仲夏时种子头的颜色从绿色变成棕色，趁着种皮没有裂开到处洒落种子之前，尽快摘下细长的种子。

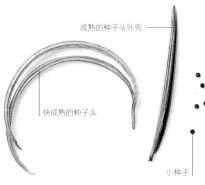

成熟的种子头外壳

快成熟的种子头

小种子

成熟的种子头 将成熟的种子头晒到太阳下，种子头内壁就会积聚张力。最终，种子头裂开，大粒的种子会迸出，注意晾晒种子头时不要距离母株太近。

天人菊属植物（GAILLARDIA）宿根天人菊

播种 初春

该属中的一年生植物完全耐寒。种子生长在纸一样易破的种子壳中，颗粒很大，宜于处理。气候凉爽时，在容器中播种（见第217页）。置于15摄氏度下，7～10天会发芽。必要时，种子发芽后可在7～10天内移植幼苗。植株会在16周内开花（另见多年生植物，第197页）。

茼蒿属（GLEBIONIS）茼蒿、南茼蒿

播种 秋季或初春至春末

茼蒿已与木茼蒿属杂交后所产的品种像 "Grandaisy Red" 一样，花盘四周会长出彩色环。"Grandaisy Pink" 就是蒿子杆（Ismelia carinata）和木茼蒿属杂交而来的。该品种只能通过插条繁殖。

石头花属（GYPSOPHILA）

播种 初春至仲春

尽管该属的一年生植物易于由种子培育繁殖，但需要长达21天的时间才能发芽。

缕丝花
（Gypsophila elegans）

最好直接播种（见第218页），因为它们移植后效果不佳。置于13～15摄氏度下。必要时，幼苗长到宜于处理时可将其移栽。一年生植物完全耐寒，12～15周内开花（另见多年生植物，第198页）。

向日葵属（HELIANTHUS）向日葵

播种 冬末春初

该属的耐寒的一年生植物开出的头状花序通常很大，直径可以达到30厘米长。花朵中心结出的圆盘状种子头中长出的都是大粒种子，很容易取出（见下文）。但是需要注意的是，这些品种都是自由杂交的，因此收集的种子播种后不一定就能长出和母株一样的植株。向日葵是个杂交的好对象（见第21页）。

向日葵不喜欢被移植，因此需要直接播种（见第218页）或单独盆栽（见第217页）或种到岩棉模块中（见旋花植物，第222页）。置于15摄氏度下，种子发芽最佳，需要7～10天。

如果需要移植，发芽后需在7天内进行，移栽的深度比没移植前扎根的深度要要深一点，以牢固根茎。向日葵会在16至20周内开花（另见多年生植物，第200页）。

收集成熟的种子

1 夏末秋初，将即将成熟的向日葵头状花序摘除。小心地从头状花序中心成熟的种子中挑出黑色的谷壳。

2 两手紧紧抓住头状花序，弯曲，使头状花序中的种子略微张开。在头状花序下方放一张干净的纸，一只手紧握头状花序，另一只手往外拨下种子。种子会弹落到纸上。

屈曲花属 (IBERIS)

播种　秋季或初春至初夏🌱

屈曲花 (*Iberis amara*)

　　该属的一年生植物完全能耐寒。春季或夏季植株开花后，种皮中会长出许多种子。在室外连种（见第218页）以延长花期，最好在秋季播种，这样次年就能提早看到开花。置于10～15摄氏度下，7～10天就会发芽。白蜀葵植株需要12到16周才能开花。

虎掌藤属 (IPOMOEA) 牵牛花

播种　仲春至初夏🌱

　　该属中最常见的攀缘一年生植物都是畏寒的。圆形种子头中结的种子都是大颗粒的，易于处理，但种子有毒，不能食用。播种前将它们在温水中浸泡24小时，置于18摄氏度下，以确保高发芽率。通常需要7到10天就能发芽。

　　若气候凉爽，则需将种子单独播种在容器中（见第218页）；若气候温暖，则在室外播种即可。必要时，种子发芽后可在7天内移植幼苗。牵牛花（同金鱼花属、牵牛属）在肥沃的堆肥中长势最好。16周内就会开花。

三色牵牛花 "天蓝色" (*Ipomoea tricolor* 'HEAVENLY BLUE')

一旦牵牛花发芽，最低温度应为7摄氏度，而且必须种植到肥沃的土壤中；夏季便会花团锦簇。

凤仙花属 (IMPATIENS) 凤仙花

播种　初春至春末🌱

　　该属的一年生植物既有畏寒的凤仙花 (*Impatiens balsamina*)，也有十分耐霜冻的凤仙花 (*I. glandulifera*)。后者遭到入侵的可能性较大。

　　成熟的种子头会裂开，种子瞬间就会掉落。收集种子的最好方法是在每个种子头变色后立即在上面绑一个纸袋子。种子头裂开后，种子就会脱落到袋子里，然后取下袋子即可。

　　置于15～18摄氏度下，种子发芽需要7至10天。必要时，种子发芽后7至10天就可移植幼苗。烈日的照耀下，凤仙花幼苗易得枯萎病（见第46页）。12到16周植株才能长到能开花的高度。

将要成熟的凤仙花属种子

种子头成熟时，其内壁会裂开并向后翘起，导致种子突然被弹出，离植株数米远。

兔尾草属 (LAGURUS) 兔尾草

播种　秋季或春季播种🌱

　　兔尾草属只有兔尾草 (*Lagurus ovatus*) 这一个品种，它是完全耐寒的。兔尾草会开出蓬松的头状花序或花簇，当其干燥时，可保持完好无损相当长的时间。阳光充足，但土壤呈沙质且贫瘠的地方适合种植兔尾草。在一些地区，兔尾草随处生长，通常被认为是一种杂草。夏季兔尾草的头状花序成熟后会变得蓬松，这时可以收集种子，收集种子的方法同凌风草属（见第221页）。

　　春季直接播种种子（见第218页），12周内可以开花。秋季气候凉爽时，应在容器中播种，冬季需将其放置在遮蔽处（见第217页）。

　　种子发芽的最低温度为10摄氏度时，10～14天就会发芽。必要时，种子发芽后10～14天内移植幼苗。

其他一年生植物和两年生植物

半边莲属 (DOWNINGIA) 该属耐霜冻的一年生植物播种方法同福禄考属（见第228页）🌱。

青兰属 (DRACOCEPHALUM) 播种方法同矢车菊（见第222页）🌱。

蓝蓟属 (ECHIUM) 在13～16摄氏度下播种该属畏寒的甚至完全耐寒品种的种子（见217～219页）；春季播种一年生植物种子，夏季播种两年生植物种子🌱🌱。

一点红属 (EMILIA) 该属半耐寒的一年生植物的播种方法同沙冰藜属（见第221页）🌱。

画眉草属 (ERAGROSTIS) 播种方法同凌风草属（见第221页），但最好仲春时播种🌱。

大戟属 (EUPHORBIA) 春季该属一年生植物的播种方法同大马士革爱神属（见第228页），两年生植物则同

糖芥属（见第224页）🌱（另请参见仙人掌和其他多肉植物，第246页）。

草原龙胆属 (EUSTOMA，异名为 Lisianthus) 秋季或冬末，在13～16摄氏度下播种畏寒的一年生和两年生植物的种子（参见第217页）🌱🌱🌱。

藻百年属 (EXACUM) 该属畏寒的一年生和两年生的播种方法同紫水晶属（见第221页），但播种该属时应薄薄地覆盖一层堆肥🌱🌱。

蓝菊属 (FELICIA，异名为 Agathaea) 该属畏寒的乃至耐霜冻的一年生植物播种方法同凤仙花属🌱。

吉莉草属 (GILIA) 播种方法同金盏花（见第221页）🌱。

海罂粟属 (GLAUCIUM) 播种方法同金盏花（见第221页）🌱。不易移植。

千日红属 (GOMPHRENA) 该属畏寒的乃至耐霜冻的一年生植物播种

方法同凤仙花属🌱。

泽条蜂亚属 (HELIOPHILA) 播种方法同矢车菊（见第222页）🌱。冬季开花的品种，应初春或秋季，在16～19摄氏度下播种。

香花芥属 (HESPERIS) 春季将耐寒的两年生植物种子播种到固定位置（见第218页）🌱；置于10～15摄氏度下，有利于植株发芽。自体播种的香花芥属幼苗长势喜人。

木槿属 (HIBISCUS) 春季，在18摄氏度下播种半耐寒的一年生植物种子（第217～218页）；播种前，将种子在热水中浸泡一个小时🌱🌱。（另见灌木和攀缘植物，第131页。）

大麦属 (HORDEUM) 播种方法同凌风草属（见第221页）🌱。

莨菪属 (Hyoscyamus) 春季播种耐寒的一年生和两年生植物种子。长

有主根的幼苗不易移植，因此直接播种到最终开花位置即可。天仙子通常都是自由地自体播种繁殖🌱。

钻石花属 (IONOPSIDIUM) 春季，夏季或秋季播种耐霜冻的一年生植物种子（见第217页）。经常自体播种繁殖🌱。

红杉花属 (IPOMOPSIS) 初春或初夏，温度为13～16摄氏度的条件下播种耐霜冻的一年生和两年生植物种子（见第217～218页）🌱🌱。

菘蓝属 (ISATIS) 秋季或春季，在为13～18摄氏度下播种耐寒的一年生和两年生植物种子（见第217—218页）。自由地自体播种繁殖🌱。

葫芦属 (LAGENARIA) 播种半耐寒的一年生植物种子的方法同辣椒属（见第222页），但播种前需将种子先浸入温水🌱。

山黧豆属 (LATHYRUS)

"火星"山黧豆
(*Lathyrus* 'Mars')

仲秋至仲冬或初春至仲春播种。该属中最常见的一年生植物就是香豌豆 (*Lathyrus odoratus*)，是一种完全耐寒的攀缘植物。长长的种皮中能够长着大粒种子，易于处理。种皮变成浅棕色且摇晃种皮发出嘎嘎声时，就可将种皮摘下。将它们晒干（见第216页），直到它们分裂进出种子。

最好在仲秋或冬末播种装饰性甜豌豆，但初春播种效果也很佳，就是开花比较晚。如果想看到繁花似锦的现象，播种前需先准备一块肥沃的土地。如果要用藤条搭建棚架或棚屋，则需在沟或平地上挖出一些土。如果土质粗糙，可在秋季准备以备春播，以免越冬时受到霜冻的侵害，或播种时垫高苗床。仲春或秋季在温暖的地区，直接在开阔土地上播种。在寒冷地区，秋冬季需在容器中播种（见左下图），在遮蔽处才会发芽，例如在冷框内衬5厘米厚的碎石。置于10～15摄氏度下，发芽率最佳。

为了提高发芽率，播种前先将种子在温水中浸泡一夜。次日立即播种；如果放置时间过长，容易腐烂。一些品种的黑色种子浸不透水，必须切碎（见左下图），才能让水分到达种子胚芽。但是，一些种植者认为浸泡和切碎种子都没有必要。7～14天内会发芽。

未单独到容器中的幼苗，长到5厘米高时，需移植到露地或先单独种到8厘米深的花盆中。幼苗时刻都需生长在阴凉处，除非天气非常寒冷时再给予它们保护。气候温暖时，幼苗生长得很快，根茎会变得细长。秋播的幼株不必要掐尖，但冬春培育的幼株，则要移除侧枝促进幼株的生长。装饰性的植物，可以只培育它的一根枝条，用藤条支撑，然后去掉其他卷须和侧枝，使花朵集中开放在这一个枝条上。

香豌豆应在12～14周内开花，具体的开花时间取决于播种时间，但是秋季播种要到春季或初夏才能开花。

香豌豆是可以杂交的好对象，许多园艺爱好者已经培育出一些优良的栽培品种。对所选的种子母体进行授粉，并在其上绑上几天薄纱袋，以防昆虫授粉。在夏末收集种子。

切碎种子

用干净锋利的小刀将每个裹在黑色种子上的硬皮削去一小块。注意切口要远离每颗种子的"疤痕"（种脐）；这是长出苗芽和根出苗的地方。

户外播种香豌豆

准备土壤 根据种子的播种方式，在沟渠或平地上挖土。沟渠底部需添加8～10厘米腐烂的肥料或堆肥。等待至少4周，待其沉降。

直接在棚屋下播种 首先需要准备搭建棚屋的6根2.5米高的藤条。在每根藤条两侧打一个大约2.5厘米深的孔。在每个孔中播种，覆盖并牢固。如果土壤干燥，需要浇水。

在容器中播种香豌豆种子

1 选择一个深的容器播种香豌豆种子，为种子的根部留出生长空间。将种子堆肥填充一个13厘米的盆，每盆播种5～7粒种子。铺上一层1厘米厚的纹理细密蛭石，贴上标签并浇水。

2 将种子置于阴凉、干燥的地方；气候凉爽时，冷床是个不错的选择。为了促使植株生长更旺盛，幼苗有两对或更多对叶子时，需要掐掉植株的生长锥。生根后立即移植。

使用管盆

为了避免移植，可将种子直接播种在管盆而不是标准的花盆中。将堆肥装满管盆，单独播种，覆盖上1厘米厚的种子堆肥。贴标签并浇水。

杂交的香豌豆

1 在母株上选一个长有一两朵花苞的茎条。掐掉已经开了的花朵；因为它们已经授粉了（香豌豆是自花授粉），还要摘除掉所有含苞待放的花朵。

2 握住孕育种子的花朵"翅膀"向反方向拉扯，使之露出龙骨瓣。用针或安全别针将龙骨瓣拨开，会露出10个雄蕊及其带有花粉的花药。

3 用细镊子从中央柱头周围捏掉所有的雄蕊。注意不要损坏柱头或留下任何可能导致腐烂的"障碍物"。

4 取一朵已经授粉且完全开放的花朵。同样握住花朵"翅膀"向后扯，将龙骨瓣放在孕育种子的花朵的柱头上。同时摇动花粉，将其成熟的花粉洒落到孕育种子的花朵的柱头上。

花葵属（LAVATERA）锦葵

播种 初春至春末夏初 🌱

该属耐寒乃至耐霜冻的一年生植物和两年生植物长有圆盘状的种子头。在遮蔽处播种一年生植物和两年生植物种子。置于21摄氏度下，种子7～14天内能发芽。必要时，发芽后可在7天内移植幼苗。一年生花葵属12～16周内开花（另见灌木和攀缘植物，第133页）。

种壳　　　种子和最里面的壳　　种子和中间的壳　　种子和最外面的壳

从种壳中收集种子

花葵属有三层"外衣"或者是三层外壳。有的外壳可能会自己脱落。储存或播种时，确保丢弃所有松散的谷壳。

柳穿鱼属（LINARIA）柳穿鱼

播种 从初春到仲春或夏天 🌱

该属的最常见的是一年生植物，完全耐寒，但是有些两年生植物在夏初播种。种子"藏在"干燥的种子头中。户外播种（见第219页），种子比较小，因此注意不要将其播种得太深。

发芽的最佳温度是10～15摄氏度。7～10天会长出幼苗；如有必要，幼苗长到足够大到可以处理时再移植。大多数植物需要12周左右才会开花。一年生的柳穿鱼属自体播种繁殖，幼苗移栽方法同洋地黄（见第223页）。

银扇花属（LUNARIA）一年生缎花、绸缎花

播种 初夏 🌱

银扇草（*Lunaria annua*，异名为 *L. biennis*）既可以将其当作一年生植物也可以当作两年生植物种植，但通常按一年生植物种植，完全耐寒。如洋地黄一样，自由地进行自体播种繁殖，长出的幼苗也很容易移植。突出的扁平、半透明的种子头，是干花插花的宝贵材料。提取种子之前，确保种子头足够干燥。置于10～15摄氏度下，需要7～14天才能发芽。必要时，发芽后可在两周内移植幼苗。如果按照两年生植物种植，则开花时间为次年的春末夏初。

收集银扇花属种子

夏季，大多数扁平种壳呈现出如银色薄如纸一样的外观和质地时，种子就成熟了。切下花茎，从种子头的两侧剥去外皮。从中间的内膜中取出大的扁平种子。

其他一年生植物和两年生植物

雪顶菊属（LAYIA） 该属耐寒的一年生植物播种方法同金盏花属（见第221页）🌱。

神鉴花属（LEGOUSIA） 播种方法同金盏花属🌱。

滨菊属（LEUCANTHEMUM） 播种方法同矢车菊（见第222页）。

沼沫花属（LIMNANTHES） 播种方法同金盏草属，但要保护生长在凉爽的地区秋播的植株，越冬时免受霜冻的侵害🌱。自体播种的荷包蛋花（L. douglasii）幼苗长势喜人。

车叶草属（LINANTHUS） 播种方法同疆矢车菊属🌱。旋覆花属（LINDHEIMERA）播种方法同疆矢车菊属🌱。亚麻属（LINUM）播种方法同疆矢车菊属🌱。处于花期的亚麻（大花亚麻L. grandiflorum）不易移植，所以在一开始就直接播种到固定位置（见第218页）。

半边莲属（LOBELIA） 冬末春初，在15～25摄氏度下播种畏寒的一年生植物种子（见第217页）🌱。气候适宜时，该属容易自体播种繁殖🌱🌱。（另见多年生植物，第202页）

香雪球属（LOBULARIA） 初春至春末，在10～15摄氏度下播种耐寒的一年生植物种子（见第218页）🌱。自体播种的香雪球（L. maritima）幼苗长势喜人。非洲雏菊属（LONAS）播种方法同矢车菊属🌱。羽扇豆属（LUPINUS）播种方法同疆矢车菊属，播种前先需要切开种子或将种子浸泡24小时后再播种🌱。（另见多年生植物，第202页）

剪秋罗属（LYCHNIS，异名为Viscaria） 播种方法同糖芥属（如第224页）🌱。

涩荠属（MALCOLMIA） 从春末开始，每隔4～6周播种一批耐寒的一年生植物种子（请参见第218页），来延长花期；置于10～15摄氏度下，种子才会发芽。自体播种的涩荠（M. maritima）幼苗长势喜人🌱。心萼葵属（MALOPE）播种方法同疆矢车菊属🌱。自体播种的马落葵（M. trifida）幼苗长势喜人。锦葵属（MALVA）该属耐寒的一年生和两年生植物播种方法同矢车菊或糖芥属（见第224页）🌱。

紫罗兰属 (MATTHIOLA) 紫罗兰花

播种 仲冬至仲春或仲夏 ⚘

大刨花
('Giant Excelsior')
紫罗兰

虽然该属的一年生植物是完全耐寒的，但在凉爽的气候下，也最好在有遮盖物的容器中（见第217页）培植。此外，不同季节栽培的品种也是不同的。在细长的种荚中会结出大量的种子，在10～15摄氏度下，1～2周即可发芽。发芽后一周左右移栽幼苗。幼苗期可选择移植重瓣花栽培品种。将所有幼苗移至温度低于10摄氏度的阴凉处：叶子变为黄绿色的幼苗就是重瓣花品种。在寒冷地区，秋季移植的两年生紫罗兰越冬时需要盖上玻璃罩以避免受到霜冻的侵害（见第39页）。12～16周内一年生紫罗兰会开花；次年春季两年生紫罗兰会开花。

勿忘草属 (MYOSOTIS) 勿忘我

播种 春末夏初 ⚘

最常见的是两年生勿忘我（*Myosotis sylvatica*）品种，完全耐寒。它们自由地自体播种繁殖，并且长势喜人。将成熟的植株挖出，放置到灌木丛或林地中，它们的种子会自然脱落，随处扎根。为了保存种子，可将整株植物放置在有衬纸的种子托盘中晾干（见第216页）；种子会自然脱落到托盘的底部。

将种子在室外播种（见第219页）或在容器中播种（见第217页）。春季播种野勿忘草（*M. arvensis*）种子。置于10～15摄氏度下，14天左右会发芽。将幼苗移植到苗床上，秋季会开花。两年生植物在次年春季开花。

烟草属 (NICOTIANA)

播种 初春至春末 ⚘

该属的一年生植物都是耐霜冻的，夏末和秋季种子就长在椭圆形种子头中。种子非常小，需要光照才能发芽。将它们与细砂混合后浅浅地播种（见第217页）。置于21摄氏度下，7天内可发芽。必要时，发芽后可在7天内移植幼苗。烟草植株需要12周才能长到可以开花的大小。

黑种草属 (NIGELLA) 黑种草

播种 初秋至仲秋或初春至仲春

该属耐寒的一年生植株长着鼓鼓的种子头。种子头成熟时收集种子。种子头中"藏着"大量种子，成熟后，种子散布在母株周围的土壤上，自由地自体播种繁殖。黑种草（*Nigella damascena*）幼苗长势喜人。像洋地黄一样挖出并移植（见第223页）。土壤温度为10～15摄氏度时，可在室外直接播种（见第219页）。7天内种子便会发芽。必要时，发芽后可在7～14天内移植幼苗。气候凉爽时，用玻璃罩盖住秋播的幼苗以防越冬时受到霜冻的侵害（见第39页）。植物会在12～16周内开花，如果在秋季播种，则在次年春季开花。

收集黑种草属的种子

1 夏季，种子头开始变成棕色时，将其切下，然后放入装有干净吸水纸或报纸的碟子或托盘中。将它们放置在温暖且阳光充足的地方，直到种子头完全干燥。

2 将干燥的种子头中的小种子摇晃到干净的纸上。必要时，可以通过细网筛过滤，筛出谷壳。将种子装入有标签的纸包中，存放在阴凉干燥的地方。

罂粟属 (PAPAVER) 罂粟

播种 春至仲春或春末夏初 ⚘

虞美人雪莉罂粟
(*Papaver rhoeas*
Shirley Series)

一年生和两年生的罂粟都完全耐寒。这些独特的"胡椒瓶"种子头中长有大量的种子，易于自体播种繁殖。虞美人幼苗长势喜人。种子头变色时开始收集，将其放在托盘中等待成熟。轻轻摇晃种子头，种子就出来了（见第216页）。

春季播种一年生罂粟，随后播种两年生罂粟。温度为10～15摄氏度的条件下，7～14天就会发芽。已经长有直根的幼苗不易移植，因此最好直接播种到固定的位置，或长出两片叶子后移植或发芽后7天内移植。一年生罂粟花在12周内开花，两年生罂粟次年春季或夏季开花（另见多年生植物，第204页）。

福禄考属 (PHLOX)

播种 初春至春末 ⚘

该属中的少数一年生植物是耐寒的。种子生长在椭圆形种子头中，置于15～21摄氏度下，7天内发芽。必要时，发芽后一周内移植幼苗。12～16周内一年生福禄考开花（另见多年生植物，第206页）。

木樨草属 (RESEDA) 木樨草

播种 初秋至仲秋或初春至仲春 ⚘

最常见的是耐寒的一年生的木樨草。要在小种子头裂开前将花穗取下并晾干，再收集种子（见第216页）。置于13～15摄氏度下，种子在7～21天内发芽。必要时，发芽后可在7～10天内移植幼苗。在易冷的地区保护秋播的幼苗越冬时免受霜冻的侵害（见第39页）。一年生植物12～16周内开花，秋季播种的植株在次年春季开花。

鼠尾草属 (SALVIA) 鼠尾草

播种 初春至春末

最常见的耐寒的一年生鼠尾草属是彩苞鼠尾草（*Salvia viridis*）和一串红（*S. splendens*）品种。储存种子的方法同木樨草属。置于10～15摄氏度下，7～21天内可发芽。发芽后7～10天内移植幼苗，16周内可开花（另见多年生植物，第208页）。

金光菊属 (RUDBECKIA) 金光菊

播种 初春至春季中期 ⚘

该属一年生植株完全耐寒。种子很容易从纸一样易破的种子头中提取。如果在容器中播种，不要播得太深。置于16～18摄氏度下，7～14天内会发芽。必要时，发芽后可在7天内移植幼苗。金光菊要花20周才能开花。

蛾蝶花属 (SCHIZANTHUS)

播种　初春至初夏或夏末

蛾蝶花
（*Schizanthus pinnatus*）

该属畏寒的一年生和两年生植株12～16周内开花。春季播种一年生植株在夏季开花，或夏末在容器中播种的植株在冬季开花。薄薄地覆盖着种子即可。置于16摄氏度下，7天内发芽。必要时，发芽后一周内移植幼苗。

毛蕊花属 (VERBASCUM) 毛蕊花

播种　初春至春末或夏初

大多数毛蕊花属是耐寒的两年生植物，但有些则是耐霜冻的一年生植物。在种子头裂开前摘下花梗，晒干后再收集种子（见第216页）。将种子与细砂混合播种，温度保持在13～18摄氏度。14～28天会发芽。必要时，如果想移植到容器中，发芽后应尽快将长有主根的幼苗移栽到单独的盆中。播种早的话，植株会在20周内开花。播种得晚的话会在次年开花（另见多年生植物，第212页）。

蜡菊属 (XEROCHRYSUM) 麦秆菊

播种　初春至春末

该属（异名为 *Bracteantha*）一年生植物是半耐寒的，播种后需要16～20周才能开花。种子生长在纸一样易破的种子头中，晒干后很容易将壳去除（见第216页）。因为种子需要光照才能发芽，尽管种子长得很大，但注意覆盖种子的堆肥深度不能超过种子的高度。置于15～21摄氏度下，发芽需要7天。必要时，发芽后7～10天内可移植幼苗。

万寿菊属 (TAGETES) 万寿菊

播种　初春至春末

一年生的万寿菊是半耐寒的，许多大粒种子长在羽毛状的种子头中。该品种是自由杂交繁殖的，播种收集的种子，幼苗长势不佳但令人欣喜。也可尝试人为地将该品种进行杂交（见第21页）。

种子头一蓬松就将其摘下、晾干、收集其中的种子（见第216页）。播种时不必去除种子的"尾巴"。置于21摄氏度下，仅需7天就会发芽。必要时，发芽后7天内移植长势好的幼苗。8～12周内会开花。

万寿菊幼苗的耐寒锻炼

气候凉爽时，室内种植的幼苗盖上玻璃罩或置于冷床4～6周进行耐寒锻炼后再播种。每天多对幼苗进行通风。

旱金莲属 (TROPAEOLUM)

播种　仲春至初夏

大多数半耐寒的一年生植物很容易自体播种繁殖，并长势喜人。移植方法同洋地黄。保存大种子的方法是种子成熟后单独采摘，晾干后再存放。置于10～15摄氏度下，7天内可以发芽。必要时，发芽后一周内可移植幼苗。生长在贫瘠土壤上的旱金莲在12～16周内会开花。一些旱金莲品种，例如"赫敏·格拉肖夫"（Hermine Grashoff）旱金莲，不靠种子培育繁殖，而是通过地茎或茎尖插条繁殖。

其他一年生和两年生植物

美兰菊属（MELAMPODIUM，异名Sanvitalia被误用）像矮牵牛属一样通过软木插条繁殖（见第206页）。

耀星花属（MENTZELIA）该属完全耐寒的一年生植物播种方法同矢车菊（见第222页）。

贝壳花属（MOLUCCELLA）将半耐寒的一年生植物种子置于1～5摄氏度下冷藏2周，然后在春季，在13～18摄氏度下播种（见第218页）。

龙面花属（NEMESIA）初春至晚春，在15～21摄氏度下，播种畏寒的一年生植物种子（见第217页）。温度高于20摄氏度时，发芽会变得不稳定。在种子上覆盖毛茸茸的覆盖物；不见光的条件下发芽效果最佳。

喜林草属（NEMOPHILA）初春至春末，在10～15摄氏度下播种耐寒的一年生植物种子（见第218页）。幼苗不易移植。自由地自体播种繁殖。

假酸浆（NICANDRA PHYSALODES）播种方法同疆矢车菊属（见第222页）。自由地自体播种繁殖。

假茄属（NOLANA）播种方法同翠菊属（见第221页）。

月见草属（OENOTHERA）一年生植物的播种方法同矢车菊（见第222页），两年生植物的播种方法同糖芥属（见第224页），或初秋播种。自体播种的月见草（O. biennis）幼苗容易存活。

牵环花属（OMPHALODES）播种方法同疆矢车菊属（见第222页）。自体播种的亚麻叶脐果草（O. linifolia）幼苗容易存活。

大翅蓟属（ONOPORDUM，异名为Onopordon）春末夏初，在10～16摄氏度下播种耐寒的两年生植物种子以便开花（见第219页）。自体播种的大翅蓟和大翅蓟属植物（Onopordum nervosum）幼苗容易存活。

黍属（PANICUM）一年生植物的播种方法同菊属（见第222页）。

紫苏属（PERILLA）播种方法同菊属（见第222页）。

沙铃花属（PHACELIA）一年生植物播种方法同大马士革爱神花（见第228页）；两年生植物的种子直接在秋季播种。

奶油杯花（PLATYSTEMON CALIFORNICUS）播种方法同疆矢车菊属（见第222页）。幼苗长势喜人。

棒头草属（POLYPOGON）播种方法同凌风草属（见第221页）。

马齿苋属（PORTULACA）播种方法同彩虹花属。

长角胡麻属（PROBOSCIDEA，异名为Martynia）播种方法同万寿菊属。

秀穗花属（PSYLLIOSTACHYS）两年生植物的播种方法同万寿菊属，耐寒的一年生植物播种方法同金光菊属（见第228页）。

鳞托菊属（RHODANTHE，异名为Acroclinum）播种方法同金光菊属（见第228页）。

美人襟属（SALPIGLOSSIS）播种方法同万寿菊属（见左图）。

蓝盆花属（SCABIOSA）该属完全耐寒乃至耐霜冻的一年生和两年生植物的播种方法同金盏花属（见第221页），不同的是该属在春季播种。

景天属（SEDUM）播种方法同疆矢车菊属（见第222页）。

蝇子草属（SILENE）秋季或春季，在10～15摄氏度下播种耐寒的一年生植物种子（见第217～219页）。自体播种的高雪轮（S. armeria）幼苗长势喜人。

水飞蓟属（SILYBUM）春末夏初直接播种该属完全耐寒的一年生或两年生植物种子（见第218～219页）。间苗时，每两株植株之间最好间隔60厘米。

亚历山大草属（SMYRNIUM）秋季或春末，在10～15摄氏度下，将耐寒的两年生植物的种子播种到开花位置（见第218页）。发芽率不稳定。

丝叶菊属（THYMOPHYLLA）该属半耐寒的一年生和两年生植物的播种方法同紫罗兰属一样（见第228页）。

肿柄菊属（TITHONIA）播种方法同百日菊属。

饰带花属（TRACHYMENE，异名为Didiscus）仲春，在21摄氏度下播种半耐寒的品种（见第217—219页）；发芽比较慢。

菱（TRAPA）秋季收集半耐寒乃至耐霜冻的一年生植物成熟的种子。越冬时，应将种子存放在湿的苔藓或水中以免受到霜冻的侵害。春季，在13～18摄氏度下播种（另见水上园林树木，第170页）。

百日菊属（ZINNIA）在13～18摄氏度下播种，7天内发芽。必要时，发芽后可在7天内移植幼苗。植株不易移植，因此可以单独种到模块盘或可降解的花盆中。百日草在16～20周内开花。花瓣褪色时将花序摘下，晒干，然后像去掉向日葵种子一样去掉百日草的种子后保存（见第224页）。

仙人掌和其他多肉植物

这些非同寻常的小型植物有着奇特的外形，
使得它们看起来比很多常见的品种要难繁殖得多。

多肉植物能够在极端条件下存活，特别是在干旱条件下。它们将水分储存在膨胀的根、茎或叶中。许多沙漠植物的叶子都很小，有的甚至没有叶子，以便减少水分流失。有些是雨林附生植物，它们长在树上，通过带状茎来吸收水分。仙人掌是一种茎多肉植物，它有一个独特之处，即花蕾，一种类似花瓣的蓓蕾，可从中长出花、芽和刺。所有的仙人掌都是多肉植物，但并非所有的多肉植物都是仙人掌。

有些多肉植物是跨属杂交而成的，因此形态各异：有的是光秃的仙人掌状植物，有的是树状阔叶植物……此外，它们繁殖方式也多种多样。一些繁殖方法，如茎插和叶插，与多年生草本植物的扦插方法大体相似；而多肉植物扦插的优点是植株不会那么快枯萎。但是，多肉植物扦插后极易腐烂，所以做好卫生工作是成功的关键。

在野外，许多多肉植物通过形成大面积的莲座丛、球状蘖枝或块茎来进行繁殖。根据它们的习性，可以采用不同方式对其进行分株。因仙人掌独特的构造，需采用特殊的嫁接方法，以此来增加开花量，提高生长缓慢或困难品种的生长速度。此外，嫁接还能让一些鸡冠状或霓虹色等外形奇特的品种保持原状。

尽管种子繁殖的速度要比无性繁殖慢，但这也不失为一种简易且经济的培育新品种的方法。此外，它还有助于保护越来越多的濒临灭绝的野生多肉植物。

墨西哥帽花
大叶落地生根（Kalanchoe daigremontiana）是一种多肉植物，在叶缘处会生出许多小不定芽。在野外，小芽落地即可生根。小心翼翼地取下幼苗，然后把它们种在砂质的仙人掌堆肥中进行培植。

开花的树形仙人掌
这种巨人柱仙人掌需要150年才能长到12米，40年后才能开出初花。植株每年可结出1000万颗种子，但5年内只有一株幼苗可存活下来。然而，种子却很容易发芽。

播种

大多数仙人掌和多肉植物都是比较容易从种子中培育出来的，在温暖湿润的气候下，种子很快就会发芽。尽管它们生长非常缓慢，但观察新植株的生长还是别有趣味的。大多数品种最好在冬末播种，这样一来，幼苗在来年冬季进入休眠期前可尽可能成熟。凉爽环境中，种子需在有遮盖物的地方培植；如果可以的话，最好使用培养箱。温度升高会加速植物生长，因而，种子在春季即可发芽。

采种

可使用陈种栽种，但收集并播种新鲜的种子，效果通常会好得多。大多数仙人掌的种子又小又圆，但有些带刺的品种，如仙人掌属（*Opuntia*），其种皮又大又厚，可能需要两年才能发芽。此外，有些品种，如月华玉属（*Pediocactus*）植物，种子需在3摄氏度左右的冰箱中冷藏2～4周才能发芽。不过这些都是特殊情况。

若收集种子，需耐心等到种荚成熟。如果采集过早，种子在播种时可能还未发育完全，无法发芽。若要储存种子，需将其放入纸质信封，并置于凉爽干燥处。将干燥的种子筛去糠秕，以防日后腐烂。此外，还要尽可能地将肉质果实种子上的果肉清理干净，然后将湿种子放在纸上晾干。

多肉植物的种荚千差万别。大多数景天科青锁龙属植物都有小种荚，成熟后会变得如纸般薄且干燥，里面的种子如尘土般大小，可将它们抖落到一张纸上。

松叶菊属（*Mesembryanthemum*）植物的种荚呈纽扣状，成熟后会变成褐色，可将其润湿来加速开裂并释放种子。大戟属植物有三个室，每个室都有一枚球状种子；成熟后种荚裂开，种子会被射得很远。因此，在种荚快要成熟时，在上面绑上一个小纸袋来收集种子。

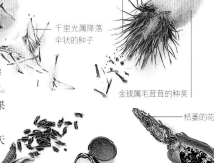

凋谢的花儿
千里光属降落伞状的种子
金琥属毛茸茸的种荚
枯萎的花
麻风树属木质的种囊
芦荟属的种荚裂开
海胆属肉质果实中坚硬的种子

种子头的类型

干燥的种荚裂开后，种子随即脱落；而木质的种荚被雨水滋润后才能裂开。还有一些毛茸茸的种子头，形似降落伞，它们可随风飘散，将种子撒播到远方。肉质果实中的种子会被动物吃掉，并散落到装有粪便的苗床中。

播种和移栽幼苗

砂质土壤堆肥排水性良好

1 在一个深13厘米的盆内，将排水性良好的仙人掌种子堆肥填至距离边缘不到1厘米的地方，并轻轻压实。

2 轻拍纸袋，将种子均匀地撒在堆肥表面。若种子很小，先将它们与细砂混合均匀。

在水中加入杀菌剂可防止种子因受潮而腐烂

3 用细雾喷雾器轻微湿润堆肥表层，注意不要浇水过多，也不要妨碍种子生长。

大粒种子

将种子栽入堆肥中，深度是自身的两倍，间距约1厘米，使其有足够的空间生长发育。

塑料袋可防止堆肥变干

4 覆盖一层薄薄的细砂。贴上标签，并用透明塑料袋罩住花盆，然后置于不低于21摄氏度的局部避光处。

可使用小锄子挖出幼苗

5 将幼苗移至15摄氏度的光照充足处。若幼苗十分密集，小心地从花盆中挖出几小丛。

仙人掌幼苗有软刺

6 将丛生苗分成单株，并尽可能在根部周围留下更多的堆肥（见小插图），然后将它们栽入6厘米深的仙人掌堆肥花盆中。

7 在盆土表层覆盖一层5毫米的细沙，并贴上标签。然后，将花盆置于不低于15摄氏度的地方，过几天后再少量浇水。

移栽多肉植物

移栽多肉植物的幼苗时［图中为克劳彻沙鱼掌（*Gasteria croucheri*）］，需用小锄子将它们从种盘中逐一地挖出来。值得注意的是，不要损害到幼苗脆弱的根叶。

播种

大多数仙人掌和多肉植物在发芽后都长得非常缓慢，所以为了节省空间，最好把种子种在较小的容器中。直径5厘米的花盆适合种植25～30粒种子，直径13厘米的花盆适合种植50～100粒种子，而一个标准的播种盘可容纳1000粒种子。

播种方式如图所示（见第232页）。使用透气、排水性良好的堆肥以防幼苗腐烂。仙人掌专用的盆栽堆肥就可以；或者将细砂（3毫米，净砂或粗砂）与盆栽堆肥（泥炭或无菌土壤）按1:2混合。宠物店经常当作大理石渣售卖。贝壳中含有许多石灰石，除非先消毒（见第33页），否则植物质（如叶霉或椰壳）中可能含有真菌和细菌孢子，会使幼苗患病。

在堆肥和种子上面覆盖一层浅沙砾，使种子与堆肥密切接触，以防幼苗腐烂。有时可以用净砂替代，但效果相对会差一些，因为它容易储存水分，从而加速藻类或苔藓生长。

播种后要给种子浇水，可以小心喷洒（见第232页），也可以从下面进行（将容器放入一盆水中，水深大约是容器的二分之一，浸泡一小时左右后取出沥干）。为了防止幼苗得立枯病（见第46页），可以在水中加入常用的杀菌剂。

将容器置于温暖的地方，如培养箱，但要避免阳光直射。可以用透明的塑料袋将花盆密封住，并将温度控制在21～30摄氏

度，可达到同样效果。温度控制因品种而异（参见仙人掌和其他多肉植物，第242—251页）。许多品种在2～3周内即可发芽；若温度较低，时间可能会更久。若温度高于32摄氏度，发芽率会很低，在温度下降前，种子会一直处于休眠状态。

保持堆肥略微湿润直至种子发芽；然后把它们移至不低于15摄氏度的凉爽环境中。一旦长出幼苗，就把它们从培养箱或塑料袋中取出。

幼苗护理

将花盆置于温暖、避光的地方，并定期浇水，以防幼苗变干。注意不要让堆肥浸湿，因为持续浸泡会加速幼苗腐烂。

发芽后的1～3个月内，幼苗的根系发育很慢，许多仙人掌的幼苗在6个月大时仅有豌豆般大小。这一阶段过后，每隔3～6个月，它们的直径就会增加一倍。2～4年后，其直径约为2.5～5厘米。通常，高大的柱状仙人掌会生长得更快。

幼苗的根系非常脆弱，在移栽过程中很容易受损。因此，除非幼苗长得过于密集，或出现感染的迹象，抑或是堆肥中长出了藻类和苔藓，否则最好不要随意移栽。

移栽幼苗

几个月至两年后，当幼苗大到易于处理时，从容器中挖出并轻轻将它们分离。仙人掌幼苗的刺很软，一般不戴防护手套就可以进行，但要避免碰触或损伤幼苗脆弱的根。

直径为2.5厘米或是更大的幼苗，应种在5～6厘米深的花盆中。较小的幼苗若成排种植在种盘中（间隔大约是自身直径的两倍）会长得更好。在长得过于密集、需单独移栽到花盆前，幼苗可以一直生长。无论在何处种植，都要使用砂质仙人掌堆肥。

移栽幼苗后，待其沉降并修复受损的根系，几天后再浇水。将幼苗置于明亮的地方，但要避免阳光直射，直至出现新的生长迹象后，再按成株处理。幼苗免受强光照射对其生长很有益处。

花朵的人工授粉

许多仙人掌和多肉植物都不能进行自花受精，必须从另一种植物的花粉中受精。通常，需要同一品种的两个被子植物才能培育出所需品种的种子。许多植物都会与来自同一属的不同品种进行异花授粉，但产生的幼苗与双亲不同，一般介于两者之间。通常情况下，杂交亲本培育出的幼苗会表现出更大的差异。在遮盖下生长或用于杂交繁殖的植株（见第21页）必须要进行人工授粉（见右图）。

柱头

花药

1 雄性花药成熟且长满花粉后，异花授粉的植物可在室内生长。用干净的小刷子从亲本植株（雄性）的花药中采集花粉。

2 接着，将花粉转移到同一品种的另一种植物（图中为昙花，雌性）成熟且有黏性的柱头上（如果为了产生新的杂交品种，则为同属不同种）。

分株

对仙人掌和其他多肉植物进行分株繁殖，是培育出大小适中的新植株的相对简单快捷的一种方法。这种方法非常适用于杂交品种、指定品种和斑叶植物的繁殖，而这些都是种子繁殖无法实现的。

分株的方法多种多样，取决于砧木的类型。一些植物会形成丛生的蘖枝，发展出自己的根系；有些植物则通过地下茎或匍匐茎蔓生，在离母株不远的地方长出小植株。通常，地毯式生长或蔓生的植物会以一定间隔沿着茎生根，其他的多肉植物则由块茎发育而来。

决定如何对植物进行分株的最简易方法是把它从花盆中挖出来或敲出来，尽可能多地抖掉土壤或堆肥，然后检查其根部。无论何种分株方法，基本原则都是将一株生机勃勃的植物分成几个部分，并确保每个部分都有母株的根、生长点和芽。

很多娇嫩的多肉植物都有肉质根，若在分株过程中受到损害，并持续处于湿润状态，会很容易腐烂。因此明智的做法是：让它们在新的容器或环境中沉降几天后再浇水，这样，根部受损的植物有机会自愈。

多肉植物根茎的分株

一些多肉植物，如长药八宝（*Hylotelephium spectabile*，异名为 *Sedum spectabile*），是有冠状芽的丛生状多年生草本植物（见第148页）。到了种植时节，需对其进行分株（如下图所示），但要确保每个部分至少有一个健康的生长点和完好且生长旺盛的根。

丛生多肉植物的分株

从植株外围取下蘖枝

新栽入盆中的蘖枝

1 刮去母株周围的堆肥［图中是京之华（*Haworthia cymbiformis*）］，露出蘖枝的根部。然后在蘖枝与母株的连接处切断，待切口慢慢愈合（见小插图）。

2 将6厘米深的花盆填满仙人掌堆肥后，将插条插入盆中。在上面覆盖一层细砂，贴上标签，置于温暖但局部避光处。待植株长大后，将其移栽到更大的花盆中（见小插图）。

多肉植物蘖枝的分株

许多多肉植物会在母株周围长出蘖枝，形成丛生状的植株。若附着在母株上，通常会长得更快；但周期性地对其进行分株，能"即刻"得到一个新植株。春季或初夏，是对大多数丛生植株进行分株的最佳时节（参见仙人掌和其他多肉植物词典，第242—251页）。

若对植物进行分株，首先要将其从容器中挖出，并尽可能多地抖掉堆肥，堆肥是很容易脱落的。这样，在移植母株和蘖枝前，可以很容易地选择并分离已经生根的蘖枝。如果不连根拔起的话，只需取下植株外围的蘖枝（如上图所示）。

一些多肉植物，如龙舌兰属（*Agave*）、鲨鱼掌属（*Gasteria*）和十二卷属（*Haworthia*）很容易进行分株，因为它们的蘖枝通常都有发达的独立根系，盆栽的话也能长得很好。

一些大型的多肉植物，如某些品种的龙舌兰和芦荟，可能会形成大面积密集的蘖枝，所以很难从母株中分离出来。因此，你可能需要一把锋利的刀、修枝剪，或是背对背的叉子（见第148页）将它们分离。还要检查根系是否松动、细小或褪色，这种情况通常表明根部已经死亡，应予以清除。将剩余的根分离，这样就可以将它们均匀地种在新的种植孔或新的容器中。

席状多肉植物的分株

一些席状或蔓生的景天科青锁龙属植物，如天锦木属（*Adromischus*）、青锁龙属（*Crassula*）、景天属（*Sedum*）或石莲花属（*Echeveria*），都能沿着茎生根，宛如垫子一般。

用锋利的小刀将成熟的植株分成几小丛，然后盆栽或移植实现分株。与之相反，许多地毯状的松叶菊属植物除非被切断，否则很少会在茎上生根，因此需用茎插法处理它们的蘖枝（见第236页）。

具有匍匐茎的多肉植物的分株

一些多肉植物，如龙舌兰属的某些品种，从母株基部长生的粗壮的地下茎或匍匐枝不断生长，最终形成新的莲座丛。若长出叶子，表明它们通常已在莲座基部的茎中生

多肉植物根茎的分株

1 春季，植株进入生长期后，对其进行分株。用叉子将整个植株挖起来，注意不要损伤根部和肉质叶，并尽可能多地抖掉根部的土壤。

2 将植株分成几部分，确保每个部分的根系如手般大小，并去除植株中部木质的、老旧的组织。然后将分好的植株重新种植，间隔约60厘米。为保持湿润，要记得浇水。

根，不过最好将幼苗留在母株上，这样它们才能长得更快。

用锋利的小刀把老的、莲座状的地下茎从母株基部切掉，然后切掉新根的底部。将切面置于温暖通风处，待自然风干后再栽入花盆中。

其他通过匍匐枝繁殖的多肉植物还包括仙人笔属和千里光属，它们的分株方法与莲座丛相同。

蘖枝扦插法繁殖仙人掌

大多数的丛生仙人掌只有一个根系。除了完全成熟的植物，没有独立的根也会长出蘖枝。可以从母株上切下未生根的蘖枝，并按照标准的茎插法处理（见第237页）。但是也有例外的情况，如海胆属、裸萼球属和子孙球属，植株还很小时就能长出蘖枝。少数丛生的银毛球属植物，除了花蕾很小的品种（参见仙人掌和其他多肉植物词典，第242—251页），它们都有已生根的蘖枝。然而，附生仙人掌不能进行分株繁殖。对于那些可以长出蘖枝的仙人掌，很容易对其进行分株：只需简单地将丛生仙人掌分成大小适中的几部分，并按照多肉植物蘖枝分株的方法处理（见第234页）。若盆栽的话，需将温度保持在18摄氏度以上，并少量浇水，直至看到植株新的生长迹象。

块茎状多肉植物的分株

许多多肉植物可通过块茎或地下贮藏器官进行繁殖。与天竺葵属的某些品种相同，有时，在母株的须根上会长出块茎。有些多肉植物，如吊灯花属，可在母株的地下茎上长出块茎。

大多数块茎状多肉植物的休眠期都是在冬季，在此期间，它们常常变回块茎。大多数情况下，这是对它们进行分株的最佳时机。然而，许多天竺葵属品种的休眠期是在夏季，因而需在植株再次进入生长期前，即在夏末对其进行分株。对于那些在夏季生长状态活跃的品种来讲（通常是在夏季多雨的地区），最好是在春季进行分株。春季，对落叶吊灯花属植物进行分株；只要气候温暖，可随时对常青品种进行分株，不过最好是在春末。对于块茎状的千里光属和仙人笔属来讲，分株可在春季或夏季进行。

如下图所示，对块茎（如吊灯花属植物）进行分株，要确保每个部分至少有一个芽或生长点。若对块根进行分株，只需挖出植株并挑选一些健康的块茎即可。若根茎非常密集，就把根部切断以免撕裂块茎，随即移栽到花盆中，与块茎方法相同（如下图所示）。记得在块茎上面覆盖一层薄薄的堆肥。

有些块茎状的多肉植物很难处理，需要足够谨慎才能确保移栽成功。切勿给堆肥浇水过量，这可能会致其腐烂，这一点尤为重要！

小植株的分株

一些天竺葵属，如某些有香味叶片的品种，包括有玫瑰香味的天竺葵（香叶天竺葵），会沿着根状茎长出小植株。在露天处，小植株可随地生根，因此很容易繁殖。在小植株和母株的连接处切开，像处理块茎一样，将其挖出并单独盆栽。

块茎的分株

1 春末至夏季期间，从母株中挖出一些成熟的块茎，要确保每个块茎都有一个生长点，然后将它们置于明亮、温暖的通风处几天，待其风干。

2 在一个8厘米深的花盆中填入排水性良好的砂质仙人掌堆肥，直至距花盆边缘不到1厘米处。将块茎放入花盆，使根部埋在堆肥中，而块茎露在外面。若要种植多个块茎，要确保它们不会拥挤。

3 在块茎周围覆盖一层细砾，贴上标签后少量浇水。将花盆置于明亮、通风处，但要避免阳光直射，并保持温度在16摄氏度以上。直至新芽长出前（通常需2～3周），需坚持少量浇水，以保持堆肥略微湿润。

扦插

一些仙人掌和其他多肉植物不容易开花，商业种子往往又不易获得，所以扦插繁殖是一种比较可靠的方法。多肉植物的插条在发育过程中，可依靠其肉质组织来留住养分和水分，这是它们的优点之一。

一些不常见的品种，如杂色、异形（冠状）或杂交品种，通常只能通过扦插繁殖来保持其原有的独特性。

扦插方法多种多样，但最适合的方法取决于植株的形态和生长习性。多肉植物一般由茎、叶或莲座进行扦插繁殖；而仙人掌则由球状、柱状或扁平茎进行扦插繁殖。许多丛生品种都会长出无根蘖枝，这些蘖枝也可以用来进行扦插繁殖。

选择适合的材料

选用插条时，若从母株上选择适合的材料，成功的概率将大大增加。不过最好使用半成熟或成熟的插条，因为很小或还未成熟的插条极易腐烂。从另一方面来讲，若插条太大（一些柱状仙人掌除外），或取自老旧、木质的组织，则需要很长时间才能生根。

多数情况下，需要锋利的小刀来切取插条，但要确保刀具和切口非常干净（见第30页），以防病菌通过切口进入。但如果使用叶插条的话，最好将叶子拔掉。切割后，将其置于温暖、干燥的通风处，待切口长出愈伤组织。这通常会花费几天的时间，时间长短取决于切割的厚度和所处季节。

适合的植根介质

适用于仙人掌和多肉植物的插条堆肥，是由仙人掌堆肥和细砂（3～5毫米）按2:1比例混合而成的。对于多肉植物来说，堆肥的湿度刚好可供生根就足够了，太湿的话会加速插条腐烂。因此，可在堆肥上面覆盖一层细砂，这样会加速多余的水分蒸发，从而为生根提供充足的水分；与此同时，还能保持插条根部相对干燥。同样，若将插条盆栽的话，插入的深度能够让其保持直立状态即可；若埋得太深，根部在生根前可能就会腐烂。

多肉植物的茎插繁殖

大多数具有细长茎的小型多肉植物都会长得非常浓密，特别是景天属的一些品种，

获取多肉植物的茎插条

在茎上横切

1 早春到仲春期间，选择一个生长充分的侧枝，使用干净锋利的小刀，在尽可能靠近茎根部的位置直切。

2 将嫩枝修剪至5厘米左右，如有必要，从距离茎的根部1厘米处取下叶片。然后，将插条置于温暖干燥处48小时左右，待其长出愈伤组织。

3 准备一个8厘米深的花盆，填入沙砾堆肥（见下图）。将插条浅插，这样叶子就不会与堆肥接触了。

表面覆盖一层细砂

对其进行扦插繁殖后，很容易生根。它们与草本植物扦插方法相同（见上文和第154页）；而较大的插条则按仙人掌茎扦插的方法处理（见第238页）。

如图所示（见上图），从已经成熟且褪去鲜艳色彩的茎上取下插条，并进行修剪，使其长度为5～8厘米。若插条过长，在生根过程中很容易倒塌或弯曲，因而不能长得很好。然后等待插条长出愈伤组织，即在切口处长出坚硬的外皮。

准备一个盘状容器或种盘（如左图），然后将插条轻轻地插入堆肥中。保持土壤略微湿润，在温暖的气候下，1～3周即可生根。多肉植物的插条在高湿度下很容易得立枯病（见第46页），因此，不要把它们放在密闭的培养箱中。若温度不够，可在底部微微加热至21摄氏度。

多肉植物的叶插繁殖

一些多肉植物，如青锁龙属、伽蓝菜属（Kalanchoe）和石莲花属，都能进行叶插繁殖。这些植物的腋芽（位于叶腋处）比茎还更加牢固地附着在叶片上。芽一般不可见，慢慢从茎的一侧轻轻取下成熟、健康的叶子时，附着的腋芽也会一同脱落。

取出插条，挑选坚硬、肉质的叶片，如

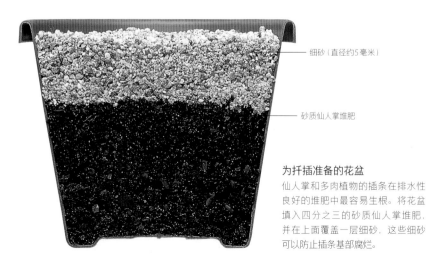

细砂（直径约5毫米）

砂质仙人掌堆肥

为扦插准备的花盆

仙人掌和多肉植物的插条在排水性良好的堆肥中最容易生根。将花盆填入四分之三的砂质仙人掌堆肥，并在上面覆盖一层细砂，这些细砂可以防止插条基部腐烂。

多肉植物的叶插条

1 慢慢地从茎的一侧取下成熟、生长充实的叶片［图中为星美人（*Pachyphytum oviferum*），然后把它们放在温暖干燥的地方几天，待切口慢慢地愈合（见小插图）。

2 准备一个13厘米深的盘状容器（或种盘），填入砂质堆肥和细砂（见第236页）。确保每片叶子扎得足够深，使其能够竖立起来，间隔约1厘米。

3 贴上标签，将它们置于明亮、温暖的通风处，并保持土壤略微湿润。1～6个月后，叶片就可以生根并长出新植株（见小插图）。

膨大的母株叶片为小植株储存水分

上图所示将它们栽入花盆中。然后，将其置于明亮的地方（但要避免阳光直射），并保持土壤略微湿润。最低温度要求因品种而异（参见仙人掌和其他多肉植物词典，第242—251页）。

2～4周后，叶片开始生根；一个月或更长时间后，根部周围通常会成簇地长出新植株。若它们的数量变得足够多，可将它们分离，并按照多肉植物的茎扦插的方法处理（见第236页）。

叶插条在潮湿的报纸上也能生根。将一张报纸折叠后，把插条放入种盘底部。喷点水，然后把多余的水沥干。把叶子放在上面，将其置于明亮通风处，并不定期喷水。待叶片生根后，如上图所示进行盆栽。

多肉植物莲座插条

一些多肉植物，如石莲花属植物、十二卷属和长生草属（*Sempervivum*），会形成许多莲座丛。在与母株连接处切断后，如右图所示将其栽种。

何时获取仙人掌的茎插条

对大多数仙人掌来讲，获取茎插条的最佳时间是在春末，尤其是在凉爽的环境中。天气变暖变干后，仙人掌便开始茁壮成长。这样，它们就有机会在来年冬季到来前，尽可能发育成熟。

球状茎插条

许多球状仙人掌，如海胆属和乳突球属的某些品种，都会长出蘗枝。这些蘗枝可能会被分离并进行扦插繁殖，尽管它们丛生时会更加令人赏心悦目。

多肉植物的莲座插条

1 用干净锋利的小刀，从小莲座丛［图中为雪锦星（*Echeveria* 'Frosty'）］顶部切下5～8厘米。剪掉插条下半部的叶子后（见小插图），放置几天待切口愈合。

2 准备一个标准的8厘米深的花盆（见第236页）或较深的种盘，轻轻地将插条插入表层覆盖细砂的堆肥中，确保叶子刚好露在外面，然后贴上标签。

亲本莲座丛

新生植株

3 将其置于明亮通风处；如果有条件的话，将底部加热至21摄氏度。请勿将它们置于密闭的培养箱中，因为高湿环境会致其腐烂。大部分插条在1～3周内即可生根。

截取扁平茎插条

在茎上横切

1 用干净锋利的小刀，将一个扁平的叶状茎 [图中为昙花（*Epiphyllum*）]切至23厘米，然后将其置于温暖干燥的地方几天，待切口愈合。把一个花盆（插条能够生长的最小的花盆）填入三分之一深度的仙人掌盆栽堆肥。

茎尖即插条的顶端

2 在堆肥上覆盖一层薄薄的细砂，将插条插入堆肥中。在盆中填入细砂直至花盆边缘，以使插条保持直立姿态。确保每个插条都是在花盆中离母株最近的一端种植的。

茎的上半部

茎的下半部

3 贴上标签后将花盆置于明亮处，温度保持在18～24摄氏度，但要避免阳光直射。不定期喷水，但切勿过量，因为这可能会导致插条腐烂。3～12周内插条即可生根，这主要取决于植株的品种和生长季节。

用锋利的小刀切断蘖枝与母株的连接处。在蘖枝根部的最窄处切开，然后将插条放置两天或更长时间，待切口愈合。

按常规方式准备一个花盆或种盘（见第236页）。轻轻将插条插入，直至碰到堆肥，然后，将它们置于21摄氏度左右的通风处，少量浇水。插条在3周至3个月内即可生根。

柱状仙人掌的茎插条

大多数的柱状仙人掌，以及一些大戟属和豹皮花属品种，都可以通过茎插的方式来进行繁殖。但值得注意的是，这类植物需要使用主茎进行繁殖，因为它们成熟后才会长出分枝。如图所示（见右图），从茎的顶部切下一段后，将其置于干燥的通风处（见右图）待切口愈合。在夏季，切口愈合可能只需几天，但在其他季节，需要的时间可能会很长。

如图所示，将插条盆栽，并在周围放入细砾石让其保持直立姿态。为防止堆肥完全干透，需少量浇水。这使得插条基部不会与沤肥接触，所以腐烂的风险也会大大降低。堆肥中蒸发的水分会保存在砾石中，可促进插条生根。

将花盆置于不低于18～24摄氏度的明亮、通风处，最低温度因品种而异。插条在3～12周内即可生根。

当插条处于生长活跃期时，将堆肥换成沙砾。植物长出良好的根系后，将其移栽到适合其生长比例的花盆中。

扁平茎扦插

一些附生仙人掌或森林性仙人掌类，如昙花仙人掌（*Epiphyllum*）和圣诞仙人掌[蟹爪兰属（*Schlumbergera*）]，通常很容易在扁平的叶状茎上生根。与沙漠品种相比，这些仙人掌喜欢湿度较高且略微阴凉的环境。春末或初夏，待植株开花后，从母株基部取下一个完好、成熟的茎，并将其横切成段。将插条放置几天，待切口愈合。如图所示准备一个花盆，小心地将插条插入堆肥中，深度2.5～5厘米。在13厘米深的花盆中，若间隔均匀的话，最多可栽种10株左右。然后将花盆置于温暖且阴凉处，保持土壤略微潮湿，直至插条生根。

获取柱状茎插条

1 根据植株的大小，从植株的顶部（图中为仙人掌）切下一段茎，长度从8厘米到2米不等。修剪插条基部后放置1至4周，待切口愈合（见小插图）。

处理多刺的插条时需戴上厚手套

根部周围的沙砾能使插条保持直立姿态，还能降低其腐烂的风险

2 使用能让插条保持直立姿态的最小的花盆即可。在底部填入2.5厘米的仙人掌盆栽堆肥，然后覆盖上1厘米的细砂。将插条插入后，继续在其周围填入沙砾，贴上标签并少量浇水。

嫁接

嫁接，即将一株植株的插条（接穗），嫁接到另一株生长旺盛的植株根部（根茎或砧木）上，使结合在一起的两部分长成一个完整的新植株的过程。许多仙人掌都比较容易进行嫁接，可大多数的多肉植物却很难使用这种方法。嫁接的基本原理都是相同的，但具体方法因品种而异。一年中进行嫁接的最佳时间是生长季节开始的时候，即从春末到仲夏。

嫁接的原因

嫁接使许多生长缓慢或生长困难的品种变得更容易培育，也更容易开花；有时其生长率可高达十倍之多。那些在自然栖息地之外不能生长得很好的植物；或者种子长得非常慢，几乎无法成熟的植物，最好进行嫁接。

嫁接经常用于繁殖不常见的品种，如冠状仙人掌或形态奇特的仙人掌；或是在没有叶绿素的情况下培育出新品种，如霓虹仙人掌。缺乏叶绿素的植物不能自养，所以需要嫁接到绿色的主茎上，主茎可为砧木和接穗提供能量。

嫁接的原理

许多仙人掌和其他多肉植物的茎都是由两种主要的组织构成的，即木质部和韧皮部，它们之间被同心环隔开（见第240页）。这个环是形成层，在老茎中可能是木质的。环内是木质部，负责将养分和水分从根部输送到植物体内。环外是韧皮部，负责储存能量和水分并处理分泌物。木质部、形成层和韧皮部共同构成维管束。为了嫁接成功，砧木和接穗的木质部、形成层和韧皮部必须紧密结合。

合适的砧木

大多数的嫁接须使用同属的砧木和接穗。为了增加成功的概率，砧木和接穗都要健康且长势良好。若稍加练习，成功率会超过90%。然而，许多种植者只依靠这种方法来试图繁殖已经患病的植物，因此成功率只有30%甚至更低。所以，通常会选用生长速度较快的植物作为砧木。

但就仙人掌而言，出于商业价值的考虑，三角柱属品种是用作砧木的首选。

在温暖地区，它是快速生长的理想之选。但在冬季，温度要不低于15摄氏度，这比大多数品种在凉爽环境中储存种子所需的温度都要高。较高的仙人球属品种（以前叫毛花柱属），非常健壮且易于生长，因此是凉爽环境中作为砧木的首选。

平接

这是目前最常见的嫁接类型，因为它操作简捷，且通常见效快且生长良好。嫁接时，需要使用一把锋利的小刀，确保刀刃足够坚硬，不会变弯；此外，还要足够薄，这

平接

1 春末至仲夏期间，用干净的薄刃刀在一株生长旺盛的母株顶部横切。在花盆中留下一个2.5～5厘米高的砧木。

请勿切到维管束

2 用小刀沿着砧木边缘斜切，削掉每个角。在切面下方沿着对角线向上切，切口约5毫米，但注意不要用手触摸。

橡皮筋呈十字交叉状捆绑

4 将接穗对准砧木，轻轻转动，把两个表面"拧"在一起。这样做能确保砧、穗的切面紧密结合，且排出气泡。最后，用两根橡皮筋捆绑固定并贴上标签。

3 从接穗植株［图中为砂地丸的变型种（*Rebutia canigueralii* f. *rauschii*）］上取下一根茎插条，直径为1～2.5厘米，但不能高于其宽度。若外皮很硬，就把边缘削薄一点。

6～12个月后嫁接植株

5 将花盆置于明亮且通风处，但要避免阳光直射，并保持堆肥略微湿润。当出现新的生长迹象后（通常在两周后），即可取下橡皮筋。

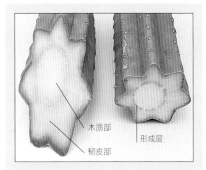

嫁接切口

在茎上直切会使厚茎仙人掌露出许多不同类型的组织，以便进行平接（见右上图）。如上方左图所示进行切割，尽可能露出较大面积的组织，这样会提高腹接茎部较细品种的成功概率。

人掌的生长点是比较靠下的，若切割时过于靠近茎尖，可能会留下完整的生长点，造成"灾难性"的后果。此时，砧木的尖端会继续生长，甚至会超过接穗。如果砧木的表皮很硬，就把边缘削薄一点，这样，当组织收缩时，它不会凹陷或和接穗脱离。迅速备好接穗（要繁殖的植株），把底部切得干净一些。若它的表皮也很硬，就把边缘削薄（与砧木方法相同）。将接穗放在砧木上，确保木质部和韧皮部至少有一部分与砧木吻合。将接穗和砧木对准后，轻轻旋转，排出气泡或多余的汁液，然后将它们固定。

固定的方法有很多，需施加一些压力让它们更加贴合。宽橡皮筋对于盆栽的小植株来说是理想之选，但要注意橡皮筋不要太紧，以免弄断接穗。

而对于大型仙人掌，或是在开阔土地上生长的仙人掌，可以用富有弹性的旧尼龙袜将它们捆绑在一起。把一端钩在砧木一侧的刺上，钩住接穗，然后拉紧，把另一端钩在砧木另一侧的刺上。或是用力拉紧两根绳子，呈十字状交叉。然后将其置于19摄氏度的明亮、通风处，避免阳光照射，两到三周内接在一起的两部分即可长成一个完整的新植株。浇水量因砧木的品种而异，但都要尽量远离切面。若嫁接成功，新的生长迹象很快就会出现，然后就可以移除绑带了。将其置于略微阴凉处一个月左右，然后按正常程序处理。

腹接

该方法用于嫁接具有细长茎的品种，如仙人掌科白檀属，抑或是中部较窄的植株，因而常规的平接很难或不可能进行。以较小的角度切下一个细长茎接穗，使切面呈长椭圆形，来增加与砧木的接触面积。这样，两株植株的木质部和韧皮部便可以紧密结合。随后，将接穗固定在平直的切面上，用橡皮筋轻轻施压；但得到的嫁接植株是非常单面的，效果不是特别令人满意。

因此，细长的砧木无疑是更好的选择，如麒麟掌属（Pereskiopsis）和蛇鞭柱属（Selenicereus），沿对角切掉砧木和接穗。与

样切口才能尽量干净，且不会挤压到两侧的细胞。选用便宜的一次性手工刀或解剖刀都非常合适。嫁接前，要备好所有需要的工具，且操作要非常迅速，以使污染降到最低。操作结束后，将刀片置于酒精或甲基化酒精中消毒（参见第30页）。

将选作砧木的仙人掌切掉，并按图示准备（见第239页）。但要记住，通常矮的砧木要比高的看起来好得多。切开后，要确保维管束、木质部和韧皮部都能露出。一些仙

腹接

分别在砧木和接穗上斜切后，将切面贴合，用仙人掌刺或干净的针固定住，并用拉菲草或橡皮筋绑住。这样，细茎和拉菲草可共同支撑嫁接的植株。其培育方法与平接植株相同。

接穗

仙人掌刺

橡皮筋

砧木

嫁接仙人掌的常用砧木

理论上来讲，任何一种仙人掌都能与另一种仙人掌嫁接，但以下的砧木较为常用。

仙人柱属（CEREUS）任何品种皆可，存活期较短的砧木往往只能存活3～5年。

管花仙人柱（CLEISTOCACTUS WINTERI）非常适合小型植物嫁接，但容易长出蘖枝。

仙人球属（ECHINOPSIS）大多数品种。在较凉爽的环境中，它是用作砧木的理想之选。高大的品种比球状的品种操作起来更加方便，如青绿柱（E.pachanoi）和E.scopulicola都能稳健生长。砧木蘖枝的生长速度很慢，能承受的最低温度是7摄氏度。黄大文字（E.spachianus）也是常用作砧木的品种，但很容易长出蘖枝。

兰花仙人掌（EPIPHYLLUM HYBRIDS）新的生长（圆柱形或四角形）对较小幼苗接穗很有用，砧木的存活期是有限的。

苹果柱属（HARRISIA）任何品种，细长的砧木更适合小型接穗。

量天尺属（HYLOCEREUS）任何品种，广受商业种植者青睐，应在高温下嫁接，不适在凉爽环境中嫁接。

龙神木（MYRTILLOCACTUS GEOMETRIZANS）广受一些商业种植者青睐，冬季温度应不低于10摄氏度，植株的活力在3～4年后减弱。

麒麟掌属（PERESKIOPSIS）任何品种，细长的圆柱形茎是嫁接幼苗的优良砧木，但在一年左右后，接穗需重新嫁接到直径更大的砧木上。

蛇鞭柱属（SELENICEREUS）任何品种，非常细长的圆柱形茎是嫁接附生或森林仙人掌的优良砧木。若茎的长度很长，可用来培育较高品种。该属植物能够承受的最低温度为6摄氏度。

黄体白檀柱
（Echinopsis chamaecereus f. lutea）

顶楔嫁接

用锋利的小刀切下茎 →

1 从接穗植株上切下一段 5~8 厘米长的嫩枝，在连接处切割。

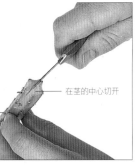

在茎的中心切开 →

2 从砧木顶部切下 2.5~8 厘米长的茎，在维管束上切一个 2 厘米深的细口子。

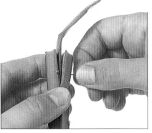

3 用薄刃刀把接穗根部两侧的表皮削去，使其呈锥状，确保茎的中心外露。

4 将接穗插入砧木顶部的切口，使两个外露组织紧密结合，把一根长长的仙人掌刺穿过嫁接处。

5 随后用夹子固定，贴上标签并将花盆置于阴凉处，一旦砧木和接穗结合，取下夹子和仙人掌刺。

将嫁接物与拉菲草结合

你或许更喜欢用拉菲草来捆绑，而不是步骤 5 中所示的仙人掌刺或夹子。不要绑得太紧，否则会压断砧木和接穗的组织。

平接相同，检查木质部和韧皮部是否吻合，并轻轻旋转接穗以排出气泡。用橡皮筋固定可能不太实际，所以最好用仙人掌刺（如左图）或干净的针把接穗固定在砧木上，然后用拉菲草（或橡皮筋）系紧，或是用弹性较弱的夹子夹住。

腹接是一种理想的方法，可以培育出具有树质茎的较高植物，如鼠尾仙人掌（丝苇属），这有利于长茎生长（见第250页）。长达1.2米的蛇鞭柱属植物，在进入生长活跃期后，便可作为砧木使用。将砧木固定在一根结实的茎上，使其保持直立姿态，这样便可以分担植株重量。然后，把丝苇属植株的接穗腹接到砧木上。

顶楔嫁接

有时也被称为劈接，是一种替代平接的嫁接方法。但是，使砧木和接穗的切面完全重合是非常困难的。因此，该方法通常在平接结果有些差强人意的情况下使用。此外，该方法也特别适合于具有扁平叶状茎的仙人掌、一些附生植物，或是具有细长茎的多肉植物。与腹接相同，该方法也经常用于培育一个标准实用的接穗，如绿蟹爪兰。

细长的植株长到所需高度时，可将其用作砧木，绑到一根结实的茎上作支撑，如麒麟掌属和蛇鞭柱属植物。从接穗植株上切下一两根茎，可将两个接穗背靠背嫁接到同一个砧木上，这样会比嫁接一个接穗更快地培育出顶部匀称的植株。

如上图所示备好砧木和接穗。将接穗放到砧木上，尽可能让切面紧密结合。把接穗固定在适当的位置，用一个弹性较弱的夹子夹住，或用拉菲草绑住来施加轻微的压力。然后，将植株置于通风处，温度保持在19摄氏度，但要避免阳光照射，浇水量与母株相同。几天后，砧木和接穗就会结合成一个完整体。

嫁接其他多肉植物

尽管方法相同，但嫁接多肉植物通常比嫁接仙人掌复杂得多。接穗和砧木都应取自同属植物，但由于种类繁多，有些砧木可以与接穗匹配，有些则不然。与嫁接仙人掌一样，最好使用生长迅速且生命力旺盛的砧木。通常来讲，下列接穗和砧木可成功嫁接：

蒴莲属（ADENIA）操作较复杂的品种，或是稀有品种可嫁接到幻蝶蔓植株上。

沙漠玫瑰属（ADENIUM）新型彩色杂交品种可嫁接到沙漠玫瑰上，稀有品种可嫁接到夹竹桃（夹竹桃属）上。

蜡苋树属（CERARIA）可嫁接到马齿苋树上。

吊灯花属（CEROPEGIA），犀角属（STAPELIA）这两种属的植物的接穗可嫁接到爱之蔓（*Ceropegia linearis* subsp.*woodii*）和大花犀角（*Stapelia grandiflora*）上。

大戟属（EUPHORBIA），翡翠塔属（MONADENIUM）这两种属的植物通常会嫁接到仙人掌状的大戟属植物上，如大戟（*Euphorbia inges*）和金丝大戟（E canariensis）。

棒锤树属（PACHYPODIUM）马达加斯加品种可嫁接到非洲霸王树上。

仙人掌和其他多肉植物词典

莲花掌属（AEONIUM）

播种　早春或秋季
扦插　春季或秋季

该属（异名为Megalonium）的许多品种都是畏寒的，它们能耐干冷至5摄氏度，但在潮湿环境下会腐烂。成熟的莲座丛，有时是整个植株，可能会在开花后死亡。以独生花相为主的品种，如盘叶莲花掌（Aeonium tabuliforme，异名为A. bertoletianum）和莲花掌属植物，通常只能由种子培育。当植株长到足够大时，便可以进行扦插处理。

播种　莲花掌属的种子很小，如灰尘一般。若种子是新生、有活力的，即使是很小一撮也会长出数百个幼苗；而储存种子的活力会迅速下降，只有1%～2%。夏季成熟的心皮如纸般薄。播种时混合少许细沙，温度保持在19～24摄氏度，种子不久即可发芽。

扦插　生长活跃时，对其进行扦插。一些茎干粗壮的较高品种，可用较大的茎进行繁殖（见右图和第236页）。在主连座丛下方切下8～30厘米长的茎，茎越坚硬，切割时间越长。

一旦插条长出愈伤组织，就把它们分别栽入5～8厘米深的小花盆中（花盆中已填入砂质仙人掌堆肥），并保持堆肥湿润。若在春季或初秋扦插，插条可在1～2周内迅速生根，1～2个月内即可长出大小适中的新植株。

对具有细长茎的莲花掌属进行扦插时，如红缘莲花掌（A.haworthii）和棒叶小人祭（A.sedifolium，异名为Aichryson sedifolium），其扦插方法与莲座插条相同。虽然它是景天科青锁龙属多肉植物，但它不会从单叶生根。

将蘖枝作为备用的插条

莲花掌属植物的茎插条

在主连座丛下方至少8厘米处将茎切断，放1～3天待其切口愈合，然后将其盆栽在仙人掌堆肥中。切断主茎上的蘖枝，并以相同的方法处理。

龙舌兰属（AGAVE）美国芦荟

播种　春季至夏季
分株　春季至夏季，莲座丛｜单株

该属植株的耐寒度从半耐寒至畏寒不等，其中较耐寒多肉植物的叶子通常都是蓝色的。而热带的、浅绿色叶片的或是杂色品种的耐寒性都比较差，它们可耐受的最低温度为0～7摄氏度；具体温度因品种而异。有些是单果植物，一生中只开花一次，然后就会死亡；有些品种在莲座丛处开花后死亡。如果可以的话，该属植物也可以进行播种繁殖，种子很容易成活。许多品种都容易长出蘖枝，因此很容易对其进行分株。

播种

龙舌兰结籽很不稳定；若人工授粉的话，可能会好一些（见第233页），种子成熟后，会长出膨大的种皮。在21摄氏度下播下扁平的大粒种子（见第232页），并覆盖一层细砂（5毫米），使其与土壤保持紧密接触。2～3年即可长出新植株。

分株

龙舌兰通过地下茎或匍匐茎繁殖，从中长出新的莲座丛或蘖枝。若每个蘖枝都长出一定数量的莲座叶，就表明植株已形成自己的根系。这些植株有硬尖刺和波状锯齿，因此处理时最好戴上防护手套和袖子。如下图所示，对幼苗进行分株，2～5年即可长成发育良好的植株。在植株成熟前（通常需1～3个月）需保持其湿润状态。

容易长出蘖枝的成熟植株，如龙舌兰（Agave americana，异名为A.altissima）及其子株，很快就会长成一大片。可以用小刀将其分成几部分或是单株（见第234页）。

龙舌兰蘖枝的分株

1 把母株挖出来并抖掉根部的土壤，将其侧放，这样便能够到带刺的叶子下面。随后将松散土壤、老根或枯根清理干净。

2 选择一个健壮充实的蘖枝，用干净锋利的小刀在其与匍匐茎连接处切断，随即移栽母株。将蘖枝于温暖、明亮的通风处放置几天，直至长出愈伤组织。

3 然后把蘖枝栽入仙人掌堆肥中，覆盖一层小砾石，但要注意第一周不用浇水。

星球属（ASTROPHYTUM）

播种 春季或夏季 ♣♣♣；嫁接 春末或夏末 ♣♣♣

Astrophytum myriostigma

所有的星球属植物都比较难繁殖，因为它们生长缓慢，且根系不发达。在土壤或堆肥中添加钙（例如白垩或石灰）将有助于新根的生长。这些仙人掌是畏寒的，冬季温度需不低于5摄氏度。

在21摄氏度下播种新鲜的种子，通常4～5天内即可发芽。它们呈头盔状，会结出红色或绿色的果实。但不同的是，有活力的种子在水中不会下沉，因为它们含有气穴。播种前（见第232页），在堆肥表面撒上大量白垩粉，这将大大提高幼苗的成活率和生长速度。

对于海胆、星球（Astrophytum asterias，异名为Echinocactus asterias）而言，如果太湿的话很容易腐烂，太干又容易枯萎，因此作为幼苗进行嫁接繁殖生长得更好。麒麟掌属植物细长的嫩茎是用作砧木的理想之选。

如下图所示进行嫁接时，须在汁液变干（15～30秒后）前，迅速地将接穗和砧木连接起来。之后，砧木可能会长出腋芽，一旦出现要立即清除。2～4年植株即可长到正常大小。

嫁接星球属幼苗

砧木
接穗

1 嫁接幼苗需要选择合适的砧木，如10～15厘米的青叶麒麟（Pereskiopsis spathulata）和星球属幼苗。把砧木切至2.5～5厘米，并剪掉蘖枝。

2 立即备好砧木，并取下星球属植株的幼苗作为接穗。用消毒过的解剖刀或锋利的薄刃刀切掉其根部，操作越快越好。

3 轻轻地将准备好的接穗对准砧木的顶部，并向一侧按压，尽可能让储水组织和中心运输组织对齐。轻轻转动接穗将气泡排出，产生的黏性汁液可以将它们固定住。

4 把嫁接好的植株置于湿润的环境中，这里是将花盆放到盛有少许水的托盘中，并盖上一个透明的塑料瓶罩。然后将其置于明亮的、有间接光照的地方，温度不低于21摄氏度，2～3周植株即可快速生长（见小插图）。在适宜的生长条件下，嫁接的星球属幼苗在70～90天内即可开花。因此，一年就可以繁殖两代。

翁柱属（CEPHALOCEREUS）

播种 春季 ♣♣♣
扦插 春季至夏季 ♣♣

除了老人球（翁柱），很少有人种植这种畏寒的仙人掌。它们可能需要10年甚至更长时间才能长到30厘米，50年才能长到1.5米。由于它们生长缓慢，且多不分枝，所以通常由种子繁殖。为了挽救一个根部腐烂的植株而进行扦插是值得的。在土壤或堆肥中添加白垩或石灰，这对大多数翁柱属植物的生长都是有利的。

播种

若水分过多，这些仙人掌的生长很容易受到影响，所以要使用排水性良好的堆肥［将仙人掌堆肥和细砂（5毫米）按2：1比例混合而成］。此外，播种时温度保持在19～24摄氏度（见第232页）。

扦插

对柱状茎进行扦插时，要在腐烂部位以上切割，直到切面没有任何变色情况。将其放置2～3周直至变干变硬，切口愈合。新的生长迹象（一般需要两年）出现后，在温暖的环境中，将其移栽到装有纯砂（7～12毫米）的花盆中，并少量浇水。

老人球

随着成熟，翁柱的刺会变得又粗又长（见左图），需要20年甚至更久才会开花结果，所以一般都是用买来的种子种植。

其他仙人掌和多肉植物

葫莲属（ADENIA） 春季播种，温度保持在19～24摄氏度（见第232页）♣；夏季进行茎扦插繁殖（第236页）♣♣♣。对于那些稀有或难以栽培的品种，需用顶楔嫁接法将植株嫁接到幻蝶曼砧木上♣♣♣。

沙漠玫瑰（ADENIUM OBESUM，异名为A. arabicum，A. micranthum，A. speciosum） 春季播种，温度保持在16摄氏度♣♣；将稀有或杂色品种平接或侧接到沙漠玫瑰上（见第239～241页）♣♣♣。天锦木属（ADROMISCHUS）同青锁龙属（见第245页）♣。

金阳草属（AICHRYSON） 在19～24摄氏度下于

春季播种♣。在春季或初夏获取莲座插条（见第237页）♣。

芦荟属（ALOE） 春季至秋季期间，在21摄氏度下播种（见第232页）♣。此外，需在生长季节（春季或秋季）前取下蘖枝（见第234页）♣。与鲨鱼掌属扦插方法相同（第247页）♣。

鼠尾掌属（APOROCACTUS） 春季至夏季期间，在21摄氏度下播种♣，与昙花扦插方法相同（见第246页）♣。银叶花属（ARGYRODERMA）同十二卷属（见第247页）♣。

岩牡丹属（ARIOCARPUS） 春季至夏季期间，在

24摄氏度下播种♣♣♣，与星球属嫁接幼苗的方法相同♣。

绫锦芦荟（ARISTALOE ARISTATA） 同芦荟属♣。

群蛇柱属（BROWNINGIA，异名为Azureocereus） 与仙人柱属处理方法相同（见第244页）♣。万唤柱属（CALYMMANTHIUM）与仙人柱属处理方法相同♣。巨人柱（CARNEGIEA GIGANTEA）在21摄氏度下于春季播种♣。

旭峰花属（CEPHALOPHYLLUM） 与肉锥花属处理方法相同（见第245页）♣。蜡苋树属（CERARIA）播种和茎扦插方法与子叶相同♣。

仙人柱属（CEREUS）

播种　春季或夏季 🌱
扦插　春季或夏季 🌿

　　这些高大的柱状仙人掌很容易由种子繁殖，一年便可长到1.2米；此外，植株很容易长出藁枝，不久就能长成正常大小。仙人柱属植物是畏寒的，要确保温度不低于5摄氏度。

播种

　　仙人柱属植物在夜间开放，由飞蛾授粉，但人工授粉的植物要在室内生长（见第233页）。待李子状的果实成熟软化后取出深色的种子，在19～24摄氏度环境中播种。10年内植株即可长到正常大小。

扦插

　　柱状茎很硬，所以进行扦插繁殖时，选用的插条可高达2米。尽管形状奇异的翡翠柱（常被误称为秘鲁天轮柱）很容易由种子培育，但最好通过扦插进行繁殖（见右图和第238页）。切口越大，长出愈伤组织的时间就越久。盆栽后，将其置于温暖的地方，保持堆肥略微湿润，1～12个月即可生根。

获取仙人柱属的茎插条

1 戴上厚手套，用折叠好的布包住茎，使其固定。用一把较大的刀在8毫米至1厘米长的茎上直切。

在当前季节生长的淡绿的尖端

2 将插条放在金属丝盘或聚苯乙烯块上，以防刺受损，并置于温暖干燥处，待切面长出愈伤组织。在夏季至少需要2～3周的时间，在其他季节时间会稍久一点。

3 选择一个比插条底部稍大的花盆，填入仙人掌堆肥，深度为花盆的三分之一，然后覆盖一层2.5厘米粗的细砂。将插条插入，并继续在其周围填入细砂直至花盆顶部。如有需要，用一根或多根结实粗壮的藤条支撑，贴上标签并保持堆肥略微湿润。

吊灯花属（CEROPEGIA）

播种　春季播种 🌱
分株　春季至夏季，块茎、块根 🌿
扦插　春季至夏季，直立状品种 🌿，攀缘或蔓生品种 🌿

　　这种畏寒的多肉植物在不低于4摄氏度的温度下长势最好。播种时用细砂（5毫米）覆盖，以确保种子发芽所需的湿润条件。多数植物在24～27摄氏度下可以快速发芽，而新鲜的种子通常不到一周便会发芽。大多数具有块茎的植株在母株根部时就会长出藁枝，将其挖出并清除藁枝，随即盆栽，2～3个月内即可长出新植株。在不挖出母株的情况下，将沿茎长出的块茎分离。

　　要培育直立状品种，如竹子萝藦，需取下10～15厘米长且至少有三个节点的插条。在叶节点的下方切断，并按照茎扦插方法将其盆栽。但不要让基部碰到堆肥，

蔓生吊灯花属的茎插条

钢丝绳

1 在13厘米深的花盆中填入仙人掌堆肥，深度为花盆的四分之三。把一根25～30厘米长的茎卷起来，不要卷得太紧，然后放到堆肥上。

2 覆盖1厘米厚的堆肥，压实并浇水。将花盆置于明亮、温暖的干燥处。在长出新芽前（通常在1～2个月内），需保持堆肥湿润。

1～2个月内插条即可生根。此外，也可以从具有细长茎的攀缘植物或蔓生植物上切取插条，抑或是将较长的茎插条盘绕起来，并保持温度在16摄氏度，不久插条便会生根。

吊灯花属多肉植物

3 当新芽长到10～15厘米高时，将茎切成几小段，但要确保每段都有新芽和根。剪掉老旧的茎，将生根的插条栽入装有仙人掌堆肥的小花盆中。

心形或念珠状藤蔓的卷状插条（爱之蔓），每根插条都有1～2块块茎。

而较大的块茎是用于平接马利筋属植株的最佳砧木。

其他仙人掌和多肉植物

虾钳花属（CHEIRIDOPSIS） 同十二卷属（见第247页）🌿。

龙爪球属（COPIAPOA） 春季至夏季期间，在19—24摄氏度下播种（见第232页），但成熟速度很慢 🌿。与乳突球属茎扦插方法相同（见第248页）🌿。

恐龙柱属（CORRYOCACTUS，异名为Erdisia） 播种及扦插方法与仙人柱属相同。

敦菊木属（CRASSOTHONNA） 具有圆柱形肉质

叶的蔓生植物是通过扦插繁殖的。其播种方法与千里光属相同（见第251页）🌿。

翡翠珠属（CURIO） 同千里光属 🌿。

葡萄瓮属（CYPHOSTEMMA） 春季至初夏期间，在18～21摄氏度下播种 🌿。

露子花属（DELOSPERMA） 同肉锥花属（见第245页）🌿。

薯蓣属（DIOSCOREA，异名为Testudinaria） 在19～24摄氏度下于秋季播种，但扦插难度较大。

圆盘玉属（DISCOCACTUS） 与裸萼球属播种方法相同（见第247页）🌿。与乳突球属藁枝的分株方法相同 🌿。

红尾令箭属（DISOCACTUS） 与昙花处理方法相同（见第246页）🌿。

弥生花属（DROSANTHEMUM） 与肉锥花属处理方法相同（见第245页）🌿。

仙女杯属（DUDLEYA） 同莲花掌属（见第242页）🌿。

管花柱属 (CLEISTOCACTUS)

播种　春季至夏季
扦插　春末至夏季
嫁接　春季至夏季

种子可结出绿色、黄色或红色的浆果。播种方式见第232页，在21摄氏度下即可发芽。

直立状品种，如具有结实粗壮茎的银炬（又称吹雪柱），其柱状茎插条（见第238页）可长达2米。像管花仙人柱这种具有细长、拱形茎的丛生植物，其插条长到60厘米后便更加容易培育。用藤条支撑插条以防其在生根过程中（通常为1～4个月）变弯。通常来讲，植株长到合适大小需要2～3年。

冠状的管花柱属植株可以通过平接来保持其原有特征（见右图和第239页）。管花柱属是畏寒的，可耐受最低温度为5摄氏度。

平接冠状植株

切掉顶部两侧　备好的接穗

1 当平接冠状的管花柱属时，将顶部的扇形部分作为接穗（这里是管花仙人柱）。将穗顶和基部的两侧切下，得到一个2～4厘米宽的矩形接穗。若两侧的枝节不取下来，它们长到土里就会腐烂。

2 准备一个适合的砧木，将接穗和砧木贴合，但要注意把形成层对齐，并用像皮筋固定，直到出现新的生长迹象。将其置于16摄氏度的明亮处。

3 大约1年后，嫁接的植株就可以长成和母株一样复杂的形状。最终，它会分裂到接穗的底部，皱褶会溢出来掩盖下面的砧木。

肉锥花属 (CONOPHYTUM)

播种　秋季
扦插　春季或夏末至初秋

在干燥的环境下，该属的多肉植物可耐受的最低温度为1摄氏度。在秋季收集小粒种子，并随即播种在21摄氏度的潮湿阴凉处（见第232页），这样在夏季休眠期到来前，幼苗有尽可能多的生长时间。

少将 (Conophytum bilobum)

进行茎插的最佳时间（见第236页）是夏末或初秋，此时植物已经复苏。将植株分离后，逐一地切掉基部，然后置于19摄氏度的地方并保持湿润状态，2～4周即可生根。如果植株到晚秋还没有复苏，那么很可能茎已经枯死了，此时，像插条那样培育花头，并置于凉爽干燥处。春季温暖湿润的条件下生根迅速，3～5年即可开花。

凤梨球属 (CORYPHANTHA)

播种　春季或初夏
扦插　春末至初夏

这些仙人掌大多是单生的，且蘖枝生长缓慢，所以最好由种子繁殖（见第232页）。从绿色的心皮中收集褐色的大粒种子，并在19～24摄氏度下播种，5年内即可长成大小适中的植株。

少数品种，如象牙球（Coryphantha elephantidens），会长出团簇状蘖枝。将生根的蘖枝分株后（见第235页），以单生或丛生形式进行移栽或盆栽。

银波木属 (COTYLEDON)

播种　早春播种
扦插　春季至夏季

该属中，大多数的畏寒品种都是由尘状的种子（见第232页）繁殖的，在19～24摄氏度下将其播种。

从茂密的植株上取下茎插条（见第234页），如熊掌状的熊童子（Cotyledon tomentosa）。最好选用5～8厘米的半熟茎，因为较长的插条在生根时会弯曲，植株会变得杂乱无序。若保持湿润，插条会在3～4周内生根，2～3个月就可以重新移栽。许多品种可以通过叶插进行繁殖（见第235页）。脱落的叶片可能没有腋芽，所以需选用新鲜的叶片。1～3个月即可长出新植株。

青锁龙属 (CRASSULA)

播种　春季至夏季
分株　春季至夏季
茎插　春季至夏季
叶插　春季至夏季

该属多肉植物耐寒度不等（从半耐寒至畏寒），但大多数品种在不低于5摄氏度的环境中长势最好。想要从种子培育出大多数的青锁龙属品种是很不现实的，茎插繁殖可能是最容易的方法。尽管叶插繁殖更加容易，但生长速度很慢。一些低矮的丛生品种，如筑波根（Crassula exrlis subsp. schmidtii），可以对其进行分株繁殖。

播种

碾碎细小、干燥的心皮，收集尘状的种子。它们的存活期很短，发芽率从1%～2%到100%不等（见第232页）。

分株

将容易从匍匐茎中生根的垫状品种连根挖出并进行分株。轻轻拔出（或切下）植株，将其切分成大小适中的几部分，然后重新移栽或盆栽（见第234页）。几周后植株便会长大，形成整齐的新丛。

扦插

取下5～10厘米的半熟茎插条（见第236页）。具有粗壮茎，且生长茂密的大型植物，如燕子掌［又称景天树（C.arborescens）］或翡翠木［C.ovata，异名为（C. argentea）］，可以在13～25厘米的插条上生根。剪掉一些叶子，以防生根时茎在重压下弯曲。如果要进行叶片繁殖（见第237页），需选用生长活跃部位以上的新鲜叶片，一年左右即可长出新植株。

生根的叶片

在野外，落到地上的景天叶通常会生根发芽，并发育成新的植株。单叶可被用作插条。

尼莉安娜星之王子 (Crassula perforata 'Nealeana')

石莲花属 (ECHEVERIA)

播种　春季至夏季
分株　春季至夏季
莲座插条　春季至夏末
茎插或叶插　春季至夏季

对于这些沿茎生根的垫状植株，可进行分株繁殖。从可长出蘖枝的植株上取下莲座插条；对于那些蘖枝很少，甚至没有蘖枝的植株，可以通过叶插进行繁殖；而所用的插条可取自莲座基部附近的主茎。许多颜色鲜艳的杂交品种，以及少数品种，它们的叶子不会从主茎上完全脱落。与之相反，在开花之前，可使用位于花茎较低处的叶片，较老的植株可能发育较慢。在莲座丛下方将茎切断，约8厘米长，并按茎插方法处理。

鹿角柱属 (ECHINOCEREUS)

播种　春季或夏季
扦插　春末至夏季

司虾鹿角柱
(*Echinocereus stramineus*)

该属仙人掌有着密集的梳状刺，如折墨 (*Echinocereus reichenbachii*)，它们生长速度非常缓慢，因此最好用种子培育，播种时温度保持在21摄氏度。那些开放刺的仙人掌，如灰色虾 (*Echinocereus cinerascens*) 和美花

角 (*Echinocereus pentalophus*，异名为*E. procumbens*)，往往生长较快，会形成小团；这些仙人掌也可以通过扦插柱状茎来进行繁殖。在基部附近切断，将茎修剪至5～10厘米；放置1～2周直至长出愈伤组织，然后按常用的方法进行扦插繁殖。插条需要1～3个月方可生根，1～2年即可长成长势良好的植株。插条可以取自生长较慢的品种，但它们可能需要两年才能生根，而且很容易腐烂。有些植物在干燥的环境下能耐受的最低温度为1摄氏度，但长时间的寒冷会严重影响植物的生长。

仙人球属 (ECHINOPSIS)

播种　春季至夏季　扦插球状茎　春季或夏季
扦插柱状茎　春季至初夏

该属包括以前被分类为丽花球属 (*Lobivia*) 和毛花柱属 (*Trichocereus*) 的仙人掌，能耐受的温度为5～10摄氏度，都可以由种子培育。扦插的类型取决于植物的习性，高大的品种是用作优良砧木的理想之选。

播种

花朵必须经过人工授粉。果实2～4个月后成熟，裂开后露出种子。将种子在21摄氏度

下播种。大多数球状品种都很适合杂交繁殖，可试着将锐棱海胆 (*Echinopsis oxygona*) 与颜色艳丽的品种［如黄裳衣 (*E.aurea*)］杂交。

扦插

球状海胆属和仙人指（白坛）这些植物会长出大量蘖枝，但手指一碰就会消失。取下球状的茎插条，若取自柱状仙人掌，需在距离基部30～45厘米处切断，这样剩下的部分能够继续生长。将插条修剪至1.2米以内，放置3～6周，待切口长出愈伤组织。

金盛球 (ECHINOPSIS CALOCHLORA)

虽然许多仙人球属植物是球状的，但一些品种，如金盛球，在幼年期是柱状的。成熟后，它们会形成蔓生的大型茎丛。此外，它们也可以通过柱状茎扦插进行繁殖。

昙花属 (EPIPHYLLUM) 兰花仙人掌

播种　春季或夏季
扦插　春季至夏末

钝齿昙花月兔
(*Epiphyllum crenatum*)

在21摄氏度环境下播种新鲜的种子，以使植株达到最佳生长状态。杂交品种很容易异花授粉，但幼苗的颜色和形状会发生很大改变。种子繁殖的植物4～7年后即可开花。

到目前为止，选用扁平的茎进行扦插繁殖是繁殖兰花仙人掌最简单的方法。把茎剪至15～23厘米。通常，较短的插条还另需1～2年才能开花；插条在3～6月内即可生根。那些生根较早的植物往往会在来年春季开花。昙花属植物可耐受的最低温度为4摄氏度。

大戟属 (EUPHORBIA) 大戟

播种　春季至夏季
扦插　仲春至仲夏

该属的多肉植物是畏寒的，可耐受的最低温度为7摄氏度。其乳白色的汁液具有刺激性，若不慎进入眼睛可能会导致失明；遇水会凝固，但可以用白酒或石蜡洗掉。将插条浸入水中，并用水喷洒母株，以使伤口处的汁液凝固。该品种的种子稀有且昂贵。

播种

心皮成熟后会裂开，可在上面绑上纸袋来收集种子。有活力的种子在15～20摄氏度环境中发芽率较高。将幼苗和植株置于温度不低于16摄氏度的地方。

扦插

球状品种，如玉鳞宝和布纹球，通常会长出许多蘖枝。在仲春至仲夏期间将它们切断，并按仙人掌茎插条处理。

一些茎干较粗，且形似仙人掌的大戟属植物［如墨麒麟 (*E.canariensis*)］很容易进行扦插繁殖；一些小型且生长速度缓慢的植物则更具挑战性。在春末至初夏期间取下2米长的茎，注意不要选用还未成熟的植株；将其放置1～2周或更长时间，待切口长出愈伤组织后，按仙人掌茎插条方法处理。1～6个月即可生根。

春末，从具有细长茎的灌木丛生品种［如铁海棠 (*E.milii*)］上切下15厘米的茎条，插条在3～6周内即可生根。进入生长活跃期前，请勿移栽它们，因为新根非常脆弱。一年左右即可长成令人赏心悦目的新植株。

鲨鱼掌属（GASTERIA）

播种　春季或秋季
分株　春季至秋季
扦插　春季至夏季

目前，这个最新修订的科属只包含16种莲座状的多肉植物。值得注意的是，最好不要在植物开花时进行繁殖。它们可耐受的最低温度为3摄氏度。

该属植物需3年左右才能长出新植株。在19～24摄氏度下将其播种（见第232页）。

大多数的品种都会长出蘖枝，密密麻麻，形似小丘。因此，需要用小刀将它们分离（见第234页）。在此之前，需将母株连根挖起或从花盆中敲打出来（见右图），然后在温暖通风处放置两天，待切口长出愈伤组织。通常，较老的蘖枝已经生根，因而要确

保植株颈部位于顶部沙砾中，与此同时，根部与堆肥紧密接触。将无根幼株盆栽在同等比例的细砂和堆肥中，并保持略微湿润。在早春取下的蘖枝长势良好。

由叶插繁殖的植株可以生根（见第237

蘖枝的分株

挖起植株［图中是鲨鱼掌（Gasteria carinata var.verrucosa）］，选择一个生长充实的嫩枝，并尽可能多地抖掉根部的堆肥。用锋利的小刀在蘖枝与母株连接处切断（见小插图）。

页），但并非全部如此，而且生根的速度非常缓慢。从植株中间取下一些新鲜的叶片，将其栽入几乎都是纯砾石的小花盆中。经常浇水，以防它们变干。3～6个月，在叶片基部会长出幼苗，1～2年内即可长成新植株。

裸萼球属（GYMNOCALYCIUM）

播种　春季至秋季；分株　春季至秋季
嫁接　春末至夏季

该属仙人掌可耐受的最低温度为3摄氏度。大多数品种都很容易从种子培育，一两个品种，如黄蛇丸（Gymnocalcium andreae）和罗星丸（G. bruchii），可以长出许多蘖枝，因而可以进行分株。嫁接是增加色彩鲜艳的霓虹仙人掌品种的必要手段。

播种

李子形的果实成熟后呈绿色、蓝色或红色，种子大小不一。需在19～24摄氏度下播种。许多小型品种在2～4年内即可开花。

分株

像鲨鱼掌属一样，将其连根挖起并分离。2～3年即可开花。

嫁接

霓虹仙人掌没有（绿色）叶绿素，因此不能结果，它们必须平接在高于平均高度的绿色砧木上，这样才能为砧木和接穗提供足够的营养物质。

嫁接霓虹仙人掌

为培育该品种，将霓虹仙人掌［图中是"红帽"瑞云裸萼球（Gymnocalycium mihanovichii 'Red Cap'）］的接穗平接到10～15厘米高的仙人球属植物的砧木上。切勿将嫁接的植株置于阳光充足处，以免幼嫩的有色接穗枯黄或褪色。

十二卷属（HAWORTHIA）

播种　春季或秋季播种
分株　春季或秋季分株
扦插　春季至秋季

种子的活力在6个月后迅速下降，但新鲜的种子（见第232页）长势良好，2～3年即可长成新植株。许多品种会长出蘖枝，因而能够进行分株繁殖（见第234页）。将已生根的莲座丛分离；将簇生的垂叶鹰爪草或京之华分成几部分；将具有匍匐茎的植物分离，如龙鳞锉掌和琉璃殿。在较高品种（青瞳和鹰爪十二卷）的基部切下蘖枝，并按茎插条处理（见第236页）。一些由叶插繁殖的品种可以生根（见第237页），但速度很慢，1～2年才能长出幼苗，但仅对无法长出蘖枝的植物有用。

球兰属（HOYA）

播种　春季或秋季
分株　春季或秋季
扦插　春季至夏季

球兰

这些肉质和半多肉植物可耐受的最低温度为7摄氏度，在长荚中可结出大量的种子。若播种新鲜的种子（见第232页），并置于21～27摄氏度下，保持湿润，几天内即可发芽。然而，大多数球兰属品种都是通过扦插繁殖的。在叶节下方切下一段茎，约3～4节长，将基部粘上激素生根粉，以阻止乳白色的汁液渗出。然后按常见的茎插条法处理（见第236页）。新植株会在2～6周内生根，1～2年内即可开花。

其他仙人掌和多肉植物

金琥属（ECHINOCACTUS）春季至初秋播种（见第232页），温度保持在21摄氏度。**极光球属**（ERIOSYCE，异名为Neoporteria）播种方法与裸萼球属相同。**松球属**（ESCOBARIA）与裸萼球属播种方法相同。与乳突球属蘖枝的分株方法相同（见第248页）。**老乐柱属**（ESPOSTOA）与仙人柱属处理方法相同（见第244页）。**虎腭花属**（FAUCARIA）与十二卷属处理方法相同。**强刺球属**（FEROCACTUS）春季播种，温度保持在10～20摄氏度。**藻玲玉属**（GIBBAEUM）同十二卷属。**舌叶花属**（GLOTTIPHYLLUM）与十二卷属处理方法相同。**千代田锦芦荟**（GONIALOE VARIEGATA）与芦荟属处理方法相同（见第243页）。

风车莲属（GRAPTOPETALUM）与石莲花属处理方法相同（见第246页）。**金煌柱属**（HAAGEOCEREUS）播种及茎插方法与仙人柱属相同。**卧龙柱属**（HARRISIA）播种及扦插方法与管花柱属相同（见第245页）。猿恋苇属（HATIORA）春季至秋季插条处理。条纹蛇尾兰（HAWORTHIOPSIS）与十二卷属处理方法相同。**牡丹柱属**（HELIOCEREUS）与昙花属处理方法相同。三角柱属（HYLOCEREUS）与昙花属处理方法相同。八宝属（HYLOTELEPHIUM）与景天属处理方法相同（见第251页）。麻风树属（JATROPHA）与大戟属处理方法相同。神须草属（JOVIBARBA）在10摄氏度下于早春播种。在春季至夏季期间对莲座丛进行扦插繁殖。

伽蓝菜属（KALANCHOE）

播种　春季至秋季 ♦
茎插　春季至秋季 ♦
叶插　春季至夏季 ♦

小植株　春季至秋季 ♦

美熏玉
（*Lithops karasmontana*）

　　伽蓝菜属的种子［包括落地生根属（*Bryophyllum*）］既可能极具活力，也可能活性较差，需在21摄氏度下播种。

　　培育像长寿花（*Kalanchoe blossfeldiana*）这样的茂盛植物，最简单的方法是通过茎插进行繁。将插条放置24小时，待切口长出愈伤组织。1～2周即可生根。开花后进行扦插，以便新植株在来年春季开花。一些小型、多叶的品种，如白银之舞（*K. pumila*），是通过叶插法繁殖的，插条可在2～6周内生根。而一些具有大型肉质叶片的品种，如仙女之舞（*K.beharensis*），成熟的叶片很容易生根，1～2年后即可长成新植株。

　　以前被归为落地生根属的一些伽蓝菜属植物，它们的叶缘稍有缺口，从中会长出不定芽。这些芽在野外落地生根，长成新幼苗。它们似乎可以在任何地方生根。棒叶不死鸟（*K. tubiflora*）和大叶落地生根很容易通过这种方式进行繁殖。3～6个月内，以丛生或单生的形式将幼苗栽种，以培育新植株。伽蓝菜属植物可耐受的最低温度为2摄氏度。

获取伽蓝菜属的叶插条

1 从母株上取下生长充实的叶片，确保茎完好无损。穿上铁丝，然后挂在温暖通风处，注意避免阳光直射，还要确保叶片不会互相接触。

由不定芽发育而来的伽蓝菜属植物

1 春季至秋季期间，从有缺口的叶缘处轻轻取下一些幼苗或不定芽，这里是棒叶不死鸟（*Kalanchoe tubiflora*，异名为*K.delagoensis*）。即使在地毯上，小植株也很容易生根。

母叶枯萎

从叶柄基部长出的小植株

2 3～6个月后，在叶柄基部会长出小植株。植株长到足够大可以进行分株时，将它们分离，然后逐一栽入5厘米的盆栽仙人掌堆肥中，贴上标签并浇水。

2 在5厘米深的花盆中填入仙人掌堆肥，深度为花盆的四分之三，并在上面覆盖一层1厘米的细砂。将幼苗盆栽后（约6株），置于明亮通风处，保持土壤略微湿润，但要注意避免阳光直射，几天内即可生根。

生石花属（LITHOPS）

播种　秋季或春季 ♦♦
扦插　初夏 ♦♦

美熏玉
（*Lithops karasmontana*）

　　该属的多肉植物生长速度缓慢且极易腐烂，因此，培育时需要格外小心，它们是畏寒性植物，可耐受的最低温度为1摄氏度。

　　由于生长缓慢，大多数品种都是由种子培育而来的（见第232页）。多数情况下，种子很容易发芽。夏季心皮成熟后，将其碾碎收集小粒种子，并在19～24摄氏度下播种，2～3年后即可长成新植株。种植该属植物的难点在于防止幼苗腐烂。

　　从较大的丛中移除一个乃至更多植株的蘖枝，并按球状茎插条处理（见第238页）。可能会有很多插条腐烂，所以须将母株丛分离；然后放置几天，待切口长出愈伤组织后，栽入7～13毫米的沙砾中，保持略微湿润，但不要过于潮湿。插条会在1～2周生根，1～2年即可长成新植株。

乳突球属（MAMMILLARIA）枕形仙人掌

播种　春季至秋季 ♦
分株　春季至夏季 ♦♦
扦插　春季至夏季 ♦♦

　　通常，自育品种会结籽，需要一年的时间才能长出红色的蜡状荚，荚松软时收集种子，在19～24摄氏度下播种（见第232页）。种子可存活5～10年，2～5年幼苗即可开花。

　　随着增长，植株会形成团块；其蘖枝通常不会生根，而是附着在母株上。乳突很小的品种，如银手指（*Mammillaria vetula*，异名为*M. magneticola*）可能有根，因此可将其挖起并分成几部分（见第235页）。在重新盆栽或移植前，将插条放置几天，待切口长出愈伤组织。

　　大多数蘖枝可按球状茎插条处理（见第238页），2～5年即可长成新植株。一些可长出蘖枝的品种，如银手指和松霞（*M.Prolifera*），受到轻微的压力头部就会脱落。因此，应挖出一些团块，或用小刀切掉适当数量的蘖枝。该属仙人掌可耐受的最低温度为2摄氏度。

其他仙人掌和多肉植物

　　仙人笔属（KLEINIA，异名为Notonia）春季或夏季在20摄氏度下播种（见第232页），将匍匐茎或块茎分离。

　　日中花属（LAMPRANTHUS）与蔓舌草属（MALEPHORA）与肉锥花属处理方法相同。白仙玉属（MATUCANA）与裸萼球属播种方法相同（见第247页）。

　　花座球属（MELOCACTUS）与裸萼球属播种方法相同（见第247页）。在寒冷地区，与星球属嫁接幼苗方法相同（见第243页）。春末至仲夏期间平移小植株。翡翠塔属（MONADENIUM）在19～24摄氏度下于春季播种。春季或夏季进行茎插条处理（见第236页）。

　　酒瓶兰属（NOLINA）在19～24摄氏度下于春季播种。刺翁柱属［OREOCEREUS，包括冠柱属Borzicactus］在21摄氏度下于春季或夏季播种。彩髯玉属（OROYA）与裸萼球属播种方法相同。厚敦菊属（OTHONNA）茎干状植物可由种子或根插法繁殖，如千里光属（见第251页）。灌木植物与黄金菊相同。

　　摩天柱属［PACHYCEREUS，包括鸡冠柱属（Lophocereus）］播种及扦插方法与仙人柱属相同。厚叶莲属（PACHYPHYTUM）与石莲花属处理方法相同。

仙人掌属（OPUNTIA）刺梨

播种 春季至夏季
扦插 春季至夏季

现在，该属可细分为戒尺掌属、圆筒掌属、旗号掌属、圆柱掌属、棍棒团扇属、敦丘掌属、卧云掌属和武士掌属，它们的繁殖方法都是相同的。不过，要避免与扎人的小尖刺（即芒刺）接触。

通常，可食用的果实中会结出又大又硬的种子，需两年左右才能发芽。然而，发芽率可能会很低。在21摄氏度下播种，3～5年即可长到正常大小。

许多仙人掌属植物都有扁平、椭圆形或垫状的茎，因此，对其进行茎插繁殖很容易生根。如图所示将茎切下并栽入花盆中，置于19摄氏度的地方，并保持盆土略微湿润。2～6周插条即可生根，2～3年即可长成大小适中的植株。

仙人掌属的茎插条

1 戴上厚手套，用折成领带宽度的纸捏住仙人掌，防止尖刺扎手。用锋利的小刀在连接处直切，将垫状叶片切下，然后置于温暖干燥处2～3天，待切口长出愈伤组织（见小插图）。

2 填入仙人掌堆肥，深度为花盆的三分之二，并覆盖一层细沙砾（5毫米）。插条插入堆肥后，继续加入沙砾直至花盆边缘。

锦绣玉属（PARODIA）

播种 春季至秋季 ；扦插 春季至夏季
嫁接 春季至夏季

英冠玉
（*Parodia magnifica*）

大多数的锦绣玉属植物在很长一段时间内都是单生的，所以最好由种子繁殖。少数品种，如青王球（*Parodia ottonis*）很容易长出蘖枝，蘖枝可被用作插条。不过，一些特殊的品种最好通过嫁接进行繁殖。该属的仙人掌植物应在5～10摄氏度的环境下生长。

播种

在长满刺的浆果，或红色的荚中会结出许多种子。该属植物很容易由种子繁殖，需在19～24摄氏度下播种，2～3周即可发芽。原种幼苗在前两年内生长非常缓慢，之后会迅速生长，很快就会赶上其他品种。新植株在3～5年内即可开花。

扦插

切掉基部的蘖枝，并按球状茎插条处理，2～3年即可长成新植株。在青王球短匍匐茎的末端会长出蘖枝，将母株挖出后，它们就会很容易脱落。

嫁接

形状奇异的插条也可以生根，嫁接的植株却不易腐烂。若是异形茎，可进行平接繁殖；若是冠状茎，可进行嫁接繁殖，嫁接方法与管花柱属相同，2～3年即可长成令人赏心悦目的植株。

天竺葵属（PELARGONIUM）天竺葵

播种 秋季或冬末
分株 春季至夏季
扦插 春季至夏季

该属品种很容易由种子培育，大多数肉质茎和灌木状植物都是通过插条繁殖的。此外，也可以对具有块状茎的品种或小植株进行分株繁殖。该属植物能够耐受的最低温度为10摄氏度。1～3年内新植株即可开花（见多年生植物，第205页）。

播种

把"降落伞"从小种子上取下来，在19～24摄氏度下将其播种（见第232页），5～25天即可发芽。在炎热的天气，许多多肉植物的种子都会处于休眠状态，所以最好在夏季过后播种。若置于寒冷或光线不足处，幼苗可能会受潮（见第46页）。

天竺葵块根的分株

在块茎上方把根切断

分株

如下图所示将成熟植株的块根分离，1～2年即可长成新植株。像成株一样培育，在出现新的生长迹象前，需坚持少量浇水。有些品种，如香叶天竺葵，会在地下茎上长出小植株，这些植株很容易挖出并进行分株繁殖（见第235页）。

扦插

对于灌木状的多肉植物，在叶痕下面切5～10厘米的半熟插条（见第236页），将其浸入到弱性激素生根复合物中，取出后晾晒24小时。将插条插入堆肥中并浇水，之后的两周内就不再浇水。如果没有生根，则继续保持堆肥湿润，不久后即可生根。对于那些具有粗壮肉质茎的品种，可先将插条放置一周左右，待切口长出愈伤组织后，再进行如上处理。

1 在生长季节，将母株［图中为卢巴塔洋葵（*Pelargonium lobatum*）］挖出或从花盆中移出，从根部切下（折断）一个或多个块茎。在小花盆中填入仙人掌堆肥，深度为花盆的二分之一，然后覆盖一层薄薄的细沙砾（5毫米）。

2 把块茎放入花盆，并用沙砾覆盖。然后置于19摄氏度的明亮、通风处，保持堆肥略微湿润。2～3周后块茎即可长出新芽。

子孙球属（REBUTIA）

播种　春季或秋季；分株　春季至初夏
扦插　春季至初夏；嫁接　春末至夏末

银宝丸
（Rebutia wessneriana）

该属的大多数植物（包括沟宝山属和花饰球属）可耐受0～7摄氏度的干冷气候，并且容易通过种子、分株或插条进行繁殖。

播种　在21摄氏度下播种，两年左右即可开花。但要避免在仲夏播种，因为环境温度超过29摄氏度有可能会抑制其发芽。

分株　少数品种会形成垫状丛，如银蝶丸，这些头状花序可自行生根。只需将花丛分成几部分，1～2年即可长成新植株。将插条放置两天，待切口长出愈伤组织后，再移植或盆栽。

扦插　大多数品种都会长出蘖枝，常密集丛生。将基部的蘖枝切断，按球状茎插条处理。

嫁接　与柱状仙人球属植物进行平接繁殖方法，很适合易腐烂的品种，如子孙球属植物的变型种（Rebutia canigueralii f. rauschii）；或不易生根的品种，如橙宝山。

仙人指属（SCHLUMBERGERA）

播种　春季
扦插　春季至夏季
嫁接　仲夏

这类仙人掌必须经过其他植物的异花授粉才能结籽，葡萄状的果实成熟后会变软。在19～21摄氏度下播种（见第232页），3～4年即可长成新植株。一年内开花的植物进入生长期时，取下2～3节长的扁平茎插条（见第238页），插条极易生根。为培育一株更大的植株，可将两根插条背对背入花盆中。若将圣诞仙人掌（见第238页）顶楔嫁接到直立状的砧木上，如蛇鞭柱属，2～3年即可长成合适大小。植株是畏寒的，可耐受的最低温度为5摄氏度。

丝苇属（RHIPSALIS）槲寄生仙人掌

播种　春季至秋季
扦插　春季至秋季
嫁接　春末至仲夏

该属包括以前被类分为鳞苇属（Lepismium）的植物，在不低于10摄氏度下，植物长势最好。大多数植物都是由种子繁殖的，通常，对其进行扦插繁殖简单又快捷。此外，还可以对其进行嫁接繁殖，来培育一个新型的悬垂型仙人掌。

播种　大多数的丝苇属和子孙球属品种都很容易开花，并结出色彩艳丽的小浆果。这些浆果大约需要6个月才能成熟且变得富有黏性。用温热的肥皂水把种子洗净，然后晾干，在19～21摄氏度下播种，3～5年即可开花。

扦插　在连接处将细长的茎切断，并剪至10～15厘米，与平茎扦插方法相同（见第238页）。插条在3～6周内即可生根，1～2年即可长成漂亮的植株。

嫁接　将蛇鞭柱属植物的茎用作砧木，

腹接丝苇属

接穗

高达1.2米的砧木

1 从毛果丝苇上取下5～10厘米长的接穗（见左图），将其腹接到细长的柱状仙人掌砧木上。

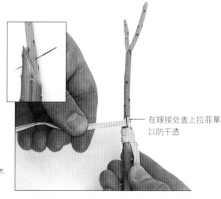

在嫁接处盖上拉菲草以防干透

2 将接穗和砧木紧贴，使形成层紧密结合。如有需要，将接穗放在砧木的一侧，轻轻接压除去气泡，然后用仙人掌刺固定（见小插图），并用拉菲草绑好。如有需要，可用木棍支撑。

并用木棍固定，如上所示准备砧木和接穗。通常，幼苗进入生长活跃期后，2～3周后即可取下拉菲草。之后，植株生长迅速，1～2年内就会长成非常漂亮的植株。

其他仙人掌和多肉植物

木麒麟属（PERESKIA）　在19～24摄氏度下于春季播种（见第232页）。春末至夏季期间进行茎插条处理（见第236页），扦插生根的幼苗在花期时留苗自生。

毛刺柱属（PILOSOCEREUS）　播种及插条方法与仙人柱属相同（见第244页）。

对叶花属（PLEIOSPILOS）　与十二卷属处理方法相同（见第245页）。

翅子掌属（PTEROCACTUS）　与裸萼球属播种方法相同（见第247页），与乳突球属插条方法相同（见第248页）。

红景天属（RHODIOLA）　与景天属处理方法相同（见第251页）。

舟叶花属（RUSCHIA）　与肉锥花属处理方法相同（见第245页）。

豹皮花属（STAPELIA）　与十二卷属处理方法相同（见第247页）。

多棱球属（STENOCACTUS，异名为Echinofossulo-cactus）　与裸萼球属播种方法相同（见第247页），与乳突球属插条方法相同（见第248页）。

新绿柱属（STENOCEREUS）　播种及扦插方法与仙人柱属相同（见第244页）。

楠舟属（STOMATIUM）　与十二卷属处理方法相同。

独乐玉属（STROMBOCACTUS）　在21摄氏度下于春季播种，幼苗可能很难成熟。

彩云木属（SYNADENIUM）　与大戟属处理方法相同（见第246页）。

天晃玉属（THELOCACTUS）　与裸萼球属播种方法相同（见第247页）。

仙宝木属（TRICHODIADEMA）　与肉锥花属处理方法相同。

大型硬叶十二卷属（TULISTA）　与十二卷属处理方法相同。

乳胶球属（UEBELMANNIA）　在24摄氏度下于春季播种。春末至仲夏期间，按照星球属嫁接的方法，将幼苗嫁接到麒麟掌属砧木上（见第243页）。

塔莲属（VILLADIA）　与子叶处理方法相同。

瘤果鞭属（WEBEROCEREUS）　与昙花属处理方法相同（见第246页）。

景天属 (SEDUM) 景天

播种　春季至秋季 ⚘
分株　春季至夏季 ⚘
扦插　春季至夏季 ⚘

　　该属的多肉植物易于繁殖，繁殖方法取决于植物的习性。许多植物都非常耐寒，而畏寒品种只能耐受不低于5摄氏度的温度。景天属可细分成以下几类，包括八宝属、云杉草属和费菜属；但为了方便，这里将它们归为一类。

　　播种　在13～16摄氏度下播种耐寒的品种，如苔景天 (Sedum acre)；在15～18摄氏度下播种畏寒的品种。种子繁殖的植物在1～3年内即可开花。

　　分株　春季，将丛生的落叶植物分株，如长药八宝 (Hylotelephium spectabile，见第234页)。挖出成熟的垫状植物，如小叶万年草 (Sedum lydium)，找到它们生根的地方，然后用锋利的小刀把它们分成几部分，但要确保每部分都有生根的茎，子株在一年内即可开花。

　　扦插　大多数由插条繁殖的景天属植物容易生根，通常在1～6周内即可生根。畏寒的植物，如长毛蓝景天 (S. mocinianum) 和翡翠景天 (S. morganianum) 也很容易生根，来年即可长成一个新植株。它们也可以由茎插条繁殖，2～3个月内即可快速长成新植株。从顶端切下5～8厘米长的茎，放置一天，待切口长出愈伤组织。从匍匐状的耐寒植株上取下2～3厘米长的插条，如小球玫瑰。此外，还可以从莲座状的耐寒植物上取下插条，如白霜景天，1～2年内可开花。

叶插法繁殖景天属植物

肥厚的成熟叶片最容易生根

不定根

不定根　许多景天属植物，很容易从茎叶上长出不定根。盆栽前，这些植物的单叶可以在内衬潮湿报纸的托盘中生根。

获取叶插条　从茎上取下肥大的叶片后，放到潮湿的报纸上，并置于16摄氏度的阴凉处。3～4周，叶片就会在基部长出根和幼苗 (见小插图)，然后将插条栽入花盆中，让其继续生长。

蛇鞭柱属 (SELENICEREUS)

播种　春季至秋季播种 ⚘
扦插　春季至夏季扦插 ⚘

大花蛇鞭柱
(Selenicereus grandiflorus)

　　花瓣较大的蛇鞭柱属被称为夜皇后。长有圆柱形茎的植物，如大花蛇鞭柱，是腹接 (见第240页) 其他附生仙人掌的优良砧木。

　　种子需很长时间 (5～10年) 才能开花，因此种子并不总是可以获得的。种子成熟后或春季时节，在16～19摄氏度下将其播种。

　　该属的大多数品种都很容易通过插条进行繁殖，2～5年即可成熟。切下6～10厘米长的茎段，按照平茎插条处理 (见第238页)，3～6周内即可生根。

长生草属 (SEMPERVIVUM) 长生草

播种　春季至秋季 ⚘
分株　夏季至秋季 ⚘
扦插　夏季至秋季 ⚘

　　这些耐寒的多肉植物能耐受低至零下15摄氏度的干冷，莲座丛开花后就会死亡；但植株会长出许多蘖枝，形似铺开的地毯。

　　花朵必须经过人工授粉 (见第233页) 才能结籽，但种子数量非常有限。碾碎小干果以便收集种子。播种后，将种子置于阴凉、遮蔽且无霜的地方 (如冷架) 待其发芽。

　　春季，大多数的长生草属植物会在细长的匍匐枝上长许多蘖枝，这些蘖枝通常有独立的根，因此可将其分离，然后重新盆栽或移栽 (见第234页)。如果保持湿润，且避免阳光直射，蘖枝在4～6周内即可成熟，将未生根的蘖枝按莲座插条处理 (见第237页)。

千里光属 (SENECIO)

播种　春季至夏季 ⚘
分株　春季至夏季 ⚘
扦插　春季至夏季 ⚘

　　目前，该属多肉植物，包括畏寒的仙人笔属 (Kleinia) 和 Notonia，可耐受的最低温度为6摄氏度。1～3年内新植株就可以长到正常大小。

　　播种前要把种子上的绒毛弄掉 (见第232页)。播种后，在种子上覆盖一层细沙砾 (5毫米)，2～4周即可发芽。

　　一些通过匍匐茎传播的棒状植物，单生茎或丛生茎可从植株上分离出来。分离时选择成熟的茎，若嫩枝还未生根，就在堆肥中加入一层细砂，然后将嫩枝栽入。一些具有块茎的品种，如圆叶菊，也可以进行分株繁殖 (见第235页)。从具有粗壮茎的千里光属植物上取下10～15厘米长的茎 (见第236页)。若是具有细茎的品种，则从尖端取下5～10厘米长的茎。千里光属可细分为菊科属、翡翠珠属和仙人笔属，但它们的栽培和繁殖方法都是相同的。

千里光属植物分株

仙人笔 (Curio articulatus，异名为 Senecio articulatus，Kleina articulata)

1　挖出母株或将其从盆中移出，在花丛边缘选择一个发育良好的嫩枝，将其连同地下茎 (匍匐枝) 剪掉，但地下茎可能已经长出嫩枝了。将母株移栽。

2　将嫩芽放置24小时，待切口长出愈伤组织后栽入花盆中。在9厘米深的花盆中填入仙人掌堆肥，使刚好到嫩芽根部一半的位置，然后继续在插条周围填入细砾，直至花盆边缘。贴上标签，让其继续生长，并按茎插条方法培育 (见第236页)。

球根植物

大多数球根植物最好成群种植，或大面积地自然生长，
植株开花时，密集丛生的花团会长成亮眼的一片，格外引人注目。
若种植此类植物，种植者花费较少成本就能够在短期内得到大量植株。

球根植物的繁殖似乎是一种信念式的行为，因为很多事情是看不到的。然而，使用的方法大多都很简单，只需要基本的工具和堆肥就可以在一个很小的空间里完成，而且在多数情况下可以迅速长成一片。自行培育的小球根植物可以在花园里长得很好，但购买的大球根植物并非总是如此。

球根植物是一个很宽泛的术语，此处包括鳞茎、球茎和块茎，这些肉质结构用于储存食物和水，可以帮助植物安全度过休眠期。掌握植物生长和休眠的规律，通常可以很好地指导繁殖时间。

许多植物是通过蘗枝来繁殖的，因此对蘗枝进行分株是广泛使用的繁殖方法之一。虽然幼苗需要4年甚至更长时间才能达到开花大小，但对于那些不能进行无性繁殖的品种和块茎来说，还是建议使用种子繁殖。

有几种繁殖方法只适用于球根植物，如鳞片扦插法、双鳞叶切片繁育法、切片繁育法和去除基盘法，这些方法都是利用休眠的贮藏器官可长出新的小鳞茎、新生球茎或块茎的能力。有些鳞茎会长出球芽和小鳞茎，它们与种子繁殖相似，但速度要快得多。此外，也可以通过扦插进行繁殖。

有时，根茎型植物会与球根植物划分为同一类别，在本书的多年生植物章节可以找到（见第147—213页）。

异国鳞茎
仙火花属只有两个品种，而且都是鳞茎，发现于南非。图中是垂花仙火花（*Veltheimia bracteata*），它很容易利用种子或蘗枝繁殖。然而对于球根植物来说，从叶插条繁殖并不常见。

花葱
波斯葱是葱属中极具观赏价值的品种。它的大种子头实际上是由许多小心皮组成的球状伞形花序，成熟后会爆开并释放出黑色种子。待种子头完全干燥后，可作观赏花卉。

分株

鳞茎和球茎植物会长出小鳞茎或新生球茎，它们从母株汲取能量后生长。大多数都附着在自身或蘖枝的贮藏器官上，但也有些附着在其他部分（如小鳞茎和球芽）。通过分裂繁殖这些植物是很容易的。许多块茎植物多年来并不是以这种方式增长的，而是逐渐变大。它们必须从种子繁育（见第256页），或在少数情况下用插条繁殖（参见第260—279页，个别属）。少数块茎植物（如疆南星属、大丽花属）的确会形成丛生植株，因此可以像多年生植物一样进行分株繁殖。

许多花园鳞茎植物会长出大量蘖枝，最终会变得拥挤不堪。由于它们争夺空间、光线和水分，新的鳞茎不能茁壮成长或开花，成为"盲花"。分株繁殖可以让它们保持健壮。

一些鳞茎植物，如大百合（Cardiocrinum giganteum），几年后才能开花，随后就会死亡。它们会留下许多蘖枝，因而必须进行分株繁殖。少数品种［圣母百合（Lilium candidum）、渐变番红花（Crocus tommasinianus）、纳丽花属和一些黄韭兰属植物）］在密集丛生的情况下长势最好，所以分株只是为了增加数量而已。

大多数球根植物都有休眠期，因此最好在叶子凋落后再进行分株，但也有很多植物在刚进入生长期时，就可以进行分株。常绿鳞茎和球茎植物，如漏斗鸢尾属、曲管花属和注瓣花属植物，开花后应立即进行分株。休眠期因物种的当地气候而异，例如，文殊兰在春季休眠，雪花莲在夏季休眠，郁金香直至夏末才进入休眠期。

蘖枝的分株

通常，多数蘖枝会长在母株的有皮鳞茎或无皮鳞茎上。它们附着在根生长的基盘上。

有些鳞茎植物，如水仙和百合，会在母株两侧长出蘖枝；而郁金香，蘖枝往往长在正下方。大多数球茎植物，如剑兰，会在基盘周围生长；而其他植物（如雄黄兰属）则会形成球茎"链"。蘖枝大小不一，如，文殊兰属会长出大面积的蘖枝，在小心将其移除前，必须深挖母株周围，以取出多年生植物的根。有些葱属植物会长出许多小蘖枝，挖出鳞茎后，很容易将它们从母株上分离出来。

挖出母株的鳞茎或球茎，或将它们从花盆中敲出来时要格外小心，因为许多植株非常脆弱，很容易损坏。然后，清除土壤并分离蘖枝。几乎所有情况下，它们都可以用手去除，但是紧密堆积的块状植物，如栎林银莲花、紫堇属和葵属，可能需要用小刀切除。如果损害了母株鳞茎，移栽前需在外露的部位轻轻撒上杀菌剂，以防腐烂。

那些与母株鳞茎大小接近，且可能在来年开花的鳞茎，可以直接移栽到开花位置。首先备好一块土地，用叉子翻土，并清除所有残枝和杂草，施一些腐熟肥或缓释肥（如骨粉）来改善土壤。

小的蘖枝最好在一个比较可控的环境中生长。若蘖枝较多，可以在苗床上成排栽种；若数量较少，盆栽会更容易管理。大多

大型球根蘖枝的分株

1 春季，在植株进入生长活跃期之前，用园艺叉挖起一丛鳞茎，抖掉根部多余的土壤，将鳞茎丛分开，挑选生长充实，且发育良好的大型蘖枝，然后扔掉所有枯萎、异形或有疾病迹象的蘖枝。

2 小心地从每个鳞茎上拔下或切下蘖枝，但要注意保留其根部，并在受损的底盘上撒上杀菌剂。

3 准备15厘米深的花盆，填入湿润的砂质堆肥，将蘖枝逐一栽入花盆中，露出头部，贴上标签并浇水。

较小球根蘖枝的分株

长有蘖枝水仙的鳞茎

1 挖起一丛成熟的鳞茎，挑选健壮的鳞茎后，将那些已经死亡或有疾病、虫害迹象的鳞茎扔掉。

蘖枝　母株鳞茎

2 在不损伤根部的情况下，轻轻地将任何一对或一簇的鳞茎分成单株。

鳞茎外皮

3 用大拇指和食指碾碎鳞茎，剥掉松动的外皮，并在鳞茎上撒上杀菌剂。

4 将分株后的鳞茎移栽，种植鳞茎的深度是鳞茎自身高度的两倍，间隔至少为鳞茎自身的宽度。

砧木球茎的分株

1 为加速长出新生球茎，需在春季浅植成熟的球茎。将它们以2.5厘米深、10厘米间隔条植于苗床上。

2 夏季，摘除头状花序，以防它们浪费能量结出多余的种子。秋季，叶子开始枯萎时，用手叉小心地挖起球茎。此时，球茎可能已在基部周围长出了许多新生球茎。

新生球茎很容易脱落

3 将球茎上的新生球茎取下，球茎大小不一，但大多数是可用的。丢弃所有干瘪的新生球茎，剩下的放在干燥的泥炭里越冬。

4 春季，在排水性良好的苗床上抽出钻头，间隔10厘米，深2.5厘米，新生球茎的间隔为5～8厘米，浇水并贴上标签，待其生长2～3年。

种盘中的新生球茎

若不在苗床上，新生球茎则可以在盛放沙砾堆肥的、湿润的种盘中种植，间隔2.5厘米，然后覆盖1厘米的堆肥。

数植株会在两年后达到开花大小，可以在春季或秋季种植。根据植株大小，对容器培育的蘖枝进行分类，然后将它们栽种到盛有相同堆肥的花盆中。

盆栽蘖枝

球根植物需要使用排水性良好的堆肥，否则容易腐烂，将同等比例的以壤土为基础的堆肥和细砂混合效果最好。对于像百合这样的不喜石灰的品种，堆肥最好由一份树皮粉、5份杜鹃花堆肥和5份无石灰小砾石（7～12毫米）混合而成。使用能够容纳植株两年生长的花盆、塑料罐或陶罐比较合适，陶罐干得较快，需要浇更多的水。大多数鳞茎或球茎应覆盖两倍于其自身高度的堆肥；一些植物，如番红花，随着根部的生长会把球茎拉低到合适的位置。5个或5个以上的小蘖枝为一组进行盆栽，较大的蘖枝则单独盆栽。

蘖枝的后续护理

为避免酷热和严寒，娇嫩的鳞茎和球茎需要加以保护。在寒冷环境中，大多数植物最好盆栽后放到冷床上，这样可以阻挡冬季的霜冻，也可以防止害虫和杂草。冷床可能会过热，所以在炎热、干燥的时期要保持通风，必要时做遮阴处理。畏寒的蘖枝，尤其是球茎，大部分时间可能都需要在温暖的温室中生长。

苗床比较适合用于较温暖的地区，甚至还需要做遮阴处理；此外，寒冷地区耐寒的鳞茎和球茎也很适用，在严寒期需要使用半透明罩，以控制害虫，如金龟子幼虫和挖鳞茎以及杂草的老鼠。幼苗处于生长活跃期时，定期给它们施肥和浇水。最好的办法是把花盆放在盆栽花坛或苗床上，使花盆周围温度更加均匀，防止堆肥快速变干，这样就不用经常浇水了。

在休眠期，大部分鳞茎和球茎保持略微湿润即可，浇水只是为了防止堆肥完全变干。炎热时，要给休眠的鳞茎和球茎做遮阴处理，以免它们过热。然而有些品种，如贝母，绝对不能让它们变干。

浅植砧木

剑兰是通过浅植砧木的球茎来刺激新生球茎的繁殖。这种方法也可以用于其他鳞茎和球茎植物，如番红花、鸢尾花或弯管鸢尾属植物，不过需要的时间比简单的分株稍长。但如果有大量的蘖枝，它却是理想的方法。

小鳞茎和球芽

少数鳞茎植物［如网脉鸢尾（*Iris reticulata*）和谷鸢尾属（*Ixia*）］，一些春星韭属品种和酢浆草属植物，会在母株周围长出小鳞茎。茎生根百合和许多葱属植物会在地下茎上长出鳞茎，挖出母株并将其分离，并按蘖枝的处理方法将这些小鳞茎栽入花盆中。

该属的其他植物会在叶腋处或头状花序长出微小的鳞茎或球芽。通常，它们会在夏末自然脱落。把它们从地上捡起来，或从植株上摘下来，并按新生球茎的播种方法将它们栽入花盆中。

播种

种子繁殖似乎是一种缓慢繁殖球根植物的方法，但它是值得的，很容易长成较大的砧木。两三年后，若连续播种，每年都会重新开花。稀有物种通常只能由种子繁殖；而林地植物不宜完全干透或移栽，所以种子繁殖是最好的方法。

球根植物延长了植物的生长，随着时间的推移会失去活力，最终死于疾病，特别是百合及近缘属，如豹子花属（Nomocharis）。它们可以通过种子培育的球茎来更新，即使母株带有病毒，球茎也不会有。植株可以结出大量的种子，但是长势不佳，而且只能产出少量适合花园种植的品种。

收集并储存种子

大多数球根植物的种子都很大，易于处理，种皮通常长在老花茎上。少数球根植物在底部会长出不明显的种皮（如番红花），或结出浆果（如天南星和疆南星），在野外会被小型哺乳动物或鸟类吃掉。

种皮成熟后，种子很快就会脱落，因此要密切关注。收集种皮后，将种子摇到一个纸袋里。与种皮相同，浆果成熟后会变色，把它们压扁后取出种子，在温水中洗掉果肉，并铺在纸巾上晾干。

直至来年春季，新播种的种子发芽最均匀；若保持凉爽，几乎所有的种子都能在一段时间内保持活力。将种子放入纸袋，存放在5摄氏度的环境中，冰箱的沙拉隔间是很理想的。在寒冷的环境中，由于霜冻和严冬，播种畏寒的新鲜种子通常是不切实际的。

播种

将一小部分种子切成两半，以判断可发芽的比例。可育的种子是肉质、苍白或半透明的。幼苗形成贮藏器官的速度很快，但大多数的种盘都太浅了，所以最好使用9厘米深的花盆，或13厘米深的平底盘。将等量的以壤土为基础的种子堆肥（见第34页）和细砂（5毫米）或粗砂混合制成陶罐。对于不喜石灰的鳞茎，可以将等量的泥炭（或椰皮纤维）和不含石灰的细沙砾（如水族馆的扁砾石）混合，并添加适合的可溶性饲料。若用塑料花盆，可将沙砾和堆肥按照6：4的比例混合以避免积水。

将花盆填至四分之三后，在堆肥表面喷水，或放入盛有水的托盘中，直到表层通过毛细管作用变得潮湿后，把水沥干。把种子均匀地撒在堆肥上，待种子长到足够大，和贝母、百合一样，可将它们直立放置，间隔约5毫米。

用堆肥盖住种子，并在上面撒上细砂，以阻止蛞蝓和蜗牛靠近。此外，还能抑制地苔生长，并分流雨水，使堆肥表面不会泛起，最后贴上标签。

成熟的种子头

大多数球根的种皮［图中为皇冠贝母（Fritillaria imperialis）］在未成熟时是绿色的（见左图），成熟后呈褐色且干燥（见小插图），种皮一经成熟就立刻将种子收集起来。

收集种子

从母株［图中为六出花属（Alstroemeria）］上切下成熟的种皮，放入纸袋里，置于干燥通风的地方保存两周。成熟后种皮会爆开，并释放种子（见小插图）。

播种

离花盆边缘1厘米

1 放入排水性良好的种子堆肥并压实（见小插图），轻敲纸袋，将种子均匀地撒在上面。

2 用筛子在种子上撒上一层薄薄的细堆肥，确保覆盖种子。

3 将细砂（5毫米）或砾石覆盖在堆肥上，直至花盆边缘。但要格外小心，以免影响种子。

4 贴上标签，然后将其置于阴凉处，或是放在沙床里（见第257页），以防堆肥完全变干。

使用盆栽花坛

把种子种在盛满粗砂的盆栽花坛中，然后放在冷床上或温室中。根据休眠期将它们分组，以便于浇水。

盆栽球根幼苗

种子叶子看起来像草

1 一年生的幼苗往往发育得不够好，因而无法进行盆栽。生长季节过后，让树叶枯死，并停止浇水。

间隔均匀的鳞茎

2 来年，幼嫩的鳞茎或球茎处于休眠期时，把它们重新栽入装有新鲜、且含有沙砾的鳞茎堆肥的花盆中。种植鳞茎的深度是其自身高度的两倍，间隔至少为鳞茎自身宽度的距离。

发芽的种子

野外的雪融化时，种子往往受到刺激而发芽。在冬季，对耐寒种子进行冷冻，或对半耐寒种子进行无霜冷冻，即便是在冰箱中，10摄氏度左右的解冻都可以促进种子发芽。畏寒的种子需要处于无霜环境中，有些植物还需要特定的温度和光照才能发芽（见球根植物词典，第260—279页）。所有种子必须保持湿润状态，如果发芽后变干，就会死亡。其次，它们在长时间的潮湿环境中会腐烂。另外，生长也会受到酷暑或严寒的影响，所以春季播种可能不如秋季播种的成功率高。

盆栽花坛可以防止堆肥变干，还可以调节温度，这样夏季不会过热，冬季也不会结冰。给盆栽花坛浇水，水分可以通过毛细管作用渗透到陶罐中。若是塑料花盆，可以直接浇水，但要少量。或者把罐子放在凉爽、遮阴处，如背风墙或冷床上，但要注意预防虫害。

通常，球根状种子的叶片看起来像草，有些种子可在几周内发芽，但大多数秋播的种子直到冬末的首次温和期才会发芽。一些球根植物的休眠期可长达一年之久，如重楼属；一些其他植物，如天南星和秋水仙，通常在4年内发芽，发芽率不定。

育苗

按休眠期将幼苗进行分组。大多数幼苗在休眠时只需要保持略微湿润即可；而一些植物，如百合花和番红花，一整年都需要浇水。为使幼苗迅速生长，在生长季节要定期给它们施肥、浇水，尽量延长它们的存活期。番茄肥是最好的，因为它钾含量高，氮含量低，在不加速叶片生长的同时，还有助

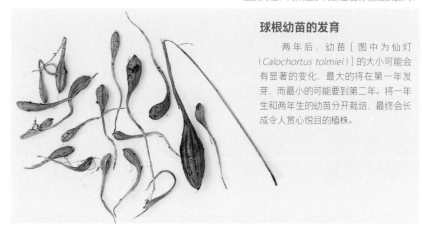

球根幼苗的发育

两年后，幼苗［图中为仙灯（*Calochortus tolmiei*）］的大小可能会有显著的变化，最大的将在第一年发芽，而最小的可能要到第二年。将一年生和两年生的幼苗分开栽培，最终会长成令人赏心悦目的植株。

于贮藏器官的发育。若叶子开始枯萎，就停止施肥。

所有球根植物都不适合移栽，除非过于密集，因此在盆栽前，要给幼苗留下足够生长两年的空间，而发芽不规律的种子时间会更久。

栽培幼苗

在幼苗休眠且堆肥接近干燥时进行盆栽，小心地敲出花盆中的幼苗，分离时要注意生长点的位置。有些球根植物，如猪牙花属和紫堇属植物，它们的两端看起来很像，因此栽种时很容易弄颠倒。

为预防蠕虫，用锌或塑料纱布包裹盆底，加入1厘米深的粗砂以便快速排水，然后将混合了等量细砂的壤土盆栽堆肥装满花盆的四分之三。对于不喜石灰的植物，要使用杜鹃科堆肥，在上面撒上1厘米的细砂，使基盆或基部都处于排水性良好的位置，因而重新进行盆栽时，可以更加容易地看到微小的

贮藏器官。在种植之前，给贮藏器官留出足够生长两年的空间。覆盖堆肥，然后覆盖1厘米的细砂并浇水。根据植物对温度的需求，放在户外阴凉处或室内生长。

在苗床上（其开花位置）种植较大的幼苗，这样可以开花更快，但事先需备好用沙砾和腐熟肥混合而成的盆土。

自播幼苗

许多球根植物可在户外自播，但在草丛中生长的幼苗却很难区分。大多数幼苗最好留在原地，除非过于密集，再进行分株繁殖（见第254页）。挖出处于生长期的稀有苗或嫩苗，保持根系完好无损，并栽入盆中。

杂交

一些球根植物可以成功杂交（见第21页），特别是那些具有突出的雄蕊和柱头的植物，如水仙花、鸢尾花、百合和郁金香。

鳞片扦插和切片繁育

鳞片扦插法、双鳞叶切片繁育法和切片繁育法是适合鳞茎植物的繁殖方法。贮藏器官被破坏或被分成多瓣，每个都会长出一个新鳞茎。这是比分株更加严格的繁殖方法（见第254页），因为湿润、通风且温暖的可控环境是成功的关键。然而这是增加鳞茎的最佳方法，因为蘖枝不容易发育或结籽。

鳞片扦插法和切片繁育法适用于购买的优质鳞茎，也适用于从花园里挖出的鳞茎。幼小的鳞茎可以在花园中生长得很好，但购买的成熟鳞茎并非总是如此。与种子培育的鳞茎不同，百合鳞片扦插繁育并不能防止疾病的传播，所以只能使用生长旺盛且没有疾病的植物。

具有排列松散鳞片的鳞茎植物，如百合和一些贝母属植物，可以用手去除鳞片；对于排列紧密的鳞茎植物，如水仙花、风信子和纳丽花属植物，必须切成成对的鳞片；而小鳞茎或无鳞片的鳞茎植物，如孤挺花（Hippeastrum），可以将其切成小片。为了使双鳞叶切片繁育和切片繁育成功，必须在鳞片上保留一片基盘；但在鳞片扦插处理时，这不是必需的。

鳞茎植物进行鳞片扦插和切片繁育的最佳时间是当它们的食物储备达到最大值时，即在新根开始生长之前的休眠期。通常来讲，春季至夏季开花的鳞茎的休眠期是在夏末或初秋，而那些在秋季或冬季开花的鳞茎是在春季。

鳞茎的鳞片扦插繁育

植株枯萎后，挖起几块成熟的鳞茎并清理土壤，挑选生长充实旺盛的鳞茎进行鳞片扦插繁育。清除干枯或受损的外鳞片，并如下图所示依次取下鳞片。通常需去除少量鳞片，用杀菌剂处理后将其移栽。为了得到大量的新植株，要对整个鳞茎进行鳞片扦插处理。

涂上杀菌剂后，将它们放入盛有合适材料的塑料袋中，可能是泥炭和珍珠岩的混合物，也可能是将蛭石和水按10∶1比例混合而成。密封袋子，尽可能留住较多空气让鳞片"呼吸"，然后置于20摄氏度的黑暗处。

寒冷地区的鳞茎植物，如欧洲百合（Lilium martagon）和北美百合。在适应6周的温暖气候后，可能需要在5摄氏度的温度下再待6周来刺激鳞茎的生长。因此，冰箱的沙拉隔间是最理想的地点。

一个传统的替代塑料袋的方法是将鳞片放入其一半深度的平底盘或种盘中，里面装满同等比例的蛭石、椰壳（泥炭）和尖砂，然后将其置于室内或温室中20摄氏度的培养箱里来保持湿润，这样会更容易检查鳞片是否腐烂。

几个月后检查鳞片是否长出了新的小鳞

鳞茎的鳞片扦插

1 夏末或初秋，在根系开始生长前，摘除无病毒的鳞茎。清洁鳞茎后，在尽可能靠近基盘的地方取下所需数量的外鳞片，随即移栽母株鳞茎。

扔掉受损的鳞片

2 在透明的塑料袋里放入一些杀菌剂，放入鳞片，并轻轻摇动袋子，使鳞片完全沾上粉末。或者，将其浸泡在杀菌剂溶液中，取出后沥干。

3 将同等比例的珍珠岩和湿泥炭混合物放入另一个透明塑料袋中，放入沾有杀菌剂的鳞片，将袋子充气后密封并贴上标签，然后置于20摄氏度的阴暗处。

4 通常，春季就会长出小鳞茎，此时把鳞片拿出来，如果鳞片很软，轻轻地把它们拔下来；如果它们仍旧很硬，或是在基盘或鳞片的愈伤组织上生根，那么就让鳞片附着在上面。

5 将小鳞茎栽入以同等比例混合而成的以壤土为基础的盆栽堆肥和细沙砾（5毫米）花盆或平底盘中。浇水并贴上标签，再覆盖一层沙砾。夏季放在凉爽阴凉处；冬季放到冷床上。

6 春季或秋季，将鳞茎栽到较大的花盆中。如果在平底盘中种了几个鳞茎，先轻轻地把它们分离，当新植株长到开花大小时，就把它们种在花园里或大型容器中。

鳞茎的双鳞叶切片繁育

老根

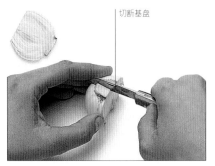

切断基盘

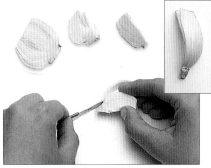

1 选择一个干净健康、处于休眠期的鳞茎（图中为水仙花），剥掉棕色的外皮，并切掉老化的须根和坏死的组织，注意保持基盘完好无损，用一把干净锋利的小刀切下鳞茎的头部。

2 把鳞茎倒置，并垂直切成两半，再各切一刀将其分成4等份。根据鳞茎的大小，可以将其分成八等份甚至更多，前提是每份都要保留一片基盘。

3 每份剥落一对鳞片，用解剖刀从根部切开，每对鳞片上都应附着一块基盘（见小插图），将双鳞片浸入杀菌溶剂中，取出后沥干。

茎。如果在鳞茎的小基盘和末端的愈伤组织上长出了新芽，那么就让鳞片附着在上面。不管是分开的还是附着的，根据小鳞茎的大小，把它单独或几个为一组栽入花盆中。把它们放入排水性良好的堆肥中（见第258页），并覆盖与它们自身高度相同的堆肥。对于不喜石灰的植物，则使用杜鹃科堆肥，或将粉状的树皮与堆肥按1:5混合而成。大多数新植株在三四年内即可开花。

双鳞叶切片繁育法

对鳞茎进行双鳞叶切片繁育时，严格的卫生是必要的，以防止任何疾病通过切面进入新植物。认真洗手（或戴上外科手套），使用消毒过的砧板和工具，每次切割后都要用甲基化或外科酒精擦拭刀片。

挑选高质量的休眠鳞茎，如上图所示进行清洗，去除所有老的外鳞片，然后把鳞茎切成几部分，从外部的两片鳞片开始，将每部分分成成对的鳞片。为完成这个操作，准备一把锋利的薄刃刀或解剖刀是很有必要的，这样可以使鳞茎组织的损伤最小化。较大的鳞茎可以长出40个双鳞片，之后要像处理鳞片一样处理双鳞片，但要定期检查，并除去任何有腐烂迹象的双鳞片，大约12周，基盘顶部就会长出小鳞茎，像鳞片一样培育它们。

切片繁育法

切片后，鳞茎被切分成8～16"片"，就像橘子瓣一样（见右图）。与双鳞叶切片一样，卫生对于切片繁育也同样重要。处理过的切片可以放在袋子或托盘里，和鳞片一样，它们也会长出小鳞茎。把切片栽入花盆中，并置于建议的温度条件下，2～3年即可开花。

鳞茎的切片繁育法

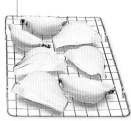

将切片浸泡在杀菌溶液中

架子允许空气自由流通

鳞片间长出的小鳞茎

1 在休眠期挖出一个健康充实的鳞茎（图中为孤挺花）并清理干净，剥去薄纸质的外皮，用干净锋利的小刀修剪根部，注意不要切到基盘，同时砍掉底部长出的根尖。

2 扶住鳞茎，把基盘冲上，根据大小将鳞茎切成8～16个大小相似的部分（"切片"），但要确保每个切片都保留一块基盘。

3 将切片浸泡在杀菌溶液（根据产品说明书配制而成）中15分钟，即可杀死细菌或真菌孢子，取出后放在架子上晾晒12个小时左右。

4 将切片放入透明的塑料袋中，袋内将蛭石和水按10:1的比例混合，把袋子充气后密封并贴上标签，将其置于20摄氏度的阴暗处。定期检查袋子，取出有腐烂迹象的切片。

5 大约12周后，在基板的正上方会长出小鳞茎。将切片分别栽入8厘米的花盆中，盆中装满可以排水性良好的以壤土为基础的盆栽堆肥，将每个切片的基盘向下插入，用大约1厘米的堆肥覆盖小鳞茎。让鳞片外露，但随着小鳞茎的生长，它们会慢慢腐烂。可让它们在阴凉处生长，但这种环境只适合个别品种。

球根植物词典

葱属 (ALLIUM) 花葱

分株　夏末分株
长出球芽　夏末
播种　夏末至秋季或春季
切片繁育　初夏

荷兰葱 (Allium hollandicum)

这些耐寒的多年生植物大部分是球根植物，但也有少数是根茎植物 (见多年生植物，第149页)，它们可在春季、夏季或秋季开花。通过分株来进行繁殖，如黄花葱和滇韭，以及除种子不育杂交种外的所有葱属植物。

许多植物在阳光充足、排水性良好的地方容易自播，一些植物在头状花序中会长出球芽，因而可以进行切片。所有品种在2～5年内即可开花。

分株

许多品种，如黄花荟葱 (A.moly)，会长出许多蘖枝。有些很小，长在茎的生根部位，所以很容易在挖起或移栽亲本鳞茎时丢失。叶子枯萎后，根据它们的大小，将其分离并进行盆栽或移栽。在进行分离前，要注意生长点的位置，因为它们不是很显眼。

葱属球芽

一些观赏性葱属植物，如玫瑰葱、圆头大花葱和野蒜 (图中所示) 有时会在头状花序中长出珠芽。轻轻取下球芽，在湿润的沙砾堆肥花盆中播种，间隔2.5厘米，并覆盖一层1厘米的细砂。

收集葱属植物的种子

1 头状花序变成棕色后，在心皮开裂前收集种子，轻轻地拨动花柄，若基部很容易脱落，就表明已经成熟。用土盖住切口，防止蚯蚓进入。

播种

去除整个花柄来收集大花葱属的种子，若种子头较小，轻轻摇动，让种子直接进入纸袋中。播种新鲜的种子；或在5摄氏度下储存，并在春季播种。大多数种子会在12周内发芽，有些种子则长达一年。幼苗的生长点不是很明显，因此盆栽时要注意保持其直立状态。

切片繁育法

对颜色鲜艳的品种进行切片处理，如大绒球"紫色惊艳" (A. hollandicum 'Purple Sensation') 来保留其本身的颜色。

2 在硬纸盒里铺上纸，将花柄倒挂在阴凉通风处。保持头状花序悬挂在盒子的上方，种子成熟后，种皮裂开，种子就会散落到纸上。

六出花属 (ALSTROEMERIA) 水仙百合

分株　夏末或秋季
播种　夏末

这些耐寒的多年生植物 (从耐寒至完全耐寒) 会长出富含淀粉的白色块茎，有时看起来像匍匐的根状茎。由于块茎非常脆弱，很容易受损，因此最好通过种子繁殖；而已被命名的品种只能通过分株进行繁殖。秘鲁百合非常适用于进行杂交试验，因为许多幼苗最终会长成令人赏心悦目的植株，2～3年后即可开花。

分株

通常，块茎与母冠紧密相连。在叶子完全枯萎前，小心挖起母冠 (见第254页)，并进行分株。如果要立即在空地上重新种植，最好不要把它分离得很小。

播种

六出花属的种子一旦被干燥或储存，就很难打破休眠，因此应在新鲜时进行播种。种皮成熟时会"爆炸"，种子随即散落。为了更好地收集新鲜种子，用小枕套或薄纱包将成熟的种子包裹几天，种子即可直接落入袋子中；或者剪下整个花柄，挂起来晾干后种子就会脱落 (见右图)。

为了使种子的发芽率最高，应立即播种 (见第256页)。将种子在不低于20摄氏度环境下储存4周后取出，用小刀切开胚胎上方的外壳，直至露出黑点。然后将它们重新播种，并置于10摄氏度左右的地方。

新的块茎很容易受损，所以要把幼苗单独盆栽，与猪牙花属处理方法相同 (见第267页)。

采集六出花属的种子
当种子完全干燥后，把茎的基部切下，并在种子头周围绑上一个纸袋，把它倒挂在阴凉通风的地方，两周后即可收集种子。

孤挺花属（AMARYLLIS）

分株　春季
播种　秋季

哈索尔孤挺花
（*Amaryllis belladonna* 'Hathor'）

该属的唯一植物——孤挺花是一种多年生球茎植物，可耐受至零下5摄氏度，但直至炎热的夏季才能开花。它很容易与石蒜科的其他植物进行杂交，如文殊兰属、花盏属和纳丽花属（见第274页）；但已被命名的品种长势不好，所以鳞茎必须进行分株处理；而有些品种可能还需要进行切片处理。新植株在3年后即可开花。

分株

亲本鳞茎可能扎根深达20厘米，因此挖起时需格外小心。分离较大的蘖枝（见第254页），并在盆中种植，直至秋季开花前需一直保持其湿润。

播种

肉质种子通常在还在茎上的时候就开始发芽，所以必须在它们枯萎前及时收集，收集后立即播种。将它们单独播种在8厘米的花盆中，并覆盖一层堆肥或粗砂（见第256页），然后放置在16摄氏度的地方。欲将孤挺花属与其他属进行杂交，请参见第21页。

切片繁育法

若开花较慢的大花型品种蘖枝很少，可以通过切片来进行繁殖（见第259页）。

银莲花属（ANEMONE）

分株　仲秋至晚秋
播种　夏季

该属的块茎植物主要为耐寒的多年生植物，植物开花后的2～3年才会长出蘖枝。这类植物很容易自播；还有一些品种的幼苗也是可以自播的，如生长过程中颜色会发生变化的银莲花（见第188页，多年生植物）。

叶片枯萎后，对蘖枝进行分株（见第254页），将它们种植在最终开花的位置，约2.5厘米深，来年即可开花。此外，春季蘖枝处于生长活跃期时，可进行盆栽或在户外栽种。

种子通常是毛茸茸的，最好在新鲜的时候播种。播种前，用少量的干沙子在手上揉搓，以尽可能多地去除种子的毛，在托盘中播种后（见第256页），将其置于凉爽阴凉处。发芽极不稳定，最快会在来年春季长出幼苗，大多数情况下会在第三年才开花。

天南星属（ARISAEMA）

分株　秋季分株
播种　秋季播种
切片处理　春季

白苞南星（*Arisaema candidissimum*）

如果种植深达20厘米左右，该属的许多块茎多年生植物是完全耐寒的，只有少数来自热带非洲的品种是畏寒的。在盘状的亲本块茎周围会长出微小的鳞片状蘖枝，可将其移除（见第254页）并盆栽，3～4年后就会开花，而最小的蘖枝最好留在母株上直至来年取下。

由于没有花园品种，所有的天南星属植物都可以由种子繁殖。一旦浆果变红或者成熟，立即把它们从植株上移走，然后压碎以取出种子。浆果的果肉可能会抑制发芽；将种子彻底清洗干净，并将其铺在厨房用纸上，置于温暖通风的地方24小时，晾干后立即将种子播种在盘子里（见第256页）。无论如何，种子的萌发通常是缓慢而不稳定的，因此在最终丢弃它们之前，将所有播种过的种子保存4年是值得的。然而，新鲜的全缘灯台莲种子很容易发芽，幼苗长到开花大小速度较慢，通常需要3～5年。此外，有些品种可在块茎休眠时对其进行切片繁殖，以防腐烂，如花叶芋属植物（见第262页）。

疆南星属（ARUM）君子与淑女

分株　初夏分株
播种　夏末至秋季

这些主要在春季开花的块茎多年生植物，完全耐寒。块茎会形成紧密的丛，开花后处于休眠期时（见第254页），即使亲本块茎已经长出5～6个浆果柄，也可将其挖起并分离，它周围大概有50个休眠的蘖枝。尤其是斑叶疆南星，非常适合分株繁殖，

与天南星处理方法相同，从浆果中提取种子，但要戴上手套以防沾染具腐蚀性的汁液，3～4年即可开花。

疆南星属浆果
夏季会长出浆果［图中为意大利海芋（*Arum italicum*）］，当它们变成红色或橙色时收集种子。

狒狒草属（BABIANA）

分株　秋季
播种　秋季

这种鸢尾科属植物有着最坚硬的好望角球根，球茎可被放在零下5摄氏度的室外，挖出并分离成熟的球茎（见第255页），在等量的壤土堆肥和净砂中盆栽，或在室外种植在20厘米深的土壤中。冬季也要保持其水分充足，来年可能就会开花。模糊狒狒草（*Babiana ambigua*）在叶腋处形成气生球茎；在野外，树叶枯死后，这些球茎会掉落到地上，当叶子褪色后，将它们移除，按照新生球茎处理。

将成熟变黑的种子收集起来，并随即播种在混合了等量净砂的混合种子堆肥盘中，在13～15摄氏度下，4周内即可发芽。将幼苗分别移栽到深盆中，盆内装有等量排水性良好的堆肥，收缩根会把发育中的球茎向下拉到适当的深度，种子培育的植物来年即可开花。

其他球根植物

哨兵花属（ALBUCA）休眠时对蘖枝进行分株（见第254页）。在13～18摄氏度环境下播种（见第256页）。

老鸦瓣属（AMANA）与郁金香属处理方法相同。

孤盏花（x AMARYGIA PARKERI，异名为x Brunsdonna parkeri）分株方法与孤挺花属相同。

魔芋属（AMORPHOPHALLUS）若长出蘖枝，在休眠期对其进行分株。在19～24摄氏度环境下播种成熟的种子。

雪割草属（ANEMONELLA THALICTROIDES）秋季对成熟的植株进行分株。夏季播种新鲜的种子。

秋海棠属 (BEGONIA)

长出球芽　夏末或春季
播种　夏末或春季
切片繁殖　春季
扦插　春季

　　多年生块茎植物中有许多已被命名的品种，在该属中包括球根海棠、多花型蔷薇和秋海棠。它们都是畏寒植物，且在冬季休眠。有的品种，如萨氏秋海棠会长出球芽，使繁殖变得更加简便。幼苗容易枯萎（见第46页），因此在受控条件下才可以成功繁殖；此外，切片和插条也会变得更加容易。多数新植株会在繁殖后的第一个夏季开花（另见多年生植物，第190页）。

球芽

　　在叶腋处生长的球芽，它们完全成熟后，轻轻地将其分离，并随即播种在湿润的无土肥料上（见第256页）。此外，在5摄氏度的环境下，还可以将它们储存在珍珠岩或蛭石中保持干燥，以备来年春季盆栽。

播种

　　在日照时间不少于14小时的情况下，播种新鲜的种子（见

秋海棠种皮
　　一株秋海棠可以结出成千上万粒细小的尘状种子，将种子与细沙混合均匀后播种。

块茎秋海棠切片

1 秋季叶片枯萎后，将休眠的块茎挖出并清洗干净，在块茎顶部抹上杀菌剂，然后装进干沙盒。

2 春季，将块茎以5厘米间隔、2.5厘米深栽在湿润的沙质堆肥种盘中，然后置于13～16摄氏度的环境中。

使用锋利、消毒过的小刀

3 嫩芽长出后，将块茎切成小块，确保每个部分至少有一个嫩芽和一些根，在切口处涂上杀菌剂后，待其长出愈伤组织。

4 几个小时后，将它们单独栽入等份椰壳（泥炭）和珍珠岩（细砂）混合的堆肥中，确保其顶部与堆肥表层持平。

5 轻轻压实，然后浇水，并贴上标签。直至成熟前，将它们置于不低于18摄氏度的湿润、明亮处（见左图）。

第256页）；如果没有，则在5摄氏度环境下储存。在春季，将其播种在泥炭基（或不含泥炭的替代品）堆肥盘上，浇水后用一片玻璃或透明塑料盖住，使温度保持在18～20摄氏度。不久后，种子即可发芽，然后把玻璃片移开。播种3～4周后，将幼苗单独栽入等量泥炭和沙子的混合物中，再加入少量缓释肥料，并用稀释到一半的番茄肥料施肥。秋海棠属植物很适合用于杂交育种（见第21页）。

切片繁殖

　　具有多个生长点的大块茎可以在春季种植前进行切片处理（见上图），每部分至少要有一个生长点和完好无损的根。切记不要太贪心，因为只有存活的根才会生长发育，而无根部分不会长出新的块茎。长出苗壮的新

花叶芋属 (CALADIUM)

分株　春季
切片繁殖　春季

　　通常情况下，只有已被命名的多年生植物会被种植，这些植物都有娇嫩的块茎，但它们却很少结籽，因此必须进行无性繁殖。有些品种，如花叶芋，会长出蘗枝。新植株的叶子会变回原来的样子，但并非都是如此。几个月后，叶子就会恢复到原本的颜色。它们是热带雨林植物，所以块茎干燥后就无法存活了。

分株

　　进入生长期前，将块茎挖出来，折断或切掉所有蘗枝，然后进行切片繁殖。

切片繁殖

　　通常，在植株进入生长期前，将球状的块茎挖出切成段（见右图），但要尽量切得干净些，以减少对块茎组织的损害。然后，将它们栽入排水性良好的堆肥中，如等份椰壳（或泥炭）和净砂（或珍珠岩）混合而成的堆肥。

分割花叶芋块茎

1 用干净、锋利的解剖刀将每个块茎切成4段或更多，确保每段保留一个休眠的叶芽，轻轻地按压解剖刀，以使切面平滑干净。

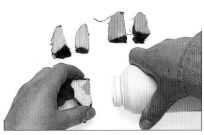

2 在每个切面涂抹杀菌剂（如硫黄粉），或将它们浸泡在合适的杀菌溶剂中，然后放在金属丝盘上几天，待其干燥并长出愈伤组织。

3 准备一些13厘米深的花盆，里面盛放排水性良好的无土堆肥，将块茎单独盆栽，生长芽一端朝上，并覆盖与其自身高度相同的堆肥，少量浇水并贴上标签。

4 然后放在不低于20摄氏度的湿润处，如可加热的培育箱中。7～10天内块茎即可发芽。

地茎插条

如步骤1—2所示，以使块茎越冬。嫩芽长到5厘米时，把它们从块茎中挖出来，这样每个基部都会有一个块茎（见小插图），然后把它们单独盆栽。

芽后，把它们栽入相同的堆肥中（与幼苗播种方法相同），在阴凉处它们会逐渐变硬（见第45页）。

插条

在重新种植前，或在早春出现新的生长迹象时，从块茎上切下嫩枝，并确保每个基部都有一块块茎。然后将这些地茎插条逐一栽入等量泥炭、椰壳和珍珠岩混合而成的堆肥花盆中，置于18摄氏度的环境中并保持湿润，一个月后，检查生根情况，然后按照幼苗处理。

在夏季，切下10厘米长的未开花的蘖枝作为茎插条，参照地茎插条，将它们种植。

花叶芋蘖枝

不是对块茎切块，而是切掉它的鼻子，以促使休眠的芽长出蘖枝，其种植方法与切成段的块茎相同（见左侧）。春季，取下块茎，对其进行分株后单独盆栽。

母株块茎
蘖枝

5 大约12周后，当新芽长出一两片真叶时，将植株栽入9厘米的花盆中，深度与之前种植时相同，浇水并贴上标签。

仙灯属（CALOCHORTUS）仙女灯笼，猫耳百合

分株　秋季　长出球芽 秋季　播种　秋季

挺拔仙灯
（*Calochortus venustus*）

这些多年生球根植物大多是耐寒的，但进入休眠期后，却不耐寒潮。由于没有花园杂交品种，它们都需要由种子繁殖。有些品种，如须毛仙灯和单花仙灯，通常会在叶腋处长出球芽。当蘖枝生长过于密集以至于开花受限时，分株就变得十分必要了。此外，鳞茎达到开花大小可能需要四年时间。

分株

母株的鳞茎开花后会长出许多蘖枝，通常情况下，这会阻碍母株在来年开花。取下蘖枝（见第254页），将它们栽入疏松、排水性良好的混合堆肥中，以避免生长过于繁密或软弱无力。堆肥最好由等份的以壤土为基础的盆栽堆肥和粗谷粉（7～12毫米）混合而成，也可以用粗砂或浮石粉代替。若使处于休眠的蘖枝保持干燥状态，直至晚秋再给它们浇水。

球芽

对于会长出球芽的品种，把它们濒死的棕色叶子收集起来，并取出球芽，培育方法参照百合球芽（见第277页）。

播种

冬季应保持干燥，但要放在能接触霜的地方。春季，在亲本鳞茎出现新的生长迹象前，种子很容易发芽。

糠米百合属（CAMASSIA）

分株　秋季
播种　秋季

糠百合
（*Camassia quamash*）

该属有很多品种都是耐寒的球根状多年生植物，如大糠百合（*Camassia leichtlinii*），它们只能通过分株进行繁殖。开花后挖出鳞茎，并分离蘖枝（见第254页），两年后即可开花。

所有品种都很容易开花结果，若不及时采种，植株就会自播，自播幼苗就在母株基部附近，且不用移植。它们占地面积小，生长良好，尤其是在灌木丛中。如果播种的话（见第256页），要保持容器湿润，种子培育的植物在3年内即可长到开花的大小。

黛玉花属（CHLIDANTHUS）

分株　秋季
播种　春季

黛玉花是该属的唯一品种，它是一种娇嫩的球根状多年生植物，休眠时可以对其进行分株（见第254页），两年内即可开花。当新植株生长旺盛时施番茄肥，在秋季，收集成熟的种子并储存起来，以备春播（见第256页）。

寒冷环境中，冬季的光照对幼苗来说是远远不够的，在13～18摄氏度的环境下，把种子种在托盘中。冬季要保持幼苗轻微湿润，培育方法参照蘖枝即可。在秋季，挖出自播苗后将其盆栽，然后置于无霜环境中。

其他球根植物

罗马风信属（BELLEVALIA）与蓝壶花属处理方法相同（见第274页）。

竹叶百合属（BOMAREA）与六出花属处理方法相同（见第256页）。

山槐叶（BONGARDIA CHRYSOGONUM）在夏季播种成熟的种子（见第256页），小块茎会在花盆中深深扎根。

紫晶风信属（BRIMEURA）将鳞茎分株（见第254页），在夏季播种成熟的种子（见第256页）。

紫灯韭属（BRODIAEA）夏末或秋季将球茎分株（见第254页），在13～16摄氏度下于夏季播种（见第256页）。

春水仙属（BULBOCODIUM）与秋水仙属处理方法相同（见第264页）。

大百合属（CARDIOCRINU）在秋季，将成熟的种子播种在深种盘中（见第256页），种子发芽后的一段时间内就会长出嫩芽。幼苗开花需要7年或更长时间，开花后鳞茎就会死亡，但蘖枝可被分株（见第254页）。

豁裂花属（CHASMANTHE）在13～16摄氏度的环境下于夏季播种成熟的种子（见第256页）。在春季将球茎分株（见第255页）。

秋水仙属（COLCHICUM）秋水仙

分株　夏末或秋季
播种　秋季

这些多年生球茎植物大多是非常耐寒的，也有些是半耐寒的。在秋季开花的大花形杂交品种，很少能从种子中培育出很好的花形，因此最好进行分株繁殖，每隔3～4年对其进行分株以保持其开花状态。高山品种也最好由种子发育而来。

分株

在夏季，对休眠的秋水仙属植物进行分株，方法与鳞茎蘖枝相同；开花时也可以进行分株，这时它们更容易扎根，但要去掉薄被膜，否则会抑制其生长。有一两个品种长有地下茎（匍匐茎），如秋水仙，因此挖起时要格外小心。

播种

在以壤土为基础的堆肥花盆中播种新鲜的种子会很容易发芽，然后将花盆置于寒冷遮阴，且有霜冻发生的地方。而储存的种子就没那么容易发芽，可能需要4年才能长出幼苗。

对开花的秋水仙进行分株

1 小心地挖出一丛成熟的秋水仙，将土壤挖到与铁锹相同的深度以更好地保护其根部，抖掉球茎上多余的土壤，然后把它们分离，并去除所有死亡的组织和结实的外膜。

2 在土壤中放入少许血和骨头、鱼粉或一些腐熟的腐叶土，然后在相同深度重新栽种已分离好的球茎，间隔约1厘米；轻轻压实，并沿着球茎周围浇水。

芋属（COLOCASIA）芋头

分株　春季
切片繁殖　春季
扦插　春季

将这些畏寒的块茎状多年生常绿植物的蘖枝进行分株（见第254页），然后栽入肥沃的土壤或花盆中，并置于湿度高，且不低于21摄氏度的地方。把较大的块茎切成段，要确保每段都有一个生长芽，其培育方法参照花叶芋（见第262页）。从进入生长期的块茎上取下地茎插条，方法参照秋海棠属（见第262页），但它要在湿热条件下生长（见第299页，蔬菜）。

其他球根植物

鸭跖草属（COMMELINA）　在春季对块茎进行分株，然后在13～18摄氏度下播种（见第256页）。

文殊兰属（CRINUM）　在春季分株（见第254页），然后在21摄氏度下播种（见第256页）。

杯鸢花属（CYPELLA）　休眠时，对鳞茎和球芽进行分株（见第254页），并在7～13摄氏度下播种成熟的种子（见第256页）。

曲管花属（CYRTANTHUS）　春季，通常在开花之后，对常绿鳞茎进行分株（见第254页），待种子成熟后播种（见第256页）。

紫堇属（CORYDALIS）

分株　秋季
播种　夏季或春季

该属（异名为Pseudofumaria）最常见的块茎状多年生植物是延胡索（Corydalis cava，异名为C.bulbosa）和齿瓣延胡索（Corydalis solida，异名为C.halleri），它们都非常耐寒。其块茎成熟时很容易"分裂"成两瓣，挖出后进行分株，方法参照球根状的蘖枝，来年即可开花。进行分株时，需要使用小刀，但由于其生长点很不明显，所以要格外注意。具有较大块茎的品种，如薯根延胡索组，很少会长出蘖枝，因此最好由种子培育。在成熟的种子脱落前要保持警惕，以便及时收取，然后立即播种，或储存起来以备春播，两年内即可开花，但其发芽率是不稳定的。值得注意的是，需将幼苗鳞茎的生长点朝上。

心皮

成熟的心皮常常是绿色的，种子脱落的速度也很快。用纸袋包住未开裂的心皮，开裂时即可迅速收集黑色的种子。

雄黄兰属（CROCOSMIA）

分株　春季至夏末；播种　秋季
切片　春季

香鸢尾属植物
（*Crocosmia masoniorum*）

该属（异名为Antholyza，Curtonus）中耐寒球茎的品种有很多，它们会长成较大的丛，若每隔3～4年分株一次，它们会长得更加旺盛，更容易开花。种子培育的植物只值得从品种中挑选，新品种被不断引进，切片提供了一种由几个球茎增加砧木数量的方法。新植株在来年即可开花。

分株

雄黄兰属很容易长成繁密的"链"状球茎丛，较年轻的球茎长在较老的球茎上，收缩根使球茎"链"扎得更深。通常，在植株开花后或在春季，丛被分成链；但如果蘖枝很少或几乎没有，链可被分成单个球茎。浅

对成熟的雄黄兰属植物进行分株

1 植株叶片枯萎后挖出一丛成熟的植株［图中为红橙雄兰（Crocosmia masoniorum）］，为避免损坏球茎或根系，至少要挖30厘米。

3 球茎分离后，清除所有死亡或患病的组织和老茎。球茎直径可达1～5厘米，将较小的球茎栽入无土的盆栽堆肥中，种植深度与移栽前相同，一年即可长得很大。

植母株来获取大量的球茎以供分株（见第255页）。

一些雄黄兰属植物，如路西法香鸢尾（Crocosmia 'Lucifer' or 'Jackanapes'），其球茎上的芽会发育成地下茎（匍匐茎），并在匍匐茎末端长成新植株。若对母株进行分株，要确保每个蘖枝都留有完好无损的须根。

播种

大粒种子一成熟，就把它们播种在以壤土为基础的盆栽堆肥中（见第256页）。一些品种有时会自播，因此最好将幼苗分开栽种，以保持现有特征。雄黄兰属植物非常适合杂交育种（见第21页）。

切片

在出现新的生长迹象前，可将一些品种的球茎切成段，如秋海棠属植物（见第262页），然后把它们盆栽或成排种在苗床中。

2 小心翼翼地把缠绕在一起的球茎分离，若非常紧密，就用两把叉子呈反方向挑开。

4 此外，在一块有大量腐熟有机肥的土地种植较大的球茎，间隔约8厘米，种植深度与移栽前相同，但不低于8厘米。浇水后贴上标签。

番红花属（CROCUS）

分株　夏末
播种　夏末

该属所有的多年生球茎植物都非常耐寒，在春、秋两季开花的品种均可在夏末进行分株繁殖，而且，它们都能通过种子培育而来。秋水仙番红花很容易自播，且在密集丛生时长势最好，但只有在必要时才进行分株繁殖。高山品种，如橙黄番红花，在休眠期也仍然需要浇水。新植物在2～3年内即可开花。

分株

通常，番红花属植物会在母株周围长出小球茎；在恶劣的生存条件下，球茎会长出许多新生球茎，但不会开花。有些植物〔如裸花番红花（Crocus nudiflorus，Crocus scharojanii）会在地下茎或匍匐茎末端长出新生球茎，注意不要让它们落到花盆外面。挖出它们，并将球茎进行分株（见第255页），然后栽入花盆中或直接种在花园里，浅植鳞茎，以促进球茎形成。

播种

新鲜种子的发芽率很高。将大粒种子播种在种盘中，且一年四季都要保持浇水。两年后重新移栽，或让自播苗继续在原地生长。

番红花属种皮

随着种子成熟，种皮逐渐从花茎基部露出，在其裂开前将种子取出，并放在纸袋里晾干。

仙客来属（CYCLAMEN）仙客来

播种　仲夏至冬末
切片　夏末

有些块茎状多年生植物，如小花仙客来，是非常耐寒的；而有些品种是畏寒的，如仙客来。唯一一种繁殖新植物的可靠方法是由种子培育，而且比大量购买块茎要便宜得多。由种子培育的F1代仙客来杂交品种可以在8个月内开花。切片繁殖通常会不太成功，但它却是种植者用来繁殖稀有品种或已被命名品种的唯一方法，但是最好不要移栽生命力旺盛的园林树木。

播种

该属植物种子成熟的速度缓慢，在夏、秋两季开花的品种，如常春藤叶仙客来（C.hederifolium，异名为C.neopolitanum），在来年夏季才能成熟。大多数情况下，支撑种皮的茎会向下盘绕，将种皮拉至地面（但仙客来不会盘绕）。随着时间的推移，其浅褐色的黏性表皮会逐渐变黑，这会引来许多蚂蚁来帮助迅速地散播种子。但最好使用新鲜的种子播种，一旦种皮开裂，就立刻收集种子。轻轻摇动植株，让种子脱落，然后用温水浸泡12小时，并加入少许洗涤液以软化种皮，溶解黏液，浸透后就立即播种。这个阶段的光照会使种子再次进入难以打破的休眠期。将大粒种子播种在等份种子堆肥和角砾石（5毫米）混合而成的堆肥中（见第256页），浇水，待其沥干后，用干净的塑料袋封住花盆，然后将花盆置于不低于16摄氏度的阴凉处。

种子一经发芽就把袋子取下，待幼苗长到足够大时，再将其移栽；若幼苗不是很密集，就把它们放置一年，休眠时再把块茎单独盆栽（但此方法不适用于仙客来杂交品种）。

切片

少数品种，特别是C.trochopteranthum，异名为C. alpinum，在其块茎的顶部有许多生长点。当植株处于休眠时，挖出块茎，并将其切成段，方法与花叶芋相同（见第262页）。

扦插

常春藤叶仙客来可以通过扦插进行繁殖。球茎顶部是一个短的树干状的茎，叶子就是从这里长出来的。要选择间隔较大的树干状茎和短叶柄植物进行繁殖，因为叶柄长而缠乱的植物很难处理。在生长过程中，摘掉花茎或受损的叶子，然后把茎切成段，每段长2～4毫米，且有一两片叶子；还要确保每个插条都包含尽可能多的表皮组织，因为再生就是从该组织发生的。将插条在杀菌剂中浸泡几分钟，准备一些盛放湿蛭石的花盆，每盆约栽入6个插条，然后用塑料袋封住，温度保持在22摄氏度。插条生根速度很快，6周后就可以将小植株盆栽到排水性良好但吸湿的堆肥中（如由珍珠岩和无土堆肥混合而成），20～24周后，就可以将植株逐一栽入装有普通堆肥的花盆中。

大丽花属（DAHLIA）

分株 夏季 ♣；播种 早春 ♣
扦插 冬末或春季 ♣

康威大丽花
（*Dahlia* 'Conway'）

很少有人种植这些具有耐寒至畏寒块茎的植物，可事实上，现存的花园杂交品种有成千上万种。大丽花属植物的花冠易受冻害，因此，在凉爽的环境中（通常是在初霜后）将其挖出，置于最低温度3摄氏度处，等待春季进行移栽。值得注意的是，我们要确保块茎上的土壤全部被清除干净，然后将其彻底晾干，否则会有真菌感染的风险。

对块茎进行分株非常容易，但要得到更多数量的植株，可选择扦插繁殖。一些垫状大丽花品种可由种子培育，新植株同年即可开花。

分株

春季，在植株进入生长期前，挖出一丛块茎，或将其从储藏库中取出。用一把干净、锋利的刀把它们切成几部分，确保每部分至少有一个强壮、健康的休眠芽（"芽眼"）及一个块茎，并给所有的切面涂上杀菌剂。接着将子株种到其最终开花的地方，种植深度为10～15厘米，便于快速生长发育。

大丽花属植物的地茎插条

1 冬末，为了让一些大丽花属植物的块茎提前进入生长期，将其栽入盛满堆肥的木箱中，露出块茎顶部。然后将其置于略微阴凉处，温度不低于12摄氏度，记得做好保湿工作。

2 新芽长到约10厘米高时，将其切下，确保每部分都留有一小块块茎，并逐一削去插条基部的叶子（见小插图），然后以5～6根插条为一组，栽入13厘米深的花盆中。

播种

播种后（见第256页），为促进种子发芽，需保持最低温度16摄氏度。夜间温度如果达12摄氏度以上，可将幼苗单独移栽到花盆中，然后置于室外。

大丽花易于杂交（见第21页），但产出的幼苗却千差万别，通常会在众多品种中选择一个有价值的。

扦插

冬末，从室内催生的块茎上取下基茎插条，并从茎基部取下带有块茎的新嫩枝，然后将剩下的部分扔掉。将叶子以下部位栽

入排水性良好的堆肥中（由等量的粗砂和泥炭或泥炭替代品混合而成），保持土壤湿润，并将温度控制在19摄氏度左右。新的生长迹象出现后，把湿度逐渐降低。将插条单独栽入9厘米深的无土堆肥花盆中，移植户外前，确保已度过硬化期（见第34页）。

或者，把块茎作为砧木，春季期间就能得到不同类型的软木插条。秋季，把块茎挖出后栽入花盆中。为了越冬，可将其放入盆栽花坛中，以防遭受冻害。早春期间，为刺激休眠芽发芽，可将其移至不低于10摄氏度的地方。

取大丽花属植物的软木插条

1 为了让越冬的块茎在冬末继续生长，早春时节，我们将8～10厘米高的新芽剪下。为了使块茎上有芽，我们切到最低的茎节上方即可。

生长锥

叶腋处的芽或芽眼

2 为得到插条，我们剪掉茎节下面的根，除了顶部的两片叶子，将剩下的都除去。但切记，不要破坏叶腋处的休眠芽或芽眼。

3 将插条单独插入盛放无土堆肥的容器中（这里指可生物降解的绿植模块），轻轻压实，浇水后贴上标签。

4 夜间，插条的最低的温度为16摄氏度，2～3周内便可生根。待根系发育良好后（见小插图），将其栽到花盆中，如果天气允许，也可将其移栽到最终种植地。

5 将块茎置于温暖湿润处，剩余的芽可长出新芽。通过这种方法，可从块茎中获得好几批插条，若施加叶面肥，可加速其成熟。

漏斗鸢尾属（DIERAMA）澳洲漏斗花

分株 早春或夏末
播种 秋季

这些耐寒的常绿多年生球茎植物，大多数都能进行分株。春季植物处于休眠期时，切勿使其变干。

球茎会呈链状生长，如雄黄兰属（见第264页），花期后应以同样的方式小心地进行分株。接着将子株重新种植，深度为10厘米。由于它们将在地里生长好几年，所以一定要做好准备工作和施肥工作。通常，子株需要1～2年才能再次开花。

播下熟种（见第256页）。将幼苗单独移栽到无霜处，来年春季再移到户外，2～3年即可开花。

菟葵属（ERANTHIS）

分株 春季
播种 春末
切片繁育 春季

冬菟葵
（*Eranthis hyemalis*）

这些耐寒的丛生多年生植物都有多节的块茎。许多在秋季出售的干块茎无法在春季生长，而潮湿的块茎反而会长成良好的植株。对"生命力旺盛"的块茎进行分株（春季开花后或叶子凋落前），这看似残忍，成活率却是极高的。叶枝的处理方法与雪滴花属相同（见第269页）。用刀把块茎分开，来年即可开花。

春季，种子成熟得很快，不久就会散落各地并大面积生长。若任其生长，菟葵或冬菟葵就会大量繁殖，形成自己的种群。若允许它们在草地自播，就不要清除含有大量种子的第一批干草。若在其他地方种植这些植物，一旦种荚裂开，就把棕色的种子收集起来，立刻在室外或平底盘中播种（见第256页），2～3年即可开花。

不育杂交品种，如"几内亚黄金"菟葵（*Eranthis* Tubergenii Group 'Guinea Gold'），如果它们没有叶枝的话，可被切片后再进行繁殖。块茎的处理方法与花叶芋相同（见第262页）。

其他球根植物

蓝壶韭属（DICHELOSTEMMA，异名为Brevoortia）夏末，将球茎分株（见第254页）。在13～16摄氏度下播种成熟的种子（见第256页）。

猪牙花属（ERYTHRONIUM）山慈姑

分株 秋季
播种 秋季

这些完全耐寒的丛生多年生植物，会长出形似长牙的球茎，若将其移栽或干燥，都会影响它们的生长发育，所以种子繁殖是最好的方法。在适宜的条件下，欧洲猪牙花（*Erythronium dens-canis*）可自播；如有需要，可将成熟的花丛进行分株。最好采用切块繁育法来进行繁殖，尤其是美国西北部的一些品种，因为它们的茎枝生长极其缓慢。此外，它们的块茎非常薄，基盘也很小，所以并不是很实用。

猪牙花属植物的分株繁殖
猪牙花属植物细长的鳞茎会形成密集的丛，小心翼翼地挖出它们，并分成小簇丛，在土壤中施加腐熟的有机肥后重新种植，间隔2厘米，深度与之前相同。

分株

在凉爽、潮湿的环境下分株鳞茎（见右图），以确保它们不会变干。但它们生长点的位置不是很明显，所以操作时要格外小心。分株后将鳞茎随即移栽，或栽入较深的花盆中，收缩根产生的拉力会使鳞茎进一步深入堆肥中。随时可将鳞茎挖起，但要注意的是，需将其置于装有湿润珍珠岩或泥炭的塑料袋中，来年即可开花。北美洲狗牙堇最好单独种，因为它们的地下茎（匍匐茎）繁殖得很快，所以生长迅速。

播种

种荚一经成熟就立刻收集种子（见第256页），并播种在湿润肥沃的种子堆肥中（见第34页）。幼苗的鳞茎长得非常慢。两年后，将其从花盆中取出，以免反复栽种干扰其根系，并避免将其倒置栽种（因为它们的生长点不明显）。两年后即可开花。

移栽猪牙花属植物幼苗的鳞茎

1 将鳞茎幼苗在同一花盆中养2～3年，在此期间不要移栽。当它们处于休眠状态时，小心地从花盆中取出堆肥和鳞茎。

2 然后，栽入准备好的湿润的酸性床土中，确保鳞茎顶部至少低于地面2.5厘米，且不会变干。记得贴标签并浇水。

油加律属（EUCHARIS）

分株 春季
播种 秋季

在温暖的环境中，这些畏寒的球茎多年生植物是常绿的，可在户外生长。或者可以把它们种在以壤土为基础的盆栽堆肥中，每周施一次液体肥，并置于湿润且温暖的温室中。在寒冷的环境中，种子培育的植物开花率较低，因此，大多数品种都是通过分株进行繁殖的。

将叶枝分离后（见第254页）单独栽入盆中，并置于15摄氏度处，鳞茎的直径长到约8厘米时，取下花茎，两年后，叶枝即可开花。

把成熟的种子收集后，立即浅植在花盆中（见第256页），并置于25摄氏度的高湿环境中。秋季，移栽幼苗的鳞茎，3～4年后即可开花。

凤梨百合属（EUCOMIS）

分株　秋季或春季
播种　秋季

彩凤兰
（Eucomis bicolor）

大多数常见的鳞茎都是耐寒的。待大型鳞茎生长得非常密集时，再对其进行分株。蘖枝也需进行分株（见第254页），待春季再将其移栽到户外，不过在此期间，要保持其处于无霜环境。或者在春季在进行分株。4年后即可开花。

温度达到16摄氏度时，肉质种子一经成熟，就立刻播种在无土种子堆肥中（见第254页）。幼苗生长迅速，需定期装盆种植，以免影响长势。种植后的两年内要避免遭受冻害。

小苍兰属（FREESIA）

分株　秋季
播种　秋季

大多数杂交种是从小苍兰属中半耐寒多年生球茎类植物中培育出来的，现包括长筒鸢尾（Freesia laxa）。其长势良好时不能进行移栽。叶子枯萎时，把成熟球茎挖出来或移植到更大的花盆中，方法同球茎侧枝分株（见第254页）。只要种子成熟就进行收集，并将其浸泡在温水中24小时，泡到种子膨胀，坚硬的种皮软化，然后再播种到容器中（见第256页）。种子最佳萌发条件是置于黑暗中，提供13～18摄氏度的底部温度（见第41页）。一旦幼苗萌出（此过程需一个月或几个月），就将每株幼苗单独盆栽，置于最低5摄氏度下生长，一年内可开花。如果幼苗缺水干燥或置于远高于10摄氏度的温度下，幼苗球茎就不会茁壮成长。

顶冰花属（GAGEA）

分株　秋季
长出球芽　秋季
播种　秋季

属多年生球根植物，其大多品种完全耐寒，部分品种则半耐寒。其许多品种都会大量长出小侧枝，这些小侧枝可以轻松从鳞茎上分离出来，然后让其继续生长发育（见第254页）。这些侧枝两年内可开花。

有些品种，如报春顶冰花（Gagea fistulosa），有时不开花只长球芽。夏季，这些球芽会掉落到地上。其他品种，如长毛红山茶顶冰花（G. villosa），会在基生叶的叶腋处长出球茎。球茎转棕色时，将其摘下或在地上收集掉落的球茎。处理方式同百合球芽，2～3年内可开花。

种子虽然很小，但将其收集起来播种还是很容易的（见第254页）。幼苗鳞茎3～4年内可开花。像深黄顶冰花（Gagea lutea）一样，自然条件有利时，有些品种可自播，因此在花园里很容易野生化。

贝母属（FRITILLARIA）贝母

分株　秋季
播种　秋季
鳞片扦插和切块繁育　夏末
去除基盘繁育　夏末或初秋

花格贝母
（Fritillaria meleagris）

贝母除了几个加州品种在低于零下5摄氏度时会受到损害，其他几乎所有品种都完全耐寒。不同品种鳞茎大小差异也很大，有小型的微型贝母（Fritillaria minima），也有大型的皇冠贝母（F.imperialis）。其培育繁殖方法依鳞茎大小和品种而定。黑贝母（F. camschatcensis）、喜马拉雅贝母属和中国品种贝母休眠期间需浇水。新植株三年后可开花。

分株

贝母侧枝大小差异很大：有些是真侧枝，如比利牛斯贝母（F. pyrenaica），分株后可能需立即重新栽种。其他品种，如弯尖贝母（F. acmopetala）、云杉贝母（F. crassifolia）、含羞草贝母（F. pudica）和弓形贝母（F. recurve），侧枝短小，繁殖量又大，因此被生动比喻成"大米"。这些品种的小侧枝最好置于容器中让其生长，处理方法同新生小球茎。

播种

有些贝母品种易自播、易繁殖。如纸翅膀一样薄的种子成熟就收集，播种方法同普通播种法。种子发芽需有温差，要将这些种子种于容器中让其自由生长两年。

去鳞和切片

子球茎，如黑百合（Camschatcensis），去鳞形成新鳞茎。鳞片可能通过切片法，用于产生更多鳞茎。对于无法异花授粉且没有种子的稀有球茎，切片是可行方案。鳞片或切片的数量取决于鳞茎大小。

去除基盘

大鳞茎还处于休眠时就将其挖起，清除土壤或枯枝落叶，检查各鳞茎有无损坏或患病。去除基盘的处理方法同风信子，或按如下所示去除基盘，促进小鳞茎发育。后期小鳞茎处理方法同侧枝。

去除大型贝母属植物鳞茎的基盘来进行繁殖

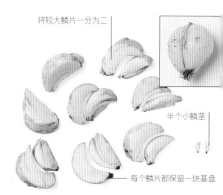

将较大鳞片一分为二

半个小鳞茎

每个鳞片都保留一块基盘

贝母属植物的切块繁育

贝母属植物的鳞茎可被切成楔形，也可以切成片状。将鳞片裂开的较大鳞茎（这里是皇冠贝母）切成八个左右的小片，然后在鳞片之间的基盘处切开，将其一分为二。若鳞茎非常小，如弯尖贝母（见小插图），直接掰成两半。

对刀片进行消毒，以降低腐烂的风险

1 鳞茎底部朝上，然后用解剖刀从基层板和基底上切下两个楔形组织，切口直达底部，并且彼此成直角，记得在切口处涂杀菌剂。

把侧枝朝上

2 准备一个盆碟或种盘，放入2厘米深的湿润粗砂，将鳞茎放在上面，贴上标签后，置于温暖干燥处，如橱柜中。8～10周内，切口处就会长出小鳞茎。

雪滴花属 (GALANTHUS) 雪滴花

分株 春季分株 ▲
播种 夏季播种 ▲
双鳞叶切片繁育 夏季 ▲▲
切块繁育 初夏 ▲▲

这些完全耐寒的鳞茎只需几年就可长得很密集，因此建议进行分株以增强生长活力。一般来说，种子只在有利于蜜蜂授粉的温和天气下才产生，但有些品种的种子只要条件有利就可自播。栽培形式和品种繁多。通过双鳞片扦插，可长出很多新鳞茎。雪滴花很适合进行瓣状鳞片处理，因为比起双鳞片扦插，虽然这样产生的新植株较少，但开花更快。鳞茎休眠期也要浇水。新植株三年后可开花。

　　分株 雪滴花属植物开花后，但叶子仍在生长或"还是嫩叶"时，要把花丛抬起来然后分株。这样更有利于分株。常见的

对"生长旺盛"的雪滴花进行分株
把一丛雪滴花挖起，注意不要损伤根部，然后把这一丛雪滴花分开。将单个鳞茎重新种植到已备好的土壤中，种植深度同以前。固定好，贴上标签，浇水。

雪滴花属植物，如极地雪滴花（*Galanthus nivalis*），可以用上述方法在森林中种植。
　　播种 为确保种子发芽，种皮一经裂开就立刻收集并随即播种，以防种子进入休眠状态或不易发芽，但重瓣雪滴花不会结籽。
　　双鳞叶切片繁育法和切块繁育法 将

雪滴花的双鳞叶切片繁育
一个鳞茎可产生多达32个双鳞片。鳞茎形成后（约12周）就会生根（见小插图），种植前将其暂时置于铺好的无土盆栽堆肥的深盘中，以备越冬。

雪滴花鳞茎一分为二；或切分成8个左右的"薄片"（见第259页）。最好把小鳞茎种在略微阴凉，且富含腐殖质的苗床上，并放在户外，确保温度不低于零下2摄氏度。或者，将小鳞茎种在深种盘或花盆中，并置于无霜的地方，一年后再移栽到户外。

唐菖蒲属 (GLADIOLUS)

分株 秋季 ▲
播种 夏末 ▲
切片繁殖 夏季 ▲▲

属多年生球茎植物，既有完全耐寒植株，也有畏寒植株，几乎没有自然品种可人工种植，但目前已培育出上千种园林杂交品种。剑兰可长出很多新生小球茎供后续分株使用。也可通过播种和杂交育种这两种方法来繁殖植株（见第21页）。通过切片处理，剑兰的每个杂交品种都可以保留原母株的形状。新植株次年可开花。

分株

花茎枯萎后，从剑兰园林品种上分离出新生小球茎。也可以在育苗床上浅植母株球茎，收获更多新生小球茎。

播种

　　收集并趁种子新鲜立即播种在深容器中（见第256页）。剑兰幼苗生长条件是第一个冬天保持最低温度15摄氏度。幼嫩球茎次年秋天成熟枯萎，然后在干燥、无霜的条件下存储以备越冬，次年春天移植户外。

切片繁育

　　把休眠球茎挖起，切成多片，处理方法同花叶芋属植物（见第262页）。剑兰易发霉、腐烂，所以要用杀菌剂涂抹切口处。后续处理方法同新生小球茎，让每片切片自由生长发育。

母株上的新生球茎

在茎上横切

1 春季，把母株球茎苗浅植在苗床中（见第255页）。夏季，在花穗尚未凋零还在消耗种子能量前，就要把它们剪去。把长在叶子正上方的每个花穗都剪掉，这样能促进母株球茎长出更多新生小球茎。

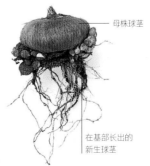

母株球茎

在基部长出的新生球茎

2 秋季，把母株球茎挖出来，轻轻将新生小球茎从上面分离出来。将这些新生小球茎洗净储存以备越冬，然后将其排成行继续生长。

嘉兰属 (GLORIOSA)

分株 春季 ▲
播种 早春 ▲

这种名为嘉兰的单一品种的块茎状如手指，且产量丰富。其属下所有品种都不耐寒。

大叶嘉兰
（*Gloriosa superba* 'Rothschildiana'）

块茎两年内可开花，而由种子培育来的植株需3～4年才可开花。因为块茎会刺激皮肤，所以处理要小心。块茎繁殖迅速。其生长发育前，就进行分株，处理方法同球茎侧枝。将块茎重新浅植在土壤上，或种植在以壤土为基础且添加沙砾的堆肥中。块茎置于无霜条件下继续生长。若在容器中播种，需将种子堆肥与等份的净砂混合，并在底部加热至19～24摄氏度，几周内即可发芽。

　　将其播种在容器中，堆肥与尖沙（1:1）混合倒入容器；提供19～24摄氏度的底部加热。种子几周内可发芽。

其他球根植物

魔星兰属 (FERRARIA) 秋季，将球茎分株后（见第255页）▲，在6～12摄氏度的温度下播种，并置于光线充足处▲▲。
夏风信子属 (GALTONIA) 秋季，植株处于休眠期时，将其分株▲。夏季播熟种，播种后的两年内都要保持无霜状态。植株休眠状态中也要浇水▲。
大韭兰属 (HABRANTHUS) 蘗枝处于休眠期时，将其分株▲。种子一经成熟，立即播种，温度保持在16摄氏度。

虎耳兰属 (HAEMANTHUS)

分株　早春
播种　春季

血百合
（Haemanthus
coccineus）

侧枝生长缓慢，因此这些不耐寒鳞茎只能每隔几年分株一次。种子培育的植株3～5年内开花，两年内长出侧枝。让常绿鳞茎保持湿润，让落叶品种休眠时保持干燥。

分株

侧枝完全发育长成前有时就会长出侧芽，但可以在第二年分株。开始生长时，就找到侧枝，然后远离母体鳞茎。在无土堆肥中单独盆栽，颈部刚好露出表面。使用深盆，让根有生长空间。开花前，都一直置于盆中生长。血百合最适合盆栽，这样开得最好。

播种

从肉质果实中挖出大种子，然后播种在含沙堆肥中（见第256页）。提供16～18摄氏度的底部加热（见第41页）。浇水并给幼苗充分施肥，使它们尽可能长时间地保持枝繁叶茂，长出鳞茎。叶子枯死时，就停止浇水，并在冬季保持干燥和无霜。

朱顶红属 (HIPPEASTRUM)

分株　冬末或早春
播种　秋季
切片　夏季

条纹朱顶红
（Hippeastrum 'Striped'）

不耐寒鳞茎大约有60种都是从种子发育而来的，但是许多杂交品种可以分株以获得纯种植株。新植株在2～3年内开花。

分株

植物生长时，把它们挖出来，拿走较大的侧枝（见第254页）。把小一些的侧枝留在母体鳞茎上，让它们一直生长到第二年。把侧枝分别放在无土堆肥中，充分浇水，然后置于13摄氏度的最低温度下生长。需要良好光照才能生长，否则茎会变细长。生长期间可随意浇水，但休眠时要保持干燥和无霜。

播种

种子成熟时，把它们播撒在容器中（见第256页），保持最低温度16摄氏度，有助于快速萌生。叶子长12～15厘米时，将幼苗的鳞茎盆栽，并朝着侧枝生长（见第255页）。冬天少浇水，让它们多休息。

蓝铃花属 (HYACINTHOIDES) 蓝铃花

分株　秋季
播种　秋季

许多球茎都是西班牙蓝铃花（Hyacinthoides hispanica）或杂交种（H. x variabilis）。培育纯种的英国蓝铃花（H. non-scripta）需要十分用心。具有储藏柜功能的根状茎每年都需要全部换一遍，旧根的外皮放在新根下面。新植株应该在第二年开花。

分株

丛生的根通常位于相当深的泥土里，所以提起块茎进行分株时注意不要切断根茎（见第254页）。一旦块茎被提起来，众多的鳞茎就很容易被分离。立即重新种植，间隔5厘米，大面积种植。

播种

种子成熟时，收集种子并立即播种。它们最好是在苗床上用条播机大量播种，就像球茎一样（见第255页）。两年后，当它们还处于休眠状态时移植到它们开花的地方。自播种的幼苗可以留在原地生长。收缩的根很快就把鳞茎拉到表面以下。

成熟的种子是黑色的

籽头形成时花就凋谢

朱顶红籽头
花凋零后，籽头能相对较快形成。种子成熟后，散播之前，就立即收集并播种。

瓣状鳞片法

大鳞茎的形状最适宜采用瓣状鳞片法（见第259页），最多可切成16个切片。

风信子属 (HYACINTHUS)

分株　秋季
双鳞片扦插法和瓣状鳞片法　夏末
去除基盘　夏末

通常只种植完全耐寒的球根类多年生植物的栽培品种，例如风信子（Hyacinthus orientalis）。因为它们的颜色和生命力是多年栽培选育的结果，所以必须进行无性繁殖。最简单的方法是侧枝分株。但是，风信子繁殖缓慢，如果没有侧枝的话，就会使用各种鳞茎插条方法。成功率取决于能否使鳞茎免于腐烂。风信子种植在地上完全耐寒，但种在容器中则畏寒。新植株在两年内开花。

分株

叶子枯萎时，把侧枝挖起来并分株。在土块周围深入挖掘，因为脂肪含量高的侧枝经常长在土壤深处。将洗干净的侧枝扔到地上，并重新种植在此处，让它们能自然生长到一起。让顶端生长的侧枝自然凋亡，侧枝活跃生长期间，定期浇水和施肥。

双鳞片扦插法和瓣状鳞片法

夏末，将大鳞茎切成16段，可以切成双鳞片样子，也可以切成片（见第259页）。与其他切片鳞茎不同，风信子切片在新鳞茎形成后并不会很快腐烂掉。因此，当小鳞茎发育完成后，将风信子切片单独放入盆中，水平放置在堆肥中，而不是垂直放置，这样可以把旧鳞片完全掩埋掉，促进它们加快腐烂。

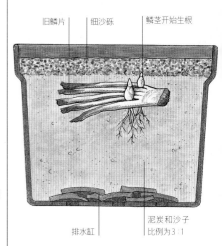

旧鳞片　　细沙砾　　鳞茎开始生根

排水缸　　泥炭和沙子比例为3:1

盆栽风信子切片

小鳞茎形成后，把切片水平放在半盆中或放在排水良好的堆肥盆中。用1厘米厚的堆肥和1厘米厚的细沙砾覆盖，确保切片腐烂掉落。生长一年，然后重新栽种或移植。

去除基盘法

这些方法包括缠绕基板。首先，将大部分基底板挖出。或者，同贝母处理方法一样，在基底板上划出深切口（见第268页）。鳞茎形成时，把鳞茎分离成长或将鳞茎倒置在沙砾状的堆肥中，然后将鳞茎埋入地下。一年后，将它们分离并使其继续生长。

风信子去除基盘

丢弃挖出的中心部分

1 用消过毒的磨尖的茶匙或手术刀铲出休眠鳞茎基板的中心部分。保持每个底板的外缘完好无损。在切片表面浸泡杀菌剂，减少腐烂的风险。

2 托盘或碟子里装满潮湿的粗砂。将准备好的鳞茎，基板上端都放进沙子里。把它放在温暖、黑暗处，比如通风柜里，然后偶尔在沙子上浇水以保持湿润。

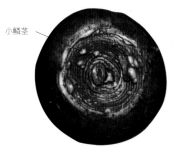

小鳞茎

3 3个月后，小鳞茎应在铲出的基板上形成。当它生长到可以移植的程度时，就将它们分开，放在无土插条的托盘中排成行堆肥。铺上2.5厘米的堆肥，处理方法同种子。

小金梅草属（HYPOXIS）七瓣莲

分株　秋季
播种　秋季或春季

狭叶金梅小草
（*Hypoxis angustifolia*）

这些多茎多年生植物中，有些是完全耐寒的，而另一些则不耐霜冻。每年都会产生新球茎，因此它们会自我分裂繁殖。如果林地需要很多植株，那用种子繁殖更合适。新植株3年后开花。

挖起侧枝球茎（见第254页）。将球茎单独种在排水良好的土壤中，或者把它们和种在均等分粗砂和无土的盆栽堆肥中。如有必要，保护它们免受春季霜冻的侵害。

种子在杯状的种囊中开始变黑时，就把它们收集起来。切掉整个茎，例如六出花属植物（见第260页）。在最低10摄氏度的温度下播种（见第256页），确保发芽。如果需要，冬天可以将种子存储在5摄氏度的温度下。注意不要将幼苗误以为是杂草。

春星韭属（IPHEION）

分株　秋季
播种　夏季或春季

浅蓝色春星韭
（*Ipheion uniflorum*
'Wisley Blue'）

春星韭（*Ipheion uniflorum*）的栽培品种是多年生球茎植物中最常见的品种。它们耐寒多产，能长出很多侧枝。有些侧枝很小。叶子枯萎后把侧枝挖起用来分株（见第254页）。这是产生纯种栽培品种的唯一方法。新植株1～2年后开花。

夏季收集种子。立即播种或春季把种子播撒在沙质种子堆肥中（见第256页）。容器里生长的春星韭通常是在有遮盖物的培育床中自播。它们的幼苗呈带状且多汁，移植时很容易识别。

其他球根植物

智利鸢尾属（HERBERTIA） 同虎皮花属（见第278页）

小风信子属（HYACINTHELLA） 同葡萄风信子属（见第274页）

鬼蕉属（HYMENOCALLIS，异名为Ismene） 侧枝休眠时，其中少数可以分株（见第254页）。春季在19摄氏度时播种（见第256页）

鸢属科属（IXIA） 秋季分离新生小球茎，秋季播种（见第256页）并保持无霜。

鸢尾属（IRIS）

分株　秋季
播种　夏末到秋季播种；切片　夏末

大叶鸢尾花
（*Iris magnifica*）

该属既有耐寒，也有畏寒的多年生球茎植物［同黑花鸢尾属（*Hermodactylus*）］，分为3种：朱诺鸢尾（Juno），网脉鸢尾（Reticulata）和西班牙鸢尾（Xiphium）。它们有很多栽培品种，这些品种只能无性繁殖：朱诺鸢尾花切片繁殖，网脉鸢尾属和西班牙鸢尾属最好分株繁殖。所有品种都可以结籽，这一点是可以实现的。所有球根鸢尾花开花后就会凋亡，并且在夏季休眠。新植株3年后开花。

分株

网脉鸢尾在网状层膜内部围绕母体鳞茎形成了小鳞茎。这个品种的鸢尾花易患病，因此要仔细检查它们的侧枝。夏季在干旱地区，把鸢尾花侧枝种在户外；如果在其他地区，就把侧枝种在盆中。如果需要很多侧枝，可以像种植球茎一样浅植球茎。

播种

大颗种子一成熟，就将其收集起来播种。母体鳞茎一开花，这些种子也会在早春发芽。一些鸢尾花，如网脉鸢尾或*I. winogradowii*，会在土壤表面生成种囊。处理方法同番红花。这些种子也很容易杂交。选择幼苗时，要挑选苗壮且外形佳的幼苗。

瓣状鳞片法

朱诺鸢尾花通过瓣状鳞片繁殖法能大量繁殖。小心地切开基底板，以免损坏多肉的真根，因为这种根仅细微地附着生长。如果把根和基板上的休眠芽一起剪下来，新鳞茎也可从根部长出。用杀菌剂涂抹切口处，然后仔细把根部种在粗砂和壤土为介质（相同比例混匀同）的盆栽堆肥中。

健康鳞茎　　　　患病鳞茎

患虹膜墨水病而出现的黑色条纹

鸢尾花分株

网脉鸢尾，如裸璧鸢尾花（*Iris histrio*）特别容易患病，因此，对一丛侧枝分株时，要把那些显示出患病迹象的鳞茎丢掉，这一点很重要。

鸢尾蒜属（IXIOLIRION）

分株　秋季
播种　秋季

该属是完全耐寒的多年生植物，这些白色小鳞茎很容易从侧枝上长出（见第254页）。种子产量丰富，产生的植株数量较多，但长到开花大小的速度较慢，通常需要三年时间才行。种子成熟后立即收集并播种（见第256页）。这些种子通常在第二年春天就可以良好发芽。

纳金花属（LACHENALIA）黄花九轮草

分株　夏末或初秋
长出球芽　夏末
播种　春季或夏季

立金花
（Lachenalia aloides）

这些多年生球茎类植物原产于南非，因此属半耐寒植物，在冬季生长。在寒冷地区，需要极好的光照条件，才能使它们长得矮小而健壮。新植株有时会在第二年开花。黄花九轮草会产生很多侧枝。3年后，叶子枯萎时，可将它们分株（见第254页）。如果盆栽或移栽在以黄土为基础的盆栽堆肥和细砂（5毫米）等量的混合肥料中，它们会迅速生长。

一些黄花九轮草，如垂花立金花（Lachenalia bulbifera，异名为L.pendula）会生成球茎。肉质种子一成熟，就把它们收集起来并立即播种在排水良好的堆肥中（见第256页）。这一盆植株一旦浇水，只需保持湿润即可。在强光下的最低温度为15摄氏度，以确保良好的发芽率。幼苗大到可以移动时，就把它们单独栽在盆中。置于明亮、无霜冻处，冬天就可以苗壮成长了。

黄花九轮草
坚硬的圆形球茎（图中为垂花立金花）在老茎的基部形成簇状。一旦叶子枯萎，就把这些球芽收集起来，当作百合球芽来培育。

白棒莲属（LEUCOCORYNE）

分株　夏季或秋季
播种　夏季

霜冻球茎多年生植物不能自由产生侧枝，因此种子繁殖更适合它们产生大量新植株。新植株会在3年后开花。春季开花后进入休眠期，这时可以把侧枝挖出来并进行分株（见第254页）。重新种植或移栽时要保持干燥和充分休息，直到休眠期结束然后给它们浇水，让它们在晚秋时就开始生长。把它们置于10摄氏度的强光下，以保持活跃的生长状态越冬。种子一成熟，就把它们收集起来并立即进行播种。因为它们需要光照发芽，所以几乎不用堆肥覆盖。只要条件允许，给幼苗鳞茎充分施肥和浇水让它们快点长大。当它们休眠时，就用堆肥保持干燥。

雪片莲属（LEUCOJUM）

分株　夏末至早春
播种　春季或夏末播种

有一些完全耐寒的多年生球茎类植物更喜潮湿、部分遮阴的地方；而一些小型的则喜阳光和排水性良好的土壤。繁殖的确切时间取决于植物是在夏天到秋天这期间开花还是在春天开花。树叶枯萎时，把成熟植株挖起，对侧枝分株（见第254页）。高山植物或矮秆品种可能是由种子发育而来。为取得最佳效果，把新鲜种子播种在沙质堆肥中（见第256页），或者，把种子储存在5摄氏度的条件下，保证它们的生命力。

盛开的雪片莲（Leucojum vernum）
无论是分株繁殖还是种子繁殖，大多数雪片莲会在两年内开花。

其他球茎植物

洼瓣花属（LLOYDIA）　处理方法同贝母（见第268页）；让雪片莲属植物洼瓣花（L. serotina）整个休眠期都能保持湿润有水分。

百合属（LILIUM）

分株　早春或秋季；长出球芽　夏末
播种　秋季；去鳞　夏末
扦插　春末或仲夏

山丹百合杂交种
（Lilium x dalhansonii）

除了麝香百合（Lilium longiflorum）和台湾百合（L. formosanum，俗名为香水百合）的杂交品种，大约100种球茎品种和上千个杂交品种都是完全耐寒的。并不是所有的百合品种都能用同一种方法繁殖。园林杂交只能无性繁殖，繁殖方法取决于百合的形状和品种，但必须注意只能使用无细菌的砧木。所有品种的百合都可以用种子培育。它们长得很慢，需要细心照料，但是能长出苗壮的、无患病的植株。一些百合品种，如美丽百合（Lilium speciosum）不耐石灰，需要在芥酸混合物中培育。所有的百合在休眠期间都需要保持湿润。

分株　一些品种，特别是各种品种的大鳞茎，会在大的母体鳞茎的一侧产生侧枝，在2～4年内长大达到能开花的大小。秋季把这些鳞茎分开，然后在花盆或苗床中加入等量的尖锐沙子，放入艾草堆肥中继续生长。圣母百合（L. candidum）在拥挤的丛生中开花最好，所以除了必要情况，不要分株。还有一些百合，如天香百合（L. auratum）、球茎百合（L. bulbiferum）、加拿大百合（L. canadense）、大叶百合（L. lancifolium，异名为L. tigrinum）、麝香百合、豹纹百合（L. pardalinum）和美丽百合（L. speciosum），可以产生有根的小鳞茎，这些小鳞茎通常长在老花茎基部的地下。鳞茎早春还在休眠时，就把它们挖起来，移除小鳞茎。把小鳞茎种

从小鳞茎中培育出百合
将休眠的鳞茎从旧茎上摘下（见小插图）。准备一盆湿润的、以壤土为基础的盆栽堆肥，插入母鳞茎，深度大概是其长度的两倍。铺上一层沙砾，贴上标签。

百合球芽的采集和生根

1 成熟的球芽很容易从叶腋上脱落。选择健康、生命力强的植株，因为球芽会传播疾病。整个夏天，一旦茎成熟，就可以从茎上摘下球芽。

2 在花盆里铺满湿润的肥土为主盆栽堆肥。轻轻将球芽压进土壤。铺上1厘米的粗砂或细砂。贴上标签。直到来年秋天前，都要置于没有霜冻的地方，让球芽继续生长。

在沟渠中生根百合球芽

把鳞茎挖出来，小心保存根部。挖一条有坡度的排水沟；铺上一些堆肥和粗砂。将茎放在沟槽中并覆盖上膜，只露出茎尖端。

在花盆里，放在阴凉、无霜的地方进行培育，此后方法与盆栽种子相同。次年秋天移栽出来种植，3～4年内开花。或者，初秋，茎完全枯萎前，将茎从地里拔出来，避免干扰母体鳞茎生长，盆栽小鳞茎或就地种植。

球芽 一些百合的叶腋上形成的微型球芽很容易生根，三年后就会长成开花的植株。开花前，有些品种要摘去嫩芽，这样它们就会形成球芽。形成球芽的百合有球茎百合、黄花百合（*L.chalcedonicum*，异名为 *L.heldreichii*）、卷丹百合（*L. lancifolium*）、柠檬色百合（*L. leichtlinii*）、通江百合（*L. sargentiae*）、特斯特百合（*L. testaceum*）及其杂交品种。

球芽一成熟，就将它们收集起来（见上），放入盆中生根，然后来年秋季把整盆幼小的球茎移植到地里。或者，亲本百合可以在开花后埋在沟渠中，这样球芽就可以沿着它的长度生根了。把小鳞茎挖出来，在春天重新种植。

鳞片扦插法 大多数百合，特别是通过上述这种方法种植的杂交百合，都是商业改良的品种。如果在夏末进行，园丁可以很容易种植这样的百合，这样在冬天前百合就可以长得很好。还有一些品种，例如豹纹百合（*L.pardalinum*）和华盛顿百合（*L.washingtonianu*）的鳞片太多了，通常把它们挖起来的时候鳞片会自然脱落。欧洲百合（*L. martagon*）和其他来自恶劣气候的品种适宜种植在低于零下3摄氏度的寒冷条件下，这样鳞片就会生长。

播种 收集淡黄色或棕色的种子荚，晾干，趁新鲜及时播种。春季储存并播撒百合种子，但不会发芽。有一些百合的种子萌芽很快，如天香百合、圣母百合、湖北百合、日本百合和欧洲百合，但看起来像在休眠，直到在下一个生长季节出现叶子前，这是种子在地下萌发（见第20页）。保持盆栽湿润、

遮阴至少两年，检查种子是否已经发芽。种子如果缺水就会死亡。定期给幼苗鳞茎进行盆栽，让其生长旺盛。它们应该在4～5年内达到开花大小。百合也很容易杂交。

扦插 人们发现，一些百合可以由叶插条上生长而来，包括麝香百合、卷丹百合及其他的栽培品种。百合长出后，摘掉长得好的叶子，把它们当作草皮插条处理掉。也可以在仲夏采摘插条。保持插条湿润，但要定期通风，检查是否腐烂。

由叶子插条培育而来的百合

1 选择健康的、新成熟的叶子（图中为麝香百合）。拿住每一片靠近茎的叶子，轻轻地把它剥下来，这样它就会带着一个"踵"离开。把插条放在塑料袋里，以防它们失水。

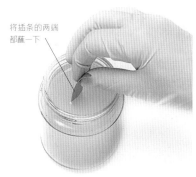

将插条的两端都蘸一下

2 准备一种稀释的专有杀菌液。戴乳胶手套，避免污染插条，并保护皮肤免受化学物质伤害。将每片叶子插条完全地浸泡在溶液中。

3 把3根插条插入一盆8厘米深的湿蛭石中，这样可以掩埋每一个插条的三分之一的部分。贴上标签，放在15～18摄氏度的阴凉潮湿处

4 5～6周后，插条会在基部生根并形成小鳞茎。然后把这些插条从蛭石中轻轻剥离出来，再将它们置于深浅一样的无土盆栽堆肥中。

5个月的插条

5 把插穗和水都贴上标签。将它们放在一个凉爽、无霜的地方，保持湿润，阳光充足，一直生长至一年后，再移植出去。

石蒜属（LYCORIS）

分株 夏季 🏶；播种 秋季 🏶

石蒜（*Lycoris radiata*）

这些耐寒及半耐寒的多年生球茎类植物的多年生根不适合移栽，因此最好用种子繁殖，尽管这样需要更长的时间（播种后 3 ～ 7 年）才能获得开花植物。种子成熟时就收集起来并立即播种（见第256页）。保持无霜，理想温度为7 ～ 12摄氏度，以确保发芽率高。

开花前，分株侧枝（见第254页）要非常小心，以免损坏根系，这样会阻碍植物生长。给一株已经长了多年的植株施肥，这才是更适合的办法，而不是试图将它们分株。

长瓣秋水仙属（MERENDERA）

分株 夏季 🏶
播种 春季或秋季 🏶

这些完全耐寒及半耐寒的多年生球茎类植物可以自由产生侧枝。这些植物的开花期非常不稳定，所以它们开花之前，就要确认在夏末之前把它们分株。打开包裹球茎的黑色外衣，分离球茎（见第255页）。将这些球茎放在排水良好的堆肥中，生长过程中要保持水分充足，但休眠时要保持干燥，确保它们第二年开花良好。

种囊破土而出前，我们是看不见的。种子成熟后，把它们收集起来并立即播种（见第256页）。

肖鸢尾属（MORAEA）孔雀花

分株 秋季 🏶
播种 秋季或春季 🏶

如果是来自南非的东南角，像匙苞肖鸢尾（*Moraea spathulata*，异名为 *M.spathacea*），这些产球茎的多年生植物（如 *Gynandriris*）肯定耐寒。大多数早春开花，在霜冻环境中需要对其进行保养。热带植物品种要求最低温度为12摄氏度。在无霜冻的条件下，它们一年常青。新植株2 ～ 3年内可开花。

新生小球茎可以自由产生。新生小球茎还在休眠期时或者秋天生长最不活跃时，把母株挖出来。把小球茎种在容器或苗床中（见第255页）。成熟时采集种子，采集时间视植株开花时间而定。立即播种（见第256页），通常会很快发芽。

蓝壶花属（MUSCARI）

分株 秋季；播种 秋季

葡萄风信子
（*Muscari neglectum*）

这些完全耐寒及耐霜冻的多年生球茎类植物很容易种植。事实上，它们容易大肆生长繁殖，因此要仔细考虑在何处栽种。

分株

每年会长出很多侧枝；把它们分株，然后这些侧枝也会大肆生长繁殖，两年内可开花。

播种

种子培育的植物在2 ～ 3年内不开花，但高山植物适合种子培育，如葡萄风信子属植物缨饰蓝壶花（*Muscari comosum*），这些植物几乎没有侧枝。有些大鳞茎的品种，如 *M.muscarimi*（异名为 *M. moschatum*），有半永久的根，不适合移栽；这些植物最好从种子发育，但是也可以自播。夏天收集种子，秋季直接播种或在苗床播种。

水仙属（NARCISSUS）

分株 秋季 🏶
播种 春末到初夏 🏶
双鳞片扦插和瓣状鳞片法 夏末 🏶🏶🏶

岩水仙
（*Narcissus rupicola*）

这些完全耐寒及半耐寒的多年生球根类植物大约有50个品种和上千个栽培品种。对于园丁来说，分株最容易增加它们的数量。事实上，球茎可能会长得很密集拥挤，以至于它们会像土堆一样升起来，必须被抬起来才能保持开花的状态。

这些增长缓慢的品种可能适合双鳞片扦插和瓣状鳞片法这两种繁殖方法，以洋水仙黄葵亚种（*Narcissus pseudonarcissus* subsp. *Moschatus*，异名为 *N.alpestris*）和"森诺克"水仙（*N.* 'Sennocke'）为例。那些需要保护的稀有品种更适合播种。

分株

大多数水仙花通过分株可以生长，大点的水仙花可以单独种植（见第254页）在腐烂的有机质改良的土壤中，两年后再开花。把所有干枯、畸形的鳞茎扔掉，将小侧枝种在花盆里生长两年，然后再移植。

播种

春末到夏初，种囊一裂开就把它们收集起来。把种囊切开而不是把它们摘下，这

纳丽花属（NERINE）

分株 春季 🏶
播种 秋季 🏶
切片 夏末 🏶🏶🏶

这些多年生球茎类植物中有一些是四季常青的。大多数植物半耐寒，但纳丽花属及其栽培品种在零下10摄氏度的条件下也完全耐寒。这个品种不适合移栽，只有当长得过于拥挤而影响开花时，才可以采取分株繁殖。一些较小的纳丽花属，比如丝叶纳丽花（*N. filifolia*）和羞怯纳丽花（*N. pudica*）可以由种子培育，而大一些的鳞茎更适合瓣状切片法。

分株　4 ～ 5年后，纳丽花属植物会形成坚实的侧枝垫子。春天就要分株，不能等到叶子枯萎后才分株，否则花蕾可能会受到损害。把土块挖起来，分离出单个侧枝，然后重新种植，露出茎前部，一年内可开花。

播种　纳丽花属植物种子发芽很快，通常还在茎上就开始发芽了。注意长在衰老茎上的肉质种子皮，等其成熟后就立即收集种子。

样可以防止线虫进入亲本鳞茎。立即把种子播种在较深花盆里。秋天第一场雨过后，种子就会发芽。幼苗要保持温度凉爽、土壤湿润，但不要结霜。2 ～ 4年后，幼苗可以开花。这些品种容易自播。

自然授粉种子或异花授粉的培育品种长成的幼苗很有价值。水仙花很容易杂交，因为雄蕊和柱头靠得很近。

双鳞片扦插和瓣状鳞片法

水仙花球茎由宽大的鳞叶组成，如果需要长出很多新植株，那么很适合用双鳞片扦插法培育。当它们生长时，可以把双鳞片培育法当成是单鳞片法。

因为瓣状鳞片法所需插条很少，所以准备起来更容易，但用这种方法产生的鳞茎也较少。一个大球茎可能会切成16瓣，3年后可开花。

— 肉质鳞片叶

双鳞片扦插
将一个大水仙球茎切成30个或更多的双鳞片。一旦大部分双鳞片上形成球茎，丢弃失败的球茎，其余的球茎种在花盆里。

— 小鳞茎

— 基底板

分株纳丽花属植物

移除枯死部分和松散的层膜

1 挖起一丛成熟的球茎,深挖避免损伤球茎和根部。用叉子背靠背分开丛生,然后小心翼翼地从每片球茎中挑出单个球茎。

2 丢弃病害鳞茎,清除健康的侧枝。在准备好的土壤中,重新种植侧枝,深度与之前相同。将其间隔约5厘米。贴上标签并浇水。

立即播种,否则会枯萎。轻轻在种子上撒上一层堆肥,让种子在10～13摄氏度的温度下发芽。保持幼苗鳞茎无霜,不要让堆肥干燥。把它们单独种在花盆里,也可以在一年后种植。种子培育出来的纳丽花植物3～5年内可开花。

瓣状切片法 夏末把大球茎挖出来,然后切成16片。只要切片开始生长就把它们种进花盆,只有在幼苗生长活跃的时候才给它们浇水。但是,不要让休眠的球茎变得干燥。两年后,球茎长到足够大,就可以移植户外了,在此期间,球茎要保持无霜冻。

豹子花属 (NOMOCHARIS)

播种 秋季
鳞片扦插 夏末

美丽的豹子花属和百合属极为相似,是完全耐寒的。鳞茎有鳞片,移栽时很容易损坏,但也会让它易于繁殖。开花后,种鳞很容易掉落,但在叶子枯萎前,可以产生新的鳞茎(见第258页)。

如果易患疾病的树种还需重新种植,那么新植株最好是由种子培育而来,因为种子不容易传播疾病。所以,收集种子并立即播种,种子在7～10摄氏度的条件下成熟,长势最好(见第256页)。幼苗的鳞茎一年四季都要充分浇水,4年内可开花。

春慵花属 (ORNITHOGALUM) 伯利恒之星

分株 秋季
播种 秋季

这些多年生球茎植物中的许多欧洲品种都是完全耐寒的,尤其是其中两种:伞花虎眼万年青(Ornithogalum umbellatum)和垂花虎眼万年青(O.nutans),阳光充足的话,它们会疯狂繁殖。南非的物种是半耐寒的。球根植物拟锥虎眼万年青(Ornithogalum hyrsoides)是最常种植的。侧枝自由生长,色白,摸起来有油腻感。3年内植株都不能根部移栽。叶子枯萎可进行分株(见第254页)。种皮从绿色变成棕色时,从旧开花的穗状花序中收集种子(见左图)。立即播种(见第254页),3～4年内可获得开花植株。它们也可通过自播而繁殖生长。

成熟的种囊

随着种囊成熟,茎会逐渐枯萎落到地上,确保种子成熟掉落时能安全撒落在土壤中。

酢浆草属 (OXALIS) 三叶草、酸叶草

分株 秋季　播种 秋季

储存营养的器官可能是球茎、根茎或块茎。这些植物大多数是半耐寒,但有少数是完全耐寒的,特别是腺叶酢浆草(O. adenophylla)和九叶酢浆草(O. enneaphylla)。有些植物种子传播非常快速,所以气候温和时就会迅速传播,从而大肆繁殖。

鳞茎或块茎在习性、大小和外观上差别很大。有些是有鳞的根茎,如九叶酢浆草(O.enneaphylla)。其他的有的包裹网状外衣,如腺叶酢浆草,还有些[如钝叶酢浆草O.obtusa]是露出地表生长的。它们都可以分株,处理方法同球茎侧枝,以便第二年开花。

智利酢浆草(O. valdiviensis)的种皮一旦成熟会爆裂而散落种子。收集种子的方法同花言叶(alstroemerias)。必须小心地从地面的种子囊中收集种子。当温度达到13～18摄氏度时播种,2～3年后可开花。

钝叶酢浆草
此品种传播缓慢,形成垫状。它长出地下茎或匍茎,产生球茎。在其休眠时,把它挖起来,生长培育方式同百合(见第281页)。

其他球根植物

高杯葱属(MILLA) 休眠时分株(见第255页)。春季在13～18摄氏度时播种(第256页)。

紫茉莉属(MIRABILIS) 春季块茎分株(见第254页),早春在13～18摄氏度时播种(第256页)。

蜜腺韭属(NECTAROSCORDUM) 秋季成熟时播种(见第256页)。如果是自播,会大肆繁殖。

假百合属(NOTHOLIRION) 如果产生球茎的话,处理方式同百合(见第273页)。夏末成熟时播种(见第256页)。

假葱属(NOTHOSCORDUM) 秋季休眠时分株(见第254页)。

全能花属(PANCRATIUM) 休眠时分株(见第254页),注意不要损伤母球茎。秋季在13～18摄氏度时播种成熟的种子(第256页)。

白杯水仙属（PAMIANTHE）

分株　冬季
播种　秋季

落叶植物白杯水仙，有时候四季常青，是多年生球状类植物中唯一常见的品种。生长环境的温度最低为10摄氏度，不要让它们干枯，但冬季需要休眠，这时候要减少浇水。新植株3～4年内可开花。

球茎由大的肉质鳞片组成；通过地下茎（匍匐茎）将鳞片分开而缓慢蔓延。冬季生长最慢时，将这些鳞片挖起来，处理方法同球茎侧枝（见第254页）。种子在种囊中成熟需要一年时间，之后才能收获和播种。如果在16～21摄氏度的条件下保持湿度，会很快发芽。

晚香玉属（POLIANTHES）

分株　秋季
播种　秋季

人们种植晚香玉（*Polianthes tuberosa*）也有好几个世纪了，但现在已经在墨西哥的荒野上灭绝了。晚香玉畏寒，通常只开一次花，但每年开花后都会产生许多侧枝。晚香玉休眠时，将侧枝分离出来（见第254页），然后重新种植在准备好的肥沃土壤中。土壤必须温暖：如果需要的话，春天到来前把侧枝储存在温暖、干燥处。

种子成熟后，宜在19～24摄氏度的温度下立即播种。夜间，10摄氏度的温度对幼苗最适宜。

沙红花属（ROMULEA）

分株　秋季
播种　秋季

属藤本植物属，遍布各地，其中包括耐霜冻的欧洲品种，如沙红花（异名为 *R. grandiflora*）和半耐寒的南非球茎植物，如麦克欧瓦尼尼沙红花（*R. macowanii*）。几乎所有的品种都是冬季生长、春季开花，因此宜在相同时间内盆栽，并浇水。

沙红花
（*Romulea bulbocodium*）

某些情况下，侧枝长得几乎和母本球茎一样大，如果像球茎一样分株，第二年就很快长到开花大小（见第254页）。

秋季到来前，形状狭长的种子荚果要保留褐色的大种子，即使是成熟后。宜在6～12摄氏度的温度下立即播种（见第256页），确保春季都能发芽，3年内开花。

象牙参属（ROSCOEA）

分株　春季或秋季
播种　夏季至秋季或春季

乍一看，这属植物似乎不是球根状的，然而，根是块茎状的，种叶是单子叶（见第17页）。它们完全耐寒，如果深植，可以接受零下20摄氏度的低温。在潮湿地区，它们很容易腐烂，所以要防止大雨侵袭。种子在2～3年内会长成开花植株，但有些是不育的，如"贝尼塞纳"象牙参（*Roscoea* 'Beesiana'），所以必须分株。

分株

象牙参属植物可以春季分株，但与多年生草本植物一样，叶子变色并开始枯萎时分株更容易些（见右图）。分离出细长的块根，并重新种植在准备了大量腐熟有机物的土壤中，以便在来年夏季开花。

播种

夏末或秋季收集成熟的种子。气候温暖时立即播种，或气候凉爽时，将种子储存在5摄氏度的环境下，以便春季播种（见第254页）。一般来说，发芽比较快，夏季就可将幼苗移栽到花盆或育苗床上。

象牙参属籽头
种囊越来越大，渐渐把茎压到地面上。种子变黄褐色时就立即收集。

蓝瑰花属（SCILLA）

分株　初秋
播种　秋季
瓣状切条扦插　夏末

该属（异名为 *Chionodoxa, x Chionoscilla, Prospero*）中的多年生球根状植物的欧洲和亚洲品种完全耐寒，但南非品种畏寒。鳞茎长出侧枝的过程很慢，秋季分株。分株后很快就会生根。

分株象牙参属丛

1 选一个凉爽潮湿的日子，在植株周围挖一条至少一铲刀深的沟，避免损坏肉质根。用叉子把植株挖出来。

2 将一丛植株分成若干部分，可用叉子背对背地进行。每个部分都应有生长良好的根部和6～12个健康的生长芽。从老枝条可以看出新芽。

3 剪去受损的根，清除死物。用杀菌剂对伤口除尘。将切片重新种植到准备好的土壤中，种植深15厘米、间距15～30厘米。浇水并贴上标签。

这种方法也适用于秋季开花的蓝瑰花属植物，其很容易结籽，特别是秋水仙蓝瑰花（*Scilla autumnale*），在有利的条件下可自播。可夏末采种，秋季播种，春季发芽，3年内开花。自播苗要原地留种。一些有大鳞茎的蓝瑰花属植物，如地中海蓝钟花（*Scilla peruviana*），可以通过瓣状切片扦插法繁殖。将鳞茎切成16瓣。2～3年内可开花。

大岩桐属（SINNINGIA）

播种　春季 ⚘
瓣状切片 春季 ⚘⚘
基茎扦插 春季 ⚘
叶插　春末夏初 ⚘⚘

　　本属中柔嫩的块茎状多年生植物的栽培品种，如大岩桐（*Sinningia speciosa*），主要作为大岩桐属来种植。它们喜高温，最低18摄氏度。气候寒冷时，冬季应将块茎干燥保存，以防止霜冻。生长过程中，块茎需置于温暖、非阳光直射处，且种植在养料丰富的堆肥中。新植株一年内可开花。

　　将细小的种子撒在泥炭基种子堆肥上（见第256页）。置于非阳光直射光亮处，最低温度宜15摄氏度。将幼苗单株上盆，种植于肥沃、无土盆栽堆肥中。幼苗易受真菌感染，如果只需要几株，可以在它们生长前就把块茎切成多片，处理方法同秋海棠。

　　关于扦插基茎，早春时节将一些块茎和芽顶端种植在铺好的无土盆栽堆肥的托盘中，使它们半埋在地下，几乎和地面全部接触。然后置于18～20摄氏度的光照下

大岩桐基部插条

块茎开始生长，就长出约4厘米高的新芽。用干净、锋利的刀将它们从块茎中切除出来，在每个切口的基部保留一小块块茎（见小插图）。

2～4周，保持堆肥湿润。长出新芽时，扦插，并单独种植在无土的堆肥中上盆，块茎的"眼"刚好被覆盖住。可扦插全叶或部分叶。新的块茎在叶柄基部或切脉处形成。

扦插大岩桐属

1 选取成熟、健康、无损伤的叶子，形状尽可能扁平。将叶子从植株上切下来。用干净的手术刀将叶子分成以下几片横切面，每部分约4厘米深。种子盘放一半的堆肥，即等量的泥炭和尖沙。

主脉切口端形成小块茎

2 将插条平铺在堆肥表面，铁丝箍固定在主脉上，让插条紧紧靠着堆肥。贴上标签，浇上水，盖上塑料膜，保持湿润。

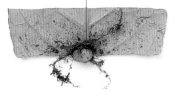

插条不应接触

3 将插条置于18摄氏度左右的温度下，避免阳光直照。3～4周后，开始形成小块茎。老叶自然腐落，然后将块茎种在比其自身高度深两倍的花盆里生长。

全叶插

　　摘取一片茎秆上的叶子，以及主茎基部的一小块，或称叶踵。将其直立插在准备好的花盆中，让叶子在土表面。贴上标签，浇上水，用塑料袋盖住，用劈开的藤条将叶子挡住。处理方法同步骤3。

魔杖花属（SPARAXIS）

分株　夏末 ⚘
播种　秋季或春季 ⚘

　　臭梧桐花半耐寒。在北半球的冬天，球茎要保持干燥，春季播种，夏季开花，没必要按照秋季播种冬季开花的老模式。也可秋季种植，来年春季开花。

　　新生小球茎繁殖很快，所以休眠时要把它们分开（见第255页）。气候寒冷时，要推迟到春季播种（见第256页），因为植株需要温暖的环境才能生长。新植株3年内可开花。

燕水仙属（SPREKELIA）

分株　夏末 ⚘⚘
播种　春季 ⚘

　　龙头花（*Sprekelia formosissima*）是燕水仙属品种中唯一的栽培花群，已经无法繁殖，但现在已从野外重新引种。畏寒的球茎在冬季会休眠。

　　少部分侧枝通常被包裹在球茎皮中。这些可以夏末分离出来（见第254页），并单独上盆或在苗床上排开。它们不喜根部移栽。注意不要让休眠的球茎过于缺水干燥，否则它们会枯死。另一方面，如果过于潮湿，那就会腐烂。侧枝会在2～3年内开花。

　　如果条件允许的话，霜冻过去后再播种（见第256页）。气候温暖时，如果趁种子新鲜就播种，那种子就会很快发芽。

黄韭兰属（STERNBERGIA）秋水仙

分株　夏末或初秋 ⚘
播种　秋季到春季 ⚘
瓣状切片 夏季 ⚘⚘

　　这种小球茎属植物半耐寒。有些品种在成熟、拥挤的丛中长势最佳，所以只有在必要时才将鳞茎分开。鳞茎休眠期很短，把它们挖出来然后分株（见第254页），并将其种植在花盆里或种植在阳光充足的苗床上。新植株需要3～4年才能长到开花大小。

　　最好的繁殖方法是种子繁殖，种子在土壤中就已经在种囊中产生了。种子一旦成熟，温度达到13～16摄氏度，就可以播种（见第256页），以便在第一个秋天尽快发芽。

　　尤其是有一个品种白韭兰（*Sternbergia candida*），野外很少见，且繁殖很慢。这种珍贵品种适用于瓣状切片法（见第259页），可以快速繁殖。将每个球茎切成8瓣。

其他球茎植物

蚁播花属（PUSCHKINIA）同四萼齿草（见第263页）⚘。**樱茅属**（RHODOHYPOXIS）春季块茎分株（见第254页）。春季在6摄氏度时播种 ⚘。

斑龙芋属（SAUROMATUM）冬季休眠时分开块茎侧枝（见第254页）。**网球花属**（SCADOXUS）同虎耳兰属（见第270页）⚘。

蓝嵩莲属 (TECOPHILAEA)

分株 夏末
播种 夏末

普遍认为，该属多年生球根类植物在野外已经灭绝。其生长过程中，冬季需保持无霜。夏季休眠，须保持干燥。2～3年可开花。

把球茎挖起来并把新生小球茎分开，以便继续生长（见第255页）。智利蓝红花（*Tecophilaea violiflora*）更娇嫩些，所以必须百分百防霜冻（见第38—45页）。

智利蓝红花很少在气候凉爽时结籽。虽然也常栽培它们，但球茎植物栽培成本很高。因此，春季对花朵人工授粉所付出的努力也是值得的，这一点可以确保种子发育良好。用软毛刷轻轻刷过每朵花的中央花蕊，这样花粉可以从一朵花转移到另一朵花。种子（见第256页）成熟后立即置于无霜条件下播种，很快就发芽。

虎皮兰属 (TIGRIDIA) 孔雀花、老虎花

分株 春季或秋季分株；播种 春季

虎皮花（*Tigridia pavonia*）及其培育品种属畏寒多年生球茎植物，因此种植最普遍。因为容易患病，所以必要时用种子播种能避免传染疾病。

分株

每隔3～4年分株一次，春季，气候凉爽时或秋季，将球茎分株，这时候要给它们盖上培育罩，保证它们安全越冬。侧枝大小不一，较大的侧枝可与母鳞茎重新种植，同年开花。丢弃患病的侧枝，将较小的侧枝种在花盆里，或将其摆放在育苗床上生长，处理方法同新生小球茎。

播种

仲夏收集种子，在温暖地区或在气候凉爽季春季播种新鲜种子，最低温度为15摄氏度。保持幼苗湿润，宜置于光线明亮处，但应避开太阳直射，2～3年内开花。

虎皮花属籽头

此品种夏末长出长而直立的荚果。风会吹动棕色的成熟荚果，种子便纷纷撒落。

无味韭属 (TRITELEIA)

分株 初秋；播种 秋季

紫灯花（*Triteleia laxa*）

在干燥温暖的夏季，这个小属中的耐寒性多年生球茎植物在一定程度上是自播繁殖。新植株3～5年内可开花。

分株

休眠时，按照球状侧枝的处理方法，把侧枝的球茎分开（见第254页）。侧枝可能包裹着几层纤维状外层，剥除老旧些的外层，但不要把球茎完全剥离出来。

播种

成熟后，种子最好在13～16摄氏度时尽快播种（见第256页）。18个月后将幼苗移栽到高架床中，要求土壤排水能力良好。

观音兰属 (TRITONIA)

分株 秋季
播种 秋季或春季

这些多年生球茎植物有的耐寒，有的不耐寒。观音兰属与雄黄兰属有相似之处，但前者的品种一般更娇嫩些，它们易于培育。栽培品种须分株保存，但用种子培育繁殖简单些。新植株在两年内开花。

分株

冬季植株生长活跃，因此秋季就要挖出来并分株。球茎与香鸢尾属一样，会大量产生，要用同样的方式分开（见第264页）。

播种

黑色的小种子一成熟就可以播种，播种时铺上等量的壤土种肥和粗砂，温度在15摄氏度最适宜。如果无法实现这一点，可将种子储存起来，推迟到春季播种。

旱金莲属 (TROPAEOLUM)

分株 早春
播种 春季；扦插 春季

多叶旱金莲
（*Tropaeolum polyphyllum*）

本属的许多多年生块茎类植物都畏寒，少数耐寒。容易获得种子，但在凉爽地区获得种子也并非易事（参见一年生植物和两年生植物，第229页）。

分株

块茎可能非常大，深埋于地底，有匍匐茎和线状芽，会在地表下蔓延生长。所以把侧枝挖出来并分株是很棘手的。

嫩芽开始在地下生长前，将休眠的块茎挖起来，并按照球茎类植物的处理方法非常小心地分离块茎（见第254页）。重新栽种侧枝，植深度与母体块茎相同，以便在第二年开花。如果把块茎种植在容器中，应使用深盆。

播种

从杯状蒴果中摘取大的、肉质种子。储存越冬，并在春季无霜冻条件下播种（见第256页）。发芽率一般不稳定。种子培育出的植株3年内可开花。

扦插

多叶旱金莲的块茎埋在土壤深处，把它们挖出来很麻烦。所以，按照多年生草本植物的方法进行茎尖扦插（见第154页）。

紫娇花属 (TULBAGHIA)

分株 春季
播种 夏末或春季

球茎或根状茎的多年生植物丛生，有时半常绿。它们有的耐寒、有的畏寒，大多是夏季生长，且生命力旺盛，可以定期分株，使其长势最佳。气候较冷时，紫娇花不能自播。

分株

即使球茎状的植株还有些叶子，春季也要将它们分开，然后上盆继续生长（见第254页）。

播种

夏末时节，收集籽头，并将其晒干，从而方便提取种子。这些种子只要成熟了就可以播种（见第256页）。存储的种子最好在春季播种，这样可以避免遭受霜冻。种子发芽很容易，只需几周时间即可，幼苗在两年内很快就能长到开花大小。

郁金香属 (TULIPA)

分株　秋季
播种　秋季

这种完全耐寒的球茎有数千个栽培品种，最适宜分株，特别是很多品种是夏季挖起来，存放在阴凉或潮湿处。该属中有100个左右的品种都是由种子培育而来，但是别太焦急，因为球茎幼苗可能需要6年时间才可开花。

分株

侧枝分株的理想时间（见第254页）是球茎被挖出来并置于盘里干燥储存到夏天时。商业上，尽管有组织培养用于栽培新品种，但是这种做法目前也还在实行。一些品种，侧枝在母本球茎下面的根的末端形成，并埋在土壤中（"掩埋法"），因此把它们挖起来要多加小心。重新移植侧枝要深一些，深度为20厘米，切忌种植太浅，否则可能不开花。像球茎一样的浅栽，促进母株上的侧枝生长（见第255页），或基底板上切个小口，促进侧枝生长。

野生郁金香

在野外，郁金香［图中为三叶郁金香（*Tulipa tschimganica*）］生长在被高温烘烤过的土壤中。休眠时，必须保持干燥，否则就会腐烂。

播种

薄如纸翼的种子最好秋季播种，需经历一段时间的霜冻才能发芽。郁金香易杂交。大多数栽培品种都不育，或很少长出健康的幼苗。

仙火花属 (VELTHEIMIA)

分株　秋季
播种　秋季或春季
扦插　秋末

这两种大型多年生球茎植物畏寒。它们夏季休眠，年幼植株需要一段时间的光亮才能生长良好，但在气候凉爽的冬季，这点很难实现。新植株可在3年内开花。

丝兰花（*Veltheimias*）不适合移栽，因此要等到秋季花期缩短时，再分株（见第

254页）。将它们重新种植在沙壤或等量的黄土基盆栽堆肥和粗砂中。确保侧枝的"颈部"顶端露出5厘米。

温度达到19～24摄氏度时，将种子（见第256页）一颗一颗播种在盆中。使用3厘米深的花盆，让幼苗的根系有空间快速生长。成熟的叶子可以作为插条。一旦长出球茎，小心地将它们从盆里肥料中挑出来，单独上盆。置于5～7摄氏度的阴凉处继续生长。

采摘仙火花属叶插条

1 取一片新成熟叶片。用手术刀或锋利的刀切开它的基部，注意不要切到下面的叶子。如果需要，将叶片切成3～6厘米深的部分。

分开的藤条支撑着叶子

每节的插入方式与叶子上的相同

2 在花盆或托盘中填入潮湿的尖沙或等量的盆栽堆肥和蛭石或细砂（5毫米）。竖直插入插条，深度刚好可以立起来即可。长出球茎前，要在20摄氏度的温度下保持湿润8～10周。

弯管鸢尾属 (WATSONIA)

分株　春季
播种　秋季

虽然半耐寒，但弯管鸢尾花球茎在长时间的霜冻中并不会茁壮生长。这个品种在许多地区都很稀缺，所以只能选择种子繁殖培育。它们在3年内开花。弯管鸢尾花成簇生长，球茎繁多，类似于香鸢尾属，并以同样的方式分株。气候凉爽时，第一次霜冻前就将夏季开花的品种挖出来分株，并干燥储存过冬，然后春季重新种植。如果需要大量球茎，可在苗圃中浅植球茎（见第255页）。

种子包在豆荚里。成熟时收集种子，储存到秋季播种（见第256页）。在温度为13～18摄氏度时播种；保持幼苗在无霜条件下生长。

葱莲属 (ZEPHYRANTHES)

分株　春季（常绿品种）或秋季（落叶品种）
播种　春季或秋季

红花葱兰
（*Zephyranthes grandiflora*）

球茎状的多年生植物，其中只有葱莲耐霜冻，其他品种半耐寒。它们通常被称为雨花或风花。

常绿丛生植物如果不移栽，开花开得最好，但最后必须分株。落叶灌木更容易分株。新植株两年内开花。

分株

当一丛常绿植物，如葱莲，长得密密麻麻一簇一簇时，最好在其活跃生长开始前就将其挖出来并进行分株（见第254页），方法同多年生草本植物的方法（另见象牙参属，第276页）。春季和夏季开花的落叶植物一旦秋季开始枯萎，就要分株。

播种

大而扁平的黑色种子在种皮中需要很长时间发育成熟。成熟时收集种子；春天到秋天成熟时间都不是固定不变的，成熟时间取决于物种和降雨量。春季播种（见第256页），温度为13～18摄氏度。

其他球根植物

沙盘花属（ZIGADENUS）秋末或春季休眠时，分株球茎（见第254页）。种子成熟时或春季温度为13～18摄氏度时播种。

蔬菜

种植蔬菜除了心情激动，还能带来额外收获，

通常几个月内就能收获可食用果实。

为了给蔬菜和其他菜肴调味，可以在花园里种植一些香草。

蔬菜可能是多年生、两年生或一年生植物，但大多数是用一年生作物种植。因此，种子培育繁殖是主要常用且易实行的方法。根据作物和气候的不同，可以用各种方式播种。传统上来说，户外播种蔬菜种子是用播种机在单独菜地里条播，但也可以播种在深床里以避免后期挖掘需要，也可以播种在容器里，或者播种在观赏性菜园里。有些播种方法，如流体播种和间作，都是蔬菜繁殖特有的方法。

蔬菜通常是直接播种或还是幼苗时就迅速移栽到某处，以后就不再移动了。因此，为获得最佳作物，提供最佳土壤条件尤为重要。其中包括准备土壤，轮换作物避免病虫害聚集，并根据所需收获时间播种合适的栽培品种。通常有的蔬菜喜凉爽、有的喜温润，有的喜温暖气候，所以播种时间因气候而异。

有些蔬菜，如芦笋和豆角，是多年生植物，这些作物可以用其他方式种植，如各种途径的扦插、分株或嫁接。块茎类蔬菜植物，如马铃薯或耶路撒冷洋蓟，一般是用"种子"块茎种植；某些情况下，特别是经查验无患病的专门用来培育的块茎种子也可行，但要确保作物健康。

大多数蔬菜不要让它们开花结果，但有一些蔬菜，如韭菜，可以让几株植物开花结籽，为来年播种做准备。有些蔬菜可以自由异花授粉，但其他蔬菜是从自家收集的种子中发育而来的。

食用性草本植物（见第287—291页）的栽培方式与其他草本或木本植物的栽培方式基本相同，因此用什么方式种植，主要还是取决于植物本身。一年生和两年生植物必须用种子种植；多年生草本植物可以扦插或分株种植；木本草本植物也可以采用压条方式。

红辣椒
像"墨西哥辣椒"这种辣椒，它们比甜椒更容易异花授粉，因此建议将母株与其他栽培品种相隔至少20米。等到果实完全成熟就收集种子。

南瓜和小南瓜
这类是可食用的一年生蔬菜植物，品种多样，容易种植。如果要收集种子，则要对雌花人工授粉，并摘除雄花，防止栽培品种交叉授粉。小南瓜和南瓜的种子必须充分成熟，以确保发芽。

播种

大多数蔬菜都是一年生作物，因此用种子培育效果比较好。现在，许多F1杂交种已经与两个选定的亲本杂交，从而提高产量。这些品种生命力更强，产量更大，品质可能优于开放或自然授粉的栽培品种。近年来研究表明很多培育品种可以抗害虫病：例如，一些莴苣品种可以抗根部蚜虫和霜霉病；一些欧洲防风草品种可以抗溃疡病；一些番茄品种可以抗根腐病；所有现代番茄栽培品种对番茄叶霉病都有抵抗力。

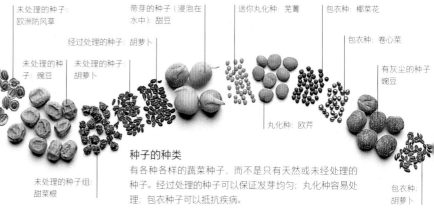

未处理的种子：欧洲防风草　带芽的种子（浸泡在水中）：甜豆　迷你丸化种：芜菁　包衣种：椰菜花

经过处理的种子：胡萝卜　包衣种：卷心菜

未处理的种子：豌豆　未处理的种子：胡萝卜　有灰尘的种子：豌豆

丸化种：欧芹

未处理的种子组：甜菜根

包衣种：胡萝卜

种子的种类

有各种各样的蔬菜种子，而不是只有天然或未经处理的种子。经过处理的种子可以保证发芽均匀；丸化种容易处理，包衣种子可以抵抗疾病。

购买蔬菜种子

要购买储存在阴凉条件下并密封保存的种子。购买的种子到消费者手中前，要检查种子的生命力、净度和纯度，并按照要求达到一定标准。它们有多种形式可供选择。

未经加工或"天然"的种子　这些种子只收割、干燥和清洗过。它们通常大小不一，有时分成特定大小，使用商业或小规模播种方式进行条播（见第28页）。

预处理过的种子　这些种子经过特殊处理，比天然种子早1～2周发芽。预处理过的种子更大，更易于条播或单独播种在容器中。条件较差时，早期胡萝卜或防风草最适合用这类种子播种。

晾晒豆荚

气候潮湿时，将种荚连茎一起拔起，然后把它连根挂在通风、干燥、无霜处。晾干后，摘取豆荚，挖出种子。

发芽的种子　这些种子预先发过芽，装在小的塑料容器里出售，可以立即播种在花盆或托盘里。针对发芽困难的种子，这类种子很有用，如黄瓜种子。所有种子都可以在家里预发芽处理（见第284页），使其尽早开始发芽。

丸化种子　这些种子外层涂有黏土，形成小球，比未经处理的种子更容易处理，特别是像卷心菜、胡萝卜和花椰菜这样的小种子。它们通常用杀真菌剂或杀虫剂处理。

与未经处理的种子相比，丸化种子需要更潮湿的环境，以分解涂层，使种子能够发芽。

包衣种子和喷洒种子　这些种子经过杀真菌剂处理。与所有包衣种子一样，要戴上手套或播种后洗手。

收集种子

与其购买种子，不如直接从花园里的植物中收集种子。F1杂交种并不符合类型，但不关心统一性的园丁可以用天然授粉的种子试验。有些蔬菜比其他蔬菜更适合用自家收集的种子种植培育（见第292—309页）。有些蔬菜自花授粉，而有些异花授粉。花园里，会有一定量的自然异花授粉，所以也不是百分百都是自花授粉。为确保种子的纯度，要么每种蔬菜只种一个品种，要么将不同品种的自花授粉植物相互隔离。芸薹属植物和甜玉米只能用种子大量种植。每个品种必须种植在一个大块中——芸薹属植物50株，甜玉米100株，确保种子的纯度。

有些蔬菜种子，如胡萝卜、欧芹和防风草，最好等种子成熟后就立即播种，而其他种子，如豆类、芸薹属植物、细香葱（北葱）

和豌豆可以储存起来，让种子完全成熟后再收获。收集还在茎上荚果中的种子，并将荚果彻底干燥（见左下图）。包裹在肉质果实中的种子干燥前需清洗。有些种子可能需要特殊处理（见第292—309页）。

储存种子

储存时间越长，种子就变质得更多，越来越失去生命力和活力，导致发芽率低，产量下降。如果要储存，最好保存在阴凉、黑暗、干燥处，温度宜为1～5摄氏度；千万不要储存在厨房的抽屉或花园的棚子里。将种子装在纸包里储存，放在密闭的容器里，或放在密闭的罐子里，并标明植物名称和收获日期。打开后要用胶带重新密封铝箔包。播种前，将50～100粒种子放在潮湿的厨房纸上，置于温暖、黑暗处，测试种子存活率。保持种子湿润，每天检查发芽情况：发芽率应至少为60%。如果发芽率很低，就把种子播得比平时厚一些。

轮作

规划菜园时，将蔬菜分为以下几类：葱属植物（洋葱和韭菜）；芸薹属植物（卷心菜和萝卜）；豆科植物（豆子和豌豆）；茄形作物（茄子、辣椒、马铃薯和西红柿）；伞形花序作物（胡萝卜、芹菜、块根芹、防风草）。每隔3～4年在不同地点播种每组蔬菜（小花园每隔1～2年播种），以避免土壤中病虫害积聚。这一点对葱属植物或芸薹属植物尤为重要。

播种蔬菜的地点

种植蔬菜有两种主要方式：成行或成床种植。蔬菜传统上是成行或"条播"种植

高架床或深床系统

深床可以改善土壤，因此播种密度可能是常规床的四倍以上。深耕土地，挖掘有机物。划出床的区域：宽度不应超过1.5米，这样可以在不踩踏土壤的情况下方便进入。用周围道路区域的表土堆积表面，使床面略微升高。

准备播种的土壤

大多数蔬菜特别是长期种植的作物都喜排水良好、保水能力强、略带酸性，以及营养丰富的土壤。选择一个有遮蔽、但不阴暗的地方，秋季翻耕土壤，浇灌大量腐熟有机物，如粪便或花园堆肥。所有根茎类作物都不能播种在刚施过肥的土壤上（土豆除外），否则它们的根系会分叉或长成扇形。

春季，疏松土壤，浇灌肥料。一般来说，使用氮、磷、钾（钾肥）的均衡饲料施肥，但某些作物有特殊需求，如芸薹属植物需要浇灌石灰。

播种前，耙平土壤，土壤表面要光滑、疏松，称为"细土层"。这样种子播种深度可以一致，并获得发芽所需的氧气。厚重、潮湿的土壤温度低，而且没有氧气；如果可能的话，等到土壤条件合适时再播种或移栽幼苗。如果土壤潮湿，就在上面铺上木板，避免压实。同样，土壤太干燥也麻烦，因为

菜地四角成直角。如果需要收获大量作物，这种方法最适合。

现在，床式播种系统更受欢迎，蔬菜在狭窄的床中以相等的间距排列。这种系统的好处是，只需要对实际的播种床位挖土、施肥，而无需对中间的土壤操作。另外，所有的工作都可以在旁边小路上完成，避免土壤压实。春季升高苗床升温更快，因为作物可以更紧密地生长在一起，所以产量更高。

用标准播种机播种

1 用绳索和木桩，或用手杖标出一行。用锄头的一角在土壤中挖出一个小而均匀的"犁沟"，以达到播种的深度。

2 铺上木板，避免土壤压实。沿着犁沟薄薄地、均匀地撒上种子。在种子上铺上土壤，不要移动它们。浇水。

播种在干燥或潮湿的土壤中

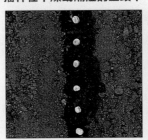

干燥环境 土壤非常干燥时，先给播种机底部润湿，然后播种，再铺上干燥的土壤。

潮湿环境 如果土壤排水缓慢或非常差劲，那么播种前在播种机上撒一层沙子。

用大型播种机播种

1 拿着锄头朝自己方向推动，用力均匀，不要太重。在种子所需的深度上划出15～23厘米宽的平行犁沟。

2 沿着每个犁沟播撒大种子，或细密密地播撒小种子。要确保种子之间留有必要的距离，距离大小取决于种子大小。

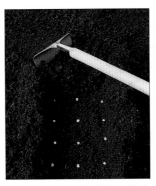

3 在种子上小心铺上土壤。用锄头或耙子，或用脚轻轻地把土盖住。注意不要使种子移动。浇水。

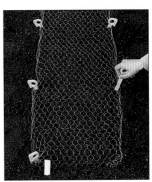

4 必要时，每行都装上铁丝网，保护种子不受鸟类或觅食动物的侵害。直到幼苗长大，穿过铁丝网网眼，再撤掉铁丝网。

流体播种预发芽种子

1 在湿润的吸水纸上，间隔播种。一旦种子膨胀开始发芽，就将种子轻轻地、小心地用流动水洗到一个细密的筛子里。

2 将一些墙纸浆（不含杀真菌剂）混合在一个罐子里。100颗种子要用大约250毫升的浆糊。将种子倒入瓶中，轻轻搅拌，使其均匀地分布在浆糊中。

3 在苗床中挖出一条适当深度的犁沟；如果土壤干燥，就浇水。将糊状物倒入一个塑料袋，并将开口的一端打结。剪掉一角，留下一个1厘米的洞。

4 轻轻地将糊状物和种子挤入犁沟。在犁沟上贴上标签，然后用耙子的背面小心地把土壤拨到种子上，覆盖种子，最后在土壤表面上轻轻地耙一下。

事先需用水来软化种子、湿润种子胚胎，以便发芽。

大多数蔬菜需要温暖的土壤，温度约为7摄氏度才能发芽。有些蔬菜，如甜玉米和胡萝卜，需要更高的温度，而其他蔬菜，如芸薹属植物或莴苣，如果温度过高，就会抑制发芽。如果在错误的时间播种，有些蔬菜就会抽薹或者开花（见第292—309页）。

流体播种预发芽的种子

相比它们幼苗所需的生长温度，甜菜根、胡萝卜和防风草等作物所需的发芽温度更高。气候较冷，可能会影响到春播的产量。为了能有一定的发芽率，可以预发芽种子，

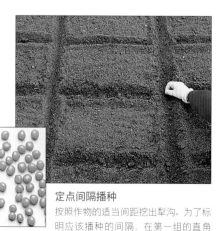

定点间隔播种
按照作物的适当间距挖出犁沟。为了标明应该播种的间距，在第一组的直角处挖出更多的犁沟。在每个交叉点或"穴"下播 2～3粒种子。浇水并贴上标签。

或去壳，然后进行流体播种。首先将种子撒在小碟子里的潮湿厨房纸上或种子盘中，室内温度约21摄氏度。它们通常在24～48小时内发芽，具体情况要看作物本身。

将种子与透明凝胶（如水基胶水或墙纸浆）混合，然后在播种机中播种。不要使用含有杀真菌剂的墙纸糊，种子会死亡。种子根部不超过5毫米时就播种，否则播种时种子可能会被损坏。凝胶有助于种子生根前保持湿润，但前2～3周如果需要的话，仍应给土壤浇水。这种方法，幼苗发育更快。

点播

这种播种方法很受欢迎，因为可以减少间苗量，更经济地使用种子，并避免了作物移植。如果在植物苗期移动根部，移植苗的生长可能会受到影响。

采用点播时，要按照作物的正确间距和深度进行开穴，测量出要播种的"穴位"（见左图）。

撒播

有些作物，如胡萝卜或白萝卜，可以在事先准备好的苗床上撒播（见第32页），而不是用播种机。这种方法可以有效地利用空间，并可用于早期播种，在凉爽的气候条件下，可将其播入冷棚或塑料薄膜隧道（见第39页）。

由于该作物很难除草，因此最好在户外老旧的苗床上撒播，让土壤中的杂草种子发芽，然后在播种前再将其锄掉（见第32页）。

如果种子很细小，可以先与一些细沙或银沙混合，确保均匀分布。播种后（见下图），种子不应覆盖太深。如果种子在土壤中埋得太深，可能会在发芽前就腐烂。

间苗

在早期阶段，也就是幼苗变得拥挤且相互竞争阳光和水分之前必须间苗。分2～3

撒播

1 准备好苗床并浇水，待表面干燥后用耙子耙平，形成细土层。用手将一包种子薄薄地、均匀地撒在表面上，播种。

2 用耙子在土壤上轻轻划过，与原来的耙子方向成直角，覆盖种子。用带细莲蓬的浇水壶将苗床浇透。在苗床上贴上标签。

间苗

用食指和拇指将小苗从茎的基部掐掉，进行间苗。这样可以避免干扰其他幼苗的根部。去除足够多的小苗，为剩下的小苗之间留出一点空隙。

多种播种技术

▲间作　在已播种的生长速度较慢的作物之间，稀疏地播种几行快速生长的蔬菜（图中为生菜）。当幼苗长出两片叶子时要间苗，以便健康生长。

▶间播　点播（见第284页）慢速生长作物，如欧洲萝卜。然后在各点之间再稀疏地播下成熟较快的作物，如萝卜（见小插图）的种子。提起后播的作物时要小心，避免干扰主要作物的根部。

个阶段进行疏苗。每次都要拔除较弱或受损的幼苗，这样剩下的幼苗才会有更多的生长空间。最后一次间苗，为了植物能苗壮成熟，应按推荐的间距留苗（见第292—309页）。这种方法可以避免在一些幼苗死亡时出现空隙。

白菜、莴苣或洋葱等作物的幼苗可以挖起来移栽。再次给苗床浇水，使土壤坚实。

多次播种技术

两种甚至更多作物的种子可以一起播种，最大限度利用了现有土地。通常将生长

迅速的作物播种在生长较慢的作物之间，这样可以在生长较慢的作物开始填补土地空间之前就收获一种作物。

播种在容器中

根据所需植株数量，选择在种子盘、小盆（见左下图）或盘中播种。一般来说，9厘米的花盆或13～15厘米的平底锅对大多数蔬菜作物来说是足够的。

准备一个容器，松散地填入标准的种子堆肥（见第34页），将容器放在种植槽上，用一块直木或木板敲掉多余的堆肥。用一块压板或一个空盆将表面压实，使其达到边缘2厘米以内。如果需要的话，可以浇水，然后将种子播种在表面上，或单独播种。在种子上筛一点湿堆肥，最后压一下。用玻璃或塑料袋盖住，或放在繁殖器中，每天通风以去除多余的冷凝水。发芽后将幼苗置于良好的光照下。一旦幼苗长出1～2片叶，就应单独移植，以避免过度拥挤和对幼苗根部的任何损害。像以前一样，准备好5～8厘米的花盆或育苗块，用标准的盆栽堆肥。在每个花盆或育苗块上打一个洞，小心翼翼地插入一株幼苗，使其牢固并浇水。

播种在模具中

种子可以直接播种在模具中。这样就不需要移植，使植物能够不受阻碍地生长。这非常适合那些不喜根部移栽的植物。即使条件不适合在最佳时间播种，一个大小合适的模具也可以让幼苗发育出苗壮的根系。丸化种子可以每模具播种一粒；其他种子每单元播种2～3粒，并进行间苗（单播）。

盆栽撒播

1 对于发芽不稳定的种子，或者如果只需要几株，可以播种在一个9厘米的标准种子肥料盆中，薄薄地、均匀地撒下种子。把它们埋到堆肥的深度，浇水并贴上标签。

2 幼苗（图中为卷心菜）有两片种子叶时，将其移植到标准盆栽堆肥的模具中。任何一棵有损害或疾病迹象的幼苗都要丢掉。给幼苗浇水并贴上标签。

播种在模具中

模具托盘装满盆栽肥料，并轻轻压实。在每个模具上打个5毫米深的洞。在每个洞里播几颗种子，轻轻铺上肥料，贴上标签，然后浇水。长出幼苗时，就间苗，只在每个模具中留下最强壮的幼苗。

多块播种

1 在育苗盘中铺好湿润的盆栽堆肥。用你的手指在每个育苗块上戳出个浅浅凹陷，然后在其中播3～4粒种子，并轻轻盖上堆肥、浇水、贴上标签然后将托盘放在光照充足、温暖的地方。

2 种子应在5～7天内发芽。不要对幼苗进行间苗。当幼苗长出一两片真叶时，就将幼苗插在其上，以适当的间距种植（图中为大头菜）。

3 让未间苗的幼苗发育成一簇簇的蔬菜。尽管这样很拥挤，但成熟的植株应该生产出大小合适的"小"蔬菜。

多模块播种

这种播种方法就是把3～5颗种子种在一起发芽生长。好处就是可以在很小的空间内种植很多植物。根茎类蔬菜适用于这种方法，如洋葱、萝卜。

如果苗床干燥就浇水，然后用小铲子轻轻挖出幼苗，尽可能保留幼苗的根和土壤。切勿损伤到茎部。将幼苗分开，丢弃有病的幼苗；注意铁线茎（土壤表面下的干瘪的棕色茎）、腐烂的根和棒状硬化根；另外也要丢弃弱小幼苗。

把健康的幼苗样本种植在湿润的土壤中，最好是在可能有阵雨的傍晚时分。挖一个刚好够根部大小的洞，并将幼苗置于最低叶子刚刚超过土壤表面的地方。栽得太高会暴露茎部，可能会在风中折断；栽得太深疾病会滋生。压实每一株幼苗，使其根部周围没有气穴，充分浇水。

移植在容器中播种的植物

气候凉爽时移栽之前，要确保幼苗经过良好的硬化处理，方法是将其置于冷柜中，并在7～10天内逐渐增加通风量。或者，白天放置在室外遮阴地，放置时间越来越长。

提前给幼苗浇好水。每一株都应该有一个良好干净的根球。有些育苗块是可重复使用的，底部有孔，所以用一块木板或藤条把插头推出来。按上述方法种植，并使其牢固，只需覆盖每个根球，以防止其干燥，并浇水。

在容器中种植蔬菜

大多数蔬菜都可以在容器中培育生长，无论是在室外还是在温室中保护起来。但有些需要大空间的蔬菜则不适用于这种容器培育法，如西葫芦、南瓜、较大的芸薹属植物、大黄和甜玉米。

室外容器是那些家里有小花园的人的理想选择，还可以避免土传病害。在天气凉爽的情况下，早期作物可以在玻璃罩下生长，或者可以先在室内培育，然后移到室外成长，还可以在秋季将容器中的植物置于遮荫物下，从而延长作物生长期。

合适的容器包括种植袋、陶瓦或塑料盆、桶和窗台花盆，甚至是吊篮。容器的直径必须至少为25厘米或高达90厘米，深度不超过60厘米。一定要确保容器在一天内不能完全暴露于阳光下，有时需要放在遮阴处；也不要把它们放得太近，否则植物的叶子长得会比果实多。

良好的排水性很重要：在容器底座上开多个排水孔。使用良好的花园壤土，添加泥炭或泥炭替代物，如椰糠、腐熟的粪肥或堆肥，并且加入适当的肥料。作物可以直接播种或将幼苗移植到容器中。一旦栽种后，用堆肥的树皮、腐熟的粪肥、堆肥或碎石覆盖每个容器，帮助保持水分。天气暖和时，每天最多浇两次水，并定期洒播液体饲料。

▲种植袋

像西红柿（如图）、茄子和黄瓜等作物可在种植袋中种植，特别是在土传疾病流行的地方很适合用种植袋培育作物。

▶攀缘作物

攀缘作物如红花菜豆或黄瓜，应种植在大容器中，容器内铺上以黄土为基础的堆肥，这样根系可以苗壮成长。

食用性草本植物

到花园里采摘一些新鲜的食用性草本植物供厨房使用能让人非常开心。食用性草本植物一般寿命比较短，因此必须定期繁殖以保持存量。大多数情况下，这点还是很容易实现的。栽培品种，特别是斑叶草，不能由种子发育而来，而其他草本植物特别是在较冷的气候下可能不结果；这些草本植物可以通过扦插、分株或分层来繁殖，具体选哪种方法取决于植物的类型。种植一年生和两年生草本植物的唯一方法是用种子繁育。大多数草本植物喜排水良好的肥沃土壤，但也不要太肥沃，还要有充足阳光。

摘取插条

插条可以选择生长季节开始时长出的第一批软枝，因为这时它们的生根潜力最大，也可以选择生长季节后期的半成熟枝条；有些枝条如果带踵最利于生根了。也可以选择些草本植物的匍匐根或根茎上的插条。

软木扦插

许多多年生草本植物适宜从新生植物上摘取软木茎尖插条，如蜜蜂花、薄荷、牛至、迷迭香、鼠尾草和百里香。如果植物不够大，导致无法摘取根部插条，那么软木茎尖扦插法就派上用场了（见第288页）。扦插往往能刺激植物的新生长，并有助于保持其茂盛。

春季或初夏，准备一些容器（花盆、种子托盘或育苗块托盘），铺好排水良好的扦插堆肥，如等量的细树皮和椰壳或泥炭。因为插条在生根之前有湿腐的风险，所以排水良好的混合物必不可少。

早上小批次收集插条，因为这时它们不太容易脱水。不要用剪刀，要用一把锋利的刀，因为剪刀容易捏住并封住茎，阻碍后续生根。立即将嫩枝放在塑料袋或水桶中的阴凉处，因为水分稍有流失，就会妨碍插条生根能力。

如下图所示，准备好插条，留下顶部叶子，这样插条生根时叶子可以提供养分。它生根时，不要乱撕叶子，因为任何一点损伤都会招致疾病——要用刀小心地切下来。

用挖土器在堆肥中给每一根插条挖一个洞。千万不要让叶子碰到堆肥，或被堆肥覆盖，否则它们就会腐烂，并可能助长真菌繁殖，真菌的生长会沿着茎部蔓延到其他插条上。过于拥挤的容器也会增加真菌病的风险。

不要将不同品种的插条放在同一个容器中，因为它们的生根时间往往不同。把生根困难的插条浸泡在激素生根剂中，然后再将其插入堆肥中。天气炎热时，让插条远离阳光直射——第一周内最好置于明亮的阴凉处。天气凉爽时，最好的地方是温室。在容器上盖上一个塑料袋或半个塑料瓶（见第39页）。每隔几天，冷凝水积聚时，把塑料袋

带踵扦插 春季，选取一个不超过10厘米长的新芽（以紫色鼠尾草为例）。抓住它的基部，轻轻地将它从主茎上拉开，保留一小片树皮（"踵"）。修剪插条的"踵"，并去除其下部的叶子（见小插图）。

翻过来，防止多余的水分滴到插条上。如果插条上长出真菌，应立即摘除。

现成的生根草本植物的软木插条，如柠檬膏、马郁兰、薄荷和龙蒿，可以在水中生根，方法与多年生植物扦插一样（见第156页）。

带踵扦插

从短新芽上摘取带踵插条。促进生根的生长激素集中在老木头的"踵"处。拔出时，不要从主枝上撕下树皮，因为这可能会使其受到感染。按照软木扦插的方法处理即可。

草本植物的嫩枝扦插

1 春季，从新长出的健康、不开花的嫩枝上截取10厘米的插条，扦插时要在一个节上。为防止叶子失去水分，将插条浸在水桶里。

扦插间距为5厘米

2 在花盆中铺上等量的湿树皮和椰糠（或泥炭）。修剪每个插条的基部，刚好在一个节上，除了最上面的两片或三片叶子，其余的都剥掉。将插条扦插在堆肥中，叶子刚好露出堆肥表面。

3 轻轻压实并浇水。让花盆排水，并贴上标签。给花盆罩上一个支撑在藤条上的透明塑料袋，不要碰到叶子。插条置于20摄氏度左右的阴凉处。

健康的新苗

使用无土的盆栽堆肥

4 根系发达时（通常在大约4周后），将新的植株摘掉，轻轻地将它们分开。尽量保持根部周围的堆肥完整。将每个分别装入比根球大1厘米的盆中。

截取辣根根部

1 春季，挖起一株健康植株，注意不要损坏根部。切下一两段根，15～30厘米长。

复合肥
(泥炭：细树皮1:1)

5厘米的育苗块

2 将根部切成1厘米的小段（见小图）。将每个插条插入准备好的育苗盘中，插入2.5～6厘米。

3 插条长出良好根系时，将其移植至某处，以后不再移动。捏住叶子，种植在同一深度。

修剪其他根茎类插条

扦插根部时，为了区分插条两端，靠树冠处直切，根尖处斜切。

扦插根状茎

1 薄荷等草本植物的根状茎扦插和普通根插一样。把植株挖起来，选择有大量芽苞的根状茎。把根状茎分成几个4～8厘米的部分。

2 在准备好的花盆上打孔，间距约2.5厘米。垂直插入插条（见小插图），铺上5毫米的堆肥。压实并浇水。

3 将插条置于温暖、明亮处。插条开始生长时，用液体肥料浇灌。生根后（见小插图），把它们从花盆里挖出来并分开。

用叶子夹住切口

4 将插条单独种植于铺好树皮和泥炭的堆肥盆中。浇水，贴上标签，置于温暖、明亮处，直到根基稳固，就可以移栽了。

半成熟的草本植物插条

牛膝草或迷迭香等草本植物可以从半成熟的新芽上（即不柔软、很结实、开始变色的新芽）扦插生根。按照软木扦插的方法准备（见第287页）。如果能提供18摄氏度的底部加热和高湿度（加热的繁殖箱最为理想），像月桂这样的细嫩草本植物生根会更成功。与软木扦插比，在同一堆肥中的插条生根时间更长，因此要使用排水良好的混合肥料，包括等量的椰糠或泥炭、细砂（5毫米）或珍珠岩，以及细树皮。

第一周，每天上午和下午给插条喷点水。切忌在夜间给插条喷水，因为较低的温度可能会导致湿叶腐烂或白粉病。扦插堆肥的营养成分较低，所以插条有生根迹象时（通常4～8周就会出现生根迹象），要每周给叶子撒一次肥料。

至于全部插条，不要拉来验证是否生根，因为这可能会影响处于生根关键时刻的插条。相反，要检查容器底部是否有长出新根系。另一种方法是等待出现新芽。

气候较冷时，一旦生根，就要对插条进行硬化处理。根据插条发育阶段，在2～3周内把它们移到阳光充足、空气流通的环境中，然后分别装入以泥土为基础的盆栽肥料中（见第34页）。贴上标签并浇足水。4～5周后，插条长开时，掐掉生长的尖端，这样可以让它们长出灌木，变得更强壮。让新的植株在花盆中扎根，然后移栽出去。

草本植物根插

这种方法适用于根系细长或匍匐的草本植物，如辣根或根茎类植物，如薄荷。春季或秋季进行根部扦插。首先准备一个容器，里面装一些扦插用的堆肥，其中一部分是细树皮，一部分是椰糠或泥炭，压实到刚好低于容器边缘的地方。准备扦插时，要浇足水，并让水自然流干。

挖起母株，摘取一些健康的根系。大多数草本植物，包括薄荷，它们的厚度都差不多。大多数插条的准备方法是将根部切成4～8厘米长的切片，每个切片基部划出

倾斜的切口。根茎类插条应至少有一个生长芽。把插条竖直插入，芽朝上，彼此间隔2.5～6厘米。辣根没有明显芽苞，但无论用什么方法它们都很容易生根，所以可以简单切成小段。给插条浇水，然后贴上标签，并注明日期。注明日期对根部扦插很重要，因为插条长大前是很难识别。

将插条置于10摄氏度或以上的明亮地方，如温室长椅下或窗台，但不要置于阳光下直射处。长出新根或顶端生长前（2～3周）不要浇水，只要浇一些液体肥料就行。扦插的根系往往在生根之前就已长出嫩芽，所以在扦插前要检查根系是否生长良好。

气候较冷时，一旦插条生根，就开始慢慢做硬化处理，将它们白天置于室外，晚上则置于寒冷的温室中。其后，将插条放入肥土为基础的盆栽堆肥中，浇水。如果插条在育苗块中已经生根，则略去这一步骤。此后插条处理方法与半成熟插条相同。

分株

耐寒的多年生草本植物只要生长良好，就可以分株。这种方法简单，可以一次繁殖出少数植株。分株不会让植株大肆蔓延，可以保持植株健康和旺盛的生命力，从而产生大量厨房可食用新植株。分株还可以防止灌木状草本植物过于木质化。这种方法适用于茴香、法国龙蒿、蜜蜂花、独活草、薄荷、牛至和百里香。

草本植物应在夏末开花后或早春分株。但最好的分株时间是在植物长幅最小的时候，而且天气要晴朗、温和、避免霜冻。最重要的是不要让根部干枯，所以要尽快重新种植新植株。因此，分株前，要开垦一下打算种植分株的地方，确保没有杂草，并撒一把通用肥料。

当把植物挖出来时，所有的根都要清除干净，因为只要有一块根遗留在地上就可能会由此长出新植株。这一点对辣根或薄荷等入侵植物尤为重要。洗净根部，这样有助于将它们解开并分株。小植株或草本植物可以直接分开，但较大的或木本块状植物则需要用干净、锋利的刀切开或剪刀剪开。确保分开或切开的每个部分都保有良好的根系，把老旧、木质或非常拥挤的部分丢弃掉，立即重新栽种这些分株。即使是天气潮湿，也要浇足水。保持植株无杂草，浇水充足，直至成活。

分离草本植物的根出条

月桂等木本草本植物有时会从根部长出侧枝或根出条。因为这些会破坏植物的形状，所以春季就应该把它们摘除。如果它们有根，可以将根出条盆栽，让它们继续生长。

要分离根出条的芽，应拨开土壤，露出植株基部，然后小心地拔掉与母株相连的长根出条的根。把它的主根切到纤维状的营养根下面。如果根出条上有几个芽，分株主根，让每个芽都有自己的根。把在顶部生长的植株剪去一半，然后将每个根出条装入以黄土为基础的盆栽肥料中，并置于15摄氏度的高湿度条件下让其生根。

气候温暖时，可以把生根的根出条栽种在室外。气候较冷时，可用透明罩遮盖或置于遮阴处生长。前三个冬天要让它们免于霜冻，第四年再移栽到外面。

压条

普通压条适于枝、蔓柔软且近地面生长的草本植物。月桂、百里香、冬季香薄荷和蔓生的迷迭香很适合这种方法。压条有助于抑制母株在冬天长出低矮枝条，然后刺激长出用于压条的生命力旺盛的嫩枝。冬季或早春时节，准备好植物周围的土壤，即压条处，将椰壳或泥炭和细砂（5毫米）混合在一起，助于排水。

夏季给幼嫩、成熟的枝条压条。在事先备好的土壤中挖出一条沟，将每个待压条的枝条置于其中，固定住（见第290页），然后将沟培土压实。茎部生根前都要保持土壤湿润；通常需要2～3个月，同时长出新生嫩枝。秋季，拨开压条层和母株之间的土壤，切断枝条。让压条枝继续生长。3～4周后，从该压条枝中掐掉生长锥，如果根系发达并长出大量新根，就可以拔掉，否则留待下一年。

将每一个压条枝种植在事先备好的土壤中。贴上标签，浇水，然后让其生长。某些气候条件下，用羊毛或稻草保护娇嫩草本植物的压条枝，例如月桂，抵御霜冻和干燥的

草本植物分株

1 夏末，开花后，选一株生长旺盛、成熟的植株（图中为百里香）。用花园叉子将植株挖出来，注意不要损坏根部。

2 多多抖落松散的土壤，并去除枯叶或茎。把根部放在水桶里或用花园水管洗干净。

3 如果母株顶部长出很多叶子，用剪刀将叶子修剪至约10厘米处，以尽量减少水分通过叶片流失。

4 将植物分成小块，每块都要有良好的根系和强壮的顶部生长。用干净、锋利的剪刀剪开，或徒手分开。

5 重新栽种前，用杀真菌剂去除切口的表面灰尘。准备好种植地，按照与之前相同的深度重新种植分株，间距要足够大，便于生长。压实，贴上标签并浇足水。

草本植物普通压条

1 选取一株健康的、生长缓慢的嫩枝（图中为迷迭香）。从大约50厘米长的茎上剥下叶子，从顶端开始10厘米处。

2 将嫩枝扎进地里，标出其在土壤中的位置。挖一条有坡度的沟，离植物最远的一端有10～15厘米深。

3 把剥去叶子的茎沿着沟渠的底部放进去。稍稍刮一下树皮弯曲处。用订书钉将茎固定在沟渠的一侧。

4 用土壤填满沟渠，压实，并贴上标签。浇水保持土壤湿润。3～4周后，茎应该在树皮弯曲处长出根系（见小插图）。

风。因此，气候凉爽时，压条枝一旦生根就立即上盆，铺上等量的椰糠或泥炭、细砂（5毫米）或珍珠岩和细树皮。春季移栽前置于寒冷的温室中越冬。

草本植物堆土压条

这种技术最好适用于已经过了最佳生长状态的多年生草本植物，如迷迭香、鼠尾草、薰衣草和冬季薄荷。因为百里香可能会木质化，所以这种方法尤其适合百里香。春季，将一些土壤与等量的椰壳或泥炭和沙子混合，然后铺在植物上。如果有土壤被雨水冲走，就重新再铺点。到夏末，许多茎上应该已经形成根系。可将已生根的枝条移出，装入盆中，或像普通压条法那样移栽并处理掉老植株。

堆土压条
春天，为了让茎更快生根，在植株的冠部堆上8～13厘米的沙土，这样就能看到嫩芽顶端。土堆要湿润有水。夏季或秋季，把沙土拍掉，切下生根的芽。

播种

一年生和两年生的草本植物的种子，如当归、罗勒、琉璃苣、葛缕子、细叶芹、香菜、蒔萝、甜马郁兰和欧芹，可根据气候情况选择播种在有塑料膜的容器中或室外或苗床中。多年生草本植物可以用种子培育，但无性繁殖能让它们更快发育成熟。许多食用性草本植物就是这样的，如果条件温暖，与其他种类的植物分开种植，就可以从自家收集的种子中成活。

从草本植物中收集种子

夏季或秋季种子成熟后，立即收集种子播种。牢牢记住，某些草本植物可能会交叉授粉。当薰衣草、马郁兰、薄荷和百里香的不同栽培品种得太近时，植物自然杂交的概率就很高，幼苗的外观和味道会有所不同。如果相似度很高的植物同一时间开花，它们也可能杂交，蒔萝和茴香杂交会产生一种味道未知的草本植物。

一旦种荚颜色改变，就应立即收集种子。这些种子很快就会成熟，通常是淡褐色，所以要仔细观察。要测试种荚是否成熟，可以轻轻拍打它。如果会掉下几颗种子，那就说明成熟了，是时候收集种子了。切掉花茎上的花头，将其晒干获取种子。

将花茎捆成小捆：绑得松散点，这样空气能在它们之间流通。将这束花茎悬挂在温暖但通风的暗处，彻底干燥两周；不要使用人工加热器，这样可能会损坏一些种子。种头下面放一张大纸或一块薄板，这样种子落下时就可以收集（见第291页）。另外，挂起来前，可以把种头包在纸袋里或用薄纱包住（不要用塑料袋，那样种头会捂出水）。像储存蔬菜种子一样储存干种子（见第282页）。

播种草本植物种子

播种草本植物种子和播种蔬菜种子相同（见第282—286页）。大多数草本植物在13摄氏度左右的温度下发芽。凉爽地区，可在早春时节将罗勒属植物和芫荽等柔嫩的草本植物播种在有塑料薄膜的容器中，或春末在室外播种。

食用性草本植物

欧白芷（ANGELICA ARCHANGELICA，异名为 A.officinalis） 两年生植物的种子可存活3个月；秋季户外播种；如果发芽，冬季枯萎，春季会重新发芽；非常耐寒🛇。

茴藿香（AGASTACHE FOENICULUM，异名为 A.anisata） 夏季软木扦插🛇🛇。春季分株🛇，春季或秋季播种🛇🛇。

罗勒（OCIMUM BASILICUM） 春末在18摄氏度的条件下播种一年生种子，或在初夏15摄氏度的条件下室外播种；幼苗是直根，容易受潮，需置于温暖、遮阳处🛇。

月桂（LAURUS NOBILIS） 夏末或初秋进行半熟扦插；高湿度下生根🛇🛇🛇，春季分株根出条🛇🛇🛇。春季普通压条🛇🛇🛇，秋季表面播种，置于底部加热为18摄氏度的覆盖物下；保持湿润，发芽可能需要10～20天或6～12个月🛇🛇🛇。

香柠檬（BERGAMOT），**大红香蜂草**（BEE BALM）、**美国薄荷**（MONARDA DIDYMA） 初夏软木扦插🛇🛇。春季扦插生根🛇。早春分株🛇。春季或霜降后室外播种，底部加热至18摄氏度🛇🛇🛇。

琉璃苣（BORAGO OFFICINALIS） 早春至晚春室外播种一年生种子，在贫瘠的土壤中播种5厘米深。直根🛇。

葛缕子（CARUM CARVI） 早秋在育苗块或花盆中播种两年生种子；对于根薄类作物，用播种器进行条播且间苗为20厘米；如果移栽得晚，就会抽薹；不喜移栽🛇。

峨参（ANTHRISCUS CEREFOLIUM） 早春至晚春，温度达到10摄氏度时，播种一年生种子；直根🛇。

如果种子很细小（如牛至的种子），可以用一张对折的白卡。在折页中放入少量种子，轻轻拍打卡片，使种子均匀播种。户外播种黑色种子时，播种前向播种机底部倒一点沙子（见第283页）。这样就容易看到种子，避免播种得太厚。

胡萝卜科的草本植物，如荞菜、香芹、莳萝或欧芹以及罗勒和琉璃苣，有很长的直根，不适合移植。室外直接播种，或单独播种在花盆或育苗块中，这样避免后期移植问题。

大多数草本植物的种子几周内就会发芽。对于发芽慢的草本植物，如月桂、细香葱、茴香、欧芹和鼠尾草，气候凉爽时，要提供18摄氏度的底部加热。或者，土壤温度高于10摄氏度，并且不存在任何霜冻风险，就可播种在室外。保持土壤湿润。一些草本植物的幼苗，例如罗勒、牛至和百里香，很容易受潮（见第46页）。保持种子堆肥刚好湿润，从底部浇水，千万不要在晚上浇水。大量使用草本植物种子，如罗勒或欧芹，最好每3～4周连续播种一批。

▲ 自播种幼苗

许多草本植物（图中为细香葱）在有利条件下可自播。当它们长到足够大可以处理时，将其挖起来，然后移植。

◀ 收集种子

成熟的籽头最好倒挂在茎干上，置于温暖、干燥、通风处。地板上铺上纸，或用细薄棉布包住籽头，这样种子落下时可以接住。

喜半阴环境。

北葱（ALLIUM SCHOENOPRASUM） 春季或秋季分出球茎丛（见第254页）；每丛6～10株，间隔15厘米。春季播种，每3厘米的育苗块中播种10～15粒种子，底部加热温度为18摄氏度。

芫荽（CORIANDRUM SATIVUM） 一年生种子在早春或晚春播种；不喜潮湿或湿润；叶子作物的播种间距为5厘米，种子作物的播种间距为23厘米。"摩洛哥"品种最适合种子繁殖。

莳萝（ANETHUM GRAVEOLENS） 早春或春末在室外播种一年生种子，浅播于贫瘠土壤中，间苗至20厘米；种子可存活3年；直根。

茴香（FOENICULUM VULGARE） 每2～3年秋季分株一次。早春在花盆或育苗块中播种，用珍珠岩覆盖，底部加热温度为15～21摄氏度最佳；春末在室外播种，间苗至50厘米。

辣根（ARMORACIA RUSTICANA，异名为 Cochlearia armoracia） 早春根插。春季或秋季分株。可做入侵植物。

牛膝草（HYSSOPUS OFFICINALIS） 春末或开花后进行软木扦插或踵插。春季播种，底部加热为18摄氏度或霜降后在室外播种。

欧洲刺柏（JUNIPERUS COMMUNIS） 春季进行软木扦插，或夏季或秋季进行半成熟的踵插。春季或秋季在室外播种；4周或一年内发芽；非常耐寒。

蜜蜂花（MELISSA OFFICINALIS） 春末或夏初软木扦插。春季或秋季分株。春季播种，尽量少浇水。

柠檬马鞭草（ALOYSIA CITRIODORA，异名为 A. triphylla, Lippia citriodora） 春末软木扦插或夏季半成熟扦插。

欧当归（LEVISTICUM OFFICINALE） 秋季或春季分株。秋季或春季室外播种，覆盖上塑料膜，底部加热温度15摄氏度。间隔60厘米。

薄荷（MENTHA） 夏季软木扦插。春季根茎类扦插。春季分株。入侵植物。

香桃木（MYRTUS COMMUNIS） 春末软木扦插或在夏季半成熟扦插。

牛至（ORIGANUM VULGARE） 夏季软木扦插。春季或开花后分株。春天薄薄地在地面播种；发芽率通常不稳定。

欧芹（PETROSELINUM CRISPUM） 早春播种一年生种子，底部加热至18摄氏度时，或在晚春15摄氏度时在肥沃的土壤中播种2.5厘米深，保持湿润，发芽很慢。

迷迭香（ROSMARINUS OFFICINALIS） 夏末半熟时扦插。春季踵插。夏季普通压条或堆土压条。

鼠尾草（SALVIA OFFICINALIS） 春季摘取踵或15厘米的软木插条。开花后夏季进行普通压条。春天堆土压条，只在早春播种，用珍珠岩覆盖；提供15摄氏度底部加热最佳。

酸模（RUMEX ACETOSA） 秋季分株。春季或仲春时节室外播种。

茉莉芹（MYRRHIS ODORATA） 春季或秋季根部扦插。秋季分株。秋季或冬季户外播种；发芽慢；非常耐寒。

马郁兰（ORIGANUM MAJORANA） 在温暖的气候条件下，同马郁兰一样进行软木扦插和分株。在凉爽的气候条件下，作为一年生植物在春季播种。

龙蒿（ARTEMISIA DRACUNCULUS） 夏季软木扦插。春季霜冻后从地下茎蔓上摘取插条。每2～3年在春季对成熟植株分株。法国龙蒿在凉爽的气候下很少产生成熟的种子，但俄罗斯龙蒿（subsp.dracunculoides）的种子却很容易成熟。

百里香（THYMUS） 春末或夏季截取5～8厘米的软木插条。春末截取5厘米的踵插条。初秋时节普通压条，或春季堆土压条。仅在春季底部加热温度为20摄氏度或春末夏初室外温度为15摄氏度时，表面播种百里香的种子。

块茎山葵菜（EUTREMA JAPONICUM，异名为 EUTREMA WASABI） 繁殖方法同辣根。

蔬菜词典

秋葵属（ABELMOSCHUS）

播种　春季

秋葵（*Abelmoschus esculentus*）是一年生植物，属于畏寒属的荚果类蔬菜。播种前将买来的或家里收集的种子浸泡24小时，这样有助于发芽。热带地区的春季土壤温度为16～18摄氏度时，就用播种机薄薄地播种，机器间隔60厘米，间苗20厘米的距离。

温带地区，将种子播在盆里；提供20摄氏度的底部加热和70%的湿度，在雾中发芽（见第44页）。春末夏初，给种子盖上薄膜移植出去，最好是在低氮土壤中，间距40厘米，温度和湿度保持不变。8～11周后收割豆荚。

长势最佳的幼苗

在花盆中播种秋葵

把3颗种子播种在9厘米的花盆里。幼苗长出两片叶子时，轻轻拔出茎最长的或最弱小的幼苗，留下最结实的幼苗继续生长。

葱属（ALLIUM）

蒜瓣

播种　春季～夏季
定植（"种子"洋葱）冬末至春季
分蒜　从冬季到春季

蔬菜类葱属植物包括洋葱、大葱、红葱头、韭菜和大蒜。它们是耐寒的冷季型一年生植物，在12～24摄氏度的温度下生长最好；球茎需要在夏末秋初有充足的阳光才能成熟。它们也喜肥沃土壤。因为它们易患土传疾病，如白腐病和颈腐病，所以轮作很重要。

洋葱和大葱

洋葱（*Allium cepa* Cepa Group）可以用种子培育，但是进行定植（小而未成熟的球茎）更容易成功，因为其不易患病，在贫瘠土壤也能生存，而且可在洋葱地种蝇泛滥前就开始生长。

有些定植过程要经过热处理，以防止它

种植洋葱

1 如果土壤条件合适的话，种子要浅播，间隔25厘米。把洋葱定植苗轻轻放入土壤。彼此间隔10厘米，如果形状非常小或需要小洋葱，则间隔5厘米。

2 轻轻地把土壤铺在洋葱定植苗上，然后压实，仅露出顶端。修剪掉枯萎的叶子或茎，以免鸟儿把它们拉出来。除非土壤非常干燥，否则不需浇水。

洋葱间苗

将洋葱种子按条播的方式浅浅地播在土壤中，苗间距大小根据获得的作物大小来决定：间距越近，成熟的球茎就越小。在本书中，间苗距离大约是2.5厘米、5厘米和10厘米。

洋葱播种和定植苗

	洋葱	大葱	小葱	韭菜	大蒜
方法和时间	播种：冬末至初春，或夏末至越冬⚒ 定植：冬末至初春或秋季 热处理过的定植苗：早春或晚春	播种：早春至夏季；夏末用于越冬⚒	播种：早春或夏末 定植苗：秋季至早春⚒	单株或多块播种，盖上塑料膜：冬中至冬末；初夏移栽 室外播种：早春至仲春⚒	分蒜：秋季或春季单独播种在育苗块或春天；春季移栽⚒
播种或套种间距	播种：稀疏播种；间苗至所需的间距 小的一组：5厘米。 大的一组：10厘米。	2.5厘米	播种和套种：15厘米	幼苗多块播种：23厘米 单苗播种：10～15厘米	18厘米
行距	播种和套定植：25厘米	20～30厘米	播种和定植：20～30厘米	30厘米	18厘米
播种深度	播种：1厘米 定植：2.5～4厘米	1厘米	播种和定植：1厘米	幼苗：15～20厘米	2.5厘米
收获时间	播种：42周 定植：12～18周	8～10周 越冬30～35周	播种：42周 定植：16周	16～20周；可留置过冬	16～36周

们抽薹。在疏松的土壤中进行定植。如果土壤太硬，根系会把洋葱挤出地面。

洋葱生长期较长，所以应及早播种。春季进行条播，稍微稀疏一点，或冬末至初春时盖上薄膜播种在种盘或育苗块中。也可以多块播种，一个育苗块放6个种子（见第286页）。连续种植的话，每两周播种一次。从春季中期开始，给播种机钻头喷些适合的杀虫剂，防止洋葱地种蝇。为了后续收集种子，留几株生长旺盛的植株以待来年春天开花。

大葱是洋葱的栽培品种，可在幼苗期采收。播种方式和洋葱一样，或流体播种（见第284页）以提高产量。它们最好播种得稀疏一些。如果播种得很密，可将其疏散到2.5厘米的距离，以便继续生长，并将间苗作为沙拉蔬菜。

栽种大蒜瓣

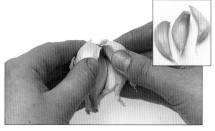

准备大蒜瓣 用大拇指将一整个大蒜掰开成蒜瓣。清理大蒜表皮，把有患病迹象的大蒜扔掉，如腐烂。每个大蒜瓣应保留一块基底板（见小插图）。

育苗块中种植大蒜 秋季，将大蒜瓣单独种在育苗块中，种植深度2.5厘米，基底板向下，铺上堆肥，室外放置1～2个月。它们开始发芽时，春季进行移植。

移栽韭菜幼苗

多块播种 按育苗块播种，每个育苗块中种植四颗种子。将每一丛幼苗移植到苗床中。每块幼苗间距为23厘米，每行间距为30厘米。

选取韭菜幼苗 为了长出长势均匀的韭菜，种的时候挖15～20厘米深的坑，每坑间隔10～15厘米，每坑种植一株幼苗，使幼苗根部与底部土壤接触。浇水，让坑洞土壤自然塌陷。

胡葱

红葱头（*Allium cepa* Aggregatum Group）由秧苗培育而来，种植方法与洋葱相同，也会患相同的病虫害。种植秧苗前，要清除松散的外皮或叶子，避免鸟类啄食。如果你有健康的存货，可以保存你自己的秧苗来过冬：直径应是2厘米。现在也可以买到种子；播种方式同洋葱。

韭菜

韭菜（*Allium ampeloprasum* Porrum Group）是一年生植物，但种植时依据两年生植物方法，需要肥沃、疏松的高氮土壤，生长季节较长。在10～15摄氏度的环境下，像播种洋葱一样用播种机播种，或播种在育苗块中。对于茎比较匀称的大型韭菜，可将20厘米高的幼苗移植到深坑或壕沟中。韭菜容易患蓟马虫害；如果不幸患病，就喷洒杀虫剂。为了收集种子，留几株健康的植株以备春天开花。

大蒜

大蒜（*Allium sativum*）是两年生植物，生长期很长，且喜长时间处于低温（0～10摄氏度）的凉爽状态。不喜压实、寒冷或含氮量高的土壤。为了效果最佳，买适合你所在地区的细香葱种子，并把它们种植在育苗块中。春季种植耐温的栽培品种。

大葱

春季或夏末，按行距23厘米播种大葱（*Allium fistulosum*）种子，温度为10～15摄氏度；播种时要间苗到20厘米。每隔3～4年分株一次，方法同细香葱。

芹属（APIUM）

播种 春季播种 ▲▲▲（芹菜）▲▲▲（块根芹）

芹菜（旱芹）和块根芹（*Apium graveolens* var. rapaceum）均属两年生茎菜类蔬菜，是温带作物，可以耐得住轻度霜冻。喜深厚、肥沃、湿润土壤，生长温度为15～21摄氏度。

芹菜

种子萌发需要光照和最低15摄氏度的温度。应使用杀菌剂处理，防治芹菜叶斑病。对于沟渠芹菜，事先挖出一条宽38厘米、深30厘米的沟渠，并在其中倒入粪肥或堆肥。温暖的气候条件下，室外浅播，即沟播芹菜以单行形式播种，方便后续培土，或以块状形式自播。芹菜种子也可以流体播种（见第284页）。在有4～6片叶子的情况下，沟播芹菜的幼苗间距为38厘米，自播芹菜的幼苗

自生块根芹幼苗
春末或夏初，把芹菜幼苗移植在肥沃的土壤中。将自生块根芹种植在23厘米见方的地块中，让茎部自然变白。

育苗块中播种块根芹幼苗
将块根芹播种在种子盘或育苗块中，最低温度为15摄氏度。每个育苗块中都要间苗，并硬化处理。当幼苗长到8～10厘米高，并长出12片叶子时，就进行移植。

间距为23厘米。凉爽地区，选择室内播种：最好在雾气下播种（见第44页）。不要过早播种，因为如果温度低于10摄氏度，幼苗可能会抽薹。如果在托盘中播种，当幼苗长出一片叶子时，将其移植到5～8厘米的育苗块中。一旦它们长出4～6片叶子，如果不再有霜冻风险，可以在春末夏初将它们移植到室外。如有必要，用绒布保护。

块根芹

块根芹茎部呈球茎状，生长条件和芹菜相同，但如果用稻草包住保护，就可以在零下10摄氏度的环境中生存。球茎生长发育长达6个月。将种子播种在育苗块中或像芹菜那样播种在托盘中。它们长到8～10厘米高时，对幼苗硬化处理（见第286页），移植到室外。间隔30～38厘米，注意不要让土壤高过幼苗树冠。

落花生属（ARACHIS）

播种 早春 ▲▲▲

花生（*Arachis hypogaea*）属一年生热带植物，枝叶柔嫩，适宜温度20～30摄氏度，湿度80%，排水能力强、含氮量低的沙壤土地。花一旦受精就会长出嫩芽而穿透土壤，然后果实会发育成花生。开花期间如果下雨或人工浇水会阻碍授粉，并降低产量。

在热带地区，室外单粒播种，播种深度达5厘米，用机器播种（见第283页），间隔90厘米，土壤最低温度为16摄氏度。

另外，也可以按15厘米的间距进行穴播（见第284页），间苗30厘米。较冷的气候条件下，播种在室内9

厘米的花盆或育苗块中，在20摄氏度时发芽。将花盆或育苗块置于阳光充足处，盖上塑料袋，或放在繁殖器中以保持湿度。幼苗长到10～15厘米高时，将幼苗移植到温室床，间距与室外相同。幼苗长到15厘米时，开始培土，这样可以在16～24周内收获成熟花生。

采集花生
播种后16～20周就能收获外形直立的英果，3～4周后英果呈平卧状。让种子在英果中干燥脱水，然后去壳，储存在干燥处。

天门冬属（ASPARAGUS）

播种 春季 ▲；**分株** 冬末或早春 ▲

芦笋

芦笋（*Asparagus officinalis*）是多年生草本植物，有独立的雄株和雌株。可以分株，但雄株F1杂交种子会发育成非常健壮的植株。在16～24摄氏度时，芦笋长势最好。

它们需要冬天的休眠期，这样来年产量更多。宜低氮、无杂草、排水能力强的土壤，而且不要在霜冻区种植。如有必要，在培育床上种植芦笋（见第283页），以改善排水状况，并在酸性土壤中添加石灰。

播种

将种子播入2.5厘米深的土壤中，每粒种子间隔8厘米，每行间隔30厘米（见第283页）。来年春天，将长得最大的种子作为树冠进行移植，且以后不再移动。或者，早春

分株芦笋冠

1 冬末或早春，当芽开始发育，新根长出前，用叉子小心地把芦笋冠挖起来。清除掉冠上多余的土壤。

3 用一把锋利的刀切掉每一部分中损坏、病变或年老的植物，防止腐烂。要非常小心，不要损坏或切到芽。挖一条宽30厘米、深20厘米的沟。

当温度达到13～16摄氏度时，将种子播种在育苗块中，然后初夏移栽。让植物积蓄生长活力，两年后就可以收获。

分株

如果不受干扰，芦笋床可以持续生产20年。芦笋冠被挖起来时，冠的生长和后期收成会受到影响。但如果有必要，3年或以上的芦笋冠可以分株。对于成熟植株，早春长出新芦笋冠时，从边缘进行分株，丢弃中心的木质部分。

对于所有分株，注意不要损坏肉质根系，不要让芦笋冠干枯。将分株后的芦笋冠重新种植在新地方，避免土传疾病（如紫纹羽病）。将芦笋冠放在土脊上可以进一步促进排水，有助于防止芽腐，并确保与土壤更好接触。移植后覆膜以保持水分。温暖的气候条件下，用5厘米的松土覆盖芽尖，防止它们干燥。分株后的芦笋冠应在两年内成熟收获。

2 用大拇指将芦笋冠扒开，分成几个部分，每个部分至少保有一个好芽。如果有必要，用一把锋利的刀切开芦笋冠，然后再轻轻扒开根部。

4 准备好8厘米的腐熟粪便，在上面铺好5厘米的土壤。沿着沟的中心做一个10厘米高的山脊。将芦笋冠放在上面，彼此间隔30厘米。铺上土壤，只看到芽尖即可。

滨藜属（ATRIPLEX）榆钱菠菜、山菠菜

播种　早春到夏末播种

滨藜（*Atriplex hortensis*）是一种耐寒、生长迅速的一年生多叶植物，可自行播种。宜深厚、肥沃、保水能力强的土壤，这样生长最佳。滨藜在16～18摄氏度时生长最好。炎热的天气下会过早抽薹，并自播。

播种

薄如纸的苞片包裹着可育的种子；没有苞片的种子是不育的。剪下种子茎部进行干燥处理（见第282页）。滨藜不适移植，所以最好早春开始就直接播种在室外。生长季节，每隔3～4周就播种，这样可以不断收获作物。用播种机播种，间距60厘米。间苗到38厘米。滨藜会受到蛞蝓和蜗牛侵害，因此当幼苗小而且脆弱的时候就需要除虫（这里指蛞蝓和蜗牛）（见第47页）。夏季要多浇水，特别是气候干燥时更要如此。7周后采收嫩叶。

甜菜属（BETA）

播种　春季播种

这小类蔬菜属于甜菜（*Beta vulgaris*），其中包括牛皮菜、欧洲海甘蓝、菠菜甜菜和银甜菜等多叶蔬菜，以及因其肉质根种植起来的甜菜根（*Beta vulgaris subsp. vulgaris*）。它们都是耐寒两年生植物，但甜菜根是作为一年生植物种植的。

甜菜叶子和甜菜

甜菜是一种"切了还会再生"的多叶蔬菜，有白茎和红茎两个栽培品种。它可耐寒至零下14摄氏度，在16～18摄氏度时生长最好。如果在仲春后播种，第一年就要预防抽薹，如果浇水充足，就能抵御高温气候。

仲春时节，以38厘米的间距用播种机进行播种（见第283页）。如果需要植株长得较大，可间苗15厘米，或最大30厘米。早秋播种，这样早春就能收获作物；这些作物往往在仲春至晚春这个时间段播种，具体种植时间还是取决于天气温度；温度越低，它们的出苗就越慢。

甜菜根

甜菜根宜凉爽、均衡的温度，最好是16摄氏度左右，这样生长最佳。大多数栽培种都有多胚芽的种子（见右图）。也有一些单胚芽栽培品种，它们的种子是单一的。

洗净种子后，土壤温度至少为7摄氏度时，将其播种在室外（见右图）。行间距为30厘米，间距8～10厘米。如果要在凉爽的气候条件下提前种植，可在早春时节播种在钟形罩中或温室里的育苗块中（见第285页）。当幼苗长到5厘米高时再移植户外。如果想一直有收获，仲夏前每隔三周播种一次。甜菜根应该在7～13周后就可以收获了。

甜菜

甜菜不同栽培品种的叶子和茎的颜色（图中为"大黄甜菜"）相差甚大。这个甜菜和其他叶用甜菜有两个作用，既可以作为蔬菜食用，也可以作为观赏性植物种植在花坛里供欣赏。

甜菜根种子

甜菜根种子通常是多胚芽的；每个种子实际上由一簇种子组成，并长成一丛幼苗。对于普通植株来说，可以将一丛幼苗间苗成一株幼苗，也可以不间苗，长成小甜菜，方法同多块播种。

准备甜菜根种子

为了促进快速发芽，播种前，将多胚芽甜菜根种子放在筛子里，用流动冷水彻底冲洗。这样可以冲洗掉抑制发芽的化学物质。立即播种。

芸薹属 (BRASSICA)

播种 ：瑞典甘蓝 (Swede)

紫头花椰菜

芸薹属里包含多种两年生蔬菜植物；有些作为两年生蔬菜，主要用来长嫩芽或花头，有些作为一年生蔬菜，用来长叶子和根。大多数是冷季作物，具有不同的耐寒性，许多栽培品种可在不同季节种植。炎热的天气里，当温度超过25摄氏度时，它们长势不佳，很快就会结出种子。在温带地区，几乎全年都适合种植，但在温暖的气候下，只适合在冬季种植。储存的种子可保持数年的生命力，但需要单独种植才能长成。

多叶芸薹属植物宜在结实土壤中种植，且需高含量氮，但是刚施过肥的土壤会让植物生长过于茂盛而导致容易生病。轮作（见第282页）对避免根瘤病很有效果。如果确实患病，那可以在土壤中撒上石灰，然后分育苗块播种，这样植物就会长得健康。叶菜类芸薹属作物可以与根茎类作物或一年生草本植物或莴苣等填闲作物一起播种（见第285页）。

球芽甘蓝 (BRUSSELS SPROUTS)

栽培品种在早春到晚春期间播种，具体播种是哪个时间点取决于是要它们在晚秋、仲冬还是早春成熟，又或是在温暖气候的夏季成熟。前期不太耐寒，但晚期的作物可以在零下10摄氏度下生存。播种在育苗块（见第285页）或苗床中，早期播种给植株盖上覆盖物。初夏时节，将长得矮小的植株移植到45厘米深的地方，长得高大的植株移植到60厘米深的地方。保持新植株湿润直至成活，不要让植株患上霜霉病。20周后收获。

卷心菜 (CABBAGE)

卷心菜宜种植在15～20摄氏度下，但最耐寒的可在零下10摄氏度下短时间承受。为了获得预期收益，选择正确时间播种培育品种很重要。如果条件允许，可以播种在育

苗块（见第285页）或苗床中，也可以直接播种（见第283页）。幼苗长到5～8厘米高时，按适当的间距移植（见下图）。用包衣种子可以避免患上根瘤病或招致跳蚤甲虫。如有必要，带上根茎可以保护幼苗不受甘蓝根花蝇侵害（见第297页）——干旱期要让幼苗保持湿润，必要时可喷水。

花茎甘蓝 (CALABRESE)

该品种是一种凉爽季节作物，有可食用块状花序，要求平均温度低于15摄氏度，但霜冻可能会损害花蕾和稚嫩的花头。该品种不宜移植：宜在固定地点（见第284页）或育苗块（见第285页）中撒2～3粒种子，然后深度移植。间隔取决于所需的块状花序的大小；间隔较近就会长出较小的花序。

花椰菜 (CAULIFLOWER)

花椰菜种植成功取决于是否能在正确时间内播种，并避免因土壤干燥或移植而生长受阻。考虑到种植季节而选择正确的栽培品种这一点是至关重要的。在温暖地区，仲夏到秋季播种主要作物。种子在21摄氏度的环境下发芽最好。春季或初夏直接播种，用于种植小花椰菜，行距为23厘米，间隔为10

种植深度

种植芸薹属植物的幼苗要注意土壤须盖住大部分茎部，让长得最低的叶子恰好高于土壤。否则，以后植株成熟时可能就需要定桩固定，因为顶部生长出来的植物可能会太重，导致细长的茎干无法支撑。

厘米。特别是在早期播种时，一定要防御霜霉病。

大白菜

如果春季播种，大白菜很可能会抽薹，除非播种后自最初3周一直置于20～25摄氏度的环境下。大多数栽培品种只能抵御轻度霜冻。凉爽的气候条件下，推迟到初夏播种比较安全。按行播种，行距45厘米，间苗至30厘米。大白菜容易患根瘤病。8～10周后收获。

芥菜和沙拉油菜

将芥菜（*Brassica hirta*）和沙拉油菜（*B. napus*）播种在厨房用纸上或播种在盘中且盖

播种沙拉油菜

湿的厨房纸

1 在直径约13厘米的碟子上铺上厨房用纸。加水将纸浸湿，并沥去多余水。将种子厚厚地撒在纸上。贴上标签，置于温暖窗台上，最高温度宜为15摄氏度，以促进发芽。用一个透明塑料袋松散罩住种子，保持水分。

2 种子会在纸上生根。每天检查确保纸是湿润的，必要时浇水，将水沿着碟子边缘轻轻流入，避免幼苗根部被移动。让水自然吸收，1小时后倒掉未吸收的多余水。幼苗应在7～10天内就可以长成。

播种卷心菜种子

收获时间	春季	初夏	夏季	秋季	冬季 （用于储存）	冬季 （要使用新鲜种子）
卷心菜品种	小的、尖的或圆头或松散、多叶的绿色植物	大的，主头	大而圆的头	大而圆的头（包括紫甘蓝）	光滑、白色叶子的头部	蓝绿色和皱叶的
播种时间	夏末至初秋	冬末至早春	早春至仲春	春末至初夏	春季	春末至初夏
植株间距	23厘米	38厘米	38厘米	38厘米	45厘米	45厘米
行距	30厘米	38厘米	38厘米	38厘米	45厘米	45厘米

播种块状花序类作物

	花椰菜				花茎甘蓝	嫩茎花椰菜
	冬季 (冰冻无霜地区)	冬季	初夏	夏季和秋季		
播种时间和地点	晚春播种在苗床上🌱	早春播种在苗床上🌱	秋季播种在冷床上🌱 冬季播种在温暖的温室中🌱	早期栽培品种：春季播种在塑料膜下🌱 其他：晚春播种在苗床中🌱 如果需要的话保护免受冻害	秋季或春季到夏季播种在育苗块或固定地点🌱	育苗块中或苗床上🌱
种植时间	仲夏	仲夏	仲春	初夏	初秋	初夏至仲夏
植株间距	70厘米	60厘米	60厘米	60厘米	30～45厘米	60厘米
行距	70厘米	45厘米	45厘米	45厘米	15～30厘米	30厘米
收获时间	40周	40周	16～33周	16周	11～14周	50周

上塑料薄膜，沙拉作物不分播种时间，任何时间都行。春天到初秋，作为种子作物广泛播撒芥菜。

羽衣甘蓝（KALE），皱叶芥蓝（CURLY KALE）

部分羽衣甘蓝在零下15摄氏度的条件下也能耐寒存活。早春、秋季播种夏天收，或者晚春播种冬天收。紫甘蓝最宜晚播。播种在育苗块或苗床上。移栽幼苗时，要间隔30～75厘米，行距45～75厘米，具体情况视品种而定。把矮秆品种播种在容器中，彼此间隔30～40厘米。"小"羽衣甘蓝宜多块播种。

大头菜（KOHL RABI）

大头菜属冷季作物，在18～25摄氏度下长势最佳。幼苗在10摄氏度以下会导致生长过快，从而快速开花结籽。气候温和时，春季到夏末播种；气候炎热时，春天和秋天播种。紫色品种最宜晚播。每行直接播种，间隔30厘米，间苗至25厘米。气候凉爽时，在春天温暖气候下套上塑料薄膜播种，幼苗长到5厘米高时移栽，必要时用布或绒毛织物包住保护幼苗。至于幼嫩蔬菜，要分批播种。

小白菜

春季至秋季，直接播种白菜或播种在育苗块中，置于15～20摄氏度下以待发芽。大多数栽培品种都很耐寒，可抗霜冻，耐最低温度零下5摄氏度。根据不同栽培品种，间苗到10～45厘米。春季播种要选择抗抽薹的栽培品种，其他季节播种要选择抗寒栽培品种。

小芜菁

芜菁最好在幼苗期收获。种子要多块播种，这样可以收获大量小芜菁（图中为白芜菁）。5～6周后当根部长成高尔夫球大小时，就可以收获。在生长季里，每隔3周连续播种。

嫩茎花椰菜

由于生长期较长，嫩茎花椰菜（*Brassica oleracea* Italica Group）需肥沃土壤。今年春天播种，来年春天收获。温暖的气候条件下，夏末至秋季或冬季播种。将8～18厘米的幼苗移植到土壤深处，这样可以稳定幼苗，并在裸露处打桩。

紫色栽培品种比白色栽培品种更多产，也更耐寒，可耐低至零下12摄氏度。

瑞典甘蓝

瑞典甘蓝属最耐寒的根茎类作物，喜光照充足，宜低氮土壤。春末至初夏，在室外播种，温度需10～15摄氏度，行距为38厘米，分批间苗至23厘米。除了跳蚤甲虫（使用包衣种子），许多地区也深受甘蓝根花蝇困扰。对于后者问题，可使用项圈（见左侧）。26周后收获。

芜菁甘蓝（TURNIP）

芜菁甘蓝属温带作物，在20摄氏度左右长势最佳，可耐轻微霜冻。冬末至早春时节，为了收获早熟作物，将种子播种在塑料薄膜下，间苗10厘米，然后初夏前可以连续播种。夏末在室外播种主要作物，间苗15厘米。初秋收获。

移植芸薹属植物幼苗

防控杂草 用可生物降解的牛皮纸覆盖地块，能有效防控芸薹属植物幼苗附近的杂草。按要求间距在地块上切出缝隙，把幼苗种植在缝隙中。

幼苗根颈 为防止甘蓝根花蝇在苗茎基部产卵，可铺上15厘米见方的地毯衬垫方块。在每个方块的中心剪一个切口。把根颈安进切口处，平放在茎的基部。

辣椒属 (CAPSICUM)

播种 春季

甜椒或菜椒属一年生果实类蔬菜。它们是热带或亚热带作物，要求最低生长温度为21摄氏度，湿度为70%，但温度超过30摄氏度时果实结得较少。尖椒更耐高温。

辣椒是自花授粉，但也有昆虫授粉辅助。如果隔离种植，与其他品种的辣椒保持大约150米的距离，最好挑选自选的种子。关于杂交幼苗，红椒基因是显性，因此甜椒与红椒杂交的结果是长出的幼苗更火辣些。将成熟的辣椒晒干，确保种子在提取前已经成熟（见右图）。将种子储存在阴凉、干燥处。

如果是在塑料膜下种植辣椒，可早春时节将种子播在容器中（见第285页），温度为21摄氏度。幼苗长出2～4片叶子时，将其单独移植到6～9厘米深的盆中。长到8～10厘米时，移植在温室床或袋中，或盆栽到20厘米深的盆中，每株幼苗间隔45～50厘米。如果正在生长的辣椒要移植，应在初夏或天气足够温暖时进行，间距45～50厘米。12～14周后可收获。随着一步步成熟，果实会从绿色变成红色、黄色

收集辣椒种子

或紫色；有些果实绿色时食用最佳。

对于尖椒，早春到仲春在18～21摄氏

1 收集辣椒种子，必须清除掉没有变色的成熟果实的芽。悬挂在一个明亮通风处晾干，再在下面放一个托盘来收集掉落的种子。

2 3～5周后，干辣椒开始枯萎，种子完全成熟。戴上手套，防止辣椒汁刺痛皮肤，千万别碰触到脸。将每个辣椒纵向切开，把种子刮掉。

度时播种，春末到初夏移植出来，彼此间隔60厘米。

藜属 (CHENOPODIUM)

播种 春季

藜麦是一年生粮食作物，原产于南美洲安第斯山脉的秘鲁和玻利维亚，因其种子的干头像谷类一样食用而种植（类似于苋属，见第220页）。除非不会有霜冻风险，否则应将种子播种在温室内。种子更喜肥沃土壤，

宜用高钾和氮肥，并选择阳光充足的位置。按行距45厘米播种（见第283页），以后间苗到50厘米。潮湿的夏季，藜麦容易患霜霉病。在每行空隙处锄地，防止杂草生长。夏末秋初收获成熟的藜麦。种子应该很难用拇指指甲按碎，而且叶子开始变黄并掉落。

菊苣属 (CICHORIUM)

播种 春季到仲冬

这个属包括多叶蔬菜菊苣（*Cichorium intybus*）和菊苣（*C. endivia*）。这两个品种都属一年生植物，宜种植在肥沃、排水能力强、氮含量低的土壤上。

菊苣

菊苣播种同生菜（见第303页）。播种时间取决于菊苣品种：春季或初夏播种的苦苣品种需要人工催熟；初夏至仲夏播种的红色品种；还有夏季播种的塔糖品种。塔糖品种能耐轻微霜冻。菊苣

需要8～10周才能成熟。秋季将成熟的菊苣挖出来，放在盆里进行人工催熟。

苦苣 (ENDIVE)

能耐轻微霜冻，但一些耐寒品种，如阔叶菊苣，能耐零下10摄氏度。如果播种早，且置于低于5摄氏度的温度下，苦苣容易发生抽薹。初夏开始播种，方法同生菜（见第303页），7～13周内可收获。苦苣很实用，可以和芸薹属以及其他长期作物间作（见第296—297页）。

卷曲的苦苣

天气炎热时，有卷曲叶片的菊科植物比阔叶散生植物更不易发生抽薹。

西瓜属 (CITRULLUS)

播种 仲春到初夏播种

西瓜属热带一年生植物，生长温度宜25～30摄氏度。需肥沃的沙壤土和施上腐熟粪肥和一种通用肥料。

炎热的气候条件下，直接播种，每穴两粒种子（见第284页），间隔90厘米。

每一穴都要间苗变粗壮。为了促进长成果实，将花粉从雄花转移到雌花——雌花基部有一个凸起，也就是含苞欲放的果实。11～14周后可收获。

气候较凉时，每6～9厘米的花盆播种两粒种子（见第285页）；温度达到22～25摄氏度时就会发芽。挑选最健康的幼苗，每一盆间苗到只剩一株，然后幼苗长到10～15厘米高时就做硬化处理（见第286页）。霜冻危险过去后，把幼苗移栽到阳光充足遮蔽处，每株间隔90厘米。将每一株幼苗种在一个小土墩上，必要时用绒布或钟形罩盖住加以保护（见第39页），直到幼苗发育成熟。花期去除任何覆盖物，以减少湿度，促进授粉。

西瓜不与其他瓜类杂交，如果亲本与其他品种种植相距400米，种子就会杂交。种子收集方法同甜瓜（见第300页），它们可活长达5年。

芋属（COLOCASIA）芋头

分株 春季 ♦♦♦
扦插 春季 ♦♦♦

芋头属于热带多年生植物，块茎可食，生长温度宜21～27摄氏度，湿度75%以上，需肥沃、潮湿、高氮土壤。产生的种子很少，所以繁殖通常是通过现有的块茎或插条进行。大块茎可以切成几部分，每一部分要有一个健康、休眠的芽。温暖的气候条件下，种植完整块茎或已切成段的块茎要彼此间隔45厘米，种植深度达植株大小的2～3倍，行与行之间隔90厘米。在较凉爽的地区，在20～30厘米的扦插堆肥盆中生根，置于有顶棚盖的温室床或生长袋下，定期浇水保持湿润。如果条件允许，将生根的块茎移栽到有遮盖且阳光充足的地方。

或者，让块茎在冬末强制生长，从新梢上取基部茎插条。在相同的条件下让插条生根，做法同块茎。16～24周内可收获。

芋头基部茎插

1 冬末，三分之二的芋头会把健康的块茎深埋在一盒潮湿的椰壳或泥炭土中。长出嫩枝前，温度保持21摄氏度，湿度75%且光照充足。

2 当芽长到10～13厘米高时，剪下每个芽，并在基部留一小片块茎。种植在21摄氏度的室外，每行间隔45厘米，每列间隔90厘米，或者插入25厘米深的花盆。

两节荠属（CRAMBE）海甘蓝

播种 春季 ♦♦♦
扦插 晚秋到早冬 ♦

茎菜类是完全耐寒的多年生植物。需深厚、肥沃、微酸的沙壤。种子有软木皮，会抑制发芽，用指甲刮掉这层皮。在播种机中薄薄播种（见第283页）或室外播在种子盘中。种子在7～10摄氏度时会缓慢且不均匀地发芽，等长到8～10厘米高的幼苗再进行移栽。

一般来说，根插或"丁字嫁接"更成功。从成活了3年的健康植株上摘取插条。在不损害根部的情况下把母株挖起来，并清除多余的土壤。为避免倒插插条，请在每根插条根部作斜切标记。在无霜区越冬，然后早春移栽。第二年或第三年收获嫩茎。对于持续栽培作物，每三年扦插一次。

海甘蓝根插

1 选取大约铅笔粗细的根。用干净、锋利的刀，在每一个根底部斜切，然后把它们从砧木上拿下来，把靠近根的顶部直接切下来。扔掉旧冠。

2 将根切成8～15厘米长的小段，顶部直切，底部斜切。用拉菲草或麻绳将插枝绑成5～6束，使两端垂直或倾斜。

3 在15～20厘米深的盒子里填上10～13厘米深的纯沙砾。把之前捆扎好的插枝插到沙砾中，斜切口朝下。用更多的沙子完全覆盖。最后浇水，留在无霜的阴凉地方直到春天。

芽长得太长了

生长过度的插条

插条刚刚开始破芽

良好的插条

4 早春，当插条刚刚破芽时（见左图），小心地把插条拔出来。如果让它们继续生长（见最左图），芽就浪费了生根所需的能量了。

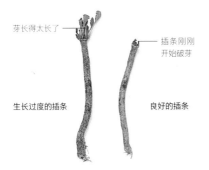

5 用拇指和食指掐掉每根插条顶端的所有芽，只留下最强壮的一个（见小插图）。用穴播器把插条种在准备好的花床上，间隔38厘米，使芽在地面以下2.5厘米。

黄瓜属（CUCUMIS）

播种 春季 ♣

　　黄瓜、小黄瓜（*Cucumis sativus*）和甜瓜（*C. melo*）都属娇嫩的一年生攀缘植物，是水果作物。

黄瓜和小黄瓜

　　这些植物在18～30摄氏度时生长最佳，温度低于10摄氏度会受损。不授粉的欧洲品种或温室品种的果实夜间温度最低也需要20摄氏度。土壤应肥沃，土壤吸水性好，排水能力强，高氮。种子在20摄氏度时发芽，幼苗不适宜移植，所以气候温暖时直接播种。在土堆上播种2厘米深，以保持根的温暖和良好的排水。攀爬品种间隔45厘米，灌木品种间隔75厘米。

　　气候凉爽时，播种在花盆或模具里，霜冻期过后，可以在户外种植，或以同一间隔种植在温床上。要保护新植株免受暴风和寒冷（见第38—45页）侵袭。黄瓜播种

播种黄瓜种子

1 在8厘米深的花盆中单侧播种，用标准的种子堆肥填满花盆的一半。保持温度在18～21摄氏度。7天后，当每株幼苗高度长到盆沿以上时，填入更多堆肥和水。

后12周即可收获；小黄瓜长到8厘米就可以收获了。

2 播种后4周，挖一个直径和深度都是30厘米的洞，填入充分腐熟的粪便。盖上约15厘米高的粪肥土堆，以帮助排水，将幼苗种在上面。压实，贴上标签并浇水。

甜瓜

　　不同品种的甜瓜都需要肥沃、高腐殖质、氮含量高的土壤，生长温度约为25摄氏度。播种方法同黄瓜，但相互间隔90厘米，每行间隔0.9～1.5米。在18摄氏度时发芽。气候凉爽时，每8厘米深的花盆中播种两粒种子，并把长势不佳的幼苗清除。12～20周内收获。种子可以从健康的果实中采集。

提取甜瓜种子

刚成熟　　　　　几乎腐烂

1 成熟时采摘甜瓜。贴上标签，置于阴凉、干燥处，直到甜瓜几乎腐烂，让种子继续成熟。

2 把种子舀出来放到筛子里，用流水洗掉果肉。如果果肉留在种子上，会抑制发芽。

3 将种子放在厨房纸上，置于温暖、通风处晾晒7～10天。储存在阴凉、干燥处，以便春季播种。

南瓜属（CUCURBITA）

播种 早春到晚春

西葫芦花

　　南瓜属植物都不耐寒，属水果蔬菜和一年生作物。它们包括西葫芦、绿皮南瓜（也叫绿皮葫芦）和夏南瓜（主要是西葫芦）、冬南瓜和南瓜（笋瓜、长南瓜、西葫芦）。它们需要的土壤和黄瓜一样，但南瓜和冬南瓜需要的土壤相同，喜中氮或高氮土壤。

　　一般来说，黄瓜和葫芦一样，都是早春从种子中发育而来的。在5厘米深的花盆中播种2～3粒种子，然后把最结实的幼苗移栽到土堆中。春末，在图中所示的间隔处播

种2～3粒种子（见第284页）。播下至少2.5厘米深的南瓜种子。南瓜种子如果播种前浸泡一夜，发芽会更快。如有必要，保护幼苗免受霜冻（见第38—45页）。播种或移植后覆盖住以保持湿润。南瓜属作物适合与玉米等高大的作物间作（见第285页）。

　　葫芦会与其他同品种异花授粉。为了收集时保持种子纯净（见右图），在开花前将一个雌花蕾和几个雄花蕾的两端绑在一起，防止昆虫传粉。第二天，把雄花的雄蕊刷在雌花的柱头上。密封雌花直到它枯萎，然后标记长出的果实。种子可以存活5～10年。

收集南瓜或倭瓜种子

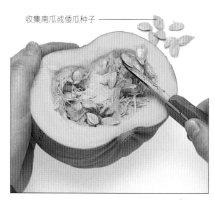

完全成熟的种子
将成熟的南瓜或倭瓜置于阳光充足、空气流通的地方至少3周，温度约21摄氏度，让种子成熟。当南瓜开始变软时，将其切成两半，用刀刮出种子。洗掉种子上的果肉，用纸擦干，最后储存。

菜蓟属（CYNARA）

播种 早春 ♠（菜蓟）
分株 春季 ♠（朝鲜蓟）

朝鲜蓟

刺棘蓟和朝鲜蓟属耐寒的多年生植物；前者用其茎来种植，后者用不成熟的花头种植。两种种植法都需要一个开阔场地，有肥沃、湿润的土壤，大量腐熟的粪肥或堆肥，喜生长温度为13～18摄氏度。

菜蓟

刺棘蓟最好用种子培育。将种子单独播种在花盆中（见第285页），盆上罩上塑料

提取刺棘种子

将带刺的花头挂在一个纸袋里，放在温暖、干燥的地方。当它们完全干燥时，用锤子用力压碎它们。挑出带有种子的冠毛。存放在凉爽干燥的地方，直到春天，用冠毛播种。

膜。早春时节，在10～15摄氏度下发芽。如果使用自家收集的种子（见左下图），播种前不要尝试将种子从冠毛中分离出来，只需把它们撒在堆肥上即可。幼苗长到25厘米高时就移栽。气候凉爽时，要硬化处理（见第286页）。春末，在45厘米宽的沟内，按38厘米的间距种植。行距为1.2米，以便在茎部生长时可以给它们培土。第二年茎部收获。

朝鲜蓟

因为种子无法发育成成熟植株，所以最好分株。而且幼苗在凉爽的气候中不耐寒。对于已成熟的植株，有两种分株方法。

如果受到莴苣根瘿棉蚜困扰，分株则可以避免传播病害。从植株的边缘摘取生根的侧枝（见右图），因为它们的生命力最强，且不要打扰母株。侧枝需移植才能继续生长，即使是那些很小或没有根的侧枝也要移植。如果干燥，要给它们浇水。气候凉爽时，侧枝没成熟前都要用绒布保护，第一个冬天用稻草、地膜或绒布保护。

成熟的植株也可以像多年生草本植物一样挖起来和分株。用一把刀、两把手叉或一把铲子，将植株分成3～4块，每块至少存有两个强壮的芽和一些良好的根系。丢弃老的、木质的冠。将分株上的叶子修剪到13厘米，以减少水分流失，并把侧枝移栽到精心准备的苗床上。侧枝成熟前，要一直细心处理。第一年夏末，可以剪掉第一个花头。

朝鲜蓟侧枝

1 春季，选取一个带有2～3片叶子的健康侧枝，侧枝要从母株的木质冠上剪下。注意保留根系，然后修剪老茎到刚好位于嫩叶的上方，避免腐烂。

2 侧枝至少间隔60厘米，行间隔75厘米。如果侧枝保有的根系很少（见小插图），要把茎埋得深点，保持直立，然后浇水并贴上标签。

播种南瓜

发芽温度	西葫芦、绿皮南瓜和夏南瓜：15摄氏度。南瓜和冬南瓜：20摄氏度。
幼苗间距	灌木丛中的西葫芦和绿皮南瓜：相互间隔90厘米。蔓生西葫芦和小皮南瓜：1.2～2米；南瓜和冬南瓜：2～3米。
生长温度	西葫芦和绿皮南瓜：18～27摄氏度。南瓜和冬南瓜：18～30摄氏度。
收获时间	西葫芦：7～8周绿皮南瓜：大约10厘米长时。南瓜和冬南瓜：12～20周。

胡萝卜属（DAUCUS）

播种 春季到夏季 ♠

胡萝卜

胡萝卜属耐寒的两年生根茎类作物，作为一年生作物种植在光照充足、肥沃、低氮的土壤上。当土壤温度高于7摄氏度时开始播种，在较冷的地区可播种在温室内。播种深度为1～2厘米，进行撒播或条播，播种行间距为15厘米。也可以进行流体播种或使用催化种子，让更多种子能够均匀发芽。根据需要收获的大小，间苗到4～8厘米。圆根的胡萝卜可以多块播种。用90厘米的细网屏障保护作物免受胡萝卜茎蝇的侵害，或者在初夏苍蝇未肆虐时播种。胡萝卜需要9～12周才能成熟。

胡萝卜幼苗多块播种

幼苗长到2.5厘米高时，就移植整块幼苗。用一块种植板准确测量，将成块的幼苗按23厘米的间距交错排列。

茴香属 (FOENICULUM) 茴香

播种　春季到夏末 🌱

茴香

茴香属是相当耐寒的一年生蔬菜，能耐轻微霜冻。宜种植在肥沃、低氮、潮湿的土壤中，在10～16摄氏度时生长最佳。种子在15摄氏度左右发芽。夏至之后选择天气凉爽的时候播种较老的栽培品种，否则它们会过早抽薹。茴香如果生长受阻或者任其生长，也会抽薹。每隔30厘米进行穴播（见第284页），并间苗。春天在育苗块中播种抗抽薹的栽培品种，并盖上塑料膜（见第285页），初夏硬化处理和移植。在温暖地区，春季可以直接播种夏季作物；夏末播种秋季作物。在轻质土壤上，轻柔培土以避免风化。15周后可收获。

向日葵属 (HELIANTHUS) 洋姜

分株　秋季 🌱

该属中的洋姜（*Helianthus tuberosus*）是非常耐寒的块茎类蔬菜。在温带气候中生长最佳对土壤要求不严，如果不管它，可能会大肆繁殖成为入侵植物。

秋天挖起一株洋姜，选取健康块茎。将它们置于一箱椰壳或泥炭中越冬，以防止变干。分株大的块茎（见右图），一旦土壤可供种植，就在春季种植。仔细选择地点，因为这些植物可以长到3米高。在非常干燥的条件下要浇水。

成熟的块茎可以在种植后16～20周内根据需要拔出：它们不容易储存，最好保存在土壤中。

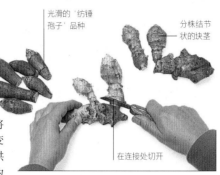

光滑的'纺锤孢子'品种

分株结节状的块茎

在连接处切开

分株洋姜块茎
比鸡蛋大的块茎可以切成小块，每块保有几个芽。较小的块茎则可以整块栽种。种植块茎，把芽放在最上面，种10～15厘米深，行距30厘米。贴上标签并浇水。

扁豆属 (LABLAB) 牛豆

播种　春季 🌱；扦插　春季 🌱

扁豆或者叫鹊豆

牛豆或扁豆（*Lablab purpureus*）是一种柔软、寿命短的热带多年生植物，在易受霜冻的气候条件下作为一年生作物种植。它在18～30摄氏度和70%湿度下长势最佳，对土壤也没有严格要求。

播种

在温暖的气候条件下，种子直接成行种种（见第283页）。攀爬型栽培品种的行距为30～45厘米，间距为75～100厘米；矮小型的行距为30～40厘米，间距为45～60厘米。在凉爽地区，温度达到20摄氏度，湿度为70%时，将种子播种在5～9厘米深的盆中（见第285页）。幼苗长到10～15厘米高时，进行硬化处理，然后如上所述，移植到有遮蔽的阳光充足的地方，或移植到种植袋或温室床上，间隔50～60厘米。6～9周后可收获。

扦插

摘取20～25厘米的软木茎插条，在雾中生根，方法同红薯。将生根的插条作为幼苗处理。

虎掌藤属 (IPOMOEA) 红薯

播种　春季 🌱🌱🌱
块茎　春季 🌱🌱🌱
扦插　春季 🌱

作为一年生作物种植，番薯（*Ipomoea batatas*）需要高度肥沃含氮量高的沙壤，生长温度为24～26摄氏度。在温暖的气候条件下，最好用块茎或扦插法种植；在较冷的地区，用种子培育是最好的选择，但成熟的块茎会比较小。

播种

将种子播种在20～25厘米深的花盆中，置于24摄氏度下让其发芽。在温暖、潮湿的气候条件下，幼苗长到10～15厘米高时就可以种植。在较冷的地区，温度达到25～28摄氏度，湿度为70%时，盖上塑料膜，保持良好的通风，播种后20周就收获块茎。

块茎

块茎种子在越冬储存前必须"风干"。秋季挖起块茎，在温度28～30摄氏度、湿度85%～90%的条件下，放在阳光下晾晒4～7天。如果可能发生霜冻，晚上还要盖上塑料膜。然后可以在10～15摄氏度的环境下置于浅盘中储存几个月。

气候温暖、潮湿时，要在雨季开始时种植块茎种子。气候温暖和凉爽时，春季种植。按75厘米的间距做凸起的田埂，然后将块茎插入5～8厘米深，块茎彼此间距25～30厘米。如有必要，要防风。12～20周后收获新块茎。

摘取红薯茎插条

1 在成熟的植株上摘取健康、有活力的嫩芽，并在叶关节的上方将其切下。将嫩枝放在塑料袋中，防止失去水分。立即准备好插条：如果它们枯萎，就不会生根。

扦插

按以下方式准备茎插。在温暖潮湿的地区，按照块茎的方法，插一半长度在田埂上。在较冷的地区，按照幼苗的相同条件，在无土扦插堆肥的花盆中生根。将生根的插条移植到温室边界或种植袋中。12～20周后收获块茎。

摘除下部叶片，以减少水分流失

2 摘除底部的叶片。修剪掉节节以下的每个嫩枝。在一个15厘米的花盆中插入3或4个20～25厘米长的插条。

莴苣属（LACTUCA）

播种　随时

生菜的适宜温度为10～20摄氏度，土壤肥沃、锁水。种子在25摄氏度以上时不发芽。生菜大多数情况下都可以用种子培育，但选择适合播种和收获季节的栽培品种至关重要。只有某些栽培品种适合温暖的气候，其他品种在盛夏的高温下容易抽薹。每两年轮换一次作物，以避免患真菌病害。生菜很适合间作（见第285页）。

早春到初秋直接进行穴播（见第284页），间隔30厘米，小品种则间隔15厘米。为了使发芽更均匀，可以流体播种（见第284页）。在育苗块内播种（见第285页）可以充分利用空间，避免移栽时植株生长停滞。对于连续种植的作物，每10～14天播种一批。幼苗长出5～6片叶子时，移栽到潮湿的土壤中，炎热的天气下遮阴，直至幼苗成熟。7周后开始采摘散叶生菜，11～12周后采摘奶油生菜、长叶生菜头和脆生菜品种。

室外越冬的耐寒栽培品种可以直接播种或夏末和早秋播种在钟形罩中（见第39页）。也可以仲秋到冬末播种在育苗块中，盖上塑料膜，并于早春移植。

独行菜属（LEPIDIUM）

播种　春季、夏末或秋季

家独行菜（Lepidium sativum）是中等耐寒的一年生作物，如果不在15～20摄氏度的阴凉处播种，天气炎热很快就会花谢结籽。撒播（见第283—284页）或按行距15厘米播种。水芹适合间作（见第285页），可以像沙拉油菜（见第297页）那样在厨房纸上播种，10天后就可以收获。

芥菜和水芹
把芥菜种子播在湿润的厨房纸上，3天后播种相同数量的水芹种子。幼苗长成前都要保持湿润。

日中花属（MESEMBRYANTHEMUM）

播种　早春

冰叶日中花

该属中的冰叶日中花是柔弱的多年生植物，在凉爽的气候条件下可作为一年生植物种植。种植时，需给予光照，选择排水性能好的土壤。在凉爽地区，将种子播种在室内的托盘或花盆中（见第285页），长到足够大时移植到育苗块中。初夏时节，将其移植户外，间隔30厘米。如有必要，可置于钟形罩中。在温暖地区，成排播种，间隔30厘米，长出幼苗后使其间距同上。4个星期后方可收割。

酢浆草属（OXALIS）薯蓣、块茎酢浆草

块茎　春季

山药（Oxalis tuberosa）是柔嫩的多年生植物。其最佳生长条件为70%湿度、20～22摄氏度。气候温暖时，块茎种子和马铃薯种植方式相同（见第307页），间隔50厘米。早春，气候较冷时，将其种植在20厘米深的花盆中覆盖好，任其生长发育。春末，嫩芽长到15厘米高时，进行移植。给幼苗盖上钟形罩或塑料薄膜，保持温暖（见第39页）。6～8个月后方可收割。而在较冷的地区，成熟的山药体积较小。

欧防风属（PASTINACA）欧洲防风

播种　早春或晚春

欧洲防风草（Pastinaca sativa）是耐寒的冷季型一年生作物，种植在深厚的轻质土壤中。种子必须是新鲜的才能发芽；预发芽或打底的种子发芽更均匀。如果土壤温度低于12摄氏度，种子发芽就会非常缓慢。

早春直接播种，秋季至初冬便可收割；或者晚春播种，便可收割越冬植物。晚春播种，能长出柔嫩根系，也可避免最早期的胡萝卜根蝇侵袭。气候温暖时，也可在秋季和冬季播种。条播，播种深2厘米，间距10厘米，行间30厘米。如果撒播，对于较小的根系，间苗到8厘米，较大的根系间苗到10厘米。

欧洲防风草可以与成熟较快的作物间播，如萝卜。以10厘米的间隔播3颗防风草种子，在它们之间播萝卜种子，间隔约2.5厘米。欧洲防风草应该在播种后16周就可以收获了。

菜豆属（PHASEOLUS）

播种　春季到仲夏

红花菜豆

这些豆类或荚果类蔬菜包括红花菜豆角（Phaseolus coccineus）、一年生菜豆（Phaseolus vulgaris，也是我们熟悉的烤豆罐头的原材料），以及一年生或生命周期短的多年生利马豆（P. lunatus）。它们都属温带季节的柔嫩作物，作为一年生植物种植。高温度和高湿度会妨碍开花，影响作物生长。豆类植物宜多施肥；播种前几个月，准备土壤浇上大量腐熟堆肥，提供营养给深层根系。豆种子蝇会导致种子无法发芽或让幼苗盲目出土。为避免这种情况，可播种在容器中（见第285页）或对种子预发芽。

豆荚变黄时，就可以收集豆子作为种子使用（见第282页），F1杂交种除外。矮小的栽培品种变黄时，将整株植物连根拔起，挂起来晾干。把所有干瘪的种子丢掉。种子可以保存3～4年。除了下面列出的豆子，偶尔也会种植其他几种菜豆属植物，包括宽叶菜豆（宽叶菜豆，属耐旱的一年生植物，具有灌木和攀缘形态）和赤豆（赤豆，属一年生低矮的灌木丛）。

红花菜豆

这些豆子需要100个无霜日才能成熟，并需要一处遮阴地促进昆虫授粉。土壤足够温暖时，播种在室外的棚屋或一排藤条下，每根藤条下播两粒种子（见第304页）。对于较冷地区的早期作物，仲春时节，单独播种在育苗块或花盆中，等霜冻期过后的晚春时节再移植。

植株会隆起胡萝卜状的根，挖出来保存在无霜冻的地方，就像种植大丽花块茎一样

预先发芽的四季豆
将豆子铺在湿润的纸巾上，放在碟子里，保持湿润，最低温度为12摄氏度。只要豆子一发芽、没变绿，就可以播种。

（见第266页）。春季，开始种植在玻璃罩下的花盆中，霜冻过去后重新种植。

四季豆、芸豆或扁豆

这些都是自花授粉，宜在肥沃轻质的土壤中种植。豆子预发芽可以提高产量（见第303页）。播种攀缘品种，方法同红花菜豆。矮小的品种要在早春播种，且错开行，如果需要的话，可以用专用玻璃罩罩住。仲夏前可以连续播种（见右图）。

利马豆或棉豆

这些热带植物宜种植在含氮量低的沙壤中。在亚热带或暖温带地区，阳光充足，露天生长（见右图），不宜暴晒。气候凉爽时，播种在盆中，方法同扁豆（见第302页）。小果栽培品种只有在仲夏后才能生长，此时日光持续时间不到12小时。

豆类播种

	红花菜豆	菜豆、芸豆或扁豆	利马豆或棉豆
播种时间	仲春至初夏 🌱	仲春至仲夏 🌱	春季 🌱🌱
发芽温度/土壤温度	12摄氏度	12摄氏度	18摄氏度
种子或幼苗间距	15厘米	攀缘品种：6～10厘米 矮小品种：23厘米	攀缘品种：30～45厘米 矮小品种：30～40厘米
行距	60厘米双行	攀缘品种：60厘米双行 矮小品种：23厘米单行	攀缘品种：75～100厘米 矮小品种：45～60厘米
播种深度	5厘米	4～5厘米	2.5厘米
生长温度	14～29摄氏度	16～30摄氏度	18～30摄氏度
收获时间	13～17周	7～13周	12～16周

豌豆属 (PISUM) 豌豆、菜豆、甜豆

播种　春季到初夏或秋季

豌豆

豌豆（*Pisum sativum*）属不耐寒的凉季型一年生作物。在13～18摄氏度的环境下，种植在吸水性强且排水便利的土壤中，生长最佳，但这种植物怕冷，不喜潮也不喜旱。播种前用硫酸钾肥浇灌土壤，并轮作。（见第282页）。

种子需要10摄氏度的土壤温度才能发芽，但在盛夏高温下会休眠。每隔10天连续播种，或交叉种植一个以上的品种。表皮皱巴的种子最耐寒，所以最适宜秋季播种。播种前，将种子浸泡一夜，有助于发芽。用宽钻头播种两行，5厘米深，或用单钻头撒播（第283页）。将嫩豌豆或甜豆也播在深床上，间隔5～8厘米。

为了保护种子不被老鼠吃掉，可以播种在水沟里（见右图）；用网兜保护种子不被鸽子吃掉（见第45页）。

豌豆可以在10～12周后收获。种子是可以繁育的，所以值得保存（见第282页）。选取强壮的植株，让豆荚成熟。当豌豆在豆荚中发出响声时，种子就成熟了。它们能存活3年。

在水沟里播种豌豆种子

1 开一段1.1～2米长的塑料排水沟。在距离边缘1厘米的地方填入无土种子堆肥。以双行方式播种豌豆种子，间距约5厘米。浇水沉淀堆肥。

2 给种子铺上更多堆肥，高度到边缘。再次浇水，沉淀堆肥。贴上标签。置于有遮挡的地方，如阳光充足的窗台，以便发芽。温度应高于10摄氏度。

3 幼苗长到8～10厘米高，根系发育良好时，就可以移植了。挖出一条浅沟，深度和长度与之前的水沟相同，然后将部分幼苗轻轻推入浅沟，每次不超过45厘米。压实。

萝卜属 (RAPHANUS) 萝卜

播种　春季到夏末

一年生和两年生萝卜属一年生根茎作物。它们宜种植在氮含量低的轻质肥沃土壤中，应定期轮作。大型冬季栽培品种，如"西班牙黑冬"（Black Spanish Winter）和东方萝卜是耐冻的。每个品种的播种方式不同。小萝卜的种子通常是分批直接播种，间隔10天。撒播时要播得稀疏点，或者用钻头播种。小而圆的品种可与长期作物（如防风草）混播。气候凉爽时，如果仲夏之前播种，大多数大型冬季或东方品种的植株会开花。选定的小而圆的栽培品种可以比平时早播或晚播，必要时可盖上塑料膜。

给种子喷洒适当的杀虫剂，以防止甘蓝根花蝇和跳蚤甲虫，并根据需要多次喷洒使用；天气干燥时，跳蚤甲虫更是萝卜的"头号天敌"。萝卜可作为种子作物种植。夏季，萝卜会长出小的、热的、可食用的种子荚。

给小萝卜幼苗喷洒杀虫剂
为了防止跳甲虫害，在两叶期对幼苗喷洒杀虫剂，或让幼苗在昆虫网下生长。

播种小萝卜

	小而圆	小而长	大型冬季品种	白萝卜	种子作物
小萝卜尺寸	直径2.5厘米	8厘米长	500克或更重	20厘米长，直径5厘米	
播种时间	春季至夏末	春季至夏末	夏季	仲夏至夏末	春季至夏末
植株间距	2.5厘米	2.5厘米	15厘米	10厘米	15厘米
植株行距	15厘米	15厘米	30厘米	30厘米	30厘米
播种深度	1厘米	1厘米	2厘米	2厘米	1厘米
收获时间	主要作物：3～4周 早期或晚期作物：6～8周	3～4周	10～12周	7～8周	8～10周或豆荚变脆变绿的时候

大黄属 (RHEUM) 大黄

播种　春季
分株　秋季到早春

可食用大黄（Rheum x hybridum，异名为R. x cultorum）属耐寒的多年生植物，不耐高温。需要用腐熟的粪便或堆肥浇灌土壤，经过一段严冬时期，会脱离休眠期。苗期不同，所以种植大黄最好通过分株来增加产量。可以第一年从分株中获茎，也可以第二年从幼苗中收获茎。

在苗床中播种（见第283页），深2.5厘米，间距30厘米，间苗到15厘米的距离。秋季或第二年春天，移植长势最佳的种苗。温暖地区也可在初夏播种。

分株

一旦树冠长到3～4年，最好深秋分株。挖起或露出树冠。用铲子小心翼翼地切开，切成直径至少10厘米的小片或"秧苗"，确保每个小片上至少有一个主芽。重新栽种到已施肥的土壤中，间隔90厘米。把每个根周围填好土，使芽刚好露出表面以上。压实芽的周围，然后覆土。

蔊菜属 (RORIPPA) 西洋菜

播种　初秋
扦插　春季

这种一年生植物（Rorippa nasturtium-aquaticum，异名为Nasturtium officinale）可以在水中生长或置于每天浇水的沙砾盘中生长。将种子播种在5厘米的泥炭或有毛孔的垫子上（见右图）。在18～21摄氏度温度下保持湿润（见右图）。发芽前，每天用水泵换水或手动换水。8～14周后采收10厘米的茎。

摘取豆瓣菜插条

均匀地涂抹种子糊

播种豆瓣菜种子
将预发芽的种子搅和进新的墙纸浆中。在种子盘中铺上潮湿的有毛孔的垫子，糊上浆糊后用玻璃盖住。

1 从健康植物的茎上切5厘米，插条刚好在叶子的连接处。剪掉每根插条底部三分之二以下的叶片。将插条，放在没有阳光直射的明亮地方，置于16摄氏度左右的温度下生根一周左右。

2 当插条长出良好根系后，将其放入干净的水流中生长。

茄属（SOLANUM）

播种 春季（茄子）🌱🌱🌱（番茄）🌱
块茎 春季（马铃薯）🌱
嫁接 春季嫁接（番茄）🌱🌱🌱

茄子果实和花朵

该属包括圆茄子（学名 *Solanum melongena*）以及块茎马铃薯（学名 *S. tuberosum*）。两者都需要种在深的土壤中，且排水便利，土质肥沃。该属现在还包括番茄（学名 *S. lycopersicum*），它需要湿润、肥沃的土壤、阳光充足，温度为21～24摄氏度。

圆茄子，长茄子

气候凉爽时，这些柔嫩的茄子作为一年生植物种植。宜种植在氮含量适中的土壤中，温度为25～30摄氏度，湿度为75%，这样的环境生长最佳。温度低于20摄氏度时，生长受到限制。为了获得最佳发芽率，可以先将种子在温水中浸泡24小时。薄薄地播种在托盘或花盆中，一旦幼苗长得足够大，就立即移植到9厘米的花盆中。必要时先炼苗，长到8～10厘米高时，就可以移植了。气候温暖时，种植在阳光充足的地方，间隔60～75厘米，但要防止大风低温，因为风和低温可能会阻碍生长并导致落蕾。

天气较冷时，按上述间距移植到有遮盖物的花坛中，或移植到20厘米深的黄土基堆肥或种植袋中。要保存种子，就把果实留下，等它们自然从植物上成熟掉落，然后把

马铃薯种子去芽

要使马铃薯种子发芽，应将其单层放在盒子或托盘中，"眼睛"朝上。长出2厘米的绿芽前（通常为6周），要储存在光照充足、凉爽的地方。如果置于温暖、黑暗处，块茎就会长出脆弱无力的芽（见小插图）。

播种马铃薯种子

	早熟作物	晚熟作物	主要作物
播种时间	早春 🌱	仲春 🌱	晚春 🌱🌱
块茎和间距	行距30厘米 间距45厘米	行距38厘米 间距68厘米	行距38厘米 间距75厘米
收获时间	100～110天	110～120天	125～140天

果实挂起来，直到颜色变淡，种子成熟。切成两半，挑出种子，然后晒干。

马铃薯

这些柔嫩的多年生植物耐冻，在16～18摄氏度温度下生长最佳。宜种植在富含有机物的土壤中，种植早春作物的氮含量宜中等，

粮食作物要求的氮含量则高一些。轮作作物是为了避免土传病害的增加：早春作物最好每三年轮作一次，粮食作物每五年轮作一次。只使用经认证的无病毒块茎种子，这些种子在生长过程中没有蚜虫，能避免病毒传播。如果种植马铃薯是为了获得块茎种子，就要对植物喷洒杀虫剂，以防止蚜虫侵害。

马铃薯播种在床上

在沟里 用铲子挖出8～15厘米深的洞。以正确的间距将块茎放入钻头中（见上图），嫩芽朝上。盖上土，稍微堆高点。新芽长到大约15厘米高时，开始在它们周围培土。

在升高苗床上 准备好一个升高苗床（见第283页）。将块茎放在土壤上，间隔10厘米，注意它们的摆放位置。给它们铺上15～20厘米腐熟的堆肥。在上面盖上黑色塑料，并牢牢固定。在每个块茎上方划条缝，以便嫩芽生长。

在容器中播种马铃薯

1 在一个30厘米深的花盆中填入黄土基的盆栽堆肥或土壤，深度为三分之一，并拌入一小撮通用肥料。将一个带芽的块茎放在中间，发芽一端朝上。

2 给块茎铺上大约5厘米的盆栽堆肥或土壤，并置于无霜的温室中继续生长。一旦新芽长到15厘米高，就分多次将其埋入土中，每次埋入一半的芽。

在生长季节较短的凉爽地区，通常在塑料膜下对马铃薯去芽，这样播种前它就可以开始生长。一个块茎上的芽越多，产量就越高。对于大型早熟马铃薯而言，要去除所有的芽，只剩3个就可以。任何看起来不健康的块茎都要丢弃。

如果需要的话，用绒布或塑料薄膜覆盖早熟作物，以免受到霜冻侵害。土壤温度高于7摄氏度且所有的霜冻风险都已过去时，再种植主要作物马铃薯。马铃薯可与多individually属植物间作，或与豌豆或豆类种植在高床上。种块茎的种植方法很多：可以种在沟渠中、升高苗床上或在黑色塑料上，这样就不用给生长中的芽培土了。如果空间有限或条件不适合，也可以把早期马铃薯种植在室外的深层容器中或在温暖的温室中。

蛞蝓或铁线虫（见第47页）以及马铃薯囊肿线虫都可能会影响块茎的生长。不过轮作可以避免受到这些侵害，并使用抗病性栽培品种，如Cara、Desiree或Pentland Javelin。马铃薯枯萎病可能影响新芽生长，因此可以选择抗病性栽培品种，如Cara或Romano。

番茄

种子在15摄氏度左右温度下发芽。气候温暖时，可以在室外播种，行距60厘米。高大的栽培品种间苗为38～45厘米；灌木型品种间苗为45～60厘米。种子也可以通过液体播种。天气凉爽的地区，一般在装有无土种子堆肥或岩棉的模具或盘子中播种，盖上塑料膜。幼苗长到2.5厘米高时，将其单独移入9厘米的花盆。霜降过后，夜间温度达到7摄氏度时，种植在温室床或室外。7～8周后开始采收。

除了F1杂交品种，西红柿是可以繁殖的，因此值得保存种子。如果要这样做，让果实成熟到超过可食用程度。切开并将果肉和种子挤到一个碗里。贴上标签，置于温暖处2～3天，这厚皮就会形成包裹种子的凝膜并发酵。3～4天后（不要超过这个时间），把上面的皮抠掉，把种子放在筛子中用流水彻底冲洗，然后放在厨房纸上摊开晾干。种子可以储存在阴凉、干燥处，最长存储可达4年。

易患根腐病和番茄黄叶病等病害的老品种可以通过嫁接来提高抗病性。嫁接时，使用无患病的F1杂交种，如Como、Piranto或Vicores作为砧木。必要时错行播种接穗和砧木的种子，以便它们能同时发芽。

嫁接番茄栽培品种的方法

置于黑色塑料下面 准备一个育苗床，用黑色塑料覆盖，将塑料袋边缘埋入地下，固定。在塑料上划出十字形切口，每个切口间隔30厘米。在每个切口处种下一个块茎种子，深10～13厘米，发芽一端朝上。

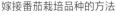

1 接穗前4～5天播种砧木。砧木长到15厘米高时从盆中挖出。在离茎基部8厘米的地方向下切一刀。在接穗上切一个同样长度的向上切口（见小插图）。

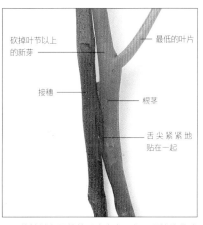

砍掉叶节以上的新芽

最低的叶片

接穗

根茎

舌尖紧紧地贴在一起

2 将接穗和母株的舌尖合在一起。用嫁接带或透明胶带将嫁接物牢牢捆住，使切口完全覆盖。将植株切下，在最低的叶子上方做一个倾斜的切口。

3 嫩枝被土埋到盆沿时，浇水让它继续生长。开花时，或上面的叶子开始枯萎时，将花盆砸碎就可以收获马铃薯。

接穗

砧木

嫁接处

3 将嫁接后的植株放入10厘米的花盆中，倒入无土栽培的肥料。置于15～18摄氏度和高湿度下生长。2～3周后，嫁接苗应取下，此时已经变硬，小心地撕掉胶带。

切断接穗的根部

4 将植物从盆中取出，小心地切开接穗的基部，在嫁接结合处的下方斜切。轻轻拉下被切断的根系，然后将嫁接植物移植到最终要种植的地方。

菠菜属 (SPINACIA)

播种 冬末至仲夏 ♣

　　菠菜 (*Spinacia oleracia*) 属一年生多叶作物，在16～18摄氏度下生长最佳。种子在30摄氏度以上很难发芽。用钻头播种（见第283页），每隔三周播一次，深2厘米，间距5厘米，行间间隔30厘米。对于大的植株，要间苗出15厘米。夏季播种时使用专门培育的栽培品种，避免出苗。6～8周后开始收获。初秋播种较耐寒的栽培品种，以便在早春时节分株。要防控豆实蝇（见第303页）病害。

水苏属 (STACHYS)

块茎 冬末 ♣♣

　　块茎蔬菜，其中草石蚕 (*Stachys affinis*)，属耐寒性多年生植物。块茎生长期漫长，需要5～7个月，所以要在季初种植。收集大的、新鲜的块茎，按照洋姜的方法分株（见第302页）。将块茎直立种植在浅色土壤中，深约8厘米，间距30厘米。

番杏属 (TETRAGONIA) 番杏

播种 春季中期或晚期 ♣♣♣

　　这种半耐寒的多年生植物 (*Tetragonia tetragonioides*，异名为 *T. expansa*) 的种子有非常坚硬的外皮。播种前要浸泡一晚。在所有的霜冻风险过去后，按条播的方式播种，每行间隔45厘米（见第283页），间苗45厘米。气候温暖时，可在春季中期播种，或在有覆盖物的情况下播种在育苗块中（见第285页），以便春末或初夏移植出去。气候温暖时可以扦插。

婆罗门参属 (TRAGOPOGON) 蒜叶婆罗门参

播种 早春到晚春 ♣

婆罗门参花

　　婆罗门参属耐寒两年生植物（学名为 *Tragopogon porrifolius*），也被称为蔬菜牡蛎植物，作为一年生根茎作物种植。根系种植在深厚、肥沃的含氮低的轻质土壤中生长最好，温度在16摄氏度左右。适合种植在升高苗床上。要使用新鲜种子，因为种子存活能力衰退很快。使用条播，（见第283页），间距30厘米，深1厘米。幼苗间距为10厘米。根部4个月内成熟，可以一直埋在土壤中更久些，直到需要用的时候。留根过冬，以便春季收获花芽。

蚕豆属 (VICIA)

播种 秋季、早春或冬末 ♣

蚕豆

　　蚕豆 (*Vicia faba*) 属一年生作物，在15摄氏度以下的环境中生长最好。有些品种非常耐寒，种植在排水良好的土壤中可以耐零下10摄氏度的温度。蚕豆对氮含量的要求很低，应每三年轮作一次。

　　种子在低温下会发芽。秋季或早春播种。在非常寒冷的地区，可冬末将种子播种在容器中（见第285页），并在春季移植。如果需要，要保护幼苗免受霜冻（见第39页）以及防止老鼠和鸽子啃咬（见第45页）。

　　早春播种的蚕豆在12～16周内收获，冬季播种的豆子在28～35周内收获。如果保存种子，将母株种在一块，从植物中心保存种子，这样可以减少变异。然后挂起来晾干（见第282页）。储存在阴凉、密闭处，种子可以保存10年之久。

播种蚕豆
蚕豆的播种间隔为10厘米，每行间隔15厘米。用一个大挖土机挖5厘米深的洞，在每个洞里放一颗蚕豆。盖上土，浇上水，并贴上标签。

豇豆属 (VIGNA) 绿豆、豆芽

播种 任何时间 ♣

　　播种前，将绿豆 (*Vigna radiata*) 种子预先浸泡48小时。保持湿润，但不能过于浸满水，否则会腐烂。一种方法是将它们播在具有毛孔的垫子上、厨房用纸或吸水纸上，如右图所示。温度控制在21摄氏度。7～10天后，豆芽长到5厘米时，就可以食用了。

　　或者，将豆子播种在果酱罐中（见第309页左下图），保持同样的温度，每天浸泡两次，将水倒入纱布密封处，然后将水排掉。

玉蜀黍属 (ZEA) 甜玉米、玉米

播种 春季 ♣

甜玉米

　　甜玉米 (*Zea mays*) 属半耐寒一年生植物，需种植在肥沃、排水良好、氮含量中等的土壤。重要的是只种植一个品种，避免交叉授粉，因为交叉授粉会影响味道，特别对于超甜品种的玉米更是如此。甜玉米需置于16～35摄氏度的环境下生长，70～110天才能成熟。

　　种子在10摄氏度条件下发芽。气候温暖时，在开阔场地种植，促进授粉。将植物分区种植也能促进授粉：在间隔35厘米的处点播2～3粒种子（见第284页）。间苗，每处只留一株幼苗。

保护玉米
在气候凉爽的地方，要保护早期播种的甜玉米。在这里常盖上玻璃罩，但用聚乙烯隧道也很常见。植株长到30厘米高时再撤掉这些保护措施。

播种绿豆种子
在种子盘中铺上潮湿的厨房用纸。种子预先浸泡，然后厚厚地播种。包上厨房薄膜以保持湿润，偶尔通风。

在凉爽地区，将早期栽培品种的种子播种在遮阴处，也可以单粒播种在盖有塑料膜的育苗块中（见第285页），但两周内要迅速移栽幼苗，避免生长受到抑制。如有必要，还要做好防冻措施。

针对虫害问题，如麦秆蝇，可以使用经过杀虫剂处理的种子，也可以在绒布或钟形罩（见第39页）或育苗模具中播种来防治。为防止乌鸦吃掉种子，可在播种区纵横交错放置棉花。

甜玉米可以用于间作（见第285页），例如与南瓜一起种植。对于小穗轴，早期栽培品种的幼苗间距15厘米。如果要储存种子，可在室外种植100株，以获取能繁育的种子。

种植在一块的甜玉米

同一株植物上长有雄花和雌花。雄花在植株顶部长出穗子（见上图），风一吹就会洒落花粉。花粉附着在雌花的丝线上（见小插图），下面长出穗轴。甜玉米分块播种，这样授粉更佳，收成更好。

播种豆子在罐子里

将豆子置于2.5厘米果酱罐中，倒入冷水，浸泡过夜（见小插图）。用纱布密封，沥干水分。放在温暖、黑暗处。发芽前要每天冲洗两次。

用橡皮筋固定

其他芸薹属植物

大白菜（*Brassica rapa* Alboglabra） 春末秋初直接播种或分育苗块播种（见第296页）；夏季中期至晚期收获最丰🌡。

水菜（*Brassica juncea* Japonica） 春末，15摄氏度时播种，或直接播种；小穗头间距10厘米，大穗头间距45厘米。良好的间作作物🌡。

芥菜（*Brassica juncea*） 直接播种或当夏末秋初时，温度达到15摄氏度时，夏中下旬播种秋冬作物，初秋播种晚冬至春季作物。间苗30厘米🌡。

葡萄牙卷心菜（*Brassica oleracea* Tronchuda） 春末播种，温度为10～15摄氏度，每穴3～4粒种子，间隔60厘米，行距75厘米。间苗到每站🌡。

埃塞俄比亚油菜（*Brassica carinata*） 早春到初秋，每隔2～3周在10～15摄氏度直接播种，行距30厘米；间苗2.5厘米。对于小叶子作物，可播种机撒播（第283页）；不要间苗。如果需要，可播种在遮阳棚下🌡。

酸浆属（PHYSALISES）

海岬鹅掌楸（Cape gooseberry） 草莓番茄。

灯笼果（*Physalis peruviana*） 播种方法同番茄；气候凉爽时，应在塑料膜下移植，确保果实成熟🌡🌡。

地樱桃（*Physalis pruinosa*） 同番茄一样直接播种，但要间隔10厘米，行距38厘米🌡。

绿番茄（Tomatillo） 有两种作物可以使用。粘果酸浆（*Physalis ixocarpa*）或*Jaltomata edulis*，播种方法同番茄（第307页）🌡🌡。

其他蔬菜

非洲或印度菠菜[即老鸦谷（*Amaranthus cruentus*）] 在凉爽地区，初夏在塑料膜下播种或在22摄氏度和70%湿度下播种在育苗块中。间隔38～50厘米移栽；植株成活前要多加保护。气候温暖时，按30厘米的间距播种；间苗10～15厘米🌡🌡。

四棱豆（*Lotus tetragonolobus*，异名为*Tetragonolobus purpureus*） 春中至晚期，温度为10～15摄氏度，将种子播种在育苗块中或间隔25厘米，行距为38厘米🌡🌡。

黑皮婆罗门参（*Scorzonera hispanica*） 晚春或夏季播种新鲜的种子🌡。

锡兰、印度或藤蔓菠菜（*Basella alba*） 气候炎热时，春季直接播种，温度为25～30摄氏度，间距40～50厘米。气候凉爽时，播种在托盘或6厘米的花盆中；将幼苗移植到20厘米的花盆、种植袋或室内苗床上🌡🌡。

鹰嘴豆（*Cicer arietinum*） 春末，在10～15摄氏度的温度下，按25厘米的间距每穴播种3粒种子，不要间苗。如有必要，可套上塑料膜播种🌡🌡🌡。第一次霜冻前将植株晒干获得种子（见第282页）。

茼蒿（*Glebionis coronaria*） 早春至初夏，在10～15摄氏度的温度下，种子薄薄播种，间距23厘米。炎热时发芽；夏末至初秋再播种🌡。

玉米沙拉（CORN SALAD） 羊莴苣（LAMB'S LETTUCE）。

莴苣缬草（*Valerianella locusta*） 春末在10～15摄氏度的温度下播种在育苗块中，或夏中到夏末间直接播种，间距38厘米🌡。

药用蒲公英（*Taraxacum officinale*） 春季播种，温度为10～15摄氏度，行距为35厘米；间苗5厘米🌡。

月见草（*Oenothera biennis*） 薄薄地播种，方法同防风草（见第303页）🌡🌡🌡。

芜菁根欧芹（*Petroselinum crispum*） 播种方法同欧芹（见第303页）🌡。

豆薯（*Pachyrhizus tuberosus*） 春季在15摄氏度温度下播种在托盘中；移植到花盆中；初夏移植🌡🌡🌡。在温暖地区，按马铃薯的方法处理块茎（第306页）🌡。

陆生水芹（*Barbarea verna*） 夏至夏末在10～15摄氏度的温度下播种，用于种植秋季至春季作物；仲春至初夏播种，用于种植夏季作物（容易脱皮）。行距为20厘米；间苗15厘米🌡。

风铃草（*Campanula rapunculus*） 初夏时节，将细小的种子播种在沙地上，间隔23厘米。在10～15摄氏度的条件下，每隔23厘米播种；间苗10厘米🌡。

芝麻菜 使用两种作物：芝麻菜（*Eruca sativa*）或蒲叶二行芥（*Diplotaxis tenuifolia*）。冬末到初夏，在8～10摄氏度条件下连续播种，然后夏末到中秋播种。在凉爽地区，要保护早播和晚播的种子，并盖上塑料膜🌡。

欧亚泽芹（*Sium sisarum*） 播种方法同婆罗门参属一样，早春或初秋播种。早春，将块茎挖出来并分株；重新种植，间距为30厘米🌡。

法国酸模（*Rumex scutatus*） 春季播种或秋在10摄氏度温度下，育苗块种播或播种行距为30厘米；间苗25～30厘米。易自播🌡。

大豆（*Glycine max*） 仲春至夏末播种，温度为12摄氏度，每隔8厘米播种，双行间距38厘米。双行间距为75厘米。长期作物；气候凉爽时，可播种在温室内🌡🌡。

马齿苋（*Portulaca oleracea*） 在10～12摄氏度的温度下，夏季薄薄地播种，行距15厘米。在凉爽地区，播种在托盘中，移栽到育苗块中，霜冻后种植🌡。

莴苣（*Montia perfoliata*） 春季或夏末和秋季在10摄氏度温度下播种，盆播或15～23厘米的行播🌡🌡。

术语表

该术语表解释了本书中出现的相关园艺术语，这些术语适用于植物繁育。较完整的定义可以在正文中找到。

酸性（土壤）：pH酸碱度小于7的土壤。

不定芽：茎或根上潜伏的或休眠的芽，通常在刺激生长之后才能看见。

通气：敞开土壤或堆肥，使空气自由流通。

碱性（土壤）：pH酸碱度大于7的土壤。

被子植物：有胚珠的开花植物，胚珠后来变成种子，包在子房里（也见裸子植物）。

无性繁殖、无融合生殖：成熟种子无性繁殖。后代是克隆，遗传上与父母完全相同。

植物生长素：植物中天然存在的物质，可以控制植物幼苗生长、根形成和其他生理过程，也可以合成。

腋芽：生在叶子和茎之间，主茎和侧枝之间，或者茎和苞片之间的芽。

两性的：（雌雄同体）指同时具有雄性和雌性生殖器官的花。

渗出：从切口或损伤口有汁液渗出。

发芽：新生枝，通常在芽中长出嫩枝。

胼胝体；基盘：由形成层构成的保护性组织，帮助愈合损伤口，尤其在木本植物中。

形成层：能产生新细胞的生长组织层，用以增加茎和根的周长和长度。

板结：由于大雨、浇水或压实而在土壤或堆肥表面形成的坚硬外壳。

甲壳素：甲壳动物和昆虫外骨骼的提取物，用于堆肥。

叶绿素：能使植物从阳光中捕捉能量从而制造食物的绿色色素（参见光合作用）。

染色体：包含在细胞核内的一串基因，负责传递遗传特征。

闭花受精：自花授粉花，比较稀少，花是关闭的。

克隆：通过无性繁殖或无融合生殖从一个个体中获得的基因相同的植物群。

子叶：种子产生的第一片或第一对叶子，通常与真正的叶子不同。

杂交：异种交配［也见Hybrid（杂交）］。

顶端：1.根茎的上半部分，沿地表面或地表以下长出嫩枝；2.树干以上的树枝；3.整个根茎，比如芦笋和大黄。

双子叶植物：被子植物，有两片叶片，叶呈网状脉，通常有一层形成层，四五个花瓣（另见单子叶植物）。

雌雄异株：在分开的植株上开雄花和雌花，雄株和雌株都是果实所必需的。

休眠：植物在不利条件下，生长暂时停止，且其他功能逐渐减慢。

条播沟：土壤中播种留下的狭长笔直的犁沟。

茎上枝：从树或灌木树皮下的潜伏芽或不定芽发育而来的嫩枝，通常靠近修剪切口或损伤口。

白化：描述一种植物异常伸长的嫩枝，由于缺乏光照经常呈白色。

延长生长：在一个季节内新的生长部分。

眼睛：1.节点处可见的休眠的或者潜伏的生长芽；2.花的中心。

草粉：人工干燥的草，富含二氧化硅和纤维素，用于堆肥。

杂交后代：用于指从不同分类群的已知母本人工杂交的所有后代的总称。主要用于指兰花。

裸子植物：常绿乔木或灌木，种子裸露在球果中而不是包在子房中，如针叶树（也见被子植物）。

短截：砍掉树木或灌木的主枝至少一半的长度。

杂交种：基因上来自不同的双亲的后代，通常是不同的物种（种间杂交）。杂交种F1是由两个基因不同的母本杂交而成的性状均匀、健壮的后代。

花序：单轴（茎）上生长的一组花。

属间杂交：两个不同但通常近缘的属的杂交种。

乳汁：当一些植物的茎被切断或损伤时流出的乳白色的汁液或液体；可能具有刺激性。

插秧：在苗床上插秧或移栽成排的幼苗或新植物。

一年树：生长期第一年内的树。

分生组织：茎或根的顶端，细胞分裂产生叶、花、茎或根组织；可用于微型繁殖。

一次结果：只开花和结实一次后便死亡的植物。

单子叶植物：被子植物，单子叶，平行脉叶，无形成层，花部通常为三个（另见双子叶植物）。

雌雄同株：在同一株植物上有分开的雌雄花。

单轴：有从顶芽无限期生长的茎或根状茎，通常不形成侧枝。

母株：亲本植物。

节点：茎或根上的突起，通常是膨大的枝条、叶子、叶芽或花由此而生。

亲本植物：为繁殖提供种子或营养物质的植物。

叶柄：叶柄，连接叶子和茎或枝。

酸碱度符号：用于测量土壤或堆肥的酸碱度（见酸、碱）。中性土壤的pH酸碱度为7。

韧皮部：茎内组织的一部分，在植物中运输营养物质（另见维管束）。

光合作用：在绿色植物和某些细菌中发生的一系列复杂的化学反应，其中来自阳光的能量被叶绿素吸收，二氧化碳和水被转化为糖和氧气。

髓：（指茎）茎中央的软组织。

汁液：植物细胞和维管束中含有的液体。

自体受精：指与自己的花粉受精后产生可存活种子的植物。

自交不育：指一种植物需要另一个物种的花粉才能产生有活力的种子，而不是克隆。

细沙：非常细的、干净的白色园艺用沙。

芽变：（突变）自然的或诱导的遗传变化，通常表现为与亲本不同颜色的花或芽。

托叶：叶状或苞片状结构，通常成对生，着生在叶柄与茎的连接处。

母株：可以产生繁殖材料的植物，不论是种子还是营养物质。

合轴：一种生长形式：顶芽死亡或终止于花序，然后从侧芽继续生长。

分类群：任何分类单位，包括品种、群、种、属等，具有明显的、确定的特征。

蒸腾：水分从植物的叶和茎中蒸发。

膨胀：指植物细胞充满水分。

维管束：传导组织，包括形成层、韧皮部和木质部，使汁液在植物体内传输。

木质部：植物的木质组织，运输水分并支撑茎部。

索引

致谢

Additional editorial assistance from Louise Abbott, Claire Calman, Alison Copland, Nigel Rowlands, Alexa Stace; thanks also to Polly Boyd, Candida Frith-Macdonald, Linden Hawthorne, Anna Hayman, Irene Lyford, Lesley Malkin, Andrew Mikolajski, Geoff Stebbins, and Sarah Wilde. Additional design assistance from Ursula Dawson. Additional production assistance from Mandy Inness. Picture research by Angela Anderson. Original index by Dorothy Frame. Additional Photography by Andy Crawford and Tim Sandall. DK Delhi would like to thank Rishi Bryan and Udit Verma for editorial assistance.

2006 Edition
Project Editor Annelise Evans, **Project Art Editor** Clare Shedden, **Editorial Assistant** Martha Swift, **Design Assistant** Fay Singer, **DTP Designer** Matthew Greenfield, **Managing Editor** Louise Abbott, **Managing Art Editor** Lee Griffiths, **Production** Patricia Harrington, **Illustrations** Karen Cochrane, **Chapter Opening Motifs** Sarah Young.

The publishers would also like to thank the following for their kind permission to reproduce their Photographs: Peter Anderson 230; Heather Angel: 260cl; A-Z Botanical Collection Ltd: Matt Johnston 10bl, Lino Pastorelli 11tl, Pallava Bagla 16bl; The Bridgeman Art Library: Giraudon, Valley of the Nobles, Thebes 12b; British Museum 12tr; Bruce Colman Limited: Dr Eckart Pott 10br; John Cullum, Writtle College: 15 cl & c; Environmental Images: Pete Fryer 45cr; Mary Evans Picture Library 13b; Mike Harridge 173tl; The Garden Picture Library: Vaughan Fleming 46c, Michael Howes 46bl; David A. Hastilow: 13tr; Holt Studios International: Nigel Cattlin 15tcl, 15tr, 46cr; Andrew Lawson: 146, 204br; John Mattock 115cr & inset; NHPA: Laurie Campbell 20cl, R. Sorensen & J. Olsen 36t; Clive Nichols 214; Oxford Scientific Films: Kathie Atkinson 20t, C. Prescott-Allen 279tc, Merlin D. Tuttle 16bc; Sue Phillips 173tc; David Ridgway 10tr; RHS Wisley: A. J. Halstead 46br, 71br; Science Photo Library: Claude Nuridsany & Marie Perennou 178bl, Philippe Plailly 14tr; Sinclair Stammers 15tl, 15br; Rosenfeld Images Ltd 15tcr; Harry Smith Collection: 19cl, 46cl, 225c, 261cr, 270c; H. D. Tindall 299 tr; Two Wests & Elliott: 44bc & br; Woodfall Wild Images: John Robinson 19t; Alamy Stock Photo: Rowan Isaac 308cr.
Cover images: Front: 123RF.com: gigava 1; Dorling Kindersley: Claire Cordier bl/ (succulent).
All other images © Dorling Kindersley.
For further information see: www.dkimages.com

PROPS AND LOCATION PHOTOGRAPHY
Seeds from Chiltern Seeds; Colegrave Seeds; Mr Fothergill's Seeds; Unwins Seeds. Secateurs by Felco; other tools by kind permission of Spear & Jackson. Other items courtesy of Ron Ansell; Rupert Bowlby; Erin Gardena; Matthew Greenfield, Growth Technology, Taunton; John McLaughlan Horticulture; Neill Tools Ltd; Christopher Pietrzak; Two Wests & Elliott; Windrush Mill
Thanks to Brian and Janet Arm of Redleaf Nursery, Martin Gibbons at the Palm Centre, Terry Hewitt of Holly Gate Cactus Nursery and R. Harkness & Co. Ltd for providing plants and locations for Photography

PHOTOGRAPHIC MODELS
Principal model: Clare Shedden
Thanks also to: Louise Abbott, Peter Anderson, Jim Arbury, Bernard Boardman, Rosminah Brown, David Cooke, Charles Day, Jim England, Annelise Evans, Claire Gosling, Lee Griffiths, David Hide, Steve Josland, Rod Leeds, John Mattock, Greg Mullins, Nigel Rothwell, Martha Swift, Cecilia Whitefield, Robert Woodman

DORLING KINDERSLEY WOULD ALSO LIKE TO THANK:
In the United States, Ray Rogers at DK Publishing, Inc, New York and Miles Anderson of Miles' To Go, Tucson; in Australia, Frances Hutchison for much invaluable advice; in the UK, Bill Heritage for advice on water garden plants; Dr Roger Turner of the British Society of Plant Breeders Ltd; Rosminah Brown, Greg Mullins, Greg Redwood and Nigel Rothwell at the Royal Botanic Gardens, Kew

All the staff of the Royal Horticultural Society for their time and assistance, in particular:
At Vincent Square, Susanne Mitchell, Barbara Haynes, and Karen Wilson.
At Wisley, Jim Gardiner, David Hide, and Jim England for making the Photography possible and for their invaluable guidance; Jim Arbury, Marion Cox, Alan Robinson for expert advice; and the ever-patient staff in the garden, in Glass, Propagation and the Plant Centre, including John Batty, Bernard Boardman, Andy Collins, Graham Cuerden, Charles Day, Sally Ann Edge, Anne Eve, Claire Gosling, Andrew Hart, Richard Head, Lucinda Lachelin, Rupert Lambert, Jon-Paul Nicholson, Ashley Ramsbottom, Gill Skilton, Annie Ward, and Sam Veal.

图书在版编目（CIP）数据

英国皇家园艺学会植物繁育手册：用已有植物打造完美新植物／（英）艾伦·图古德（Alan Toogood）著；周海燕，冯华译.—武汉：华中科技大学出版社，2023.9
ISBN 978-7-5680-9826-7

Ⅰ.①英… Ⅱ.①艾… ②周… ③冯… Ⅲ.①园林植物－繁育－手册 Ⅳ.①S680.38－62

中国版本图书馆CIP数据核字（2023）第155131号

Original Title: RHS Propagating Plants: How to Create New Plants For Free
Copyright © Dorling Kindersley Limited, 1999, 2006, 2019
A Penguin Random House Company

简体中文版由Dorling Kindersley Limited授权华中科技大学出版社有限责任公司在中华人民共和国境内（但不含香港、澳门和台湾地区）出版、发行。

湖北省版权局著作权合同登记 图字：17-2023-095号

英国皇家园艺学会植物繁育手册：
用已有植物打造完美新植物   [英] 艾伦·图古德 著
Yingguo Huangjia Yuanyi Xuehui Zhiwu Fanyu Shouce: 周海燕 冯华 译
Yong Yiyou Zhiwu Dazao Wanmei Xin Zhiwu

出版发行：华中科技大学出版社（中国·武汉）
　　　　　电话：(027) 81321913
　　　　　华中科技大学出版社有限责任公司艺术分公司
　　　　　电话：(010) 67326910—6023
出 版 人：阮海洪

责任编辑：莽 昱 宋 培
责任监印：赵 月 郑红红　　封面设计：邱 宏

制　作：北京博逸文化传播有限公司
印　刷：佛山市南海兴发印务实业有限公司
开　本：889mm×1194mm　 1/16
印　张：20
字　数：453千字
版　次：2023年9月第1版第1次印刷
定　价：198.00元

本书若有印装质量问题，请向出版社营销中心调换
全国免费服务热线：400-6679-118 竭诚为您服务
版权所有 侵权必究

混合产品
纸张|
支持负责任林业
www.fsc.org FSC® C018179

www.dk.com